装备科技译著出版基金

卫星通信有效载荷和系统
（第2版）

Satellite Communications Payload and System
(Second Edition)

［美］特蕾莎·M. 布劳恩（Teresa M. Braun）
［美］沃尔特·R. 布劳恩（Walter R. Braun） 著

崔万照　白春江　丁　伟　陶　啸
白　鹤　王新波　倪大宁　译

国防工业出版社

·北京·

著作权合同登记号　图字:01-2023-0737号

图书在版编目(CIP)数据

卫星通信有效载荷和系统:第2版/(美)特蕾莎·M. 布劳恩(Teresa M. Braun),(美)沃尔特·R. 布劳恩(Walter R. Braun)著;崔万照等译. —北京:国防工业出版社,2025.1. —ISBN 978-7-118-13218-2

Ⅰ. TN925

中国国家版本馆 CIP 数据核字第 2024L4Q016 号

Satellite Communications Payload and System (Second Edition)
ISBN 978-1-119-38431-1
Copyright © 2022 by John Wiley & Sons, Inc.

Allrights reserved. This translation published under license. Authorized translation from the English language edition, Published by John Wiley & Sons. No part of this book may be reproduced in any form without the written permission of the original copyrights holder.
Copies of this book sold without a Wiley sticker on the cover are unauthorized and illegal.

本书中文简体中文字版专有翻译出版权由 John Wiley & Sons, Inc. 公司授予国防工业出版社。
未经许可,不得以任何手段和形式复制或抄袭本书内容。
本书封底贴有 Wiley 防伪标签,无标签者不得销售。
版权所有,侵权必究。

※

国防工业出版社出版发行
(北京市海淀区紫竹院南路23号　邮政编码100048)
天津嘉恒印务有限公司印刷
新华书店经售

*

开本 710×1000　1/16　印张 38¼　字数 648 千字
2025 年 1 月第 1 版第 1 次印刷　印数 1—1500 册　定价 198.00 元

(本书如有印装错误,我社负责调换)

国防书店:(010)88540777　　书店传真:(010)88540776
发行业务:(010)88540717　　发行传真:(010)88540762

序

　　空间互联网包括由各类在轨运行的飞行器、卫星或卫星星座构成的空间信息处理及通信设施，各类地面站、核心网等相关地面基础设施，各类应用系统融合构成的高性能全球网络基础设施，是新一代全球互联网的发展重点方向、新一轮空间竞争的焦点。发展自主可控的空间互联网星座系统是网络强国建设的重要内容，可有效提升全球覆盖、安全可控的信息网络服务能力，抢占空间信息领域发展制高点和主动权。空间互联网星座建设，一方面要聚焦国家需求，建设全球可通、自主可控的卫星互联网；另一方面要推动形成"互联网+"航天的新兴产业。国际卫星产业龙头企业均在积极开展空间互联网业务投资，力求抢占卫星空间网络高地，争夺空间宝贵资源。以 Starlink、Oneweb 等为代表的低轨巨型星座工程已经进入实际部署阶段，新一代"千星星座"及至"万星星座"的空间互联网低轨星座系统启动建设。在我国，空间互联网作为国家空间信息基础设施的重要组成部分，纳入了"新基建"范畴。

　　工业和信息化部在 2021 年 11 月 16 日发布的《"十四五"信息通信行业发展规划》中，表示将加强卫星通信顶层设计和统筹布局，推动高轨卫星与中低轨卫星协调发展。推进卫星通信系统与地面信息通信系统深度融合，初步形成覆盖全球、天地一体的信息网络，为陆海空天各类用户提供全球信息网络服务。

　　卫星作为重要的空间基础设施是服务于国防建设和经济建设的战略资源，加快加强卫星产业发展是全面加强网络安全保障体系和能力建设的重要依托。卫星通信系统是信息化、智能化和现代化社会的战略性基础设施,也是推进科学发展、转变经济发展方式、实现创新驱动的重要手段和国家安全的重要支撑,同时也是一个国家国力是否够强大的重要表现。

本书从有效载荷的概念、理论、工作原理以及当前的技术等方面对卫星通信有效载荷技术进行了详细讲解。不仅包含已经比较成熟的卫星通信理论,还从有效载荷技术的功能实现方面对有效载荷的单机及其工作原理进行了描述。同时,还对当前最新的卫星通信有效载荷系统进行了介绍。该书内容深入浅出,既避免了繁杂的理论公式推导,又能使读者快速理解卫星有效载荷技术。本书可以更好地服务于我国航天工程的发展,也可应用于卫星通信有效载荷技术相关领域的研究工作及相关教学工作。

译者团队是在一线参与相关研究的工程技术人员,多年来致力于航天器有效载荷技术方面的基础研究,承担过多项预研项目。译者所在单位主要从事空间飞行器有效载荷的研制,是我国有效载荷研制技术领域的排头兵和主力军,是我国卫星技术应用的骨干单位,代表着我国通信卫星技术发展的最高水平。本书的出版,将能够对从事卫星有效载荷工程技术人员开拓视野和研究生素质的培养起到积极的促进作用。

2024 年 3 月

译者序

本书作者 Teresa M. Braun 和 Walter R. Braun 夫妇，长期从事卫星通信系统技术的研究，不仅具有深厚的理论基础，而且具有丰富的工程经验。Teresa M. Braun 博士曾在波音、洛克希德·马丁公司、Maxar 等公司工作，并曾为美国国家航空航天局、欧洲航天局的国防、商用等多个项目开展卫星通信系统的分析。该书从有效载荷的概念、理论、工作原理以及当前的最新技术等方面对卫星通信有效载荷技术进行了详细阐述。不同于以往的只介绍基础理论或者有效载荷单机的设计理论书籍，本书是在繁杂的理论公式精简的基础上，结合实际应用介绍了有效载荷技术，使读者能深入浅出地了解卫星有效载荷技术。本书在撰写方面将理论与实际工程应用相结合，内容新颖、丰富，理论论述清楚，是从事卫星通信有效载荷技术研究相关人员的理想参考书。

Satellite Communications Payload and System(Second Edition)一书于 2021 年出版，相比于 2012 年的第 1 版，该书增加了最新的通信卫星有效载荷技术。该书由三部分组成：第一部分讲述有效载荷架构、单机及其分析，同时还包含了有效载荷单机的理论、构成、技术以及具体指标等内容；第二部分是关于端到端卫星通信系统的探讨，包括通信、空间-地面链路以及模拟等方面的内容；第三部分主要讲述了几种特殊的有效载荷通信系统，及其与用户和地面段的相互关系。第 2 版除了在第 1 版的基础上扩展了每一章节的内容外，还将部分章节进行了拆分，同时增加了通信卫星标准、高通量卫星系统、非地球静止轨道卫星等相关章节。相比于第 1 版，第 2 版的内容更加丰富，也更能反映出卫星通信有效载

荷的最新进展。

全书由崔万照组织翻译和统稿，丁伟负责审校。共20章，其中，前言至第1章由崔万照翻译，第2、3、9、13、17章由丁伟翻译，第4、8、14章由白鹤翻译，第5、15、16章由倪大宁翻译，第6、7、10章、附录由白春江翻译，第11、18、20章由陶啸翻译，第12、19章由王新波翻译。陶啸参与了部分章节的审校。本书能够得以出版，特别要感谢国防工业出版社的编辑团队。本书还得到了装备科技译著出版基金、重点实验室基金（2021-JCJQ-LB-06（6142411112102））的资助。译者在繁忙工作之余，能够潜心研究仔细推敲，乃至译成本书，译者特别感谢中国空间技术研究院西安分院和空间微波通信全国重点实验室所营造的环境。衷心希望本书能对为国内广大从事卫星通信有效载荷研究的工程技术人员，以及对卫星通信有效载荷技术感兴趣的人员有所帮助，促进我国航天工程的发展。

由于译者水平有限，书中难免有不妥之处，恳请广大读者给予批评指正。

译者
2024年1月

前言

本书重点介绍通信卫星的有效载荷。虽然之前曾撰写几本有关卫星平台、通用卫星通信或卫星通信应用的书籍,但这些书只是简明扼要地介绍了通信卫星的有效载荷。市面上不乏有深入介绍如何设计各种有效载荷单机(如天线或滤波器)的书籍,但是它们远比想要了解整个有效载荷的人所需的更详细。本书不仅介绍了通信卫星的有效载荷如何工作的概念、理论和原理,以及当前的技术,而且详细介绍了端到端卫星通信系统,并重点介绍通信卫星的有效载荷。

卫星产业继续是全球增长的产业之一。至少从2007年开始到2020年,收入每年都在增长,仅从2007年到2014年就翻了一番(Bryce,2017;SIA,2018,2019,2020)。

本书第2版几乎对每一章都进行了扩展和更新,将第1版书中的天线一章分为两章内容介绍:一章介绍天线基础知识和单波束天线,另一章介绍多波束天线和相控阵天线。第1版中有关滤波器和有效载荷集成部组件的章节分为两章,同时增加了关于卫星通信标准的新章节。另外,本书新增了一个部分,内容涉及所有三种卫星服务的特定端到端卫星系统,其重点是有效载荷以及地面设备与有效载荷的相互影响。本书不仅包含关于高通量卫星系统的章节,而且通篇考虑了地球非静止轨道卫星。

由于卫星运营商期望更大容量的有效载荷,有效载荷系统工程师开拓创新,从而尽可能实现更高的性能。在对端到端通信系统进行建模时,工程师需要充分理解有效载荷中的各个要素。本书能够帮助用户、设计师和感兴趣人士更快地了解有效载荷设计准则。

本书的读者包括以下从事通信卫星工作的人员：

·在职业生涯各个阶段的有效载荷系统工程师；

·对有效载荷性能或端到端通信系统性能进行分析和仿真的工程师；

·卫星客户；

·卫星计划书撰写人；

·对有效载荷其他部分感兴趣的有效载荷单机工程师；

·对卫星有效载荷感兴趣的卫星平台工程师。

虽然充分理解本书许多章节的前提是需要傅里叶变换以及相关信号处理知识，但是如果读者尚未接触过这些知识，也不必担心，仍然可以阅读并理解本书的绝大部分内容，并不需要具备电磁学和电路理论的相关知识。

参考文献

［1］ Bryce Space and Technology（2017）. 2017 State of the satellite industry report. *Satellite Industry Association*；Jun. Accessed Jul. 21,2020.

［2］ Satellite Industry Association（SIA）（2018）. Summaries of annual State of the satellite Industry reports. Accessed July 21,2020.

［3］ Satellite Industry Association（SIA）（2019）. Summaries of annual State of the satellite Industry reports. Accessed July 21,2020.

［4］ Satellite Industry Association（SIA）（2020）. Summaries of annual State of the satellite Industry reports. Accessed July 21,2020.

致谢

我(特蕾莎),要向我的丈夫沃尔特·布劳恩(Walter R. Braun)表达我最真挚的感谢。20世纪七八十年代,他在洛杉矶的LinCom公司工作时教我通信理论,并在我撰写本书的过程中给予极大的支持和鼓励。我还要特别感谢我的博士生导师埃齐奥·比格列里(Ezio Biglieri)博士,在20世纪80年代末我还是他的研究生时给予了我很大帮助,他是一个和蔼可亲的人,在2008年左右给了我一个绝妙的建议,那就是在我找不到工作的时候撰写一本书。我永远感激这些年来曾与我共事过的所有出色的工程师们,特别是理查德·霍夫迈斯特(Richard Hoffmeister)和查尔斯·亨德里克斯(Charles Hendrix)博士,他们对我的职业发展帮助甚大。几乎所有曾和我一起工作的工程师们都对工作充满了热情,并且乐于帮助他人学习,他们使我的职业生涯充满魅力。在我曾工作过的所有公司中,有两家公司为我做好工作提供了无限的机会:劳拉空间系统公司(现属于美国空间技术公司)和40年前威廉·林赛的LinCom公司。我的职业生涯贯穿了美国机会平等法案在联邦承包商实施以来的时间,我经历了从在工程工作场所是个怪人到让许多女同事感到宾至如归的过程,至少在美国加利福尼亚州是这样。

我(沃尔特)要感谢我的妻子说服我撰写本书两个新章节——高通量卫星和地球非静止卫星,由于资料缺乏而使得撰写变得困难。多年来,我们的合作增添了很多乐趣。

我们要感谢审阅本书第1版并提供更正、建议和释惑的同事Richard Hoffmeister、Charles Hendrix和Riccardo De Gaudenzi。本书第2版,Eddy Yee审阅了第2章,Gary Schennum审阅了第3章,Stephen Holme审阅了第5章,James Sowers和Ben Hitch审阅了第6章,Messiah Khilla和Reinwald Gerhard审阅了第7章,Chak Chie审阅了第9、10章,Arun Bhattacharyya审阅了第11章,Ezio Biglieri审阅了第12章,Luis Emiliani审阅了第14、17章,Bingen Cortazar审阅了第18章,Marcus Vilaça审阅了第20章的内容。特别感谢Luis Emiliani热情地与我们分享他渊博的知识,感谢Eric Amyotte耐心地回答我们的疑问。

作者简介

特蕾莎·M. 布劳恩(Teresa M. Braun)分别于 1970 年、1973 年、1977 年、1989 年获得美国加州大学圣地亚哥分校数学学士、数学硕士、系统科学硕士、电气工程博士学位,博士论文方向为调制与编码。特蕾莎从事卫星通信研究工作 23 年、卫星导航 3 年。特蕾莎 1973—1976 年在美国加利福尼亚州航空航天公司(The Aerospace Corp.)从事 GPS 开发工作,1977—1986 年在 LinCom 公司(现为 LinQuest 公司)从事端到端卫星通信的分析和仿真,1989—1997 年在美国休斯航天与通信(现为波音公司卫星研发中心)从事通信和导航有效载荷新技术的研发,1997—1999 年在洛克希德·马丁公司西部研发实验室(现属于洛克希德·马丁公司管理和数据系统)的卫星星座上从事有效载荷和地面接收机技术的研发,1999—2003 年在美国劳拉空间系统公司(现属于美国空间技术公司)担任有效载荷经理和有效载荷系统分析部门经理。2003 年移居瑞士后,研究工作转向项目管理、供应商管理、现代算法开发和卫星系统分析方面。曾用名有 née Thesken、McKenzie。她承担过多项美国国家航空航天局、国防部、商业公司和欧空局的项目。

沃尔特·R. 布劳恩(Walter R. Braun)1972 年获得瑞士苏黎世联邦理工学院电气工程硕士学位,1976 年获得美国南加利福尼亚大学电气工程博士学位,研究方向为通信。沃尔特 1976—1982 年在 Lin Com 公司从事卫星通信系统建模和仿真,1983—1992 年在瑞士 ABB 研究中心负责移动通信和电力线通信系统研发工作,1992—2012 年(退休期间)担任瑞士通信领域多家公司的产品开发经理和董事会成员。

目录

第1章 绪论 ... 1

1.1 端到端卫星通信系统 ... 1
1.2 本书内容安排 ... 2
1.3 信道与信道共享 ... 2
1.4 有效载荷 ... 3
1.5 地面发射机与接收机 ... 6
1.6 系统示例 ... 7
1.7 约定 ... 8
1.8 资料来源 ... 9
1.9 本书架构 ... 9
参考文献 ... 11

第一部分 有效载荷

第2章 有效载荷的在轨环境 ... 15

2.1 什么决定环境 ... 15
2.2 卫星平台的在轨环境和缓解措施 ... 21
2.3 缓解环境对有效载荷的影响 ... 31
参考文献 ... 36

第3章 天线基础和单波束天线 ... 40

3.1 介绍 ... 40
3.2 单波束天线示例 ... 41
3.3 天线基本概念 ... 42
3.4 反射器天线基础 ... 47
3.5 可动单波束天线 ... 53

XI

3.6	单波束天线的反射器技术	53
3.7	单波束喇叭天线	54
3.8	其他天线部件	57
3.9	天线指向误差	60
3.10	天线自动跟踪	62
3.11	反射器天线的效率	64
参考文献		71

第4章 有效载荷集成部组件 ... 77

4.1	引言	77
4.2	同轴电缆与波导	77
4.3	同轴电缆	78
4.4	波导	82
4.5	其他集成部组件	88
4.6	冗余配置	92
4.7	阻抗失配和散射参数	96
参考文献		100

第5章 微波滤波器 ... 102

5.1	引言	102
5.2	模拟滤波器的基础	102
5.3	微波滤波器的基础知识	107
5.4	带通滤波器	111
5.5	多工器	115
5.6	带通滤波器的技术要求	121
参考文献		122

第6章 低噪声放大器和变频器 ... 126

6.1	引言	126
6.2	有效载荷中的低噪声放大器和变频器	126
6.3	低噪声放大器和变频器的非线性	128
6.4	噪声系数	131
6.5	低噪声放大器	132
6.6	变频器	135
6.7	接收机	146

6.A 附录 相位噪声谱积分公式 ················· 147
参考文献 ················· 148

第7章 前置放大器和大功率放大器 ················· 151

7.1 引言 ················· 151
7.2 HPA 的概念和术语 ················· 151
7.3 行波管放大器与固态放大器的对比 ················· 156
7.4 行波管子系统 ················· 158
7.5 固态功率放大器 ················· 174
参考文献 ················· 183

第8章 有效载荷的模拟通信参数 ················· 189

8.1 引言 ················· 189
8.2 增益随频率的变化 ················· 191
8.3 相位随频率的变化 ················· 194
8.4 信道带宽 ················· 196
8.5 相位噪声 ················· 197
8.6 频率稳定度 ················· 197
8.7 变频器的杂散信号 ················· 198
8.8 HPA 非线性 ················· 199
8.9 HPA 子系统的近载波杂散信号 ················· 199
8.10 增益稳定性和输出功率稳定性 ················· 201
8.11 等效全向辐射功率 ················· 202
8.12 品质因数 G/T_s ················· 203
8.13 饱和通量密度 ················· 205
8.14 自干扰 ················· 205
8.15 无源互调产物 ················· 206
8.A 本章附录 ················· 207
参考文献 ················· 209

第9章 有效载荷研发的分析 ················· 210

9.1 引言 ················· 210
9.2 如何处理噪声系数 ················· 210
9.3 如何制定和保证有效载荷性能预算 ················· 213
9.4 大功率放大器主题 ················· 224

9.5 非线性对调制信号的影响 ·································· 228
9.6 基于高斯随机变量函数模拟有效载荷性能 ······· 232
参考文献 ··· 232

第10章 处理有效载荷和灵活有效载荷 ················ 233

10.1 引言 ·· 233
10.2 处理操作 ··· 238
10.3 非再生处理有效载荷 ···································· 244
10.4 再生有效载荷 ··· 247
10.5 数字处理有效载荷的通信参数 ······················· 250
参考文献 ··· 251

第11章 多波束天线和相控阵天线 ························ 256

11.1 引言 ·· 256
11.2 多波束天线简介 ·· 257
11.3 多波束天线反射器及馈源结构 ······················· 261
11.4 用于GEO轨道的喇叭和馈源组件 ··················· 266
11.5 偏馈多波束天线辐射单元的位置 ··················· 272
11.6 单馈源单波束多波束天线 ····························· 275
11.7 相控阵简介 ·· 276
11.8 相控阵的辐射单元 ······································· 279
11.9 波束形成网络 ··· 284
11.10 相控阵的应用 ·· 287
11.11 跳波束 ··· 290
11.12 相控阵的放大技术 ······································ 291
11.13 相控阵指向误差 ··· 297
11.14 阵列辐射单元的耦合 ··································· 298
11.15 多波束天线测试 ··· 300
参考文献 ··· 301

第二部分 端到端卫星通信系统

第12章 数字通信理论 ·· 311

12.1 引言 ·· 311

12.2 信号表示 ································· 312
12.3 一般滤波 ································· 315
12.4 高斯白噪声 ······························· 317
12.5 端到端通信系统 ··························· 318
12.6 位操作 ··································· 319
12.7 调制简介 ································· 322
12.8 无记忆调制 ······························· 323
12.9 最大似然估计 ····························· 330
12.10 无记忆调制的解调 ························ 331
12.11 有记忆调制 ······························ 340
12.12 最大似然序列估计 ························ 342
12.13 有记忆调制的解调 ························ 343
12.14 位恢复 ·································· 344
12.15 符号间干扰 ······························ 345
12.16 信噪比、E_s/N_0 和 E_b/N_0 ················ 348
12.A 无记忆调制中脉冲变换和信号频谱相关的补充证明 ······· 351
参考文献 ·· 352

第13章 卫星通信标准 ···························· 354

13.1 引言 ····································· 354
13.2 背景知识 ································· 354
13.3 第一代标准的应用示例 ····················· 359
13.4 第二代 DVB 通信标准 ······················ 361
13.5 SatMode 通信标准 ························· 368
参考文献 ·· 369

第14章 通信链路 ································ 372

14.1 引言 ····································· 372
14.2 主要信息来源 ····························· 372
14.3 链路可用性 ······························· 373
14.4 链路的信号功率 ··························· 374
14.5 链路中的噪声电平 ························· 388
14.6 链路中的干扰 ····························· 389
14.7 端到端 $C/(N_0+I_0)$ ······················ 399
14.8 链路预算 ································· 400

| 14.9 | 链路中的实施损耗项目 | 402 |
| 参考文献 | | 403 |

第 15 章　多波束载荷下行链路裕量的概率处理 407

15.1	引言	407
15.2	多波束下行载荷的技术要求	408
15.3	分析方法	409
15.4	分析假设	409
15.5	转发器引起的 C、C/I_{self} 以及标称值的波动	411
15.6	天线引起的波动和标称值与转发器引起的波动的合成	416
15.7	大气引起的波动与载荷引起的波动的合成	419
15.8	优化指定链路可用性的多波束下行载荷	421
15.9	附录：优化基于链路可用性的多波束载荷迭代细节	422

第 16 章　端到端通信系统的建模 424

16.1	引言	424
16.2	软件仿真和硬件模拟中的注意事项	424
16.3	仿真中的其他注意事项	428
16.4	模拟中的其他因素	437
参考文献		440

第三部分　卫星通信系统

第 17 章　固定和广播卫星服务 443

17.1	引言	443
17.2	卫星电视	443
17.3	一般规定	445
17.4	固定卫星服务	446
17.5	广播卫星服务	455
参考文献		459

第 18 章　高通量卫星 464

| 18.1 | 引言 | 464 |

18.2	频率和带宽	466
18.3	固定互联网 HTS	469
18.4	VSAT 服务 HTS	477

参考文献 479

第19章 非地球静止轨道卫星系统 482

19.1	引言	482
19.2	铱星	483
19.3	全球星系统	490
19.4	O3b	495
19.5	OneWeb	502
19.6	星链	507
19.7	Telesat 低轨卫星	512

参考文献 514

第20章 地球同步轨道移动卫星系统 519

20.1	引言	519
20.2	Thuraya	523
20.3	Inmarsat-4 和 Alphasat	530
20.4	TerreStar/EchoStar XXI	544
20.5	SkyTerra	551
20.6	Inmarsat-5（Global Xpress）F1~F4	560

参考文献 568

附录 A 577

A.1	分贝	577
A.2	傅里叶变换	578
A.3	概率论的要素	579
A.4	高斯-厄米积分近似高斯随机变量函数的期望值	586

参考文献 587

符号表 588

缩略语表 589

第 1 章 绪 论

1.1 端到端卫星通信系统

典型的端到端卫星通信系统(end-to-end satellite communications system)由大型地面站、在轨卫星和地面或地面附近的用户终端组成,如图1.1所示(只有一个用户终端)。在前向链路(forward link)中,地面站(ground station)向卫星传输信号,而卫星将信号发送到用户终端。在下行链路(return link)中,信号从用户终端到卫星,然后再到地面站。某些卫星通信系统(如广播电视系统)只有一个上行链路。跳点(hop)是通过卫星的单向链路。前向链路和返向链路各由上行链路(uplink)和下行链路(downlink)连接组成。链接地面站的卫星链路称为馈电链路(feeder link)。有些端到端卫星通信系统允许用户终端通过卫星直接实现用户终端之间的通信。其他系统有直接的卫星对卫星传输。

卫星系统中可能有多个卫星和多个地面站同时工作,用户终端也不止一个。空间段(space segment)由多个卫星组成,地面段(ground segment)由多个地面站组成,用户段(user segment)包括多个用户终端。

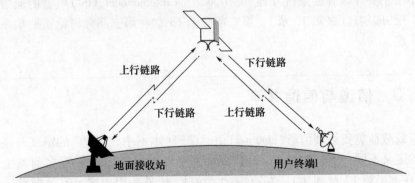

图1.1 典型的卫星通信系统

卫星有效载荷是执行卫星预定任务的设备。简而言之,通信卫星有效载荷包括通信天线、接收机和发射机。卫星的其余部分——平台，通过提供结构、动力、遥测和遥控、适当的热环境、辐射屏蔽和姿态控制来支持有效载荷工作。

地面站和网关(gateway)是有区别的。网关将地面站的卫星通信终端与公共电话网和/或因特网连接起来，而公共交换电话网(public switched telephone network，PSTN)则是一种传统的电路交换电话网(Johnson，2020)。公共陆地移动网络(public land mobile network，PLMN)是蜂窝电话网络，其传统服务之一是互联网数据连接(Wikipedia，2020)。网关也可以包含互联网路由器。网关与地面站组合起来就是远程传送(teleport)。并非每个地面站都连接至网关，广播卫星的地面站就是一个例外。对于有网关的地面站，在本书中将其称为信关站，以强调其中网关的存在。

1.2 本书内容安排

本书介绍了目前在轨运行提供服务的商业通信卫星。2016年，商业通信卫星占运营卫星的35%(Bryce Space and Technology for the Satellite Industry Association，2017)。没有包括军事通信卫星是因为其公开信息不多，而且所采用的大多数技术和理论都相同。同理，地球静止轨道、地球中低轨道卫星的通信有效载荷也是如此。本书没有涉及通信实验卫星、概念验证卫星和卫星的遥控遥测通信。本书讨论的频率范围为1.5GHz(L频段)至30GHz(Ka频段)。

本书分为三部分：第一部分是有效载荷——结构、部件和分析，介绍了有效载荷单机的原理、结构、技术和详细指标；第二部分是端到端卫星通信系统，包括通信、空间-地面链路和仿真的讨论；第三部分是关于各种类型的特定通信系统，重点是有效载荷及其与用户和地面段的交互。

本书主要介绍开放系统互连(open systems interconnect，OSI)模型的通信系统的第1层，即物理层(第13章)。第二部分第13章和第三部分讨论了通信系统的第2、3层。

1.3 信道与信道共享

有效载荷负责处理信道(channel)中的信号(本书中，"信道"的定义与通信理论中的定义不同，通信理论中"信道"是指接收机比特信息流恢复之前发生的一切，将在本书第12章阐述)。在有限的意义上，信道是用于携带有效载荷一起处理的一个或多个信号的频段。

可通过多种方式共享卫星频道有限的资源。两种方式是频分复用(frequency

–division multiplexing, FDM)和时分复用(time–division multiplex–ing, TDM),也可以组合成TDM–FDM。FDM和TDM示意图如图1.2所示。在FDM中,每个用户都有自己的载波;而在TDM中,信道的各个用户在时域内共享载波。第三种不太常用的信道共享方式是码分复用(code division multiplexing, CDM),其中每个比特流乘以速率比比特流高得多的不同伪随机码片流。伪随机流通常称为伪随机噪声(PRN或PN)码。PN码实际上并不是随机的,而是一个非常接近随机序列性质的序列。通过相乘将信号频谱扩展到PN码频谱的宽度,这就是PN码被称为扩频码(spreading code)的原因所在。与PN码相乘就是直接序列扩展(direct–sequence spreading),然后将生成的流转换成符号流,增加各种符号流。每个接收机将接收到的信号乘以其自身的PN码,从而使其比特流从背景信息中出现。对于其他接收机来说,比特流看起来像噪声。"全球星"(Globalstar)卫星系统是目前唯一使用CDM的商业卫星通信系统(将在本书19.3节介绍)。

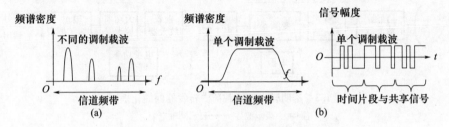

图1.2 卫星通信常用的两种信道共享方式
(a) FDM(频域);(b) TDM(时域和频域)。

本书中通常会说一个信道携带的是一个单载波信号而非多载波信号,这意味着信号是信道携带的全部。

从最完整的意义上讲,信道不仅由频段定义,而且由承载该频段的上下行链路天线波束定义。天线波束是一个原点定义在有效载荷空间立体角(通常由其在地球上的覆盖范围确定)。

1.4 有效载荷

1.4.1 透明转发有效载荷

透明转发有效载荷通过模拟电子设备实现信号的接收、滤波、变频、交换、放大和传输。这种有效载荷必须在至少两个层面上描述:一是转发器的基本结构,它是支持通过有效载荷的信道路径的硬件单机链,其中单机是执行转发器的主要功能的仪器设备;二是整个有效载荷的结构。

1.4.1.1 转发器

转发器为信道提供有效载荷的处理路径。大多数卫星拥有多路转发器。转发器通道是一个虚拟概念,当有效载荷选择某一路转发器工作时,该路转发器在实物层面才真实存在。不同转发器通道共享部分处理设备和转发器单机,这些载荷设备通过开关在不同的转发器通道中进行工作。

透明转发器的基本结构总是大同小异。一个简化的结构如图 1.3 所示,图中所示的转发器单机少于任何一种实际的转发器,但是它们足以代表任何转发器中的主要单机。需要注意的是,转发器包括接收、发射天线(相关文献中并不总是如此)。信号显示为从左向右传输,从接收天线出来并进入发射天线的射频(RF)线路为波导,其余为同轴电缆,但也可能是其他的混合。

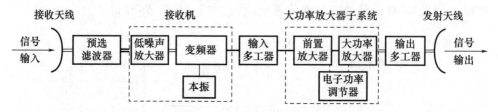

图 1.3 透明转发有效载荷中转发器的简化框图

注:══表示波导;──表示同轴电缆。

透明转发器单机的信号流顺序如下:

(1)接收天线:接收来自上行链路覆盖区域,不包括其他区域的信号。

(2)预选滤波器:抑制上行链路干扰。

(3)低噪声放大器(LNA):将接收到的信号放大到一定电平,使其余有效载荷单机增加的噪声不会引起严重的信号衰减,并且自身几乎不会增加噪声。

(4)变频器:通常是下变频器,从接收上行链路频率转换到发射下行链路频率。低噪声放大器和变频器有时合称为接收机。

(5)输入多工器(IMUX):用于分离和/或合并信道的一组滤波器。

(6)前置放大器(preamp):将信号电平提升到大功率放大器(HPA)输出所需射频功率的电平。

(7)大功率放大器:将信号电平提升到发射天线关闭链路所需的电平。

(8)电子功率调节器(EPC):为 HPA 子系统的其余部分(前置放大器和 HPA)提供直流(DC)功率。

(9)输出多工器(OMUX):用于合并和/或分离信道的一组滤波器。

(10)发射天线:将信号发送到下行链路覆盖区域,不包括其他区域。

每种单机都有大量可能的变种。例如,HPA 子系统包括行波管放大器(TWTA),和固态功率放大器(SSPA)两种主要类型,如图 1.4 所示。TWTA 子系统有三个或四个单机。包括通道放大器(CAMP),它属于前置放大器。拥有线性化器的 TWTA 是一种线性化通道放大器(LCAMP)。而 SSPA 通常将所有功能整合到一个单机中。

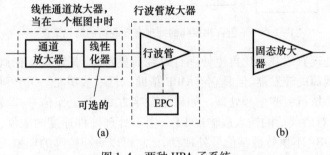

图 1.4　两种 HPA 子系统
(a)TWTA 子系统;(b)SSPA 单机。

"转发器"的含义在很多有效载荷转发器的陈述中出现,但在本书中没有使用。它是指用于电视广播的 TWTA 数量,相当于带宽为 36MHz 的信道。

有源单机是指那些放大信号的单机,如 LNA、变频器、前置放大器以及 HPA。其余的单机都是无源的。

1.4.1.2　体系结构

有效载荷系统由天线和转发器组成,有效载荷体系结构是转发器为了可靠性、信号路径的选择和重复使用、卫星平台能力的最佳利用、质量和成本节约等目的而连接在一起的方式。有效载荷架构还包括冗余有源单机的选择和布局。有效载荷单机通过集成组件连接在一起,集成组件包括波导、同轴电缆和开关。

1.4.2　处理有效载荷

处理有效载荷与透明转发有效载荷有许多共同之处,但它使用星载处理器(OBP)来处理更为复杂的任务。处理有效载荷有两类:一是非再生或透明处理器,其具有可重构滤波器和开关;二是再生类,至少执行解调和再调制,实际上还执行译码和编码。

在数字处理有效载荷(见下文)和其他一些处理有效载荷中,转发器实际上已经失去了意义,因为硬件单机链已经被计算机或数字信号处理器(DSP)中的信号处理所取代。

图 1.5 是处理有效载荷的简化框图,其中处理器至少执行通道解复用、切换和通道复用。不同于图中所示的架构,实际的处理有效载荷至少拥有一副相控阵天线。

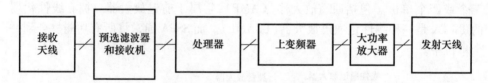

图 1.5 不包含相控阵的处理有效载荷的简化框图

非再生处理有效载荷比再生处理有效载荷更常见,其转发器在概念上类似于弯管式有效载荷的转发器,但是它有 OBP 帮助执行一些功能。OBP 可以以数字方式或模拟硬件执行一些信号处理。如果是数字方式,其工作信号被转换成低中频(IF),远低于有效载荷的输入或输出 RF。由于处理硬件速度的限制,这是很有必要的。如果 OBP 不执行数字信号处理,那么它可以对相控阵的模拟波束形成发出指令。

再生有效载荷则差异很大,其核心是一个处理基带信号的数字信号处理器,它对信号进行解码、重新编码、滤波和路由分配。再生有效载荷在信号进入基带处理器之前对其进行解调,并在输出端对其进行重新调制。它以与透明转发或非再生处理有效载荷相同的方式执行 RF 功能。图 1.6 给出了数字处理有效载荷的实例。

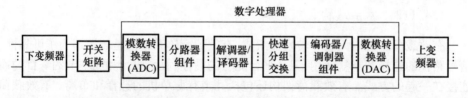

图 1.6 数字处理有效载荷的实例(没有显示天线和放大器)

1.5 地面发射机与接收机

图 1.7 给出了地面发射机、透明转发有效载荷和地面接收机的典型模型框图。图中包括了分别来自有效载荷和地面接收机的上行链路和下行链路噪声。上/下行链路上存在干扰。在这种典型情况下,系统中的主要非线性元件是有效载荷的 HPA。大多数单机都存在非理想行为特性,天线和大气层要分开考虑。

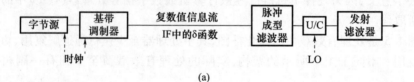

(a)

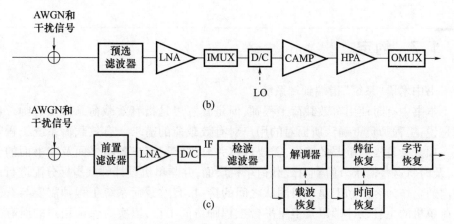

图 1.7　透明转发有效载荷系统的典型模型
（a）地面发射机；（b）有效载荷；（c）地面接收机。

1.6　系统示例

本书所涉及的特定卫星系统的复杂性的一个例子是 Intelsat 29e 系统，它提供高吞吐量的 Ku 频段服务。该卫星于 2016 年发射，其点波束的中心如图 1.8 所示，大点表示用户波束和地面站波束。横跨北大西洋的点波束为航空用户提供服务。地面站包括与因特网连接的网关。有效载荷也有一个覆盖南美洲的 C 频段波束。可编程数字信道化器在相同或其他波束中将 C 或 Ku 频段上行链路连接到 C 或 Ku 频段下行链路信道。

图 1.8　Intelsat - 29 卫星的点波束中心

1.7 约定

书中术语"系统"指端到端系统。

本书中有时使用有效载荷工程师,但是其意思是指有效载荷系统工程师。也就是说,工程师负责确认所面对的用户对有效载荷的需求。有效载荷系统工程师是一项复杂且极为重要的工作,需要理解并时刻牢记客户各项书面及非书面的要求,及时将这些需求分解到有效载荷单机层面,并与单机设计师就指标分配进行详细沟通。作为客户和卫星项目团队之间的接口,有效载荷系统工程师需要与有效载荷单机的主管设计师以及卫星平台工程师协同工作,以实时保证用户的所有需求得到满足。在一些宇航公司里,有效载荷系统工程师还需要编制有效载荷测试计划并监督测试工作完成。

结构方块图由线连接的方块和描述处理功能的信号流组成。方块用于代表有效载荷单机。信号流总是从左到右,除非明确标出。本书第一部,单线表示同轴电缆,双线表示波导,但是在第二、第三部分,无论同轴还是波导所有的线都是单线。含有短斜线标注的线表示为多线。

频段的划分有许多种类,但是本书采用 2003 年 IEEE 的标准,如表 1.1 所列。30GHz 和 20GHz 是目前卫星领域普遍使用的上行和下行链路频率,属于 Ka 频段。20GHz 并不是真正的 Ka 频段,而是 K 频段,在本书中将这一对频率称为 Ka/K 频段。

表 1.1　IEEE 频率划分列表(从 L 频段到 Ka 频段)

频率/GHz	频段
1～2	L
2～4	S
4～8	C
8～12	X
12～18	Ku
18～27	K
27～40	Ka

如果在一些地方使用或者需要重点强调的地方,术语被写成黑体,出现在定义的地方或者至少是第一次出现的描述。如果术语不重要时,新的术语会被写成斜体。

本书中"t"表示时间,"f"表示频率。其他小写字母如果后面有"(t)"则表示其为时域函数,大写字母后如果有"(f)"则表示其为频域函数。大写的斜体 $\mathcal{F}$ 是傅里叶变换,大写的斜体是功率谱密度。小写的斜体字母 i、k、l、m 和 n 表示整数。小写的斜体字母 j 是 -1 的平方根。温度指摄氏温度,除非明确说明是开氏温度。

通过强调实用性和可理解性确定理论的定义和属性。不强调陈述所有适用性条件的严格性,因为在实际有效载荷寿命中这些条件实际上总是满足的。

1.8 资料来源

本书几乎所有的内容都来自公开渠道,资料来源按使用频率从高到低依次是谷歌学术、IEEE 网络图书馆 Xplore、谷歌、AIAA 网络图书馆、书籍和监管文件。谷歌让人们能够找到公司目录和白皮书、演示文稿、微波百科全书和专利。维基百科是一个很好的背景信息来源,其可信性对一个有效载荷工程师来说并不重要。一些科技公司定期出版刊物,而一些公司很少公开相关资料,所以只有前者的成果在书中得到了很好的体现。

1.9 本书架构

本书其余分为三个部分:第一部分包括第 2~11 章,这是每个有效载荷工程师需要知晓的内容。卫星用户、有效载荷单机工程师对有效载荷的其他部分感兴趣,卫星平台工程师对有效载荷感兴趣,地面站工程师也将主要对这部分内容感兴趣。第二部分包括第 12~16 章,为分析或建模端对端系统的工程师提供辅助材料。第三部分包括第 17~20 章,阐述了卫星系统的多样性,以供优选从而实现不同的目标。大多数例子展示了提供的服务、地面和用户部分、频率和波束、空中接口和有效载荷。

第 2 章介绍有效载荷的在轨环境,以及有效载荷通常会因此产生的问题。卫星轨道是卫星和有效载荷布局的主要前提。在轨效应有热效应、老化、辐射和姿态扰动。在卫星平台对它们进行改进之后,它们对有效载荷的作用将简要概述(详细内容将在有效载荷单机章节介绍)。

第二部分的其余章节是有效载荷单机。

第 3 章介绍天线基础知识和单波束天线及其测试,同时介绍了辅助天线组件和自跟踪。这一章是第 11 章的先决条件。

第 4 章是有效载荷集成部组件,包含同轴电缆和波导、隔离器、混合电路和其他集成部组件,以及微波开关和冗余框架。最后是有效载荷集成的重要主题,即阻抗失配和 S 参数部分。

第 5 章是把微波滤波器作为一个单机。它不是单机内部的滤波器,也不涉及与数字处理器结合使用的滤波器(后者将在第 10 章讨论)。本章从模拟滤波器的基础知识入手,专门介绍微波滤波器的基础知识,同时介绍了带通滤波器,然后概述了有效载荷的各种滤波器。

第6章是接收机单元,即LNA和变频器,首先概述有效载荷级别的问题,即架构、冗余和组合,解释和概述了两种单机的非线性(包括互调产物和相位噪声),并对这两方面内容进行了描述。

第7章是HPA子系统,包含HPA本身、前置放大器、放大器的任何线性化电路和电源。使用"子系统"术语是为了涵盖TWTA子系统和SSPA。本章解释了HPA的非线性,并讨论了TWTA和SSPA各自的优缺点。

第8章解释了最高级别有效载荷要求文件中规定的关键模拟通信参数。它解释了这些参数的含义,有效载荷集成部组件及核心单机的贡献,如何根据单机的性能估算总的有效载荷性能(用于预测有效载荷性能),以及简要地介绍测试这些参数的方法。它没有解释参数对通信信号意味着什么,因为这需要一些通信理论的知识,这将在后面的章节中概述。

第9章介绍了有效载荷级分析,其中一些分析是至关重要的,一些分析可能会在某个阶段应用。其中最关键的分析包括评估噪声系数,保持和维护性能预测。另一项分析探索了HPA对信号的影响。

第10章是处理有效载荷,讨论了密切相关的柔性有效载荷,介绍了非再生和再生有效载荷的例子,概述了有效载荷的数字通信参数。

第11章是多波束天线和相控阵。本章是第一部分的最后一章,因为它依赖前面的章节。本章概述了这些类型的各种天线,包括相控阵的波束形成、相控阵的放大和测试。

本书从第二部分开始,第12章介绍了数字通信的原理,包括调制和编码,目标读者是那些既没有时间,也没有兴趣去学习整本通信原理的工程师。在某些主题上,它提供了概述而不是精确的定义,也没有证明定理,仅仅提供了很多图。书中使用的所有数字通信理论术语都在这一章中讨论。

第13章简要概述了OSI通信模型的底三层,作为后续卫星协议材料和第三部分章节的基础。本章讨论的卫星协议包括第二代数字视频广播卫星(DVB-S)和数字视频广播返回信道卫星(DVB-RCS)。

第14章通信链路,即有效载荷和地面之间的信号传输途径,定义了链路可用性,主要包括三个方面:一是链路上的信号功率变化的原因,尤其是大气环境;二是链路上噪声功率的产生及其变化原因;三是来自自身和来自其他系统的干扰。

第15章介绍如何使用概率论用大气对多波束下行链路有效载荷的性能进行建模和优化,详细介绍信号、干扰和噪声在有效载荷寿命周期内的波动和不确定性,给出了一个实例。

第16章是关于端到端卫星通信系统的建模,重点是有效载荷性能的建模。建模有软件模拟(如用Matlab)和硬件仿真(用试验台)两种途径。不仅讨论了模拟系统各个性能指标的方法,而且还介绍了模拟的局限性。结果表明,数值模拟结果的好坏取决于模型表征实际系统的程度。

本书从第三部分开始,第 17 章讲述最常见的卫星系统类型,包括固定卫星服务(FSS)和广播卫星服务(BSS)。并给出了一些实例,FSS 的例子基本代表传统的通信卫星。

第 18 章是高通量通信卫星系统(HTS),其特征属性是大量的窄波束。Ka/K 频段和 Ku 频段的 HTS 为不同类型的用户服务,因此具有不同的设计方法。

第 19 章是地球中低轨道卫星。目前提供商业服务的是基于 2000 年左右提出的概念,正在研制新型通信卫星,截止 2020 年还没有提供商业服务。超出了本书的范畴,涵盖了一些很可能在不久的将来转入实用的通信卫星系统。

第 20 章是移动通信卫星系统的几个系统。大多数卫星用 L、S 和/或 C 频段,但最后一个系统使用 Ka/K 频段。

本书的附录是分贝、傅里叶变换、概率论以及高斯 – 埃尔米特积分。

参考文献

Bryce Space and Technology for the Satellite Industry Association(2017). 2017 State of the satellite industry report. Presentation package. June. Accessed July 21,2020.

IEEE Std 521 – 2002(2003). *Standard Letter Designations for Radar – Frequency Bands*, Piscataway, NJ: IEEE.

Johnson C(2020). What is PSTN and how does it work? Nextiva blog. Accessed Oct. 12,2020.

Wikipedia(2020). Public land mobile network. July 12. On en. wikipedia. Accessed Oct. 12,2020.

第一部分

有效载荷

第 2 章
有效载荷的在轨环境

本章介绍了有效载荷的在轨环境及其对有效载荷系统的影响,第 3 章至第 7 章将详细介绍有效载荷各单机如何受在轨环境的影响。2.1 节讨论了决定有效载荷在轨环境的因素;2.2 节讨论了地球静止轨道卫星和地球非静止轨道卫星的在轨环境,以及卫星平台如何缓解有效载荷的在轨环境带来的影响;2.3 节讨论了缓解在轨环境对有效载荷的影响,以及有效载荷所采取的进一步缓解措施。

2.1 什么决定环境

有效载荷的在轨环境很大程度上是由卫星的轨道、布局和空间方向所决定。

2.1.1 轨道

通信卫星可以运行在不同的轨道上,卫星以一个标称圆或者标称椭圆围绕地球中心旋转,标称形状的特征是轨道的偏心率,如图 2.1 所示,圆的偏心率为零,椭圆的偏心率为正。圆或椭圆只是卫星名义上的运动轨线,因为它受到地球的非球形形状、地球密度的局部变化、其他天体引力等因素的干扰。卫星运行的轨道路径位于包含地球中心的平面上,该平面与地球的赤道平面形成一个角度,称为轨道倾角,其值基本上保持不变。卫星在其轨道上到达的最高纬度等于其轨道倾角,如图 2.2 所示。通常由于地球向东旋转,通信卫星的轨道运动有一个向东的较大分量,这使每颗卫星与地球保持通信联系的时间更长,并最大限度地减少了卫星切换(其他种类的卫星,如地球观测卫星,当其任务不需要与地球保持良好联系时,它们一般会向西移动)。此外,轨道周期与轨道偏心率一起决定了轨道的高度分布。轨道上的速度变化通常表现为椭圆轨道上的卫星在靠近地球时运动得更快,而在远离地球时移动得更慢。系统工程师进行卫星轨道设计时要考虑上述各个方面,如果星座中有一颗以上的卫星,其他卫星的轨道参数需综合选择,以实现特定的通信服务。如果赤道轨道的速度与地球自转速度不能达到很好地匹配,那么可能存在不止一个好的解决方案,因此设计时必须做出复杂的权衡。例如,Evans(1999)进一步讨论了轨道、轨道权衡和轨道扰动三者之间的关系。

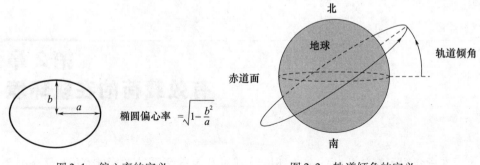

图 2.1　偏心率的定义　　　　图 2.2　轨道倾角的定义

通信卫星目前(2020 年)使用的三种轨道如下。

(1) 地球静止轨道(Geostationary orbit, GEO):GEO 位于地球上方高度约 36000km,距离地球中心 42164km。卫星在赤道平面上的一个圆内,以与地球相同的角速度旋转,所以卫星相对于其下方的地球几乎是静止的。在一天中,卫星在地球上的星下点轨迹为一个小的"8"字形,其中"8"字形的交叉点位于赤道上。对于大多数通信卫星(Morgan and Gordon,1989),这个"8"字形向南或向北的最大偏差小于 1°,并且等于轨道平面的倾角。但移动卫星服务(mobile satellite service, MSS)中的一些卫星是个例外,它们在整个卫星寿命期间具有 ±3°以内的轨道倾角(见第 20 章)。GEO 卫星的通信覆盖区域通常位于中低纬度地区,3 颗 GEO 卫星组成的星座可以覆盖地球上绝大多数人口(Rankin,2008)。地球同步轨道与 GEO 不同,它总是以相同的经度穿过赤道,但有几度较大的倾角。它可能是一个预定的轨道,但较为少见。或者,因为用于卫星在轨位保的燃料耗尽导致 GEO 损坏,有效载荷不能再完全执行其最初的任务。这样例子发生在 2020 年 Telstar 12 卫星上,它于 1999 年发射升空,大约在 2014 年用完了卫星的燃料。目前,Telesat 公司仍在运营该卫星的 Ku 频段移动服务,利用它来扩大补充 Telstar 12 Vantage 卫星的覆盖范围(Telesat,2020)。

(2) 中地球轨道(medium earth orbit, MEO):圆形轨道的高度在 8000～20000km(ITU,2019)。

(3) 低地球轨道(low earth orbit, LEO):圆形轨道的高度在 400～2000km(ITU,2019),其轨道周期是 1.5h 多一点。

高椭圆轨道(highly elliptical orbit, HEO)具有高偏心率的轨道,其轨道周期通常为 12h 或 24h,2020 年没有商业通信卫星使用这个轨道。

MEO 或 LEO 星座通常用于对传播延迟特别敏感的服务,一个倾斜轨道的星座可以覆盖整个地球。

目前用于不同目的的一些通信卫星系统的轨道如下:

(1) GEO:最有能力的通信卫星,提供几乎所有类型的通信。

(2)MEO：O3b 卫星工作在高度为 8063km 的赤道轨道，为移动通信服务提供商提供互联网主干网以及语音和数据通信服务。

(3)LEO：Globalstar 卫星工作在高度为 1400km 的低轨道，8 个轨道平面内每个平面有 6 颗卫星，轨道倾角为 52°，该系统提供全球移动电话和低速率数据中继服务（Martin et al.，2007）。

(4)LEO：Iridium NEXT 卫星工作在高度为 780km 的低轨道，6 个轨道平面内每个平面有 11 颗卫星，轨道倾角为 86°，该系统也能提供全球移动电话和低速率数据中继服务（Iridium，2016）。

截至 2020 年 4 月，在轨商业通信卫星的数量为 340 颗 GEO 卫星、20 颗 MEO 卫星、645 颗 LEO 卫星（Emiliani，2020）。

2.1.2　GEO 卫星的布局和姿态

到目前为止，大多数通信卫星都是三轴稳定卫星。GEO 卫星通常是一个带有外部附件的长方体。面向地球一侧的板子即对地板，通常是方形或长方形的，它上面可以安装多副天线。和对地板相连的四块矩形板分别为卫星北板、南板、东板和西板。大多数卫星的天线安装在东板和西板上，太阳翼安装在南板和北板上，和对地板相对是背地板，推进器安装在背地板上。图 2.3 给出了 GEO 卫星的典型总体布局，以及它在轨道上的方向，这说明了卫星各舱板名字的原因。

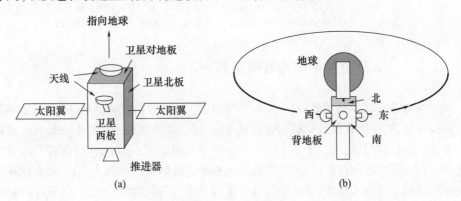

图 2.3　GEO 卫星
(a)典型的总体布局；(b)在轨方向。

图 2.4 给出了两个实际的 GEO 卫星图，图 2.4(a)是 2015 年发射的 C、Ku 频段 Intelsat 34 卫星，星体是一个长方体，东板和西板安装了可展开反射器，对地板上安装了固定反射器。图 2.4(b)是 S、Ku 频段 EchoStar XXI 卫星，星体也是一个长方体，一副 Ku 频段可展开反射器安装在东板或西板上，另外一副巨大的 S 频段可展开网状反射器安装在西板或东板上。该卫星是一颗移动通信卫星，由于它需

要产生大量的窄点波束,因此在这个低频段需要大型天线。

卫星在轨道上的方向称为姿态,对于 GEO 卫星来说,由两个约束决定:一个约束是卫星对地板必须指向地球。对大多数卫星而言,其对地板完全指向正下方,也有些卫星对地板指向接近正下方,朝向所需的覆盖区域。另一个约束是太阳翼需要一直有太阳照射,除非在地影期间太阳照射不到(2.2.1.5 节)。所有 GEO 通信卫星的太阳翼都安装在南北板上,并围绕卫星南北轴旋转,因此太阳翼几乎总是与太阳光线垂直。

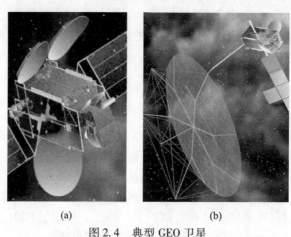

图 2.4　典型 GEO 卫星

(a) Intelsat 34(© 2013 Maxar Technologies。经 de Selding(2013)许可转载);
(b) EchoStar XXI(© 2006 Maxar Technologies。经 Spaceflight101(2006)许可转载)。

2.1.3　GEO 卫星的有效载荷配置

对带有透明转发有效载荷(1.4.1 节)的 GEO 卫星内部进行拆解,将卫星星体各个舱板打开,这样能观察到舱板内表面设备的情况,因为背地板通常不安装有效载荷设备,因此可以将其隐去。图 2.5 给出了一种卫星有效载荷硬件典型布局。理想情况下,有效载荷的所有设备都应安装在对地板附近各舱板的顶部,以最大限度地减少波导和同轴电缆到天线的损耗,但这样会使过多的设备聚集在一起,所以设计时必须做出折中考虑。低噪声放大器(low - noise amplifier,LNA)必须靠近接收天线,如果连接 LNA 的传输线过长,将会恶化接收通道信噪比(signal - to - noise ratio,SNR)致使系统无法容忍。下变频器应靠近 LNA 安装,以便和输入多工器相连的长电缆不仅能工作在较低频率,而且产生的损耗较小。行波管放大器(traveling - wave tube amplifiers,TWTA)消耗的直流功率是所有有效载荷单机中最大的,为了不浪费 TWTA 输出的射频功率,因此 TWTA 及其通道放大器必须靠近输出多工器,而输出多工器必须靠近发射天线安装。在上述示例中,发射天线(未显示)可以安装在卫星对地板上或东板和西板上。最后,输入多工器安装在卫星北板和南板的 TWTA 组件下方,该处的温度比在东板和西板的温度低一些。图中没有显示更多的传输线和次要无源部组件。有效载荷配置的另一个因素是为了节省重量和空间,许多射频单机或单机组件最好集中布局,这样可以使连接的同轴电缆数量和波导数量最小化。由于卫星平台相关设备也必须安装在舱板上,因此有效载荷设备不能占满整个舱板。

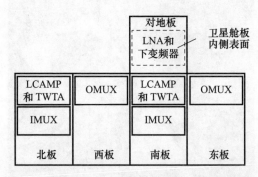

图 2.5　GEO 卫星内部透明转发有效载荷的配置

2.1.4　非 GEO 卫星布局和姿态

为描述一些非 GEO 卫星在空间中的姿态,首先需要定义卫星本体坐标轴,参考图 2.6,假设卫星是一架飞行的飞机,飞机的俯仰轴是穿过机翼的轴。为了使这适用于卫星,可以将飞机飞行的方向与卫星在轨飞行的方向相关联(如果卫星工作在 GEO,俯仰轴是南北向的,太阳翼与该轴对齐并可围绕该轴旋转)。大多数卫星在穿过其飞行轨道时总是在惯性空间向前俯仰。

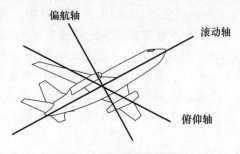

图 2.6　飞机机身轴线

图 2.7 给出了 Globalstar-2 LEO 卫星,它是由 24 颗第二代卫星组成的完整星座,于 2013 年完成发射。卫星对地板是长方形的,而不是像大多数 GEO 卫星那样是正方形的。对地板上三个较大的物体是相控阵天线,其中两个金字塔形的天线,

每个面板都是一副独立的相控阵。这些面板不像 GEO 卫星上的面板那样平行于对地板,每个板形成的天线波束可以指向其覆盖区域。卫星的侧板是梯形的,比 GEO 卫星上的侧板要短,使得对地板与侧板表面积之比要大于 GEO 卫星对地板与侧板表面积之比。

图 2.7　Globalstar-2 LEO 卫星(Thales Alenia Space。Spacewatch.Global(2016))

Globalstar-2 的轨道倾角不像 GEO 那样接近 0°,而是 52°,如果其太阳翼只能按照与 GEO 卫星相同的方式运动,它们经常会远离太阳照射。Globalstar-2 LEO 卫星的太阳翼确实像在 GEO 上一样可以绕俯仰轴旋转,但卫星本体也会围绕其偏航轴旋转(Rodden et al,1998),这称为卫星偏航转向。

Iridium Next LEO 卫星看起来与 Globalstar-2 LEO 卫星相似,只是其相控阵天线是平放在对地板上,它是由 66 颗卫星组成的完整星座,于 2019 年完成发射。它们的轨道倾角为 86.4°,几乎是极地方向。如果太阳翼只能绕一个轴旋转,那么在一年中卫星轨道平面几乎垂直于太阳光的那段时间里,卫星将很少有机会或不能接收到太阳光。这些卫星通过太阳翼的双轴运动来解决这个问题,除了常规的转动轴,第二个转动轴使太阳翼能够朝向或远离地球倾斜(Aerospace Technology,2018)。

早期的 Iridium 卫星看起来完全不同,它们于 1991 年到 2002 年之间发射,其对地板面积较小,呈三角形,上面安装了反射器天线,三副相控阵天线连接在对地板上,并向外展开。

图 2.8 所示的 O3b MEO 卫星形状与 Globalstar-2 和 Iridium Next 卫星很像。它们于 2013 年开始发射,其轨道位于赤道上,所以太阳翼只需单轴旋转就足够了。

当前,LEO 和 MEO 卫星形状相似的原因是,它们可以使多颗卫星同时装在一个运载火箭。O3b 卫星一次发射了 4 颗,它们像车轮上的辐条一样排列在运载火箭整流罩内,对地板朝外(Arianespace,2013)。Globalstar - 2 一次发射了 6 颗卫星,其中 4 颗类似于 O3b MEO 卫星一样排列,2 颗在运载火箭上方(Graham,2011)。

图 2.8　O3b MEO 卫星(© Marie Ange Sanguy)

2.2　卫星平台的在轨环境和缓解措施

2.2.1　温度

2.2.1.1　深冷空间

没有阳光照射的空间温度是 3K(-270℃)或更低,部分卫星在阳光照射下的温度超过 150℃,在地球阴影下的温度约为 -150℃(Bloch et al.,2009)。

2.2.1.2　卫星电子设备产生的热量

卫星电子设备产生热量,因为没有任何设备是 100% 节能的,这是保持电子设备温度的基本热源。

2.2.1.3 卫星对太阳的方向变化

卫星的轨道和姿态决定了星体每个面到太阳的距离以及与太阳光所成的角度。当一个面受太阳光照射时,它比在阴暗处的温度更高。此外,星体面板与太阳光线越接近垂直,它的温度也越高。

地球在黄道面上围绕太阳公转,地球本身在一个不同的平面上自转,即赤道平面,它和黄道平面成 23.44° 角。卫星的轨道平面则可能是另一个平面,根据一年中的不同时间,太阳光在轨道运行过程中以不同的角度照射卫星。

对于 GEO 卫星,太阳照射方向在一天和一年中的变化如图 2.9 ~ 图 2.11 所示。图中显示的是以太阳光线视角为基准,在春/秋分点和北半球的夏至和冬至时刻,卫星在一天中四个时间点的姿态。在分点南北板都没有太阳照射,所以这些板上的温度日变化很小。此外,一天中有一部分时间太阳照在东板上,此时西板不受照,而另外一半时间太阳则照在西板上,此时东板不受照,因此这些板上具有显著的日温度变化。在夏至,北板全天都能获得太阳的照射,而南板全天不受照,因此南板基本没有日变化。东西板在夏至时的受照情况与分点时大致相同,尽管轨道平面相对于太阳和地球之间的直线倾斜了 23.44°,但落在它们上面的阳光量只会略少一点,对地板也是如此。冬至与夏至的情况相似,只是南北板受照互换了位置。总的来说,南北板不会接收到太多的光照,而东西板在一天中则从全日照到全遮阳再到全日照,南北板平均温度比东西板更低,温度波动也小得多。

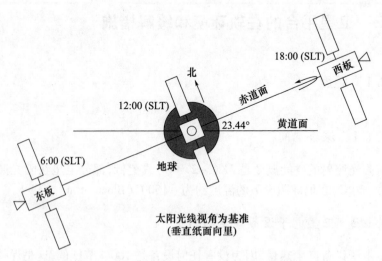

图 2.9　GEO 卫星在春/秋分的日运动(SLT—卫星本地时间)

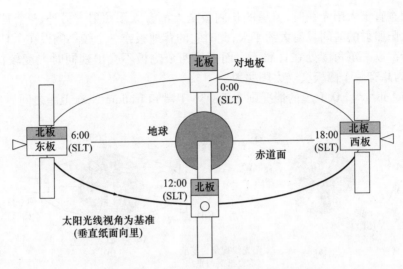

图 2.10　GEO 卫星在北半球夏至的日运动
（SLT – 卫星本地时间）

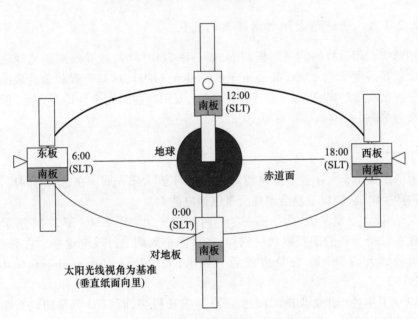

图 2.11　GEO 卫星在北半球冬至的日运动
（SLT – 卫星本地时间）

对于赤道 MEO 卫星，其情况与 GEO 卫星类似，只是在太阳下的时间较短，图 2.12 给出了 O3b MEO 卫星的情况。

对于接近极地轨道的 Iridium Next 卫星，其情况完全不同。例如，当卫星的轨

23

道平面垂直于太阳光线时,卫星的长侧板全天都有太阳照射。另外,3个月后,卫星受太阳照射的时间只有大约半天,此时它的背地板或一个较小侧板在全日照下,或两者都以一定角度处在日照下。而卫星两个侧板不会出现同时温度较低的情况,因为总有一个侧板会受太阳照射。

Globalstar LEO 卫星的情况则介于 O3b 卫星和 Iridium Next 卫星之间。

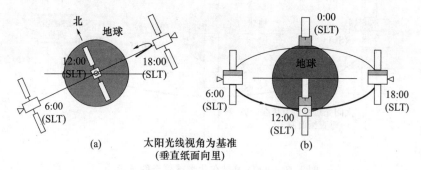

图 2.12　赤道 O3b MEO 卫星在分点和北半球夏至点的轨道运动

2.2.1.4　地球与太阳之间距离的变化

地球绕太阳运行的轨道呈椭圆形,偏心率为 0.0167,这导致到达地球轨道卫星的太阳光强度变化 ±3%(Morgan and Gordon,1989),这对有效载荷造成的差异仅在于测试温度的定义,即在最小距离处,无太阳照射时定义为冷态,全太阳照射是定义为热态。

2.2.1.5　地影

地影是指由于太阳被地球遮挡,卫星接收不到太阳光照。在这段时间里,太阳翼无法产生电能,所以卫星会消耗所带电池电能。

对于 GEO 卫星来说,地影随一年的时间而变化如图 2.9 ~ 图 2.11 所示。地影出现在每个分点的前三周和后三周,在这两个周期之外没有地影。在分点,地影每天持续大约 68min,在分点前后一周半,大约持续 60min(Morgan and Gordon,1989)。

MEO 卫星处于地影期的时间比 GEO 卫星长得多,而 LEO 卫星的地影期甚至更长,赤道 MEO 在一年的大部分时间里都处于地影期状态。根据轨道的确切高度,在夏/冬至点附近可能没有地影,或地影在夏/冬至点持续的时间最短。例如,如图 2.12 所示,O3b MEO 卫星在一年中每个轨道的部分时间都处于地影中。

LEO 卫星一年中每天几乎有一半时间处于地影中,除非轨道接近极地,在这期间,LEO 一年会有两段时间没有地影。非 GEO 卫星电池比 GEO 卫星电池消耗得更频繁,充电和放电也更频繁,从而减少了其寿命。

2.2.1.6 热控分系统缓解措施

平台热控分系统为有效载荷各种部组件提供 $-20\sim65℃$ 的温度(Bloch et al., 2009),它能在散热和保温达到平衡,使有效载荷设备既不过热也不过冷。有效载荷和卫星其余部分的整个温度控制是一个复杂的设计问题,热控工程师需要反复迭代研究,如有必要,有效载荷系统工程师也会参与其中。在极少数情况下,当热控分系统不能为有效载荷部组件提供所需温度范围时,必须对有效载荷进行部分重新设计。

卫星的热控方式主要有三种:一是通过隔热层将其与空间环境进行隔离;二是通过向空间进行热辐射的散热板排出大部分内部产生的热量(Sharma,2005);三是热控涂层也有助于单机之间的热传递。下面介绍从卫星内部的部组件到外部的热控。

有源单机和大功率射频负载会产生废热,这些废热从部组件中抽出,送入卫星的热传输系统并向空间辐射。需要散热的每个有效载荷部组件在其下部都有一块底板,这种结构设计使得热量流向底板,而底板与卫星安装板相连。卫星热控分系统设计目的是确保安装板保持在特定的温度范围内。工程师对部组件进行设计,使其底板在最高和最低温度下与卫星安装板接触时,有效载荷的每个部组件都在其要求的温度范围内。如果做不到这一点,卫星热控工程师必须调整热控设计,为安装板提供更好的温度范围。

除了天线及其相连的波导外,GEO 卫星有效载荷电子设备的安装表面包括了四块侧板内表面、内部设备板和对地板外表面,如图 2.13 中的粗虚线所示。图 2.13(a)是移除对地板和背地板后卫星内部构型顶视图,图 2.13(b)是移除东西板后卫星内部构型的侧视图。对内部设备板的宽度和长度进行优化设计,卫星平台设备也可安装在上述表面和内部板的下部。

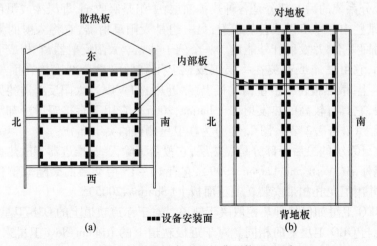

图 2.13 GEO 卫星有效载荷设备表面的典型构型(源自 Yee(2002))
(a)顶视图;(b)侧视图。

GEO 卫星的一些设备安装板嵌入了热管线路网,它可将废热从卫星安装板上带走。热管是一套无源的、独立的装置,它在热端蒸发工作液体,将气体通过管道输送到较冷的一端,液体在那里释放热量并冷凝,并通过毛细管或毛细作用将液体输送回热端(Cullimore,1992)。其他热管可将热量从设备板传送到散热板,散热板中也有很多热管。如图 2.13 所示,散热板通常覆盖整个南北设备板的外部(Watts,1998)。自 20 世纪 90 年代末以来,热管应用取得了突破性进展,扩大了卫星有效载荷配置的可能性范围。随着热控分系统容量的增加,使得有效载荷可以使用和传输更多功率。有效载荷单机的温度波动减小,有效载荷性能变化也随之减小。热管方面的一些重要突破,按专利申请提交日期顺序排列如下:

(1)热管热耦合东西板(Hosick,2000)。

(2)如图 2.14 所示,可展开散热板从南北板向外展开(Pon,2002)。

(3)如图 2.15 所示,交叉热管热耦合南北散热板,它们使南北板的设备具有更稳定的温度(Watts,1998),并且使这些板的热容量增加了 11%(Low and Goodman,2004)。

(4)环形热管比常规热管具有更高的容量和更长的传热距离,可将设备板连接到一个或多个散热板上(Yee,2002)。

(5)双向环形热管可在设备板之间以及散热板之间传递热量(Yee,2003)。

(6)东西两侧散热板与环形热管耦合,同时东西设备板加上热管,这使东西板的散热能力提高了约 50%。这些设备板可以安装更多耐受高温的设备,如射频负载、馈源、开关、环路器和 OMUX(Low and Luong,2002)。

(7)南北板与东西板实现热耦合,将热量从南北板向东西板过渡(Jondeau et al.,2012)。

热控分系统的另一部分是各种热控涂层:一组是吸收剂,即黑漆或黑色阳极氧化,用于某些内部单机以改善热辐射;另一组是太阳反射器,它将入射的大部分太阳能反射回太空,并发射红外能量。一个例子是光学太阳反射器,它构成了散热板的外表面,它由玻璃或石英在一层银或铝上用高导电黏合剂连接在面板上。在 GEO 卫星上,散热板位于卫星南北板上,靠近热的 TWTA。太阳反射器的另一个例子是白漆,它具有较高的热发射率(Sharma,2005),它用于直接辐射冷却型 TWTA 的散热板上(7.4.7.2 节),图 2.4(a)为在卫星侧板的突出部分。

热控分系统的最后一部分是隔热层,它覆盖了除天线、推进器和散热板之外的整个卫星外部(Wertz and Larson,1999),它有 10~15 层交替的聚酯薄膜和低电导间隔层,并用尼龙扎扣带安装在卫星面板上(Sharma,2005)。

非 GEO 卫星如何处理热控取决于轨道。对于赤道轨道上的 O3b 卫星,温度测量值可能与 GEO 卫星上的相同。对于近极轨道上的 Iridium Next 卫星来说,连接所有四个侧板的热管至关重要。

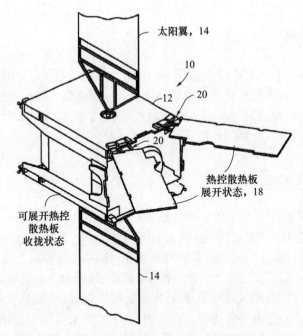

图 2.14 GEO 卫星上可展开的散热器面板（源自 Pon(2002)）

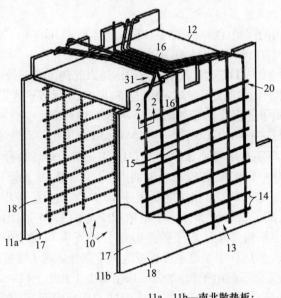

11a，11b—南北散热板；
13—热管线路网；
16—交叉热管。

图 2.15 GEO 卫星中的交叉热管（源自 Low and Goodman(2004)）

2.2.2 老化

有效载荷有源单机工作时会老化(不工作时不会老化)。卫星热控分系统的老化,主要是因为散热板外表面和卫星其他表面涂层老化,降低了它们反射阳光或辐射热量的能力(Yee,2011)。随着时间的推移,热管上的有效载荷设备变得越来越热,除非在早期使用加热器补偿。

2.2.3 辐射

辐射是通过 X 射线或更高频率的粒子(包括光子)传递能量(ECSS,2008b),初级辐射来自卫星外部,次级辐射来自初级辐射与卫星的相互作用(ECSS,2008a)。初级辐射来自周围的星系特别是太阳,宇宙射线实际上是来自银河系的带电粒子,其中87%是质子、12%是 α 粒子(氦原子核)和1%是重离子(Bourdarie and Xapsos,2008)。太阳风最终提供了其余的初级辐射,它是从太阳喷出的连续带电粒子流,大部分是电子和质子。在大约11年的太阳周期中,太阳风更加活跃,强度更大。在太阳活动特别频繁时,太阳高能粒子爆发会持续几小时到几天,这些粒子是质子、电子和比正常能量高得多的重离子。太阳风越强,它从地球上带走的银河宇宙射线粒子就越多(ECSS,2008a)。

地球受到磁场的保护,使一些银河宇宙射线粒子(Wikipedia,2010a)和大多数太阳粒子(Wikipedia,2010b)偏转,并使其他粒子远离地球。首先,地球磁场是一个磁偶极子,与地球自转轴有约11°夹角,其中心位于赤道以北约500km处(Wikipedia,2011)。磁偶极子穿过地球表面的地方是地球磁极,被捕获的粒子形成了范艾伦辐射带。

高能电子和质子的范艾伦带如图 2.16 ~ 图 2.18 所示。为了进行比例尺比较,GEO 卫星距离地球中心约为 6.6 倍的地球半径,MEO 卫星距离地球中心为 2.2 ~ 4.1 倍的地球半径,LEO 卫星距离地球中心为 1.1 ~ 1.3 倍的地球半径。图 2.16 给出了能量大于1MeV 的电子带图,在地磁赤道面上,电子带最强的部分在离地球中心约 4.3 倍地球半径处。图 2.17 给出了能量大于 10 MeV 的质子带图,这比电子带小,在地磁赤道面上,质子带最强部分位于距地球中心约 1.75 倍地球半径处(Daly et al. 1996)。MEO 卫星轨道位于电子带最差部分的下方和质子带最差部分的上方(Ginet et al. ,2010)。LEO 卫星极地或近极地轨道通常暴露于磁极附近俘获的粒子,它们包含了1000km 以下的电子和1000km 以上的电子和质子(Bourdarie and Xapsos,2008)。如图 2.18 所示,质子带特别靠近南半球的地球表面,形成了南大西洋异常,异常中心位于西经约 35°(Daly et al. ,1996),这大约是南美洲东部边缘的经度。异常的原因是磁偶极子中心与地球中心重合,它会降低轨道高度,这被认为是第一代 Globalstar 卫星上 S 频段功率放大器性能下降的原因(de Selding,2007)。

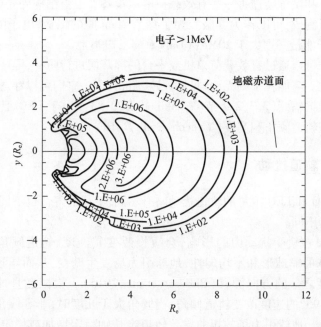

图 2.16 范艾伦电子带(© 1996 IEEE。经许可,转载自 Daly et al(1996))

注:能量等值线图以 $cm^2 \cdot s$ 为单位。

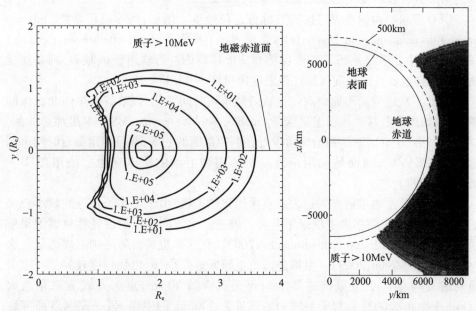

图 2.17 范艾伦质子带
(© 1996 IEEE。经许可,转载自 Daly et al(1996))
注:能量等值线图以 $cm^2 \cdot s$ 为单位。

图 2.18 西经 35°处地球切面显示
的南大西洋异常(© 1996 IEEE。
经许可,转载自 Daly et al(1996))

高能电子和质子会损害一些有效载荷电子设备。卫星结构外壳通常由几毫米厚的铝蜂窝板制成,可以作为屏蔽。为了穿透2mm厚的铝板,电子的能量必须大于1MeV,质子能量必须大于20MeV(Daly et al.,1996)。

高能电子可以通过有效载荷单机或平台的屏蔽层进行防护,屏蔽层越厚,减少的能量就越大。高能粒子则无法通过屏蔽层阻止,因为它们可以穿透很远,所以敏感部组件必须抗辐照(2.3.2.2节)(Wikipedia,2018)。对于LEO卫星,辐射暴露则取决于卫星轨道倾角和高度(Ya'acob et al.,2016)。

2.2.4 轨道扰动

GEO、MEO和LEO卫星的轨道扰动略有不同,卫星的寿命也不同,因此它们的位保工作有所不同。

GEO卫星在轨受扰动力的影响,会缓慢改变其经度、轨道倾角和轨道偏心率。由于地球的非球形和不均匀性,地球引力场发生畸变,从而导致卫星向两个稳定平衡经度之一的方向漂移(Borissov et al.,2015)。太阳和月球的引力以每年0.75°~0.95°的速度改变轨道倾角,当倾角大于几度时,非零倾角在经度变化方面作用明显。地球引力场的扭曲导致轨道半长轴稳定增加或稳定减少,具体取决于经度。此外,太阳辐射压力也会改变偏心率,还有来自月球的微小影响,偏心率的增加会引起经度变化(ITU-RS.484,1992)。

GEO卫星必须始终保持接近其标称定位经度。例如,国际电信联盟(International Telecommunication Union,ITU)要求固定卫星服务(fixed satellite service,FSS)(第17章)中的卫星须将其经度保持在±0.1°以内。若轨道稍微倾斜,则必须将轨道平面穿过赤道的经度保持在该限度内(ITU-RS.484,1992)。

GEO卫星运营商可能会决定让轨道倾角随时间变化,以节省卫星南北位保的燃料,例如大多数移动通信卫星服务(mobile satellite service,MSS)卫星都是如此,详见本书第20章。卫星初始倾角设置在期望范围的一端,并且倾角随着时间单调地变化到另一端,地面站和用户终端必须遵循卫星的轨道变化去使用(ITU-RS.743,1994)。

GEO卫星在轨推进方式过去一直采用化学推进,由于电离子推进能减小较多的质量,现在越来越多地卫星采用电离子推进。化学推进剂约占转移轨道卫星质量的一半(Gopinath and Srinivasamuthy,2003),化学推进需要每三到五周燃烧一次(Corey and Pidgeon,2009)。电推进需要更频繁地燃烧,但燃烧程度较轻。一家卫星制造商声称4个卫星推进器平均每天点火约40min,点火方式为对角点火(Goebel et al.,2002)。对于一颗初始质量为5000kg的卫星,另一家制造商声称平均燃烧时间(Gopinath and Srinivasamuthy,2003)相同。卫星越大,燃烧的时间越长(Corey and Pidgeon,2009),而4个卫星推进器是一种典型的配置。

GEO 卫星南北位保（倾角控制）无论采用哪种推进技术，都需要比东西位保多一个数量级的燃料（Oleson et al.，1997；Goebel et al.，2002）。

对于 MEO 卫星，主要的扰动与 GEO 卫星相同，但不同轨道平面上的卫星受到地球引力场畸变的影响也不同。MEO 卫星位保时可能不需要燃烧推进剂，可以将初始轨道参数设置成一个偏移值，在寿命期内这个偏移值可以漂移到允许变化值的另一端（Fan et al.，2017）。

对于 LEO 卫星，主要的扰动是地球引力场的畸变、大气阻力和太阳引力，主要影响是半长轴的持续衰减和较小的倾角漂移（Garulli et al.，2011），卫星位保推进方式既可以采用化学推进，也可以采用电推进。

2.2.5 姿态扰动

卫星外部最重要的姿态扰动是重力梯度、太阳辐射压力、磁场扭矩，而对于 LEO 卫星，还有空气动力学。卫星内部的主要扰动是重心不确定性、推进器未对准、推进器输出不匹配、机械旋转、燃料等液体的晃动以及天线、吊杆和太阳翼等柔性体的动力学（Wertz and Larson，1999）。与大型卫星相比，小型卫星更容易受到外部干扰，执行机构动力学对卫星动力学的影响更大（MacKunis et al.，2008）。

卫星姿态控制系统的设计目的是充分控制卫星姿态，保证天线的指向满足有效载荷的任务。

动量卸载或动量轮卸载期间使用星载推进，旋转的反作用轮吸收环境扭矩，如重力梯度、太阳辐射压力、大气阻力和环境磁场。随着时间的推移，它旋转得越来越快，但不能以任意高的速度旋转，储存的角动量必须通过星载推进器卸载（Weiss et al.，2015）。

当星载推进器使用化学推进剂时，卫星姿态受到最严重的干扰是推进器为了轨道修正或动量释放而进行的短暂燃烧。

当星载推进器使用电离子推进时，姿态瞬变要小得多。即使在推进过程中出现异常，动量轮也很容易吸收它，对有效载荷的影响很小或没有影响（Corey and Pidgeon，2009）。

2.3 缓解环境对有效载荷的影响

在轨环境对有效载荷的影响如表 2.1 所列，下面将讨论这些内容以及一些有效载荷单机如何进一步缓解环境影响。第 3 章至第 7 章将讨论该影响如何转化为对各种有效载荷单机的性能变化。

表 2.1 在轨环境对有效载荷的影响

环境因素	对有效载荷的一般影响
温度	卫星提供给设备单机热接口(安装板)的温度变化
辐射	射频部组件和石英振荡器的不可逆变化,数字电路的不可逆和可逆变化
老化	温度范围变化增大(由于热管老化),设备单机的不可逆变化
姿态扰动	无自动跟踪天线的增益变化

2.3.1 温度变化影响

对于任何轨道,有效载荷单机的温度变化有每轨道一次、每年和整个寿命周期三种时间尺度。对于有热管的面板上的有效载荷电子设备,每轨道一次和每年的温度变化不仅仅是周期性的,随着热控分系统的老化,每轨道一次和每年的温度变化可能会增加,其增长介于线性和对数之间(Yee,2011)。此外,有效载荷单机的平均温度从寿命初期(beginning of life,BOL)到寿命末期(end of life,EOL)都在上升。图 2.19 给出了 GEO 卫星有效载荷单机在寿命周期内温度变化的两个例子,一个例子是卫星南板或北板上的有效载荷单机,另一个例子是卫星东板或西板上的有效载荷单机。假设所有面板都有热管,并且南北板是热耦合的。图中未显示年温度变化,认为日温度变化是一年中最恶劣的,而南北板的日温度变化比东西板的日温度变化更小。

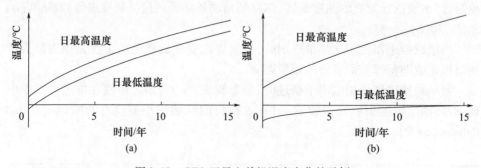

图 2.19 GEO 卫星上单机温度变化的示例
(a)当面板热耦合时,南板或北板上的单机;(b)当面板具有独立的热管系统时,在东板或西板上的单机。

2.3.1.1 有源单机

有效载荷有源单机的性能通常随温度变化而变化,需要考虑大功率放大器(high-power amplifier,HPA)子系统的前置放大器之前的单机和前置放大器之后的单机。前置放大器将有效载荷分成两个几乎独立的部分：一是前置放大器必须能够接受一定范围的输入功率,该功率变化中的一部分是前置放大器之前单机的温度变化引起的;二是前置放大器必须能够向 HPA 输出一定范围的功率,该功率变化中的一部分则考虑了 HPA 的温度变化对功率的影响。

除了平台的热控分系统功能之外,一些有效载荷单机还能实现额外的热控制。当热控分系统提供其最低温度时,一些单机可能有自己的加热系统,如主振荡器有加热器提升它们的热稳定性;直接辐射冷却型 TWTA 有自己的散热器,延伸到卫星面板边缘以外;线性化通道放大器(linearizer – channel amplifier,LCAMP)等一些单机会根据测量的未校正性能曲线来修正自身的温度性能,这些措施可进一步缓解平台热控分系统的压力。

2.3.1.2 天线

太阳角度的变化也会影响天线,根据反射器表面受照情况的温度变化具有不同的型面变形量,或者它是否在两个高低温极端之间转换。

2.3.1.3 射频传输线

同轴电缆随着温度的升高,其插入损耗线性增加;而插入相移是温度的非线性函数。

波导随温度的性能变化取决于波导材料,大多数材料随着温度的升高而线性膨胀,在这种情况下工作频率范围下移。殷钢材料在一定的温度范围内几乎不变形。

2.3.1.4 微波滤波器

微波滤波器有三种,分别是空腔波导滤波器、介质谐振滤波器和同轴腔体滤波器,其中波导滤波器随温度变化与其波导材料表现出相同的特性,而另外两种滤波器则对温度的敏感度最低。

2.3.2 辐射效应

2.3.2.1 有效载荷的一般辐射效应

高能带电粒子可以通过两种方式在有效载荷部组件中引起电离:一种是当带电粒子在穿过物质的过程中与原子碰撞时,将电子从原子核周围的轨道中拉出,并将电子释放到周围的物质中。在固态物质中,其结果就会沿着高能粒子传播路径产生电子–空穴对。另一种是产生二次辐射,当高能粒子撞击致密物质时,会在制动过程中突然失去一些能量,从而产生光子(这就是韧致辐射效应),这些光子沿着其路径电离物质(Ecoffet,2013)。

一些有效载荷部组件性能可能会被单个带电粒子引起的电离而中断或永久损坏,这些是单粒子效应(single event effects,SEE)。非破坏性影响是数字数据的损坏或设备处于异常的操作状态,而破坏性影响是它可能会产生高电流从而破坏设备。重离子会导致半导体敏感区域直接电离,而质子和中子与活性半导体内或非常接近活性半导体的原子核相互作用,导致局部电荷产生(ECSS,2008b)。

其他有效载荷部组件性能会受到累积电离的影响,即电离总剂量(total ionizing dose,TID),这些部组件包括石英晶体和半导体器件(Ecoffet,2013),半导体微电子器件的TID退化会导致性能逐渐下降并最终失效。半导体器件的TID效应取决于入射到电介质层中产生的电子-空穴对,以及随后在半导体界面或其附近产生的陷阱和电介质中捕获的电荷(ECSS,2010)。在微电子学中,TID会在半导体中产生表面漏电流,也会对金属氧化物半导体(metal oxide semiconductor,MOS)引起栅极阈值电压偏移。带电粒子可以是初级辐射粒子,也可以是次级辐射粒子(ECSS,2008b),通过屏蔽吸收大部分电子和低能质子可以减少TID效应(Barth et al.,2004)。

带电粒子也能与其碰撞的原子核相互作用,这种概率比电离小得多。一小部分粒子能量转移到原子核,这激发了原子核使其在晶格结构中移动,从而在晶格中形成间隙和空位。间隙和空位是可移动的,它们可以聚集在一起或与晶格中的杂质反应,形成稳定的缺陷中心,这就是位移损伤(displacement damage,DD),它主要影响双极晶体管(ECSS,2008b)。

表2.2列出了有效载荷的三种辐射效应及其粒子源。

表2.2 有效载荷的辐射效应及其粒子源(ECSS,2008b)

辐射效应	粒子源
单粒子效应(SEE)	捕获的质子、太阳质子和更重的离子、宇宙射线质子和重离子
电离总剂量(TID)	捕获的质子和电子、太阳质子;次级粒子包括光子但不包括中子
位移损伤(DD)	捕获的质子、太阳质子;次级质子和中子

2.3.2.2 受辐射影响的有效载荷部组件

对辐射敏感的有效载荷部组件只有石英晶体振荡器和一些集成电路(integrated circuits,IC),如表2.3所列,该表还给出了它们适用于三种辐射效应的种类。晶体振荡器经历了来自TID的频移(ECSS,2010),功率金属氧化物半导体主要用于固态功率放大器(7.5节)。

基于GaAs和InP的单片微波集成电路(monolithic microwave integrated circuits,MMIC)通常用于射频应用,它们对辐射不敏感(Kayali,1999)。一家供应商宣称他们基于GaAs的MMIC产品可承受$10^7 \sim 10^8$rad($1\text{rad} = 10^{-2}$Gy)的TID(TriQuint,2010a)。这些晶体管是高电子迁移率晶体管(high electron mobility transistor,HEMT)、伪HEMT晶体管(pseudo HEMT,pHEMT)或其他场效应晶体管(field effect transistors,FET)。

表 2.3 有效载荷部组件的辐射效应汇总(ECSS,2010)

部件	技术	辐射效应
晶体振荡器	石英晶体	TID
集成电路	功率 MOS	TID 和 SEE
	CMOS	TID 和 SEE
	双极(Bipolar)	TID、SEE 和 DD
	双极 CMOS(BiCMOS)	TID、SEE 和 DD
	绝缘体上硅(CMOS) (包括蓝宝石上硅)	TID 和 SEE 但没有 单粒子锁存

互补金属氧化物半导体(complementary metal oxide semiconductor,CMOS)技术以低功耗和易于集成而闻名(Robinette,2009),然而,现货供应的部组件容易受到辐射影响。尽管如此,CMOS 仍广泛应用于通信卫星,因为它们可以被制造成抗辐射的。此类部件基于非加固的等效元件,通过优化设计和制造工艺以降低对辐射损伤的敏感性,它们在使用前都经过单独的辐射测试(Wikipedia,2018)。除非另有说明,否则宣传为抗辐照的部件对 TID 来说通常很难(Barth et al. ,2004)。

具体而言,蓝宝石硅(silicon – on – sapphire,SoS)技术可归类为绝缘体硅(silicon – on – insulator,SoI),但其线性度优于其他 SoI CMOS 和 GaAs(Robinette,2009)。SoS 的主要优势在于,可以将射频、模拟、逻辑、EEPROM 和高 Q 无源器件等一系列器件集成在一个芯片上(Reedholm,2017)。表 2.4 列出了目前在有效载荷中使用的 CMOS 集成电路技术的一些示例。

表 2.4 有效载荷 CMOS 集成电路技术示例

集成电路类型	使用案例
FPGA	星载处理包括数据包处理和控制、DSP 和 RAM;通道化器、下变频器、波束形成网络、频率重构等(Huey,2016)
ASIC	星载处理器
混合信号(模拟/数字)	数模转换器、模数转换器(ECSS,2008b)
射频/混合信号	数字步进衰减器、相控阵中射频 C 开关和锁相环(Robinette,2009)

2.3.3 老化效应

即使有效载荷单机的运行条件保持不变,它们在寿命期的不可逆变化也会导致性能的缓慢变化,老化来自累计运行时间(ECSS,2006)。

大多数射频 GaAs 器件故障发生在 FET 通道中,其中将射频输出功率下降 1dB 定义为故障,它主要来自物理和化学过程(TriQuint,2010b)。

晶体振荡器的老化来自晶体本身、安装及其电极等(HP,1997)。

有效载荷一些单机的性能在寿命期发生偏移通常可以由地面指令补偿。有效载荷单机供应商应选取其中几种单机在地面开展全寿命试验测试,假设供应商每年观察到在轨飞行单机的非零平均漂移,然后就可以预测出它们的未来变化,但也有一定的不确定性。多年来,通过改变某些参数的指令来可以部分补偿单机的性能变化,但是,若供应商观察到的漂移平均值为零,则无法采取任何措施。

2.3.4 天线增益变化

卫星姿态误差会对无自动跟踪功能(3.10节)的天线产生指向误差,从而导致天线增益变化(3.9节)。自动跟踪是一种闭环控制系统,它能测量出天线的指向误差,并可连续校正天线指向。

参考文献

Aerospace Technology Web site(2018). Iridium Next satellite constellation. Project information. Accessed Aug. 30,2018.

Arianespace(2013). A batch launch for the O3b constellation. Launch news item. June 25. Accessed Sep. 25,2013.

Barth JL,LaBel KA,and Poivey C(2004). Radiation assurance for the space environment. *IEEE International Conference on Integrated Circuit Design & Technology*;May 18 – 20.

Bloch M,Mancini O,and McClelland T(2009). What we don't know about quartz clocks in space. *Institute of Navigation Precise Time and Time Interval Meeting*;Nov. 16 – 19.

Borissov S,Wu Y,and Mortari D(2015). East – west GEO satellite station – keeping with degraded thruster response. *MDPI Aerospace*;2(Sep.);581 – 601.

Bourdarie S and Xapsos M(2008). The near – earth space radiation environment. *IEEE Transactions on Nuclear Science*;55(4)(Aug.);1810 – 1832.

Corey RL and Pidgeon DJ(2009). Electric propulsion at Space Systems/Loral. *International Electric Propulsion Conference*;Sep. 20 – 24.

Cullimore BA(1992). Heat transfer system having a flexible deployable condenser tube. US patent 5,117,901. June 2.

Daly EJ,Lemaire J,Heynderickx D,and Rodgers DJ(1996). Problems with models of the radiation belts. *IEEE Transactions on Nuclear Science*;43;403 – 415.

de Selding PB(2007). Globalstar says service sustainable until new satellites arrive in 2009. *Space*

News; Feb. 12.

de Selding PB (2013). Intelsat enlists Space Systems/Loral to build IS – 34 satellite. *SpaceNews*; July 23.

Ecoffet R(2013). Overview of in – orbit radiation induced spacecraft anomalies. *IEEE Transactions on Nuclear Science*;60(3)(June);1791 – 1815.

Emiliani LD(2020). Computer program with input of Union of Concerned Scientists Satellites database of 2020 Apr 1. Oct. 8.

European Cooperation for Space Standardization (ECSS) (2006). *Standard ECSS – Q – 30 – 11A (2006): Space Product Assurance, Derating – – EEE Components*. The Netherlands: ESA Publications Division.

ECSS(2008a). *Standard ECSS – E – ST – 10 – 04C (2008a): Space Engineering, Space Environment*. The Netherlands: ESA Requirements and Standards Division.

ECSS(2008b). *Standard ECSS – E – ST – 10 – 12C: Space Engineering, Methods for the Calculation of Radiation Received and Its Effects, and a Policy for Design Margins*. The Netherlands: ESA Requirements and Standards Division.

ECSS(2010). *Standard ECSS – E – HB – 10 – 12A: Space Engineering, Calculation of Radiation and Its Effect and Margin Policy Handbook*. The Netherlands: ESA Requirements & Standards Division.

Evans BG, editor(1999). *Satellite Communication Systems*, 3rd ed. London: The Institution of Electrical Engineers.

Garulli A, Giannitrapani A, Leomanni M, and Scortecci F(2011). Autonomous station keeping for LEO mission with a hybrid continuous/impulsive electric propulsion system. *International Electric Propulsion Conference*; Sep. 11 – 15.

Ginet GP, Huston SL, Roth CJ, O'Brien TP, and Guild TB(2010). The trapped proton environment in medium earth orbit(MEO). *IEEE Transactions on Nuclear Science*;57(6)(Dec.);3135 – 3142.

Goebel DM, Martinez – Lavin M, Bond TA, and King AM(2002). Performance of XIPS elec – tric propulsion in on – orbit station keeping of the Boeing 702 spacecraft. *AIAA/ASME/SAE/ASEE Joint Propulsion Conference*; July 7 – 10.

Gopinath NS and Srinivasamuthy KN(2003). Optimal low thrust orbit transfer from GTO to geosynchronous orbit and stationkeeping using electric propulsion system. *International Astronautical Congress of the International Astronautical Federation*; Sep. 29 – Oct. 3.

Graham W (2011). Soyuz 2 – 1A closes 2011 with successful launch of six Globalstar – 2 satellites. News article. Dec. 28. Accessed July 28, 2019.

Hewlett Packard (1997). Fundamentals of quartz oscillators. Application note 200 – 2. Accessed Nov. 24, 2010.

Hili L, Roche P, and Malou F (2016). ST 65nm a hardened ASIC technology for space applications. *European Space Components Conference*; Mar. 1 – 3.

Hosick DK, inventor; Space Systems/Loral, Inc., assignee(2000). High power spacecraft with full utilization of all spacecraft surfaces. US patent 6,073,887. June 13.

Huey K (2016). Xilinx Virtex – 5QV update and space roadmap. Viewgraph presentation. Accessed Sep. 7, 2018.

Iridium Communications(2016). New platform. New possibilities. Sep. 22. Accessed Oct. 3,2018.

ITU(International Telecommunication Union)(2019). Key outcomes of the World Radiocommunication Conference 2019. *ITU News Magazine*;no 6.

ITU – R. Recommendation S. 484 – 3(1992). Station – keeping in longitude of geostationary sat ellite-sin the fixed – satellite service.

ITU – R. Recommendation S. 743 – 1(1994). The coordination between satellite networks using slightly inclined geostationary – satellite orbits(GSOs) and between such networks and satellite networks u-sing non – inclined GSO satellites.

Jondeau L,Flemin C,and Mena F,inventors;Astrium SAS,assignee(2012). Device for controlling the heat flows in a spacecraft and spacecraft equipped with sucha device. US patent 8,240,612 B2. Aug. 14.

Kayali S(1999). Reliability of compound semiconductor devices for space applications. *Microelectronics Reliability*;39;1723 – 1736. On trs. jpl. nasa. gov/. Accessed Dec. 1,2010.

Low L and Luong J(2002). Spacecraft radiator system and method using east west coupled radiators. US patent application 2002/0139512 A1. Oct. 3.

Low L and Goodman C,inventors;Space Systems/Loral,assignee(2004). Spacecraft radia tor system using crossing heat pipes. US patent 6,776,220 B1. Aug. 17.

MacKunis W,Dupree K,Bhasin S,and Dixon WE(2008). Adaptive neural network satellite attitude control in the presence of inertia and CMG actuator uncertainties. *American Control Conference*;June 11 – 13.

Martin DH,Anderson PR,and Bartamian L(2007). *Communications Satellites*,5th ed. El Segundo,CA: The Aerospace Press;and Reston,VA: American Institute of Aeronautics and Astronautics,Inc.

Morgan WL and Gordon GD(1989). *Communications Satellite Handbook*. New York: John Wiley & Sons.

Oleson SR,Myers RM,Kluever CA,Riehi JP,and Curran FM(1997). Advanced propulsion for geostationary orbit insertion and north – south station keeping. *AIAA Journal of Spacecraft and Rockets*;34(1);22 – 28.

Pon R,inventor;Space Systems/Loral,assignee(2002). Aft deployable thermal radiators for spacecraft. US patent 6,378,809 B1. Apr. 30.

Rankin W(2008). The world's population in 2000,by latitude. Accessed July 27,2019.

Reedholm Systems(2017). Silanna. Client profile – 103a. On reedholmsystems. Accessed Sep. 10,2018.

Robinette D(2009). UltraCMOS RFICs ease the complexity of satellite designs. *Microwave Journal*;52(8)(Aug.);86 – 99.

Rodden JJ,Furumoto N,Fichter W,and Bruederle E,inventors;Globalstar LP and Daimler – Benz Aerospace AG,assignees(1998). Dynamic bias for orbital yaw steering. US patent 5,791,598. Aug. 11.

Sharma AK(2005). Surface engineering for thermal control of spacecraft. *Surface Engineering Journal*;21(3);249 – 253.

Spaceflight101(2006). Echostar 21. Article. On spaceflight101. com/proton – echostar – 21/echostar – 21/. Accessed Sep. 21,2011.

Spacewatch. Global (2016) . Globalstar – second – generation – satellite – photo. Nov. 25. On spacewatch. global/2016/11/globalstar – solutions – monitor – fleets – safeguard – oil – industry workers – tunisia/globalstar – second – generation – satellite – photo – courtesy – of – thales – alenia space/. Accessed Aug. 30,2018.

Telesat(2020). Telstar 12 now at 109. 2°WL. Fleet satellite information. On www. telesat. com/our – fleet/telstar – 12. Accessed July 19,2020.

TriQuint Semiconductor,Inc. (2010a). Gallium arsenide products,designers' information. On 7,2010.

TriQuint Semiconductor,Inc. (2010b). Micro –/millimeter wave reliability overview. Accessed Dec. 7,2010.

Watts KP,inventor;Hughes Electronics Corp,assignee(1998). Spacecraft radiator cooling system. US patent 5,806,803. Sep. 15.

Weiss A,Kalabić U,and Di Cairano S(2015). Model predictive control for simultaneous station keeping and momentum management of low – thrust satellites. *American Control Conference*;July 1 – 3.

Wertz JR and Larson WJ(1999). *Space Mission Analysis and Design*,3rd ed. Hawthorne,CA: Microcosm Press;and New York: Springer.

Wikipedia(2010a). Cosmic ray. On en. wikipedia. org. Accessed Dec. 6,2010.

Wikipedia(2010b). Solar wind. On en. wikipedia. org. Accessed Dec. 6,2010.

Wikipedia(2011). Geomagnetic pole. Oct. 12. On en. wikipedia. org. Accessed Oct. 28,2011.

Wikipedia(2018). Radiation hardening. Sep. 6. On en. wikipedia. org. Accessed Sep. 10,2018.

Xilinx,Inc. (2010). Xilinx launches first high – density,rad – hard reconfigurable FPGA for space application. News release. html. Accessed Nov. 26,2010.

Xilinx,Inc. (2017). Hundreds of Xilinx space grade FPGAs deployed in launch of Iridium Next satellites. News release. Jan. 16. Accessed Sep. 7,2018.

Ya'acob N,Zainudin A,Magdugal R,and Naim NF(2016). Mitigation of space radiation effects on satellites at low earth orbit(LEO). *IEEE International Conference on Control System, Computing and Engineering*;Nov. 25 – 27.

Yee EM,inventor;Space Systems/Loral,Inc. ,assignee(2002). Spacecraft multiple loop heat pipe thermal system for internal equipment panel applications. US patent 6,478,258 B1. Nov. 12.

Yee EM,inventor;Space Systems/Loral,Inc. ,assignee(2003). Spacecraft multi – directional loop heat pipe thermal systems. US patent 6,591,899 B1. July 15.

Yee EM,Space Systems/Loral(2011). Private communication. Nov. 7.

第3章
天线基础和单波束天线

3.1 介绍

本章介绍有效载荷的关键单机——天线。天线和太阳翼是卫星上最为显著的设备。卫星天线容易激发设计师的热情：大多数天线的口径大，部分天线还可以转动，天线在轨展开的视频。当天线设计师用自己的手臂模拟演示天线双轴展开时，谁会不着迷？

本书将天线内容分成了两章，本章介绍天线基础和单波束天线，多波束天线和相控阵天线将在第11章详述，因为它们涉及后续几章介绍的内容，包括大功率放大器和处理型有效载荷，形成少量波束的天线特性可以参见本章和第11章。

本章和本书其他章节一样，适用于目前在轨的或即将发射的商业通信卫星。本章还介绍卫星制造商目前研发的天线或天线部件，因为他们花费了大量时间和资金研发出了工程样机，所以这些天线未来几年在轨应用的可能性很高。

到目前为止，本书介绍的大多数有效载荷天线用于卫星和地面之间的通信链路，但也有部分天线用于卫星到卫星之间的星间链路，本章不讨论这部分内容。

以下是天线的简要说明，作为本章其余部分详细描述的背景。反射器天线可以有一个或两个反射器，如果它有两个，口径较大的是主反射器，口径较小的是副反射器。（主）反射器是通信中用于直接接收功率和/或发射功率的装置。反射器天线总有一个馈源：接收时，馈源收集反射器反射到其中的射频功率；发射时，馈源将射频功率发送到反射器。喇叭是一种特殊的波导结构，其开口端呈喇叭状，最常用作馈源，但有时其本身也可用作天线。天线通常还包括其他部件，不仅可以分离接收信号和发射信号，而且可以将圆极化信号转换成线性极化信号（反之亦然），还可以分离或组合两个线极化信号。

本章单波束天线内容主要包括天线指向误差、自动跟踪、天线效率和天线测量。

3.2 单波束天线示例

观察卫星上有效载荷天线的布局,犹如痴迷地欣赏一件件艺术品。

图 2.4(a)给出了卫星上一种典型的天线布局,该卫星为 Intelsat 34,是一颗 C 频段和 Ku 频段广播卫星。它包括 3 副可展开反射器天线,2 副 Ku 频段主反射器安装在卫星东板在轨可展开,对应的 2 副副反射器固定在卫星对地板上,其馈源则安装在东板上照射副反射器;另外 1 副 C 频段反射器安装在卫星西板在轨可展开(Nagarajah,2015)。东板两侧边缘伸出的两排白色短柱是 TWTA 热辐射装置的辐冷头,有效载荷共有 24 路 C 频段转发器和 24 路 Ku 频段转发器,卫星于 2015 年发射(Krebs,2017a)。

与单独安装在卫星侧板上的 1 副或 2 副可展开反射器不同,Scouarnec 等 (2013)给出了在侧板的可展开托板上最多可容纳 4 副可动反射器天线(未图示)。

图 3.1 为天线布局中的对地板部分,天线数量较多,这是工作在 Ka/K 频段和 Ku 频段的 Eutelsat 3B 卫星,它由 5 副 Ka/K 频段单反射器天线和 1 副 Ku 频段格里高利天线组成,其中 Ka/K 频段天线馈源安装在支撑塔上(3.4.3 节);6 副收发共用天线均可独立控制转动,其波束能指向地球上的任何位置,该卫星于 2014 年发射(Glâtre et al.,2015)。

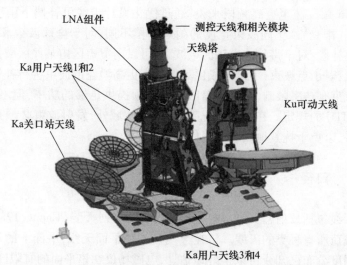

图 3.1 Eutelsat 3B 卫星对地板上的大型 Ka/K 频段和 Ku 频段天线布局
(© 2015 IEEE。经许可,转载自 Glâtre et al. (2015))。

MEO 卫星上的天线布局如图 2.8 所示,该卫星属于 O3b 星座。与 GEO 卫星相比,该卫星外形独特,12 副 Ka/K 频段单反射器天线在星视地球上均独立可控指向。随着卫星的运动,每副天线都能跟踪其波束在地球上的位置,所有天线均工作在接收和发射频段(Amyotte et al. ,2010)。20 颗第一代 O3b 卫星于 2013 年至 2019 年发射升空(Krebs,2017b,2020)。

3.3 天线基本概念

3.3.1 波束

天线波束覆盖大致上有五种,对发射和接收频段以及所有轨道的定义相同:
(1)全球波束,大约覆盖整个星视地球。
(2)半球波束,大约覆盖星视地球的一半。
(3)带状波束,大约覆盖一个大陆面积。
(4)区域波束,大约覆盖西班牙的大小面积。
(5)点波束,大约覆盖纽约市的大小面积。与同一颗卫星的较大波束相比,有时它也用来表示区域波束或带状波束。

Intelsat 卫星拥有上述所有大小的波束(Schennum et al. ,1999;Intelsat,2008)。

对于 Ku 频段甚至更高频段来说,通过优化设计天线可补偿下雨所造成的长期平均衰减(雨衰)。不同波束宽度的雨衰补偿不同:对于全球波束和半球波束,基本不需要补偿;对于带状波束和区域波束,可以向覆盖区内某些区域提供增益增强进行补偿;对于点波束,可设计成比其他波束更高增益的波束进行补偿。

发射波束有功率限制,在其覆盖区域内必须提供足够的功率,但不能太大;否则,会违反 ITU 的规定。在某些情况下,在覆盖区域外,发射波束必须具有非常低的功率电平,以免干扰其他国家的通信。

3.3.2 口径

口径天线包括反射器天线、喇叭天线和平面阵列天线(Chang,1989),它们构成了有效载荷所有种类的天线。口径天线是一种平面天线,平面上的切向电场或切向磁场强度分布已知或可以很好地估计,电磁仅在该平面的有限区域内有效,该有限区域即为口径(Chang,1989)。对于反射器天线,主反射器是由平面曲线的旋转面构成,口径是封闭反射器表面的平面圆形区域,并垂直于曲线的旋转轴。当主反射器表面只是对称旋转曲面的一部分时,口径是反射器表面在同一平面圆形区域上的投影。对于喇叭天线来说,其口径是其辐射口。对于平面阵列天线,其口径是包含阵列的平面部分。

口径上的切向电场分布决定了位于口径前面半空间内的电场,而口径上的切向磁场部分则决定了半空间内的磁场(Chang,1989)。切向电场是一个射频矢量场,因此它具有方向、相位和幅度等特性。如果口径平面定义为 $z=0$ 的平面,则 $z>0$ 的所有点都在口径前面的半空间中,这意味着口径后面的半空间内没有辐射电场。一个真实的口径实际上会有很少的后向辐射,虽然也会有一些口径边缘绕射,但是通过设计其影响可以忽略不计。

口径上的电场幅度就是口径锥削(MIT,2013),切向电场幅度和相位不变的理论口径锥削分布均匀。反射器的口径锥削通常是锥形的,这意味着它从口径中间的峰值到口径边缘值会快速下降,锥度通常以正 dB 数给出,这部分内容将在 3.11.2 节中继续阐述。

3.3.3 辐射方向图

口径天线的天线方向图可以从口径切向电场的二维傅里叶变换中导出(Collin,1985)。通常,天线口径越大,波束越窄,因此波束峰值增益越高。

天线方向图包括增益方向图和极化方向图两部分,在距离天线足够远的位置,从天线的每个方向上定义天线方向图(3.3.3.2 节)。

天线视场(field of view,FOV)可以用多种方式定义(Gagliardi,1978),但本书定义的天线视场为天线方向图在满足最低性能要求的那些方向,覆盖区边缘(edge of coverage,EOC)则是 FOV 在地球上的轮廓线。

无源天线具有互易性,因此它们在相同频率下接收和发射方向图相同(Collin,1985)。无源天线是指未配置功率放大功能的天线。

3.3.3.1 增益、EIRP 和 G/T_s

有效载荷发射天线的目的是对通道射频功率的辐射进行空间成形,使其优先在某些方向辐射最多,而在其他方向辐射最少。类似地,有效载荷接收天线对有效载荷的接收灵敏度进行空间成形,使其在期望方向上最大化,并在其他方向上得到抑制。这种成形通常用天线方向性函数 $D(\theta,\phi)$ 表示,其中 θ 为球坐标系下的空间极角(也称为离轴角),ϕ 为球坐标系下的空间方位角,方向性函数与增益方向图成正比。球坐标系中空间角定义如图 3.2 所示,其中天线口径位于 $z=0$ 的平面上,z 沿天线方向图的前向方向增加。

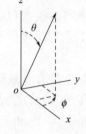

图 3.2 球面坐标系

如果首先考虑理想的(理论上的,不存在的)各向同性天线,就比较容易理解方向性。它是一个点源,在空间各个方向具有一致性。它不会改变辐射的形状,但会向各个方向发出等量的辐射。它在所有方向上的积分由下式给出:

$$\int_0^\pi d\theta \int_0^{2\pi} D(\theta,\phi)\sin\theta d\phi = \int_0^\pi d\theta \int_0^{2\pi} \sin\theta d\phi = 4\pi(各向同性天线)$$

对于任何其他天线的方向性函数,积分值是相同的,即

$$\int_0^\pi d\theta \int_0^{2\pi} D(\theta,\phi)\sin\theta d\phi = 4\pi(任何天线)$$

这意味着,如果存在天线方向性较大的方向,则必然存在方向性较小的补偿方向。对于口径天线,忽略任何后向辐射,则对于 $z<0$ 或 $\theta>\pi/2$ 方向,D 为零。

投影口径的半径为 a 的抛物面天线,其峰值方向性表达式如下(Collin,1985):

$$D_{peak} = 4\left(\frac{\pi a}{\lambda_0}\right)^2 \eta_A \eta_S$$

式中:λ_0 为波长,单位与 a 相同;η_A 为口径效率;η_S 为漏失效率(3.11.1 节)。

然而,增益比方向性更加实用,因为它将天线当作一个整体,在其终端可以和其他有效载荷单机相连。天线终端即天线一侧与有效载荷其余部分的接口,很多其他的概念、规范和测量也与天线终端有关。发射时,增益是指从天线口面辐射出的总功率,而方向性是指进入天线终端的功率,接收与之类似。增益与方向性成正比,系数 η 考虑了天线损耗,称为天线效率,3.11.1 节将对其进行更详细的讨论,在此简单表示如下:

$$P_{radiated} = \eta P_{terminal}(发射天线)$$
$$P_{terminal} = \eta P_{received\ at\ aperture}(接收天线)$$

除 GEO 卫星上覆盖地球波束的喇叭,有效载荷天线通常具有较高的增益,Schennum 等(1999)给出的天线增益约为 17dB,此值介于高增益和中增益之间。在 LEO 卫星上,天线增益通常比 GEO 或 MEO 卫星天线增益低,增益高的天线其值可以达到约 20dB。

等效全向辐射功率(equivalent isotropically radiated power,EIRP)是大多数有效载荷中最重要的参数,因为所有有效载荷至少有一个下行链路,它是发射天线终端的功率和天线增益的组合。EIRP 在空间所有方向上都有定义,在给定方向上,EIRP 是发射机提供给天线终端的功率与天线增益的乘积:

$$EIRP(\theta,\phi) = G(\theta,\phi)P_{terminal}$$

G/T_s 是有效载荷作为接收终端的性能指标,是卫星上行链路最重要的参数。对于只有几个上行站的卫星,G/T_s 只需要在其方向上定义(考虑到天线指向误差);此外,G/T_s 和 EIRP 一样也是在空间所有方向上定义。G/T_s 是接收天线增益和系统噪声温度 T_s 的组合(8.12 节),该参数决定了上行链路信噪比(signal-to-noise ratio,SNR)。

3.3.3.2 远场和近场

天线方向图通常指的是天线的远场方向图,高增益口径天线的远场一般是从距离口径 $2D^2/\lambda_0$ 处开始,其中 D 是天线口径的直径,λ_0 是发射或接收的中心频率的波长(Chang,1989)。更一般地,该距离也可以是 $2D^2/\lambda_0$、$20D$ 和 $20\lambda_0$ 的最大值(IEEE,2012)。根据定义,恒定相位的波前看上去像从一个点即天线的相位中心辐射出,如图3.3所示。本例给出的天线相位中心位于天线口径中,但并不总是这样,如喇叭相位中心在其腔体内部某处(3.7节)。

在天线远场,天线的辐射实际上是横向电磁(transverse electromagnetic,TEM)传播模式的平面波前。对 TEM 模,电场矢量 E 及其正交磁场矢量 H 位于波前平面,该平面垂直于传播方向(Collin,1985),且电磁场的幅度与常数相关(Ramo et al.,1984)。

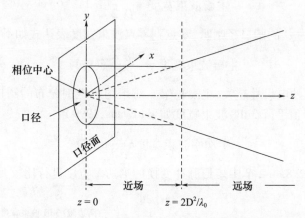

图 3.3 高增益口径天线的近场和远场区域(源自 Chang(1989))

天线附近是近场或菲涅耳区,波束直径在这个区域里缓慢增加,且横截面上场的幅度和相位分布随着距口径距离 z 的变化很小,如图3.4所示(Chang,1989)。

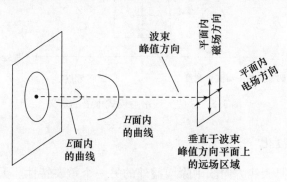

图 3.4 天线测量的主要平面

天线进行远场测量时,通常只在 E 面和 H 面两个正交平面内进行。图 3.4 说明了它们的定义,在垂直于波束峰值方向平面上的远场中,电场和磁场矢量指向如图所示,两个平面都包含了波束峰值方向的矢量。天线方向图可以从 E 面或 H 面中测量获取,即可得到从相位中心开始的一组切面方向图。其他切面方向图也可在各自平面内测量获取。

3.3.3.3 增益方向图

通信天线增益方向图有主瓣和旁瓣,它们由零点或近零点进行区分,如图 3.5 所示,主瓣电平值比旁瓣电平值高得多。

Collin(1985)给出了零点到零点主瓣宽度的近似表达式。对于宽边口径为 D 的矩形喇叭,宽边切面方向图的零点到零点波束宽度如下:

$$\text{主瓣波束宽度} \approx \frac{\lambda_0}{D/2}(\text{rad})$$

对于直径为 D 的圆口径喇叭,零点到零点波束宽度表达式如下:

$$\text{主瓣波束宽度} \approx \frac{3.8}{\pi}\frac{\lambda_0}{D/2}(\text{rad})$$

因此,天线的电尺寸越大,主瓣越窄。对于均匀锥削分布的圆口径天线,其半功率(从波束峰值下降 3dB)波束宽度如下(Evans,1999):

$$\text{半功率波束宽度} \approx \frac{\lambda_0}{D}(\text{rad})$$

(将其与 12.8.4.2 节中矩形脉冲变换的半功率宽度进行比较)。

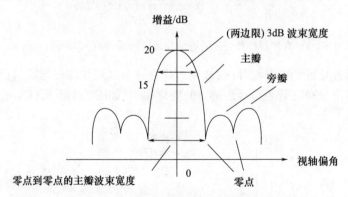

图 3.5 一些天线增益模式术语的定义

3.3.3.4 极化

远场的极化是天线方向图中除增益外的另一个重要特性。天线辐射时,在空间任何一个点处一定频率的该点电场矢量会随时间做重复移动。电场矢量端点运动轨迹的形状一般是椭圆,椭圆的可能性变化范围是从圆到线。沿着波传播方向看,若电场矢量旋转方向是顺时针,则称辐射为右旋极化(right-hand polarized, RHP);若电场矢量旋转方向为逆时针,则称辐射为左旋极化(left-hand polarized, LHP)(Collin,1985)。若椭圆实际上是圆,辐射要么是右旋圆极化(right-hand circularly polarized, RHCP),要么是左旋圆极化(left-hand circularly polarized, LHCP)。若椭圆只是一条来回移动的线,则辐射是线极化(Linear polarization, LP)。最常见的线极化是水平极化(H)和垂直极化(V),其中水平极化平行于地面(地球上),垂直极化与水平极化正交并和波的传播方向垂直。有时,水平极化和垂直极化仅用来表示任意两个正交线极化。椭圆的轴比 r 定义为椭圆的短轴与其长轴之比,如图3.6所示。因此,$r=1$ 表示圆极化,$r=0$ 表示线极化,轴比为 $-20\lg r$ dB。

C频段以下的频率,卫星通信天线常使用圆极化;C频段及以上频率,圆极化和线极化都会采用(Hoffmeister,2010),原因是受法拉第旋转影响(14.4.3.2节)。

为了使接收天线能够接收到发射天线的所有辐射,发射天线和接收天线必须具有相同的极化方式(Chang, 1989)。如果两种极化是正交的,就不能接收所有辐射能量。正交极化的示例有 RHCP 和 LHCP 及水平极化和垂直极化。如果右旋极化天线要接收左旋极化天线的辐射,那么它只能接收其一半的功率;反之亦然。

图3.6 椭圆轴

3.4 反射器天线基础

3.4.1 抛物面反射器概念

反射器天线包含至少一个主反射器和一个馈源。到目前为止,主反射器最常见的形式是抛物面或抛物面的一部分(Chang,1989)。对于反射器天线,馈源一般在抛物面的焦点上,或者接近抛物面的焦点上,因此馈源发出的射线经抛物面反射后平行出射,并在垂直于抛物面轴的平面上同相,如图3.7所示。

若天线只有一个主反射器和一个馈源,则它是单反射器天线,馈源位于焦点处。若另外还有一个反射器,则它是双反射器天线,并且馈源实际位置不在抛物面焦点上,而是等效在其焦点上。无论哪种情况,都必须知道馈源的相位中心,以便正确设置天线的几何形状。若馈源或虚拟馈源的相位中心恰好位于所有预期频率的焦点上,则该反射面天线是宽带的(Chang,1989)。

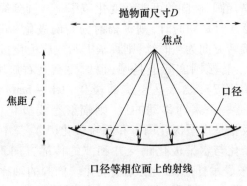

图 3.7 抛物面的几何形状

若整个抛物面构成反射器时,因为馈源或虚拟馈源沿着抛物面中心轴向下直接指向抛物面,则称为中心馈电反射器。若只有部分抛物面构成反射器,则称为偏置馈电反射器,虽然馈源或虚拟馈源仍在焦点上,但其指向没有沿抛物面中心轴,而是旋转了一定角度指向抛物面。

反射器天线特征之一是焦径比 f/D,即抛物面的焦距 f 和口径 D 之比。当抛物面是偏置馈电时,焦距 f 对应整个抛物面的焦距,口径 D 为实际抛物面的投影大小,天线增益与其相关。对于什么是短 f/D 和什么是长 f/D 没有一个标准定义,但是 Legay 等(2000)给出的分界线大约为 0.7。

初级辐射方向图指的是馈源的方向图,主反射器的方向图是次级辐射方向图。馈源口径上的切向电场和天线几何形状决定了反射器口径上的切向电场,从而决定了其天线方向图(Milligan,2005)。

馈源和任何副反射器都在主反射器的近场中,从馈源的角度来看,主反射器通常在其远场中(Rudge et al.,1982)。但在双反射器天线中,副反射器则可能不在馈源的远场中(Albertsen and Pontoppidan,1984;Rahmat-Samii and Imbriale,1998)。

圆极化信号每次经过反射器反射后,其旋向都会发生反转,因此对于 RHCP 单反射器天线则需要 LHCP 的馈源照射反射器。

单波束反射器天线目前使用最多的馈源类型是单喇叭,这部分内容将在 3.7 节介绍。此外,相控阵也可作为天线的馈源方向图,从而产生所需的赋形波束(11.3.1.10 节)。

3.4.2 单反射器单波束天线

中心馈电抛物面反射器的几何形状如图 3.8(a)所示,抛物面焦点处的馈源必须在反射器与焦点相对的角度 θ_{sub} 内向反射器辐射能量。

中心馈电反射器线极化的交叉极化电平较高,但是对圆极化馈源,理论上它不存在交叉极化(Chang,1989)。交叉极化是指与主极化正交的不需要的极化。中心馈电反射器的缺点是存在部分反射器被馈源、馈源支撑杆和连接馈源的射频传输线遮挡(3.11.3节)。

遮挡效应的解决方案是采用偏置馈电抛物面反射器,其几何形状如图3.8(b)所示。馈源仍在焦点处,但其指向为偏置反射器中心(Chu and Turrin,1973)。尽管反射器边缘是椭圆形的,但其投影口径是圆形的(Milligan,2005)。与中心馈电反射器相比,偏馈反射器可以采用更大的f/D,因此馈源距离反射器更远,馈源口径变得更大(以形成较窄的波束),这样可使天线产生更好的方向图。反射器偏置的另一个优点是它不会将入射波反射回馈源(Rudge et al.,1982),缺点是会使线极化波的交叉极化变大(Chang,1989),尽管交叉极化随着f/D的增加而减少(Milligan,2005),馈源也可以补偿天线交叉极化。偏置馈电反射器理论上对圆极化馈源是不存在交叉极化的,但是次级波束在垂直于馈源指向的方向上发生波束倾斜,即波束与反射器视轴方向偏离(Chang,1989)。通过增加反射器的f/D或使用副反射器可以减少波束的倾斜效应(Milligan,2005)。

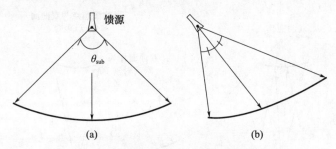

图3.8 抛物面天线的反射器和馈电
(a)中心馈电;(b)偏置馈电。

对于中心馈电天线和偏置馈电天线,改变反射器的外轮廓和/或对反射器表面进行赋形可以改善波束覆盖形状。采用偏馈抛物面单反射器天线,Ramanujam等(1993)综合研究了GEO卫星12.5GHz天线将覆盖美国本土(contiguous US,CONUS)的波束增益提高1.5dB,以部分补偿雨衰的影响。结果表明一个馈源结合反射器表面赋形可以实现这一目标,天线型面变化最大为1.4英寸(约1.5λ,1英寸=2.54cm)。如果不采用反射器赋形方式,也可以使用56个单元相控阵作为馈源进行馈电,从而达到上述指标。

3.4.3 双反射器单波束天线

双反射器天线除了主反射器外还有一个副反射器,馈源不在抛物面的焦点上。与单反射器天线相比,双反射器天线能更好地控制天线口径场,从而控制覆盖范围。如果只对主反射器进行赋形不能产生所需波束覆盖,也可以同时对副反射器赋形。主反射器和副反射器表面赋形的大致过程是,首先对副反射器赋形以控制口径场的幅度分布,然后对主反射器赋形以校正口径场的相位分布(Collin,1985)。

3.4.3.1 中心馈电

卡塞格伦设计是一种常用的中心馈电双反射器天线,长期以来一直用于光学望远镜,该设计于1672年首次发表。双曲面副反射器有两个焦点,一个在双曲面曲线内侧,另一个在其外侧,如图3.9(a)所示。双曲面的一个基本特性是,从一个焦点照射到双曲面上的所有反射光线看上去都从另一个焦点发出。卡塞格伦设计的几何构型是双曲面的内焦点与主反射器抛物面的焦点重合,外焦点则对应馈源的相位中心,如图3.9(b)所示。通过设计双曲面可使馈源稍微位于主反射器的后面,因此馈源不会造成遮挡。除了图中所示的经典配置外,卡塞格伦设计还有其他的配置(Chang,1989)。

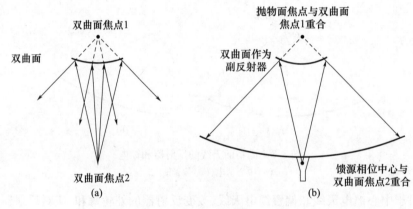

图 3.9 双曲面
(a)特性;(b)在中心馈电卡塞格伦天线中的应用。

格里高利设计是另一种双反射器天线,它也长期用于光学望远镜,该设计于1663年首次发表。椭圆副反射器有两个焦点,都在椭圆内部,如图3.10(a)所示。椭圆的一个基本特性是从一个焦点出射的所有反射光线似乎都从另一个焦点发出。格里高利设计的几何构型是椭圆的一个焦点与主反射器抛物面的焦点重合,另一个焦点则对应馈源的相位中心,如图3.10(b)所示。为了使卡塞格伦设计和格里高利设计在副反射器遮挡情况下可见,图中的副反射器尺寸与图3.9(b)中的副反射器尺寸相同。与卡塞格伦设计相比,格里高利设计副反射器距离主反射器更远,因此需要更长的支撑杆,而馈源照射副反射器角度更小导致波束更窄,因此其口径必须更大。格里高利设计的性能与相同焦径比 f/D 和相同口径 D 的卡塞格伦设计性能相同。除了图中所示的经典配置之外,格里高利设计还有其他的配置(Chang,1989)。

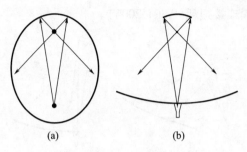

图 3.10　椭圆体
(a)特性;(b)在中心馈电的格里高利天线中使用(其副反射器与图 3.9(b)中的卡塞格伦直径相同)。

中心馈电卡塞格伦天线相当于一个具有相同馈源但焦径比更大的单反射器抛物面天线(Chang,1989;Collin,1985),同样的情况也适用于中心馈电格里高利天线(Rusch et al,1990)。等效抛物面的特性同样适用于双反射器天线(Chang,1989),但双反射器天线结构比等效抛物面更紧凑,这是它的主要优势。

3.4.3.2　偏置馈电

与单反射器天线一样,双反射器天线也可以采用偏置馈电结构形式,图 3.11 给出了偏馈卡塞格伦天线和偏馈格里高利天线示意图。

卫星上经常使用偏馈反射器,因为它们比中心馈电反射器具有更优良的性能和更好的安装方式(Schennum,2015)。

上述小节中关于偏馈单反射器交叉极化的内容同样也适用于偏馈双反射器(Milligan,2005)。焦径比 $f/D \approx 1$ 和边缘照射锥削电平至少为 10dB 的喇叭构成的反射器天线(3.3.2 节),其产生的交叉极化较小。对于格里高利天线,如图 3.12 所示,将副反射器倾斜一个小角度,基本可以消除交叉极化(Akagawa and DiFonzo,1979)。

经典的偏馈卡塞格伦或偏馈格里高利天线,虽然副反射器有一定的转角倾斜,但它们仍相当于一个具有相同馈源、且焦径比更大的单反射器抛物面天线。此时,假设副反射器直径至少为 $10 \sim 15\lambda$,边缘照射锥削电平至少为 10dB(Rusch et al. ,1990)。

GEO 卫星上的单波束天线通常采用改进的格里高利反射器天线。选择改进的卡塞格伦天线,还是改进的格里高利天线主要取决于哪一种最适合卫星的安装(Schennum,2014)。偏馈格里高利天线的副反射器通常位于馈源喇叭的近场区域(Rao et al. ,2013)。

格里高利天线应用的案例是 2007 年至 2009 年发射的 DirecTV 10、DirecTV 11

和 DirecTV 12 卫星对地板上的两副 Ka/K 频段天线,它们很可能是偏馈的。与卡塞格伦天线相比,格里高利天线的优势是馈源不需要安装在高的支杆上,那样将会产生过多的馈源射频连接损耗(Apfel,2006)。

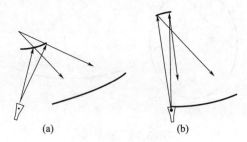

图 3.11　偏置馈电
(a)卡塞格伦天线;(b)格里高利天线。

Amyotte 等人(2017)介绍了一种可重构格里高利天线,它已经通过地面鉴定试验。该天线有 3 个可切换的副反射器,当切换至不同副反射器时,主反射器会产生新的波束指向。

1995 年和 1996 年发射的 N-Star a 和 N-Star b 卫星上有一个主反射器,它是一副可以同时用作单反射器和双反射器的偏馈天线。图 3.13 给出了它的示意图,图中 Ku 频段喇叭和 S 频段螺旋天线分别位于副反射器两侧,主反射器偏馈放置。副反射器是一种频率选择表面(frequency-selective surface,FSS),它可以在 Ku 频段实现反射,而在 S 频段实现透射(Barkeshli et al.,1995)。

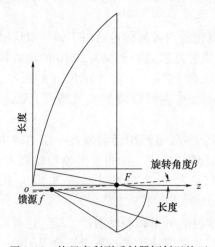

图 3.12　格里高利副反射器倾斜以校正交叉极化(© 1979 IEEE。经许可,转载自 Akagawa and DiFonzo(1979))
注:F 为抛物面焦点;f、F 为椭球焦点;β 为旋转角。

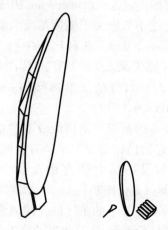

图 3.13　N-Star a 和 N-Star b 卫星 Ku/S 选频天线(© 1995 IEEE。经允许,转载自 Barkeshli et al.(1995))

3.5 可动单波束天线

单反射器天线可动的三种实现方式分别为转动整副天线、只转动反射器或只转动馈源。后两种方式在机械实现上比第一种简单,但由于馈源没有位于反射器焦点处,故会产生一定的扫描损失(Choung,1996)。一家领先的天线制造商表示,与整副天线转动相比,只转动反射器是一种技术改进,尤其适用于圆极化天线,这是因为其结构更简单(Amyotte and Godin,2017)。这类天线的一个示例是 Eutelsat 3B 卫星对地板上的 Ka/K 频段用户天线和关口站天线,它是单偏馈反射器天线,其中反射器是可动的,馈源固定不动(3.2 节,Glâtre et al.,2015)。另一个示例是在 O3b 卫星上的 12 副 Ka/K 频段天线(Amyotte et al.,2010)。Iridium Next 卫星的关口站天线通过优化地球边缘(空间损耗最大)的馈源位置,并在星下点(空间损耗最小)使馈源具有一定的偏焦特性,从而将整副天线的扫描损失降至最低(Amyotte et al.,2011;Amyotte and Godin,2017)。

上述三种转动方式同样适用于双反射器天线,Eutelsat 3B 卫星 Ku 频段对地板天线就是一副整体可动的偏馈格里高利天线(Glâtre et al.,2015)。

OneWeb 卫星的(19.5 节)Ka/K 频段偏置馈电关口站天线也是一种固定馈源的可动天线,天线如图 3.14 所示,主反射器是抛物面,副反射器是平板结构,该天线实际上是单反射器偏馈天线。副反射器的转动机构与主反射器的转动机构一起联动,可将馈源始终保持在主反射器的焦点上,从而不需要射频旋转关节。主副反射器均进行了赋形,该天线能够在 ±60° 转动并使扫描损耗最小(Amyotte and Godin,2017;Amyotte,2020)。

图 3.14 固定馈电宽角扫描天线
(Amyotte and Godin(2017),经 MDA 公司许可使用)

3.6 单波束天线的反射器技术

C、Ku 和 Ka/K 频段的大部分反射器都是固面的,由石墨纤维制成,也称为碳纤维。固面反射器无法折叠安装在卫星上以便运载发射,如果将它们安装在对地板上,通常会采用支撑塔固定在上面,如果将它们安装在东西板上,通常会整体收拢固定在上面,然后在轨展开。Harris 公司(2009)给出了用于 DirecTV 10、DirecTV 11 和 DirecTV 12 卫星东西板上固面反射器的示例。

MDA 公司在 2017 年推出了一款新型固面反射器,它仅由 3 个复合材料部件组成,而不像之前的有 100 多个部件,因此它具有较低的成本和质量(Amyotte and Godin,2017)。

MDA 公司在 Eutelsat 3B 卫星 Ka/K 频段关口站天线上使用了铝合金替代碳纤维。在这种情况下,铝比常规碳纤维复合材料反射器有几个优点:铝的反射损耗更低;对于大型反射器来说,热弹性变形更均匀;反射器及其背筋结构由铝块整体加工,从而降低了背筋上肋的高度;此外,生产成本更低(Glâtre et al. ,2015)。然而,它的缺点是质量更重(Schneider et al. ,2009)。

MDA 公司为非 GEO 大型星座的天线进一步开发了这项技术,从 O3b 用户天线开始,一直到 OneWeb 卫星关口站天线。这些天线需要大规模批量生产,通过制造、装配、集成和测试的设计来实现流程的优化。零部件数量的减少不仅可以缩短天线的装配时间,而且减少装配误差。对于上述尺寸的反射器,铝代替复合材料在材料采购、力学性能和射频性能等方面具有优势(Glâtre et al. ,2019)。

当双线极化天线需要非常低的交叉极化时,可以采用栅条反射器。天线由偏馈单反射器组成,反射器分为两个表面,一个曲面嵌套在另一个曲面内,并以微小的角度旋转,以便两个馈源可以放置在略微不同的位置。栅条偏馈反射器几何图形如图 3.15 所示,前表面是栅条反射器,由一组平行金属条带组成,平行于条带方向的线极化波会被反射,而垂直条带方向的线极化波则可以透过,并被下部的反射器反射,20 世纪 70 年代天线工程师就发现了这一特性(Rudge et al. ,1982)。若后反射器也是栅条的,则整个反射器称为双栅天线,Express AM4 卫星在轨成功应用了 Ku 频段双栅天线(Camelo,2010);德国 HPS GmbH 公司也开发了 Ku 和 Ka/K 频段双栅天线,反射器可以是赋形抛物面,也可以是标准抛物面(HPS GmbH,2018)。

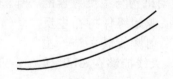

图 3.15　栅条偏馈反射器几何形状

3.7　单波束喇叭天线

3.7.1　喇叭种类

当需要相对较大的波束覆盖时,喇叭本身也可以作为天线,更常见的是其作为反射器天线的馈源或天线阵列的辐射单元。喇叭是一种波导结构,它在开口端张开,是为了提高增益、改善与自由空间的阻抗匹配。喇叭口径可以是矩形或圆形,喇叭天线的重要参数是口径效率和极化纯度。

矩形口径或角锥形喇叭是波导窄边和宽边同时呈喇叭状展开的矩形波导,如图 3.16 所示。角锥喇叭的张角必须非常小,这样口径附近处的相位才几乎是恒定的。这种喇叭虽然可以产生双线极化(Chang,1989),但其交叉极化性能不如改进后的圆锥喇叭。

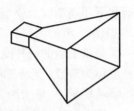

图 3.16 矩形喇叭

圆口径或圆锥喇叭比角锥喇叭更常见,它是一段圆形波导管,口径处呈喇叭状展开,E 面和 H 面上相同的口径分布可以最大限度地减少交叉极化(Bhattacharyya and Goyette,2004)。最简单的圆锥喇叭是光壁线性锥角喇叭,但是其交叉极化较差,这种喇叭还有其他问题,E 面的旁瓣比 H 面的旁瓣高,H 面的旁瓣非常低。当这种喇叭向反射器馈电时,两个正交极化的相位中心是不同的(Milligan,2005)。

为了解决上述问题,人们发明了波特喇叭和波纹喇叭。如图 3.17 所示,波特喇叭在波导口和张角展开处有一个光壁台阶,用于从圆波导主模 TE_{11} 模激励出 TM_{11} 模(Potter,1963)。TM 是横磁场,表示磁场垂直于传播方向,而电场不垂直(关于波导传播模式的讨论参见 4.4.5 节)。当两种模式具有适当的幅度比和相位比时,E 面和 H 面轴对称较好,两者相位中心重合(Potter,1963)。波特喇叭是双模喇叭,因为它在口径处有 TE_{11} 模和 TM_{11} 模两种模式。波特喇叭口径效率通常约为 70%,因为喇叭口径照射是锥形的,以致喇叭壁上的磁场为零(Bhattacharyya and Goyette,2004)。波特喇叭的应用实例是在 Globalstar-2 卫星上应用了发射相控阵圆顶上的中等增益喇叭(图 2.7)(Croq et al.,2009)。

波纹喇叭内壁有圆形波纹,如图 3.18 所示波纹间的缝隙为 $(1/4 \sim 1/2)\lambda$(Lawrie and Peters,1966)。波纹喇叭支持混合模式,它们是 TE 模和 TM 模式的组合,主要的混合模式 HE_{11} 模是 TE_{11} 模和 TM_{11} 模的组合(主模是最低工作频率对应的模式)。波纹喇叭可以设计成比主模更多的模式,即多模喇叭,以便具有更均匀的口径分布和更高的波束效率,但其带宽相对较窄。波纹喇叭可以工作在单/双圆极化或者单/双线极化,它具有圆对称方向图、极低的交叉极化、高的波束效率和低的旁瓣特性(Chang,1989)。

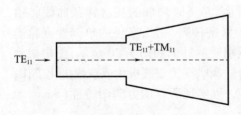

图 3.17 波特喇叭(源自 Collin(1985))

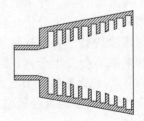

图 3.18 波纹喇叭(源自 Milligan(2005))

只含有 HE_{11} 混合模式的波纹喇叭可以在其主瓣产生高斯波束,喇叭边缘的场基本为零,这种喇叭常用作反射器的馈源(Rudge et al.,1982)。为便于计算,喇叭通常采用高斯波束模型用于反射器天线的仿真计算(Rao,2003),另见 11.3.1 节和 11.4.5 节的内容。

圆锥喇叭的一种变体是具有样条曲线的光壁喇叭,将沿着喇叭 z 轴的特定半径点称为节点,节点之间的形状是样条曲线,通常用三次多项式表达。光壁样条曲线喇叭质量小,易于制造(Simon et al.,2011)。

带有介质材料的喇叭通常不适于空间天线,因为这种材料会引起静电放电(Rao,2015)。

3.7.2 喇叭天线

喇叭天线也称为直接辐射喇叭,可以提供全球波束和点波束。

GEO 卫星上的喇叭天线可以提供全球波束,对地视场至少 ±8.7°。波纹喇叭天线在轨应用的实例为 2001 年至 2003 年发射的 Intelsat-IX 系列卫星上的两幅 C 频段全球喇叭天线,目前天线在轨已不再工作。天线是双模(双混合模式,不同于波特喇叭的双模)波纹喇叭,第二混合模式 HE_{12} 在第二个阶梯变换处被激励,如图 3.19 所示。第二种模式使口径相位分布变得更为平坦,这会带来 EOC 增益提高 0.4dB,增益滚降更快。一副天线可同时接收两个圆极化波,另一副天线可同时

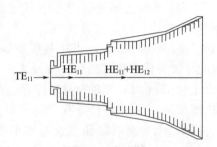

图 3.19 双模波纹喇叭天线
(© 1999 IEEE。经许可,
转载自 Schennum et al.,1999)

发射两个圆极化波。天线(包括正交模式耦合器(orthomode transducer,OMT)和圆极化器)的端口间隔离度为 37dB,交叉极化隔离度为 41dB(Schennum et al.,1999)。

在轨应用的全球喇叭天线还有 2013 年和 2014 年发射的俄罗斯 Express AM5 卫星和 Express AM6 卫星上的天线,它们为圆极化,工作在 C、Ku 和 Ka/K 频段,每个喇叭在单频段上单独接收或单独发射(Grenier et al.,2012)。

喇叭作为天线的第二种用途是提供高方向性的点波束,为此,研发了一种光壁样条曲线喇叭。喇叭半径沿 z 轴单调增加,必要时局部的三次样条曲线将由恒定半径的线段代替。如果这种喇叭需要紧密排列,那么半径的单调性变化确保了相邻的喇叭不会发生干扰。此类双频喇叭的外形如图 3.20 所示,图中黑点表示半径的节点,样条曲线在节点之间拟合。喇叭支持双圆极化或双线极化工作,其喉部较窄,辐射口径的直径通常大于 24λ,以实现所需的方向图特性(Simon et al.,2011,2015)。

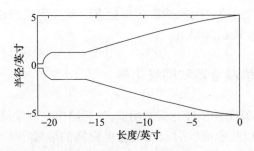

图 3.20 样条曲线、光滑壁、双频双极化喇叭(Simon et al. (2015))

3.7.3 作为反射器馈源的喇叭

喇叭口径上的电场分布和天线的几何形状决定了喇叭照射反射器的方向图，通过优化喇叭的多模激励，可以产生所需的喇叭初级方向图。通常，照射到反射器边缘的电平比照射到反射器中间的电平至少低 10dB。有些示例不是以 dB 为单位，使用公式 $\cos^n$（$n=1\sim4$）或者 $1-\varepsilon\cdot\theta^2$（$\theta$ 为偏移角）表示喇叭照射电平。对于余弦公式 $\cos^n$，半功率波束宽度随着 n 的增加而增加，第一旁瓣电平随着 n 的增加而降低(Pritchard and Sciulli,1986)。

对于单波束反射器天线来说，馈源基本是对应一个喇叭，它是天线的关键部件，任何反射器天线的交叉极化都不会比馈源自身的交叉极化好(Collin,1985)。馈源可以补偿反射器固有的一些问题，例如多模激励的波纹喇叭馈源不仅可以补偿偏置天线固有的线极化去极化效应，而且可以提供双线极化工作(Adatia et al,1981)。

喇叭作为馈源必须要知道其相位中心，以便将它放置在主反射器的焦点上。喇叭馈源的相位中心理论上可以设计在波导和口径之间的任何位置，然而相位中心一般是随频率而移动的(Chang,1989)。

波纹圆锥喇叭是反射器天线最常用的馈源，它可以同时工作在接收和发射两个频段(Tao et al.,1996)，甚至可以同时工作在三个频段(Uher et al.,2010)。Amyotte 等(2013)研发了一种针对固定卫星服务和广播卫星服务应用的大功率、三频段、双线极化喇叭。Gltre 等(2015)提出了一种 Eutelsat 3B 卫星对地板天线上的双频、双线极化 Ku 频段喇叭。

3.8 其他天线部件

如果有双极化(需要 OMT)、圆极化(需要圆极化器)、接收和发射(需要双工器)其中的一项或多项的需求，则天线不仅仅由辐射单元组成。

辐射单元与其他功能部件一起称为馈源组件。馈源组件有时也包含自动跟踪功能(3.10节),馈源组件也简称馈源。与独立的部件集成相比,馈源组件结构更紧凑,射频性能更优(Rao,2015)。

3.8.1 正交模耦合器和圆极化器

本节首先介绍 OMT 和圆极化器的功能,然后给出它们常见的实现方式。

OMT 是一种可以接收或发射双线极化电磁波的装置(图 3.21(a))。接收工作时,OMT 分离出喇叭后端圆形波导的两个正交 TE_{11} 模,并将其分别转换到两个矩形波导的正交 TE_{10} 模(Schennum et al.,1999)。TE 模是横电场,其电场方向垂直于传播方向,而磁场不垂直(关于传播模式的讨论参见 4.4.5 节)。发射工作时,OMT 执行与接收时相反的操作。图中,H 和 V 不一定表示水平极化和垂直极化的,只代表一对正交的线极化,OMT 的重要参数是其端口隔离度。

如果与圆极化器一起使用,OMT 可以提供双圆极化工作,如图 3.21(b)所示。

圆极化器是一种用于接收圆极化信号并将其转换成线极化信号的装置;发射工作时,功能正好相反。圆极化器的重要参数是交叉极化隔离度。

接收工作时,圆极化器可分离正交线极化分量并延迟其中一个分量,将单圆极化电场转化为单线极化电场,分别如图 3.22 和图 3.23 所示。在这两个图中,水平分量延迟了 1/4 个周期。

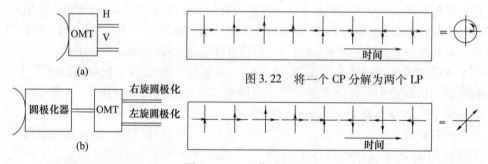

图 3.21 正交模式换能器
(a)提供双线极化;
(b)圆极化器提供双圆极化。

图 3.22 将一个 CP 分解为两个 LP

图 3.23 一个线极化延迟,两种极化的结合产生 45°线极化

从物理实现上看,圆极化器和 OMT 组合的一种实现方式是采用普通隔板圆极化器,它可以正交双圆极化工作,但是带宽较窄,只能工作在一个频段上,因此对于双频馈源,需要两个圆极化器(Izquierdo Martinez,2008)。图 3.24 给出了一种圆极化器的简要构型图,隔板的形状可以是不同的,倾斜的隔板将圆波导逐渐分成两个独立的半圆形波导,一个半圆形波导包含 RHCP 信号,另一个包含 LHCP 信号(Schennum and Skiver,1997)。

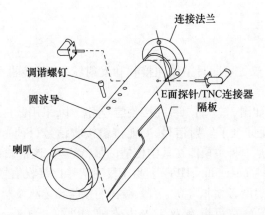

图 3.24 隔板圆极化器的实现(© 1997 年 IEEE。经许可,转载自 Schennum and Skiver(1997))

一种单独的圆极化器是同轴圆极化器,它由两个同轴的圆波导组成,可以支持双圆极化工作,由一家卫星制造商开发出用于 L 频段的产品,也可以扩展到 S 频段(Amyotte et al. ,2014)。如图 3.25 所示,在两个波导长度方向的某段加载某种介质器件以实现圆极化功能。

第二种圆极化器是波纹圆极化器,它是宽频段的,在方形截面的波导管沿其横轴上有波纹分布。Tribak 等(2009)介绍了一种工作在 Ku 扩展频段的波纹圆极化器原理样机,其带宽约为 60%,可以提供双圆极化。

最常见的 OMT 是十字结,有五个物理端口,如图 3.26 所示。顶部的公共端口通常和辐射单元相连,公共端口有两个相互垂直的极化,即水平极化和垂直极化。该十字结从输入端将垂直极化信号分离,并将其输出到端口 3 和端口 4,这些端口各自包含一半的垂直信号,相位相反;类似地,十字结也能分离出水平极化信号,并将它们输出到端口 5 和端口 6。很明显,从端口 3 或端口 4 中的一个信号和端口 5 或端口 6 中的一个信号进入同一端口后理论上可以重构这些信号。基于十字结的 OMT 除了枢纽外,还包含了一个可使端口 3 和端口 4 的信号彼此同相并组合一起的支节,以及另一个可使端口 5 和端口 6 的信号执行相同操作的支节(Izquierdo Martinez,2008)。有些参考文献也将十字结和正交模枢纽等同起来,但后者有 6 个端口。

 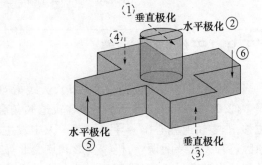

图 3.25 圆偏振器示例(Enokuma(2002)) 　图 3.26 十字结(源自 San Blas et al. (2011))

3.8.2 双工器

天线可以通过双工器同时工作在接收和发射状态,但接收和发射信号必须在不同的频段上。

单极化双工器如图 3.27 所示。在接收信号路径中,采用截止波导可使发射频率低于截止频率,从而抑制了发射信号,并能传输接收信号(Schennum et al.,1995)。传输线的截止频率是一种主模能在其中传播的最低频率,这根截止波导实际上是一个高通滤波器(high-pass filter,HPF)。由于发射信号比接收信号强得多,所以从端口 3 到端口 2 的隔离度必须非常高。有效载荷的接收预选滤波器是一个带通滤波器(bandpass filter,BPF),它可以在双工器中紧随 HPF 之后(Kwok and Fiedziuszko,1996),也可以与双工器分开(Schennum et al.,1995)。发射信号路径中有一个低通滤波器(low-pass filter,LPF)或 BPF,这些滤波器将在第 5 章中进行介绍。

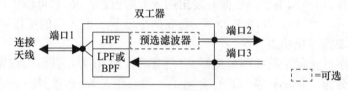

图 3.27 单极化双工器

HPF—高通滤波器;LPF—低通滤波器;BPF—带通滤波器。

5.5.1 和 5.5.3 节将介绍有关双工器的更多信息。

双工器和三工器各种配置如图 3.28 所示,三工器可以输出两个发射频段和一个接收频段,反之亦然。对于三工器,辐射单元的带宽要很宽,Uher 等(2010)给出了这种三工器的例子。

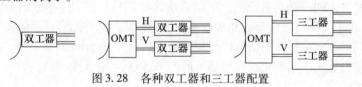

图 3.28 各种双工器和三工器配置

3.9 天线指向误差

当天线无法自动跟踪时(3.10 节),天线指向误差主要来自轨道运动和卫星姿态误差(2.2.4 节和 2.2.5 节)。非零轨道倾角会导致 GEO 卫星在一天中发生南北位移,非零轨道偏心率会导致卫星一天中发生东-西位移。引起指向误差的其他原因还有天线装配误差、机械变形和热变形等方面(Broquet et al.,1985)。如果推进剂是化学燃料时,卫星姿态误差在位保机动过程中最大。

当天线具备自动跟踪时,天线指向误差基本与卫星姿态或轨道运动无关。

反射器天线的指向误差在物理上有两个正交维度,通常称为 x 和 y。由于两个维度上的误差在统计上是相关的,因此很难用概率方法表征指向误差。一般来说,它们具有不同的平均值和方差,它们的概率分布也没有通用表达式。如果天线是自动跟踪的,那么两个维度上指向误差的平均值可以假设为零,15.6.2 节将进一步讨论天线指向误差。

然而,有效载荷预算必须考虑天线指向误差的影响,卫星用户和制造商必须就有效载荷预算使用的天线指向误差的具体处理方法达成一致,如 2σ。

天线指向误差至少包含两种类型:一种是各维度的"最坏情况"指向误差,通常为最坏情况下的确定性误差加上随机误差的 3σ 误差之和(Maral and Bousquet,2002);另一种是两个维度组合的"最坏情况"指向误差,通常为二维中"最坏情况"指向误差的均方根。

天线指向误差会影响目标方向的增益,图 3.29 给出了当预期方向是波束中心但方位角或俯仰角存在指向误差时天线增益会发生的变化。对于相同的指向误差值,无论指向误差的方向如何,圆形波束的增益下降都是相同的。

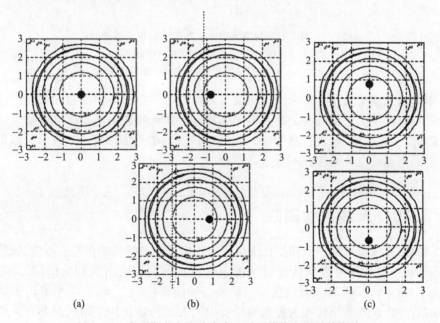

图 3.29 当预期方向为波束中心时天线指向误差的影响
注:黑点代表地球上给定位置的指向。
(a)天线指向误差为 0;(b)方位指向误差;(c)俯仰向指向误差。

图 3.30 给出了预期方向在偏离波束中心但方位角或俯仰角存在指向误差时天线增益会发生的变化。在某些情况下,指向误差会导致增益增加,而在其他情况

下则会降低增益,实际的增益变化主要取决于指向误差方向。

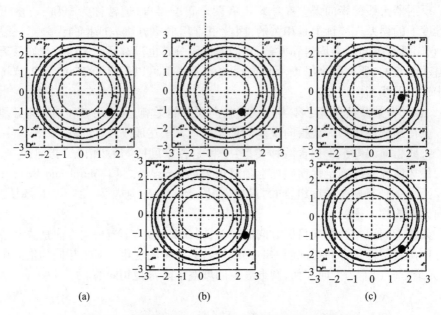

图3.30 预期方向偏离波束中心时的天线指向误差效应
注:黑点代表地球上给定位置的指向(偏离中心位置时)。
(a)天线指向误差为0;(b)方位向指向误差;(c)俯仰向指向误差。

总之,天线增益是二维天线指向误差的函数。增益不需要零指向误差严格对称,它可以在两个正交维度上具有不同的特性。目标位置的增益标称值通常是没有考虑指向误差的增益值(典型值),但目标位置的增益实际值必须考虑天线指向误差,而增益的变化通常并不服从高斯分布。

3.10 天线自动跟踪

有时,天线要求的指向精度比卫星姿态控制系统能提供得更高。通常,天线拥有的自动跟踪系统可以保持天线的波束峰值指向信标或所需的通信信号(EMS Technologies Inc,2002)。自动跟踪系统是一种闭环控制系统,它能测量出天线指向误差,并将误差结果转换为控制信号反馈回天线转动机构。指向误差有方位误差和俯仰误差两个正交分量。

更准确地说,对于反射器天线,跟踪馈源能提供两个差信号,一个用于方位误差,另一个用于俯仰误差。在跟踪范围内,差信号与指向误差的各个分量成比例。理想情况下,这两个角度在跟踪范围内是正交的,但实际上它们并不是完全正交(Mahadevan et al.,2004)。跟踪接收机接收这些信号并产生控制信号,然后将控制信号输入到天线转动机构。

最常见的自动跟踪系统是单脉冲系统,"单脉冲"一词来自雷达。单脉冲系统具有三个特点:一是可以连续测量差信号;二是可以连续测量总信号(和信号)强度,跟踪接收机用它来缩比差信号;三是天线控制装置可以控制转动机构实现天线主反射器、副反射器或馈源阵列的物理转动(Howley et al. ,2008)。Skolnik(1970)等对单脉冲跟踪体制进行了详细的介绍。单脉冲系统的微小变化是伪单脉冲系统,它以电子方式扫描波束,而不是转动天线(Howley et al. ,2008)。

跟踪馈源主要有两种类型:一种是由多个喇叭排列在一起组成,图 3.31 给出了四个喇叭的示例,其中相对的两个喇叭沿着连接它们的线路上测量差信号,所有喇叭一起接收和信号。当天线指向完全正确时,每对喇叭测量的幅度相同,因此它们的差信号为零。当天线指向偏移时,在至少一对喇叭中,一个喇叭将接收到比另一个喇叭更大的幅度,因此差信号将不为零。

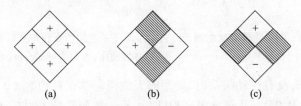

图 3.31 用于跟踪和通信的四角菱形馈电:和与差信号是如何由单个信号形成的
(源自 Skolnik(1970))
(a)和信号;(b)方位差信号;(c)俯仰差信号。

另一种跟踪馈源是单个多模喇叭,喇叭口径可以是方形的(Skolnik,1970)或圆形的(Yodokawa and Hamada,1981)。当焦点在馈源中心时,馈源的传统波导模式由和信号激励;当焦点偏移时,会额外激励出高阶波导模式,它们相互耦合,组合后的信号幅度和符号变成了正交差信号。多模喇叭比多喇叭馈源的频段更宽(Skolnik,1970),图 3.32 给出了由多模喇叭照射单偏馈反射器产生的和波束及差波束等值线图,其中和波束近似为圆形,而差波束在两个方向上并不完全正交。

两种跟踪馈源都可以在后端适当的部件支持下实现双线极化或双圆极化功能(用于四喇叭菱形排列馈源(Skolnik,1970)或圆锥多模喇叭馈源(Prata et al. ,1985))。

有时跟踪馈源位于与通信天线分开的天线上,如在 Anik F2 卫星上(Amyotte et al. ,2006),但这并不常见,这是因为当跟踪馈源和通信馈源都在同一天线上时,天线性能会更好。当每副通信天线都有自己的跟踪功能时,性能最佳。跟踪功能通常通过差模耦合器从通信馈源组件耦合实现,2008 年发射的 Ciel 2 卫星上就有这种类型的 Ku 频段馈源(Lepeltier et al. ,2007),2010 年发射的 Eutelsat 的 Ka - Sat 卫星上也有这种 Ka/K 频段馈源在轨成功应用(Uher et al. ,2011)。

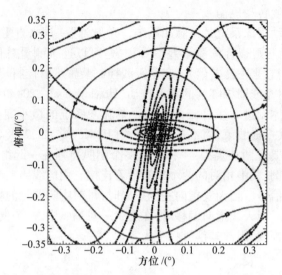

图 3.32　圆极化偏置反射器天线自动跟踪子系统的仿真和差波束方向图
（经 SG Microwave 和 Maxar Technologies 公司许可使用,来自 Mahadevan et al.（2004））

一般情况下,没有自动跟踪时,典型的天线指向总误差约为 ±0.13°,有自动跟踪时其值约为 ±0.05°(Uher et al.,2011)。某天线制造商开发的 Ka 频段自动跟踪系统,实现了多波束天线指向总误差小于 ±0.04°(Amyotte et al.,2006)。2010 年公开的专利介绍:通过在自动跟踪控制回路中增加一个前馈部件,并根据系统前几日获得的相关在轨信息进行指向预测,可把天线指向总误差降低近一半。

如果波束覆盖范围是区域性的或更小,覆盖区域内有一个信标可能就足够了,而且信标距离覆盖区域中心越近越好。不过,Inmarsat-4 卫星覆盖范围很大,呈半球形,它使用在星视地球边缘相距约 90°的两个信标,每个信标 ±1°的范围都有四个校准波束用于实现单脉冲自动跟踪(Stirland and Brain,2006),参见 20.3.6.2 节。

3.11　反射器天线的效率

3.11.1　小结

影响反射器天线性能的因素包括:

(1)口径效率:天线口径切向电场幅度和相位不均匀引起,3.11.2 节进行了说明。

(2)漏失效率:馈源辐射的部分功率没有到达主反射器和/或副反射器引起。

从馈源喇叭的角度看,也称为波束效率。在接收端有一个模拟信号,它是反射器收集的没有到达副反射器或馈源的部分功率,以及副反射器收集的没有到达馈源的部分功率。

(3)遮挡效应:馈源、副反射器(如果有)和支撑馈源或副反射器的支杆对天线辐射场的遮挡引起,3.11.3 节进行了介绍。

(4)表面公差:加工制造误差和装配校准误差导致反射器和副反射器表面偏离设计引起。

(5)欧姆损耗:包括馈源和反射器在内的导电表面损耗引起。

(6)频率色散:天线在优化频率以外的频率上性能恶化引起。

(7)交叉极化损失:主极化耦合到交叉极化上的功率损失,3.11.4 节中有所阐述。

(8)热变形:3.11.5 节中进行了讨论。

(9)偏焦误差:11.5.3 节针对多波束反射器天线讨论了该问题。

表 3.1 列出了上述各种因素及其对天线性能的影响,总结如下:

(1)天线增益(方向图主瓣电平)与理论值之间的损耗;

(2)改变了天线方向图旁瓣电平;

(3)信号中引入了热噪声;

(4)产生了低电平交叉极化信号,会从主极化信号分流功率,并可能对相邻其他波束造成干扰。

表 3.1　天线效率因子及其影响

项目	降低天线主瓣电平	天线增益预算的影响	降低天线旁瓣电平	抬升天线旁瓣电平	增加热噪声	导致交叉极化干扰进入相邻其他波束的潜在因素
口径效率	x	线性 dB	x			
漏失	x	线性 dB		x		
遮挡	x	和的平方根 dB	x			x
表面公差	x	和的平方根 dB				
交叉极化	x	和的平方根 dB	x			x
欧姆损耗	x	线性 dB				
频率色散	x	线性 dB		x		
热变形	x	和的平方根 dB		x		

注:x 表示有影响。

上述效率因子最显著影响是将给定反射器尺寸的天线理想增益(方向性)降低到实际增益,方向性和增益之差(以 dB 为单位)就是天线的效率,增益的降低表现为方向图主瓣电平的下降。

对组装好的天线进行任何测量之前,必须对一些损耗进行准确的表征和估算,包括口径效率、溢失效率、欧姆损耗和频率色散等方面。对天线增益进行预算(以dB为单位)时,需要对上述因素进行评估,同时还要根据以往经验预估其他效率因子的影响。此外,计算机建模仿真误差和反射器制造公差也应包含在预算中。以dB为单位的确定性损耗输入到预算中并进行线性求和,以dB为单位的其他不确定性损耗进行和的平方根(root sum-square,rss)后,再与确定性损耗总和相加,得到天线的总损耗。另外,一旦天线与卫星组装在一起,预算中唯一需要考虑的不确定性是测量不准确性。

连接有效载荷其他部件的射频传输线和天线馈源接口间也会存在阻抗失配(4.7节),但这部分损耗属于有效载荷转发器分系统,不再计入天线中。

除了导致增益降低的一些效率因子外,遮挡效应和热变形还会导致方向图旁瓣电平发生变化。然而,根据遮挡状态和口径照射方向图形式,遮挡效应有可能降低旁瓣而不是增加旁瓣,旁瓣的抬升会增加干扰相邻波束的可能性。此外,欧姆损耗除了对增益的影响外,还会导致热噪声的提高。最后,遮挡和交叉极化隔离不佳引起的天线交叉极化会干扰其他波束极化。

本章不包括天线温度方面的内容,因为它不是单机级的主题,而是端到端系统(地面-卫星-地面)的主题,14.5节将对此进行介绍。

3.11.2 口径效率和漏失效率

口径效率和漏失效率近似成反比,粗略地讲,口径效率越接近100%,漏失效率就越小,这意味着来自馈源和副反射器的辐射被浪费了。当口径边缘处的照射电平比中心处的照射电平低约10dB时,两种效率的乘积最大(Milligan,2005),这个数值或其附近的数值通常称为锥削电平。

3.11.3 遮挡效应

中心馈电反射器天线和双栅反射器天线通常会出现遮挡和散射问题。

对于中心馈电天线,主反射器会被馈源、副反射器以及馈源和副反射器的金属支撑杆所阻挡,遮挡会降低天线主瓣,抬升天线旁瓣,并通过前向散射在天线方向图中产生交叉极化。通过在支杆上涂覆由介质材料构成的电磁表面可减少遮挡影响(Kildal et al.,1996),Riel等(2012)已经证明这种方法有显著的改善。均匀口径照射的反射器天线受遮挡影响最小,口径照射锥削越大,遮挡越严重(Milligan,2005)。

对于MEO O3b卫星来说,每副中心馈电反射器天线都是通过转动反射器实现星视地球范围内波束可动。最大限度地减少遮挡和散射是一项复杂的工作:

馈源及其支撑杆会部分遮挡反射器,而支撑杆又会对辐射场产生散射,因此卫星制造商开发了软件用以优化天线所有可能位置,以减少遮挡和散射的影响(Amyotte et al,2011)。

对于大口径双栅反射器天线,其遮挡问题有所不同。前反射器和后反射器之间需要绝缘柱或支撑加强件保持结构完整性,并使前反射器的热变形影响最小。支撑柱或加强件散射后反射器的场,是导致该反射器交叉极化性能变化的主要因素(Demers et al.,2012)。

3.11.4 交叉极化

在产生所需极化的辐射时,不可避免地也会产生少量正交极化的辐射。所需极化的辐射称为主极化,而不需要的正交极化辐射则称为交叉极化。交叉极化唯一需要考虑的是何时会引起干扰,因此交叉极化和交叉极化干扰实际上是同义的。若交叉极化干扰及其干扰的信号不相关,则把此干扰归为加性噪声。

交叉极化在卫星上有几个来源:接收时,第一个源是辐射部件,对于反射器天线,这将是反射器、副反射器(如果有)和馈源。对于喇叭天线来说,就是喇叭本身;交叉极化也可能来自支杆或其他任何物体的反射,但如果平台和有效载荷设计良好,那么这部分基本可以忽略不计;如果天线接收到双圆极化波,那么下一个交叉极化源就是圆极化器;如果天线接收到双线极化,那么下一个也是最后一个源就是OMT。图3.33给出了单极化接收的情况,图3.34给出了双极化接收的情况,其中在每个部件处交叉极化的产生以交叉耦合方式给出。交叉极化的产生源自同一个源的发射。

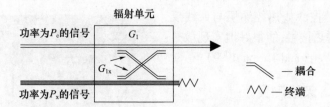

图3.33 交叉极化干扰表征为交叉耦合(用于仅接收一种极化的情况)
G_1—辐射单元增益;G_{1x}—交叉耦合增益。

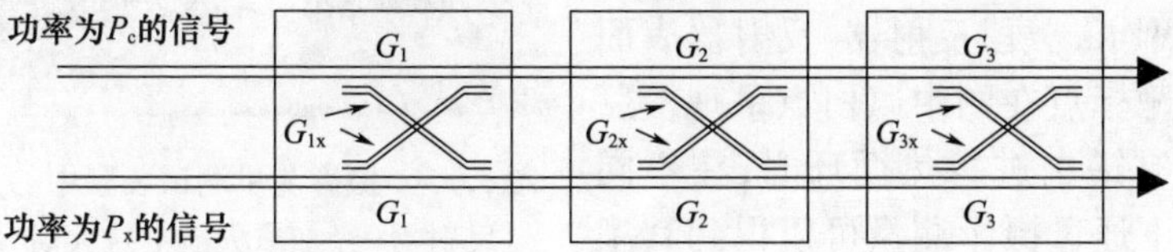

图3.34 接收器上的交叉极化干扰表征为交叉耦合
G_k—第k个辐射单元增益;G_{kx}—第k个辐射单元交叉耦合增益。

下面对图 3.34 所示情况下的交叉极化干扰进行量化,假设两路到达的信号完全正交(非理想情况将在 14.6.4.1 节讨论)。在直通路径中,两路信号接收相同的增益。

在三个部件的每一个部件中,每路信号都有一小部分会交叉耦合到另一路信号中。部件的交叉极化性能通常采用相对增益或以 dBc 表示,两者相同。三个部件的相对增益是增益比 $\gamma_k = G_{kx}/G_k$,其中 $k=1,2,3$,不是以 dB 为单位。可以发现:

$$\frac{P_c}{(\gamma_1 + \gamma_2 + \gamma_3)P_x} = 主极化功率和交叉极化信号产生的干扰功率之比$$

$$\frac{P_x}{(\gamma_1 + \gamma_2 + \gamma_3)P_c} = 主极化功率和交叉极化信号产生的干扰功率之比(对其他信号)$$

3.11.5 热变形

天线位于卫星外部,因此必然经历整个空间温度变化,即在不同的时间,它们可以完全处于黑暗中,或者以斜角或视轴角度被太阳完全照射,并可在两者之间转换。这些情况分别称为冷态、热态和温度梯度。一家卫星制造商发现,最严重的热变形,即卫星在轨最大的反射器型面均方根(root mean square, RMS)误差通常发生在黑暗(冷态)中(Schennum, 2010)。热变形并不是造成天线增益损失的最大因素(Schennum, 2011)。

反射器由热稳定性非常好的材料,如碳纤维制成。栅条反射器可以使用保护罩包裹,从而减少极端温度和温度梯度,该技术在 20 世纪 90 年代早期发射的 Eutelsat Ⅱ卫星天线上已成功应用(Duret et al., 1989)。反射器表面可以涂覆低插损耗的热控漆,该技术在 1993 年发射的美国国家航空航天局(NASA)ACTS 卫星天线上已成功应用(Regier, 1992)。热控漆或热控涂层与天线反射器有良好的热接触,能很好地实现散热和反射光线(Wertz and Larson, 1999)。

3.11.6 天线测量

天线测量第一个阶段是对反射器表面进行摄影测量,从而表征反射器的热变形型面。图 3.35 给出了摄影测量装置中的两副 Ka 频段反射器,反射器表面上标记的靶标点在图中以白点呈现。反射器在真空罐中进行热循环时,在不同温度工况下通过摄影测量可以得到其型面分布(Wiktowy et al., 2003)。

图 3.35 摄影测量测试装置中的 Ka 频段反射器(经加拿大航空航天研究所许可使用,来自 Wiktowy et al. (2003))

第二个阶段就是测量无源天线的接收方向图或发射方向图,因为两者方向图是互易的。测量天线进行时,应同时对可能导致遮挡、反射或 PIM 的卫星部件在测试工装上进行充分的模拟(8.15 节)。天线电性能测量通常在近场暗室(near-field range,NFR)中进行,它是一个内部有吸波材料的暗室,探头可执行精细栅格点扫描,测量出电场的幅度和相位。通常有两种 NFR 用于有效载荷天线的测量:图 3.36 给出的是适用中高增益反射器天线和相控阵天线测量的平面扫描 NFR,图上的探头是水平方向放置的,但扫描测量时也可将探头放置成垂直方向(IEEE,2012);图 3.37 给出了适用于全球喇叭和相控阵辐射单元测量的球面扫描近场(Hindman and Fooshe,1998)。

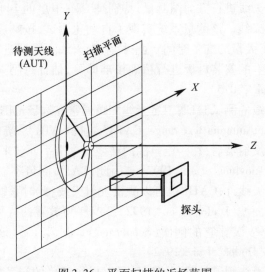

图 3.36　平面扫描的近场范围
(© 2003NSI-MI Technologies。经许可转载,来自 Hess(2003))

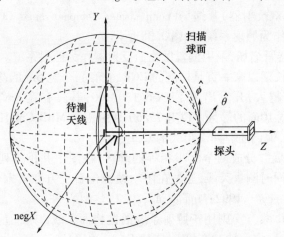

图 3.37　球面扫描的近场范围
(© 2003NSI-MI Technologies。经许可转载,来自 Hess(2003))

被测天线(antenna under test,AUT)可以在两个轴上旋转,而探头保持固定不动。一种实现方式是俯仰角超过方位角,AUT通过旋转移动;另一种实现方式是沿着俯仰角移动探头,AUT仅在方位角上移动(IEEE,2012)。对于上述两种NFR,近场方向图通过二维傅里叶变换可以转换为远场方向图。平面近场测量和远场测量结果一样精确,可以测量增益、EIRP、交叉极化和饱和通量密度(Newell et al.,1988)。

Geise等(2017)介绍了一种灵活的NFR,其中扫描点位于近场中任意不规则表面上,探头由吊舱携带,其位置和方向采用激光跟踪定位。

一家天线制造商建造了一个专用的平面NFR,用于对LEO卫星和GEO卫星所需的大量单波束天线进行方向图测量,特别是O3b卫星的144副天线和Iridium Next卫星的486副天线。该测量系统实现了自动化测试,按顺序一次能够测试多副天线,从而节省了大量的准备时间。此外,每副天线不需要进行特殊的校准,因为只需对测量平台上的安装母板进行精确校准即可,估计每副天线测量时间可节省约70%(Riel et al.,2015)。

针对卫星整星级的测试验证,卫星天线测量通常在远场范围内进行,最常见的就是紧缩场(compact antenna test range,CATR)。在CATR系统中,焦点上的馈源发射的球面波照射反射器后,在一定范围内产生一个准平面波来模拟远场,该平面波可由AUT接收(Tuovinen et al.,1997)。因此,CATR测量不需要傅里叶数学变换。除了测量接收天线外,CATR也可以测量发射天线,此时紧缩场的聚焦馈源作为接收端接收准平面波(Dudok et al.,1992)。AUT可放置的待测区域称为紧缩场静区,卫星通常水平安装在它的侧面(Scouarnec et al.,2013),该面与紧缩场系统里的三轴转台相连(Dudok et al.,1992)。

用于有效载荷天线测量的两种CATR可以提供精确的交叉极化测量(Fasold,2006):

(1)补偿式(双反射器)紧缩场(compensated compact range,CCR),采用侧馈偏置卡塞格伦天线作为照射系统,如图3.38所示。

(2)单反射器紧缩场,采用偏置抛物面反射器作为照射系统。

CCR 75/60长期以来一直是标准的CCR,它有一个宽5m的静区。近年来,随着天线尺寸越来越大,开发出来了CCR 120/100,其具有宽8m的静区,而CCR 150/120则具有宽10m的静区。CCR 75/60是由德国MBB GmbH开发,该公司现在归Airbus所有,他们还有两个更大的CCR型号。

CCR可以扩展并分成两个大小相等的静区,在图中并排排列,这样便可在接收和发射频率下同时测量天线,通过在图示馈源位置上方和下方分别摆放一个馈源来实现(Dudok et al.,1992;Migl et al.,2017)。

第二种CATR只有一副用于照射系统的抛物面天线,该配置类似于偏置馈电反射器,但馈源与抛物面轴对齐(Rose and Cook,2010)。

上述两种类型的CATR都可以提供很好的测量结果。CCR的发明者分析了静区宽度为 5m 的各种 CATR,结果表明:主极化测试性能基本相似,但 CCR 却能提供最佳的交叉极化测量性能(Fasold,2006)。

CATR 测量包括天线所有方向图、EIRP 和饱和通量密度(Dudok et al.,1992)。

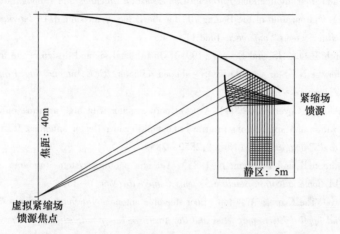

图 3.38　CCR 的几何形状(经 Dietmar Fasold 教授许可使用)

参考文献

Adatia N, Watson B, and Ghosh S(1981). Dual polarized elliptical beam antenna for Satellite application. *IEEE Antennas and Propagation Society International Symposium*; Vol. 19; June.

Akagawa M and DiFonzo DF(1979). Beam scanning characteristics of offset Gregorian antennas. *IEEE Antennas and Propagation Society International Symposium*; Vol. 17; June.

Albertsen NC and Pontoppidan K(1984). Analysis of subreflectors for dual reflector antennas. *IEE Proceedings, Part H: Microwaves, Optics and Antennas*; Vol. 131; June.

Amyotte E(2020). Private communication, Apr. 1.

Amyotte E and Godin M – A(2017). Antennas at MDA: innovation through cross – pollination. *European Conference on Antennas and Propagation*; Mar. 19 – 24.

Amyotte E, Demers Y, Martins – Camelo L, Brand Y, Liang A, Uher J, Carrier G, and Langevin J – P (2006). High performance communications and tracking multi – beam antennas. *Proceedings, European Conference on Antennas and Propagation*; Nov. 6 – 10.

Amyotte E, Demers Y, Hildebrand L, Forest M, Riendeau S, Sierra – Garcia S, and Uher J(2010). Recent developments in Ka – band satellite antennas for broadband communications. *Proceedings, European Conference on Antennas and Propagation*; Apr. 12 – 16.

Amyotte E, Demers Y, Dupessey V, Forest M, Hildebrand L, Liang A, Riel M, and Sierra – Garcia S (2011). A summary of recent developments in satellite antennas at MDA. *European Conference on Antennas and Propagation*; Apr. 11 – 15.

Amyotte E, Demers Y, Forest M, Hildebrand L, and Richard S (2013). A review of recent antenna developments at MDA. *European Conference on Antennas and Propagation*; Apr. 8 – 12.

Amyotte E, Demers Y, Hildebrand L, Richard S, and Mousseau S (2014). A review of multibeam antenna solutions and their applications. *European Conference on Antennas and Propagation*; Apr. 6 – 11.

Apfel SL (2006). Optimization of the Boeing 702 for the DirecTV mission. *AIAA International Communications Satellite Systems Conference*; June 11 – 14.

Barkeshli S, Smith T, Luh HS, and Ersoy L (1995). On the analysis and design of the frequency selective surface for the N – Star satellite Ku/S – shaped reflector. *IEEE Antennas and Propagation Society Symposium*; June 18 – 23.

Bhattacharyya AK and Goyette G (2004). A novel horn radiator with high aperture efficiency and low cross – polarization and applications in arrays and multibeam reflector antennas. *IEEE Trans actions on Antennas and Propagation*; 52 (Nov.); 2850 – 2859.

Broquet J, Claudinon B, and Bousquet A (1985). Antenna pointing systems for large communications satellites. *AIAA Communication Satellite Systems Conference*; Mar. 7 – 11.

Camelo LM (2010). The Express AM4 top – floor steerable antennas. *International Symposium on Antenna Technology and Applied Electromagnetics and the American Electromagnetics Conference*; July 5 – 8.

Chang K, editor, (1989). *Handbook of Microwave and Optical Components*, Vol. 1, *Microwave Passive and Antenna Components*, New York: John Wiley & Sons, Inc.

Choung Y (1996). Dual – band offset gimballed reflector antenna. *Digest, IEEE Antennas and Propagation Society International Symposium*; Vol. 1; July 21 – 26.

Chu T – S and Turrin RH (1973). Depolarization properties of offset reflector antennas. *IEEE Transactions on Antennas and Propagation*; 21 (3); 339 – 345.

Collin RE (1985). *Antennas and Radiowave Propagation*, New York: McGraw – Hill, Inc.

Croq F, Vourch E, Reynaud M, Lejay B, Benoist C, Couarraze A, Soudet M, Carati P, Vicentini J, and Mannocchi G (2009). The Globalstar 2 antenna sub – system. *European Conference on Antennas and Propagation*; Mar. 23 – 27.

Demers Y, Riel M, Lopes J – L, Angevain J – C, Ihle A, Brand Y, and De Maagt P (2012). Low scattering structures for reflector antennas. *International Symposium on Antenna Technology and Applied Electromagnetics*; June 25 – 28.

Dudok E, Habersack J, Hartmann F, and Steiner H – J (1992). Payload test capabilities of a large compensated compact range. *AIAA International Communication Satellite Systems Conference*; Mar. 22 – 26.

Duret G, Guillemin T, and Carriere R (1989). The EUTELSAT II reconfigurable multi – beam antenna subsystem. *Digest, IEEE Antennas and Propagation Society International Symposium*; Vol. 1; June 26 – 30.

EMS Technologies Inc (2002). Autotrack combiners. Application note 44X – 1. June. Accessed Feb. 28, 2011.

Enokuma S, inventor; Sharp Kabushiki Kaisha, assignee (2002). Circular polarizer having two waveguides formed with coaxial structure. U. S. patent. July 9.

Evans BG, editor (1999). *Satellite Communication Systems*, 3rd ed. London: The Institution of Electrical Engineers.

Fasold D (2006). Measurement performance of basic compact range concepts. *Antenna Measurement*

Techniques Association Europe Symposium; May 1 – 4.

Gagliardi R(1978). *Introduction to Communications Engineering*. New York: John Wiley & Sons, Inc.

Geise A, Fritzel T, and Paquay M(2017). Ka – band measurement results of the irregular near – field scanning system PAMS. *Antenna Measurement Techniques Association Symposium*; Oct. 15 – 20.

Glatre K, Renaud PR, Guillet R, and Gaudette Y(2015). The Eutelsat 3B top – floor steerable anntennas. *IEEE Transactions on Antennas and Propagation*; 63(4); 1301 – 1305.

Glatre K, Hildebrand L, Charbonneau E, Perrin J, and Amyotte E(2019). Paving the way for higher – volume cost – effective space antennas. *IEEE Antennas and Propagation Magazine*; 61(5)(Oct.); 47 – 53.

Goodzeit NE and Weigl HJ, inventors; Lockheed Martin Corp, assignee(2010). Antenna autotrack control system for precision spot beam pointing control. U. S. patent 7,663,542 B1. Feb. 16.

Grenier C, Fontaine M, Langevin J – P, Sierra – Garcia S, Michel N, Bussières F, and Maltais S(2012). Express AM5 and AM6 satellite antennas – – design and realization overview. *AIAA International Communications Satellite Systems Conference*; Sep. 24 – 27.

Harris Corp (2009) . Ka – band antennas (DirecTV satellites) . Product information. Accessed Nov. 27, 2009.

Hess DW (2003) . Readily made comparison among the three near – field measurement geom etries using a composite near – field range. *Proceedings, Antenna Measurement Techniques Association Symposium*; Oct. 19 – 24.

Hindman G and Fooshe DS(1998). Probe correction effects on planar, cylindrical and spherical near – field measurements. *Antenna Measurement Techniques Association Conference*.

Hoffmeister R, Space Systems Loral(2010). Private communication, Mar. 5.

Howley RJ, Daffron WC, Hemlinger SJ, and Gianatasio AJ, inventors; Harris Corp, assignee (2008). Monopulse antenna tracking and direction finding of multiple sources. U. S. patent application publication 2008/0122683 A1. May 29.

HPS GmbH(2018). Reflector antennas. Product information. Accessed Aug. 4, 2018.

IEEE (2012) . IEEE recommended practice for near – field antenna measurements. Standard 1720. Dec. 15.

Intelsat(2008). Intelsat satellite guide. Accessed Jan. 2010.

Izquierdo Martinez I(2008). Design of wideband orthomode transducers based on the turn stile junction for satellite communications. Dissertation submitted to the Universidad Autónoma de Madrid. Nov. On repositorio. uam. es. Accessed Aug. 1, 2018.

Kildal P – S, Kishk AA, and Tengs A(1996). Reduction of forward scattering from cylindrical objects using hard surfaces. *IEEE Transactions on Antennas and Propagation*; 44(11)(Nov.); 1509 – 1520.

Krebs GD (2017a) . Intelsat 34 (Hispasat 55W – 2). Gunter's Space Page; Dec. 11. Accessed July 25, 2018.

Krebs GD(2017b). O3b 1,... , 12. Gunter's Space Page; Dec. 11. Accessed July 26, 2018.

Krebs GD(2020). O3b 13,... , 20. Gunter's Space Page; Feb. 4. Accessed Mar. 28, 2020.

Kwok RS and Fiedziuszko SJ (1996) . Advanced filter technology in communications satellite sy stems. *Proceedings, International Conference on Circuits and System Sciences*; June 20 – 25.

Lawrie RE and Peters, Jr L(1966). Modifications of horn antennas for low sidelobe levels. *IEEE Trans-*

actions on Antennas and Propagation;14(5)(Sep.);605–610.

Legay H,Croq F,and Rostan T(2000). Analysis,design and measurements on an active focal array fed reflector. *Proceedings,IEEE International Conference on Phased Array Systems and Technology*;May 21–25.

Lepeltier P,Maurel J,Labourdette C,Croq F,Navarre G,and David JF(2007). Thales Alenia Space France antennas: recent achievements and future trends for telecommunications. *European Conference on Antennas and Propagation*;Nov. 11–16.

Mahadevan K,Ghosh S,Nguyen B,and Schennum G(2004). TX,RX & $\Delta x/\Delta y$ – autotrack CP feed for multiple beam offset reflector antennas. *AIAA International Communications Satellite Systems Conference*;May 9–12.

Maral G and Bousquet M(2002). *Satellite Communications Systems*,4th ed. Chichester,UK: John Wiley & Sons Ltd.

Migl J,Habersack J,and Steiner H–J(2017). Antenna and payload test strategy of large spacecraft's in compensated compact ranges. *European Conference on Antennas and Propagation*;Mar. 19–24.

Milligan TA(2005). *Modern Antenna Design*,2nd ed. New Jersey: John Wiley & Sons and IEEE Press.

MIT(2013). Chapter 11,Common antennas and applications. of material for course 6.013 Electromagnetics and Applications. MIT OpenCourseWare. November 1. Accessed August 26,2018.

Nagarajah B(2015). Intelsat 34 continues to pass the test. Intelsat launches blog. Accessed July 25,2018.

Newell AC,Ward RD,and McFarlane EJ(1988). Gain and power parameter measurements using planar near–field techniques. *IEEE Transactions on Antennas and Propagation*;36(6)(June);792–803.

Potter PD(1963). A new horn antenna with suppressed sidelobes and equal beamwidths. Technical report no 32–354. Jet Propulsion Laboratory. Feb. 25.

Prata Jr A,Filho EA,and Ghosh S(1985). A high performance–wide band–diplexing–tracking–depolarization correcting satellite communication antenna feed. *IEEE MTT–S International Microwave Symposium Digest*;June.

Pritchard WL and Sciulli JA(1986). *Satellite Communications Systems Engineering*,Englewood Cliffs,NJ: Prentice–Hall.

Rahmat–Samii Y and Imbriale WA(1998). Anomalous results from PO applied to reflector antennas: the importance of near field computations. *Digest,IEEE Antennas and Propagation Society International Symposium*;Vol. 2;June 21–26.

Ramanujam P,Lopez LF,Shin C,and Chwalek TJ(1993). A shaped reflector design for the DIRECTV™ direct broadcast satellite for the United States. *Digest,IEEE Antennas and Propagation Society International Symposium*;Vol. 2;June 28–July 2.

Ramo S,Whinnery JR,and Van Duzer T(1984). *Fields and Waves in Communication Electronics*,2nd ed. New York: John Wiley & Sons,Inc.

Rao SK(2003). Parametric design and analysis of multiple–beam reflector antennas for satellite communications. *IEEE Antennas and Propagation Magazine*;Vol. 45;Aug.

Rao SK(2015). Advanced antenna systems for 21st century satellite communications payloads. Viewgraph presentation. On s3. amazonaws. Accessed Dec. 22,2017.

Rao S, Shafai L, and Sharma S, editors, (2013). *Handbook of Reflector Antennas and Feed Systems, Vol. III, Applications of Reflectors*. Boston: Artech House.

Regier FA(1992). The ACTS multi-beam antenna. *IEEE Transactions on Microwave Theory and Techniques*;40(6);1159-1164.

Riel M, Brand Y, Demers Y, and De Maagt P(2012). Performance improvements of center fed reflector antennas using low scattering struts. *IEEE Transactions on Antennas and Propagation*;60(3);1269-1280.

Riel M, Arsenault P, Lemelin-Auger B, and Amyotte E(2015). Pattern testing of low-cost antennas for LEO and MEO satellites at MDA. *European Conference on Antennas and Propagation*;Apr. 13-17.

Rose CA and Cook Jr JH (2010). High accuracy cross-polarization measurements using a single reflector compact range. Technical paper. Accessed Jan. 2010.

Rudge AW, Milne K, Olver AD, and Knight P, editors, (1982). *The Handbook of Antenna Design, Vol. 1*. London: Peter Peregrinus, Ltd.

Rusch WV, Prata Jr A, Rahmat-Samii Y, and Shore RA (1990). Derivation and application of the equivalent paraboloid for classical offset Cassegrain and Gregorian antennas. *IEEE Transactions on Antennas and Propagation*;38(8);1141-1149.

San Blas AA, Pérez FJ, Gil J, Mira F, Boria VE, and Gimeno B(2011). Full-wave analysis and design of broadband turnstile junctions. *Progress in Electromagnetics Research Letters*;24;149-158.

Schennum GH, retired from Space Systems/Loral(2010). Private communication, Sep. 23.

Schennum GH, retired from Space Systems/Loral(2011). Personal communication, Mar. 23.

Schennum GH, retired from Space Systems/Loral(2014). Private communication, July 20.

Schennum GH, retired from Space Systems/Loral(2015). Private communication, Jan. 30.

Schennum GH and Skiver TM (1997). Antenna feed element for low circular cross-polarization. *Proceedings, IEEE Aerospace Conference*;Vol. 3;Feb. 1-8.

Schennum GH, Lee E, Pelaca E, and Rosati G(1995). Ku-band spot beam antenna for the Intelsat VIIA spacecraft. *Proceedings, IEEE Aerospace Applications Conference*;Vol. 1;Feb. 4-11.

Schennum GH, Hazelwood JD, Gruner R, and Carpenter E(1999). Global horn antennas for the Intelsat-IX spacecraft. *Proceedings, IEEE Aerospace Conference*;Vol. 3;Mar. 6-13.

Schneider M, Hartwanger C, Sommer E, and Wolf H (2009). The multiple spot beam antenna project "Medusa." *European Conference on Antennas and Propagation*;Mar. 23-27.

Scouarnec D, Stirland S, and Wolf H(2013). Current antenna products and future evolution trends for telecommunication satellites application. *IEEE Topical Conference on Antennas and Propagation in Wireless Communications*;Sep. 9-13.

Simon PS, Kung P, and Hollenstein BW(2011). Electrically large spline profile smooth-wall horns for spot beam applications. *IEEE International Symposium on Antennas and Propagation*;July 3-8.

Simon PS, Kung P, and Hollenstein BW, inventors; Space Systems/Loral, assignee(2015). Electrically large step-wall and smooth-wall horns for spot beam applications. U. S. patent 9,136,606 B2. Sep. 15.

Skolnik MI, editor, (1970). *Radar Handbook*. New York: McGraw-Hill, Inc.

Stirland SJ and Brain JR(2006). Mobile antenna developments in EADS Astrium. *European Conference* on *Antnnnnas and Propagation*; Nov. 6 – 10.

Tao ZC, Mahadevan K, Ghosh S, Bergmann J, Sutherland D, and Tjonneland K(1996). Design & evaluation of a shaped reflector & 4 – port CP feed for dual band contoured beam satellite antenna applications. *Digest, IEEE Antennas and Propagation Society International Symposium*; Vol. 3; July 21 – 26.

Tribak A, Mediavilla A, Cano JL, Boussouis M, and Cepero K(2009). Ultra – broadband low axial ratio corrugated quad – ridge polarizer. *Proceedings, European Microwave Conference*; Sep. 29 – Oct. 1.

Tuovinen J, Vasara A, and Räisänen A (1997). Compact antenna test range. U. S. patent 5, 670,965. Sep. 23.

Uher J, Demers Y, and Richard S(2010). Complex feed chains for satellite antenna applications at Ku – and Ka – band. *IEEE Antennas and Propagation Society International Symposium*; July 11 – 17.

Uher J, Richard S, Beyer R, Sieverding T, and Sarasa P(2011). Development of advanced design software for complex multimode antenna feeding systems. *IEEE Antennas and Propagation Magazine*; 53 (6) (Dec.); 70 – 82.

Wertz JR and Larson WJ (1999). *Space Mission Analysis and Design*, 3rd ed. , 10th printing 2008. Hawthorne, CA: Microcosm Press; and New York City: Springer.

Wiktowy M, O'Grady M, Atkins G, and Singhal R(2003). Photogrammetric distortion measurements of antennas in a thermal – vacuum environment. *Canadian Aeronautics and Space Journal*; 49 (2) (June); 65 – 71.

Yodokawa T and Hamada SJ(1981). An X – band single horn autotrack antenna feed system. *IEEE Antennas and Propagation Society International Symposium*; June.

第4章
有效载荷集成部组件

4.1 引言

本章介绍了有效载荷中集成有效载荷单机所用的各种部组件,其中最重要的是同轴电缆和波导。还介绍了如隔离器和环行器等其他部组件。由于开关和混合电桥也属于有效载荷集成部组件,所以讨论如何将有效载荷单机集成到冗余环中以应对故障似乎也是理所当然的。最后介绍了集成过程中的阻抗失配和 S 参数。所有的有效载荷单机、集成部组件和部分集成的有效载荷都通过测量 S 参数来表征。

4.2 同轴电缆与波导

本章讨论的射频(RF)传输线类型是同轴电缆或同轴线和波导,这些是用于集成有效载荷仅有的几种传输线。对于既包括同轴电缆,又包括波导的射频线还没有一个共识术语。在一些专业书籍和文章中,它们都被称为传输线或传输结构。在教科书中,同轴电缆在传播横向电磁(TEM)模式时是传输线(4.3.5节),同轴电缆和波导都称为导波结构。这里使用术语传输线或射频线来表示。

什么时候使用同轴电缆,什么时候使用波导通常是很清楚的。对低于约10GHz的频率,每米波导对应的质量高于同轴电缆,而高于约10GHz时,质量大致相同。在所有频率下,波导的尺寸都比同轴电缆大,频率越低,差异越大。每米波导的插入损耗(4.7.2节)比同轴电缆低得多,而且波导的功率容量更高。同轴电缆的长度公差可以大于波导,因为同轴电缆可以弯曲,但波导不能。一般来说,同轴电缆用于低频和低功率,而波导用于高频或大功率。

4.3 同轴电缆

4.3.1 同轴结构

同轴电缆在电气上由内导体、外导体及内外导体间填充的介质三部分组成,如图 4.1 所示。填充介质的主要目的是改变电特性,此外它也有保持内外导体在机械上适当分离的作用。内导体通常是镀银铜线。在 GHz 频率下,由于集肤效应只有内导体的外表面和外导体的内表面导电。外导体由铜或铝合金制成。位于外导体外表面的镀层或表面处理不影响其电气性能。半刚性同轴电缆是一种用于有效载荷集成的电缆,但不适用于可动天线等需要柔性同轴电缆的应用(W. L. Gore and Associates,2003)。这里不进一步讨论柔性同轴电缆。

图 4.1 同轴电缆电气结构

介质通常是某种形式的聚四氟乙烯(PTFE)——杜邦品牌产品名称 Teflon(Wikipedia,2011)。介质在同轴电缆中有三种使用形式:

(1)固体 PTFE,最原始的形式,质量最大。

(2)低损耗低密度 PTFE,中等质量。

(3)膨胀聚四氟乙烯(ePTFE)或微孔 PTFE,质量最轻,最不坚固(Teledyne Storm Products,2010)。

表 4.1、表 4.2 和表 4.3 按顺序提供了三种介质在不同尺寸的同轴结构示例。在所有情况下,内导体都是镀银铜线。每个表中的最后一列给出了同轴电缆的标称质量,以便与其他同轴电缆和波导进行比较。通常,铝合金外导体的同轴电缆比铜外导体的同轴电缆质量轻。

表 4.1 同轴尺寸和质量示例,固体聚四氟乙烯
(Carlisle Interconnect Technologies,2017)

外导体外径/英寸	最大工作频率/GHz	外导体材料	标称质量/(kg/10m)
0.250	18	铜,铝	1.56,0.928
0.141	26.5	铜,铝	0.494,0.290
0.085	50	铜,铝	0.213,0.108
0.047	90	铜,铝	0.060,0.032

表 4.2 同轴尺寸和质量、低损耗低密度聚四氟乙烯示例
(Carlisle Interconnect Technologies,2017)

外导体外径/英寸	最大工作频率/GHz	外导体材料	标称质量/(kg/10m)
0.250	18	铜	1.41
0.141	26.5	铜,铝	0.477,0.275
0.086	65	铜,铝	0.209,0.104
0.070	65	铜	0.113
0.047	90	铜,铝	0.059,0.030

表 4.3 膨胀聚四氟乙烯同轴尺寸和质量示例
(W. L. Gore and Associates,2003)

外导体外径/英寸	最大工作频率/GHz	外导体材料	标称质量/(kg/10m)
0.210	18,相位稳定	铜	0.627
0.190	18 或 30(两种选择)	铜	0.558
0.140	40	铜	0.328
0.120	26.5	铜	0.295
0.085	65	铜	0.131
0.047	65	铜	0.065

制造商通过热循环来预处理同轴电缆。针对有效载荷集成应用,将同轴电缆弯曲之后,且真正安装之前,可能需要三个热循环对其进行再处理。其中,在每个热循环中,温度从环境温度—最高温度—环境温度—最低温度—环境温度。这种处理会使介质收缩,所以电缆应该比其设计长度多切 1/4 英寸(1 英寸=2.54cm)。处理后,将电缆切割至设计长度,并安装至连接器(Carlisle Interconnect Technologies,2017)。

4.3.2 同轴电缆性能

根据同轴电缆的介电材料,射频性能总结如下:
(1)固体 PTFE 介质,损耗最高。
(2)低损耗低密度 PTFE 介质,损耗中等。与固体相比,在长度上和批次之间呈现出更大的介电常数变化。
(3)膨胀或微孔 PTFE 介质,损耗最小。表现出不同长度和批次之间介电常数的最大变化(Teledyne Storm Products,2010)。
一般来说,介电常数越低,损耗越低(Carlisle Interconnect Technologies,2017)。表 4.4 给出了介电常数对应的传播速度。

表 4.4 不同介质同轴电缆中的传输速度
(Teledyne Storm Products,2010)

同轴介质类型	介电常数	传播速度(光速 c 的百分比)
固体聚四氟乙烯	2.02	70
低损耗低密度聚四氟乙烯	1.6~1.8	75~79
膨胀聚四氟乙烯	1.3~1.5	82~88

电缆种类繁多,每一种都可以从直流(DC)到更高的频率使用。上限频率越高,电缆的插入损耗越高。较小尺寸的同轴电缆不一定像波导那样适用于较高的频率。虽然同轴电缆适用于较低质量,但它具有较高的插入损耗。对于给定的同轴电缆,插入损耗以非线性方式随频率增加(Teledyne Storm Products,2010),而插入相位线性增加。表 4.5 给出了一些同轴电缆插入损耗的示例。同轴电缆的典型阻抗为 50Ω,但也有阻抗更低和更高的同轴电缆。

表 4.5 典型同轴插入损耗示例

外导体外直径/英寸	介质类型	外导体材料	1GHz 时,每 10m 的插入损耗/dB	10GHz 时,每 10m 的插入损耗/dB	26.5GHz 时,每 10m 的插入损耗/dB
0.141[1]	固体聚四氟乙烯	铝,铜	3.7,3.8	14,14	25,26
0.141[2]	低损耗低密度 PTFE	铜	3	11	19
0.141[1]	膨胀聚四氟乙烯	铜	3	9	15
0.086[2]	低损耗低密度 PTFE	铜	5	20	33
0.086[2]	膨胀聚四氟乙烯	铜	6	20	34
0.070[1]	低损耗低密度 PTFE	铜	6	21	35
0.047[1]	低损耗低密度 PTFE	铜	10	33	54

[1] Carlisle Interconnect Technologies(2017);
[2] Teledyne Storm Products(2010)。

4.3.3 同轴电缆环境特性

同轴电缆的温度敏感性取决于介质材料和同轴电缆尺寸(Teledyne Storm Products,2010)。三种介质的温度性能如下:

(1)固态 PTFE 介质,对温度最敏感。

(2)低损耗、低密度 PTFE 介质,温度敏感性中等。

(3)膨胀或微孔 PTFE 介质,对温度最不敏感。大多数电缆相位稳定,用于一组同轴电缆必须在整个工作温度范围内关注信号相位和增益的情况。

随着环境温度的升高,同轴电缆的插入损耗也会增大。某家电缆制造商声称,相对于25°C时的dB损耗,dB损耗的变化率(百分比)几乎与环境温度呈线性关系。对于18GHz,-100°C时的变化为-22%,150°C时的变化为18%,dB损耗的变化率是关于频率的弱函数,主要是由于是银的电导率随温度的变化(W L Gore and Associates,2003)。

此外,插入相位也随温度而变化,一个典型例子如图4.2所示。插入相位也会随着操作而改变,例如弯曲电缆,即使是很少弯曲变化也会引起相位变化(W L Gore and Associates,2003)。

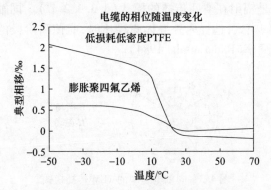

图4.2 同轴线电气长度与温度的变化实例
(源自 Teledyne Storm Products(2010))

一组膨胀聚四氟乙烯电缆不仅可以实现相对相位匹配,甚至可以绝对相位匹配。当电缆需要关注整个工作温度范围内的插入损耗和/或相位时,相位匹配是一个重要的考虑因素。电缆必须在相同的温度长度相同。只有当同轴电缆全部来自同一批材料时,才有可能实现完全的相位匹配跟踪(W L Gore and Associates,2003)。

在空间环境中,介质会有一段短暂的排气释放时间。航天同轴电缆必须符合出气量标准(Micro-Coax,2001;W L Core and Associates,2003)。

航天同轴电缆必须采用抗辐照设计(Micro-Coax,2001;W L Core and Associates,2003)。

4.3.4 连接器和转换器

有很多种连接器可以用于同轴电缆末端。如何选择连接器部分取决于同轴电缆的尺寸和工作频率范围。即使这样,每种连接器类型也有多种配置,例如直的或直角的,使用连接器必须注意其具有适当推荐工作频率范围。不同类型的连接器可以相互配合。连接器也用在有效载荷单机上。文献 Teledyne Storm Products(2010)和 W L Gore and Associates(2003)介绍了连接器。

转换器不仅在给定法兰的波导和给定连接器的同轴电缆之间实现转换,而且可以实现电磁波传播模式的转换。

4.3.5 同轴电缆传播模式

在同轴电缆中,只有 TEM 模传播。电场矢量 E 及其正交磁场矢量 H 位于波前平面内,即它们垂直于传播方向,并且场的振幅与传播常数相关,如图 4.3 所示。回想一下,TEM 也是辐射在空间传播的模式(3.3.3.2 节)。同轴电缆中可能存在比 TEM 模更高阶的模式,选择内外导体直径比时,应使高阶模的截止频率(4.4.5 节)远高于其工作频率(Ramo et al.,1984)。

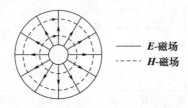

图 4.3 同轴电缆中的 TEM 传播模式

同轴电缆是非色散媒质,即所有频率以相同的速度传播。电磁波在同轴电缆中的传播速度比在真空中慢,传播速度等于真空中光速 c 除以介电常数的平方根。如表 4.4 所列(Teledyne Storm Products,2010),传播速度在固体 PTFE 中等于光速 c 的 70%,低损耗低密度 PTFE 则为 75%~79%,膨胀 PTFE 则为 82%~88%。

4.4 波导

有效载荷集成部组件中最常用的是矩形波导而不是圆波导。然而,圆波导同样值得关注,因为其传播模式是某些滤波器中谐振模式的基础(5.4 节)。此外,一些喇叭天线(3.7.1 节)是喇叭形的圆波导。

4.4.1 矩形波导结构

矩形波导的一些几何特征如图 4.4 所示。波导的内部尺寸为宽度 a 和高度 b,在正常比例的波导中,a 约等于 b 的 2 倍,图 4.4(b)的第二部分显示了 E 平面和 H 平面。

表 4.6 给出了各种标准尺寸的矩形波导技术指标。尺寸名称是"WR"后跟以百分之一英寸为单位的宽度 a。大多数波导为正常或标称尺寸。然而,在名字末

尾有"R/H"的波导是减高波导,其高度大约是正常波导高度的1/2。减高度波导的质量略低于普通波导,然而其小体积可能有利于紧密安装,实现有效载荷小型化。此外,还有四分之一高波导和二倍高波导(未列出)。壁厚为正常厚度或标称厚度。薄壁波导的厚度却只有正常波导厚度的1/2,通常用于卫星,以减小有效载荷质量(Mele,2011)。表中列出了一些波导尺寸的薄壁厚度。如果可能,在卫星上使用铝而不是铜作为常用材料,这是因为铝的质量大约是铜的1/3。但铜的插入损耗较低。表4.6中,最小的波导没有采用铝制造,可能是因为插入损耗非常高。推荐的工作频段取决于波导尺寸 a 和 b,理论插入损耗也是如此,它还取决于金属类型和确切的工作频率。对于给定尺寸的波导,插入损耗会随频率的增加而降低。

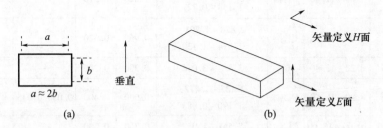

图4.4 矩形波导
(a)尺寸;(b)E 面和 H 面。

表4.6 矩形波导技术指标,薄壁
(Cobham and Continental Microwave Division,2006)

EIA 波导型号	TE_{10}模式的推荐工作频率/GHz	材料合金	从最低到最高频率的理论插入损耗/dB/10m	a/英寸	b/英寸	薄壁厚度/英寸	铝合金的质量/(kg/10m)
WR430	1.70~2.60	铝,铜	0.194~0.129, 0.129~0.086	4.300	2.150	—	—
WR340	2.20~3.30	铝,铜	0.263~0.183, 0.175~0.122	3.400	1.700	—	—
WR284 R/H	2.60~3.95	铝,铜	0.585~0.442, 0.389~0.294	2.840	0.670	—	—
WR284	2.60~3.95	铝,铜	0.366~0.251, 0.243~0.167	2.840	1.340	—	—
WR229	3.30~4.90	铝,铜	0.467~0.331, 0.310~0.220	2.290	1.145	—	—
WR187	3.95~5.85	铝,铜	0.688~0.477, 0.458~0.317	1.872	0.872	—	—
WR159	4.90~7.05	铝,铜	0.766~0.572, 0.503~0.381	1.590	0.795	—	—

续表

EIA波导型号	TE$_{10}$模式的推荐工作频率/GHz	材料合金	从最低到最高频率的理论插入损耗/dB/10m	a/英寸	b/英寸	薄壁厚度/英寸	铝合金的质量/(kg/10m)
WR137	5.85~8.20	铝,铜	0.969~0.770, 0.652~0.512	1.372	0.622	—	—
WR112	7.05~10.00	铝,铜	1.369~1.062, 0.911~0.707	1.122	0.497	0.040/0.045	2.54
WR102	7.00~11.00	铝,铜	1.734~1.094, 1.154~0.727	1.020	0.510	—	—
WR96	7.00~17.00	铝,铜	2.878~1.701, 1.914~1.130	0.965	0.320	—	—
WR90 R/H	8.20~12.40	铝	3.435~3.036	0.900	0.200	—	—
WR90	8.20~12.40	铝,铜	2.135~1.477, 1.390~0.983	0.900	0.400	0.030/0.035	1.56
WR75 R/H	10.00~15.00	铝,铜	2.561~1.952	0.750	0.200	—	—
WR75	10.00~15.00	铝	2.526~1.764, 1.680~1.174	0.750	0.375	0.020/0.025	0.93
WR67	11.00~17.00	铝,铜	2.029~1.354, 1.349~0.900	0.668	0.340	—	—
WR62	12.40~18.00	铝,铜	3.182~2.340, 2.116~1.556	0.622	0.311	0.020/0.025	0.78
WR51	15.00~22.00	铝,铜	4.347~3.149, 2.891~2.094	0.510	0.255	—	—
WR42	18.00~26.50	铝,铜	6.804~4.997, 4.528~3.323	0.420	0.170	0.020/0.025	0.51
WR34	22.00~33.00	铝,铜	8.317~5.784, 5.531~3.848	0.340	0.170	—	—
WR28	26.50~40.00	铝,铜	11.306~7.740, 7.552~5.174	0.280	0.140	0.020/0.025	0.40
WR22	33.00~50.00	铜	10.643~7.234	0.224	0.112	—	—
WR19	40.00~60.00	铜	13.061~9.383	0.188	0.094	—	—

波导也可由石墨纤维-环氧树脂复合材料(GFEC)制成,GFEC由石墨纤维层与固化环氧树脂的交错层黏合而成,最后波导镀银处理(Kudsia and O'Donovan,1974),其质量远低于铝波导,并在S频段Sirius无线电卫星上用于32个行波管放大器(TWTA)的功率合成输出(Briskman and Prevaux,2001),其缺点是价格昂贵、易碎,且不能凹痕调谐(4.4.4节)。

4.4.2 矩形波导性能

表 4.7 给出了一家波导制造商不同尺寸矩形波导的插入损耗指标(Cobham and Continental Microwave Division,2006)。两种不同壁厚波导的损耗相同。减高波导的插入损耗 dB 值大约是正常高度波导的 2 倍,这一结论也适用铝和无氧高导热铜(OFHC)。铝波导镀银是将插入损耗降低到接近铜的一种方法。然而,在最小的波导中不可能镀银。额定插入损耗是理论插入损耗的 1~2 倍。波导插入损耗在某个频段内的变化比同轴电缆插入损耗更大。矩形波导的插入损耗 dB 值在其推荐工作频段内随频率非线性降低,并且插入相位也是非线性的(Ramo et al.,1984)。

表 4.7 矩形波导插入损耗指标(推荐工作频段最差值)

(Cobham and Continental Microwave Division,2006)

EIA 波导型号	硬铝插入损耗/(dB/10m)	硬 OFHC 铜[①]插入损耗/(dB/10m)
WR430	0.4	—
WR340	0.4	—
WR284 R/H	0.8	—
WR284	0.4	0.4
WR229	0.4	0.4
WR187	0.8	0.4
WR159	0.8	0.8
WR137	1.2	0.8
WR112	1.6	1.2
WR102	1.6	1.2
WR96	3	2.0
WR90R/H	4	—
WR90	2.0	1.6
WR75 R/H	5	—
WR75	2.4	2.0
WR67	3	2.4
WR62	3	2.4
WR51	5	4
WR42	8	6
WR34	12	6
WR28	16	8
WR22	—	12
WR19	—	12

① 一种无氧高导热铜。

4.4.3 波导的工作环境

铝制波导或铜制波导与波导材料一样随着工作环境温度的升高而膨胀,而频率响应会向较低频率偏移。在不能接受的情况下,例如多个大功率放大器(HPA)功率合成输出信号相位匹配度非常高时,可以使用石墨波导。石墨层具有正的热膨胀系数(CTE),即石墨随着温度升高而膨胀,而环氧树脂层却具有负的 CTE。石墨波导的 CTE 与滤波器材料殷钢的 CTE(5.5.5.2 节)一样(Kudsia and O'Donovan,1974),其值约是薄壁铝波导的铝合金 CTE 的 1/20(NIST,2004;Cobham and Continental Microwave Division,2006)。

4.4.4 法兰和波导组件

波导的两端都有法兰,这些法兰对应同轴电缆的连接器。法兰有多种尺寸和形状。一些有效载荷单机也需要法兰。

为了能够将波导或单机连接到波导,需要其他波导组件,例如:在 E 平面或 H 平面弯曲;过渡,用于连接两个不同尺寸的波导;扭转,改变磁场方向。

有时在波导组件上采用凹痕调谐,从而提高其电压驻波比(VSWR),参见 4.7.1 节。调谐凹痕位置由非常有经验设计师设计。但是,石墨波导却不能采用凹痕调谐。

4.4.5 矩形波导和圆波导中的电波传播模式

在波导中,传播的两种类型的波或模式是横电(TE)和横磁(TM)。在 TE 中电场垂直于传播方向,而在 TM 中磁场垂直于传播方向。矩形波导和圆波导中,TE 模式系列和 TM 模式系列都是不同的。然而,这两种类型的传播模式具有相同的标号,即TE_{mn}和TM_{mn}。对于每个标号对(m,n),每个模式都有一个模式截止频率,取决于波导尺寸 a 和填充波导的介质,低于该频率电磁波就不能传播。电磁波在波导内倏逝,也就是说,电场会沿波导轴以指数衰减。在地面介质是空气,在太空中是真空。波导主模是最低工作频率的模式。

具体来说,对于正常比例的矩形波导(图 4.4),TE_{mn}模式在 a 上有 m 个半波电场变化,在 b 上有 n 个半波电场变化;矩形波导的主模是TE_{10}。对于圆波导,TE_{mn}模式在圆周向上具有 m 个全波电场变化,在径向上具有 n 个半波电场变化。还有一个类似的 TM 模式系列TM_{mn};圆波导的主模是TE_{11}。正常比例矩形波导的前几种模式如图 4.5 所示,圆形波导的前几种模式如图 4.6 所示。

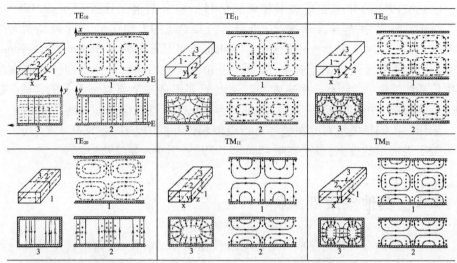

注：电场线是实线；磁场线是虚线。

图 4.5 矩形波导中的电波传播模式

（版权所有 1965，1984，John Wiley & Sons。经许可，转载自 Ramo et al.（1984））

波型	TM$_{01}$	TM$_{02}$	TM$_{11}$	TE$_{01}$	TE$_{11}$
横断面上的场分布，在最大横向场的平面上			沿着这个平面，下面的分布情况		沿着这个平面，下面的分布情况
沿导波方向场分布					
场分量	E_z,E_r,H_ϕ	E_z,E_r,H_ϕ	$E_z,E_r,E_\phi,H_r,H_\phi$	H_z,H_r,E_ϕ	$H_z,H_r,H_\phi,E_r,E_\phi$
pnl or $p'nl$	2.405	5.52	3.83	3.83	1.84
$(k_c)nl$	$\frac{2.405}{a}$	$\frac{5.52}{a}$	$\frac{3.83}{a}$	$\frac{3.83}{a}$	$\frac{1.84}{a}$
$(\lambda_c)nl$	2.61a	1.14a	1.64a	1.64a	3.41a
$(f_c)nl$	$\frac{0.383}{a\sqrt{\mu\varepsilon}}$	$\frac{0.877}{a\sqrt{\mu\varepsilon}}$	$\frac{0.609}{a\sqrt{\mu\varepsilon}}$	$\frac{0.609}{a\sqrt{\mu\varepsilon}}$	$\frac{0.293}{a\sqrt{\mu\varepsilon}}$
非理想导体造成的损耗	$\frac{R_s}{a\eta}\frac{1}{\sqrt{1-(f_c/f)^2}}$	$\frac{R_s}{a\eta}\frac{1}{\sqrt{1-(f_c/f)^2}}$	$\frac{R_s}{a\eta}\frac{1}{\sqrt{1-(f_c/f)^2}}$	$\frac{R_s}{a\eta}\frac{(f_c/f)^2}{\sqrt{1-(f_c/f)^2}}$	$\frac{R_s}{a\eta}\frac{1}{\sqrt{1-(f_c/f)^2}}[(\frac{f_c}{f})^2+0.420]$

注：电场线是实线；磁场线是虚线。

图 4.6 圆波导中的电波传播模式

（版权所有 1965，1984，John Wiley & Sons。经许可，转载自 Ramo et al.（1984））

波导存在截止频率的事实用于确保有效载荷的发射信号不会耦合干扰到有效载荷的接收机。接收天线的终端全部或部分由波导制成，选择波导的尺寸以截止发射频段的频率（Schennum，2011），其截止频率低于接收频段。

混合模式是 TE 模式和 TM 模式的组合。在圆波导中，主要的混合模式 HE$_{11}$ 是 TE$_{11}$ 和 TM$_{11}$ 的组合。简并模式是一组传播模式，它们在任何横截面中都具有相同的相速，但是具有不同的场分布。

电磁波传播的群速度是功率和调制信号沿波导前进的速度(Chang,1989)。对于每种波导尺寸,群速度从推荐工作频段低频对应的大约 $0.6c$ 变化到高频对应的大约 $0.85c$,其中 c 是真空中的光速(Cobham and Continental Microwave Division, 2006)。因此,群速度取决于频率,波导会引起色散。相速度是恒定相位的波在波导中传播的速度,它大于 c,相速度和群速度的乘积是一个与频率无关的常数。在(Wikipedia2018)中可以找到一篇解释这两个概念的文章,其中嵌入了一些视频示例。

采用一段同轴电缆对一段波导进行近似相位补偿的方法,参见9.4.2节。

关于进一步的资料,参见文献 Chang(1989)或 Ramo 等(1984)。

4.5 其他集成部组件

这里提到的有效载荷集成部组件与滤波器紧密结合使用,有时甚至是滤波器组件的一部分。

常见但至关重要的终端是负载,负载用来吸收发送给它的功率,而不是将其反射回来。负载的阻抗必须与其端接的任何部组件相匹配。终端负载的设计必须能够吸收可能传送给它的最大功率。同轴电缆和波导有低功率和大功率终端负载之分。本节将终端负载与混合电桥和开关一起使用,同时端接未使用的端口,目的是提高其他端口的性能。

环行器是一种三个端口器件,它以循环顺序将一个端口输入的信号发送到下一个端口,如图 4.7 所示。大多数输入多工器都使用环行器。环行器必须能够容纳其能接收到的射频功率。环行器有同轴和波导两种。同轴环行器设计用于极宽的频率范围,VSWR 随频率增加,或者在较小的范围内,但在该范围内具有更好的 VSWR。波导环行器的频率范围受其法兰的限制,而法兰与特定尺寸的波导相匹配。

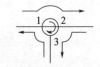

1,2,3为端口数;
→ 表示可能信号流向

图 4.7 环行器

对于 RF 电路而言,隔离器相当于一个端口连有终端的环行器。然而,隔离器和带终端的环行器的实现方式略有不同,这在大功率应用中可能很重要:作为隔离器一部分的终端正好与隔离器的其余部分在一起,而环行器上的终端可以与环行器有一段距离,这样更容易将终端散热管上。行波管放大器(TWTA)输出端连接到环行器的大功率终端温度可能会变得非常高,以至于必须放置在散热管上(2.2.1.6节)。隔离器用于改善设备的阻抗匹配,或者保护设备不受反向反射的影响。图 4.8(a)、(b)为一个用于阻抗匹配的隔离器示例。需要说明的是,双线表示波导,单线表示同轴电缆。图 4.8(c)为隔离器,其作用是保护大功率放大器(HPA)免受反向传播信号的影响,这种信号可能是由经过 HPA 的误开关引起的。

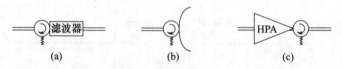

图 4.8 隔离器使用示例

混合电桥耦合器(简称为混合电桥)是一种将两个输入组合在一起,产生两个输出的部件,其中每个输出都是两个输入之和的一半,而且存在某种特定的相位关系。功率分配器将一个输入分成两个相等的输出也可以反过来使用,从而将两个输入合并为一个输出,使其成为功率合成器。尽管混合电桥和功率分配器的实现可能不同,但功率分配器在概念上与一个端口端接的混合电桥是相同的。在本书中通常使用混合符号"H"来表示混合电桥或功率分配器。混合电桥是一个 3dB 耦合器。混合电桥或功分器的插入损耗指标通常是相对于不可避免的 3dB 损耗给出的。混合电桥必须能够传输适当功率的电磁波。

实际上,RF 系统有各种各样的混合电桥。在波导中实现的混合电桥种类和在同轴电缆中实现的混合电桥种类之间存在重叠。混合电桥之间的区别是输入和输出相位的不同。图 4.9 为一种混合电桥的相位关系。对于另一种混合电桥,参见11.12.13 节。通过增加 90°移相器,可以让所有混合电桥实现相同的功能。当只有一个信号时,例如图中的 x,输入到混合电桥时,每个输出端口输出信号的一半功率。当两个输入信号 x 和 y 相同且同相时,混合电桥只有一个非零输出,等于 2 倍功率的 x。

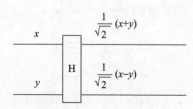

图 4.9 无耗混合电桥(输入和输出 RF 信号)

当定向耦合器集成到有效载荷时,可实现无需天线却可以测试有效载荷。接收天线的每个输出端口和与之相连的低噪声放大器(LNA)之间都有一个定向耦合器,每个输出多路复用器(OMUX)输出端口和与之相连的发射天线输入端口之间有一个定向耦合器。若 HPA 之后没有连接 OMUX,则定向耦合器位于 HPA 和发射天线输入端口之间。耦合系数高意味着进入耦合器的功率与耦合端口输出的功率之比的 dB 值大(混合电桥的耦合系数为 3dB)。定向耦合器的两种表示如图 4.10 所示。使用定向耦合器可以通过耦合端口向转发器注入信号。波导定向耦合器有多种形式,有些在耦合端口是同轴连接器,而不是波导法兰(Cobham and Continental Microwave Division,2006),这更适合连接测试设备。

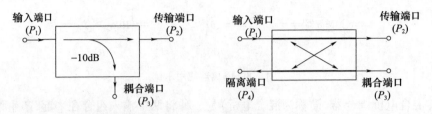

图 4.10 定向耦合器的两种表示方法(由维基百科的 Courtesy Spinningspark 提供,CC BY – SA 3.0。来自 en. wikipedia. org/w/index. php? curid = 31959064)

固定值衰减器(也称为垫式衰减器)是同轴结构。每个衰减器都可以实现从直流电到某个 GHz 的频率,例如某制造商的衰减器频率是 18GHz 或 32GHz(Aeroflex Weinschel,2010)。这些衰减器可用衰减值从 0dB 开始,步长为 0.5dB,可承载 2W 功率,垫式衰减器用于有效载荷集成,以调整连接单机的工作信号电平范围,衰减器还具有改善阻抗匹配的目的,这种用法可以在图 4.11 中看到。单机 A 和单机 B 由一个衰减器(比如一个 3dB 衰减器)隔开。目标信号(信号 1)在单机 B 的输入端具有比无衰减器时低 3dB 的电平。如果有一个从单机 B 反射回单机 A 的信号 2,到达单机 A 输出端口的信号比无衰减器时低 6dB,因此对单机 A 的性能危害较小。此外,如果有双反射信号,即信号 3,那么当它到达单机 B 的输入端时,它比没有衰减器时低 9dB,即比预期信号低 6dB。衰减器也可以在单机 B 的输入端,而不是在单机 A 的输出端。

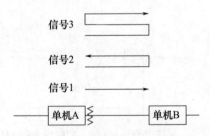

图 4.11 改善阻抗匹配的固定衰减器

移相器是同轴结构,并且在有效载荷集成时是可调的。移相器的一个例子是为直流到 18GHz 设计的,可调范围最高可达 10(°)/GHz,即最高 180°(radiall,2015)。移相器通过改变传输线的长度实现移相(Radiall,2017a)。通常需要采用移相器来使将要合并的 TWTA 输出在功率合成处彼此同相,其方法:TWTA 制造商测量 TWTA 的相移;有效载荷集成商测量从 TWTA 到 TWTA 后功率合成波导的相移;然后,计算从(线性化)信道放大器到 TWTA 输入端的同轴电缆包括移相器在内的期望相移,并通过矢量网络分析仪相应地调整移相器。

微波开关在有效载荷中起着至关重要的作用,因为它们不仅可以改变信号传输路径。还可以从单机库中选择单机。如图 4.12 所示,在有效载荷集成中使用了各种类型的微波开关。有些是同轴形式,有些同时采用波导和同轴形式。对于 C 型开关、R 型开关和 T 型开关,在一些位置上有两个信号可以流经开关。如果有两个信号传输,开关必须能够容纳两个信号中的 RF 功率。C 型开关也称为转换开关和棒球开关。R 型开关有两个位置,两个信号可以通过,而 T 型开关的所有四个位置都具有这一特性。T 型开关的两个位置是相同的,T 型开关的信号通过路径在物理上并非都在一个平面上。几乎所有的开关都是闭锁的,即无论开关完成后是否保持电压,开关都会保持选定的射频路径。

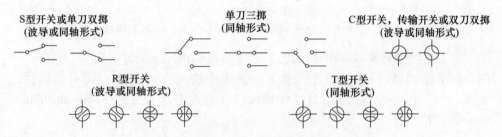

图 4.12 微波开关类型及所有可能位置

基于铁氧体的波导开关是 Ka 频段及以上频段有效载荷接收机中机电波导开关的替代产品;在较低频率时,其尺寸和插入损耗大于机电开关(Kroening,2016)。铁氧体开关没有移动部件,它们完全是固定的,可靠性更高。它们特别适合用作高速开关,这种开关是定向的(端口 1 仅用于输入),其原理图如图 4.13(a)所示。它由端口 1 处的开关环行器和输出端口 2 和输出端口 3 处的两个隔离器组成(未标记)(Honeywell Aerospace,2018)。Ka 频段铁氧体 S 开关的尺寸缩小了 2/3。图 4.13 (b)给出了如何使用相同的开关环行器和隔离器来实现 R 型开关。其中 10 个 R 型开关和 8 个 LNA 已集成用于 LNA 冗余开关,其尺寸和质量是机械式 R 型开关解决方案的一半(Kroening,2016)。

对于同轴开关,有低功率和大功率开关,其中对于某个供应商,低功率意味着 5~10W RF 功率,大功率意味着 33~102W RF 功率(Radiall,2017b)。如图同轴电缆本身一样,同轴开关的工作频率范围是从 DC 到若干 GHz。同轴开关功率承载能力随着频率的增大而降低,而插入损耗和 VSWR 随着频率的增大而增加。由于插入损耗较低,波导开关通常比同轴开关能承载更大的射频功率。然而,有一种同轴 T 型开关在 4GHz 可以承载 260W 射频功率(Dow–Key Microwave,2011)。该供应商还生产同轴和波导开关模块,将几个开关和功率分配器集成到一个模块中,以便在有效载荷输入端提供冗余开关。

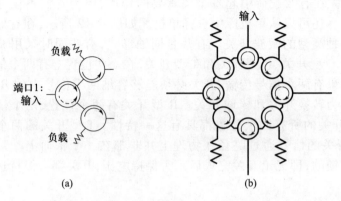

图 4.13 铁氧体开关环行器和隔离器用于实现:(a)S 型开关和(b)R 型开关
(2016 IEEE. Reprinted,with permission,from Kroening(2016))

对于特别重要的有效载荷功能,开关本身可采用冗余配置。图 4.14 显示了两个例子:图 4.14(a)中,一个完全冗余的 1 个输入、2 个输出 C 型开关组件;图 4.14(b)中,一个部分冗余的 1 个输入、3 个输出 R 型开关组件(Briskman and Prevaux,2001)。

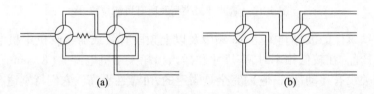

图 4.14 冗余开关
(a)完全冗余、2 个输出的 C 型开关组件;(b)部分冗余、3 个输出的 R 型开关组件。

4.6 冗余配置

星上一组有源单机几乎总是包括备用的、尚未使用的单机,它们可以替换故障的有源单机。替换是通过开关和/或混合器实现的。最初在轨道上运行的单机是主单机,其他的是备用或冗余单机。

所有有效载荷单机上都有传感器,并将数据发送到星载计算机,后者将数据发送到卫星操作中心(SOC),这些数据是遥测数据。例如,LNA、变频器、前置放大器和固态功率放大器不断报告放大器偏置数据;前置放大器的自动增益控制(AGC)报告功率电平读数;TWTA 的电子功率调节器(EPC)报告电流和电压。SOC 监控遥测数据,当主单机表现不佳并需要替换时,SOC 向星载计算机发送命令。星载计算机将命令传递到指定的有效载荷单机和任何需要切换故障单机和切换冗余单机的开关。另一种类型的命令是开启冷(未通电的)备份单机。

一组主单机和备份单机要么包含相同的单机(在低功率单机中),要么包含不同调谐的相同单机(在 TWTA 子系统中,其中 TWTA 子系统是 TWTA 加上其前置放大器)。

美国和欧洲对冗余的描述不同。例如,假设有 6 个单机,其中 4 个在任何时候都是主用的。在美国,这是"6 对 4 冗余",或简称为"6 对 4",写成"6∶4",而在欧洲,写成"4∶2"或"4/6",本书使用美国术语。

图 4.15 为当主单机发生故障时,有多种方法可以访问备份单机。最常见的方法是使用开关,在这种情况下,开关阵和单机库一起形成一个冗余环。而且,还可以使用混合耦合器,或者混合使用混合耦合器和开关。开关或混合电桥一定在单机外部:在一些低功率单机中,冗余单机和开关或混合电桥与主单机是一个组件。

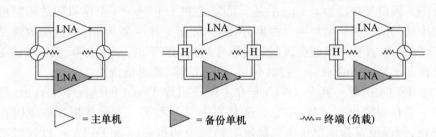

图 4.15　分别通过开关、混合电桥和混合使用开关及混合电桥实现冗余

我们将在下面看到,单机组前的 RF 线和开关结构总是与单机组输出端的 RF 线和开关结构恰好相反。此外,在单机组前面任何时候的开关位置的集合和在输出端的集合都有这个特性。通常情况下,开关是联动的,也就是说,当单机组前面的冗余环开关接到指令切换时,输出端的相应开关会自动向相反方向转动。

对于广播卫星,低功率单机(LNA 和变频器)的冗余环与 TWTA 环的结构不同(11.12 节讨论了 SSPA 冗余)。原因是只有几个上行链路,所以只有几个 LNA。低功率单元通常是相同的,或者可能有少量的组,每个组中的单机都是相同的。然而,TWTA 虽然在设计上可能相同,但通常是针对不同的、狭窄的频段进行优化设计。此外,低功率单机组通常很小,而 TWTA 组可以包含 100 多个 TWTA。

图 4.16 给出了低功率单机冗余环的四个例子。图 4.16(a) 中的两个例子展示了如何使用 C 型和 R 型开关。图 4.16(b) 中的两个例子使用前面介绍过的冗余开关。

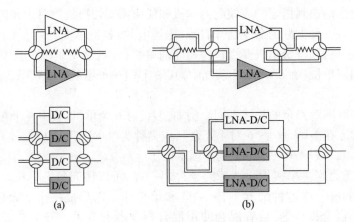

图 4.16　低功率单机冗余环

有关 TWTA 冗余环,还有其他的概念和术语。冗余可以是完全的,也可以是部分的。假设冗余度为 $m:n$,在完全冗余度中,任何 $m-n$ 个单机的故障都可以被组中的其他单机容纳解决。在部分冗余中,至少有一个 $m-n$ 单机的故障是不可接受的。在计算有效载荷满足其可靠性指标的概率时,双重故障、三重故障等的百分比乃至可容纳的 $m-n$ 故障(包括 $m-n$ 故障)都是值得关注的。

主 TWTA 的第一冗余 TWTA 是在主设备出现 TWTA 的情况下的首选,前提是没有其他系统出现故障;第二冗余是当主冗余和第一冗余都出现故障时选择的单机,假设没有其他单机出现故障。该频段的第一冗余 TWTA 可以针对与主频段相同的频段进行优化,第二冗余 TWTA 通常针对包括主 TWTA 频段在内的更多频段进行优化,因此其在主 TWTA 频段上的性能不如主 TWTA 和第一冗余 TWTA。

一个由多个 TWTA 组成的 TWTA 库的冗余环具有规则或接近规则的结构,即它是由相同或相似的模块组成的。在每个模块中,每个输入线路都有主单机和第一冗余单机,而第二冗余单机可能位于不同的模块中。一个模块中的 TWTA 是相连的,模块之间也是相互连接的。冗余环越大,可靠性越高(Kosinski and Dodson,2018)。如何构建冗余度尽可能完整、TWTA 尽可能少、路径(主或冗余)切换尽可能少、冗余单机切换时对现有信号路径的干扰最小以及可证明的冗余度的冗余环,长期以来一直是一个研究课题。

2008 年取得了一项重要进展(Liang and Murdock,2008)。图 4.17 为模块化的冗余环,其特性是第一冗余可以切换到任何一个 TWTA,并且其他路径没有中断。图 4.17(a)为一个 4∶3 冗余的模块。这个方案中的所有模块都是 $m:m-1$,而且有三个连接(垂直),可以与其他模块连接。图 4.17(b)是该模块的一个抽象表示。图 4.17(c)为如何将两个这样的模块连接起来形成一个小环,在图 4.17(d)中抽象地显示。每条输入路径都可以通向任何一个模块。

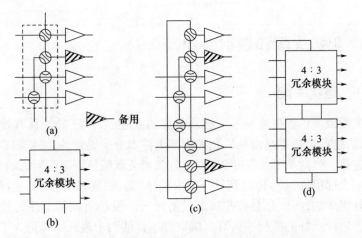

图 4.17 非中断的第一冗余实现的 TWTA 冗余环模块
（源自 Liang and Murdock(2008)）

图 4.18 显示了由四个这样的模块组成的环,每个模块有 6∶5 的冗余,每个环有 24∶20 的冗余。图 4.18(a)、(b) 为两种不同的模块互连固定方式。每种方式都允许部分 24∶20 冗余,覆盖不同的故障集。图 4.18(c) 展示了一种优良的交换互连方法。当模块的数量为 4 个或更少时,该方案被认为是一种完全冗余。对于任何 $m∶n$,有一种方法可以构成一个 $m∶n$ 模块的环,每个模块包括一个备用模块(Liang and Murdock,2008)。

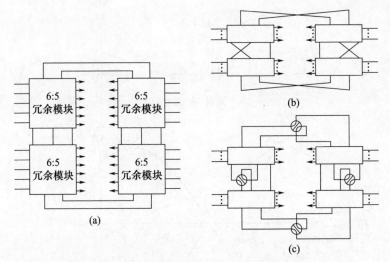

图 4.18 集成非中断模块的 TWTA 冗余环(三种不同的模块连接方式)
（源自 Liang and Murdock(2008)）

4.7 阻抗失配和散射参数

4.7.1 阻抗失配

阻抗失配或简单的失配是一个必须掌握的主题,以便正确计算有效载荷集成产生的损耗,这些损耗不是由单机和集成部组件本身所导致的,而是归咎于它们之间的相互连接。当两个部组件相连时,当且仅当负载阻抗等于源阻抗的复共轭时,功率从第一个部组件(源)传输到另一个部组件(负载)而没有损耗。但是,阻抗匹配从来不是完美的,所以总会有些功率反射回去。设计射频部组件的目的是与相邻的部组件进行良好的匹配。所有多端口部组件的两个表征指标是为了限制反射功率的输入回波损耗和为了限制反射和双反射功率的输出回波损耗。

让我们看看阻抗失配的后果。图 4.19 的上半部分描述了一个电压行波(从左到右)在某一瞬间传输到右边的失配连接,一个较弱的波反射回来的情况。因为时间是固定的,所以行波的相位在图中从左到右减小。类似地,反射波的相位从右向左减小。存在两个电压波的相位相同的位置 z 标记为 z_0,以及相位彼此相反的位置标记为 z_π。这样的位置每隔 $2z_\pi$ 出现一次,反射波比行波弱(大部分行波通过失配连接,但未显示)。图 4.19 中下半部分的实线显示了不同时间组合波沿线的带符号电压,虚线是沿线的电压幅度(Ramo et al.,1984)。

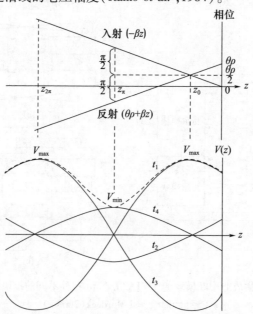

图 4.19 某一时刻,阻抗失配引起的部分反射(John Wiley & Sons。经许可,转载自 Ramo et al. (1984))

在不同的时间,相位在沿线的相同位置再次相等,并且对于彼此相反的相位也是类似的,如图 4.20 所示。

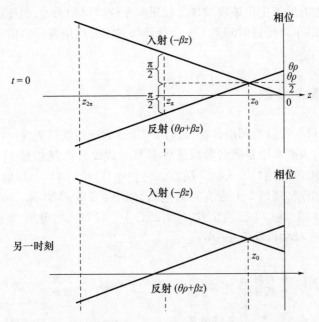

图 4.20 在不同的时间,前向波和后向波在相同的位置同相或完全反相(改编自 Ramo et al. (1984))

负 z 位置的最大电压为

$$V_{max} = |V^+| + |V^-|$$

式中:V^+ 为行波的复电压,V^- 为反射波的电压,并以复相量表示(12.2.1 节)。

负 z 位置的最小电压为

$$V_{min} = |V^+| - |V^-|$$

电压驻波比(VSWR)是最大电压幅度与最小电压幅度之比,即

$$S = V_{max}/V_{min}$$

可以看出,失配位置左侧的组合波是行波和驻波叠加。驻波沿线有固定的位置,其符号电压等于零(Ramo et al.,1984)。

为什么这些反射信号很重要? 在失配处可能会发生两种情况之一。在失配处向后反射的信号可能会打到后面的敏感单机并损坏它。这可以通过在隔离器、环行器和微波开关上使用终端负载(必要时为大功率)来防止。或者向后反射的波可能遇到另一个失配位置,其中部分信号前向反射。这将代表一个较弱的、与预期的前向信号不一致的信号。这种情况也可通过终端负载来阻止,还可以通过衰减器来抑制。反射信号通过垫式衰减器的次数比预期的前向信号多 2 倍,这就削弱了多径信号。因此,良好的设计可以阻止或至少降低失配的影响。

只有当某些部件受损时,才能观察到多径效应的影响,其形式是$|S_{21}|$具有周期性分量。如果受损的部件是一段波导,可以根据波纹的频率周期估计这段波导的长度,这通常有助于定位该段波导。如果频率纹波周期为f_0,则反射信号从波导一端到另一端的单向传播时间为$1/f_0$。设计师只需要应用波导中信号的群速度来获知波导长度。

4.7.2 散射参数

每个双端口有效载荷部组件都可以用术语来表征其端口失配时可能产生的干扰信号的大小,表征术语是散射参数或S参数。假设具有复相量V_1^+的电压行波在待测设备(DUT)的端口 1 入射。端口 2 传输电压V_2^-,端口 1 反射电压V_1^-。输出线连接终端负载,端口 2 上没有入射电压,如图 4.21(a)所示。同样,假设入射行波入射到端口 2,端口 1 连接负载,这时端口 1 上没有入射电压,如图 4.21(b)所示。图 4.21 中,双端口部件是 DUT。

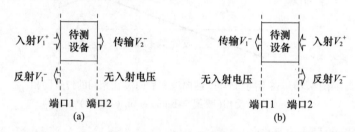

图 4.21 S 参数定义中的电压
(a)S_{21} 和 S_{11};(b)S_{12} 和 S_{22}。

定义两个复值S参数如下:

前向传输系数为 $$S_{21} = \frac{V_2^-}{V_1^+}$$

输入端口反射系数为 $$S_{11} = \frac{V_1^-}{V_1^+}$$

其他两个复值的S参数的定义也类似:

反向传输系数为 $$S_{12} = \frac{V_1^-}{V_2^+}$$

输出端口反射系数为 $$S_{22} = \frac{V_2^-}{V_2^+}$$

S_{mn}的简写定义是端口m输出与端口n输入之比。测量S参数的阻抗装置如图 4.22 所示。DUT 输入阻抗Z_1,输出阻抗Z_2。S_{21}和S_{11}是使用参考阻抗为Z_0的源和理想输出终端获知的,即阻抗Z_2^*等于Z_2的复共轭。S_{12}和S_{22}是以互补的方式获得的。对于同轴输入,参考阻抗典型值为50Ω。

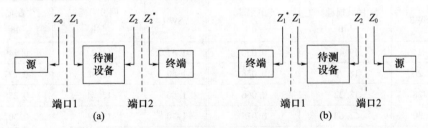

图4.22 获得 S 参数的概念阻抗装置
(a) S_{21} 和 S_{11};(b) S_{12} 和 S_{22}。

S 参数 S_{mn} 的复数值通常表示为增益 $|S_{mn}|$ 和相位。增益 $|S_{mn}|$ 不是以 dB 为单位,可以是任何正数。特别是,$|S_{21}|$ 为插入增益。对于无源器件 $|S_{21}| < 1$,实际上代表损耗;因此这一项也就是插入损耗等于 $1/|S_{21}|$,其值大于1。正常情况下 $|S_{11}|$ 和 $|S_{22}|$ 都小于1。它们的倒数分别是输入、输出回波损耗。对于所有这些增益或损耗,它们的正常表示不是简单的比值,而是以 dB 为单位,例如 $-20\lg|S_{21}|$ 表示一个无源器件的插入损耗。

现在可以用 S 参数表示阻抗失配。端口1的复值电压反射系数 Γ_1 等于 S_{11}。DUT 的输入 RF 线上有一个驻波,由入射波和反射波的复数和组成。端口1的 VSWR 是射频线上的电压振幅最大值($|V_1^+| + |V_1^-|$)与电压振幅最小值($|V_1^+| - |V_1^-|$)之比,它不是以 dB 为单位;有时,为了强调这一点,以"$x:1$"的格式表示,其中 x 是驻波比,因此有

$$\text{VSWR}(\text{端口 1}) = \frac{1+|\Gamma_1|}{1-|\Gamma_1|},\ |\Gamma_1| = \frac{\text{VSWR}(\text{端口 1})-1}{\text{VSWR}(\text{端口 1})+1}$$

同样地,端口2的电压反射系数 Γ_2 等于 S_{22}。失配损耗是指传输功率与正向入射功率之比,即 $1/(1-|S_{11}|^2)$ 或等于 $1/(1-|\Gamma_1|^2)$,通常以 dB 为单位,其值等于 $-10\lg(1-|\Gamma_1|^2)$。表4.8列出驻波比及其相应回波损耗和失配损耗。

表4.8 VSWR 相对应的回波损耗和失配损耗

VSWR	回波损耗/dB	失配损耗/dB	VSWR	回波损耗/dB	失配损耗/dB
1	∞	0	1.12	24.94	0.014
1.02	40.09	0.0004	1.14	23.69	0.019
1.04	34.15	0.0017	1.16	22.61	0.024
1.06	30.71	0.0037	1.18	21.76	0.030
1.08	28.30	0.0064	1.20	20.83	0.036
1.10	26.44	0.0099	1.22	20.08	0.043

续表

VSWR	回波损耗/dB	失配损耗/dB	VSWR	回波损耗/dB	失配损耗dB
1.24	19.40	0.050	1.45	14.72	0.149
1.26	18.78	0.058	1.50	13.98	0.177
1.28	18.22	0.066	1.60	12.74	0.238
1.30	17.69	0.075	1.70	11.73	0.302
1.35	16.54	0.974	1.80	10.88	0.370
1.40	15.56	0.122	1.90	10.16	0.430

参考文献

Aeroflex Weinschel(2010). Fixed coaxial attenuators. Catalog. Jan. On www.aeroflex.com/AMS/Weinschel/PDFiles/fixedatten.pdf. Accessed Sep. 30,2011.

Briskman RD and Prevaux RJ(2001). S – DARS broadcast from inclined, elliptical orbits. *International Astronautical Congress*; Oct 1 – 5;503 – 518.

Carlisle Interconnect Technologies(2017). Microwave & RF cable, semi – rigid & flexible microwave cable, rev 092217. Product specifications. Accessed Sep. 17,2018.

Chang K, editor(1989). *Handbook of Microwave and Optical Components*, Vol. 1, *Microwave Passive and Antenna Components*. New York: John Wiley & Sons, Inc.

Cobham PLC and Continental Microwave Division(2006). *Waveguide Component Specifications and Design Handbook*, 7th ed. Nov. Accessed Sep. 15,2011.

Dow – Key Microwave(2011). Space products. Product brochure Accessed Sep. 28,2011.

Honeywell Aerospace(2018). Ferrite based RF switches. Product information. On aerospace. Accessed Sep. 19,2018.

Kosinski B and Dodson K(2018). Key attributes to achieving > 99.99 satellite availability. *IEEE International Reliability Physics Symposium*; March 11 – 15.

Kroening AD (2016). Advances in ferrite redundancy switching for Ka – band receiver applications. *IEEE Transactions on Microwave Theory and Techniques*;64(6).

Kudsia CM and O'Donovan MV (1974). A light weight graphite fiber epoxy composite (GFEC) waveguide multiplexer for satellite application. 4th European Microwave Conference; Sep. 10 – 13; 585 – 589.

Liang S and Murdock G(2008). Integrated redundancy ring based on modular approach. *AIAA International Communications Satellite Systems Conference*; June 10 – 12;1 – 7.

Mele S, Cobham PLC, Exeter, New Hampshire(2011). Private communication. Sep. 19.

Micro – Coax, Inc. (2001). Space capabilities. Brochure. Feb. Accessed Sep. 23,2011.

National Institute of Standards and Technology, US, Mechanical Metrology Div (2004). Engineering metrology toolbox, temperature tutorial. Nov. 9. On emtoolbox. nist. gov/Temperature/Slide14. asp. Accessed Sept 20, 2011.

Radiall SA (2015). RF coaxial phase shifter, SMA—DC to 18 GHz. detail specification. Dec. 4. Accessed Sep. 23, 2018.

Radiall SA (2017a). Space brochure. Product summary. Accessed Sep. 23, 2018.

Radiall SA (2017b). Space qualified switches. Product specifications. Accessed Sep. 19, 2018.

Ramo S, Whinnery JR, and Van Duzer T (1984). *Fields and Waves in Communication Electronics*, 2nd ed. New York: John Wiley & Sons, Inc.

Schennum GH, Space Systems/Loral (2011). Private communication. Oct. 24.

Teledyne Storm Products Co (2010). Microwave: high performance interconnect products. Apr. Accessed Sep. 17, 2018.

Wikipedia (2011). PTFE. Sep. 15. On en. wikipedia. org. Accessed Sep. 25, 2011.

Wikipedia (2018). Group velocity. On en. wikipedia. org. Accessed Sep. 24, 2018.

W L Gore and Associates (2003). Gore spaceflight microwave cable assemblies. Feb. Accessed Sep. 23, 2018.

第5章
微波滤波器

5.1 引言

本章将介绍透明转发器系统中的微波滤波器。除了第3章介绍的天线分系统中的双工器外,通信信号将最先到达预选滤波器。随后,通信信号将沿通信路径经过多工器(MUX),也就是信道化器。输入多工器(IMUX)将把宽带信号分成若干窄带信号,而输出多工器(OMUX)将对多个通道中的信号进行合成。多工器中对应于单个通道的滤波器称为通道滤波器。

在探讨滤波器之前,将介绍广义模拟滤波器和微波滤波器的技术指标要求。

鉴于第10章将介绍有效载荷系统中采用的两类滤波器,第一类为声表面波(SAW)滤波器,即一种需要与数字处理器配合使用、工作频段达到2GHz的无源器件,第二类为数字滤波器,本章将不再介绍这些相关技术。

5.2 模拟滤波器的基础

5.2.1 滤波器的分类

滤波器能够抑制不需要的信号,只允许通过需要的信号。根据频率选择特性,滤波器分为以下五类。

(1)低通滤波器(LPF):能够允许某一特定频率以下的信号(包括直流信号)通过。

(2)高通滤波器(HPF):能够允许某一特定频率以上的信号通过。这种滤波器不太常见,波导本身就是一种高通滤波器。

(3)带通滤波器(BPF):仅允许某一段特定频率信号通过,同时会对其他频率的信号进行有效抑制。这是有效载荷系统中最常见的滤波器,大部分通道滤波器均为带通滤波器。

（4）带阻滤波器：能够在所需的工作频段内实现信号抑制。陷波滤波器就是一种极窄带的带阻滤波器。

（5）全通滤波器：能够以无耗的方式传输全部入射功率，但会对不同频率的信号产生相位偏移。

由于电阻性损耗的存在，滤波器会对输入信号的通带部分造成一定衰减。如果滤波器对输入信号的阻带部分进行抑制，则其在阻带的回波损耗很大。

5.2.2 滤波器的表征

微波滤波器是一种模拟滤波器，可以用频率和时间来表征。

有效载荷设计师通常会用傅里叶传输函数或频域的频率响应 $H(f)$ 来表征滤波器的性能，其中 f 为频率，单位为 Hz。滤波器的传输函数一般为复数，由幅度响应 $A(f)$ 和相位响应 $\varphi(f)$ 两部分组成：

$$H(f) = A(f) e^{j\varphi(f)}$$

式中：$A(f)$ 为正值；$\varphi(f)$ 为弧度角。

通常以分贝值（dB）表示幅度响应，由此 $G(f) = 20\lg A(f)$，$\varphi(f)$ 转化为角度。

传输函数为滤波器脉冲响应的傅里叶变换，即滤波器在时域的表征（McGillem and Cooper，1991）。

与有效载荷设计师不同，滤波器设计师会以多种方式来评估滤波器的性能。一种基本方式为传输函数。此外，滤波器设计师会采用群时延特性 $\tau_g(f)$ 来替代相位响应：

$$\tau_g(f) = -\frac{1}{2\pi}\frac{d\varphi(f)}{df}(s)$$

注意，线性增长的相位对应于工作频率内的恒定时延。在设计滤波器的过程中，滤波器设计师还会采用拉普拉斯传输函数 $H(s)$ 表示方式。这是复变量 $s = \sigma + j\omega$ 的函数，其中 σ 为实数，$\omega = 2\pi f$。这一函数是对脉冲响应的拉普拉斯变换（McGillem and Cooper，1991）。值得关注的是，（傅里叶）传输函数等于 jω 轴的拉普拉斯传输函数。

以上皆为滤波器的线性表征，即无论输入信号的功率如何变化，滤波器的响应特性不变。这种滤波会对输入信号造成线性失真。这种线性表征适用于所有无源滤波器，且在其线性范围内适用于有源滤波器。对于所有的有源滤波器而言，其工作范围不仅对应线性区域，也可对应一小部分非线性区域。

5.2.3 带通滤波器的带宽

基于带通滤波器的传输函数，根据不同的场合采用不同的带宽定义方法。如

图 5.1 所示,卫星通信中最常用的定义方法为 3dB 带宽和(等效)噪声带宽。假设某一滤波器的传输函数为 $H(f)$,中心频率为 f_c(该滤波器的实际性能可能沿 f_c 非对称分布,因此 f_c 仅为一参考数值)。3dB 带宽是指功率谱密度的最高点下降到 1/2 时界定的频率范围(Couch Ⅱ,1990)。这一定义方式在粗略计算可通过信号的带宽时非常实用。可以根据下式求解噪声带宽:

$$\text{噪声带宽} = \frac{1}{|H(f_c)|^2}\int_0^\infty |H(f_c)|^2 df$$

当噪声功率谱密度(PSD)较为平坦且比滤波器宽时,这一定义在计算通过滤波器的噪声功率时非常实用。其他带宽定义方法可参见文献 Couch Ⅱ(1990)。

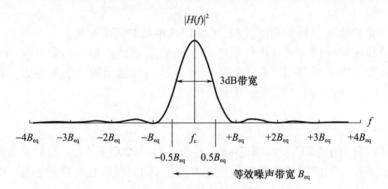

图 5.1 两类射频带通滤波器带宽的定义

5.2.4 滤波器响应的分类

目前,有效载荷系统中的滤波器响应大致可以分为两种类型:一是椭圆函数型,又称为考尔型;二是伪椭圆函数型、准椭圆函数型或广义切比雪夫型(Levy et al.,2002)。伪椭圆函数型滤波器介于切比雪夫型和椭圆函数型之间。了解两类滤波器响应与经典切比雪夫滤波器的关系,对于后续工作具有重要的指导意义。

图 5.2(a)为切比雪夫型低通滤波器的幅度响应,这种滤波器在通带内具有等波纹响应,在通带边缘幅度响应将单调下降至零值。

如图 5.2(b)所示,椭圆函数滤波器在带内和带外均具有等波纹响应,这两种波纹的高度可以不同。这种滤波器在通带边缘的幅度响应滚降优于切比雪夫型低通滤波器。

将图 5.2 中的频率响应曲线镜像至 $-\omega$ 轴,可见两种滤波器均为 5 阶,其中每个波纹峰值代表一阶。两类不同的多项式定义了切比雪夫型和椭圆函数型滤波器的拉普拉斯传输函数(Sorrentino and Bianchi,2010)。两种方法均可实现任意正整数阶滤波器。读者如欲了解更多滤波器响应的知识,可参考 Chang 等学者的著作(1989)。

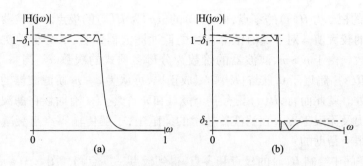

图 5.2　5 阶低通滤波器的增益响应(Wikipedia,2011)
(a)切比雪夫;(b)椭圆函数。

伪椭圆函数滤波器的设计始于椭圆函数理论,但设计师需要对其进行微调,方可获得所需的响应性能。其函数多项式不属于某一特定类型(Thompson and Levinson,1988)。伪椭圆函数滤波器未必具有等波纹响应特性(Kallianteris et al. ,1977)。

5.2.5　网络综合

滤波器是一种具有输入和输出端口的二端口选频器件。设计滤波器时通常会采用网络综合方法,也就是定义一个满足幅度和相位响应要求的原型低通滤波器,通过可实现网络对其近似,然后将低通滤波器变换为所需的带通形式(Maxim Integrated Products,2008)。这种方法通常适用于带宽小于 2% 的情况(Cameron et al. ,2018)。

Maxim Integrated Products 公司的网络教程给出了相应的变换方法(2008)。但需要指出,该教程在陷波和全通滤波器部分缺少了相应的括号。针对这一问题,读者可以参考该网络教程中前面的章节。

原型低通滤波器的拉普拉斯传输函数等于实系数多项式的比值。由于低通滤波器采用了集总单元(分立电阻、电感和电容)设计(Levy et al. ,2002),这些系数为实数。可实现低通滤波器的拉普拉斯传输函数具有以下形式:

$$H(s) = \frac{N(s)}{D(s)}$$

式中:$N(s)$ 和 $D(s)$ 为实系数多项式。

假设分子多项式 $N(s)$ 的次数为 m,分母多项式 $D(s)$ 的次数为 n。多项式的根数等于次数;其中多项式的根可以各不相同,也可能存在相同的根。传输函数可以表达为

$$H(s) = \frac{N(s)}{D(s)} = K \frac{(s-z_1)\cdots(s-z_m)}{(s-p_1)\cdots(s-p_n)}$$

式中:K 为实常数。

总的来说,并非所有的多项式根均为实数。由于多项式次数为实数,复数根将以复共轭根对的形式出现。因此,传输函数可以表达为实系数一次和二次多项式的乘积。

$N(s)$ 的根 z_i 为 $H(s)$ 的零点,而 $D(s)$ 的根 p_i 为 $H(s)$ 的极点。滤波器的次数为 n 和 m 中的较大值。对于具有滚降特性的低通滤波器而言,其分母的次数应高于分子的次数。由于 $n>m$,滤波器的阶数为分母多项式的次数 n。当 $|s|$ 趋近于无穷大时,$|H(s)|$ 趋近于 0 且与 $|K/s^{n-m}|$ 成正比,可认为 $n-m$ 阶滤波器的传输零点在无穷大处。就此而言,$H(s)$ 具有 n 个极点和 m 个零点。有时候在滤波器的描述中并不会提及无限零点。在滤波器技术的文献中,了解传输零点与衰减极点相同的实质是很有帮助的。

在 s 空间中绘制 $H(s)$ 的极点和零点,得到极点-零点图。图 5.3(a) 为某低通切比雪夫滤波器的极点-零点图,其两侧的基带幅频响应将在通带纹波中形成四个峰值。

图 5.3(b) 为某四阶低通椭圆函数滤波器的极点-零点图。根据椭圆函数滤波器的特性,该滤波器具有相同数量的极点和零点(有限数量)。虚轴上的四个有限零点为滤波器的带外响应增加四个零点;与切比雪夫滤波器相比,这将使滤波器具有更加陡峭的带外抑制性能 (Maxim Integrated Products,2008)。

伪椭圆函数滤波器的性能与切比雪夫型滤波器相似,但至少存在一个有限零点。一般来说,更好的方式是使其有限零点的数量最小,而不是保持与椭圆函数滤波器相同的零点数量(Levy et al. ,2002)。

可以用"$n-p-r$"命名规则来表征滤波器特性,其中 n 为滤波器阶数,p 为虚轴上有限零点的数量,r 为实轴上的零点数量(Kudsia,1982)。

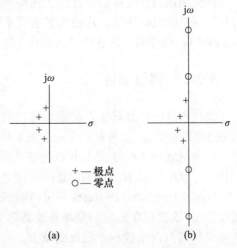

图 5.3 四阶切比雪夫型滤波器和椭圆函数滤波器的极点-零点图 (Maxim Integrated Products,2008)。

在实际中,滤波器总会存在一定程度的能量损耗,这将使理想的极点和零点位置向 s 平面的左侧偏移(Cameron et al. ,2018)。

理想滤波器的网络综合方法不适用于实际的低通滤波器和高通滤波器(Cameron et al. ,2018)、用于相位均衡的全通滤波器以及具有非对称频率响应特性的滤波器(Levy et al. ,2002)。

5.2.6 用于相位均衡的全通滤波器

为了最大程度地减小信号失真,希望滤波器具有平坦的带内相位响应。一种对滤波器相位或群时延响应进行均衡的方法是为其级联一个单独的全通滤波器,该全通滤波器也称为外部均衡器。这种均衡方法直到1992年还较为常用(Kudsai et al.,1992)。从图5.4可见,该全通滤波器的极点和零点对称分布于虚轴两侧。图5.4(a)对应于一阶滤波器,也称C类均衡器;图5.4(b)对应二阶滤波器,也称D类均衡器。极点均位于左半平面,零点均位于右半平面。这些均衡器在虚轴具有统一的幅度响应。此类滤波器的群时延响应与待均衡滤波器的群时延响应几乎相反(Cameron et al.,2018)。

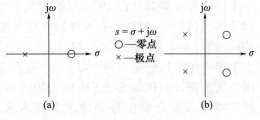

图5.4 全通滤波器的极点-零点图
(a)一阶;(b)二阶。

5.3 微波滤波器的基础知识

5.3.1 谐振器

滤波器由相互耦合的谐振器组成,其中谐振器的形状要么是长方体,要么是圆柱体。谐振器的边界内包含了所有或几乎所有电磁场。从理论上讲,谐振器具有无限多个谐振电磁模式,每个模式都对应于某一特定的谐振频率。这些模式取决于谐振器的形状、尺寸以及材料的介电常数。当信号被引入谐振器时,处于谐振频率的信号将激励谐振器并产生驻波。最低频的模式称为主模或基模。由于谐振器总会存在一定的射频损耗,因此每个谐振频率都是窄带的(Chang,1989)。

谐振器模式的命名规则源于同样形状射频传输线(矩形或圆形)的命名规则(参见4.4.5节)。在射频传输线模式两个下标的基础上增加了第三个下标,如TE_{011}模和TE_{11n}模(Yassini and Yu,2015)。

只谐振于主模的谐振器为单模谐振器。双模谐振器工作在一组简并模,即两个固有频率相同且相互正交的模式。理论上三模滤波器是存在的,但它过于复杂,在实际中难以应用(Levy et al.,2002)。在需要更高 Q 值时,谐振模并不需要是基模,而实际中也往往不是基模。一家主要的制造商于2015年设计并测量了一款采用13阶模式的超高 Q 值(参见5.3.6节)双模滤波器(Yassini and Yu,2015)。

可以为谐振器的每种模式配备螺钉一类的调谐装置,这些螺钉将被嵌入谐振腔内。螺钉将改变谐振器的有效电磁尺寸(Thompson and Levinson,1988)。在某些滤波器中采用的替代调谐方案为凹陷调谐(Hsing et al.,2000),参见4.4.4节。为了补偿设计缺陷和加工误差,大部分性能要求较高的滤波器会采用某种调谐机构。

谐振器的每种模式都会在滤波器的拉普拉斯传输函数中形成一个极点。双模谐振器的两种模式可以独立调谐,因此它们将产生独立的极点(Fiedziuszko and

Fiedziuszko,2001)。

双模谐振器远比单模谐振器常用,其原因是滤波器中的谐振器数量减少了一半。这种滤波器早在 1976 年就成为了行业标准(Kudsia et al.,2016)。这些滤波器为偶数阶,但如果在滤波器终端增加一个额外的谐振器,可以形成奇数阶传输函数(Atia and Williams,1972)。由于耦合的限制,这种滤波器的缺陷是至少需要在无穷远处生成两个零点,尽管理论上可以通过输入和输出端口的直接耦合增加额外的传输零点(Holme,2019a)。如 5.4 节所述,可以采用空腔波导滤波器技术和介质谐振器滤波器技术来实现双模滤波器(Fiedziuszko,1982;Kwok and Fiedziuszko,1996)。

为了实现优于双模谐振器的功率容量性能,Lundquist 等(2000)将单模谐振器应用于 C 频段输出多工器中的介质谐振器滤波器。

5.3.2 谐振器耦合与经典滤波器

通用的二端口网络由彼此耦合的单模谐振器组成(Atia and Williams,1971)。由此而论,双模谐振器可视为两组单模谐振器。采用这种通用的二端口网络所实现的滤波器即为经典滤波器,经典滤波器常用于与其他滤波器进行对比。

图 5.5 为经典单模波导滤波器的原理。输入端口和输出端口分别位于左上方和左下方。相邻腔体通过缝隙进行耦合。位于上层的腔体通过圆孔进行耦合,其他腔体则通过位于腔体边缘的缝隙进行耦合(Atia and Williams,1974)。

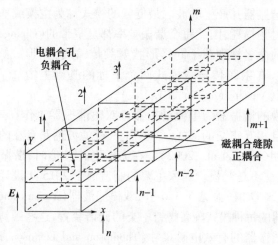

图 5.5 经典单模腔体耦合波导滤波器(© IEEE。经许可,源自 Atia and Williams(1974))

腔体"相邻"定义为非折叠情况下的腔体顺序。对于这些腔体而言,或许更准确的描述应为"顺序"。非相邻腔体的耦合称为交叉耦合。

交叉耦合使信号在滤波器输入端口和输出端口之间实现了新的传播路径,这种多径效应使传输函数中出现了传输零点。反相局部信号将在虚轴产生有限零点,而同相局部信号将使带内群时延特性变得平坦(假设谐振器 Q 值有限的情况下,使增益性能变得平坦(Holme,2019a))。两种情况可能同时发生(Levy and Cohn,1984;Pfitzermaier,1982)。

采用双模空腔波导技术,实现的经典奇偶模滤波器如图 5.6 所示,其响应沿中心频率对称分布(Atia and Williams,1974)。滤波器的输入端口位于左上方,输出端口位于其下方的腔体中,这种结构称为折叠滤波器结构。当模式数量非 4 的整数倍时,滤波器最右侧的两个腔体将具有与其他腔体不同的耦合机理。通过十字形双模膜片对相邻腔体进行耦合。通过缝隙对非相邻腔体进行耦合,采用调谐螺钉对每个腔体中的两种模式进行耦合。利用边缘缝隙在非相邻腔体中实现交叉耦合。

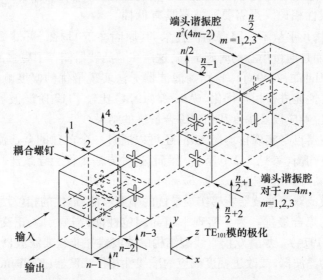

图 5.6　经典双模腔体耦合波导滤波器(© IEEE。经许可,源自 Atia and Williams(1974))

除了以上两种方式,也可采用其他方法实现经典滤波器。经典滤波器可以实现切比雪夫和椭圆函数滤波器,以及对群时延和幅度响应联合优化的滤波器(Atia and Williams,1974)。

5.3.3　极点提取

另一种实现传输零点的方法是极点提取(Holme,2011)。这里所说的极点是衰减极点,也就是传输零点。极点提取涉及虚轴零点共轭对。在主滤波器的输入端口或输出端口增加一个简单谐振器的方式,以及在主滤波器的非相邻谐振腔间移除交叉耦合的方式,可以实现这些传输零点(Rhodes and Cameron,1980)。采用极点提取技术的滤波器还具有另一个优点,即可以独立调谐共轭对中的两个零点,从而实现具有非对称通带的滤波器。图 5.7 为右侧具有 4 个腔体的滤波器,这些腔体之间具有顺序耦合,两个简单谐振器用于极点提取(注意这两个谐振器均仅有一个端口)。没有交叉耦合,使滤波器可实现共线结构。

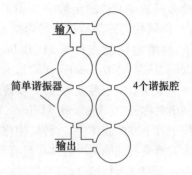

图 5.7 采用提取两个极点的滤波器案例(Cameron,1998)

5.3.4 相位自均衡

自均衡滤波器具有线性的相位响应,即其群时延特性在大部分通带内是稳定的,可以认为这种滤波器是线性相位。当需要滤波器具有低插入损耗特性时,几乎从不采用自均衡技术,其原因在于"均衡"并非源于通带边缘的时延改善,而是通带中心的时延提高,这意味着滤波器储存更多的能量且具有更大的损耗(Holme,2019a)。自均衡滤波器无法实现最优的幅度响应,但是可以对相位和幅度性能进行相互优化。Atia 等(1974)比较了 12 阶滤波器的最优频率响应、最优相位响应以及幅度和相位综合最优的结果。

除了滤波器自身实现自均衡之外,还可以通过一个单独的全通滤波器使其相位特性实现自均衡(参见 5.2.6 节)。然而,这种方法不仅会导致产品的体积和质量增大,而且其热稳定性也会恶化(Ezzeddine et al. ,2013)。

经典单模或双模滤波器能够实现最优的幅度性能、最优的相位性能、或是幅度和相位性能的综合最优。为了实现平坦的相位性能,需要引入正交叉耦合(Atia and Williams,1974)。尽管双模直线型结构的滤波器并非经典滤波器,但它能够实现线性相位的滤波器,或改进幅度响应的准线性相位滤波器(Kallianteris,1997)。

5.3.5 Q 值

谐振器和滤波器的品质因数称为 Q 值,它代表谐振器(滤波器)储能和损耗之间的关系,其定义为

$$Q = \frac{\omega_0 W}{P_d}$$

式中:ω_0 为谐振角频率;W 为谐振器储能;P_d 为一个周期内的平均损耗功率(Sorrentino and Bianchi,2010)。因此,Q 值与插入损耗成反比,与谐振器中储存的能量成正比。根据这一原理,增大谐振器的体积也是一种提高 Q 值的手段(Hunter et al. ,2002)。

为了减小滤波器的插入损耗并提高其选择性,希望采用高 Q 值的谐振器(Cameron et al.,2018)。在输入多工器的通道滤波器的设计中,经常采用 Q 值高达 8000 的谐振器(Yu et al.,2004)。

滤波器的阶数越高,插入损耗越大,相应的 Q 值就越低(Hunter et al.,2002)。Q 值取决于具体的滤波器技术(Cameron et al.,2018)。一般而言,介质谐振器滤波器的 Q 值最高,空腔波导滤波器的 Q 值次之,同轴滤波器的 Q 值最低。

5.3.6 改进 Q 值的谐振器

有时会在输入多工器和输出多工器中采用极高 Q 值的谐振器。

为了使输入多工器腔体滤波器中的低 Q 值谐振器实现更高的 Q 值,可以采用自适应预失真技术。由此得到的滤波器体积和质量更小,但插入损耗会提高。这种方法减小了带内插入损耗和群时延的波动。由于可以依靠增益更高的低噪声放大器(LNA)补偿插入损耗的提高,这种技术适用于输入多工器中的通道滤波器(Yu et al.,2003)。可以通过预失真技术将 Ku 频段 10 阶自均衡通道滤波器的 Q 值从 8000 提高至 16000(Choi et al.,2003)。"自适应"术语实际上是被误用了,这是因为预失真并不适应环境因素的改变。预失真技术有两个缺陷:一是这种滤波器需要非常精细的调试;二是由于这种滤波器自身的输入和输出回波损耗性能较差,需要使之与其他级联器件之间具有较强的隔离性能,而这超出了普通环形器的工作能力(Holme,2019a)。

对于输出多工器而言,近来的技术发展包括超高 Q 值谐振器。它采用了一种异于寻常的双谐振模式,能够在 K 频段有效提高产品的插入损耗和功率容量性能(De Paolis and Ernst,2013)。一家滤波器供应商已经能够提供两款采用这种波导带通滤波器的 17GHz 宇航级输出多工器产品:其中一款产品的功率容量可达单通道 270W,另一款产品的功率容量可达单通道 500W,且二者的无载 Q 值均为 33700(Fitzpatrick,2013)。另一家供应商展示了一款无载 Q 值为 31000 的 20GHz 双模输出多工器(Yassini and Yu,2015)。第三家供应商能够提供单通道功率容量为 200W 的 20GHz 输出多工器(Flight Microwave,2019)。

5.4 带通滤波器

5.4.1 空腔波导滤波器

空腔波导滤波器(简称波导滤波器)的历史较为悠久,且目前仍广泛应用于输出多工器中的通道滤波器等需要承载超大功率的器件中(Thales Alenia Space,2012)。波导滤波器不但可以采用矩形波导和圆波导,而且可以采用图 5.6 所示的方波导。波导滤波器可以采用各种不同的结构形式,方波导折叠结构就是一种经典滤波器(5.3.2节)。

波导滤波器谐振器的最简单排列方式为直线型(也称为共线型、纵向型、同轴型或轴向型),图5.8所示的圆波导滤波器就采用了这种结构(Atia and Williams 2012,也可采用方波导结构)。圆波导滤波器在X频段及更高频段的输出多工器通道滤波器中较为常见(Thales Alenia Space,2012;Tesat – Spacecom GmbH,2016)。相邻谐振器通过膜片实现腔间耦合。图5.8所示的案例中采用了双模谐振器,通过十字形膜片将腔体中的两个正交模耦合至相邻腔体(对于单模情况而言,相应的应采用"一"字形膜片)。由于其有限零点的最大值为滤波器阶数的一半,这种滤波器并非经典滤波器(Cameron and Rhodes,1981)。从图中可见,该滤波器采用了3颗耦合螺钉,每颗螺钉都将对腔内的两个正交模进行耦合。这些螺钉的位置和入射波场的方向呈45°角,两种45°排布分别对应正交叉耦合和负交叉耦合。为了调整两种谐振模式之间固有的自频偏,滤波器通常还配置了0°和90°螺钉。另一种方案采用了椭圆形腔体,但这会显著提高制造难度(Holme,2019a)。

正如5.3.2节所述,经典滤波器的折叠结构使不同腔体间的交叉耦合更可行。而且,Atia等(1974)还介绍了其他几种在对角腔体间实现交叉耦合的方式。

在研究测试结果时,应注意空腔波导滤波器的两个特性:一是与在轨性能相比,这种滤波器中心频率的地面测试结果将向低频偏移(Kudsia et al. ,2016)。这是因为波导的截止频率与腔内媒质介电常数的平方根成反比(Ramo et al. ,2012),而空气和真空的介电常数存在微小差异。在1atm(1atm = 1.013 ×10^{5}Pa)和20℃的条件下,干燥空

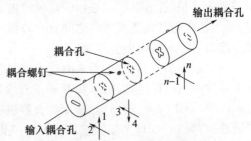

图5.8 采用直线型结构的圆波导双模滤波器
(© IEEE。经许可,源自 Atia and Williams(1977))

气的介电常数为1.00059,而真空的介电常数为1。这意味着频偏约为300×10^{-6},这一数值在12GHz约为4MHz。二是地面的湿度。例如,在50%的相对湿度下,工作在12GHz的滤波器将产生0.8MHz的频偏(因此测试中通常采用干氮填充)(Holme,2019a;Choi and Kim,2013)。

5.4.2 介质谐振器滤波器

介质谐振器加载腔体滤波器(简称介质谐振器滤波器)与空腔波导滤波器颇有相似之处,但其尺寸远远小于波导滤波器(Fiedziuszko,1982)。介质谐振器滤波器的Q值高达8000~15000(Yu and Miraftab,2020)。

介质谐振器滤波器和波导滤波器的主要区别是,介质谐振器滤波器的谐振器为介质材料制成的介质块(短圆柱体)。介质谐振器的每一维尺寸应在相应空腔谐振器的尺寸基础上除以相对介电常数的平方根(Zaki and Atia,1983)。电磁场仅分布在介质材料内部和附近(Fiedziuszko and Holme,1982)。在谐振器外部,这些电磁场是凋落场(也就是说,这些电磁场将呈指数性衰减,无法传播)。每个介质谐振器都在空波导腔体中,其几何尺寸应能确保谐振频率低于波导的截止频率(Fiedziuszko,1982)。尽管波导腔体并不会谐振,但它依然会在一定程度上影响介质谐振器的谐振频率。如果凋落场的量级很低,则整个谐振器的 Q 值几乎只与陶瓷的介质损耗角相关,因此高次模通常并非有益(Holme,2019a)。介质谐振器位于腔体中心,不接触波导内壁(Fiedziuszko,1982;Yu et al.,2004)。这将降低波导内壁的损耗(Zaki and Atia,1983),其原因是介质材料和空气/真空的边界为磁壁,因此在这一边界上不存在阻性损耗(Holme,2020)。波导的存在可以避免电磁场发生辐射,从而抑制由此造成的介质谐振器 Q 值恶化(Fiedziuszko and Holme,2001)。

市面上不乏有各种介电常数和有效温度特性的陶瓷介质材料(如钛酸锆)。混合两种不同的陶瓷材料能提高介质的温度稳定性,而介电常数的变化将补偿材料的尺寸变化。通常会选取相对介电常数为 24~40 的材料。相对介电常数约为 24 的介质材料具有良好的 Q 值,而相对介电常数高于 36 的介质材料一般 Q 值和/或温度稳定性较低(Holme,2011,2019b)。

Fiedziuszko 首创的双模介质谐振器滤波器早已成为标准介质谐振器滤波器(Kudsia et al.,2016)。单模、双模介质谐振器滤波器广泛应用于 Ku 频段及更低频(Berry et al.,2012)。介质谐振器滤波器是最常用的 X、Ku 和 K 频段输入多工器通道滤波器(Tesat - Spacecom GmbH,2016)。

介质谐振器滤波器能够实现相似形状空腔波导滤波器的同类频率响应(Pfitzenmaier,1982)。

介质谐振器滤波器有三种结构形式:第一种是如图 5.9(a)所示的直线型或纵向型结构,这种结构的耦合方式与图 5.8 中的空腔波导滤波器相似,所能实现的频率响应特性也类似(Pfitzenmaier,1982)。尽管图中未展示双模腔体中采用耦合正交模的螺钉,其使用方式与空腔波导滤波器中的螺钉也相似。第二、三种结构均为平面结构

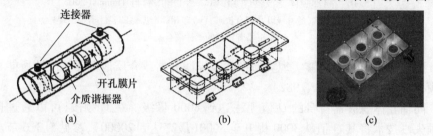

图 5.9　介质谐振器滤波器的结构形式(© IEEE。经许可,源自 Fiedziuszko and Holme(2001))
(a)直线型,双模;(b)平面型,双模;(c)折叠型,单模(移除盖板)。

(Tang et al.,1987)。图 5.9(b)为第二种结构形式,即直线平面型结构,其中的膜片采用了 T 形结构。图 5.9(c)为第三种结构,即折叠平面型结构,腔间耦合采用了特殊形状的缝隙(Cameron et al.,1997),这种形式常用于单模谐振器(Holme,2011)。第二、三种结构形式可采用对角交叉耦合(Cameron et al.,1997)。

5.4.3 同轴腔体滤波器

同轴腔体滤波器适用于较低频率,如 L 频段和 C 频段。波导滤波器和介质谐振器滤波器的谐振模式与波导模式相关,但同轴腔体滤波器与之不同,谐振器中的 TEM 模是其主模和唯一模式。同轴谐振器由内导体(金属杆)、外导体(波导)和介质(真空)组成(Yao et al.,1995)。与介质谐振器滤波器相比,同轴腔体滤波器的成本较低(Yu et al.,2003)。

同轴腔体滤波器由耦合 TEM 模传输线组成,传输线通常一端短路,另一端开路,谐振器的长度短于 90°(Holmes,2019a)。若所有的谐振器均沿同一方向排布,则称其为梳状滤波器;若谐振器交替排布,则称其为交指滤波器。图 5.10(a)为两个相邻谐振器的电场和磁场,以及两者之间的耦合方式。总耦合包括磁分量和电分量,磁分量更强,且电分量与磁分量反相。由此总耦合为磁耦合减去电耦合。金属杆之间的金属壁降低了磁耦合,而螺钉降低了电耦合。两种交叉耦合谐振器如图 5.10(b)、(c)所示(Thomas,2003)。

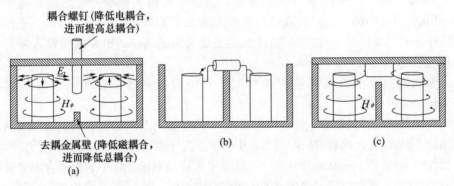

图 5.10 同轴腔体滤波器(© IEEE。经许可,源自 Thomas(2003))
(a)相邻谐振器,场力线以及耦合机理;(b)非相邻谐振器的容性耦合机理;
(c)非相邻谐振器的感性耦合机理。

同轴腔体滤波器能够实现类似形状波导滤波器或介质谐振器滤波器所能实现的频率响应(Pfitzenmaier,1982)。

同轴腔体滤波器自身的 Q 值无法达到 8000 量级。在 C 频段,可以通过自适应预失真技术将其 Q 值从 3000 提升至 8000(最高达到 20000),参见 5.3.6 节。与单模介质谐振器滤波器相比,同轴腔体滤波器的体积和质量更小,但其插入损耗远高于介质谐振器滤波器(Yu et al.,2003)。

图 5.11 为折叠型同轴腔体滤波器,其中谐振器分为两行排列。为了方便观察谐振器间的非相邻耦合,图中移除了滤波器盖板。

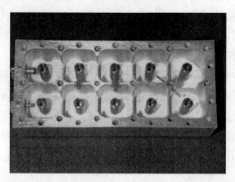

图 5.11 移除盖板的折叠型同轴腔体滤波器(© IEEE。经许可,源自 Yu et al. (2003))

5.5 多工器

本节将介绍通信卫星有效载荷中常用的滤波器——输入多工器和输出多工器。

5.5.1 预选滤波器

预选滤波器位于天线和低噪声放大器(LNA)之间,是通信信号所途经的第一个滤波器。预选滤波器在保护 LNA 和其他有效载荷设备时主要发挥两个功能:一是抑制会使宽带 LNA 饱和并将其推向压缩点的干扰信号;二是抑制比有用信号更强的干扰信号,从而确保这些干扰源无法进入 IMUX 通道滤波器。由于任何损耗都将等额地导致有效载荷系统噪声系数性能恶化,因此插入损耗性能至关重要。

5.5.2 多工器

多工器由一组滤波器和相关射频器件组成。其中大多数滤波器为带通滤波器,在有效载荷系统作为通道滤波器。基于其他目的,多工器也可能包括其他类型的滤波器。

在通信信号途径的所有有效载荷系统滤波器中(包括非滤波器单机中的滤波器),只有输入多工器和输出多工器会显著影响通信信号的带宽。输入多工器和输出多工器会共同实现通道选择性,问题是如何在输入多工器和输出多工器之间分配充足的选择性。滤波器的带外抑制性能越陡峭,插入损耗越高。由于输出多工器承载着经大功率放大器(HPA)放大的通信信号,而输入多工器的信号功率较低,因此输入多工器提供了主要的滤波功能。不应把大功率放大器的输出功率浪费在滤波器的插入损耗上。此外,由于能够承受大功率的窄带滤波器难以实现,因此输入多工器中的谐振器应尽可能地少。最后,必须采取措施移除输入多工器滤波器谐振器产生的热量,这同样意味着输入多工器中的谐振器应尽可能少。结果是输入多工器带通滤波器的带外抑制性能比输出多工器带通滤波器更陡峭,即输入多工器带通滤波器具有更多的极点,例如,前者通常有8～10个极点,后者通常有4～6个极点(文献(Berry et al.,2012)和(Tesat-Spacecom GmbH,2016)介绍了输入多工器;文献(Thales Alenia Space,2012)介绍了输出多工器)。

5.5.3 特殊通道滤波器

在某些特殊应用场景中,会在多工器中采用具有非对称频率响应特性的单通道带通滤波器。

有时需要非对称频率响应的滤波器,也就是说这种滤波器一侧通带的带外抑制性能优于另一侧,通常称其为非对称滤波器。例如,输入/输出多工器的末端道中需要这种带通滤波器。由于处于边缘通道的滤波器没有相邻通道的带通滤波器提供额外的抑制性能,需要使其外边带抑制性能优于内边带(Kudsia et al.,1992)。另一种情况是多工器滤波器,需要使其在某一侧具有更佳的抑制功能(Bila et al.,2003)。非对称频率响应的滤波器要么在其通带的一侧比另一侧具有更多的带外传输零点,要么在两侧具有非对称分布的带外零点。

有时将输出多工器中两个不同频率的通道滤波器替换为一个双通带的滤波器(称为双通带滤波器)是合理的。例如,可以采用同一个行波管放大器(TWTA)放大两非邻接通道;但在传输至不同的波束时,需要将这两个通道分离。一种方案是先设计一个能够包含两个通带的宽带带通滤波器,再增加传输零点,从而使这一宽通带分为两个较窄的通带。这种设计不仅简化了滤波器结构,而且能减小产品的质量和体积。也可以将这一设计思路拓展至两个以上的通带(Holme,2002)。

5.5.4 输入多工器

输入多工器位于接收机后端,主要功能是将宽带信号分为若干窄带信号,从而可以分别处理窄带信号。图5.12为两种输入多工器架构。图5.12(a)为常见的架构,即通道分路方案(Cameron and Yu,2007)。来自接收机的信号进入第一个带通滤波器后,相应通道的信号将通过这一滤波器,而其他信号将被抑制,进而返回第一个环形器、进入第二个环形器和第二个带通滤波器。这一过程将持续,直到所有被带通滤波器抑制的信号最终被最后一个环形器所加载的负载吸收。越是在通信链路的远端,通道频段的损耗越大。图 5.12(b)为第二种输入多工器架构,与第一种架构类似,区别是其增加了功分器。功分器将信号一分为二,两路信号遵循通道分路方案(Choi et al.,2006)。这种架构的损耗分配不同于第一种架构。如果频率分配为邻接型(Choi et al.,2006),那么这种架构的效果良好,但这种情况非常少见(Holme,2011)。两种架构都需要接收机增益足够高,从而可以承受输入多工器的损耗。

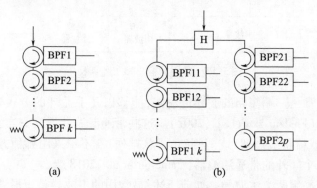

图 5.12 输入多工器架构
(a)通道分路方案;(b)采用功分器的通道分路方案。

输入多工器通道滤波器具有椭圆函数或准椭圆函数响应。一家输入多工器制造商声称:对于 L、S 和 C 频段而言,最常用的是同轴腔体滤波器;而对于 X、Ku 和 Ka 频段而言,最常用的是介质谐振器滤波器。波导滤波器可用于 Ka 频段,以满足极具挑战的任务要求(Tesat – Spacecom GmbH,2016)。另一家制造商能够提供 C、X、Ku 和 Ka 频段的介质谐振器滤波器产品,这些通道滤波器均为单模滤波器,且都采用了自均衡技术。这些带通滤波器的无载 Q 值在 X 频段、Ku 频段和 Ka 频段分别应大于或等于 16000、13000 和 9000(Thales Alenia Space,2012)。一家采用自研输入多工器的卫星制造商称,单模和双模介质谐振器滤波器在通信有效载荷中很常用(Berry et al.,2012)。以上带通滤波器均采用了自均衡技术(Holme,2011)。

5.5.5 输出多工器

5.5.5.1 输出多工器的架构

输出多工器通常位于大功率放大器(HPA)后端,是通信信号途经的最后一个有效载荷滤波器。输出多工器将对不同大功率放大器所放大的通道信号进行合成,从而可以采用一个天线波束将这些信号发射出去。输出多工器由一组带通滤波器(通道滤波器)、主波导、谐波滤波器组成,有时也会增加陷波滤波器。图5.13为常用的输出多工器架构。

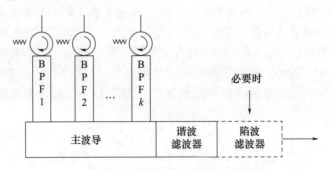

图 5.13　常用的输出多工器架构

主波导通常是一端短路的波导传输线,能够以几乎无耗的方式合成带通滤波器的输出信号(Fiedziuszko et al.,2002)。这些带通滤波器通常分布在主波导的一侧(梳状排列或梳状线排列)或两侧(鱼骨状排列)。不论采用哪种方案,均可在短路面上连接一个额外的带通滤波器(Cameron et al.,2018)。

实际中会采用两类主波导。如前所述,最常用的主波导是矩形波导、同轴线或其他低损耗射频传输线。在C频段及更高频段常采用波导接口,而在低频段常采用同轴线。可以通过耦合膜片将带通滤波器的波导接口连接至主波导,或采用同轴探针将带通滤波器的同轴接口连接至主波导(Lundquist et al.,2020)。带通滤波器可以由E面或H面连接至主波导(Cameron et al.,2018)。射频传输线能够在不同的通道连接点之间实现不同的相位长度,从而为输出多工器的设计优化增加自由度。在主波导的设计中,建议初始阶段将通道的间隔设置为半波导波长的整数倍(Cameron et al.,2018)。此外,往往会在带通滤波器和主波导之间增加一段半波长分支波导。这将增加一个额外的优化变量,从而实现感性滤波器耦合(这通常需要一段物理上不可实现的负长度)(Holme,2019a)。

第二类主波导是星形结形式,多用于较低频率。这种主波导的通道间隔为零,通道滤波器与星形结之间存在半波长间距(Holme,2019a)。由于L频段主波导的尺寸过大,因此采用了一种同轴6端口接头(Fiedziuszko et al.,1989)。

每个通道滤波器都应具有良好的相位响应,为此可以采用两种方式。对于带通滤波器而言,最常用的方式是自均衡技术,这能够使滤波器在绝大部分通带内具有近乎平坦的群时延特性。另一种不太常用的方式是为输出多工器增加一个相位(群时延)均衡器和环形器,这种方案的缺点是环形器对温度非常敏感,会导致整个多工器出现相位不稳定的缺陷(Holme,2011)。

早期的输出多工器只能处理频率非邻接型通道,即相邻通道的间隔与通道带宽相当的频率规划。Chen 等于 1976 年首次发表了关于邻接型输出多工器的研究成果(Chen et al.,1976)。随后,有人陆续提出了更多的可行设计方案。C 频段的方案于 1978 年首次提出。Chen 等于 1982 年提出了更具挑战的 Ku 频段 5 通道输出多工器方案,于 1983 年提出了 Ku 频段 13 通道输出多工器方案(Holme(2011)回顾了这段历史)。如图 5.14 所示,邻接型通道的保护带宽通常仅为通道带宽的 10%。现有的输出多工器可以采用一段主波导和 18 个以上的通道,以邻接型的方式实现 500~1000MHz 的频率跨度(Holme,2019a)。

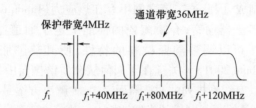

图 5.14　邻接型通道示意图(各通道之间设置了 10% 的保护带宽)

在主波导的输出端设置了谐波滤波器,其主要功能是抑制大功率放大器的 2 阶、3 阶谐波,以及大功率放大器在有效载荷系统接收频段的输出噪声(Saad,1984)。谐波滤波器是一种低通滤波器,当一个谐波滤波器可以承受所有通道滤波器的合成功率时,图 5.13 所示的输出多工器架构是合理可行的。但当这一合成功率过高时,必须在每个通道滤波器的输入端配置一个谐波滤波器(Cameron et al.,2018)。随着粒子跟踪软件的问世,可以对多通道谐波滤波器中的微放电问题进行更精确的分析,这样大部分输出多工器采用一个输出谐波滤波器就够了。与更加复杂的输出多工器方案相比,这种方法还能有效降低无源互调(PIM)的风险(Holme,2019a)。

为了抑制受保护频段(如天文频段)的近带外传输,也会在主波导输出端额外增加一个陷波滤波器,可以采用空腔波导、同轴腔或介质谐振器等形式来实现陷波滤波器(Cameron et al.,2005)。为了适应滤波器性能随卫星在轨环境温度的变化,陷波滤波器应具有足够的工作带宽。

目前,商用输出多工器采用波导技术和介质谐振器技术,在 X 频段至 K 频段采用波导技术(Thales Alenia Space,2012),而在 L 频段(Lundquist et al.,2000)至 C 频段(Thales Alenia Space,2012)采用了介质谐振器技术。

5.5.5.2　输出多工器的散热

与输入多工器不同,输出多工器需要承受较大的功率。输出多工器中的热量流如下:一部分射频能量将耗散在通道滤波器中,因此通道滤波器的温度将升高。通道滤波器连接至主波导。虽然主波导的插入损耗很低,但由于合成信号功率的通过,因此主波导的温度也将升高。主波导连接至输出多工器底座,因此输出多工器中的额外热量也将流向这一底座。多工器底座连接至卫星安装板，而热管位于安装板下方。如果卫星舱板的热管连接至其他舱板的热管，较热舱板上的热量将更有效地传输至较冷的舱板，这样安装板的温度范围将缩小（参见2.2.1节）。

加载了介质谐振器的输出多工器滤波器腔体无法像采用空腔波导的输入多工器那样承受很高的功率。这两种带通滤波器的散热问题是不同的。

介质谐振器输出多工器通常由铝材腔壁、主波导和底座组成，由于卫星舱板通常也由铝合金材料制成，因此这二者之间不存在热应力（Lindquist et al.，2000）。

对于这种输出多工器而言，介质陶瓷的性能决定了通道滤波器的热稳定性（Fiedzuiszko，1982）。可以调整陶瓷材料的特性，使其热膨胀系数（CTE）为零（Fiedzuiszko and Holme,2001）。关键在于如何从介质谐振器中排出热量。对于将单模或双模谐振器以直线型排列的滤波器而言，一种解决方案是将腔内的谐振器安装在一个导热且由电绝缘材料制成的支撑结构上。诀窍在于如何安装腔间的耦合膜片。介质谐振器通道滤波器中的介质谐振器既可工作在单模（Lundquist et al.，2000），也可工作在双模（Thales Alenia Space,2012）。

对于空腔波导型输出多工器带通滤波器而言，情况更为复杂。带通滤波器、主波导和输出多工器底座可能由不同热膨胀系数的不同材料制成，这将导致材料交界面产生应力。输出多工器底座和卫星舱板通常由铝合金材料制成（Lundquist et al.，2000）。

目前，输出多工器中的大功率带通滤波器只采用殷钢和铝合金两种材料。

(1)殷钢。这种合金材料由铁和36%的镍组成（High Temp Metals,2011），其密度大于铝合金，热膨胀系数与温度补偿铝合金相当，热导率较低（Lundquist et al.，2002）。

(2)铝合金。机械温度补偿（如不采用温度补偿技术，其热膨胀系数是殷钢的15倍（Wolk et al.，2002）），这种材料的密度较小，具有较高的热导率，导热性能优于殷钢（Lundquist et al.，2002）

殷钢作为一种传统材料，依然占据着市场主导地位。较殷钢材料而言，由温度补偿铝合金制成的输出多工器能够承受更高的功率；但在极端温度环境下，情况并非如此，这是因为温度补偿设计通常只能在有限的温度范围内保持稳定（Holme,2019a）。两种材料均随温度线性膨胀。

各家制造商至少发明了4种针对大功率波导输出多工器导热的技术：第一种方式是对所有的殷钢部件捆扎导热带，这将把热量从带通滤波器和主波导传导至底座。可以将这些导热带设计为支架（Thales Alenia Space,2012），而在极高功率的场景中，这些导热带可以由编织的铝合金线缆制成（Fiedzuiszko et al.，2012）。第二种方式是采用殷钢加工带通滤波器，采用铝合金材料加工主波导。可以对铝合金主波导进行补偿（European Space Agency,2014），也可不补偿（Thales Alenia Space,

2012)。第三种方式是采用铝合金材料加工整个输出多工器,进而对主波导进行温度补偿(Thales Alenia Space,2012)。第四种方式是采用铝合金材料加工整个输出多工器,进而对通道滤波器进行温度补偿。当温度升高时,每个通道滤波器腔体的两个端壁均向内移动,从而使中心频率保持恒定(Lundquist et al.,2002;Arnold and Parlebas,2016)。

5.5.6 多工器的应用

根据从供应商获取的信息,表5.1总结了目前商用多工器采用的带通滤波器技术。对于输入多工器而言,随着频率的升高,同轴腔体滤波器、介质谐振器滤波器和空腔波导滤波器的应用频率依次提高。而对于输出多工器而言,随着频率的升高,介质谐振器滤波器和空腔波导滤波器的应用频率依次提高。

表 5.1 多工器采用的带通滤波器技术

带通滤波器	输入多工器	输出多工器	
	频段	频段	单通道射频功率
空腔波导滤波器	Ka 频段[1]	X 频段 ~ Ka 频段[2]	Ku 频段 350W[3] K 频段 200W[4]
介质谐振器滤波器	C 频段 ~ Ka 频段[2]	L 频段[5] C 频段[2]	L 频段 35W[5] C 频段 180W[2]
同轴腔体滤波器	L 频段 ~ C 频段[1]	—	—

[1] Tesat – Spacecom GmbH(2016);[2] Thales Alenia Space(2012);[3] Holme(2019b);[4] Flight Microwave (2019);[5] Lundquist et al. (2000)。

5.6 带通滤波器的技术要求

表5.2为带通滤波器技术指标参数的示例。与有源部件的区别在于,表中增加了以 $10^{-6}/℃$ 为单位的温度频偏指标。指标限制线(mask)是覆盖整个工作频率的分段线性函数,它定义了性能指标的上界。

表 5.2 带通滤波器技术指标参数示例

技术指标	单位
频率范围	GHz
插损	dB
回波损耗(输入、输出)	dB

续表

技术指标	单位
带内幅度起伏(由 mask 定义)	dB(dB 的峰-峰值)
带内群时延起伏(由 mask 定义)	ns(ns 的峰-峰值)
单通道功率容量(仅适用于 OMUX)	W
温度频偏	$10^{-6}/℃$
工作温度范围	℃

参考文献

Arnold C and Parlebas J, inventors; Tesat – Spacecom, assignee (2016). Generic channel filter. U. S. patent application publication US 2016/0064790 A1. Mar. 3.

Atia AE and Williams AE (1971). New types of waveguide bandpass filters for satellite transponders. *Comsat Technical Review*;1(1)21-43.

Atia AE and Williams AE (1972). Narrow – bandpass waveguide filters. *IEEE Trans on Microwave Theory and Techniques*;20;258-265.

Atia AE and Williams AE (1974). Nonminimum – phase optimum – amplitude bandpass waveguide filters. *IEEE Trans on Microwave Theory and Techniques*;22;425-431.

Berry S, Fiedziuszko SJ, and Holme S (2012). A Ka – band dual mode dielectric resonator loaded cavity filter for satellite applications. *IEEE Microwave Symposium Digest*;June 17-22.

Bila S, Baillargeat D, Verdeyme S, Seyfert F, Baratchart L, Zanchi C, and Sombrin J (2003). Simplified design of microwave filters with asymmetric transfer functions. *European Microwave Conference*;Oct. 7-9.

Cameron RJ, inventor, Com Dev, assignee (1998). Dispersion compensation technique and apparatus for microwave filters. U. S. patent 5,739,733. Apr. 14.

Cameron RJ and Rhodes JD (1981). Asymmetric realizations for dual – mode bandpass filters. *IEEE Transactions on Microwave Theory and Techniques*;29;1.

Cameron RJ, Tang W – C, and Dokas V (1997). Folded single mode dielectric resonator filter with cross couplings between non – sequential adjacent resonators and cross diagonal couplings between non – sequential contiguous resonators. U. S. patent 5,608,363. Mar. 4.

Cameron RJ, Yu M, and Wang Y (2005). Direct – coupled microwave filters with single and dual stopbands. *IEEE Transactions on Microwave Theory and Techniques*;53;11.

Cameron RJ and Yu M (2007). Design of manifold – coupled multiplexers. *IEEE Microwave Magazine*; Oct;46-59.

Cameron RJ, Kudsia CM, and Mansour RR (2018). *Microwave Filters for Communications Systems*: *Fundamentals, Design and Applications*, 2nd ed., Hoboken: John Wiley & Sons.

Chang K, editor, (1989). *Handbook of Microwave and Optical Components*, Vol. 1, *Microwave Passive and Antenna Components*. New York: John Wiley & Sons, Inc.

Chen MH, Assal F, and Mahle C (1976). A contiguous band multiplexer. *COMSAT Technical Review*; 6; 285 – 307.

Choi JM and Kim TW (2013). Humidity sensor using an air capacitor. *Korean Institute of Electrical and Electronic Material Engineers, Trans on Electrical and Electronic Materials*; 14; 4; Aug. 25. Accessed July 16, 2019.

Choi S, Smith D, Yu M, and Malarky A (2006). C and Ku band multiplexers using predistortion filters. *AIAA International Communications Satellite Systems Conference*; June 11 – 14.

Couch, II LW (1990). *Digital and Analog Communication Systems*, 3rd ed. New York: Macmillan Publishing Company.

De Paolis F and Ernst C (2013). Challenges in the design of next generation Ka – band OMUX for space applications. *AIAA International Communications Satellite Sytems Conference*; Oct. 14 – 17.

European Space Agency (2014). Tesat's new high – power Ka – band output multiplexer. On telecom. esa. Accessed Oct. 15, 2014.

Ezzeddine H, Bila S, Verdeyme S, Pacaud D, Puech J, Estagerie L, and Seyfert F (2013). Design of compact and innovative microwave filters and multiplexers for space applications. *Mediterranean Microwave Symposium*; Sep. 2 – 5.

Fiedziuszko SJ (1982). Dual – mode dielectric resonator loaded cavity filters. *IEEE Transactions on Microwave Theory and Techniques*; 30; 1311 – 1316.

Fiedziuszko SJ, Doust D, and Holme S (1989). Satellite L – band output multiplexer utilizing single and dual mode dielectric resonators. *IEEE MTT – S International Microwave Symposium Digest*; 2; June 13 – 15; 683 – 686.

Fiedziuszko SJ and Holme S (2001). Dielectric resonators: raise your high – Q. *IEEE Microwave Magazine*; Sep.

Fiedziuszko SJ, Fiedziuszko GA, inventors; Space Systems/Loral, Inc, assignee (2001). General response dual – mode dielectric resonator loaded cavity filter. U. S. patent 6,297,715 B1. Oct. 2.

Fiedziuszko SJ, Holme SC, and O'Neal NL, inventors; Space Systems/Loral, Inc, assignee (2002). Microwave multiplexer with manifold spacing adjustment. U. S. patent 6,472,951 B1. Oct. 29.

Fiedziuszko G, Lee H, Howell A, and Holme S (2011). Recent advances in high power/high temperature satellite multiplexers. *AIAA International Communications Satellite Systems Conference*; Nov. 28 – Dec. 1.

Fitzpatrick B of Com Dev (2013). High power Ka – band output multiplexer. Project no 70332. ESA contract final report. Aug. 12. Accessed May 15, 2017.

Flight Microwave Corp (2019). Multiplexers. Product information. On flightmicrowave. Accessed Jan. 21, 2019.

High Temp Metals, Inc. (2011). Product technical data. Accessed Oct. 20, 2011.

Holme S (2002). Multiple passband filters for satellite applications. *AIAA International Communications Satellite Systems Conference*; May 12 – 15; 1 – 4.

Holme SC, Space Systems/Loral (2011). Private communication. Nov. 8.

Holme S (2019a). Private communication. June. 7.

Holme S(2019b). Private communication. July 11.

Holme S(2020). Private communication. Sep. 11.

Holme SC, Fiedziuszko SJ, and Honmyo Y, inventors; Space Systems/Loral, Inc, assignee(1996). High power dielectric resonator filter. U. S. patent 5,515,016. May 7.

Hsing CL, Jordan JE, and Tatomir PJ, inventors; Hughes Electronics Corp, assignee(2000). Methods of tuning and temperature compensating a variable topography electromagnetic wave device. U. S. patent 6,057,748. May 2.

Hunter IC, Billonet L, Jarry B, and Guillon P(2002). Microwave filters – applications and technology. *IEEE Trans on Microwave Theory and Techniques*; 50;3.

Kallianteris S(1977). Low – loss linear phase filters. *Digest, IEEE International Microwave Symposium*; June 21 – 23.

Kallianteris S, Kudsia CM, and Swamy MNS(1977). A new class of dual – mode microwave filters for space application. *European Microwave Conference*; Sep. 5 – 8;51 – 58.

Kudsia CM(1982). Manifestations and limits of dual – mode filter configurations for communications satellite multiplexers. *AIAA International Communications Satellite Systems Conference*; Mar. 8.

Kudsia C, Cameron R, and Tang W – C(1992). Innovations in microwave filters and multiplexing networks for communications satellite systems. *IEEE Trans On Microwave Theory and Techniques*; 40; 1133 – 1149.

Kudsia C, Stajcer T, and Yu M(2016). Evolution of microwave filter technologies for communications satellite systems. *AIAA International Communications Satellite Systems Conference*; Oct. 18 – 20.

Kwok RS and Fiedziuszko SJ (1996). Advanced filter technology in communication satellite systems. *Proceedings of International Conference on Circuits and System Sciences*; June 20 – 25; 1 – 4. Accessed Oct. 11,2011.

Levy R and Cohn SB(1984). A history of microwave filter research, design, and development. *IEEE Transactions on Microwave Theory and Techniques*; 32;9.

Levy R, Snyder RV, and Matthaei G(2002). Design of microwave filters. *IEEE Transactions on Microwave Theory and Techniques*; 50;3.

Lundquist S, Mississian M, Yu M, and Smith D(2000). Application of high power output multiplexers for communications satellites. *AIAA International Communications Satellite Systems Conference*; 1; Apr. 10 – 14;1 – 9.

Lundquist S, Yu M, Smith D, and Fitzpatrick W(2002). Ku – band temperature compensated high power multiplexers. *AIAA International Communications Satellite Systems Conference*; May 12 – 15;1 – 7.

Maxim Integrated Products, Inc. (2008). A filter primer. Application note 733. Oct. 6. Accessed Oct. 10,2011.

McGillem CD and Cooper GR(1991). *Continuous and Discrete Signal and System Analysis*, 3rd ed. New York: Oxford University Press.

Pfitzenmaier G(1982). Synthesis and realization of narrow – band canonical microwave bandpass filters exhibiting linear phase and transmission zeros. *IEEE Trans on Microwave Theory and Techniques*; 30; 1300 – 1311.

Ramo S, Whinnery JR, and Van Duzer T(1984). *Fields and Waves in Communication Electronics*, 2nd ed. New York: John Wiley & Sons, Inc.

Rhodes JD and Cameron RJ(1980). General extracted pole synthesis technique with applications to low-loss TE_{011} mode filters. *IEEE Transactions on Microwave Theory and Techniques*; 28; 1018–1028.

Saad AMK(1984). Novel lowpass harmonic filters for satellite application. *IEEE MTT-S International Microwave Symposium Digest*; May 30–June 1; 292–294.

Sorrentino R and Bianchi G (2010). *Microwave and RF Engineering*. Chichester: John Wiley & Sons, Ltd.

Tang W-C, Siu D, Beggs B. C., and Sferrazza J, inventors; Com Dev Ltd, assignee(1987). Planar dual-mode cavity filters including dielectric resonators. U. S. patent 4,652,843. Mar. 24.

Tesat-Spacecom GmbH(2016). Passive microwave products. Brochure. Accessed Sep. 17, 2018.

Thales Alenia Space(2012). IMUX & OMUX. Product datasheets. Accessed Sep. 17, 2018.

Thomas JB(2003). Cross-coupling in coaxial cavity filters—a tutorial overview. *IEEE Transactions on Microwave Theory and Techniques*; 51; 1368–1376.

Thompson JD and Levinson DS, inventors; Hughes Aircraft Co, assignee(1988). Microwave directional filter with quasi-elliptic response. U. S. patent 4,725,797. Feb. 16.

Wikipedia(2011). Chebyshev filter. Sep. 14. On en. wikipedia. org. Accessed Sep. 14, 2011.

Williams AE and Atia AE(1977). Dual-mode canonical waveguide filters. *IEEE Transactions on Microwave Theory and Techniques*; 25; 2.

Wolk D, Damaschke J, and Schmitt D, inventors; Robert Bosch GmbH, assignee(2002). Frequency-stabilized waveguide arrangement. US patent 6,433,656 B1. Aug. 13.

Yao H-W, Zaki KA, Atia AE, and Hershtig R(1995). Full wave modeling of conducting posts in rectangular waveguides and its applications to slot coupled combline filters. *IEEE Transactions on Microwave Theory and Techniques*; 43; 12.

Yassini B and Yu M(2015). Ka-band dual-mode super Q filters and multiplexers. *IEEE Transactions on Microwave Theory and Techniques*; 63; 10.

Young HD and Freedman RA(2012). *University Physics*, 13th ed. San Francisco: Addison-Wesley.

Yu M, Tang W-C, Malarky A, Dokas V, Cameron R, and Wang Y(2003). Predistortion technique for cross-coupled filters and its application to satellite communication systems. *IEEE Transactions on Microwave Theory and Techniques*; 51; 12.

Yu M, Smith D, and Ismail M(2004). Half-wave dielectric rod resonator filter. *IEEE MTT-S International Microwave Symposium Digest*; 2; June 6–11; 619–622.

Yu M and Miraftab SV, inventors; Com Dev International, assignee(2010). Cavity microwave filter assembly with lossy networks. U. S. patent 7,764,146 B2. July 27.

Zaki KA and Atia AE(1983). Modes in dielectric-loaded waveguides and resonators. *IEEE Transactions on Microwave Theory and Techniques*; 31; 1039–1045.

第6章
低噪声放大器和变频器

6.1 引言

本章讲述的是低噪声放大器(LNA)和变频器,这两种单机位于有效载荷的前端。讨论了它们的架构、冗余方案、技术以及环境因素,并通过实例说明它们在通信系统中的指标参数。

LNA 决定或主要决定有效载荷的噪声系数。LNA 的基本特性是低噪声系数和高增益。由于 LNA 之前的任何欧姆损耗都会等量地以 dB 为单位累加到有效载荷的噪声系数上,因此 LNA 必须放置在尽可能靠近天线接口的位置。

变频器用于改变信号的载波频率。在有效载荷系统中,上行链路和下行链路频率总是不同的。变频器具有良好的杂散响应、互调性能和线性度。对于常见的非处理有效载荷,只有一种频率转换,即下变频(D/C),它是从有效载荷输入的射频(RF)转换到用于有效载荷输出的较低频率的 RF。然而,根据具体的频率、杂散要求和 D/C 性能,可能首先有一个从 RF 到中频(IF) 的 D/C,在中频对信号进行滤波,然后通过上变频(U/C)到输出 RF。对于处理有效载荷,D/C 将工作在基带或近基带,然后是 U/C。D/C 几乎总是位于 LNA 旁边,以减少后端传输线到输入多工器的损耗(5.5.4 节),因为在较低的频率处波导和同轴电缆的损耗较小。

LNA 和 D/C 有时一起合称为接收机。当每个有源 LNA 与一个特定的有源 D/C 同时出现时,这种叫法尤其有意义,这是非处理有效载荷的常见架构。

6.2 有效载荷中的低噪声放大器和变频器

6.2.1 有效载荷架构

图 6.1 展示了有效载荷层面的一些 LNA 和下变频器架构(双线表示波导,单

线表示同轴电缆)。图6.1(a)显示了一个上行链路波束的架构,其中包含不同载波频率上的各种信号,这些信号通过不同的本地振荡器进行下变频。图6.1(b)显示了来自两副天线的四个上行链路波束的架构,其中每副天线都通过一个正交模耦合器(3.8.1节)分离出两个线极化信号。图6.1(c)显示了四个上行链路波束的架构,其中每个波束来自不同的天线馈源,这种架构适用于每个波束有一个喇叭馈电的多波束天线方案(11.6节)。

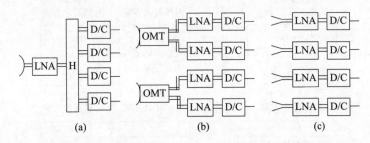

图6.1 有效载荷中的 LNA – DC 结构(未显示冗余方案)
)—天线; ⊃—天线馈源;LNA—低噪声放大器;D/C—下变频;H—混合;OMT—正交模耦合器。

6.2.2 冗余方案

可靠性和轻量化是有效载荷中 LNA 和变频器冗余方案的主要推动因素。对于不同的有效载荷,可靠性有不同的定义。例如,当只有几个上行链路波束时,一个波束的损失可能被认为是灾难性的,而当有几十个时,损失一两个波束可能并不严重。

图6.2 为只有少量有源接收机路径时的各种冗余方案,示例中只有两路工作。所讨论的四个方案都有四个 LNA 和四个 D/C。图6.2(a)和(b)使用内部冗余单元,而图6.2(c)和(d)将单个单元放入冗余环中。图6.2(a)的可靠性最低,图6.2(b)和(c)提供的可靠性高于图6.2(a),图6.2(d)的可靠性最高。这并不意味着图6.2(b)的方案就一定比图6.2(a)好,依次类推。如果图6.2(a)的可靠性在被视为对整体有效载荷可靠性的贡献时足够高,那么使用其他方案的额外开关和波导是不必要和浪费的。当上行波束数量较少时,整数 k 的 2:1 或 $2k:k$ 冗余(4.6节)最常见。

有源接收相控阵在天线单元上没有 LNA 冗余。但是,每个天线单元都有一个 LNA,其冗余由超大数量的天线单元提供(11.12.1节)。

6.2.3 组合

LNA 或接收机输出通常不会组合,但在有源接收相控阵中会将它们组合在一起。这里主要讲述 LNA,但该内容同样适用于接收机。阵列中,每个天线单元都与其 LNA 相连。为了形成每个波束,所有 LNA 输出必须在组合之前进行适当的相位调整和增益控制,因此相位和增益稳定性对 LNA 与波束形成网络的温度及寿命至关重要。LNA 必须各自稳定,并且任何一对 LNA 在限定温度范围和寿命方面的差异都需呈现稳定性(Yeung et al.,1993)。频段越低,波长越长,这使波束形成网络更容易实现稳定性。

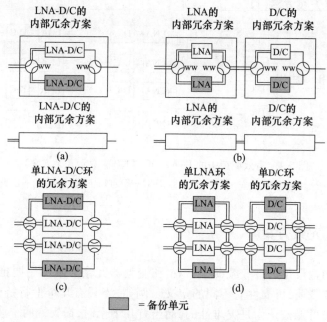

图 6.2 两路工作的接收机冗余方案

6.3 低噪声放大器和变频器的非线性

6.3.1 互调产物

放大器和变频器本质上是非线性元件,这意味着它们对信号的响应不能用滤波器来表示。LNA 可能是弱非线性,因为它提供的放大和相移可能与输入 RF 信号的功率弱相关。出于这个原因,变频器也是非线性的,因为它会改变频段。

当两个单音信号在非线性元件中组合时,输出的是多音信号。如果输入以 Hz 为单位的单音信号频率 f_1 和 f_2,则第 (m,n) 个互调产物(IMP)的频率和阶数由下式给出:

$$\text{IMP}(m,n)\text{的频率组合} = |mf_1 - nf_2|$$
$$\text{阶数} = |m| + |n|$$

式中:m、n为整数。需要注意的是,$\text{IMP}(m,n)$和$\text{IMP}(-m,-n)$是一样的。输出频率f_1和f_2为基频,f_1的倍数和f_2的倍数的输出为谐波,其他的输出为f_1和f_2的交叉产物。

零阶 IMP 不是由 RF 器件产生的,这是因为 RF 器件不能耦合到直流(DC),即频率为 0Hz。

图 6.3 给出了当 f_1 和 f_2 靠得很近,且 $f_1 < f_2$ 时产生的 4 阶 IMP 示例。这个例子主要适用于 LNA 和放大器。图中未标出 IMP 的幅度,这是因为幅度取决于基波的幅度和非线性元件的特性。除 3 阶之外的所有 IMP 都是带外的,这意味着它们位于感兴趣的信号所在的频段之外。当然,它们可能位于其他频段,并导致这些频段中的信号出现问题。

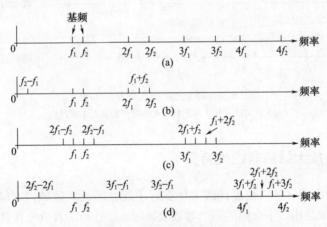

图 6.3 两个接近频率的 IMP
(a)4 次谐波;(b)2 阶产物;(c)3 阶产物;(d)4 阶产物。

不只两个信号,多个信号也能输入到非线性元件。单音输入会产生基波和多个谐波。f_1、f_2 和 f_3 的三音信号输入通常会产生频率为 $|mf_1 - nf_2 + kf_3|$ 的 IMP,对于任意数量的信号输入也是如此。

可以认为调制信号输入是由频率非常靠近的许多单音信号组成,因此可以大概地看作非线性元件的输出。调制信号的一些 3 阶 IMP 落入通带内,意味着与信号占用相同的频段,而一些在近带外,即在相邻信道中。针对该主题内容,将在 9.5.1 节进行讨论。

图 6.4 显示了另一个 IMP 示例,这是两个频率间隔很宽的信号。该例主要适用于变频器,其中,一个信号(图中标记为"LO")乘以一个输入载波,从而使载波的频率发生偏移(6.6.1 节)。所有 IMP 都可能对有用的信号或其他信号造成干扰

问题。这就是必须谨慎设计和选择变频的原因。图6.4(b)为变频产生两个2阶产物,不包括谐波。一个标记为需要的信号,另一个未标记。事实上,其中任何一个都可能是所需的(但在大多数情况下,它是标记的那个)。该内容将在6.6.3节讨论。

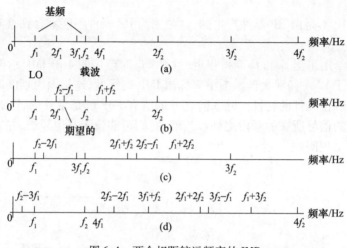

图6.4 两个相距较远频率的 IMP
(a)4次谐波;(b)2阶产物;(c)3阶产物;(d)4阶产物。

6.3.2 放大器的非线性特征

低噪声放大器(LNA)被设计成工作在近乎线性的放大区域内。LNA没有明确的IMP指标,而是用以下介绍的两个参数表征的非线性行为程度来代替。

第一个参数是1dB压缩点,如图6.5所示,它表示为CW输入的LNA的实际增益比线性增益低1dB的点,它用输入功率和输出功率来表征。随着放大器的输入信号功率增加,即使远低于饱和功率,器件也不再以线性方式工作,但其增益开始下降,这就是增益压缩。LNA开始与预期输出信号一起产生谐波。放大器通常在输入功率至少比其1dB压缩点输入低10dB的情况下工作(Galla,1989)。认为这是线性和小信号工作区域(Anritsu,2000)。

第二个参数是3阶截点(IP3),其定义如图6.6所示。IP3由输入功率和输出功率表征。理解了3阶截点,就能根据两个相等输入信号的功率电平,计算出3阶IMP的电平。为了测量IP3,将处于放大器线性放大区域的两个等功率信号同时输入到放大器。这两个信号的频率离放大器通带的中心频率不远。测量一个输出基波的功率和3阶IMP附近信号的功率。测试结果对所使用的基频很敏感,因此它们必须是稳态功率。必须在1dB压缩点以下至少低10dB测量(Anritsu,2015)。基波的放大曲线是从测量点以1dB/dB的斜率外推的,而3阶IMP的放大曲线是从其测量点以 3dB/dB 的斜率外推的。自变量轴是输入信号的功率(Keysight Technologies,2018;Anritsu,2015)。IP3 比其他阶数截点更重要,因为 3 阶 IMP 是最大的 IMP,并且在频率上最接近基波,因此干扰更大,尤其是对于多载波系统。

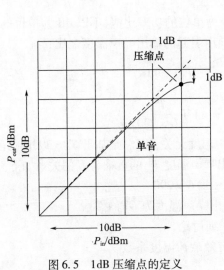

图 6.5　1dB 压缩点的定义　　　　图 6.6　3 阶截点的定义

对于放大器(但不是变频器(Henderson,1981a))来说,3 阶截点输入通常比 1dB 压缩点输入高 10dB(Henderson,1990)。

6.3.3　变频器的非线性特征

如果忽略变频器变换信号频率,必须表征变频器幅度压缩的非线性。可以使用参数 1dB 压缩点、IP3 或载波与 3 阶 IM 之比(C/3IM)。后者是通过使用两个(不包括本地振荡器(LO))带内稳态等功率信号输入到变频器测量的。C/3IM 是基波的输出功率与 3 阶 IMP 的功率之比。自变量轴通常是载波的输入功率,但也有人将两种信号功率一起使用。第 6.6.4 节的结尾包含对变频器非线性的进一步讨论。C/3IM 的定义与简单的放大器略有不同(7.2.2 节)。

6.4　噪声系数

每个二端口电子元器件都能用其增益 G 和噪声系数 F 进行表征,如图 6.7 所示。图中端口的两个小圆圈是为了进行强调,一个端口表示输入,另一个端口表示输出。

输入信号和输入噪声在通过元器件时都会产生一个增益 G。

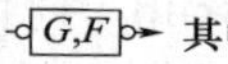

如果电子元器件的输入是温度 T_0 下的噪声,则元器件输出端的噪声温度由被增益 G 放大的 T_0 和元器件本身产生的热噪声 T_{int} 两部分组成。

图 6.7　二端口电子元件的特征　其中"○"是一个端口

如果 $T_0 = 290$,且 G 是一个不以 dB 为单位的功率比值,不以 dB 为单位的噪声系数定义为输出噪声温度与仅由输入噪声引起的输出噪声温度之比:

$$F = \frac{T_{0out} + T_{int}}{T_{0out}}, T_0 = 290K$$

$$= \frac{G290 + T_{int}}{G \times 290} = 1 + \frac{T_{int}}{G \times 290}$$

为使 NF 与实际输入到元器件的噪声温度无关,NF 总是基于 $T_0 = 290K$ 的前提。F 总是大于 1。元器件本身产生的对输出噪声温度 T_{int} 的贡献与 F 的关系如下:

$$T_{int} = (F-1)G \times 290$$

对于一般输入噪声温度 T_0,总的输出噪声温度为 $GT_0 + T_{int}$。

本书的其他章节也有关于噪声的详细讨论,

8.12.1 将节讨论系统噪声温度和有效载荷温度系数,

9.2 节将讨论噪声系数的计算,

9.3 节将讨论噪声预算,

14.5 节将讨论通信链路的噪声水平。

6.5　低噪声放大器

6.5.1　低噪声放大器结构和技术

由于 LNA 的噪声系数决定了整个有效载荷系统的噪声系数,低噪声系数是制造商的关键指标,因此其一直致力于低噪声晶体管的技术研究。

LNA 由一组单个放大器链组成,如图 6.8 所示,它的前两级是两个超低噪声器件,后两级是两个低噪声器件。

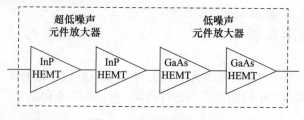

图 6.8　LNA 结构的例子

目前有三种技术用于有效载荷 LNA 中的低噪声晶体管,它们都是高电子迁移率晶体管(HEMT)或其衍生品,全部采用 GaAs(砷化镓化合物半导体)和/或 InP(磷化铟化合物半导体),其中 InP 较新,噪声系数较低。

HEMT 是一种场效应晶体管(FET),FET 的源极是一个导电金属端,电荷载流子(在 HEMT 中是电子)通过源极进入 FET,载流子通过 FET 的通道流向 FET 的输出端,即漏极。根据施加到栅极和源极的电压差,栅极端控制沟道的导电性。栅极长度主要影响 FET 的最高工作频率:栅极越短,最高频率越高(Microwave Encyclopedia,2006)。FET 的衬底(也称为主体或基板)主体是半导体,其中包含栅极、源极和漏极(Wikipedia,2017a)。它有两个主要功能:一是为有源层的形成(生长)提供起点;二是具有低导电性,从而将 FET 的电流路径限制在更靠近表面的有源层和栅极控制电极(Sowers,2019)。

图 6.9 给出了一个基本 HEMT 的草图。HEMT 的通道位于两个不同带隙的半导体之间的连接处,因此称它为异质结。材料的带隙是电子从束缚态跃迁到自由态所需的额外能量,自由态下它能够运动和携带电荷(Wikipedia,2017b)。与通道连接的两个半导体是势垒和衬底,其中衬底的带隙在两者中更窄。栅极超出部分延伸到势垒层中。在图中,通道被标记为"二维电子气"(2DEG),其中电子具有很高的移动性。HEMT 也称为异质结构场效应晶体管(Wikipedia,2017c)。

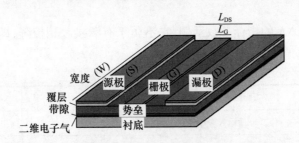

图 6.9 高电子迁移率晶体管的基本图(Wikipedia,2017c)

一些 LNA 使用了改进 HEMT,即假态高电子迁移率晶体管(pHEMT)。为了匹配势垒层和衬底尺寸略有不同的晶格来提高性能,pHEMT 使用了一种额外的极薄的材料层,该层有时称为缓冲区。缓冲区正好位于衬底的顶部,通道的下方(Paine et al. ,2000)。

一种进一步改进的 HEMT 是变形的高电子迁移率晶体管(mHEMT),它在 GaAs 衬底上使用高铟含量的半导体。它需要使用 InP 材料提供的高性能的更强大的衬底技术(Sowers,2011;Smith et al. ,2003)。法国 OMMIC 公司对这项技术进行了空间级认证,并将其用于 25~43GHz 的 LNA 中(Ommic,2012)。

关于 HEMT 命名的约定:若名称以数字开头,则它是指栅极长度。在 GaAs 和 InP 的 HEMT 中,GaAs 或 InP 是衬底材料,其他层的材料可选择命名。在其他的规定中,势垒层和缓冲区的材料以及通道的材料命名,并用斜线分隔。

两种技术中,较老的 GaAs 技术可用于高达约 30GHz 的频率。近年来,InP 至少部分应用于 30GHz 的 LNA,并且在 100GHz 甚至更高频段具有最低的噪声(Chou et al.,2003)。

6.5.2 低噪声放大器环境

有些 LNA 具有温度补偿功能,有些则没有。温度补偿是通过改变放大器偏置或通过可变衰减器来实现的。有源元器件需要偏置,即稳定的电压或电流,以设置其工作点(Wikipedia,2020)。无温度补偿的 LNA 具有更高的增益和更低的噪声系数以及更低的温度(Microwave Encyclopedia,2010)。在没有有源接收相控阵的有效载荷中,增益变化可以通过大功率放大器的前置放大器的大动态范围来进行调整。在具有有源接收相控阵的有效载荷中,温度补偿是必要的。

放大器的增益会随着晶体管的老化而降低(Paine et al.,2000;Chou et al.,2002),这可以通过前置放大器的宽动态范围来进行补偿。此外,它的噪声系数随工作时间的增长而上升。

6.5.3 低噪声放大器的指标

表 6.1 是 LNA 的指标参数示例,它不属于有源接收相控阵,即不需要相位或功率匹配。

表 6.1 LNA 的指标参数示例

LNA 的指标参数	单位
输入频率范围	GHz
1dB 压缩点输入	dBm
噪声系数(EOL 过温)	dB
最小增益和最大增益(BOL 过温,EOL 过温)	dB
增益变化(超过输入频率范围,超过 100MHz)	dB p-p
增益斜率	dB/MHz
增益稳定性(BOL 过温,BOL 过温 15℃,EOL 过温)	dB p-p
在某些规定的功率范围内输入载波的相位线性度(在输入频率范围内,任何超过 100MHz 的范围)	(°)p-p
回波损耗(输入,输出)	dB
工作温度范围	℃

6.5.4 低噪声放大器的性能

表 6.2 给出了先进 LNA 的噪声系数。

表 6.2 先进 LNA 的噪声系数

频段		带宽/MHz	常温和 BOL 时的最大噪声系数/dB	EOL 过温时的最大噪声系数/dB
L 频段		34	0.65	0.85
S 频段		30	0.9	1.15
C 频段		580	1.2	1.45
X 频段		500	1.3	1.5
Ku 频段	固定卫星业务,14GHz	750	1.2	1.5
	广播卫星业务,17GHz	800	1.5	2.0
Ka 频段		500	—	1.9[①]
		3000	1.9	2.2

①Thales Alenia Space(2012),其他指标源自 NEC Space Technologies(2019)。

6.6 变频器

6.6.1 变频器的结构

有效载荷中的变频器有多种结构,可靠性以及最小的质量和最低的成本是选择的主要考虑因素,这种选择部分地取决于所需的转换次数。

具有内部本振的变频器的典型结构如图 6.10 所示,更典型的架构如图 6.10(a)所示。每个变频器都有自主提供信号的内部 LO,LO 可能具有不同的频率,所有 LO 都锁定到主基准振荡器(MRO)。MRO 对整个有效载荷至关重要,因此它几乎总是具有 3∶1 的冗余(Frequency Electronics, Inc.,2008)。每次只有一个 MRO 处于工作状态,它通过无源网络分配变频器,因为无源比有源更可靠。图 6.10(b)显示了独立式变频器的替代结构,该结构中没有 MRO。每个变频器都有自己的基准振荡器,其本地振荡器源自该基准振荡器(Mitsubishi Electric, 2015)。

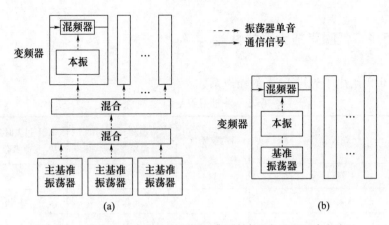

图 6.10 具有内部本振的变频器的典型结构(未显示冗余方案)

图 6.10(a)所示的结构将本地振荡器置于变频器的外部。当多个变频器使用同一 LO 频率时,外置 LO 是一个不错的思路。使用同一 MRO 的所有变频器在温度和寿命方面的频率稳定性是一致的。图 6.11 展示了两种这样的架构:

(1)下变频器外部的 LO,并馈入多个下变频器。

(2)双变频,即执行 D/C 到 IF 的第一组变频器和执行 U/C 到下行链路 RF 的第二组变频器,均由同一个有源 MRO 馈电。

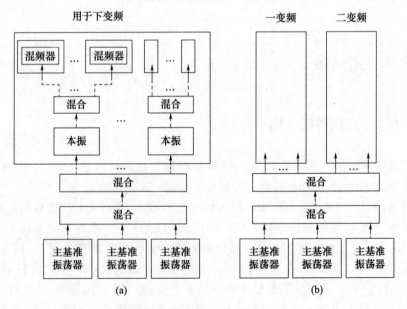

图 6.11 采用外部本振的变频器结构(未显示冗余方案)

6.6.2 变频器的封装

"变频器"实际上有两种封装形式,一种是独立封装;另一种是多个变频器射频模块和冗余本振的组合,如图 6.12 所示。

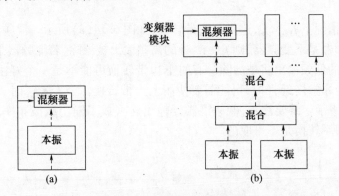

图 6.12 变频器的封装形式
(a)独立封装变频器(简化的);(b)多个变频器射频模块和冗余本振的组合。

具有数十次变频的有效载荷需要的变频器比独立的变频器更小、更轻。至少自 2012 年以来,制造商一直在生产 Ka 频段多变频器射频模块,并将其集成到组件中。一两个 LO 服务于组件中的所有射频模块。LO 可能有专用基准振荡器,或者它们可以由 MRO 供电。现有的组件允许 5~10 个变频器共用外部 LO。它可以用于上变频或下变频。其 DC/DC 电源转换器服务于多个组件(Thales Alenia Space,2012)。图 6.12(b)说明了类似的情况。不同的组件允许 4~14 个下变频器,并在其外壳内集成冗余基准振荡器和 LO,还可以集成通道滤波器(L3 Narda Microwave West,2019)。有效载荷可能有很多这样的组件。

6.6.3 变频器结构和功能

变频器的基本结构如图 6.13 所示。从 RF 到 IF 下变频器的架构与从 IF 到 RF 上变频器的架构相同。本振产生连续波(CW),即单音信号。混频器是将 RF(IF)信号与振荡器信号相乘,并产生两个不同频率的信号,其中只有一个是所需的 IF(RF)输出信号。假设在不考虑信号幅度的情况下,变频器的输入信号 $s(t)=\cos(2\pi f_c t+\theta(t))$,LO 信号 $r(t)=\cos(2\pi f_{LO} t)$,混频器的输出为

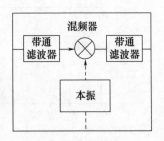

图 6.13 变频器基本结构

$$s(t)r(t) = \cos(2\pi f_c t + \theta(t))\cos(2\pi f_{LO} t)$$
$$= \frac{1}{2}\cos(2\pi(f_c - f_{LO})t + \theta(t)) + \frac{1}{2}\cos(2\pi(f_c + f_{LO})t + \theta(t))$$

如果频率为正值,那么频差项为频率 $f_c - f_{LO}$;否则,频率为 $f_{LO} - f_c$。输入和输出滤波器抑制不需要的信号。LO 可以在变频器内部或外部。下面将详细讨论每种情况。

大多数情况下 $f_{LO} < f_c$,这是下边带转换,如图 6.14(a)所示。混频器产生两个信号,若变频器是下变频器,则 $f_c + f_{LO}$ 处的高频输出被滤除,若变频器是上变频器,则 $f_c - f_{LO}$ 处的低频输出将被滤除。有时下边带转换可能不是一个好主意,例如当 LO 谐波可能非常接近 f_c 时,可能需要使用上边带转换。当 $f_c < f_{LO}$ 时,这种情况如图 6.14(b)所示。需要注意,低频混频器输出转换成了输出载波频率。对于某些应用,这种频率转换是不可取的。

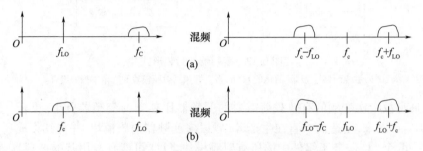

图 6.14 下边带(a)和上边带(b)变频

两个输入频率可以混频到所需频率,因此必须在混频前以镜像频率去除不需要的频率。图 6.15 为下边带变频的镜像频率。对于下边带和上边带变频,在 D/C 中,镜像频率为 $|f_c - 2f_{LO}|$,而在 U/C 中为 $f_c + 2f_{LO}$。去除镜像频率信号的方法是用变频器的输入带通滤波器滤除或采用混频器抵消,这样的混频器是镜像抑制混频器(Sorrentino and Bianchi,2010)。

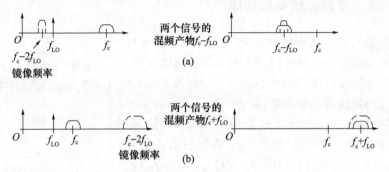

图 6.15 低边带变频的镜像频率实例
(a)低边带下变频;(b)低边带上变频。

理想下边带混频器的两个输出频率是混频产物(1,1)和(1,−1),其阶数为2。对于 D/C,(1,1)是所需的频率,(1,−1)是不想要的;对于 U/C 反之亦然。输出端的泄漏信号为(1,0)和(0,−1)。对于 $m>1$ 和 $-n>1$,谐波分别为$(m,0)$和$(0,n)$。LO 谐波比输入信号谐波强得多(详见下文),其他的(m,n)都是不需要的交叉产物。

6.6.4 混频器

混频器本身在很大程度上能够抑制不需要的 IMP 和泄漏信号,图6.16 为端口到端口的泄漏示意图。其中,RF 表示输入频率,IF 表示输出频率,但输出可能是下行链路 RF,也可能是其他组合频率。混频器电路有单端、单平衡、双平衡和三平衡四种类型。单平衡由两个单端混频器组成,双平衡由两个单平衡组成,依次类推。最常见的类型是双平衡,它具有非常好的 LO 到 RF 隔离和 LO 到 IF 隔离。端口到端口的隔离度是输入端口的功率与输出端口的功率之比。双平衡混频器理论上只产生所有 IMP 的 1/4,这些 IMP 包含奇数倍的f_{RF}和奇数倍的f_{IF}(Henderson,1981b)。

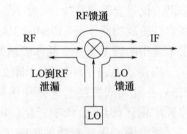

图 6.16 混频器泄漏的定义
(源自 Keysight Technologies(2000))

混频器在几个方面性能取决于远低于 LO 功率的 RF 输入功率。大多数情况下,至少低 20dB(Henderson,1981b)。

端口到端口隔离取决 LO 电平和温度。通常只指定 LO 到 RF 和 LO 到 IF 隔离,因为 RF 信号电平远低于 LO 电平(Henderson,1981a)。

一家供应商提供了一种特殊设计的混频器,以最大限度地减少 Ka 到 K 频段 D/C 的 2 倍 LO 谐波,其中 2 倍 LO 频率近似等于 K 频段频率(Rodgers and Montauti,2013)。

对于给定的 LO 电平和温度,混频器的非线性仅用 RF 信号电平表征。通常,1dB 压缩点输入比 LO 输入功率低 5~10dB(Henderson,1981a)。与放大器不同的是,1dB 压缩点输出通常比 3 阶截点输出低 10dB(Henderson,1990)。3 阶截距输出等于截距输入加上混频器转换增益,对于无源混频器,它为负值(以 dB 为单位),而对于有源混频器则为正值(Henderson,1981a)。

6.6.5 基准振荡器

基准振荡器有两种情况:当所有本地振荡器都源自一个基准振荡器时,它就是一个 MRO;否则,它只是一个基准振荡器。

基准振荡器是超稳定石英晶体振荡器(XO)(Fruehauf,2007)。MRO 的频率通常为 10MHz(Frequency Electronics,Inc.,2019)。当基准频率增大时,相位噪声的均方根大致成比例地增加(6.6.6.2节)。由于载波频率呈上升趋势,因此需要可导致较低相位噪声的较高频率基准。128MHz基准振荡器已通过宇航级认证(Reddy et al.,2012)。

基准振荡器是一种从振动晶体中获取电压信号电路,将信号放大,并将放大信号的一部分反馈给晶体,从而使晶体膨胀和收缩保持在其谐振频率。施加在晶体两端的电压会使其收缩,而这种收缩会在晶体两端产生电压,这就是压电效应(Hewlett Packard,1997)。

用于基准振荡器的晶体被切割成板状(Fruehauf,2007)。切割决定了基本频率以及振荡器电路产生的泛音(谐波或近谐波信号)和非谐波信号。接近所需泛音的非谐波信号会带来风险,因为小的环境变化可将非谐波转移到所需泛音之上,从而削弱它并造成功能下降(Hewlett Packard,1997)。功能下降会在较窄的温度范围内产生不希望的频率突变。晶体板越厚,其可振动的泛音越高(Bloch et al.,2002)。

振荡器电路受环境影响而改变晶体振动频率,主要的影响是温度变化,其次是时间,在此期间振荡器老化和辐射笼罩着航天器。此外,振荡器电路的开和关会导致频率偏移,但不会影响老化(Hewlett Packard,1997)。

通常需要采取有效的措施来防止温度变化。一种是温度补偿,温度补偿晶体振荡器(TCXO)使用热敏电阻和变容二极管补偿晶体随温度变化而引起的频率变化(热敏电阻的阻值很大程度上取决于温度,而变容二极管是一种压控电容器)(Wikipedia,2019a;Wikipedia,2019b))。比温度补偿更好的是方式烤箱。恒温晶体振荡器(OCXO)在振荡器电路中有一个加热器和加热器控制,以及一个在隔热容器中的温度敏感元件。由于加热器的功耗,OCXO比TCXO需要更多的直流功率(Hitch,2019a)。一个更好的选择是双烤箱(Fruehauf,2007),这需要比OCXO更多的直流功率(Hitch,2019a)。对于所有的方式,其思路都是将晶体保持在最低温度敏感度的温度(Hewlett Packard,1997)。

有源振荡器的频率随老化而变化可能是正的也可能是负的,其速率通常与时间呈对数关系(Hitch,2019a)。变化方向由测试方法确定。频率变化主要源于两个因素:一个是谐振器外壳内的污染物质量转移到晶体;另一个是谐振器安装和接合结构、电极以及石英中的应力消除。通过先进的制造技术,可将频率变化最小化(Fruehauf,2007)。停止工作的振荡器可能会或不会随时间发生线性频率变化(Bloch et al.,2009a)。

卫星轨道上辐射的总电离剂量将导致振荡器频率以相对恒定的负速率变化。当晶体材料通过高温加热辐射硬化,并且晶体板足够厚,以5阶泛音振动时,辐射效应的严重程度最小。通过选择老化测试中呈现正频率变化的晶体,可以部分补偿这种影响(Bloch et al.,2002)。

另一种辐射形式是来自太阳耀斑的高能粒子,会导致永久性频率偏移(Bloch et al.,2009b)。

6.6.6 相位噪声和本振的产生

6.6.6.1 相位噪声基础

相位噪声是来自通信系统振荡器的信号相位中不需要的变化。这些振荡器包括最初在地面调制的载波、有效载荷变频 LO、接收地面站载波恢复的振荡器以及地面站的任何转换 LO。

相位噪声具有一个频谱,该频谱是偏移频率的函数(12.2.3 节),偏移频率是相对于载波频率的频率。相位噪声频谱图的 y 轴标记为 $\mathcal{L}$,即单边带(SSB)相位噪声:

$$\mathcal{L}(f) = \frac{1}{2} S_\varphi(f)$$

式中:$S_\varphi(f)$ 为当偏移频率 $f > 0$ 时,相位噪声的单边谱,它是双边相位噪声频谱的一边(Gardner,2005)。$\mathcal{L}$ 通常以 dBc/Hz 为单位给出,表示在 1Hz 范围的功率积分,规定为相对于以 dB 为单位的载波功率。频率轴以对数尺度显示(因此不能降到 0Hz)。当以这种方式绘制时,$\mathcal{L}(f)$ 的斜率随 f 的增加而减小。

频率在 $f_1 \sim f_2$ 之间的相位噪声均方根由下式给出:

$$\text{相位噪声 RMS} = 2\int_{f_1}^{f_2} \mathcal{L}(f) \, \mathrm{d}f$$

附录 6.A 中给出了这个积分的近似公式。

除了一些小的离散量,即单音(称为低偏移频率的寄生相位调制(PM))外,频谱是平滑的。大多数情况下,这出现在合成 LO 中(Hitch,2019b)。这些频率有时非常低(接近载波),以至于这种寄生 PM 无关紧要,它们位于变频器的指标范围之外。然而,由于并总是如此,因此必须在振荡器测试中测量寄生 PM(Hitch,2019a)。图 6.17 为带有寄生 PM 的频谱示例。12.10.2 节介绍了相位噪声频谱的具体指标,以及相位噪声如何影响信号。

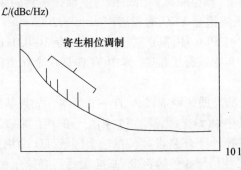

图 6.17 带有寄生相位调制的相位噪声频谱示例

6.6.6.2 相位锁定振荡器

LO 是通过将电压控制振荡器(VCO)锁相到基准振荡器来实现的。电压输入驱动 VCO,使其与基准振荡器的频率和相位或其某个倍数相一致。使用锁相至少有两个原因:一是基于频率低得多的超稳定基准振荡器生成 LO;二是组合基准振荡器和 VCO 的相位噪声频谱的最佳部分,从而获得 LO 的相位噪声频谱。

生成 LO 的简单锁相环(PLL),如图 6.18 所示(这种类型实际上并未使用,但采用与当前 PLL 基本相同的概念)。PLL 是一种反馈电路,VCO 输出频率被 N 分频,并与基准振荡器的单音混合。混频器用作鉴相器(双频项被抑制),因为它的 DC 输出电压与参考单音和分频 LO 之间的相位误差的正弦成正比。环路滤波器类似于积分器。VCO 集成了误差控制电压,从而驱动 VCO 使频率和相位误差为零。无论相位误差是正的还是负的,如果它不是太大,误差电压就会驱动 VCO 朝正确的方向发展(Gardner,2005)。

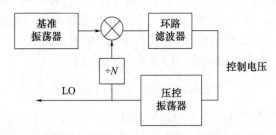

图 6.18 用于生成本振的简单锁相环

PLL 具有闭环传递函数,因此可以定义环路带宽 B_L。它是单边基带带宽(12.3.1 节)。实际上它有各种定义,但在对数尺度上都提供大致相同的值(Gardner,2005)。

LO 的相位噪声与基准振荡器和 VCO 的相位噪声有关。粗略地说,在小于环路带宽的偏移频率下,相位噪声频谱是倍增基准振荡器的频谱,而在更高频率下,如果 VCO 自激,则频谱是 VCO 的频谱(Gardner,2005)。自激 VCO 没有控制电压输入。生成 LO 的 PLL 环路带宽的典型值为 100kHz(API Technologies,2019)。这都在图 6.19 中进行了说明,其中 VCO 是一个介质谐振振荡器(DRO)(见下文)。

图 6.18 的 LO 是基准振荡器乘以 N 的一个版本。如果基准振荡器的相位表示为 $2\pi f_{ref} t + \varphi(t)$(其中 $\varphi(t)$ 是相位噪声),则信号的相位乘以因子 N 变为 $2\pi N f_{ref} t + N\varphi(t)$,因为偏移频率小于环路带宽。在这个区域,LO 的相位噪声频谱是基准振荡器的 N^2 倍。为了使倍增相位噪声低,基准振荡器必须超稳定,这意味着它具有超低的相位噪声。

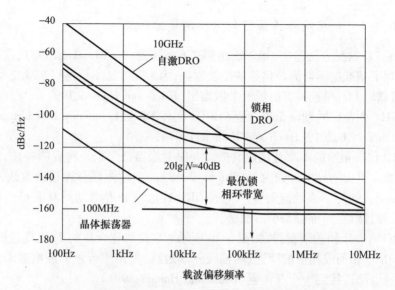

图 6.19 基准振荡器的相位噪声频谱,自激 VCO 和锁相 VCO
(经 API Technologies 许可使用。源自 API Technologies(2019))

6.6.6.3 变频产生的相位噪声

非再生有效载荷不会与上行链路信号锁相以进行载波恢复(12.10.2 节),这类有效载荷的变频器只是将其相位噪声添加到从地面传输的信号相位噪声中。因此,有效载荷 LO 必须具有低相位噪声。

当两个 LO 使用同一基准振荡器时,由双变频(先降后升)增加的总相位噪声最小化。假设 D/C LO 是基准振荡器乘以 κ,而 U/C LO 是基准振荡器乘以 λ,其中 $\kappa > \lambda$ 并且两个变频都是下边带的。两个 LO 组合的相位为 $2\pi(\kappa - \lambda)f_{ref}t + (\kappa - \lambda)\varphi(t)$,因为偏移频率小于 LO 环的带宽。在该区域中,通过双变频添加到信号中的均方根相位噪声仅为基准振荡器的 $\kappa - \lambda$ 倍。减法表示消除了大部分低频相位噪声。在实际中,减法只发生在载波高达 100Hz 左右的偏移频率上,但它仍然很重要(Hitch,2019a)。另外,若不相关的 LO 用于两次变频并且它们各自的相位噪声为 $\kappa\varphi_1(t)$ 和 $\lambda\varphi_2(t)$,则组合相位的均方根相位噪声为 $\sqrt{\kappa^2\varphi_1^2 + \lambda^2\varphi_2^2}$ 的平均值,这远大于通用的基准振荡器。

6.6.7 本振技术

LO 有三种技术,当本振频率固定时,本振称为固定频率;当本振频率可以取多个值时,本振称为捷变。该术语适用于变频器本身。

6.6.7.1 介质谐振振荡器和同轴谐振振荡器

生成 LO 常见方法是将 DRO 锁相到基准振荡器(Fiedziuszko,2002),这种方法已经取代了基准振荡器简单倍频的传统方法,因为新方法不仅可以实现更小、更便宜、更可靠的 LO,而且具有更低的杂散输出(Hitch and Holden,1997)。若 LO 频率低于 2GHz,则使用同轴谐振振荡器(CRO)代替 DRO(Frequency Electronics,Inc.,2008;AtlanTecRF,2019;Hitch and Holden,1997)。

DRO 仅在很窄的频率范围内共振。介质谐振器是一个短陶瓷圆柱体,圆柱体底面支撑在更大的导电外壳内(Skyworks,2017)。圆柱体耦合连接微带线,(Hitch and Holden,1997)。高性能陶瓷产生的 DRO 在温度和寿命期间具有出色的频率稳定性,并且对空间辐射几乎不敏感。

CRO 有一个同轴谐振器,如图 6.20 所示。它是陶瓷介质的 TEM 模式同轴线。使用与 DRO 相同或相似的陶瓷,同轴线一端短路,采用平行板微波电容器使其谐振。将该电路连接到一个晶体管(Hitch and Holden,1997)。

LO 的 PLL 如图 6.21 所示,与图 6.18 的简单 PLL 有所不同,因为现在采样相位检测器取代了 N 分频和混频器相位检测器(Hitch and Holden,1997)。图 6.21 中显示了 DRO,但它也可以是 CRO。采样相位检测器产生大量 TCXO 频率的谐波(Andrews et al.,1990)(高达 170(Hitch and Holden,1997)),当其中一个谐波与 DRO 的频率匹配时,将谐波与 DRO 的输出信号混合输出直流电压。直流电压的幅值与相位误差的正弦成正比,直流电压驱动 DRO 锁相。因此,DRO 的自激频率必须接近 TCXO 所需的谐波,以便可以校正谐波。

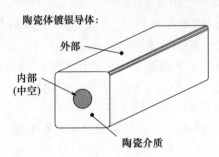

图 6.20 同轴谐振器(© 2016 IEEE。经许可,转载自 Reddy(2016))

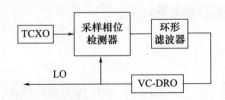

图 6.21 锁相介质谐振振荡器到多基准振荡器(源自 Hitch and Holden(1997))

6.6.7.2 频率合成器

频率合成器也可以使用锁相,但能够产生大量不同的频率(Gardner,2005)。除了它提供的灵活性之外,另一个优点是模块中的每个频率合成器都可以作为其他频率合成器的备份。

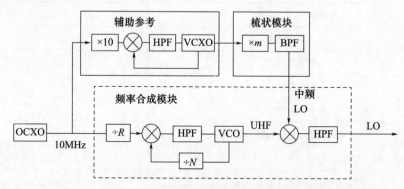

图 6.22 JCSAT – 5A 频率合成器(源自 Dayaratna et al.,2005)

频率合成器使用的一个例子是 2006 年发射的 JCSAT – 5A 卫星上的 19 个相同的频率合成器模块。每个模块都以 1MHz 的间隔合成 100MHz 范围内的频率,并且通过地面指令实现卫星在轨重构。图 6.22 显示了一个频率合成器模块,以及为其供电的单个有源 OCXO、辅助参考和梳状模块。有效载荷采用频率合成器模块的 9∶6 冗余和其他元件的 3∶1 冗余。频率合成器模块通过分频器 R 和 N 的指令设置生成 UHF 频率。辅助参考将 OCXO 的 10MHz 乘以 10,梳状模块将其乘以 m 倍,生成中间 LO。中间 LO 加上 UHF 频率等于信号下变频所需的 LO 频率(Dayaratna et al.,2005)。

6.6.8 变频器的工作环境

除了基准振荡器对工作环境的敏感性(6.6.5 节)之外,变频器本身对工作环境也很敏感。它的放大器增益会发生变化。变频器主要的敏感性是温度。如有必要,变频器可以包含温度补偿增益控制(Tramm,2002)。放大器的增益也会随着寿命延长而降低。大功率放大器的前置放大器需要足够的范围来适应变频器的增益变化。

6.6.9 变频器的指标

表 6.3 给出了宇航级 Ka 至 K 频段下变频器指标中与通信相关的参数示例。

用分号分隔的项目代表单独的参数。某些参数中15℃的温度范围通常代表每月的温度变化(Hitch,2019a)。温度和寿命范围内的增益稳定性是单独的温度和寿命项的总和。掩码是分段线性上限,通常是频率的函数。上变频器指标可能有一些不同的参数,代表基本相同的信息。

表6.3 变频器指标参数示例(L3 Narda Microwave West 2019)

变频器的指标参数	单位
输入频率范围	GHz
变频范围	GHz
3阶截点输入	dBm
最大工作功率	dBm
噪声系数(EOL过温)	dB
最小和最大增益(BOL过温;EOL过温)	dB
增益平坦度(在任意带宽范围)	dB p-p
增益斜率	dB/MHz
增益稳定度(15℃以上;过温;超寿命)	dB p-p
不同带宽的群延迟变化	ns p-p
变频稳定性(在各种温度范围下;恒温下寿命)	$\pm \times 10^{-6}$
输出载波上的相位噪声(相位的上限掩码噪声谱)	dBc/Hz
带内混频器互调产物	dBc
带内其他杂散	dBc
带外杂散输出①	dBc
本振谐波①	dBm
回波损耗(输入;输出)	dB
承受的温度范围	℃

①频率低于15GHz的参考带宽为4kHz,高于15GHz频率的参考带宽为1MHz(ITU-R,SM.1541-6 2015)。

6.7 接收机

一个独立的接收机包含LNA、基准振荡器、LO和变频器(Thales Alenia Space,2012;Mitsubishi Electric,2015;L3 Narda Microwave West,2017),有时没有基准振荡

器和 LO(Thales Alenia Space,2012)。当接收机的数量不多时,最好使用自身带有基准振荡器的独立接收机。具有数十个接收机的有效载荷要求接收机比独立接收机更小、更轻。至少自 2012 年以来,制造商一直在生产包含有多个 Ka 频段接收机射频模块,而射频模块中含有一两个基准振荡器、LO 以及一个冗余 DC/DC 转换器。目前一套组件有 6 个带有外部 LO 的接收机射频模块(Thales Alenia Space,2012)。另一套组件包含了 4~14 个接收机射频模块,并在其外壳中包含一个冗余基准振荡器和 LO。也可以将通道滤波器集成到组件中(L3 Narda Microwave West,2019)。

6.A 附录 相位噪声谱积分公式

有时,有效载荷工程师可能希望在某个频率范围内对有效载荷测量的 SSB 相位噪声频谱 $\mathcal{L}$ 进行手动积分,6.6.6.1 节给出了关于 SSB 相位噪声频谱的定义。如果相位噪声在某个频率上超过了指标,工程师可能想要检查在得到的频谱中是否暗含了其他未说明的指标,这些隐含的指标是否在某个频段上的相位噪声积分足够小(12.10.2 节)。

图 6.23 为 SSB 相位噪声谱的分段线性近似示例。工程师可以通过这种方式对任何测量的频谱确定积分上限,以便于手动积分。相位噪声指标本身也可以根据这种掩码的方式给出。

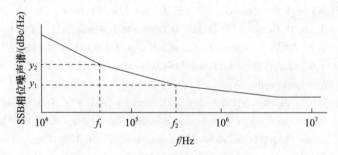

图 6.23 单边带相位噪声谱的分段线性近似

图 6.23 中,$f_1 \sim f_2$ 之间的相位噪声均方根的频谱是一条直线,它可以通过下面公式计算获得,其中,dBc/Hz 不是 $\mathcal{L}(f)$ 的单位,而是 y_i 的单位($i=1,2$),即

$$\text{计算的 } \sigma_\phi^2 = 2\int_{f_1}^{f_2} \mathcal{L}(f)df = \begin{cases} \dfrac{2A}{m+1}(f_2^{m+1} - f_1^{m+1}), & m \neq -1 \\ 2A\ln(f_2/f_1), & m = -1 \end{cases}$$

式中:$A = \dfrac{10^{y_1/10}}{f_1^m}, m = \dfrac{y_2 - y_1}{10\lg(f_2/f_1)}, y_i = 10\lg\mathcal{L}(f_i), i=1,2$

参考文献

Andrews J, Podell A, Mogri J, Karmel C, and Lee K (1990). GaAs MMIC phase locked source. *IEEE Microwave Theory and Techniques Symposium Digest*; 2; 815 – 818.

Anritsu Co (2000). Intermodulation distortion (IMD) measurements using the 37300 series vector network analyzer. Application note. Accessed Feb. 25, 2019.

Anritsu Co (2015). IMD measurements with IMDView™, MS4640B series vector network analyzer. Application note. Accessed Feb. 22, 2019.

API Technologies (2019). Phase – locked DRO characteristics. DRO application note D – 104. Accessed Feb. 22, 2019.

AtlanTecRF (2019). Phase locked oscillators, external reference APL – 03 series. Product data sheet. Accessed Feb. 15, 2019.

Bloch M, Mancini O, and McClelland T (2002). Performance of rubidium and quartz clocks in space. *Proceedings of the 2002 IEEE International Frequency Control Symposium*; May 29 – 31; 505 – 509.

Bloch M, Ho J, Mancini O, Terracciano L, and Mallette LA (2009a). Long – term frequency aging for unpowered space – class oscillators. *IEEE Transactions on Ultrasonics, Ferroelectrics, and Frequency Control*; 56; 10.

Bloch M, Mancini O, and McClelland T (2009b). What we don't know about quartz clocks in space. *Institute of Navigation Precise Time and Time Interval Meeting*; Nov. 16 – 19. On apps. dtic. mil/dtic/tr/fulltext/u2/a518055. pdf. Accessed Jan. 17, 2014.

Chou YC, Leung D, Lai R, Grundbacher R, Eng D, Scarpulla J, Barsky M, Liu PH, Biedenbender M, Oki A, and Streit D (2002). Evolution of DC and RF degradation induced by high – temperature accelerated lifetest of pseudomorphic GaAs and InGaAs/InAlAs/InP HEMT MMICs. *IEEE International Reliability Physics Symposium*; Apr. 7 – 11; 241 – 247.

Chou YC, Barsky M, Grundbacher R, Lai R, Leung D, Bonnin R, Akbany S, Tsui S, Kan Q, Eng D, and Oki A (2003). On the development of automatic assembly line for InP HEMT MMICs. *International Conference on Indium Phosphide and Related Materials*; May 12 – 16; 476 – 479.

Dayaratna L, Ramos LG, Hirokawa M, and Valenti S (2005). On orbit programmable frequency generation system for JCSAT 9 spacecraft. *IEEE MTT – S International Microwave Symposium Digest*; June 12 – 17; 1191 – 1194.

Fiedziuszko SJ (2002). Satellites and microwaves. *International Conference on Microwaves, Radar and Wireless Communications*; 3 (May 20 – 22); 937 – 953.

Frequency Electronics, Inc. (2008). Over 45 years of high – rel space experience. On freqelec. com/pdf/FEI% 20Space% 20Products% 20Brochure. pdf. Accessed Oct. 10, 2014.

Frequency Electronics, Inc. (2019). Space qualified master clocks. Product data sheet. On freqelec. Accessed Feb. 6, 2019.

Fruehauf H (2007). Presentation on Frequency Electronics, Inc, technical literature: precision oscillator overview. Apr. Accessed Sep. 28,2010.

Galla TJ(1989). TriQuint semiconductor technical library: cascaded amplifiers. WJ Tech note. Accessed Sep. 28,2010.

Gardner FM(2005). *Phaselock Techniques*,3rd ed. New Jersey: John Wiley & Sons,Inc.

Henderson BC(1981a). TriQuint semiconductor technical library, WJ technical publica tions: mixers: part 1,characteristics and performance. WJ Tech – note. Revised 2001. Accessed Feb. 22,2019.

Henderson BC(1981b). TriQuint semiconductor technical library: mixers: part 2,theory and technology. WJ Tech – note. Revised 2001. Accessed Feb. 22,2019.

Henderson BC(1990). TriQuint semiconductor technical library: mixers in microwave sys tems(part 2). WJ Tech – note. Revised 2001. Accessed Feb. 22,2019.

Hewlett Packard (1997). Fundamentals of quartz oscillators. Application note 200 – 2. Accessed Feb. 22,2019.

Hitch B(2019a). Private communication. June 7.

Hitch B(2019b). Private communication. July 25.

Hitch B and Holden T(1997). Phase locked DRO/CRO for space use. *Proceedings of IEEE International Frequency Control Symposium*;May 28 – 30;1015 – 1023.

Keysight Technologies (2000). formerly Agilent Technologies, formerly Hewlett Packard. Agilent PN 8753 – 2, RF component measurements – mixer measurements using the 8753B network analyzer. Product note. Nov. 1. Accessed Feb. 22,2019.

Keysight Technologies(2018). Performance spectrum analyzer series,optimizing dynamic range for distortion measurements. Application note. Mar. 12. Accessed Feb. 22,2019.

L3 Narda Microwave West(2017). Downconverters/receivers. Product data sheets. Accessed Mar. 15,2017.

L3 Narda Microwave West (2019). Downconverter/receiver multipack assembly unit. Product data sheets. Accessed Feb. 10,2019.

Microwave Encyclopedia(2006). Microwave FET tutorial. Jan. 22. Accessed Dec. 7,2010.

Microwave Encyclopedia(2010). Power amplifiers. Oct. 15. Accessed July 1,2011.

Mitsubishi Electric(2015). Product data sheets. Accessed June 25,2017.

NEC Space Technologies(2019). Product data sheets. Accessed Jan. 31,2019.

OMMIC (2012). Preliminary datasheet CGY2122XUH/C2, 25 – 43 GHz ultra low noise amplifier. Sep. 12. Accessed Feb. 25,2019.

Paine B,Wong R,Schmitz A,Walden R,Nguyen L,Delaney M,and Hum K(2000). Ka – band InP HEMT MMIC reliability. *Proceedings of GaAs Reliability Workshop*;Nov. 5;21 – 44.

Recommendation,ITU – R,SM. 1541 – 6(2015). *Unwanted emissions in the out – of – band domain*. Geneva: International Telecommunications Union,Radio Communication Sector.

Reddy M(2016). Design and simulation of L – band coaxial ceramic resonator oscillator. *IEEE Annual India Conference*;Dec. 16 – 18.

Reddy MB,Swarna S,Priskala,Chandrashekar M,Vinod C,Dhruva PM,and Singh DK(2012). High frequency OCXO for space applications. *IEEE International Frequency Control Symposium*;May 21 – 24.

Rodgers E and Montauti F(2013). Integrated multi – channel Ka – band receiver subsystem for communication payload. *Ka and Broadband Communications, Navigation and Earth Observation Conference*; Oct. 14 – 17.

Skyworks(2017). Introduction and applications for temperature – stable dielectric resonators. Application note. Accessed Feb. 15,2019.

Smith PM, Dugas D, Chu K, Nichols K, Duh KG, Fisher J, MtPleasant L, Xu D, Gunter L, Vera A, Lender R, and Meharry D(2003). Progress in GaAs metamorphic HEMT technology for microwave applications. *Technical Digest, IEEE Gallium Arsenide Integrated Circuit Symposium*; Nov. 9 – 12.

Sorrentino R and Bianchi G (2010). *Microwave and RF Engineering*. Chichester: John Wiley & Sons, Ltd.

Sowers J of SSL(2011). Private communication. Nov. 16.

Sowers J of SSL(2019). Private communication. July 11.

Thales Alenia Space(2012). Receiver – LNA – DOCON. Product data sheets. On www.thalesgroup.com/sites/default/files/asset/document/Receiver – LNA – Docon102012. pdf. Accessed Sep. 17,2018.

Tramm FC(2002). Compact frequency converters for a Ka – band telecommunications satellite payload. *AIAA International Communication Satellite Systems Conference*; May 12 – 15. Accessed Oct. 4,2010.

Wikipedia(2017a). Field – effect transistor. Accessed July 20,2017.

Wikipedia(2017b). Band gap. Accessed July 20,2017.

Wikipedia(2017c). High – electron – mobility transistor. Accessed July 20,2017.

Wikipedia(2019a). Thermistor. Accessed July 7,2019.

Wikipedia(2019b). Varicap. Accessed July 7,2019.

Wikipedia(2020). Biasing. Accessed Sep. 19,2020.

Yeung TK, Gregg H, and Morgan I(1993). Lightweight low noise space qualified L – band LNA/filter assemblies. *European Conference on Satellite Communications*; Nov. 2 – 4; 122 – 127.

第7章 前置放大器和大功率放大器

7.1 引言

大功率放大器(HPA)放大射频(RF)信号,为有效载荷下行链路提供所需要的高电平。为此,需要一个能够接入 HPA 的直流(DC)电源。同时,被馈入 HPA 的信号,必须使用前置放大器将信号提升到适合的输入功率。

前置放大器和 HPA 统称为 HPA 子系统。HPA 子系统有行波管放大器(TWTA)子系统和固态功率放大器(SSPA)两种。通常不会专门为 TWTA 子系统命名,但为了方便与 SSPA 比较才对其命名。TWTA 子系统比 SSPA 更常见。据全球领先的卫星制造商透露,其在卫星上安装的 TWTA 数量是 SSPA 的 2 倍多(Nicol et al. ,2013a)。

HPA 子系统具有以下功能:

(1)用于 HPA 的通道前置放大器,可以使上行链路在很宽的功率范围内灵活地与下行链路功率保持独立。

(2)采用预失真(可选)抵消 HPA 的非线性放大特性。

(3)大功率放大。

(4)提供 DC 电源。

7.2 HPA 的概念和术语

7.2.1 HPA 非线性描述

两种类型的 HPA 有时都工作在非线性放大区域。SSPA 和典型带宽 TWTA 都具有我们所定义的带通非线性。假设进入放大器的射频信号(包括噪声、干扰和信号失真)为 $\sqrt{2P_{in}(t)}\cos(2\pi f_c t + \theta(t))$,其中 f_c 为载波频率,$P_{in}(t)$ 为输入信号

在时间 t 时的瞬时功率,它等于信号的幅值平方。为使放大器函数更加明确,删除表达式中的变量 t。根据函数 P_{in},放大器产生一个功率 P_{out} 和由 ϕ 表示的信号相移。放大器输出为 $\sqrt{2P_{out}}\cos(2\pi f_c t + \theta + \phi)$,其中 P_{out} 和 ϕ 仅仅是 P_{in} 的函数,P_{out} 随 P_{in} 的变化曲线以及相移随 P_{in} 的变化曲线完全反映了其带通非线性。根据定义可知,这些曲线与频率无关。对于宽带(至少3%带宽或更多)的 TWTA,这些曲线与频率必然相关,为此需要采用更有效的方式进行表征(16.3.7 节)。

HPA 不可能输出无限大的功率,在某一点上其增益会随着 P_{in} 的增大而开始下降,这就是增益压缩,该内容已经在 6.3.2 节中进行了讲述。P_{in} 很小,没有(显著)增益压缩,也就是说,在小信号区域放大非常接近线性。当 HPA 输出最大的 RF 功率时,HPA 处于饱和。此时的输入功率为 $P_{in\,sat}$,输出功率为 $P_{out\,sat}$。当 $P_{in} < P_{in\,sat}$ 时,HPA 则称为回退。输入回退(IBO)以 dB 为单位,其公式为 $P_{in\,sat}/P_{in}$,这意味着它通常为正值。有时,IBO 也定义为 $P_{in}/P_{in\,sat}$,其含义也很清楚。当 $P_{in} > P_{in\,sat}$ 时,HPA 处于过驱动或过驱动状态。输出回退(OBO)是以 dB 为单位,其计算公式为 $P_{out\,sat}/P_{out}$,是一个正值。

$P_{in\,sat}$ 和 $P_{out\,sat}$ 取决于输入 HPA 的特定信号类型。对于无噪声连续波(CW),$P_{out\,sat}$ 是最大值此时常常采用 $P_{out\,sat}$ 表征 HPA 性能。如果未规定输入信号,则通常为 CW。对于任何其他类型的信号输入,不仅 $P_{out\,sat}$ 更小,而且 $P_{in\,sat}$ 不同。这些内容将在后续章节中介绍。

图 7.1 为 CW 输入情况下,典型 TWTA 的 P_{out} 与 P_{in} 关系曲线以及相移与 P_{in} 关系曲线(SSPA 的曲线在 7.5.3 和 7.5.4 节中给出)。通常,P_{out} 随 P_{in} 变化曲线的两个坐标轴都是对数。相移随 P_{in} 变化的曲线中,y 轴的单位为度(°),而 x 轴为对数。与往常一样,在小信号时,相移被规定为 0°。随着输入信号电平的增大,相移趋于更大的负值,表明输出信号的延迟越来越大。在这个例子中,功率定义为饱和功率的相对值。需要注意的是,增益在低于 $P_{in\,sat}$ 的 P_{in} 处开始出现压缩,这是 TWTA 的一个特征。在饱和时,增益压缩约为 6dB,相移约为 -40°。

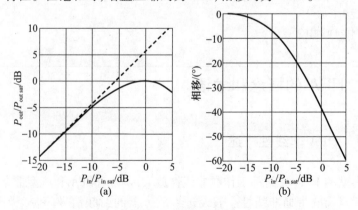

图 7.1 TWTA 的例子
(a)P_{out} 关于 P_{in} 的曲线;(b)相移关于 P_{in} 的曲线。

P_{in}是输入 RF 信号的长时间工作的平均功率。相对于 P_{in}，HPA 的工作点 P_{op} 或 NOP，很长时间内都是平均功率，这个时间长度比信号噪声带宽的逆变换长得多。如果输入信号不是简单的 CW，则瞬时功率会在工作点的 P_{in} 附近随时间变化。噪声会引起幅值变化，几乎任何调制信号都会有幅值变化。因此，瞬时 P_{in} 会工作于相对工作点 P_{in} 附近。即使工作点低于饱和点数 dB，也会有 HPA 处于过载状态的情况。相反，即使工作点处于饱和状态，也会有 HPA 处于其小信号工作区域的瞬间，如图 7.2 所示。

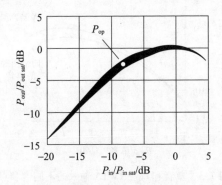

图 7.2 对于 TWTA 的实际信号输入，瞬时 P_{in} 如何在工作点附近变化的示例

注：曲线上某一点的线越粗，TWTA 在那里瞬间放大的倍数越高。

除了载波频率的二次谐波和三次谐波，HPA 产生的互调产物（IMP）大部分位于带内或带内附近。由于不能滤除带内的互调产物，它们的值必须足够低才不会引起问题。6.3 节和 9.5 节对 IMP 进行了详细的讨论。

HPA 的瞬时带宽是 HPA 当前工作的带宽，无须重新调谐或重新施加电压（Menninger, 2017）。

7.2.2 大功率放大器非线性指标参数

对于大功率放大器的非线性描述，规定了四种常用方法（参阅列表后的注意事项）：

（1）P_{out} 与 CW 输入功率 P_{in} 的关系曲线和相移 ϕ 与 CW 输入功率 P_{in} 的关系曲线。通常，每条曲线都有规定的样式，即由直线段组成的曲线形成上限。

（2）P_{out} 与 P_{in} 关系曲线的导数和相移与 P_{in} 关系曲线的导数，分别是 AM/AM（幅度调制）转换和 AM/PM（相位调制）转换（参见 Agilent（2000），这些术语有时也用于其他方面）。前者的单位是 dB/dB，后者的单位是（°）/dB。AM/AM 转换在小信号时为 1，在饱和时为 0，而 AM/PM 转换在小信号时为 0。通常只指定最大 AM/AM 转换和 AM/PM 转换的最大绝对值，而不是整条曲线。

（3）C/3IM 表示两个输出基波的合成功率随两个等功率输入信号合成功率

变化的关系曲线(有时使用的定义略有不同)。这两个输出基波的合成功率与两个最接近的3阶IMP的合成功率有关。输入功率以dBm为单位,输出功率比以dB为单位。HPA的双音输入的$P_{\text{out sat}}$低于单音输入的$P_{\text{out sat}}$,并且$P_{\text{in sat}}$会更低。图7.3为一个TWTA的典型示例。其中,当带宽较宽时,C/3IM曲线可能取决于所使用的特定信号的频率(C/3IM曲线对于变频器的定义略有不同,参见6.3.3节)。

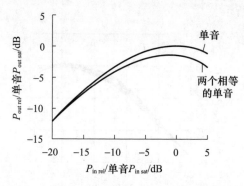

图7.3 单音和双音TWTA输入的不同饱和点

(4)噪声功率比(NPR)是在信号频带内的一个窄带所有的IMP与相同窄带内HPA输出功率的比值。其通常通过将大量等功率、随机相位、均匀间隔的单音信号作为HPA的输入,并保留一个输出信号的方法来进行测量。或者,可以应用具有滤除陷波的平坦频谱的热噪声。图7.4展示了信号频带上NPR的最坏情况比值,这个比值通常位于频带中心。

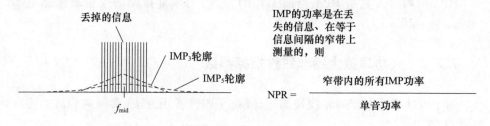

图7.4 噪声功率比

NPR测试类似于HPA噪声加载。当HPA没有要放大的信号,只有噪声时,它会加载噪声。噪声可以只是在没有信号输入时,有效载荷产生的噪声。若没有信号输入到有效载荷,并且通道放大器(CAMP)的自动电平控制(ALC,7.4.1节)能极大地放大前端噪声,则在测试期间可能会错误地发生HPA噪声加载。

通过积分方式理解AM/AM转换曲线和AM/PM转换曲线的含义,在概念上等同于理解P_{out}随P_{in}的变化曲线和ϕ随P_{in}的变化曲线。AM/AM转换曲线的积分可以转换为理解适当数值电平的小信号增益。AM/PM转换曲线的积分可以适当地转换,这是因为小信号情况下的相移为0°。然而,积分的累积误差很大,因此实际上转换曲线不可能提供相同的信息。这种情况下,当TWTA使用的绝对相位延迟时,转换曲线也不足以进行准确表征。

当进入HPA的工作信号与测试信号非常相似时,C/3IM和NPR中的每一个指标都非常有用,但在其他情况下却并非如此(有关此问题的详细讨论参见9.4.1节)。

7.2.3 大功率放大器的其他指标参数

大功率放大器规定的其他参数也很重要,可以分为带外参数以及带内频率性能相关的参数。靠近载波的杂波输出将在8.9节中讲述。

带外参数如下:

(1) CW饱和时的二次、三次谐波功率。这些谐波可能会干扰有效载荷输入信号。尽管与HPA带内输出功率相比,谐波的功率较低,但与非常微弱的有效载荷输入信号相比,谐波的功率却较高。这些谐波也可能干扰地球上其他接收的信号。

(2) 抑制,整个上行链路带宽的相对带内增益。该参数能计算出二次、三次谐波干扰有效载荷输入信号的程度。

带内参数如下:

(1) 带宽指标。HPA以几乎恒定的功率如在3dB以内,放大的频段宽度。

(2) 指标范围内的饱和增益平坦度。该参数通过通带内的每一个频率逐步增加CW输入使输出功率达到HPA饱和的方法而获得。

(3) 指标频段内的小信号增益平坦度和相位变化。该参数是通过频段上各处IBO至少为15dB的CW扫描频率来测量。与饱和增益平坦度相比,小信号增益平坦度在整个频段上始终显示出更多的波动。

(4) 固定增益模式(FGM)的指令增益精度(7.4.1节)。它是仅在一个频率处测量所有增益间隔。

(5) 用于ALC模式的指令输出信号电平的精度(7.4.1节)。它是仅在一个频率处测量所有输出信号电平。

7.2.4 功率效率

HPA是非处理有效载荷的卫星直流电源的最大耗能者,因为HPA包含直流电源。由于直流电源是有限的,因此从所需的直流电源获得尽可能多的射频输出功率是明智的。HPA的效率是HPA的输出功率P_{RFout}与其DC输入功率P_{DC}的比值。饱和工作点的HPA效率最高,但不适用于幅值变化很大的信号。然而,距离饱和点越远,HPA 效率也越低。

附加功率效率(PAE)是 HPA 很重要的性能参数,它等于$(P_{RFout} - P_{RFin})/P_{DC}$。TWTA 的电源也叫电子功率调节器(EPC)。TWTA 的 PAE 是行波管 PAE 与 EPC 功率效率的乘积,这同样适用于 SSPA 的 HPA 部分。然而,对于 TWTA,射频输入功率相比于射频输出功率非常小,因此,PAE 基本上等于功率效率。

在 TWTA 的产品资料中,PAE 通常仅在 CW 饱和时有描述。对于 SSPA,效率是由 CW 饱和点和/或 NPR 大约 15dB 的回退点表示。为了进行真正的效率比较,理想情况下,厂商应给出预期工作点的 TWTA PAE 和 SSPA 效率。

对于包括前置放大器在内的整个 HPA 子系统,相关参数只是功率效率,因为输入到子系统的射频功率可以忽略不计。HPA 的电源通常也为前置放大器提供直流电源(只有几瓦特,参见 7.4.6 节)。常用的由 TWTA 子系统参数计算效率的公式为(用于计算的数字来自于表 7.4 和表 7.5):

$$\text{TWTA 子系统效率} = \frac{P_{out} \times \text{TWT 效率} \times \text{EPC 效率}}{(\text{L})\text{CAMP DC 电源功耗} \times \text{TWT 效率} + P_{out}}$$

7.3 行波管放大器与固态放大器的对比

7.3.1 常规比较

随着基于氮化镓(GaN)的 SSPA 的出现,TWTA 和 SSPA 之间的比较在 21 世纪初发生了一些变化。传统的 SSPA 技术是基于砷化镓(GaAs)的。基于 GaN 的 SSPA 在多方面的性能优于基于 GaAs 的 SSPA,因此 SSPA 现在比以前应用更广泛。

在 L、S 频段,SSPA 比 TWTA 更常用,因为它们具有尺寸优势。该优势对于有源相控阵非常有用,SSPA 被装在相应辐射元器件后面的有限空间内,从而最大限度地减少了 SSPA 的后端损耗。在 Ku 及以上频段,则几乎只能使用 TWTA,因为其 PAE 很高(Kaliski,2009)。

波音公司对其制造的卫星上的 HPA 开展了长期研究,并对 TWTA 和 SSPA 进行了多方面的比较。每隔几年波音公司就会发布一份新的对比报告。2013 年的报告称,在卫星层面考虑问题时,通常会在 TWTA 或 SSPA 之间做出选择,同时考虑到任务目标、射频功率、放大器的非线性特性、直流电源、热耗散、频率、带宽、成本、时间表等(Nicol et al.,2013a)。在 L 频段,波音公司的 HPA 都是 SSPA。在 S、C 频段,SSPA 在轨时间比 TWTA 多得多,但在 Ku 频段及其更高频段,几乎只用TWTA。表 7.1 为基于 GaN 的 SSPA 和 TWTA 的比较。

表 7.1 波音公司对 GaN SSPA 和 TWTA 的比较

指标参数	GaN SSPA	TWTA	说明
尺寸/质量	+		大功率应用无差别
RF 功率		+	对于 TWT,在低频是+3dB,在高频会更高
FIT[①]率	−	−	LSSPA 和 LTWTA 大致相等
效率/热/DC		+	SSPA 在 L/S/C 频段上的竞争力超过正常 NPR 范围,其他频段则为 LTWTA
带宽	+		
线性功率		+	在 C 频段,SSPA 与 LTWTA 几乎相等
系统复杂度	−	−	
温度性能	−	−	SSPA 范围与 TWTA 范围相等
成本/清单	+		SSPA 在功率/频率范围方面具有很强的竞争力

资料来源:© 2013 IEEE。经许可转载,来自 Nicol et al.(2013a)。
①FIT 为故障时间,工作时间 10^9 小时内的故障次数。

TWTA 和 SSPA 的可靠性对比已不再是问题。长期以来,人们认为 SSPA 比 TWTA 更可靠,但 2004 年波音公司的研究表明,情况并非如此(Weekley and Mangus,2004)。TWTA 和 SSPA 的卫星在轨单位故障率运行趋势从 2000 年到 2012 年持续改善,SSPA 的单位故障率下降到几乎与 TWTA 相同(Nicol et al.,2013a)。

长期以来,人们认为 SSPA 具有不会直接失效、性能逐渐降低的优势,而 TWTA 的失效却是灾难性的。但 TWTA 的灾难性失效结论被证明是不正确的(Weekley and Mangus,2005)。

在相应的视图演示文稿中可以找到比会议论文中更详细的 C 频段分析比较,以下段落摘自该演示文稿(Nicol et al.,2013b):

SSPA 的部件数与线性化 TWTA(7.4.1 节)的部件数大致相同。TWTA 的电源和前置放大器 – 线性化器与 SSPA 的电源和线性化器的技术和复杂性相似。

SSPA 在工作带宽方面具有优势。对于 TWTA,通过优化效率超过 7%~8%,带宽可达 15%;而对于 SSPA,通过优化电源效率超过 10%,工作带宽为 14%~36%。

大多数应用需要 15~20dB 的 NPR,在这种情况下,非线性 SSPA 基本上与 TWTA 一样都是良好的选择方案。

7.3.2 砷化镓 SSPA 与 TWTA

2003 年,有报道称 TWTA 和使用 GaAs 技术在 C 频段 20~40W 的输出功率的 SSPA,出现了唯一可以正面竞争的情况(Bosch et al.,2003)。宇航级的比较研究表明,与线性行波管放大器(LTWTA)相比,即使在 60W 功率下,基于 GaAs 的 SSPA 也没有整体质量优势。当支持硬件(散热器、热管、电池、太阳能电池阵列等)质量包含在 HPA 质量中时,会发现每个 SSPA 需要比每个 LTWTA 多 2kg 的质量(Bosch et al.,2003)。基于 GaAs 的 SSPA 效率比 TWTA 低。此外,基于 GaAs 的 SSPA 对温度更敏感,因此需要工作在较低的环境温度下(Nicol et al.,2013b)。

7.3.3 氮化镓 SSPA 与 TWTA

氮化镓(GaN)技术的发展已经使得之前 TWTA 与 SSPA 的对比中,TWTA 对等或优势的部分指标转变为有利于 SSPA。在 C 频段和更低频段下,基于 GaN 的 SSPA 相对于 TWTA 的最大优势是更短的交付时间以及更低的成本、尺寸和质量。基于 GaN 的 SSPA 可以像 TWTA 一样在接近饱和状态下工作。有可能在与 TWTA 相同的安装温度下工作。在某些应用场景下,基于 GaN 的 SSPA 可能不需要线性化器(Nicol et al.,2013b),而 TWTA 则需要。

7.4 行波管子系统

7.4.1 概述

图 7.5 展示 TWTA 子系统的功能分解。首先了解各部组件功能,然后才能弄清 7.4.2 节中 TWTA 子系统的有效载荷。7.4.3 节研究了子系统架构的变化。功能及其专业术语如下:

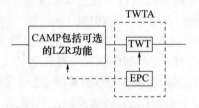

图 7.5 TWTA 子系统的功能分解

(1)通道放大器:当包含线性化功能时,它就是线性化通道放大器(LCAMP)。当提到 CAMP 时,无论它是否包含线性化器功能,都写成(L)CAMP。CAMP 具有很宽的增益范围,通常为 30dB,这使其能够将几乎任何电平的信号转化为 TWTA 所需的输入电平(在 CAMP 之前的信号路径只有固定增益的放大)。CAMP 有 FGM 和 ALC 两种工作模式。在 FGM 模式中,无论输入信号电平高低,只要不是太高,CAMP 都能提供固定的增益。在 ALC 模式下,无论输入信号电平高低,只要在其输入范围内,都能提供固定的输出信号电平。无论哪种情况,CAMP 的输出功率都远低于 1W。

(2)线性化器(可选):在增益和相移方面,线性化器对信号进行与 TWTA 非线性相反的预失真。LTWTA 可以在更接近饱和的情况下工作,因此具有更高的 PAE。

(3)行波管:行波管和电子功率调节器共同构成了 TWTA,即该子系统中的 HPA。LTWTA 是包含线性化器的 TWTA(在 CAMP 中)。无论子系统中是否存在线性化器,(L)TWTA 都是 TWTA。对于当今商业有效载荷中使用的 TWTA,其增益范围为 35~60dB,饱和 CW 的 P_{out} 范围为 12~500W(Thales,2013a、2013b、2013c、2013d、2013e;Will,2016;Dürr et al.,2014)。

(4)EPC。它为 TWT 和(L)CAMP 提供所需电压的 DC 电源。

7.4.2 有效载荷的 TWTA 子系统

7.4.2.1 有效载荷、传统和灵活的架构

在传统的有效载荷架构中,通常每个有源 TWTA 放大一组信号,且这些被放大的信号彼此之间互相独立,这是最常见的架构。较新的有效载荷架构,即使用多端口放大器(MPA)或多矩阵放大器(MMA)的架构,该内容将在 11.12 节介绍。它们是灵活有效载荷架构的一部分,允许多个信号彼此以不同的比例进入一组 TWTA。

7.4.2.2 组合

有时 TWTA 组比单个 TWTA 能产生更大的 P_{out}。RF 信号首先通过(L)CAMP,然后被分配到 TWTA,这些 TWTA 的增益和相移性能与使其工作的 RF 输入电平范围相匹配,再将放大信号进行合成。图 7.6 分别给出了两个、四个 TWT 的组合。大规模 TWTA 组合的一个例子是 2013 年发射的 Sirius XM Radio FM-6 卫星,合成了 32 个 S 频段的 TWTA(Briskman,2010)。

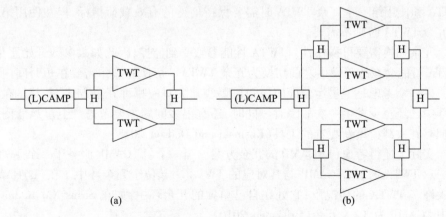

图 7.6 TWTA 组合示例
(a)两个 TWTA 组合;(b)四个 TWTA 组合(未显示 EPC)。

在无源或半有源相控阵(11.12.1节)中,不同类型的TWTA组合方式使得来自各种TWTA的信号被合成并输入到每个辐射单元。这样的情况也适用于相同类型的TWTA组合(Kubasek et al.,2003)。

TWT在增益和相位方面与RF输入电平的匹配程度究竟如何？研究了饱和状态下的35个S频段TWT。饱和时增益压缩的标准差为0.22dB,饱和时的相移标准差为2.6°。选择饱和点是因为饱和时增益和相移在TWT之间变化最大。该研究还表明,Ku频段TWT也有相似的现象(Kubasek et al.,2003)。

当TWTA组合时,不仅TWTA必须关注温度变化,输出波导或同轴电缆也需要关注温度的变化。输出波导或同轴电缆最简单的温度匹配方法是这些部件具有相同的长度并处于相同的卫星工作环境中。频率越低,波长越长,TWTA就越容易组合。4.3.3节和4.4.3节分别介绍了高低温下的同轴电缆和波导的性能。9.4.2节将给出如何简化TWTA组合的建议。

当多个TWT的输出合成时,功率合成器(图中显示为混合器)必须能够处理其非理想合成时的功率耗散(4.5节)。

7.4.2.3 冗余方案

在传统的有效载荷架构中,通常一个频段(如Ku频段)的所有TWTA都位于一个冗余环(4.6节),当它们出现故障时相互备份。首要第一选择的TWTA必须是已针对该频段中任何特定通道进行了优化之后的。通道的第一冗余TWTA,即当主TWTA出现故障时首选替换,也可能针对同一通道进行了优化。但对于承载大量通道的有效载荷,第二个和更多个冗余TWTA的情况并不常见,它们可能已针对覆盖可能备份的所有信道的更大带宽进行了优化。那么如果在有效载荷寿命的某个时刻必须使用第二个冗余TWTA,其性能将不如主TWTA。有时在使用主TWTA和使用第一个冗余TWTA时需要保持信道的有效载荷指标,但在使用第二个冗余TWTA时则不需要。

冗余切换需要可操作性。TWTA性能参数受到监控,因此如果参数开始恶化,TWTA可能会在故障发生之前切换为冗余TWTA。切换的操作需要在短时间内完成。另一个考虑是卫星运营商应该知道哪些开关对应哪种冗余方式,尤其是在冗余环中已经至少发生一次故障时。同时,还有很多问题需要考虑。卫星运营商还得拥有有效载荷重新配置的工具(Kosinski and Dodson,2018)。

实际上还得考虑(L)CAMP的冗余方案。当一个(L)CAMP服务于一个TWTA或一双TWTA时,(L)CAMP与其对应的TWTA一起位于冗余环中。在(L)CAMP馈入许多TWTA的情况下,它处在自己单独的冗余环中,如在Sirius XM Radio卫星中LCAMP为3:1冗余(Briskman,2010)。

7.4.3 TWTA 子系统架构

TWTA 子系统需要很多具体参数和专业术语来描述,有效载荷关于 TWTA 的选择取决于卫星的功能考虑。

如图 7.7 给出了各种方案的(L)CAMP。其中,图 7.7(c)是最常见的组合,包含单个线性化器和 CAMP,即 LCAMP。

如图 7.8 显示了两种 TWTA 形式,分别为单 TWTA 和双 TWTA。单 TWTA 是一个 TWT 和一个 EPC。双 TWTA 包括一个双 EPC,同时为两个 TWT 供电。两个全球领先的供应商 Tesat – Spacecom 公司和 L3Harris(前身为 L – 3 Communications)公司都销售集成的空间 TWTA。双 EPC 不是两个 EPC,L3Harris 公司的双 EPC 的零件数量仅为单个 EPC 的 1.1 倍。在双 EPC 中,大多数故障只会导致一个 TWT 死机(Phelps,2008),只有在发生一种罕见的故障时才会导致两个 TWT 都死机。被选为双 TWTA 的两个 TWT 在非线性性能方面具有互补功能。TWTA 组合通常使用双 TWTA。

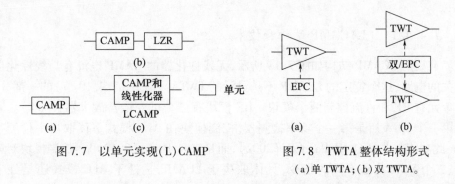

图 7.7 以单元实现(L)CAMP　　图 7.8 TWTA 整体结构形式
(a)单 TWTA;(b)双 TWTA。

整个 TWTA 子系统包括 LCAMP 可以集成在一起。还可以集成单、双微波功率模块(MPM,Tesat – Spacecom 术语)或线性化通道放大行波管放大器(LCTWTA,L3Harris 术语),这两种结构如图 7.9 所示。Tesat – Spacecom 公司的双 MPM 照片如图 7.10 所示。

Tesat – Spacecom 公司研究了集成形式的 TWTA 的可靠性。双 TWTA 单通道故障率几乎是单 TWTA 的 2 倍;同样,双 MPM 中一个通道的故障率几乎是单 MPM 的 2 倍。LCAMP 故障对两种 MPM 形式的故障率几乎没有影响。尽管双 MPM 产品的故障率较高,但如果总体有效载荷的故障率仍可以接受时,使用双 MPM 产品通常是一个好主意,因为与两种单一产品相比,成本更低,尺寸和质量更小。该研究还表明,由于设计和工艺已经 MPM 非常成熟,TWTA 在轨故障率随着时间的推移呈下降趋势(Jaumann,2015)。

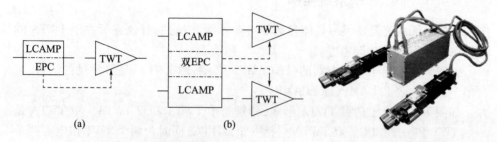

图 7.9 TWTA 子系统集成 MPM 形式
(a)单 TWTA;(b)双 TWTA。

图 7.10 双 MPM 的照片
(经 Tesat – Spacecom 公司许可转载,源自 Tesat – Spacecom(2016))

7.4.4 通道放大器

7.4.4.1 (L)CAMP 结构和技术

典型的 LCAMP 结构如图 7.11 所示,无线性化器的 CAMP 也没有与线性化器相关的电路,这个特定的 LCAMP 不是灵活的 TWTA 子系统(7.4.10 节)的一部分。该单元有 RF 和直流控制两个模块。RF 模块有三个可变增益放大器(VGA)。紧随第一个 VGA 后是第一个功率检测器,控制模块在 ALC 模式下读取功率检测数据(此功能并非来自 Khilla et al. (2002),而是来自 Thales(2012))。控制模块对第一、二个 VGA 发出不同的指令,具体取决于 LCAMP 是处于 ALC 模式还是处于 FGM 模式。第一个功率检测器和第二个 VGA 之间是线性化器。在第二、三个

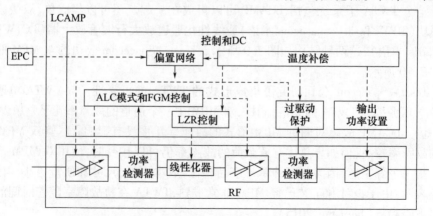

图 7.11 LCAMP 结构示例(源自 Khilla et al. (2002))

VGA 之间是第二个功率检测器，控制模块读取功率检测数据来防止 TWTA 过驱动；如果数值太高，控制模块会降低第一个 VGA 的增益。RF 模块中的最后一个部件是第三个 VGA，其目的是匹配 LCAMP 输出和 TWT 输入之间的增益(Thales,2012)以及弥补 TWT 老化(Khilla et al.,2002)。直流控制模块为包括三个 VGA 在内的有源部件提供偏置，并对偏置网络、线性化器、过驱动保护和输出功率进行温度补偿。

7.4.4.2 CAMP 的指标

表 7.2 给出了 CAMP 的指标参数示例。对于 LCAMP，线性化器的非线性性能不是完全由 CAMP 决定的，而是与 TWTA 共同决定的。

表 7.2 CAMP 指标参数示例

模式	CAMP 指标参数	单位
FGM 和 ALC 模式	工作频率范围	GHz
	TWTA 饱和的 RF 输入电平，最小值和最大值	dBm
	噪声系数(最大增益；最小增益)	dB
	回波损耗(输入；输出)	dB
	工作温度范围	℃
FGM	可控增益范围和间隔	dB
	增益变化(在 36MHz 的全频段范围)	dB(p-p)
	任何频率下的增益稳定性(15℃以上，超过工作温度范围；老化和辐射)	dB(p-p)
ALC 模式	可控的输出电平范围和间隔	dB
	输出功率变化(在 36MHz 的全频段范围)	dB(p-p)
	任何频率下的输出功率稳定性(15℃以上；老化和辐射)	dB(p-p)
	ALC 时间常数(12.10.2 节)	ms

7.4.5 线性化器

7.4.5.1 线性化器的结构和技术

从 2010 年开始，大多数 TWTA 都采用线性化技术(Menninger,2016)。

线性化器的结构类似于图 7.12(a)所示的结构，该线性化器具有桥式结构，因为它在输入和输出两侧具有线性和非线性臂，并带有混合耦合器(Khilla,2011c)。线性臂包含一个移相器和一条延迟线，以平衡两个臂的延迟。非线性臂包含失真发生器和衰减器。失真发生器生成增益和输入 RF 驱动电平的相位预失真。衰减器均衡两个臂中的信号电平。Khilla 等(2002)介绍了 L 频段的线性化器，其中失真发生器是 MESFET 器件。即使在过驱动中,该线性化器的 NPR 也优于 14.5dB (15dB 是回退 LTWTA 的典型 NPR 要求)。线性化器必须在制造过程中进行调整,以匹配将与它一起使用的 TWTA 的特定非线性性能。

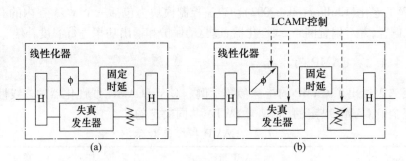

图 7.12　线性化器结构示例
(a)固定调谐;(b)可指令调谐的(部分(b)源自 Zhang and Yuen(1998))

在 Ku 频段,固定线性化器不能很好地补偿特别宽带的 TWTA(Zhang and Yuen,1998)。如果线性化器用于由一个非常宽的频段分隔成的两个不同通道,结构类似于图 7.12(a)的结构,但具有 LCAMP 控制模块的指令控制,如图 7.12(b)所示。线性化器的增益扩展和相位超前曲线可以通过修改在轨卫星调整的移相器和衰减器偏置,并通过修改失真发生器偏置来调整函数的曲率(Zhang and Yuen,1998)。这种特殊的线性化器,其失真发生器使用肖特基二极管,可用于 30% 带宽内的通道(Yuen et al.,1999)。Villemazet 等(2010)介绍了一个类似的线性化器。

在 K 频段及以上频段,固定线性化器在常规工作带宽上也不能很好地补偿 TWTA(Nicol,2019a)。真正的宽带线性化器在每个臂上都有一个增益和相位均衡器,允许线性化器在整个频率范围内具有不同的非线性特性(Khilia[sic] et al.,2013),该线性化器在 K 频段具有 2GHz 的带宽(Khilla,2011b)。

7.4.5.2　LTWTA 的非线性性能

图 7.1 给出了 TWTA 非线性性能的一个例子。图 7.13 为 LTWTA 的 P_{out} 随 P_{in} 变化以及相移随 P_{in} 变化的曲线,其中 TWTA 在线性化之前的性能与图 7.1 中的 TWTA 非常相似。LTWTA 近似于一个限幅器,是一种理论上的器件,它在达到某个 RF 输入驱动时呈线性,然后在超出此范围时饱和。图 7.13(a)描述了一种典型的线性化器对 TWT 增益压缩的小范围过度补偿的情况,IBO 为 8~5dB。LTWTA 的相移几乎比 TWTA 小一个数量级。在这个例子中,小信号状态和 2dB 过驱动之间的最大相移仅差约 7.5°。2011 年,Tesat-Spacecom 公司生产的最先进的 LTWTA 在小信号相移的 ±9° 范围内呈现出饱和相移(Khilla,2011a)。L3Harris 公司的 LTWTA 的非线性性能也与其相似。对于从 C 频段到 K 频段,所有频率的线

性化器性能几乎相同(Menninger,2016)。

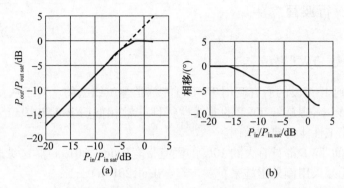

图 7.13 LTWTA 的示例(Tesat – Spacecom 公司授权)
(a)P_{out} 与 P_{in};(b)相移与 P_{in}。

对于多载波情况,线性化器通常允许 TWTA 以高于输出功率 3dB 工作,对于 NPR 则为 20dB(图 7.14)。

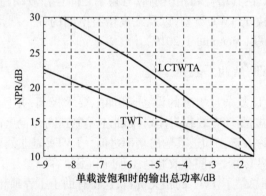

图 7.14 典型 NPR 改进的线性化 TWTA(© 2016 IEEE。经许可,转载自 Menninger(2016))

7.4.6 电源调节器

TWTA 由 TWT 和 EPC 组成。EPC 为 TWT 和(L)CAMP 执行许多功能。为获得最佳性能(L-3,2009),EPC 和 TWT 需要一起设计。其中,EPC 为阴极加热器、阴极、阳极、聚焦电极、螺旋线和收集极提供直流电压。常见的 S、C 频段阴极电压为 4kV,Ku 频段为 6kV,Ka 频段及以上为 8~14kV(Barker et al.,2005)。EPC 还为(L)CAMP 提供直流电源,功耗通常为几瓦,如 3W(Thales,2012)。

两家全球领先的 TWTA 供应商声称,对于一个稳压 DC 电压输入的 EPC,其 EPC 电源效率分别为 94%(L-3,2012)和 95%(Braetz,2011a)。

7.4.7 行波管

7.4.7.1 TWT 特点

L 频段到 K 频段的所有商用 TWT 可能都是螺旋线型的。对于从 C 频段到 V 频段的所有频率,螺旋线 TWT 的非线性特性非常相似(Nicol,2019a)。图 7.1 给出了这种 TWT 性能的典型示例。

所有空间 TWT 都具有大约 10% 的固有带宽(Nicol,2019a)。这是器件的基本带宽,因而无须采用额外措施来扩展带宽(Nicol,2019b)。

所有 TWT 的小信号增益和相位响应与频率的关系都存在小的非周期性变化。增益波动范围小于 0.5dB。整个带内有许多这样的变化。饱和扫描中也存在变化,但要小得多。它们是由沿螺旋线形成的小缺陷引起的,这些缺陷会导致多径(Nicol,2019c)。

一些单个 TWT 在其增益和相位响应与频率之间存在波动,其周期约为中心频率的 2%。波动取决于 TWT 类型,以及在高增益电路的任一端是否存在任何特征失配引起的多径问题(Menninger,2019)。

7.4.7.2 TWT 结构和技术

TWT 是一种设计复杂且敏感的设备,其加工要求极高,并且需要数月来制造。通常,TWTA 的采购会驱动有效载荷计划,因此卫星制造商在卫星计划的一开始就下订单,甚至更早,或许在确切知道其输出功率之前。TWTA 是非处理有效载荷中最昂贵的单机。综合这些因素,一些有效载荷工程师和卫星客户参与了与 TWT 制造商的讨论,为此我们整理总结了 TWT 的相关资料,这将有助于工程师和用户了解 TWT。

Barker 等人(2005)对 TWT 进行了很好的阐述,L-3(2009)是一个较短但组织混乱的说明,然而后者却包含对全套 TWTA 性能参数的描述。

图 7.15 是典型螺旋线型 TWT 的真空组件图(Feicht et al.,2007)。Amstrong(2015)给出了类似 TWT 真空组件的三维图。有三个相连的圆柱形部分,中间最细的一个是包含螺旋线的管子。简而言之,TWTA 的工作原理是第一个圆柱形部分的电子枪通过螺旋线中心向管内发射大功率电子注。射频信号被注入到螺旋线中。信号以光速沿螺旋线传播,但由于螺旋线绕组,其沿管轴的速度慢到足以与电子束的速度相匹配。RF 电场和电子注相互作用,RF 信号从电子注中获取功率。放大的 RF 信号从螺旋线中被耦合出来。第三个圆柱部分的收集极收集用过的电子(Thales,2001)。

TWT 真空组件被安装在一个壳子里,这样做的目的是:机械支撑、用于余热传导的热路径(包括基板)、电磁干扰屏蔽以及磁铁保护和高压连接(L-3,2009)。

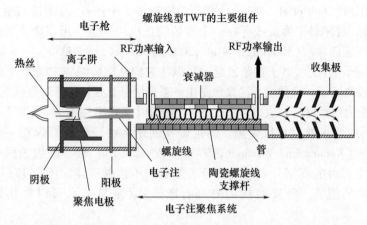

图 7.15 典型的螺旋线型 TWT 真空组件图(图片由美国空军提供,来自 Feicht et al. (2007))

下面详细地描述 TWT,首先是电子(电子枪、管和收集极)注方面,然后是 RF 方面,并考虑两者的发热,最后是 RF 信号和电子注如何相互作用以实现放大的。

电子枪有一个发射电子的阴极。电子的远动形成阴极电流。电子枪的阳极电压比阴极高,因此它强烈吸引电子,电子被加速并从阳极中间通过。图 7.16 给出了电子枪电极和螺旋线的相对电压图。聚焦极有助于电子注的适当成形(L-3, 2009)。更详细地说,阴极有 M 型和 MM 型两种类型(Thales,2001),其中 M 型更为常见(Barker et al.,2005)。两种阴极均由浸渍氧化钡(Thales,2001)或其他金属化合物(L-3,2009)的多孔钨基体制成(使它们成为储备式阴极(L-3,2009))。钡迁移到阴极的发射表面,阴极的高温导致钡发射电子(Thales,2001)。M 型(金属涂层)阴极涂有锇,而 MM 型(混合金属)阴极涂有钨和锇。该涂层将阴极发射电子所需的温度降低到"仅"约 1000℃(Thales,2001)。电子枪决定了 TWTA 的噪声系数(Limburg,1997),对于 50~150W 的 TWTA,噪声系数通常为 25~35dB(Barker et al.,2005)。

图 7.16 电子枪电极和螺旋线的相对电压图(不按比例)

改变 TWT 的阳极电压会改变电子注的电流大小,从而改变其饱和输出功率。Thomson-CSF 公司是 Thales 公司的前身,于 1977 年报道了双阳极优于单阳极,其中双阳极的第一个阳极可以将电子束电流控制在零和阴极电流之间的任何值。Thomson-CSF 公司使用双阳极实现了三种饱和输出功率水平的 TWT(Henry et al.,1977)。他们设计了 TWT 的电子枪,以在大范围的电子注电流上获得良好的聚焦(Strauss and Owens,1981)。自 1997 年以来,L3Harris 公司一直在其所有 TWT

中使用双阳极(Dibb et al.,2011)。双阳极中的第二个阳极,与阴极的距离比第一个阳极更远,且相对于螺旋线存在一个微弱的正电压。这样可以防止正离子到达阴极并损坏表面涂层(Menninger et al.,2005;Barker et al.,2005)。

沿着管子的长度,电子被紧紧地聚束以便它们从螺旋线的中间穿过,理想情况下不会接触螺旋线。这种电子注聚焦是由一系列沿管长延伸的环形磁铁实现的。磁铁几乎完全由钐钴材料制成(L-3,2009)。它们以交替磁性组装,如图 7.17(a)所示,产生周期性永磁(PPM)聚焦。固定磁铁的结构由极靴和钎焊在一起的非磁性垫片制成(Karsten and Wertman,1994;Thales,2001)。管子的内表面是柱体并且形成真空组件的真空外壳的一部分。螺旋线不接触柱体。图 7.17(b)显示了极靴和磁钢的细节。PPM 结构的外部有散热片(未显示),可以将热量传导至基板。

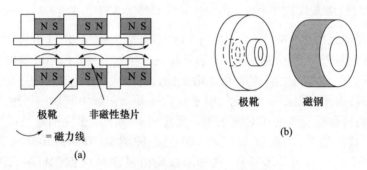

图 7.17 TWT 的周期永磁结构
(a)极靴的一部分,显示交替的磁铁方向和磁场线;(b)极靴和磁钢。

当 RF 输入功率回退时,即使降低 RF 输出功率,电子注功率也保持不变,因此 TWTA 的效率会降低(Katz et al.,2001)。

仍有大部分能量的废电子被收集极收集。收集极首先降低电子注的速度以降低其能量,从而致使更少的能量在收集极中转化为热量。这意味着更少的能源浪费,TWT 更节能(7.2.4 节)(L-3,2009)。电子被相对于螺旋线而言的负电压的收集极减速,后者处于接地电位,这样的收集极是降压的。空间 TWT 的收集极通常有四级(L-3,2009),第一级减速并收集最低能量的电子,第二级收集下一个最低能量的电子,依此类推。第二级收集极的电压低于第一级,第三级低于第二级,依此类推,如图 7.18 所示。当电子接近收集极壁时,电子之间的排斥力将它们分散开(L-3,2009)。

TWT 要耗散的大部分热量在收集极中,

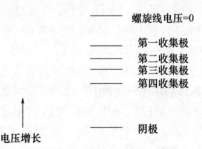

图 7.18 收集极各级、螺旋线和阴极的相对电压(不按比例)

有两种散热方式:一种是将收集极热耦合到基板,基板与卫星热管接触,热管将热量带走。当热量完全通过传导消散时,TWT 是传导冷却(CC)。另一种是将收集极连接到大型散热片上,它们将热量散发到空间中(Thales,2001)。当热量以这种方式部分消散时,TWT 是直接辐射冷却(DRC)。DRC TWT 像往常一样位于卫星面板的内表面,但散热器伸出卫星舱进入舱外。一个 110W 的 C 频段 TWTA 的例子表明,若 TWT 是 DRC,则只有当它是 CC 时的一半热量必须被传导出去(Barker et al.,2005)。图 7.19 给出了两种不同散热方式的 TWT 照片。

图 7.19　L3Harris 公司的 K 频段 9250TWT 照片
(© 2016 IEEE。经许可转载,来自 Robbins et al.(2016))
(a)传导冷却;(b)辐射冷却。

如果 TWTA 工作在回退模式,多个载波消散的热量较少,因此对散热要求较低,TWTA 的质量可以更小(Katz et al.,2001)。

现在讨论 TWT 的 RF 部分。RF 被耦合到螺旋线中,螺旋线绕组降低了射频波的轴向(管子长度)相速,以与电子注建立同步,使螺旋线成为慢波结构。螺旋慢波结构本质上是宽带的(L-3,2009)。在螺旋线的末端,放大的 RF 被耦合出去。螺旋线由三个陶瓷夹持杆支撑,沿管的长度延伸。夹持杆将螺旋线固定在柱体的中间(Thales,2001)。它们还用于将螺旋线中射频损失和电子撞击而产生的热量消散到管中(L-3,2009)。文献 L-3(2009)介绍了另一种不太常见的慢波结构是耦合腔,耦合腔 TWT 比螺旋 TWT 带宽更窄但功率更大,在这里不再赘述。

沿 RF 路径至少有两处可能存在例如在 RF 输入和输出耦合器阻抗失配,如果阻抗失配则可能会出现振荡。为防止这种情况,最常用方法是在螺旋线长度的大约一半处引入一个衰减器,即切断(L-3,2009)。大多数 TWT 有一个切断,但有些有两个切断或没有。切断能够完全衰减射频信号,射频信号的信息被电子注携带穿过切段。衰减本身也是一个潜在的阻抗不连续性,在一些 TWT 中衰减是分布式的,由沉积在陶瓷夹持杆上的碳组成,碳的量在管的中间位置最大(L-3,2009)。30GHz 及以上频率的 TWT 可能会经历返波振荡(Barker et al.,2005),这种振荡发生在带外,但会从预期的输出信号中夺取功率。分布式衰减器比集中式衰减器更有效地抑制这种情况的发生(Nusinovich et al.,1998)。

电子注与射频电场的轴向分量相互作用(Barker et al.,2005)。在相互作用的第一个区域,电子被聚集。当单个电子进入电场时,根据电场方向的不同它们要么加速要么减速。它们因此形成群聚块。在互作用的第二个区域中,群聚块会在螺旋线中引起感应波。波的电子场的减速区域与群聚块同步,电子注减慢并为感应波提供动能。感应的 RF 信号会随着管的距离呈指数放大。在某些时候群聚块开始分开,或者它们不再与射频波保持同步,这也是螺旋线结束的地方。同步区域一般通过使螺旋线末端逐渐变细来扩展,即减小螺距以进一步减慢射频波。当行波管工作在饱和状态时,螺旋线输出的电子注相对于行波管工作在小信号时有 30°~50°的相位延迟。群聚将射频波拉回相同的相位(Barker et al.,2005)。图 7.1(b)显示,相对于低功率输入,TWT 降低了大功率输入的信号相位,即相位延迟。

如果将 TWTA 用于多载波,其中工作点低于单载波饱和,则可以调整 TWT 以最大化工作点的 PAE。与线性化器提供的 PAE 改进相比,这可以将 PAE 提高达 5%(Katz et al.,2001)。

7.4.8 TWTA 子系统指标

表 7.3 给出了(L)TWTA 的指标参数示例,这个特定的(L)TWTA 在 IBO 范围使用,因此它的非线性采用 IBO 函数的掩码说明。可以在 NPR 上指定仅用于多载波工作的(L)TWTA,通常为 15dB(有关非线性指标的讨论参见 7.2.2 节)。

表 7.3 (L)TWTA 指标参数示例

(L)TWTA 指标参数	单位
工作频率范围	GHz
CW - 饱和输出功率(BOL 频率范围内的最小值)	W
CW - 饱和输出功率稳定性(15℃以上,整个工作温度范围;寿命周期)	dB
用于 CW 饱和的 RF 输入驱动电平(BOL;EOL)	dBm
OBO 关于 IBO 的曲线	Mask
相移关于 IBO 的曲线	Mask
增益平坦度(在 36MHz 频段的全频段范围;在 CW 饱和,小信号)	dB(p-p)
增益斜率(在 CW 饱和,小信号)	dB/MHz
小信号时线性与频率的相位偏差	(°)(p-p)
连续波饱和时的二次和三次谐波输出功率	dBc
在任何 4kHz 带宽内的杂散输出(带内,最小增益)	dBc
AC 加热器和 EPC 引起的杂散输出(带内、最小增益)	dBc
在任何 4kHz 分辨率带宽内的杂散输出(带外,非相干)	dBc
在上行链路上(仅限 LTWTA),相对于带内增益的带外抑制	dB

续表

(L)TWTA 指标参数	单位
噪声系数	dB
在工作点的 PAE	%
回波损耗(输入,输出)	dB
工作温度范围	℃

注:1. 分辨率带宽是频谱分析仪中射频链在功率测量装置之前的带宽。
2. 国际电信联盟(ITU)为所有空间服务规定了带外杂散信号,参考带宽低于 15GHz 的频率为 4kHz,高于 15GHz 的频率为 1MHz。频谱分析仪的分辨率带宽理想地等于参考带宽(ITU-R,2015)。
3. 来自 EPC 杂散和 TWTA 噪声(Nicol,2019d)的带外杂散输出。

7.4.9 TWTA 子系统性能

表 7.4 总结了 Tesat-Spacecom 公司为商业有效载荷制造的 TWTA 子系统的主流性能。Tesat-Spacecom 公司的 TWT 供应商是 Thales 公司。子系统性能是根据输出功率、带宽和子系统效率等关键参数给出的。效率可根据 7.2.4 节中的公式计算。这些所有应用数据都处于 CW 的饱和状态。L3Harris 公司已验证的 TWTA 子系统的性能与其类似(L-3,2016a,2016b)。此外,L3Harris 公司在 K 频段只有 1GHz 带宽的 300W TWTA 和 61% 的子系统效率。

表 7.4 一个供应商的连续波 TWTA 子系统性能[①]总结

频段	大功率			低功率			参考文献
	P_{sat}/W	带宽/MHz	典型效率/%	P_{sat}/W	带宽/MHz	典型效率/%	
L 频段	280	100	61	70	50	56	Thales(2013a)
S 频段	500	150	64	70	100	60	Thales(2013a)
C 频段	125	350	65	20	350	56	Thales(2013b)
X 频段	160	500	62	12	500	44	Thales(2013c)
Ku 频段	300	2050	61	25	2050	59	Hanika et al.(2015),Thales(2013d)
	200	1000	63				Hanika et al.(2015)
K 频段	250	2500	59	15	2500	50	Thales(2013c)

① 假设 Braetz(2011a) 的 EPC 效率为 95%,(L)CAMP 的直流功耗为 2W。

特别是在 Ku 和 K 频段,宽带 TWTA 和线性化器更有用。下面以至少 1GHz 瞬时带宽定义带宽 TWTA。表 7.5 中列出了来自两家供应商的一些宽带 TWTA,重点是大功率。表 7.4 中一些条目存在重复。Khilia 等人在文献(Khilia[sic]et al.,2013)介绍了一种在 K 频段具有 2GHz 带宽的宽带线性化器(Khilla,2011b)。

表 7.5 一些连续波宽带 TWTA[①] 的性能

频段	P_{sat}/W	带宽/MHz	典型效率/%	参考文献
C 频段	150	800	67	Dürr et al. (2015)
Ku 频段	300	2050	61	Hanika et al. (2015)
	300	1000	63	Hanika et al. (2015)
K 频段	250	2500	59	Thales(2013e)
	170	2500	62	Eze and Menninger(2017)
	300	1000	61	Robbins et al. (2016)

① 假设 Braetz(2011a) 的 EPC 效率为 95%,(L)CAMP 的直流功耗为 2W。

7.4.10 灵活的 TWTA 子系统

灵活的 TWTA 子系统可以通过卫星遥控指令改变 $P_{out\,sat}$,从而获得卫星在轨工作所需的 P_{out},确保 TWTA 保持工作在最高效率(Khilla et al., 2005; Khilla, 2008)。该方法基于 TWTA 的一个特性,即改变 TWT 的阳极电压会导致 $P_{out\,sat}$ 产生相同的变化趋势:$P_{out\,sat}$ 降低 1dB,TWT 增益降低约 5dB,并且增益斜率随频率增加。LCAMP 控制 EPC 改变阴极电流,向 TWT 输出不同的功率电平同时补偿增益斜率。LCAMP 的输出放大部分额外有一个中等功率放大器。$P_{out\,sat}$ 在 4dB 范围内可设置 0.1dB 以内:$P_{out\,sat}$ 降低 4dB,相对于 $P_{out\,sat}$ 没有降低时直流功耗降低 24%,散热量降低 30%,如图 7.20 和图 7.21 所示。在图中,"IOA 设置"是指 $P_{out\,sat}$ "降低"的指令。K 频段灵活的 TWTA 子系统在 2010 年发射的 Hylas-1 卫星(Phys. org,2009)得到应用(Gunter,2017)。

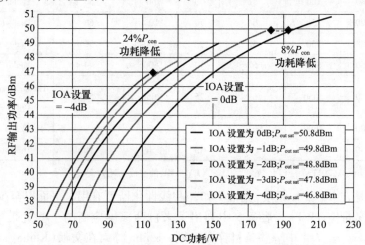

图 7.20 灵活的 TWTA 的 RF 输出功率与 DC 功耗
(经 M Khilla 和欧空局许可使用,来自 Khilla(2008))

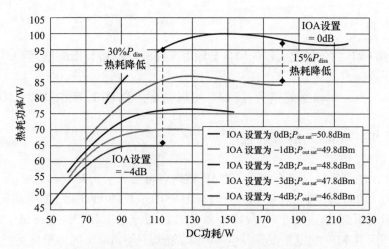

图 7.21 灵活的 TWTA 子系统功耗与 DC 功耗
（经 MKhilla 和欧空局许可使用，来自 Khilla(2008)）

L3Harris 公司采用 TWT 双阳极的第二个阳极(7.4.7.2 节)来实现宽频段范围的可调 $P_{\text{out sat}}$(Menninger,2015)。

7.4.11 TWTA 子系统环境

(L)CAMP、TWT 和 EPC 在整个生命周期内都会发生变化，而(L)CAMP 旨在补偿这三者的变化(Khilla et al.,2002)。环境影响的因素是温度、辐射和老化。老化和辐射有时结合起来形成"寿命"类别。

7.4.7.2 节介绍了 TWTA 如何散热。

7.4.11.1 温度

(L)CAMP 随着基板温度升高而降低增益，无需温度补偿。但是，该单机有温度传感器，控制模块根据传感器获取的温度数据调整输入和输出放大器部分(Khillaet al.,2002)，如图 7.11 所示。

对于(L)CAMP 的恒定射频驱动电平，随着 TWTA 温度的升高，(L)CAMP 会增大其到 TWTA 的输出功率以补偿 TWTA(Khilla et al.,2002)。

7.4.11.2 辐射

(L)CAMP 的增益会随着寿命的增加而降低，这是因为其组件放大器会暴露在辐射中。通过调整输出放大器部分补偿 TWTA(Khilla et al.,2002)。

TWT 虽然本身是抗辐照的，但 EPC 中的固态功率调节电路需要抗辐照设计(Barker et al.,2005)。

7.4.11.3 老化

(L)CAMP 的分量放大器的增益会随着工作时间的增长而降低,但 LCAMP 完全弥补了这一点。

Tesat-Spacecom 公司认为,其 EPC 可以完全补偿 TWT 老化(Braetz,2011b)。

7.4.12 TWTA 的可靠性

TWTA 的可靠性已经介绍了一部分,该内容可参见 7.3.1 节。

2007 年到 2016 年,Space Systems Loral(SSL)卫星的 TWTA 故障率在所有频段上逐年显著下降,这表明 TWT 故障率和 EPC 故障率的下降(Nicol et al.,2016a)。到 2016 年,其 71% 的卫星没有发生 TWTA 故障,只有 8.4% 的卫星发生过两次或更多次 TWTA 故障(Nicol et al.,2016b)。

2018 年的一项比较研究,结合了 SSL 和波音公司的 TWTA 可靠性统计数据。两家公司的故障统计数据非常相似,可以结合起来说超过 90% 的卫星没有出现 TWTA 故障。大约 1/3 的 TWT 和 EPC 故障发生在卫星在轨运行的第一年,其他年份的比率要低得多。Ku 频段 TWTA 是所有频段中故障率最高的,因为这些 TWTA 通常比 C 频段 TWTA 要输出更高的射频功率,以及更高的直流输入功率。EPC 的故障率高于 TWT,双 EPC 故障率不到单 EPC 的 2 倍(Nicol and Robison,2018)。在双 EPC 中,有一种罕见的故障会导致两个 TWT 死机,但大多数 EPC 故障只会导致一个 TWT 失效(Phelps,2008)。

研究指出,这两家制造商的 TWTA 在轨运行小时数现在足以获得 TWTA 的 FIT 率的值,即 10^9 小时内的故障数。这个数值很有价值,可以为降低冗余水平提供强有力的证据(Nicol and Robison,2018)。

7.5 固态功率放大器

在 L、S 或 C 频段,发射天线是相控阵或基于反射器的具有相控阵馈电的天线时,通常使用 SSPA。OneWeb 卫星则是一个例外,其低地球轨道卫星(LEO)在用户下行链路上使用 Ku 频段 SSPA,每个波束使用一个 SSPA,在馈线下行链路上使用 K 频段 SSPA(Barnett,2016)。决定性因素是,与 TWTA 相比,SSPA 的尺寸较小。

SSPA 与 TWTA 子系统的不同之处是 SSPA 包含前置放大器、线性化器(如果有)和直流电源(例外是第一代 Globalstar 卫星的 SSPA,它为用户下行链路提供多波束相控阵馈电,单独的 EPC 为所有 91 个 SSPA 供电(Metzen,2000))。

7.5.1 有效载荷的固态功率放大器

固态功率放大器可用于 L、S 频段的有源和半有源相控阵(11.12 节)。固态功率放大器也有一些其他用途,例如为 Inmarsat-4 卫星的 C 频段发射喇叭天线供电(20.3.6 节)。不同寻常的是,OneWeb 卫星在 Ku 频段也使用固态功率放大器,为提供用户链路通信的无源相控阵供电(11.10.3 节)。

7.5.2 固态功率放大器结构和技术

固态功率放大器与其最后一段中使用的放大器技术有关。有两种技术可供选择,分别为 GaAs 伪高电子迁移率晶体管(pHEMT)和 GaN 高电子迁移率晶体管(HEMT)(Katz and Franco,2010),有关 HEMT 的描述参阅 6.5.1 节。标准技术和最广泛使用的技术是 GaAs pHEMT,它建立在或生长在 GaAs 衬底之上已经成功用于 Inmarsat-4 卫星的 L 频段用户链路 SSPA(Seymour,2000)和 C 频段网关链路 SSPA(Kiyohara et al.,2003)。新技术是 GaN HEMT 采用 GaN 通道和 SiC 衬底,于 2014 年得到成功应用(Hirano et al.,2014)。

图 7.22 给出了 Inmarsat-4 卫星(Seymour,2000)的 GaAs SSPA 架构示例,该 SSPA 根据其测量的 RF 输入功率调整其内部衰减,因此它没有基于输出功率调整的 ALC。但是,ALC 在 SSPA 中很常见。与大多数 SSPA 一样,该 SSPA 具有低功率、中功率和大功率放大的部分。就功能和增益量而言,低功率部分最接近 TWTA 的 CAMP,中功率和大功率放大部分一起最接近 TWTA 本身。SSPA 的大功率部分通常由并联的 GaAs 放大器组成,其输出合成在一起。较新的 GaN SSPA 结构与其类似,但 ALC 由 SSPA 的输出功率供电(NEC,2017a)。GaN 放大器用于 SSPA 的放大阶段之后的第一个阶段(Nakade et al.,2010;Kido et al.,2016)。由于 GaN 晶体管具有更高的输出功率能力,因此不需要对放大器进行功率合成,即每个 GaN 级中只有一个器件(Nakade et al.,2010)。

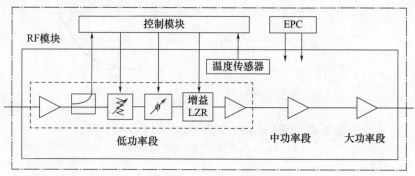

图 7.22 Inmarsat-4 卫星 L 频段 SSPA 结构示例(源自 Seymour(2000))

对基于 GaN HEMT 的 SSPA 进行了大量研发,到 2017 年签订多个飞行 SSPA 合同(Airbus,2016)甚至飞船合同(Hirano et al.,2014;Mitsubishi,2015a;NEC,2017d)方面达到高潮。与 GaAs 相比,GaN HEMT 具有以下优势:

(1)单个晶体管的输出功率更高(Microsemi,2017);

(2)更高的 PAE(Microsemi,2017);

(3)更高的功率密度,因此晶体管尺寸更小(Microsemi,2017);

(4)更高的耐受温度,因此具有更小的 SSPA 和冷却表面(Nakade et al.,2010);

(5)出色的温度稳定性(Microsemi,2017);

(6)更高的可靠性(Damian,2014);

(7)更宽的带宽(Ishida,2011);

(8)抗辐照能力(Waltereit et al.,2013)。

GaN HEMT 适用于高达至少 100GHz 的大功率微波器件应用。GaN HEMT 功率 – 单片微波集成电路(MMIC)已在 22GHz SSPA 上得以应用(Quay et al.,2013)。

7.5.3　GaAs SSPA 性能

7.5.3.1　非线性特性

GaAs SSPA 与 TWTA 在接近饱和时具有不同的特性。图 7.23 为 Inmarsat – 3 卫星 L/C 频段上变频器/SSPA(Khilla and Leucht,1996)的 SSPA 非线性特性示例。C 频段 SSPA 用于固定终端链路,上变频器工作在其线性区域,因此非线性特性是 SSPA 的特性。P_{out} 关于 P_{in} 的曲线在图 7.23 右边缘的 1.6dB 压缩点仅几个 dB 内几乎是线性的,此时 SSPA 的相移幅度比 TWTA 小得多。

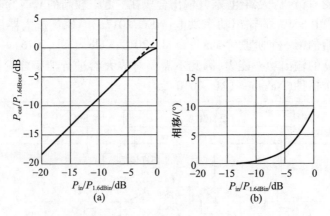

图 7.23　SSPA 的示例(源自 Khilla and Leucht(1996))
(a)P_{out} 与 P_{in} 曲线;(b)相移与 P_{in} 曲线。

2dB 压缩点(P2dB)几乎专门用于 GaAs SSPA 而不是饱和点。原因是 P2dB 不应超过太多,否则 GaAs 晶体管的漏极会被击穿,甚至损坏晶体管(Khilla,2011d)。相关文献中,P2dB 附近甚至被称为"饱和点"。

图 7.24 为小型晶体管的过驱动特性,这就是 SSPA 过驱动时的情况(Khilla,2011d)。在达到了真正的饱和输出时,P_{out} 比 P2dB 大 1dB。P_{out} 与 P_{in} 曲线不会像 TWTA 那样下降。当超过 P2dB 点时,相移(未显示)持续增大,并与对数形式的 P_{in} 呈近似线性关系。

在一些有效载荷应用中,未采用线性化 SSPA 的非线性特性非常强。上例中,1.6dB 压缩点,相移为 9°(Khilla and Leucht,1996)。一般来说,未采用线性化的 GaAs SSPA 在 P2dB 处的相移和 LTWTA 在饱和处的相移基本一致(Khilla,2011a)。

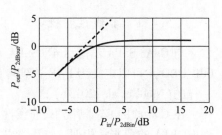

图 7.24 小型晶体管的 P_{out} 与 P_{in} 曲线示例(源自 Khilla(2011d))

7.5.3.2 线性特性

在其他应用中,需要线性化来满足高性能要求,而高线性度使 GaAs SSPA 能够以更高的效率工作。在 SSPA 的低功率放大部分已实现线性化。已有多个使用 GaAs 的例子,即用于 C 频段网关链路的第一代 Globalstar 卫星 SSPA(Ono et al.,1996)、用于 C 频段固定终端链路的 Inmarsat-3 卫星 SSPA(Khilla and Leucht,1996),以及用于 C 频段网关链路的 Inmarsat-4 卫星 SSPA(AIAA JSFC,2003),所有这些 SSPA 都会同时放大多个载波。

图 7.25 为一个 GaAs SSPA 的线性化特性,其非线性化特性如图 7.23 所示。在 20~0dB IBO 的范围内,其中 0dB IBO 是未线性化增益压缩为 1.6dB 的 P_{in},线性化相移在 ±1.5°内,增益压缩在 ±0.25dB 内。多载波 NPR 指标为 23dB,线性化允许 SSPA 以接近 1.6dB 压缩点的 2dB 范围内工作(Khilla and Leucht,1996)。

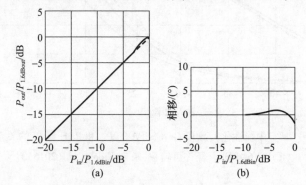

图 7.25 线性化 GaAs SSPA 的示例(源自 Khilla and Leucht(1996))
(a)P_{out} 与 P_{in} 曲线;(b)相移与 P_{in} 曲线。

7.5.4 GaN SSPA 性能

7.5.4.1 非线性特性

与 GaAs SSPA 不同,GaN SSPA 可能会被驱动至饱和,因此无需讨论 P2dB。0dB OBO 点可以定义为 PAE 达到峰值的点。出现这样的现象与 TWTA 的特性是一样的(Nicol et al.,2013b)。

在 C 频段的 CW 情况下,非线性 SSPA 的 $P_{out}/P_{out\,sat}$ 与 $P_{in}/P_{in\,sat}$ 曲线图与非线性 LTWTA 的图非常相似。噪声加载曲线也是如此(Nicol et al.,2013b),噪声加载能模拟多个载波的输入。

7.5.4.2 线性特性

图 7.26 和图 7.27 为 C 频段线性化 GaN SSPA 的非线性特性(Kido et al.,2016)该 SSPA 输出功率为 100W 和带宽为 300MHz。线性化效果非常明显,因为 1dB 压缩点距饱和仅回退约 2dB。在大约 4.5dB 的饱和回退时,NPR 为 15dB。增益平坦度随频率变化的曲线如图 7.28 所示,证实了标定的 300MHz 带宽。

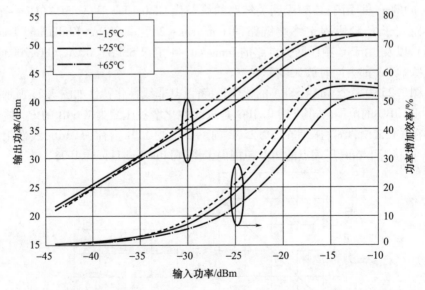

图 7.26 真空中线性化 C 频段 GaN SSPA 的 P_{out} 和 PAE 与 P_{in} 的关系曲线
(© 2016 IEEE。经许可转载,来自 Kido et al.(2016))

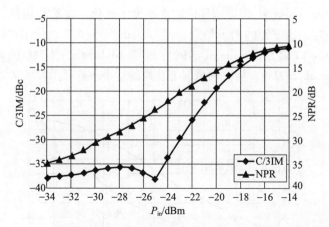

图 7.27 线性化 C 频段 GaN SSPA 的 C/3IM 和 NPR 与 P_{in} 的关系曲线
(© 2016 IEEE。经许可转载,来自 Kido et al. (2016))

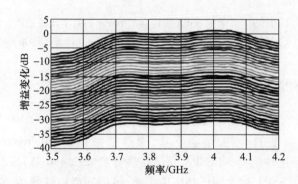

图 7.28 线性化 C 频段 GaN SSPA 的可变增益动态范围示例
(© 2016 IEEE。经许可转载,来自 Kido et al. (2016))

7.5.5 灵活的 SSPA

除了有效载荷架构可以灵活地使用 SSPA(11.12 节)之外,还可以设计和构建灵活的 SSPA。Globalstar-2 卫星实现了两种灵活 SSPA 的有效载荷,其 S 频段 SSPA 配置有多端口放大器(MPA)(Darbandi et al.,2008)。

SSPA 可以设计成两种不同的灵活性,一些 SSPA 两者兼而有之。这里不将 ALC 功能视为灵活性元素,因为它在 SSPA 中非常普遍。两种灵活性如下:

(1)SSPA 的低功率放大部分完成了输入 RF 驱动电平的增益和相位补偿。这方面的例子是 Inmarsat-4 卫星的 L 频段用户链路(Seymour,2000)和 C 频段网关链路(Kiyohara et al.,2003)。

(2)根据检测到的输入 RF 驱动电平改变其输出功率,SSPA 将重新偏置 ALC。

这能保持良好的电源效率,即使信号传输水平发生变化。增益和相位补偿也能保持增益和相位恒定。这方面的例子是第一代 Globalstar S 卫星频段用户链路(Metzen,2000)和 C 频段网关链路(Ono et al.,1996),以及 Globalstar-2 卫星的 S 频段用户链路(Darbandi et al.,2008)。后一种情况下获得的效率改进效果如图 7.29 所示。

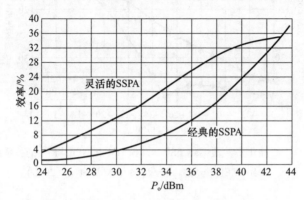

图 7.29　灵活的 SSPA 和经典的 SSPA 的效率比较示例
（© 2008 IEEE。经许可转载,来自 Darbandi et al.(2008)）

7.5.6　SSPA 的工作环境

工作环境影响的因素是温度、辐射和老化。

随着 SSPA 温度的升高,增益下降,噪声系数增加(Microwave Encyclopedia,2010)。为了克服这种情况,将 SSPA 安装在热管上(2.2.1.6 节)以导走热量。在低温工作环境下,当 SSPA 放大到低功率电平时,可能需要加热器,例如 Iridium 卫星 L 频段(Schuss et al.,1999)。有源天线阵列中的 SSPA 采用增益和通常相位的温度补偿,以保持所有 SSPA 稳定。波束形成网络(BFN)以及任何 MPA 或多矩阵放大器(MMA)都需要温度补偿。

GaN HEMT 的工作温度比 GaAs pHEMT 高得多,因此热控制系统的规模可以大大减少(Muraro et al.,2010)。SSPA 需要温度补偿以保持稳定的输出功率和增益(Nicol et al.,2013b)。

与可以抗辐照的 GaN 器件不同(Barnes et al.,2005),GaAs 器件需要屏蔽辐照。

在器件的生命周期中,至少有两种不同的老化效应。即使在低射频功率驱动下,GaAs 器件的增益也会随着寿命逐渐降低(Chou et al.,2004)。对于此类器件在饱和状态下长期运行,增益以及 P_{out} 和效率还会出现另一种下降。例如,20GHz 两级 MMIC 功率放大器的饱和射频寿命测试会导致整个 P_{out} 与 P_{in} 曲线向下移动相同的量,而效率降低了近 2%(Chou et al.,2005)。在为 6~18GHz 频段设计的 pHEMT MMIC 功率放大器中,观察到了关于 P_{out} 与 P_{in} 的类似结果(Anderson et al.,2000)。

7.5.7 SSPA 的指标

表 7.6 给出了 SSPA 指标参数示例,该 SSPA 不适用有源发射相控阵,即不需要相位或增益匹配。由于指定了 NPR,因此它可用于多载波。用于多载波的典型 NPR 要求是 15dB。该 SSPA 具有 FGM 和 ALC 模式。SSPA 的噪声系数比 TWTA 低得多(Barnes et al.,2005)。带外抑制的目的是使可能返回到接收机的所有功率最小化。

表 7.6 SSPA 指标参数示例

模式	SSPA 指标参数	单位
FGM 和 ALC	工作频率范围	GHz
	NPR	dB
	噪声系数(最大增益;最小增益)	dB
	回波损耗(输入;输出)	dB
	杂散输出(带内和非相干带外)	dBc
	在上行链路频率的相对于带内增益的带外抑制	dB
	效率和多载波	%
	工作温度范围	℃
FGM	可控增益范围和步长	dB
	小信号增益平坦度(在 36MHz 的全频段范围)	dB(p-p)
	任何频率下的增益稳定性(过温;老化和辐射)	dB(p-p)
ALC	可控的输出电平范围和步长	dB
	小信号输出功率变化(在 36MHz 的全频段范围)	dB(p-p)
	任何频率下的输出功率稳定性(过温;老化和辐射)	dB(p-p)
	ALC 时间常数(12.10.2 节)	ms

7.5.8 SSPA 的性能

表 7.7 总结了一些当前 SSPA 在关键参数输出功率和效率方面的性能。需要注意的是,根据制造商的不同,SSPA 的规定功率对应于不同的参考点。三菱电机株式会社(Mitsubishi)C 和 X 频段指标适用于多载波。

表 7.7 一些 GaAs SSPA 的性能

频段	P_{ref}/W	在 P_{ref} 的效率/%	P_{ref}	说明	参考
L 频段	40	50	P2dB		Thales(2012)
	55	—	P_{sat}	C/3IM 18dB	NEC(2017b)
	110	45	P2dB		Thales(2012)

续表

频段	P_{ref}/W	在 P_{ref} 的效率/%	P_{ref}	说明	参考
S 频段	40	50	P2dB		Thales(2012)
	110	45	P2dB		Thales(2012)
C 频段	14	—	P_{rated}	C/3IM > 30dB	Mitsubishi(2015b)
	40	36	P2dB		Thales(2012)
X 频段	20	—	P_{rated}	C/3IM > 25dB	Mitsubishi(2015c)
	30	25	P2dB		Thales(2012)
Ku 频段	15	15	P2dB		Thales(2012)
K 频段	3	10	P2dB		Thales(2012)

表 7.8 列出了 GaN SSPA 的性能。NPR = 17.5dB 的数据点适用于多载波。除了表中列出的 SSPA,三菱电机株式会社还提供 C 频段 GaN SSPA(Mitsubishi, 2015a)。Tesat - Spacecom 公司对输出功率高达 220W 的各种频段的 GaN SSPA 进行了认证,并于 2018 年将其交付给客户(Siegbert,2019)。

表 7.8 GaN SSPA 的性能

频段	P_{ref}(W)	在 P_{ref}(W) 的效率(%)	P_{ref}	说明	参考
L 频段	65	55	P_{nom}	在 3dB OBO 相对 P_{nom} NPR 为 17.5dB	NEC(2017a)
	120	—	P_{sat}		Tesat - Spacecom(2017)
S 频段	65	45	P_{nom}	在 3dB OBO 相对 P_{nom} NPR 为 17.5dB	NEC(2017a)
	220	—	P_{sat}		Tesat - Spacecom(2017)
C 频段	60	—	P_{sat}		Tesat - Spacecom(2017)
	100	50	P_{sat}	在 6dB IBO 相对 CW $P_{in\,sat}$;NPR 为 17.5dB;BW 300MHz;重量比 TWTA 轻,占用的空间也比 TWTA 小	Kido et al. (2016)
X 频段	30	—	P_{sat}		Tesat - Spacecom(2017)
Ku 频段	30	—	P_{sat}		Tesat - Spacecom(2017)
K 频段	10	—	P_{sat}		Tesat - Spacecom(2017)

参考文献

Agilent Technologies(2000). Agilent AN 1287 - 4, Network analyzer measurements: filter and amplifier examples. Application note. Accessed Nov. 12,2010.

AIAA Japan Forum on Satellite Communications(2003). Capital products & review: C - band solid state power amplifer(SSPA). *Space Japan Review*; no 27; Feb. /Mar. Accessed June 27,2011.

Airbus Defence and Space(2016). Airbus Defence and Space awarded third contract in 18 months for advanced gallium nitride(GaN) satellite amplifiers. Press release. On airbusdefenceandspace. Accessed May 26,2017.

Anderson WT, Roussos JA, and Mittereder JA (2000). Life testing and failure analysis of PHEMT MMICs. *Proceedings, GaAs Reliability Workshop*; Nov. 5;45 - 52.

Armstrong CM(2015). The quest for the ultimate vacuum tube. *IEEE Spectrum*;52(12)(Dec.);28 - 51.

Barker RJ, Booske JH, Luhmann Jr NC, and Nusinovich GS, editors, (2005). *Modern Microwave and Millimeter - Wave Power Electronics*. New Jersey: IEEE Press and John Wiley & Sons.

Barnes AR, Boetti A, Marchand L, and Hopkins J(2005). An overview of microwave com ponent requirements for future space applications. *European Gallium Arsenide and Other Semiconductor Applications Symposium*; Oct. 3 - 4;5 - 12.

Barnett RJ on behalf of WorldVu Satellites(2016). File no. SAT - LOI - 20160428 - 00041 of FCC International Bureau. Application to FCC for access to US market. Apr. 28.

Bosch E, Jaeger A, Seppelfeld E, Monsees T, and Nunn RA(2003). TWTA dominance, Cband traveling wave TWTs versus solid state amplifiers. *AIAA International Communications Satellite Systems Conference*; Apr. 15 - 19;1 - 10.

Braetz M, Tesat - Spacecom, Backnang, Germany(2011a). Private communication. July 19.

Braetz M, Tesat - Spacecom, Backnang, Germany(2011b). Private communication. Nov. 25.

Briskman RD(2010). Attachment A, FM - 6, technical description. Part of application to FCC for authority to launch and operate the FM - 6 satellite. Apr. 9. On licensing. fcc. Accessed Aug. 9,2017.

Chou YC, Grundbacher R, Leung D, Lai R, Liu PH, Kan Q, Biedenbender M, Wojtowicz M, Eng D, and Oki A(2004). Physical identification of gate metal interdiffusion in GaAs PHEMTs. *IEEE Electron Device Letters*;25(Feb.);64 - 66.

Chou Y - C, Grundbacher R, Lai R, Allen BR, Osgood B, Sharma A, Kan Q, Leung D, Eng D, Chin P, Block T, and Oki A(2005). Hot carrier effect on power performance in GaAs PHEMT MMIC power amplifiers. *IEEE MTT - S International Microwave Symposium Digest*; June 12 - 17;165 - 168.

Damian C (2014). Reliability of GaN based SSPAs, a major technological breakthrough. White paper. Accessed Jan. 21,2017.

Darbandi A, Zoyo M, Touchais JY, and Butel Y (2008). Flexible S - band SSPA for space application. *NASA/ESA Conference on Adaptive Hardware and Systems*; June 22 - 25;70 - 76.

Dibb DR, Aldana - Gutierrez S, Benton RT, McGeary WL, Menninger WL, and Zhai X(2011). High -

efficiency, production 40 – 130 W K – band traveling – wave tubes for satellite communications downlinks. *IEEE International Vacuum Electronics Conference*; Feb. 21 – 24; 79 – 80.

Dürr W, Ehret P, and Bosch E(2014). 500W S – band traveling wave tube. *IEEE International Vacuum Electronics Conference*; Apr. 22 – 24.

Dürr W, Dürr C, Ehret P, and Bosch E(2015). Thales 150 W C – band radiation cooled travel ling wave tube. *IEEE International Vacuum Electronics Conference*; Apr. 27 – 29.

Eze DC and Menninger WL(2017). 170 – W radiation – cooled, space K – band TWT. *IEEE International Vacuum Electronics Conference*; Apr. 24 – 26.

Feicht JR, Martin RH, and Williams BC(L – 3 Communications – Electron Technologies)(2007). (Congressional – Microwave Vacuum Electronics Power Res. Ini.)TWT coatings improvement investigation – TWT gain growth. Final technical report. Feb 1. Arlington, VA: USAF, AFRL AF Office of Scientific Research. Report no AFRL – SR – AR – TR – 07 – 0079. Contract no FA9550 – 05 – C – 0173. Accessed July 6, 2011.

Gunter's Space Page(2017). Hylas 1. June 2. Accessed Aug. 21, 2017.

Hanika J, Dietrich C, and Birtel P(2015). Thales 300 Watt Ku – band radiation and conduction cooled travelling wave tube. *IEEE International Vacuum Electronics Conference*; Apr. 27 – 29.

Henry D, Pelletier A, and Strauss R(1977). A triple – power – mode advanced 11 – GHz TWT. *European Microwave Conference*; Sep. 5 – 8; 231 – 236.

Hirano T, Shibuya A, Kawabata T, Kido M, Yamada K, Seino K, Ichikawa A, and Kamikokura A(2014). 70W C – band GaN solid state power amplifier for satellite use. *Proceedings, Asia – Pacific Microwave Conference*; Nov. 4 – 7; 783 – 785.

Ishida T(2011). GaN HEMT technologies for space and radio applications. *Microwave Journal*; 54(8) (Aug.); 56 – 66.

ITU – R(2015). Recommendation SM. 1541 – 6. Unwanted emissions in the out – of – band domain. Aug. Geneva: International Telecommunications Union, Radio Communication Sector.

Jaumann G(2015). Reliability of TWTAs and MPMs in orbit – update 2014. *IEEE International Vacuum Electronics Conference*; Apr. 27 – 29.

Kaliski M(2009). Evaluation of the next steps in satellite high power amplifier technology: flexible TWTAs and GaN SSPAs. *IEEE International Vacuum Electronics Conference*; Apr. 28 – 30; 211 – 212.

Karsten KS and Wertman RC, inventors; ITT Corp, assignee (1994). Interlocking periodic permanent magnet assembly for electron tubes and method of making same. US patent 5,334,910. Aug. 2.

Katz A, Pallas G, Gray R, and Nicol E(2001). An integrated Ku – band linearizer and TWTA for satellite applications. *AIAA International Communications Satellite Systems Conference*; Apr. 17 – 20.

Katz A and Franco M(2010). GaN comes of age. *IEEE Microwave Magazine*; 11(Dec.); S24 – S34.

Khilla M(2008). In – orbit adjustable microwave power modules MPMs. *ESA Workshop on Advanced Flexible Telecom Payloads*; Nov. 18 – 20; 1 – 11.

Khilla A – M, Tesat – Spacecom, Backnang, Germany(2011a). Private communication. Feb. 16.

Khilla A – M, Tesat – Spacecom, Backnang, Germany(2011b). Private communication. Aug. 19.

Khilla A – M, Tesat – Spacecom, Backnang, Germany(2011c). Private communication. Aug. 22.

Khilla A – M, Tesat – Spacecom, Backnang, Germany(2011d). Private communication. Sep. 7.

Khilla A-M and Leucht D(1996). Linearized L/C-band SSPA/upconverter for mobile com munication satellite. *Technical Papers, AIAA International Communications Satellite Sysems Conference*; pt 1; Feb. 25-29;86-93.

Khilla M, Gross W, Schreiber H, and Leucht D(2005). Flexible Ka-band LCAMP for in orbit output power adjustable MPM. *AIAA International Communications Satellite Systems Conference*; Sep. 25-28;1-12.

Khilla AM, Scharlewsky D, and Niederbaeumer J(2002). Advanced linearized channel amplifier for L-band-MPM. *AIAA International Communications Satellite Systems Conference*; May 12-15;1-10.

Khilia[sic] A-M, Leucht D, Gross W, Jutzi W, Schreiber H, Inventors (2013). Predistorition [sic] linearizer with bridge topology having an equalizer stage for each bridge arm. US patent 8493143 B2. July 23.

Kido M, Kawasaki S, Shibuya A, Yamada K, Ogasawara T, Suzuki T, Tamura S, Seino K, Ichikawa A, and Tsuchiko A(2016). 100W C-band GaN solid state power amplifier with 50% PAE for satellite use. *Proceedings, Asia-Pacific Microwave Conference*; Dec. 5-9.

Kiyohara A, Kazekami Y, Seino K, Tanaka K, Shirasaki K, Fukazawa S, Iwano N, Kittaka Y, and Gill R (2003). Superior tracking performance of C-band solid state power amplifier for Inmarsat-4. *AIAA International Communications Satellite Systems Conference*; Apr. 15-19;1-9.

Kosinski B and Dodson K(2018). Key attributes to achieving >99.99 satellite availability. *IEEE International Reliability Physics Symposium*; Mar. 11-15.

Kubasek SE, Goebel DM, Menninger WL, and Schneider AC(2003). Power combining characteristics of backed-off traveling wave tubes for communications applications. *IEEE Transactions on Electron Devices*; 50(6) (June);1537-1542.

Limburg H, Hughes Electron Dynamics (now L-3 Communications Electron Technologies, Inc), Torrance, CA(1997). Private communication. Oct. 21.

L-3 Communications Electron Technologies, Inc. (2009). *TWT/TWTA Handbook*, 13th ed., Torrance, CA: L-3 Communications Electron Technologies, Inc.

L-3 Communications Electron Technologies, Inc. (2012). Space LTWTA products, space qualified EPCs product listing; Feb. 1. Accessed June 23,2017.

L-3 Electron Devices(2016a). Ku-band space traveling wave tube(TWT). Accessed May 8,2017.

L-3 Electron Devices(2016b). K-band space traveling wave tube(TWT). Accessed May 8,2017.

Menninger WL, Benton RT, Choi MS, Feicht JR, Hallsten UR, Limburg HC, McGeary WL, and Zhai XL (2005). 70% efficient Ku-band and C-band TWTs for satellite downlinks. *IEEE Transactions on Electron Devices*;52;5;May.

Menninger WL(2015). High-efficiency, qualification-tested, next-generation 50-130 WK band TWTs for satellite communications downlinks. Viewgraph presentation. *IEEE International Vacuum Electronics Conference*; Apr. 27-29.

Menninger WL(2016). Fifteen years of linearized traveling-wave tube amplifiers for space communications. *IEEE International Vacuum Electronics Conference*; Apr. 19-21.

Menninger WL, L-3 Communications(2017). Private communication. June 28.

Menninger WL, L-3 Communications(2019). Private communication. June 4.

Metzen PL(2000). Globalstar satellite phased array antennas. *Proceedings, IEEE International Conference on Phased Array Systems and Technology*; May 21 – 25; 207 – 210.

Microsemi Corp(2017). Gallium nitride(GaN) technology. Accessed July 27, 2017.

Microwave Encyclopedia(2010). Power amplifiers. Oct. 15. Accessed July 1, 2011.

Mitsubishi Electric Corp(2015a). C – band GaN solid state power amplifier. Product sheet. Accessed June 25, 2017.

Mitsubishi Electric Corp(2015b). C – band solid state power amplifier. Product sheet. Accessed June 25, 2017.

Mitsubishi Electric Corp(2015c). X – band solid state power amplifier. Product sheet. Accessed June 25, 2017.

Muraro J – L, Nicolas G, Nhut DM, Forestier S, Rochette S, Vendier O, Langrez D, Cazaux J – L, and Feudale M(2010). GaN for space application: almost ready for flight. *International Journal of Microwave and Wireless Technologies*; 2; 121 – 133.

Nakade K, Seino K, Tsuchiko A, and Kanaya J(2010). Development of 150W S – band GaN solid state power amplifier for satellite use. *Proceedings, Asia – Pacific Microwave Conference*; Dec. 7 – 10; 127 – 130.

NEC Space Technologies Ltd. (2017a). L, S – band GaN SSPA(S30 series). Product sheet. Accessed July 17, 2017.

NEC Space Technologies Ltd. (2017b). L – band solid state power amplifier (SSPA). Product sheet. Accessed July 17, 2017.

NEC Space Technologies Ltd (2017c). S – band solid state power amplifier (SSPA). Product sheet. Accessed 2017 July 17.

NEC Space Technologies Ltd. (2017d). X – band solid state power amplifier (SSPA). Product sheet. Accessed July 17, 2017.

Nicol EF, Mangus BJ, Grebliunas JR, Woolrich K, and Schirmer JR(2013a). TWTA versus SSPA: a comparison update of the Boeing satellite fleet on – orbit reliability. *IEEE International Vacuum Electronics Conference*; May 21 – 23.

Nicol EF, Mangus BJ, Grebliunas JR, Woolrich K, and Schirmer JR(2013b). TWTA versus SSPA: on – orbit reliability of the Boeing satellite fleet. Viewgraph presentation. *IEEE International Vacuum Electronics Conference*; May 21 – 23.

Nicol EF, Robison J, Ortland R, Ayala A, and Saechao GS(2016a). TWTA on – orbit reliability for Space Systems Loral satellite fleet. *IEEE International Vacuum Electronics Conference*; Apr. 19 – 21.

Nicol EF, Robison J, Huang W, Ortland R, Saechao GS, and Ayala A(2016b). TWTA on orbit reliability of the SSL satellite fleet. Viewgraph presentation. *IEEE International Vacuum Electronics Conference*; Apr. 19 – 21.

Nicol EF and Robison JM(2018). TWTA on – orbit reliability for satellite industry. *IEEE Transacations on Electron Devices*; 65(6)(June); 2366 – 2370.

Nicol E(2019a). Private communication. May 17.

Nicol E(2019b). Private communication. June 2.

Nicol E(2019c). Private communication. June 4.

Nicol E(2019d). Private communication. Nov. 19.

Nusinovich GS, Walter M, and Zhao J(1998). Excitation of backward waves in forward wave amplifiers. *Physical Review E*;58(Nov.);6594 – 6605.

Ono T, Ozawa T, Kamikokura A, Hayashi R, Seino K, and Hirose H(1996). Linearized C – band SSPA incorporating dynamic bias operation for Globalstar. *Technical Papers, AIAA International Communications Satellite Systems Conference*; pt 1; Feb. 25 – 29; 123 – 130.

Phelps TK(2008). Reliability of dual TWTAs – spacecraft system considerations. *IEEE International Vacuum Electronics Conference*; Apr. 22 – 24; 173 – 174.

Phys. org(2009). Hylas payload shipped to India. Nov. 6. On phys. Accessed Aug. 21, 2017.

Quay R, Waltereit P, Kühn J, Brückner P, van Heijningen M, Jukkala P, Hirche K, and Ambacher O (2013). Submicron – AlGaN/GaN MMICs for space applications. *Digest, IEEE MTT – S International Microwave Symposium*; June 2 – 7.

Robbins NR, Menninger WL, Zhai XL, and Lewis DE(2016). Space qualified, 150 – 300 – Watt K – band TWTA. *IEEE International Vacuum Electronics Conference*; Apr. 19 – 21.

Schuss JJ, Upton J, Myers B, Sikina T, Rohwer A, Makridakas P, Francois R, Wardle L, and Smith R (1999). The Iridium main mission antenna concept. *IEEE Transactions on Antennas and Propagation*; 47(Mar.); 416 – 424.

Seymour D(2000). L band power amplifier solutions for the Inmarsat space segment. *IEE Seminar on Microwave and RF Power Amplifiers*; Dec. 7; 6/1 – 6/6.

Siegbert M, Tesat – Spacecom CTO(2019). Private communication. Aug. 16.

Strauss R and Owens JR(1981). Past and present IntelsatTWTA life performance. *AIAA Journal of Spacecraft and Rockets*; 18(6)(Nov. – Dec.); 491 – 498.

Tesat – Spacecom GmbH (2016). Amplifier products. Product information. On tesat. Accessed Apr. 26, 2019.

Tesat – Spacecom GmbH & Co(2017). Satellite 2017. Brochure. downloads. Accessed June 23, 2017.

Thales Alenia Space (2012). Channel amplifier/linearizer. Product datasheet. May. Accessed July 14, 2017.

Thales Electron Devices (2001). Space, advanced technologies for peak performance. Product brochure. May. Received from TED Ulm in 2006 May.

Thales Electron Devices (2013a). L & S – band space TWTs. Product literature. Accessed July 31, 2017.

Thales Electron Devices(2013b). C – band space TWTs. Product literature. On ~/thales_space_c_band. pdf. Accessed July 31, 2017.

Thales Electron Devices(2013c). X – band space TWTs. Product literature. On ~/thales_space_x_band. pdf. Accessed July 31, 2017.

Thales Electron Devices (2013d). Ku – band space TWTs. Product literature. On ~/thales_space_ku. pdf. Accessed July 31, 2017.

Thales Electron Devices(2013e). K & Ka – band space TWTs. Product literature. On ~/thales_space_k_ka_band. pdf. Accessed July 31, 2017.

Villemazet J – F, Yahi H, Lopez D, Perrel M, Maynard J, and Cazaux J – L(2010). High accu racy wide band analog predistortion linearizer for telecom satellite transmit section. *IEEE MTT – S International Microwave Symposium Digest*; May 23 – 28; 660 – 663.

Waltereit P, Bronner W, Quay R, Dammann M, Cäsar M, Müller S, Reiner R, Brückner P, Kiefer R, van Raay F, Kühn J, Musser M, Haupt C, Mikulla M, and Ambacher O(2013). GaN HEMTs and MMICs for space applications. *Semiconductor Science and Technology*; 28(July); 074010.

Weekley JM and Mangus BJ (2004). TWTA versus SSPA; a comparison of on – orbit reliability data. *IEEE International Vacuum Electronics Conference*; Apr. 27 – 29; 263.

Weekley JM and Mangus BJ (2005). TWTA versus SSPA: a comparison of on – orbit reliability data. *IEEE Transactions on Electron Devices*; 52(May); 650 – 652.

Will K(2016). High – power Ku – and Ka – band MPMs for satellite communications. *IEEE International Vacuum Electronics Conference*; Apr. 19 – 21.

Yuen CH, Yang SS, Adams MD, Laursen KG, inventors; Space Systems/Loral, Inc., assignee (1999). Broadband linearizer for power amplifiers. US patent 5,966,049. Oct. 12.

Zhang W – M and Yuen C (1998). A broadband linearizer for Ka – band satellite communication. *IEEE MTT – S Microwave Symposium Digest*; vol. 3; June 7 – 12; 1203 – 1206.

第8章
有效载荷的模拟通信参数

8.1 引言

本章介绍有效载荷顶层需求文档使用的模拟通信参数。数字处理载荷特有的载荷级通信参数将在10.5节中讨论。本章将全面阐释有效载荷每个模拟参数的三个方面：

(1)参数是什么；

(2)该参数在单机层面的应用与其在载荷层面的应用有何关系；

(3)如何验证参数值是否符合要求。

图8.1给出了后续章节使用的简化转发器图，用于标记对参数值有贡献的有效载荷部组件(组件是指一个单机或用于集成有效载荷的器件，如一段波导)。波导用作变频器前和大功率放大器(HPA)后的传输线，两者之间采用同轴电缆，这样在图中同时出现波导和同轴电缆，是由于它们不同的特性。

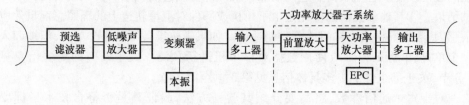

图8.1 简化的转发器图

每个有效载荷部组件都以某种方式增强了信号的接收和转发，但也不可避免地以某种微小的方式引起信号失真。有效载荷部组件分为两类：一些主要引起线性失真，另一些主要引起非线性失真。线性失真对通信的影响比较容易分析。非线性则不同，具有显著非线性特征的部组件是变频器、大功率放大器(特别显著)，以及导致无源互调产物(PIM)的卫星的边边角角。

一些组件的失真特性取决于带宽，在本书中带宽采用相对带宽表征，即带宽相对于载波频率的百分比：窄带约为0.5%，宽带约为3%，超宽带约为15%。

并非所有的有效载荷参数都表征失真,但对于那些表征失真的参数,本书每一节都给出了相关建议,说明如何将每个有效载荷组件的测量或预估的信号失真合并到有效载荷层面的失真值上。本书强调从有效载荷部组件自下而上合并到有效载荷层面,而不是从有效载荷层面向下分配到有效载荷组件。通常情况下,有效载荷工程师在卫星项目开始时会从以前类似的有效载荷中收集初步的组件技术指标,同时检查它们是否能够适用于新的有效载荷。在项目实施过程中,有效载荷工程师不断更新计算,以表明继续满足期望的有效载荷级别的要求。对于某些类型的失真,没有一种方法可以做到完全合理的合并,在这种情况下,可以接受一个被证明是合理的且容易计算的方法。还有一些特殊情况本章没有涉及,对于这些情况,有效载荷工程师不得不采取自己开发的失真合并方法。推荐的合并单机级失真方法有时取决于信道带宽(8.4 节)。

有效载荷通信参数必须在卫星所有在轨条件下满足其技术指标要求:

(1)在轨道上的有效载荷寿命内,就是:所有温度(具体而言,每个组件在其工作温度范围内。对于带底板的单机,这是底板的温度范围),工作过程中老化,以及辐射暴露。

(2)所有工作信号电平范围。

(3)整个参数的规定带宽,参数定义在一个频段上。

(4)若参数与接收或发射的功率电平有关,则在所有指定方向的覆盖区。

有效载荷在轨期间存在各种各样的原因会导致某些参数发生改变:①有些单机的性能对温度敏感,大多数有效载荷设备的温度通常会在在轨寿命期以已知的方式上升。由温度引起的寿命参数变化可以通过在轨服役期间的温度和工厂测量的单机温度敏感性来计算。②其他参数值的变化源于单机或部件工作过程中性能的缓慢改变。有效载荷制造商依靠单机或部件制造商积累的类似设备的长期测试结果。③其他参数值的变化是由于单机或部件对卫星轨道上的辐照总剂量效应敏感,其数据同样来自单机或部件制造商。如果敏感设备不是一个单机,但被归入一个单机,单机工程师应使用数据对该单机进行预测。关于效应的更多信息见2.3 节,关于部组件的更多具体信息见第 3 章至第 7 章。

对于每个通信参数,将简要介绍其验证方法,验证其是否符合技术指标要求。用户和有效载荷工程师必须就验证参数矩阵达成一致,该矩阵是一个表格,给出了有效载荷要求文件中每个参数的验证方法。常见的方法是直接测试或测量,虽然各自不乏问题,但被认为是最稳健的。然而,对于某些参数来说,测试是没有必要的:这些参数是在较低集成层面上测量的,而且不受较高集成层面的影响。在这种情况下,参数值只能从较低级别的测试中被提取出来。对一些参数直接测量是不可能的,在这种情况下不得不采用有效方法进行分析,依据是直接测量的其他参数。其他两种验证方法,即检查和设计,并不适用于本书中讨论的通信参数。

8.2 增益随频率的变化

8.2.1 什么是增益随频率变化

每个双端口部件都可以看作一个滤波器,可以用传递函数 $H(f)$ 来描述,其中 f 是频率,单位为赫兹(Hz)(见 5.2.2 节)。对于一个有源器件,传递函数取决于输入的射频(RF)驱动电平和放大器偏置。传递函数有两部分,即增益响应 $G(f)$ 和相位响应 $\varphi(f)$,可写为

$$H(f) = 10^{G(f)/20} e^{j\varphi(f)}$$

式中: $G(f)$ 的单位是 dB; $\varphi(f)$ 的单位是弧度。

有效载荷或单机增益随频率的变化的描述性术语主要是增益平坦度、增益倾斜度和增益波纹,其值最好使用限定词 pk - pk、pk - to - pk 或 p - p,意思是峰 - 峰值,即分贝表示的最高值与最低值之差,这样才是明确的。增益平坦度是指在指定频段上的最高增益(dB)减去该频段上的最低增益(dB),如图 8.2 所示。当指定增益平坦度时,可不指定额外的增益变化参数。增益变化的另一种表征方法是同时使用增益倾斜度和增益波纹。增益倾斜是增益相对于频段上的最佳拟合线在频段上的增量增益,可以是正的,也可以是负的。增益波纹则是在移除倾斜后留下的频段上增益的变化。增益倾斜和增益波纹如图 8.3 所示。这个例子实际上是对图 8.2 的简单增益平坦度的分解。

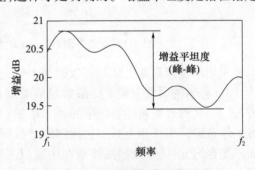

图 8.2 增益平坦度的定义

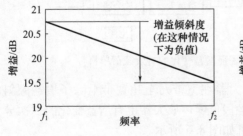
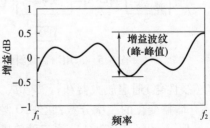

图 8.3 增益倾斜和增益波纹的定义

当频段内的波纹在频率上或多或少是正弦波时,可以另外指定波纹斜率。斜率和波动幅度共同给出波纹频率周期(等于 π 乘以峰 – 峰值波纹(单位为°)除以波纹斜率(单位为(°/Hz))。正弦波可以是任何相位。

12.15.1 节讨论了增益随频率的变化如何降低信号质量。

8.2.2 增益随频率的变化从何而来

我们看一下每个有效载荷单机在其各自指定频段的增益变化特性。以下内容旨在为增益变化参数和测试数据结果的预期提供指导性方向,但可能并非在所有情况下都准确。

大多数单机的增益变化如此之小,因此如图 8.4 所示的单机只需要用增益平坦度表征即可。滤波器(预选器、输入多工器和输出多工器)就是如此,因为它们是等波纹或接近等波纹(5.2.4 节)。频率转换器和固态功率放大器也是如此。

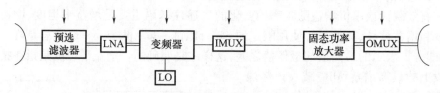

图 8.4 增益变化用增益平坦度表征的有效载荷单机

采用增益倾斜度表征的有效载荷单机是其他单机,如图 8.5 所示。首先是天线,GHz 频率的通信卫星天线最常见的类型是口径天线(3.3.2 节)。它们以平方波长归一化的表面积随着频率的平方增加。理想情况下,以分贝为单位的反射天线的增益随频率线性上升。相控阵的增益不是线性上升的,因为普遍使用移相器而不是延迟元件,导致扫描波束在中频以上和以下的频率有偏轴(波束偏斜),参见 11.7.2.2 节。除了天线之外,波导、同轴电缆、(L)CAMP 和行波管(TWT)通常也普遍存在增益倾斜。

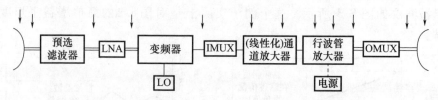

图 8.5 采用增益倾斜度表征增益变化的有效载荷单机

(线性化)通道放大器和行波管放大器在宽带乃至超宽带上除了增益倾斜之外还有增益变化的二次分量;此外,Q 频段低噪声放大器也有增益变化的二次分量(Grundbacher et al., 2004);这三种单机如图 8.6 所示。

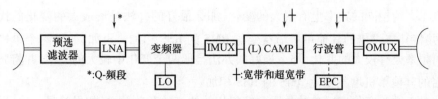

图8.6 具有二次增益分量的有效载荷单机

图8.7中,标记的行波管是唯一一个可能具有正弦波波纹与频率分量的增益变化的单机。少数单个行波管的增益和相位响应与频率之间存在波动,周期约为中心频率的2%。行波管增益变化是在小信号或饱和状态下测量得到,小信号时的波纹幅度是饱和时的数倍(7.4.7.1节)。如果通信信道的带宽约为波纹周期的一半,那么在评估信道性能时可能需要考虑增益斜率。如果调制信号的带宽等于或大于波纹周期,那么可能有必要在性能评估中应用行波管放大器的频率变化模型(16.3.5节)。

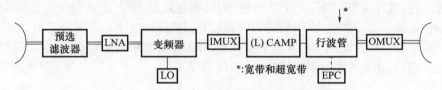

图8.7 少数单个行波管有正弦波波纹增益分量

8.2.3 单机级增益随频率的变化如何传递至有效载荷级

如果有效载荷具有一个以上的信道,那么在有效载荷层面,增益变化指标将分两层。第一层在信道,以确保信道的最小失真。理想情况下,如果所有信道都传输相同类型的调制,那么所有的信道的指标参数都会相同;然而,如果一个或两个信道靠近另一个信道(如信令通道),且需要对其进行保护,那么可能需要不同的指标参数。第二层的有效载荷指标通常是在一个足够宽的带宽上,包括所有信道,以确保各信道接受近似相等的处理。

对于增益变化仅由增益平坦度(峰-峰值)表征的有效载荷单机,很难说如何将其合并为有效载荷级的估计。如果各单机在整个频段内的增益变化图与跳动测量误差图相似,那么最好将单机增益变化和的平方根值(RSS)合并在一起。RSS是平方值之和的平方根,而均方根(RMS)是一组平方值的平均值的平方根。取整个频段的均方根值可以将任何大而窄的偏差的影响降至最低,如果通过的信号全面覆盖该频段,那么这是一种合理的方法。如果各单机之间的增益变化看起来不相关,例如在相同的频率上并不都有峰值,那么将RSS作为合并所有单机增益变化值的方法可能是一个好的处理。最后一步是将RSS值乘以$\sqrt{2}$,得到一个近似的峰-峰值。但在很多实际情况下,这种处理并不是一种最佳方法。有效载荷工程师必须检查主要贡献单机的增益变化图,以便能够形成合并方式。例如,如果两个单机在大约相同的频率上有很大的变化,那么最好的办法是形成大的变化的代数和,并将其与$\sqrt{2}$倍的其他单机增益变化 RMS 的 RSS 相加。再如,如果两个单机在不同频率处有较大的变化,那么最好的办法是取两个变化中较大的一个,并将其与$\sqrt{2}$倍的其他单机增益变化 RMS 的 RSS 相加。

对于增益变化指标参数与增益倾斜相关的有效载荷单机,如果符号一致,那么可以将一个频段上的增益倾斜相加,以获得该频段上有效载荷的总的增益倾斜。二次增益分量也是如此。

8.2.4　如何验证增益随频率的变化

通常可以使用标量网络分析仪测量有效载荷的端到端增益随频率的变化。

当 HPA 的标称带宽相对较宽时,必须两次测量 HPA。一种是小信号频率扫频,此时扫描连续波(CW)处于恒定电平,低到足以使 HPA 在全频段内工作在其准线性区域。另一种是大信号或饱和扫频,其扫描连续波也处于恒定电平,大信号高到足以使整个频段的 TWTA 饱和。如果 HPA 需要在仿真中建模,则这两种扫频都是必需的,如此才能提供足够的信息(16.3.7 节)。

8.3　相位随频率的变化

8.3.1　什么是相位随频率的变化

以弧度表示的相位响应 $\varphi(f)$ 是一种频域特性。对于数字通信,相位响应比群时延响应更有用,因为它对信号相量的影响更容易观察。若有群时延数据,则可以通过积分来估计相位(5.2.2 节)。

有效载荷级或单机级相位随频率的变化有多个描述性名称,但主要是相位线性度、二次相位和相位波纹。最好用限定词"pk - pk"限定,因为它们是不明确的。相位响应是在去除其斜率后评估的,因为斜率只对应于有效载荷或单机的平均延迟。相位线性度实际上是偏离的线性。

12.15.1 节讨论了随频率变化的相位是如何降低信号质量的。

8.3.2　相位随频率的变化从何而来

下面,我们看一下每个有效载荷单机在指定频段上的相位变化特性。以下内容旨在对相位变化参数和测试数据结果的预期提供指导性方向,但不一定在所有情况下都准确。

大多数单机的相位变化非常小,只需用相位线性度来表征,如图 8.8 所示。滤波器(预选、IMUX 和 OMUX)、变频器和 SSPA 都是如此。

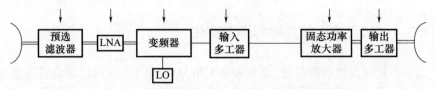

图 8.8　相位变化量仅取决于相位线性度的有效载荷单机

如图 8.9 所示,除天线外,其余大部分有效载荷单机都具有二次相位分量。(L)CAMP 和 TWT 如此,波导也是如此。

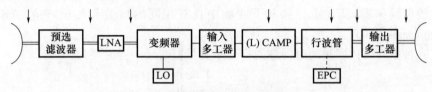

图 8.9　具有二次相位分量的有效载荷单机

(L)CAMP 和 TWT 在宽带和甚宽带上除了具有二次相位分量之外,还具有三次相位分量,如图 8.10 所示。

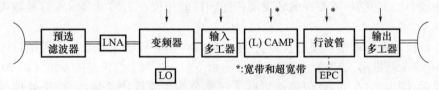

图 8.10　具有三次相位分量的有效载荷单机

图 8.11 中,标记的行波管是唯一一个可能具有正弦波波纹与频率分量的相位变化的单机。其原因与周期性增益波纹相同,并且特性也相同。因为波纹源是无源的,所以相位波纹与增益波纹直接相关:每 1dB 的"pk－pk"增益波纹对应 7°的"pk－pk"相位波纹,相位和增益波纹在频域上相差 1/4 周期。详见本章附录 8.A.1。

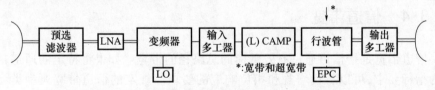

图 8.11　少数单个行波管有正弦波波纹相位分量

8.3.3　单机级频率的相位变化如何传递到有效载荷级

单机级的频率相位变化以与增益变化相同的方式传递到有效载荷级。若符号一致,则二次分量、三次分量均可求和。

8.3.4 如何验证相位随频率的变化

如果不是转发器的变频器,那么矢量网络分析仪(VNA)可以测量转发器的相位响应与频率的关系。VNA 可以测量双端口设备的 S 参数(4.7.2 节)。然而,VNA 要求输入和输出信号频率相同。

解决这个问题的一种方法是要求变频器的本振(LO)信号可访问,或者其信号由外部 LO 替换。转发器和基准混频器必须采用同一 LO。该技术还需要一个往复式校准混频器,其在上变频和下变频中具有相同的增益和相位响应(Agilent Technologies,2003)。

一种更新的技术是通过导数的定义来测量群时延。群时延为

$$\tau_g(f) = -\frac{1}{2\pi}\frac{d\varphi(f)}{df}$$

这可以近似表示为

$$\tau_g(f) \approx -\frac{1}{2\pi}\frac{\Delta\varphi(f)}{\Delta f}$$

式中:$\varphi(f)$ 为包括频率变换的转发器传递函数的相位;f 为转发器输入信号频段中的频率。

该技术将一对相互接近且以 f_1 为中心的双音信号输入转发器。采用特殊设置的 VNA 测量输入和输出端双音信号的相位差。这两个相位差的差值除以 Δf 并换算后,即为 $\tau_g(f_1)$ 的近似值。测量是在整个输入频段内实施的,如果处理得巧妙,则会抵消变频器 LO 的相位和频率不稳定性。通过积分和缩放可以计算整个频段的相位响应(Rohde and Schwarz,2012)。

当 HPA 的技术指标带宽较宽时,必须测量与增益响应相同的两种工况下 HPA 的相位响应。

8.4 信道带宽

信道带宽是指信道通过有效载荷的总路径的带宽。如果将特定的通道带宽作为指标要求,可以替代增益和相位响应的要求。规定的信道带宽典型类型是 -3dB 带宽(5.2.3 节)。

图 8.12 中,主要决定信道带宽的单机用箭头标出,首推 IMUX,其次是 OMUX。

在信道频段上,通过整个有效载荷的增益响应,必须在冷热工作环境下表征。从集合论的意义上讲,这两种响应的交集可用来表示指标的符合性。如果滤波器由波导组成,填充介质从空气调整为真空,因此在空气中测量的滤波器响应必须进

行相应调整(5.4.1节)。

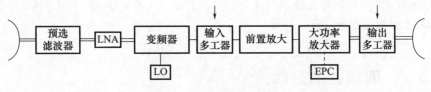

图 8.12 限制信道带宽的来源

8.5 相位噪声

相位噪声是信号相位中不希望出现的变化,来自频率变换中使用的本振(LO)(6.6.6节)。12.10.2节说明了应该具体要求相位噪声频谱的哪一部分,以及相位噪声如何影响信号。

目前使用的相位噪声测试设备有三种,最简单的一种是用带有相位噪声测试软件的频谱分析仪。这种设备不区分相位噪声和幅度噪声,而是将它们混合在一起。不过,振荡器的幅度噪声显然很小(Anritsu Corp,2008)其测量单边带相位噪声 $\mathcal{L}$,最低的极限到10Hz。另一种更复杂、性能更好的测试设备是信号源分析仪(Agilent Technologies,2007),它也是基于频谱分析仪,但功能更多不仅能够从幅度噪声中分离出相位噪声,而且通过两三种方式测量相位噪声,包括交叉相关技术。它可以测量相位噪声,至少低至1Hz(不需要这么低,但这有助于识别所用测试装置的种类)。第三种类型的测试设备是全数字的,可以测量频率低至0.1MHz的相位噪声,但目前仅适用于频率高达30MHz的振荡器,因此只能用于有效载荷主参考振荡器的测量。

无论使用哪种测试设备,如果测试设备本身会增加相位噪声,工程师都必须确保它在所有目标频率下的相位噪声频谱都比被测器件小得多。

8.6 频率稳定度

如果LO源于参考振荡器,其频率稳定性与参考振荡器的频率稳定性相同(ppm)(10^{-6})。

振荡器通常在其长期稳定性和短期稳定性指标方面都有规定。长期稳定性或漂移表征了从几天到几年时间间隔内的频率变化。对于通信系统来说,感兴趣的间隔通常是一年。这是由于老化引起的系统漂移,单位为每时间间隔的ppm。工程师无法测试该指标,而是参照制造商提供的数据。短期稳定性是指在最多几秒间隔内的稳定性。振荡器的相位噪声频谱(6.6.6节)描述了1s或更短时间间隔内(1Hz以上)的短期稳定性。对于通信系统而言,几秒(例如低至0.1Hz)的稳定性如果不是极端情况,并不重要。

8.7 变频器的杂散信号

变频器在其输出中会产生五种杂散信号(也称为杂散输出、杂散信号或杂散,其他单机也会产生杂散信号)。变频器中的混频器会产生四种杂散信号:

(1)振荡器谐波;

(2)输入信号的谐波;

(3)除预期交调产物外,输入信号和LO载波的其他交调产物;

(4)输入信号和LO到输出端的泄漏。

第五种出现在LO中,并由混频器转换为信号。它最常出现在合成LO中(Hitch,2019);

(5)靠近载波的离散尖峰。

前三种是互调产物(IMP)。

有效载荷工程师可以采取以下措施来抑制杂散信号:

(1)确保卫星的频率规划将大功率的杂散信号排除在信道之外;

(2)为变频器指定切合实际的低IMP指标;

(3)根据需要添加滤波器。

杂散信号指标取决于信号电平,这是因为有一些杂散信号,尤其是那些来自信号的贡献,其电平在不同的信号电平下是不同的。

当输入到有效载荷的任何信号只是窄带或宽带,但带宽不是非常宽时,通常在处理杂散输出方面是没有困难的。也就是说,杂散信号远远超出了下变频信号的频段,唯一担心的是干扰地面上其他系统的接收信号产生干扰。但是,对于非常宽的频带的信号,如果卫星上只有一次变频,杂散输出可能会成为问题,则必须采用二次变频。

如果经过有源单机的滤波和有效载荷设计中可以预见存在的无源滤波的处理,有效载荷输出端的任何杂散信号电平依然过高,则必须额外增加无源滤波器,虽然这会带来RF损耗、质量和卫星面板安装面积的损失。

用频谱分析仪测量杂散信号,采用连续波作为变频器输入信号,并扫频其频率。使用连续波是因为它比调制信号更容易观察到混频器输出。可以通过检查随着CW的扫频,它是否和如何移动而部分确定杂散信号的类型,因为混频器输出(m,n)的移动速度是CW移动速度的m倍,且移动方向按照m的符号给出。

国际电信联盟(ITU)规定了所有空间服务的带外杂散信号,频率低于15GHz

的参考带宽为4kHz,频率高于15GHz的参考带宽为1MHz。频谱分析仪的分辨率带宽最好等于参考带宽(International Telecommunication Union, Radiocommunication Sector(ITU – R),2015)。

8.8 HPA 非线性

7.2节讨论了HPA的非线性,同时还讨论了表征非线性的四种方式:
(1) P_{out} 与 P_{in} 的关系曲线和相移 φ 与 P_{in} 的关系曲线;
(2) P_{out} 与 P_{in} 曲线的导数和相移与 P_{in} 曲线的导数;
(3) C/3IM;
(4) NPR。

HPA非线性的验证取决于其指定方式。为了测量 P_{out} 与 P_{in} 以及 φ 与 P_{in} 的关系,需要使用VNA,但不是扫频而是扫描信号电平。在功率扫描期间,CW保持同一频率。如果HPA工作在很宽的频段上,则应在大约三个频率点上进行测量,即在中心频率以及在整个频段的大约1/6和5/6频率处。其他表征方式的验证方法已在7.2.2节中给出。

非线性是在HPA单机层面测量的,并传递到有效载荷层面。

8.9 HPA子系统的近载波杂散信号

8.9.1 HPA子系统的杂散信号定义

HPA会在载波附近产生杂散信号。根据相关文献描述TWTA比SSPA的性能更好。

对于TWTA来说,有些杂散信号无论是否有输入信号都会存在的,有些则只在有输入信号时才存在(L-3,2009)。杂散信号的频率通常在距离载波100Hz～500kHz之间(L-3,2009),由于其非常接近载波以至于无法滤除。TWTA的杂散信号来自杂散相位调制(PM)和杂散幅度调制(AM)。给定频率的杂散PM代表信号相位的一个小正弦波分量,而给定频率的杂散AM代表信号幅度的一个小正弦波分量。通过频谱分析仪,可以观察到上述任何一种类型杂散信号都有许多谐波,其频率间隔和功率是关于载波对称的。在相位噪声测试装置上,杂散PM被视为相位噪声频谱上的尖峰。

一些杂散信号尤其是那些来自信号的贡献,其电平在不同的信号电平下是不同的。

8.9.2　HPA 子系统杂散信号的来源

对于 TWTA,TWT 和 EPC 都会产生杂散信号;对于 SSPA,情况可能也是一样的,如图 8.13 所示。

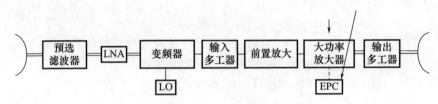

图 8.13　HPA 子系统杂散信号的来源

对于 SSPA,存在带内杂散和 EPC 开关噪声杂散(AIAA Japan Forum on Satellite Communication,2003)。

以下关于 TWTA 杂散信号的信息(L-3,2009)。即使没有载波,杂散信号也会存在,其通常来自电源电压上的波纹:

(1)阴极加热器通常是灯丝,如果将其连接到交流(AC)电源会产生 PM。

(2)阴极电压波纹类型的波动会引起 PM 和 AM,但 AM 产生的杂散信号比 PM 产生的杂散信号总是低约 10dB。杂散通常距离载波 100Hz ~ 500kHz。波纹有两个来源:交直流转换器的斩波器(位于电源中的电压变压器和交直流转换器之前)的基波和谐波交流分量,以及电源输入母线电压上的交流波纹或瞬变电压。阴极电压的变化会影响电子束中电子的速度,从而影响 RF 输出信号的相位。

只有在有载波时才存在杂散信号,其原因是 TWT 本身的相互作用。阴极电压波动的速率与调制符号速率 R_s 相等时会引发 PM。由于被放大的 RF 信号在其信号电平上有变化,不期望产生的撞击 TWT 螺旋线的电子电流也会变化,从而引起阴极电压波动。

8.9.3　HPA 子系统杂散信号如何传递到有效载荷级

干扰其他通道的杂散信号可以通过 OMUX 去除。对于 TWTA,由于这些杂散信号的最大频率为 500kHz,为了消除这些杂散信号,载波间隔必须小于 1MHz。一旦信号在地面上被接收,由 PM 引起的杂散信号不会降低信号质量(12.10.2 节)。然而 AM 引起的杂散会升高误码率(BER),除非调制符号速率远小于 500kHz。此外,如果传输该信号的天线波束与另一个波束交叠,该信号将造成一个可变幅度的干扰,这必须在自干扰计算中加以考虑(8.14 节)。被地面上的检测滤波器大部分或全部消除(即平均化),因此几乎不会造成危害信号幅度波动引起的杂散 PM(12.10.1 节)。

8.9.4 如何验证 HPA 子系统杂散信号

在单机级和有效载荷级,都可以用带 CW 信号的频谱分析仪测量杂散信号。然而,若确定哪些杂散信号是由 PM 引起的,哪些是由 AM 引起的,则需要两个特殊的测试设备(L-3,2009)。

8.10 增益稳定性和输出功率稳定性

8.10.1 增益稳定性和功率输出稳定性的定义

增益的稳定性和功率输出的稳定性是发射天线输入端的有效载荷增益和功率输出的特性。稳定性是指在所有其他条件相同的情况下,该参数在工作温度范围和寿命上的整体水平变化。稳定性可以仅在中间信道频率或几个频率点上指定。

根据前置放大器的工作模式,特定有效载荷可以指定这些参数中的一个或两个。如果该单机有固定增益模式(FGM),则该单机可以通过指令实现固定增益放大信号。如果该单机有自动电平控制(ALC)模式,则它有能力将信号(加上干扰和噪声)放大到指令电平。该指令电平对应无噪声单载波工作的特定 HPA 输入回退(7.2.1 节)。当单机处于 FGM 模式时,适用的指标是增益稳定性;当处于 ALC 模式时,适用的指标是功率输出稳定性。

8.10.2 增益不稳定性和功率输出不稳定性来源

增益稳定性和功率输出稳定性主要取决于前置放大器和 HPA,如图 8.14 所示。其他可能影响稳定性的唯一器件是 OMUX,但如果为其配置热管散热,则其影响可以忽略不计。

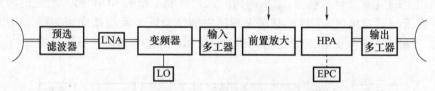

图 8.14 增益和输出功率不稳定性的来源

TWTA 性能随温度和寿命的变化可以很好地表征出来,并且(L)CAMP 对它们进行补偿。(L)CAMP 也会补偿其自身的变化(7.4.11 节)。

SSPA 补偿其自身性能随温度的变化。随着老化,对于固定的射频驱动电平,SSPA 的增益会降低(7.5.6 节)。

对于这两种类型的 HPA,增益和输出功率不稳定性只是无法完美补偿的残余影响。

8.10.3 增益稳定性和输出功率稳定性如何传导到有效载荷层面

这些参数仅在有效载荷层面定义。

8.10.4 验证增益稳定性和功率输出稳定性的方式

除老化和辐照外,增益稳定性和功率输出稳定性的影响因素可以在单机层面测试获得,而其指标参数本身则在卫星系统测试中进行测试。这是由于老化和辐射在单机整个寿命期间的趋势,从其制造商对这些单机的早期测试中可知,并且在分析时已经考虑了这些影响。

8.11 等效全向辐射功率

等效全向辐射功率(EIRP)通常是首先考虑的有效载荷参数(3.3.3.1 节),说明了有效载荷必须向发射覆盖区域辐射功率的大小,该区域是地球上有效载荷传输必须满足最小功率和其他要求的组合区域。EIRP 是进入发射天线终端的功率和给定方向的天线增益的乘积。

对 EIRP 有正面影响的主要贡献者是前置放大器、HPA 和发射天线。前置放大器确定了进入 HPA 的射频驱动电平,进而决定了 HPA 的输出功率。负面贡献者是 OMUX 和 HPA 后的射频线,图 8.15 说明了这一点。

EIRP 是有效载荷级的指标要求,实际上,EIRP 是一个整星级别的要求,因为它还取决于天线的在轨指向误差,而这取决于卫星平台的控制能力。对于地球静止轨道上的点波束有效载荷,卫星的指向误差可能是影响 EIRP 的一个关键因素。

在天线紧缩场(CATR)的整星级测试中测试验证无天线指向误差的 EIRP(见 3.12 节和 11.15 节天线测试),指向误差对 EIRP 的影响是通过分析来折算的。

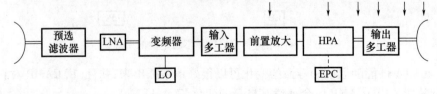

图 8.15 决定 EIRP 的有效载荷单机

8.12 品质因数 G/T_s

8.12.1 G/T_s 的定义

有效载荷的部分功能是充当来自地面站的上行链路信号的接收终端,甚至对于某些有效载荷则作为来自用户终端的上行链路信号的接收终端。有效载荷的接收性能通常由终端品质因数 G/T_s 来表征(参见 3.3.3.1 节,通常写成 G/T,但要强调它是何种特定的 T 的定义,并将其与本书其他章节使用的 T 区别开来)。G 是接收天线的增益(dBi),即相对于理想各向同性天线的增益(增益为 0dB)的 dB。T_s 是系统噪声温度(K),G/T_s 以 dBi/K 为单位,即 G(以 dBi 为单位)减去 T_s($10\lg10T_s$)。G 和 T_s 都必须以有效载荷的同一点为参照,也就是应用于同一点,通常是天线终端(任何点都可以作为参考点,如本章附录 8.A.2 所示,G/T_s 结果都是一样的)。G/T_s 定义如图 8.16 所示。

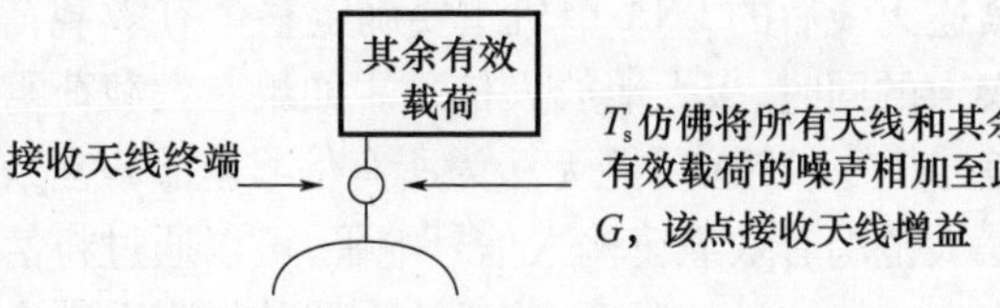

图 8.16 G/T_s 定义

如果进入天线的信号电平 S 已知,则 G/T_s 用于计算上行链路信噪比:

$$\mathrm{SNR} = \frac{S}{N}$$

其中

$$S = P_{\mathrm{den}} \left(\frac{c}{f_c}\right)^2 \frac{1}{4\pi} G$$

式中:P_{den} 为天线输入端的信号通量密度(W/m²);c 为光速,$c = 2.998 \times 10^8$ m/s。

$$N = T_s k B$$

式中:k 为玻尔兹曼常数,$k = 1.379 \times 10^{-23}$ J/K;B 为测量噪声的等效噪声带宽。

术语 G 和 T_s 需要进一步解释。

G 是信号方向上的接收天线增益,以天线终端为基准,以与客户商定的方式考虑指向误差。

上行链路系统噪声温度 T_s 更复杂,它由三个附加的带内分量组成:

(1)天线噪声温度 T_a:天线从观察位置接收到的噪声温度;

(2)有效载荷其他部分产生的热噪声温度 T_e:除天线外,所有有效载荷单机(无论是有源还是无源)共同产生的噪声;

(3)环绕噪声温度 T_r:由于有效载荷发射的信号被有效载荷接收而产生(抑制

方法见 4.4.5 节)。

Pritchard 等人(1986)对噪声成分进行了深入地分析,据此可得出
$$T_s = T_a + T_e + T_r$$

天线温度 T_a 实际上不是由天线引起的,而是由天线接收的上行信号引起的(14.5 节)。

热噪声温度 T_e 是天线终端之外的有效载荷其他部分引起的。转发器的噪声系数可以在整星测试前通过综合 G/T_s 参考点后的所有有效载荷单机的噪声系数(9.2 节)来估计。如果 F 是有效载荷噪声系数,则热噪声温度为:
$$T_e = (F-1)290(\text{K})$$

有效载荷即使接收到非常微弱的信号,也要通过有效载荷中的许多单机。大多数单机都会导致信号电平损失,有些单机如 HPA 存在非常大的噪声系数。有效载荷噪声系数指标必须在有效载荷前端设置,该前端从接收天线终端延伸至下变频器后。紧连天线后的 LNA 单机主要确定整个有效载荷的噪声系数。LNA 必须在增加少量噪声的同时,极大地放大信号。如果有效载荷需要处理大范围(通常为 30dB)的输入信号电平,LNA 可能无法为所有信号电平设置噪声系数。前置放大器全部或部分补偿大范围有效载荷输入信号电平,可以通过将信号放大许多分贝,然后衰减所需的量来实现。这种情况下,前置放大器的噪声系数会非常大,对整个有效载荷的噪声系数影响显著,但不是主要决定因素。另一种替代方案是前置放大器可以在其需要的放大级中切换,然后只做小范围的衰减。在这种情况下,它的噪声系数可能不会太差,因为较大的噪声系数仅在信号电平高时出现,总之,上行链路 SNR 对于所有输入信号电平都是令人满意的。对于测量前有效载荷噪声系数的估计,必须至少在两种情况下进行计算,即当前置放大器配置为最小衰减和最大衰减时。

环绕噪声实际上不是噪声,而是一种不需要的信号,由于它与期望的接收信号并不相关,因此可以建模为噪声。

8.12.2 G/T_s 的验证方式

G/T_s 会经过多次验证。天线增益是在近场范围内首次测量获得(3.12 节),而天线温度是一个必须与用户协商确定的数值,通常是天线在轨可预见的最坏情况。

除天线外,有效载荷的噪声系数可在热真空实验过程中测量,因此可以获得温度范围内的最坏情况。采用频谱分析仪测量包括噪声源作为输入在内的噪声系数。前置放大器必须处于固定增益模式(FGM 模式),且必须至少在两种情况下测量噪声系数,即前置放大器配置为最小衰减和最大衰减时。噪声系数必须在整个频段内测量,因为它在整个频段内并不是平坦的。噪声系数的测量方法:除天线外,有效载荷的增益 G_p 必须从先前的测量中获知;噪声源输出两种可能的噪声温度 T_{off} 和 T_{on},其中 $T_{on} > T_{off}$;以这两个等声温度作为输入,测量发射天线终端噪声带

宽 B 中的噪声功率;以输入噪声温度为 x 轴、噪声功率为 y 轴绘制这两个测量的噪声功率点,并在两点之间画一条直线,外推至输入温度 0K, y 值等于 $(F-1)G_p 290B$,因此可以从中计算 F,如图 8.17 所示。

然后,根据天线增益、约定的天线温度和有效载荷噪声系数,可以计算 G/T_s。在 CATR 中,再次测量天线增益,并测量 G/T_s。

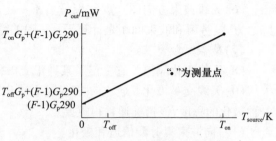

图 8.17 有效载荷噪声系数的计算图

8.13 饱和通量密度

饱和通量密度(SFD)是指选定通道的 HPA 达到饱和时,卫星天线视轴方向的功率通量密度,它取决于 HPA 的前置放大器设置,通常以 dBW/m^2 为单位。

8.14 自干扰

8.14.1 自干扰的定义

自干扰是有效载荷在发射时对自身的干扰,它可能是点波束干扰其他点波束或区域波束,也可能是区域波束干扰点波束。载波干扰比(C/I)是衡量自干扰的常用指标。由于 C/I 是覆盖位置的函数,实际计算限制了用于计算的地面位置数量。

8.14.2 自干扰的来源

C/I 有许多独立的维度,因此必须考虑所有维度:

(1)信道信号的调制。这是一个上行链路地面站的功能而不是卫星的功能,但 C/I 计算需要了解信道中信号功率电平及其调制符号率和调制方案。

(2)频域信道间隔。这取决于信道之间保护带的大小,若有效载荷在两种极化上均需传输信号,则必须知道这两种极化的信道分配情况。

(3)HPA 非线性特性及其工作点。这些是计算可能干扰其他信号的 HPA 三阶交调必需的数据。

(4)OMUX 性能指标。OMUX 的性能指标表征了其对 HPA 的三阶 IMP 的抑制水平。

(5) EIRP。

(6) 天线波束方向图。点波束虽然不一定都具有相同的方向图,但方向图滚降的方式、旁瓣和波束间距是计算干扰 I 的关键。

(7) 覆盖区域要求。

(8) 天线极化隔离。它决定了某种正交极化干扰的程度,该指标通常很重要。

(9) 天线交叉极化。它在一定程度上决定了在地面接收时,某种极化干扰另一种极化的程度,该指标通常很重要。

(10) 向波束集分配信道和极化。

以这种方式计算的 C/I 只是整个通信系统级 C/I 的一个组成部分,整个通信系统级 C/I 还应包括来自其他上行信号、来自其他卫星系统的下行信号以及来自该卫星其他极化信号的干扰,14.6 节将进一步讨论这一问题。

计算 C/I 变化,首先需要知道名义 C 和名义 I;对于 C 和 I 变化,必须分别考虑以下一个或多个指标:

(1) 增益稳定性和功率输出稳定性。

(2) 天线指向误差。如果点波束天线固定在平板上或结构中,那么它们将一起移动。另外,两副天线可以分开控制。天线指向误差是一个概率问题。

(3) 天线波束方向图边缘。波束方向图在波束边缘急剧减小/增大,这就是干扰 I 的来源。

第 15 章介绍了一种 C/I 变化的概率处理方法,它不像通常的最坏情况组合那样保守。

8.14.3 自干扰传导至有效载荷的途径

自干扰是一种有效载荷级的特性。

8.14.4 验证自干扰的方式

通过测试和计算联合方式来验证自干扰的水平。测试单副天线波束的方向图和极化隔离,或者同时测试它们,从而测量发射天线的 C/I 值(3.12 节)。有效载荷信道通常采用 CW 测试,信道的输出功率输出和频率响应。是在天线终端前的测试耦合器上获得,其余有效载荷自干扰的验证是通过分析实现的。

8.15 无源互调产物

PIM 是当发射的信号入射到卫星部件的边缘或棱角时,会对信号产生非线性组合,然后 IMP 刚好反馈到接收天线的现象。能够引起 PIM 的转发器单机(箭头标出)如图 8.18 所示。如果 PIM 恰好与该信道上的信号频率相同,PIM 将会成为该信号的失真,并与该信号一起传输。

当通信卫星多副天线和/或在多个频段上发射时,PIM 是一个重要的问题。例如,Optus – C1 卫星有 UHF 和 X 频段、Ku 频段、K 频段和 Ka 频段的有效载荷和 16 副天线(Singh and Hunsaker,2004)。

卫星制造商在 PIM 方面开展了大量工作,PIM 难以精确分析,因此采取最坏情况的方法进行评估和控制。卫星制造商通常采用的方法如下(Singh,2008):

(1)性能分析,考虑近场天线分析、卫星整星结构散射、多径和天线子系统布局等因素。

(2)评估 PIM 产生的风险。

(3)卫星整星设计以避免有害 PIM 的发生,可以对天线、卫星推进器、TWTA 散热器和卫星隔热层采取设计措施。

(4)在两个层面上开展测试,以确保潜在有害的无源互调干扰是微弱的,首先在天线分系统层面测试卫星有效载荷单机及其隔热层的 PIM,其次在卫星整星层面测试包括有效载荷接收机的 PIM。

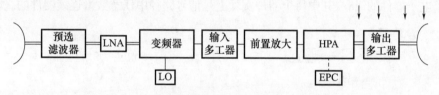

图 8.18 除其他暴露的卫星表面外的 PIM 源

本书中没有进一步介绍 PIM,因为除了可能出现的频率外,并不适合精确分析 PIM。进一步地阅读参见文献(Singh and Hunsaker(2004))。

8.A 本章附录

8.A.1 增益波纹和相位波纹的关系

由于阻抗失配产生的多径,总会引起增益波纹和相位波纹。每 1dB 的峰 – 峰增益波纹,对应相位波纹峰 – 峰值为 6.6°,相位波纹和增益波纹在频域中相差 1/4 个周期。假设多径信道的脉冲响应(5.2.2 节)如下:

$$h(t) = (1-\varepsilon)\delta(t) + \varepsilon e^{j\lambda}\delta(t-\tau)$$

式中:ε 为幅度,远小于 1 的实数;λ 为旋转角度(rad);τ 为小信号相对于主信号的延迟。

传递函数 $H(f)$ 的增益响应 $G(f)$ 和相位响应 $\varphi(f)$ 由下式近似给出：

$$G(f) \approx \frac{20}{\ln 10}\varepsilon[\cos(2\pi f\tau) - 1]$$

$$G(f)_{\text{纹波分量}} \approx \frac{20}{\ln 10}\varepsilon\cos(-\lambda + 2\pi f\tau)$$

$$\varphi(f) \approx -\varepsilon\sin(-\lambda + 2\pi f\tau)$$

由此可以得出,相位波纹的幅度与增益波纹的幅度之比是 $6.6(°)/dB$。

8.A.2 G/T_s 与参考位置无关

8.12.1 节讨论了 G/T_s（将有效载荷视为接收终端时有效载荷的品质因数）。G 和 T_s 必须以同一点为基准,其中 G 是该点之前的增益,而 T_s 则是该点之后的系统噪声温度。通常将接收天线终端作为参考点。需要说明的是,实际上可以选择任何一点作为基准,并不改变 G/T_s 的值。

图 8.19 为不同参考点位置的两种情况：一种是在天线终端,另一种是在有效载荷硬件链的更后端。两种情况中,整个有效载荷电子线路（减去天线）可以等效为由两个电子器件的级联,其中每个器件实际上是信号路径中任意数量连续器件的级联。

注 "○" 是 G/T_s 定义参考点；G_0 是天线输出终端接收天线增益；T_{a0} 是天线噪声温度；元件之间的线无噪声,只为绘图表示。

图 8.19 G/T_s 参考点的两种情况
（a）案例 1；（b）案例 2。

在第一种情况中,参考点位于天线终端,其参考点前增益 $G = G_0$。参考点后的电子线路的组合噪声系数：

$$F = F_1 + \frac{F_2 - 1}{G_1}$$

因此,可得

$$G/T_s = \frac{G_0}{T_{a0} + T_{r0} + (F-1) \times 290}$$

在第二种情况中,有

$$G = G_0 G_1$$
$$T_a + T_r = T_{a0}G_1 + T_{r0}G_1 + (F_1 - 1)G_1 \times 290$$
$$F = F_2, T_e = (F_2 - 1) \times 290$$

因此,可得

$$\frac{G}{T_s} = \frac{G_0 G_1}{T_{a0}G_1 + T_{r0}G_1 + (F_1-1)G_1 \times 290 + (F_2-1) \times 290}$$

$$= \frac{G_0}{T_{a0} + T_{r0} + \left[F_1 - 1 + \dfrac{F_2-1}{G_1}\right] \times 290}$$

两个位置的 G/T_s 相同。

参考文献

Agilent Technologies(2003). Agilent PNA microwave network analyzers, mixer transmission measurements using the frequency converter application. Application note 1408 – 1; May.

Agilent Technologies(2007). Agilent E5052B signal source analyzer, advanced phase noise and transient measurement techniques. Application note.

AIAA Japan Forum on Satellite Communications(2003). Capital products & review: C – band solid state power amplifer(SSPA). *Space Japan Review*; no 27; Feb/Mar. Accessed June 27, 2011.

Anritsu Corp(2008). Using Anritsu's Spectrum Master™ and Economy Bench Spectrum Analyzers to measure SSB noise and jitter. Application note 11410 – 00461, rev A.

Grundbacher R, Chou Y – C, Lai R, Ip K, Kam S, Barsky M, Hayashibara G, Leung D, Eng D, Tsai R, Nishimoto M, Block T, Liu P – H, and Oki A (2004). High performance and high reliability InP HEMT low noise amplifiers for phased – array applications. *IEEE MTT – S International Microwave Symposium Digest*; Vol. 1; June 6 – 11; pp 157 – 160.

Hitch B(2019). Private communication. July 25.

International Telecommunication Union, Radiocommunication Sector(ITU – R)(2015). Recommendation SM. 1541 – 6. Unwanted emissions in the out – of – band domain. Aug. Version in force on 2020 Sep. 21.

L – 3 Communications Electron Technologies, Inc. (2009). *TWT/TWTA Handbook*, 13th ed. , Torrance.

Pritchard WL and Sciulli JA (1986). *Satellite Communication Systems Engineering*, Englewood Cliffs, NJ: Prentice – Hall, Inc.

Rohde & Schwarz(2012). Group delay and phase measurement on frequency converters. Application note 1EZ60_1E. Accessed June 10, 2019.

Singh R (2008). Passive intermodulation (PIM) requirements for communications satellites. *International Workshop on Multipactor, Corona and Passive Intermodulation in Space RF Hardware*; Sep. 24 – 26.

Singh R and Hunsaker E(2004). PIM risk assessment and mitigation in communications satellites. *AIAA International Communications Satellite Systems Conferences*; May 9 – 14; pp 1 – 17.

第9章
有效载荷研发的分析

9.1 引言

在第8章的基础上,本章介绍了有效载荷研发所有阶段需要的各种分析,每种分析都可单独使用,也可作为更高层次分析的一部分。9.2节和9.3节介绍了有效载荷性能预算,因此也涉及有效载荷设计和评估。9.4节和9.5节除了7.2节已经讨论过的内容之外,还涵盖了与HPA相关的主题。9.5节涉及除HPA之外的有效载荷中的其他非线性部件,例如接近饱和情况下工作的放大器或模数转换器。9.6节通过模拟仿真对有效载荷分析给出了相关建议。

9.2 如何处理噪声系数

前面6.4节已经定义了噪声系数(NF),同时还列出了本书所涉及噪声相关内容的其他章节,本节主要描述NF的机理。

我们知道双端口部件可以通过其增益值G和噪声系数值F来表征,两者都是不以dB为单位的功率比。

9.2.1 无源组件输出端的噪声

无源组件增益值$G<1$,其NF为$1/G$。若在NF测量时的输入噪声温度为290K,则输出噪声温度也为290K。这是因为输入噪声受组件增益影响后,其输出温度为$G \times 290K$,而组件内部产生的输出噪声温度为$(F-1)G \times 290K = (1-G) \times 290K$,因此两者之和为290K。更一般地说,对于值为$T_0$的任何输入噪声温度,无源组件的输出噪声温度为$GT_0 + (1-G) \times 290K$。

当$T_0 > 290K$时,无源组件的输出噪声温度可以高于输入噪声温度。输出噪声温度有一个下限最小值,即290K,因为当输入噪声温度为290K时,输出噪声温度也为290K。

9.2.2 两组件级联的增益和噪声系数

通过计算的方法,评估双组件级联转发器 NF 的关键是找到一个全面的公式(如图9.1所示),该公式能够计算两个无源组件的增益和 NF。需要注意的是,在组合之前,第二个组件的增益和 NF 与每个组件的输入有关,但是级联后该组件增益和 NF 只与级联后组件的输入相关。

当第一个部件是无源组件时,计算两组件级联的 NF 就会比较容易。假设无源组件的增益值 $G_1 < 1$,那么它的 NF 值就是 $F_1 = 1/G_1$。假设有源组件的 NF 值为 F_2,那么级联后的 NF 值就是 $(1/G_1)F_2$,如图9.2所示,级联后的增益是各部分增益的乘积。

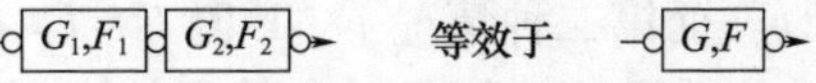

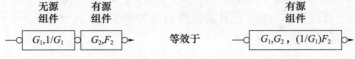

图9.1 两个通用组件级联的增益和噪声系数

注:$G = G_1 G_2, F = F_1 + \dfrac{F_2 - 1}{G_1}$;

"○"是连接点。

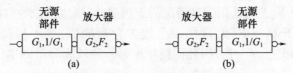

图9.2 无源组件后接有源组件的增益和噪声系数

9.2.3 增益和衰减的均衡

市面上可购买的放大器因其固定增益值而可选择增益受限。另一方面衰减器种类繁多,衰减器的衰减值不仅可以精细选择,而且与有效载荷集成后也可以通过星载自动电平控制(automatic level-control,ALC)单机自动调整衰减值,同时也可以从地面向卫星发送指令调整衰减值。通常,如果通道需要放大器时,其放大值可能并不是最佳,因此需要衰减器与之配对使用。

本节将讨论单机设计中影响整体 NF 的两个问题。因为系统总是要求 NF 最小,至少要降低到一定电平,优秀的设计更是如此。

图9.3 通过衰减器和放大器获得的相同增益

(a)衰减器后接放大器;(b)放大器后接衰减器。

第一个问题是,在衰减器前后配置一个放大器,哪种是更好的单机设计,这两种情况如图 9.3 所示。两种情况下,无源部件的增益值都是 G_1。第一种情况下,组合后 NF 的值为:

$$F = \frac{1}{G_1} F_2$$

第二种情况下,NF 的值为:

$$F = F_2 + \frac{\frac{1}{G_2} - 1}{G_2}$$

第二种 NF 的值总是较小的,因为对于放大器而言 $F_2 G_2 > 1$(实际上,式中每一项都大于 1),因此第二种单机设计更好。例如,假设 $G_1 = 1/\sqrt{10}$ 和 $G_2 = 10$,第一种情况下 NF 值 $F \approx 3.2 F_2$;而第二种情况下 NF 值 $F \approx F_2 + 0.2$,其值要小得多。

第二个问题是 HPA 的前置放大器设计。前置放大器通常必须能够在大范围(一般约为 30dB)内放大。前置放大器可以设计成放大很多 dB,然后根据实际需要进行衰减。或者,将放大器分成两级或更多级,在需要时进行切换,因此其衰减量较低(选择哪种方案还取决于其他因素,比如质量和体积,但这里只针对 NF 考虑分析)。图 9.4 中给出了以上两种情况的示例。第一种情况下,两个相同的放大器后接一个衰减器,它抵消了第二级放大器的增益;第二种情况下,只有一个放大器,没有衰减器。

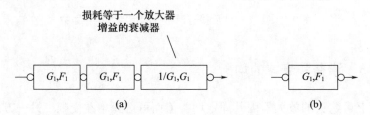

图 9.4 (a)两级放大器后接衰减器和(b)单级放大器无衰减器获得相同的增益

在第一种简化情况下,组合后 NF 的值为:

$$F = F_1 + \frac{F_1 - \frac{1}{G_2}}{G_1}$$

而在第二种简化情况下,其值 $F = F_1$。

第二种情况下,F 值比第一种情况的 F 值要小,所以第二种单机设计的值更高一些。然而,对于 $G_1 = 10$ 的这样一个较为合理的数,第一种简化情况下,$F \approx 1.1 F_1$;第二种情况下,$F = F_1$,因此即使使用第一种较为简单的单机设计其结果也已经足够好了。

9.3 如何制定和保证有效载荷性能预算

9.3.1 有效载荷需求分析

从根本上说,有效载荷系统工程师的工作是确保有效载荷性能满足客户的要求,透明转发式有效载荷的客户要求文件通常至少有 100 页。有效载荷必须能够认可验证的可靠性实现其所需指标要求的功能。有效载荷的要求是整星要求的一部分,也是端到端通信系统要求的一部分,这些要求包括卫星、地面部分、用户部分和接口等多方面的内容。

有效载荷需求的分析是一项繁重的工作,甚至在卫星制造项目实施之前就已经开始了,并贯穿整个项目实施周期到项目结束。合同签订前,需求分析内容要足够详细,使客户能够清楚其所期望的,卫星制造商有信心按时完成项目实施并从中获得利润。合同签订后,相关设计人员还必须详细了解有效载荷单机、卫星上有效载荷的布局以及有效载荷受在轨环境的影响。项目实施期间的第一个分析阶段要详细说明客户的有效载荷要求预期能够得到满足,不仅有相应裕量,而且每项要求甚至在一到数百种情况下都能得到满足。

有效载荷工程师在整个项目实施期间要对有效载荷要求进行持续分析,以表明最终所有要求都将得到满足。当分析结果看起来不能满足的时候,有效载荷工程师就要和各单机工程师一起重新梳理分析,确保分析结果满足要求。随着有效载荷各单机完成加工测试,更好和更详细的数据变得可用,分析时将它们纳入其中,可降低风险(9.3.5 节)。有效载荷经过试验验证后,表明所有要求都得到满足,客户可接收整颗卫星,整个过程如图 9.5 所示。

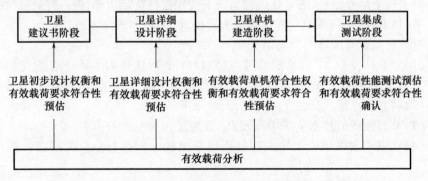

图 9.5 有效载荷分析在卫星研发所有阶段的贡献

如果客户的要求无法得到完全满足，但又不会对卫星项目造成很大的负面影响，则端到端通信系统的通信分析（第16章）将决定如何开展后续工作。分析结果可以说服有效载荷工程师、项目经理和客户，在不显著降低通信性能的情况下放宽要求。

9.3.2 无不确定性的预算示例：信号和噪声电平

下文从构建一个特定的预算开始讨论相关内容，预算中会计算各行条目和底线的标称值，但会将关键而复杂的不确定性内容安排到下一节。

信号和噪声电平预算主要基于有效载荷信号电平 P 和噪声电平 N_0（单侧射频噪声功率谱密度）。预算的每一行都对应一个有效载荷部件，即一个有效载荷单机或者有效载荷集成部组件，如波导、衰减器和微波开关。该预算很重要，因为在有效载荷需求分析中，会对 G/T_s 和等效各向同性辐射功率（equivalent isotropically radiated power，EIRP）提出一些更加有效的要求，它们是最重要的有效载荷参数的第一级要求。之所以称为"有效"，是因为其需求形式分别与 G/T_s 和 EIRP 略有不同；例如，代替 G/T_s 的要求可以是接收增益和转发器的 NF，代替 EIRP 的要求可以是下行链路可用性。G/T_s 设定上行链路信噪比，EIRP 设定下行链路信噪比（14.7节）。

即使在有源单机的设计中，也需要检查输入 P 和 N_0。例如，进入放大器的噪声电平不能过高，否则信号加噪声功率会驱动放大器接近压缩点（6.3.2节）。又如，进入 ALC 电路的噪声电平也不能过高，否则噪声功率会对 ALC 电路设置增益的位置产生显著影响。

在预算中，在每个部组件的输出端计算 P 和 N_0。此外，还可以计算参考起始点到某点的组合增益和 NF。在任何一行或多行上，可先确定一个关注或感兴趣的带宽 B，但下面的示例中并没有涉及；计算并显示在带宽为 B 条件下该行的 SNR，其值为 $P/(N_0B)$（12.16节）；预算时数据通常以 dB 或 dB 型的单位进行计算操作。对于每个信号路径，通常在四种情况下构建这种特定预算：进入有效载荷的信号电平（最低和最高）乘以两种前置放大器模式（ALC 和固定增益）。

制定有效载荷预算的步骤如下：

(1) 定义转发器 NF 计算的参考点（8.12.1节），这是为了计算增益 G 和噪声温度 T_s 而选择的点。在每行各项中，该项目输出的组合 NF 将参考同一个起始点。

(2) 将参考点输入端的 T_0 定义为天线噪声温度。

(3) 从有效载荷技术要求中获知 P_0，即为进入参考点的功率。

(4) 在电子表格中依次输入待分析信号路径中所有有效载荷部组件的增益和 NF。

(5) 电子表格的顶部，即第一行部组件的正上方，增益的起始值为 1(0dB)，NF 的值为 1(0dB)。这些表示到参考点输出的增益和 NF，除了作为递归计算的必要起点之外,没有任何意义。此外,将 T_0 和 P_0 放置在电子表格顶部,使其作为参考点的输入,这些是递归计算所必需的。

(6)对后续每个部组件执行以下操作:从当前部组件的增益及其之前所有部组件的组合增益,形成该部组件输出的组合增益值 G;从当前部组件的 NF 及其之前所有部组件的组合 NF,形成该部组件输出的组合 NF 值 F。然后计算组合部组件到该部件输出的系统噪声温度(始终适用于参考点):

$$T_s = T_0 + (F-1) \times 290$$

计算该部组件输出端的噪声功率谱密度:

$$N_0 = kGT_s$$

式中:k 为玻尔兹曼常数,$k = 1.38 \times 10^{-23}$ J/K。

该部组件输出端的功率:

$$P = GP_0$$

图 9.6 给出了由 10 个部组件组成的简化信号路径的信号电平和噪声电平预算示例,其中没有考虑不确定性。参考点输入端的信号功率和噪声温度,分别为 T_0 和 P_0,将其输入左上角的框中。将各个部组件的增益和 NF 输入到电子表格的左侧附近双框,注意,这些项目内容的来源和日期都要——输入电子表格中,表中的中间部分是累计运算得到的。

Example of signal-and noise-level budget without uncertainty

T0 300.00 deg K　　　　kappadB −198.60 dB(mW/(K-Hz))
P0dB −30.00 dBm

Element	Elt gain (dB)	Elt NF (dB)	Elt gain (not dB)	Elt NF (not dB)	G (dB)	G (not dB)	F (not dB)	F (dB)	Ts (K)	Ts (dBK)	N0 (dB(mW/Hz))	P (dBm)	Source of elt gain and NF	Date
Reference point					0.00	1.00	1.00	0.00	300	24.77	−173.83	−30.00		
Element 1	−0.15	0.15	0.97	1.04	−0.15	0.97	1.04	0.15	310	24.92	−173.84	−30.15	Supplier X spec	xx/xx/xx
Element 2	−1.50	1.50	0.71	1.41	−1.65	0.68	1.46	1.65	434	26.38	−173.88	−31.65	Supplier X spec	xx/xx/xx
Element 3	21.00	5.50	125.89	3.55	19.35	86.10	5.19	7.15	1515	31.80	−147.45	−10.65	Supplier Y spec	yy/yy/yy
Element 4	−2.00	2.00	0.63	1.58	17.35	54.33	5.19	7.16	1516	31.81	−149.45	−12.65	Supplier Y spec	yy/yy/yy
Element 5	−3.65	3.65	0.43	2.32	13.70	23.44	5.22	7.18	1524	31.83	−153.08	−16.30	J. Fisher memo	yy/yy/yy
Element 6	−3.65	3.65	0.43	2.32	10.05	10.12	5.28	7.22	1540	31.87	−156.68	−19.95	J. Fisher memo	yy/yy/yy
Element 7	−0.05	0.05	0.99	1.01	10.00	10.00	5.28	7.22	1540	31.88	−156.73	−20.00	Measured in unit test	xx/xx/xx
Element 8	−4.20	4.20	0.38	2.63	5.80	3.80	5.44	7.36	1587	32.01	−160.80	−24.20	Measured in unit test	xx/xx/xx
Element 9	−2.00	2.00	0.63	1.58	3.80	2.40	5.59	7.48	1632	32.13	−162.68	−26.20	Est. based on length	xx/xx/xx
Element 10	−0.15	0.15	0.97	1.04	3.65	2.32	5.61	7.49	1636	32.14	−162.82	−26.35	Supplier X spec	yy/yy/yy

图 9.6　无不确定性的信号电平和噪声电平预算示例

以上这种形式的信号电平和噪声电平预算有时会引起人们的兴趣:

(1)与上述形式相同,但 $T_0 = 290$K,用于计算指定组合 NF 时的转发器 NF。

(2)与上述形式相似,但仅包含一部分信号路径,可作为有效载荷研发的辅助,T_0 是该部分路径之前的信号路径输出端的噪声温度 T_s。

(3)与上述形式相同,但 $T_0 = 290$K,用于计算某段转发器的 NF。

了解噪声电平适用于多少带宽非常重要。为了计算上行链路的 P/N_0,它是端到端通信链路预算中的一项(14.8 节),而计算的噪声就是检测滤波器带宽内的噪声(12.10.1 节)。为了计算放大器接近饱和的程度,计算的噪声就是进入放大器的噪声,其带宽可能大于检测滤波器的带宽。在任一种情况下,如果适用带宽内的噪声没有统一的 N_0 值,则使用带宽上的平均 N_0。

9.3.3 阻抗失配问题

在有效载荷中两个部组件连接的任何位置都可能存在阻抗失配,无论这种失配有多小(4.7.1 节)。有效载荷工程师要清楚两个单机之间、单机和集成部组件之间以及两个集成部组件之间的失配。信号和噪声电平预算应包括每个连接位置的失配损耗,信号和噪声都会因失配而衰减,但失配不会增加噪声。阻抗失配将一小部分信号和噪声向后反射,并被隔离器、环形器或微波开关上的终端吸收。如果反射信号和反射噪声再次失配,那么其中一小部分会向前反射,传输过程中其值可能会被连接的衰减器进一步降低。无论如何,当有效载荷设计良好并且没有存在任何损坏时,失配是可以忽略的。

9.3.4 预算的不确定性问题

9.3.4.1 解决不确定性的两种方法

有效载荷性能预算首先计算出相关参数的标称值,然后减去反映不确定性的数值从而降低标称值。预算的底线结果是降低后的标称值,代表一种最坏情况,在规定的卫星在轨工作条件范围内很有可能实现。

有两种方法可以降低参数的标称值:一是在预算中计算标称值的当前标准偏差或 σ 值(附录 A.3.3 节),然后在预算的底部将 2σ 或 σ 的其他倍数加到标称值上,产生底线结果,如果差值比总和更差,则减去该结果。这种获取不确定性的方法适用于预算行项目都已知或 σ 估计良好的预算,本节的其余部分将对其详细讨论。二是不处理 σ 值,而采用较大的设计裕量(9.3.5 节),这种方式本书不讨论,它是基于经验法则。

如果不确定性服从高斯概率分布,则参数的实际值将大于减去 2σ 的标称值(概率为 97.7%,附录 A.3.5 节介绍)。事实上,不确定性通常并不服从高斯概率分布,因为它由一些高斯分布和非高斯分布的不确定性之和组成。实际的概率分布不可知,因为假设的不确定性分布也只是近似值。总之,计算的组合 σ 值是对实际的组合 σ 的良好预估,但概率只是近似值,应用于 σ 的因子越大,高斯近似值越不准确。即使不确定性可能不服从高斯分布,但考虑到预算中有足够多的有效载荷部组件,高斯分布仍然是一个有用的近似值(附录 A.3.9 节)

具体使用什么标称值的使用是一个重要的考虑因素,这将在不确定性一节的最后讨论。

9.3.4.2 预算行项目不确定性的因素

在采用 σ 方法处理不确定性的预算中,参数 σ 是预算行项目 σ 值的某种组合。必须弄清楚预算行项目不确定性的因素,以便采用何种方式将其结合到底线不确定性中。某种程度上,通过行项目本身是否具有非零平均值或零平均值来区分。具有非零平均值的行项目反映了设计的预期部分,例如单机之间存在集成部组件(如波导、开关和混合电桥)。一些平均值为零的行项目反映了不确定性或不可知因素,如单机设计不成熟、计算建模误差和加工制造公差,这些行项目具有不确定性,但在卫星研制期间的某个时间点会不复存在。另外一些平均值为零的行项目即使卫星在轨工作上也适用,如温度引起的性能变化、老化和辐射总剂量引起的性能变化以及功率测量误差。表 9.1 给出了有效载荷制造阶段需要考虑的预算行项目不确定性的示例。

表 9.1 一些预算项目不确定性类型及其考虑阶段

项目	有效载荷和单机设计阶段	有效载荷详细设计和单机制造阶段	卫星集成测试阶段	卫星在轨工作阶段
室温下有效载荷集成部组件预估损耗的误差	√	√		
设备单机设计不成熟的误差	√	√		
计算模型的误差	√	√		
制造公差的误差	√	√		
随温度的性能变化	√	√	√	√
随老化和总辐射剂量的性能变化	√	√		
功率测量误差	√	√		

好的方面是各种因素的不确定性互不相关(附录 A.3.3 节),因此预算的组合 σ 是各种类型 σ 的 RSS。正如下文所述,难点是如何找到计算性能随卫星轨道温度变化的 σ。

9.3.4.3 若干易于处理的某些不确定性因素

某些不确定性因素的 σ 很容易处理,所以先将其排除,再参考表 9.1 中的不确定性因素进行参考,这些不确定性可能不是所有因素,但给出了大致的思路。室温下有效载荷集成部组件损耗的不确定性有两种:一种是来自波导和同轴电缆长度的不确定性;另一种是来自其他集成部组件损耗的不确定性。主管卫星布局的工程师预估波导管和同轴电缆的长度,而有效载荷工程师估计其他有效载荷集成部组件的损耗误差。表中所示单机设计的不成熟、计算建模误差和加工制造公差造成的不确定性是由单机工程师估算,并将估算结果传递给有效载荷工程师。表中所示单机工程师为单机提供性能随温度变化,即温度敏感系数;而有效载荷工程师则为集成部组件提供性能随温度变化。

因此,根据部组件制造商提供的不确定性,有效载荷工程师必须自己估算一些 σ。如果制造商只是给出一个无符号的数字,最好询问制造商是不是 1σ,或者是介于以均匀概率密度函数(probability density function, PDF,附录 A.3.6 节)或其他函数为界的中间值取"±"号。

如果没有得到答案,这个数字可能就是 1σ(否则,这是一个保守的假设)。如果制造商只是给出一个"±"数,最好询问一下它是 ±1σ、±2σ 还是 ±PDF 之间的数等等。如果制造商写的是"最坏情况'±'数",那么它可能是 ±2σ(否则,这是一个保守的假设)。然后,有效载荷工程师根据制造商给出的数据或其估算的数据进而得出 1σ,附录 A.3 提供了一些关于这方面的内容。

另一种相对简单的不确定性类型是测量误差,下面将讨论。

9.3.4.4 功率测量中的不确定性问题

在有效载荷功率测量过程中,是否考虑以及如何考虑测量误差由客户或制造商去决定。通常,确定测量误差有两种方法:一种是需要从测量值中减去一定数量的测量误差(如 2σ);另一种是询问功率电平,如 84% 的概率,实际功率将高于该功率电平。假设测量功率为 X,测量的均方根误差为 σ(功率计测量的不确定性在国际上以均方根值表示(Agilent Technologies, Inc, 2009))。那么 X 减去 σ 的多少倍 n 才是呈给客户的正确取值。事实证明,n 是同一个数字,就好像关于概率 P 的类似问题(图 9.7):

$$\Pr(P \geqslant X - n\sigma) = 假设概率 \Leftrightarrow \Pr(X \leqslant P + n\sigma) = 假设概率$$

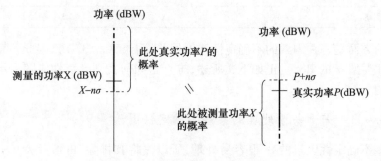

图 9.7 与输出功率测量相关的概率

在进行签字确认的有效载荷测量时,如果工程师认为第一次测量得出的答案不具代表性,可以进行多次测量。比如,如果工程师一共做三次测量并给出平均值,那么必须包括第一次测量之后的两次测量。只有知道可能的原因并且客户同意时,才可能剔除不理想的结果。多次测量并使用平均值的另一个原因是减少测量误差,如果测量是独立不相关的(尽管它们应该在同一测试设备上进行),那么测量误差可以通过以下方式减小:

$$n\text{ 次平均测量误差的标准偏差} = \frac{1}{\sqrt{n}}(1\text{ 次测量误差的标准偏差})$$

9.3.4.5 指定寿命期内必须满足有效载荷性能的环境

现在有效载荷性能预算不确定性的难点主要是计算有效载荷性能随寿命期在轨温度变化引起的不确定性因素的 σ。在某些方面,老化和辐射造成的不确定性更容易处理,因此首先考虑产生这些不确定性因素的卫星级要求,并将其换算为对有效载荷的影响。

在卫星要求文件中,必须满足有效载荷性能要求的两个高级条件:一是环境,卫星轨道(高度、倾角、位置保持或不位保)决定了卫星将经历的热环境和辐射环境;二是涉及卫星寿命,陈述可能各不相同,主要取决于客户的商业模式。例如,在寿命末期(end of life, EOL),也就是说,在规定的 EOL 必须以 x 的概率满足性能要求。寿命条件的另一个例子是平均寿命,如从寿命初期(beginning of life, BOL)到 EOL,$y\%$ 平均时间必须满足 EIRP 性能。后一个例子甚至意味着考虑了特定的雨衰模型,这对 Ku 频段和更高频率有用(14.4.4.1 节)。

9.3.4.6 老化和辐射引起的不确定性

有些单机,如振荡器会随着老化和辐射而改变特性,单机工程师对这些漂移的 PDF 进行了估算(见第 4 章到第 7 章的示例)。如果从 BOL 到轨道上任何一年的漂移可能是正的或负的(概率上相等),那么漂移的平均值或标称值为零,但不确定性会随时间增加。如果漂移更有可能出现在一个方向上,那么可以对其进行补偿,从而使剩余漂移随时间的推移而上升或下降。如果这种漂移得不到补偿,那么在寿命期内的任何一年所指定的预算,其在该年的漂移平均值都将不可能为零(9.3.4.9 节讨论了在这种情况下如何使用标称值)。

9.3.4.7 将寿命期内的热环境转换为单机温度变化

本节重点讨论轨道上卫星的热环境和相关单机的温度变化关系。制造商认为,轨道上的卫星在没有执行位保的情况下,其全年经历的太阳照射方向和太阳距离条件每年都有所不同。热控工程师将太阳方向和太阳距离条件转换成一组单机的温度,更具体地说,是一组安装板(单机与卫星平台的热接口)的温度(实际上这是有效载荷和平台之间的迭代过程)。即使多年保持轨道不变,因为热控分系统的效率会慢慢降低,热管上单机的热接口温度也会逐渐升高。

因此,有效载荷工程师可以在预算时使用上述安装板的温度信息。对于通过有效载荷的特定信号路径,所使用的有效载荷单机是已知的,因此可以确定它们在卫星舱板或对地板上的位置,从而确定其温度。通过比较有效载荷的两条信号路径,就像在 C/I 分析中所做的那样,这项任务是其工作量的 2 倍(第 15 章给出了温度对卫星轨道位置依赖性的示例)。

下面介绍热环境是如何随时间变化的,这样就可以考虑应对措施。图 2.10 展示了地球静止轨道(geostationary orbit,GEO)卫星在北半球夏至当天是如何受太阳光照的,卫星对地板总是向下指向地球而它的推进器指向远离地球的方向。假设对地板上是低噪声放大器(low-noise amplifiers,LNA),南北板上是行波管放大器(traveling-wave tube amplifiers,TWTA)和输入多工器(input multiplexers,IMUX),东西板上是输出多工器(output multiplexers,OMUX)。图底部的卫星图表示卫星在卫星本地正午时受太阳光照的方式:太阳以锐角(23.44°)照射推进器和北板,北板上的 TWTA 和 IMUX 实际上接收到较少的光照,它们在当天任何时候都能获得相同的阳光。图右侧的卫星图是 6h 后绘制的,太阳几乎垂直于卫星西板,实际上与该板成 66.56°夹角,所以西板上的 OMUX 接收到了大量的阳光。又过了 6h,即午夜时分,太阳以 66.56°照射到卫星对地板上,所以 LNA 接收到了大量的阳光。再过了 6h,太阳与卫星东板成 66.56°夹角,此时的 OMUX 接收到了大量的阳光。因此,即使仅仅一天的时间,对地板和东西板上安装的设备其受日照程度也有很大的差异。

在一年中的其他时间,卫星各舱板受照情况也类似。冬至时,卫星南板而不是北板一整天都有少量阳光,对地板和东西板的受照情况与夏季相同(图 2.11)。在春分,南北板根本没有太阳照射,对地板和东西板有时会有太阳直射,在受照方面两个分点是相同的(图 2.9)。

随着时间的推移,单机一年中任何一天的温度变化范围的平均温度都将会越来越高。

中地球轨道(medium-earth-orbit,MEO)或低地球轨道(low-earth-orbit,LEO)卫星的热环境状况比 GEO(2.2.1.3 节)更复杂,更不能一概而论,这是因为星座之间甚至有时星座内的卫星轨道都是如此不同。

9.3.4.8 在轨工作温度下的有效载荷性能变化

将有效载荷性能随温度的变化纳入敏感预算的理想方法是在卫星寿命的每一分钟都能制定一个预算版本,如果有效载荷需求文件说明其性能要求到 EOL 时都适用,则只需要给出过去一年的预算结果。

然而上述方式是完全不可行的,因此必须得出制定预算的第一个条件,即所选的一组预算值在计算上是可行的。

当然,保守的预算和乐观的预算几乎一样糟糕。乐观的预算显然是不好的,它们可能会导致在项目后期要纠正前期有效载荷的设计错误,或者会导致有效载荷性能不符合客户要求。保守的预算可能意味着:①卫星能力被浪费,而这些能力本可以为客户提供更高的性能或额外的能力;②额外的过大质量会使运载火箭变得不必要那么大;③从一开始就不需要实施额外的资源,因此制造商本可以节省资金。因此,制定预算的最后一个条件是,如果预算不准确,就必须采取保守预算,但是保守裕量要尽可能的小。

预算必须要进行一些简化处理。有些预算很容易简化,例如,一些有效载荷参数有变化,其最坏情况很容易被单机工程师所接受。G/T_s 是一个有点类似的参数,只是它涵盖了许多有效载荷单机。无源天线的增益 G 通常不会随着寿命而改变,而 T_s 却是由相对低功率的设备来确定的,因此增加相对较少的"额外"资源来适应其寿命温度变化,通常不是一个艰难的设计决定。对于上述这些参数,预算时不需要使用 σ 值;在预算中,行项目是在最恶劣的温度条件下输入的。另一种易于简化的情况是,EOL 温度变化 σ 对预算中所有 σ_s 的影响可以忽略不计。

简化预算的难点之一是 EIRP。有效载荷的性能通常在高温下比在低温下差,如放大器在高温下性能较差。一些单机或其他有效载荷部件需要进行温度补偿,以在温度范围内保持近乎恒定的性能。HPA 的特性随温度变化(也随老化和辐射变化)会发生改变(第 7 章)。如果有效载荷发射非干扰波束,只需"发射 HPA 功率"就足以解决问题。然而,如果卫星平台功率紧张或有效载荷发射相互交叠的多波束,则必须采用前置放大器实施一些补偿措施。总之,随着温度和年份的变化,有效载荷会改变性能,可能还会改变其工作方式。

因此,为了更好地简化预算 GEO 卫星 EIRP,需要借助图 2.9 ~ 图 2.11 考虑一天和一年的热环境变化。一种可行的简化方法是选择一年中有效载荷性能最差的一天去代表全年,具体是哪一天则取决于卫星布局和有效载荷设计,剩下的就是日变化和寿命要求(也就是说,有效载荷性能规范规定的有效载荷性能是否适用于 EOL、早期几年或者多年时间的平均值或百分比)。

假设在所考虑的信号路径中只有一个单机和相关的集成波导安装在对地板或东西板上,第 15 章的例子就是这种情况。为了简单起见,现在只关注 EOL 的情况。该单机和波导管在最差的一天内温度变化将产生一个 PDF,如附录 A.3.7 节中所给出的,其中半天的温度处于每日温度最低值,而另一个半天的 PDF 随着温度升高到最高值。单机的平均温度约为从最大值减去最小值的 0.32,温度的标准偏差 σ 约为最大值减去最小值的 0.39,标称预算应根据该单机和波导在一天的平均温度来计算。在从最低温度到最高温度的 0.71 处再次预算,两次预算之间的差异将是温度变化引起的 σ;第二个预算不会被进一步采用,在平均温度下,只有 σ 会用于预算。所有其他单机和集成部组件将具有恒定的温度。

9.3.4.9 标称值

上面已经将有效载荷相关参数变化定义为基于标称值的变化,因此标称值的大小应该是一个重要的考虑因素。

当有效载荷的寿命要求为"EOL"时,标称值应为基于 EOL 的值。无论是针对 EOL 还是 BOL 预测性能,单机或有效载荷集成部组件性能中大部分因素的不确定性都具有相同的值。对于这些类型,标称性能值应该是期望值或当前最佳估计值而不是保守估计值,因为保守预算是在预算底线进行加或减 2σ 的计算。例如,空间某一方向上的标称天线增益是考虑天线指向误差的平均增益。有两种类型的性能不确定性对 EOL 的估计与 BOL 的不同:一种是辐射和老化引起的性能不确定性;另一种是热控分系统老化导致的单机温度随寿命升高引起的性能不确定性。在第 14 章的有效载荷示例中,随着时间的推移,辐射和老化会导致不同的预期,但温度上升只会导致可忽略不计的差异。

当有效载荷的寿命要求是"平均寿命"时,标称值应该是寿命中期的预期性能,而假设性能漂移在整个寿命期是线性的。关于在预算底线中如何处理这一问题,通常是减去或加上 2σ,即使用 $|\delta|+2\sigma$ 或 $|\delta|-2\sigma$,其中 δ 是预期从寿命中期到 EOL 的性能漂移。当有效载荷技术规范对链路可用性提出要求而不是 EIRP 要求,且频段为 10GHz 或更高时,$|\delta|\approx 0.1\mathrm{dB}$,可以忽略,因为在 EOL 和 BOL 的可用性将有效地平均到寿命中期的可用性。

9.3.4.10 组合行项目不确定性

各种因素的不确定性是互不相关的,因此预算的组合 σ 是各种因素的 σ_s。由于预算项目是以 dB 为单位,因此如果不确定性也以 dB 为单位,这样计算很方便。某些不确定性显然可以以 dB 为单位,如每英尺波导损耗和耦合器损耗。然而,如果不确定性不是以 dB 为单位,则可以将它们转换为 dB。如果给定的不确定性为功率比 X,首先将 $+u$、$-v$ 转化为分数 $+u/X$、$-v/X$,然后用 ε 代表其中的任何一个。分数表示的不确定性大约等于 $(10/\ln 10)\varepsilon \mathrm{dB}$,或者更准确地说, $(10/\ln 10)(\varepsilon - 0.5\varepsilon^2)\mathrm{dB}$。

图 9.8 为三种单机及其集成部组件的简化信号电平预算示例。通常情况下,噪声电平也会包含在这样的预算中,但为了清晰起见,本示例将此排除在外。通道中传输的信号电平包括了高信号电平和低信号电平,针对标称信号电平,低电平情况下的不确定性将进一步降低 2σ,高电平情况下的不确定性将增加 2σ。单机 1 输出端的标称电平是单机 2 输入端的参考值等。随着单机研制的逐渐推进,组合的 2σ 会增加。所有的不确定性都是不相关的,它们可以采用 RSS 组合在一起。在表格左侧部分输入的值并不具有代表性,仅作为示例使用。

单机1及其集成部组件

部件	Elt 增益/dB	Cum G/dB	σ/dB	低信号电平 标称1P/dBm	低P/dBm	高信号电平 标称1P/dBm	高P/dBm	来源	日期
参考点		0.00	0.00	−60.00		−30.00			
连接器	−0.15	−0.15	0.05	−60.15		−30.15		Sopplier X spec	xx/xx/xx
低噪声放大器	10.00	9.85	0.00	−50.15		−20.15		K.Timm memo	tt/tt/tt
不成熟设计	0.00	9.85	0.40	−50.15		−20.15		K.Timm memo	tt/tt/tt
测量误差	0.00	9.85	0.10	−50.15		−20.15		K.Timm memo	tt/tt/tt
σ的标准差			0.42	−50.15	−50.98	−20.15	−19.32		

单机2及其集成部组件

部件	Elt 增益/dB	Cum G/dB	σ/dB	低信号电平 标称1P/dBm	低P/dBm	高信号电平 标称1P/dBm	高P/dBm	来源	日期
参考点		0.00	0.42	−50.15		−20.15			
连接器	−0.15	−0.15	0.05	−60.15		−20.30		Sopplier X spec	xx/xx/xx
波导	−1.50	−1.65	0.20	−61.65		−21.80		J.Frank memo	yy/yy/yy
大功率放大器	30.00	28.35	0.40	−31.65		8.20		Supplier Z spec	zz/zz/zz
老化和辐射	0.00	28.35	0.25	−31.65		8.20		Supplier Z spec	zz/zz/zz
测量误差	0.00	28.35	0.20	−31.65		8.20		Supplier Z spec	zz/zz/zz
σ的标准差			0.69	−31.65	−33.03	8.20	9.58		

单机3及其集成部组件

部件	Elt 增益/dB	Cum G/dB	σ/dB	低信号电平 标称1P/dBm	低P/dBm	高信号电平 标称1P/dBm	高P/dBm	来源	日期
参考点		0.00	0.69	−31.65		8.20			
波导	−1.20	−1.20	0.05	−32.85		7.00		J.Frank memo	yy/yy/yy
输出多工器	−0.50	−1.70	0.05	−33.35		6.50		C.Hendrix PDR	zz/zz/zz
超寿命	0.00	−1.70	0.07	−33.35		6.50		C.Hendrix PDR	zz/zz/zz
测量误差	0.00	−1.70	0.10	−33.35		6.50		C.Hendrix PDR	zz/zz/zz
σ的标准差			0.71	−33.35	−34.76	6.50	7.91		

图 9.8 简化信号电平预算示例(带不确定性)

9.3.5 保持预算裕量

有效载荷性能预算通常包含一种或多种裕量,不同种类的裕量用于不同的目的。根据预算的目的,大多数预算只有以下一两种裕量:

(1) 风险裕量:该裕量由卫星制造商在整个项目的特定预算中承担,这是工程师在计算中能感知的不确定性的度量,它通常是总预算的一个百分比。根据在其他项目上的经验,工程师知道目前风险裕量的数值会增长多少(数字也可以减少,但减少是良性的)。在项目实施过程中,风险裕量降低;当单机或有效载荷完成测量时,该裕量等于0dB。

(2) 高误差预算中的设计裕量:这种裕量仅用于个别项目无法很好地估计或测量的少数预算中,例如无源互调(passive intermodulation, PIM)产物(8.15节)。

(3) 客户要求的裕量:这种裕量通常是不需要的,如果需要,这对客户来说是一个明确的目的,因为要求有效载荷具备"额外"裕量是一个昂贵的提议。

(4)底线裕量:这是考虑预算项目的不确定性和任何上述其他裕量后的超出部分,有效载荷工程师必须确保其始终不是负数。

选择底线裕量以外的裕量是一种微妙的折中平衡行为:如果它们太小,最终有效载荷可能达不到其要求;同样裕量太大也不好,裕量的选择必须考虑合理的风险。

有效载荷级和单机级保持风险裕量的方式通常要综合考量,有效载荷工程师必须要么清楚单机工程师是如何做的,要么告诉他们应该如何做;无论是哪种情况,有效载荷工程师都必须依赖单机工程师在裕量保持上的公开性。如果单机工程师自行承担了风险裕量,而有效载荷工程师为这些单机又承担同样的额外风险裕量,就造成了浪费。

9.3.6 保持预算完整性

有效载荷预算必须保持最新和准确,以反映有效载荷技术的当前状态。原因是在整个项目中必须根据预算做出许多决定,如关于单机要求和验收、卫星布局、购买何种波导和购买多少波导等。

有效载荷预算不需要每天更新,但理想情况下每次会有更好的数据可供输入时更新。第一组数据是建议书分析的结果,在详细的有效载荷设计、详细的单机设计、单机测试、集成和最终测试中可以提供新的数字供预算使用。有效载荷预算至少在初步设计评审(preliminary design review,PDR)、详细设计评审(critical design review,CDR)和最终验收评审几个阶段必须全部更新。

单个单机的增益 G 和 NF 将输入到电子表格中,这些项目的来源和日期都要及时输入到表中。实践经验表明,这在有效载荷级预算上是绝对必要的,以避免大量复杂和重复的工作。因为有效载荷性能预算繁多,而每个预算中有很多条目,所以随着卫星项目的进展这些条目必须保持最新,如果没有做出注释,就不可能记住哪个单机是否需要更新。

9.4 大功率放大器主题

9.4.1 如何知道是否应在 C/3IM 或功率噪声比上指定大功率放大器非线性

7.2.2 节列出了用于描述 HPA 非线性的各种参数,本节将讨论在什么条件下应当考虑载波三次互调比(carrier‑to‑3rd‑order‑IM ratio,C/3IM)或噪声功率比(noise-power ratio,NPR)是合适的。当进入 HPA 的工作信号与相应的表征测试信号非常相似时,上述两种方法都是合适的,但在其他情况下这些表征是没有用的。对此的解释是因为其基于概率论(参见附录 A.2)。

C/3IM 测试信号是两个不同频率的等功率信号,NPR 测试信号是大量在频率上等距分布的等功率信号。NPR 测试信号近似于已经矩形滤波的高斯白噪声(12.4 节),组合测试信号瞬时总功率的 PDF 如图 9.9 所示,图 9.9(a)、(b)都经过缩放,因此长期平均总功率为 1。对于 C/3IM,PDF 曲线在区间[0,2]的中间相当平坦,但在 0 和 2 处上升到无穷大,超过 2 时为零。对于 NPR,PDF 曲线在从 0 到无穷大的区间内呈指数下降。

图 9.9 中所示的曲线说明如何在这两个测试中使用 HPA。回顾 HPA 工作点的 P_{in} 值为长期平均输入功率,因此其工作点对应图 9.9 中曲线图中的 x 值 1。HPA 将在大范围的工作点进行测试。对于 C/3IM,HPA 将仅驱动超过每个工作点 3dB。对于 NPR,HPA 将尽可能远离 HPA 可行的工作点,事实上,大约三分之一的时间至少比工作点高 3dB。

因此,C/3IM 和 NPR 以不同的方式描述了任意给定工作点的 HPA。在确定进入 HPA 的工作信号是否足够接近 C/3IM 或 NPR 的测试信号时,必须小心谨慎,以便针对 HPA 非线性选择其中一个特征。

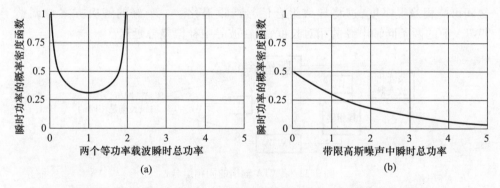

图 9.9 两个等功率载波和带限高斯噪声中瞬时总功率的概率密度函数

当 HPA 的工作输入是调制载波时,C/3IM 和 NPR 都是不希望出现的特征。图 9.10 给出了四相移相键控(quaternary phase-shift keying,QPSK)调制中一个调制载波的瞬时功率 PDF,其中根升余弦(root raised-cosine,RRC)脉冲的滚降系数 $\alpha = 0.2$(12.8.4.3 节)。PDF 的权重很大,约为 1,即长期平均功率,其他 α 值或多或少也是如此。显然此时的 PDF 不同于图 9.9 中的任一 PDF,这意味着调制信号对 HPA 的作用与任一组测试信号都不同,因此 C/3IM 和 NPR 这两种测试都不能有效地表征 HPA。

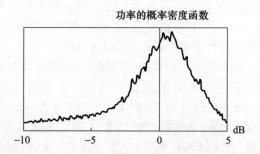

图9.10 滚降因子 $\alpha=0.2$ 的 RRC 脉冲时 QPSK 信号功率的概率密度函数

9.4.2 如何简化组合 TWTA 的有效载荷集成

当信号被分离、馈送至两个或多个 TWTA,并进行同相组合,且 TWTA 后的射频连接线为波导的转发器中,到合成器的波导长度必须紧密匹配。若长度不匹配,则路径延迟不同。尽管通过 TWTA 的绝对相移是几千度,但 TWTA 本身可以在几度之内实现相位匹配,这种情况如图 9.11 所示。如果信道频段很宽(约为载波频率的 3%),则相对于信道频段下端的相移,信道频段上端的相移在两个波导路径之间可能相差很多度,这将导致组合信号严重退化。一个好的解决方案是调整 TWTA 前的两条同轴电缆的相对长度,以在波导中补偿差分延迟。

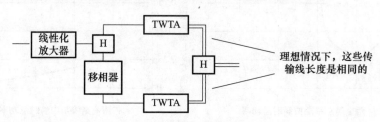

图 9.11 TWTA 输出的同相组合

首先分别计算在波导的额外长度(较长波导管的长度减去较短波导管的长度)中较低和较高的通道频率的相移,再取其差值;然后计算相同高低频率差下所需同轴电缆的长度(同轴电缆中两个频率端的绝对相移与波导中的相移不同);最后在高低两个频率之间通道可以实现近乎完美的匹配。

在由主模 TE_{10} 模式激励的矩形波导中,传播频率 f 在波导截止频率 f_c 以上,其波长(Ramo et al.,1984)为

$$\lambda_g = \frac{c/f}{\sqrt{1-(f_c/f)^2}}$$

式中:c 为光在自由空间中的速度。

如果 d 是波导的额外长度,则通道较高频率 f_2 的相移减去较低频率 f_1 的相移为(Ramo et al. 1984):

$$\Delta\varphi_{\text{wg}} = \left(\frac{d}{\lambda_{g2}} - \frac{d}{\lambda_{g1}}\right) \times 360(°)$$

式中:λ_{gi} 频率 f_i ($i=1,2$) 时的波导波长。

同轴电缆中的波导波长与自由空间波长成正比,在由横电磁(transverse electromagnetic,TEM)模式激励的介电常数为 ε_r 的同轴电缆中,频率为 f 的波导波长为

$$\lambda_g = \frac{c/\sqrt{\varepsilon_r}}{f}$$

或

$$\frac{1}{\lambda_g} = \frac{f}{c/\sqrt{\varepsilon_r}}$$

在长度为 m 的同轴电缆中,f_2 处的相移减去 f_1 处的相移为

$$\Delta\varphi_{\text{coax}} = m\left(\frac{1}{\lambda_{g2}} - \frac{1}{\lambda_{g1}}\right) \times 360(°)$$

其中 λ_{gi} ($i=1,2$) 应用到同轴电缆,所以要使 $\Delta\varphi_{\text{coax}} = \Delta\varphi_{\text{wg}}$,同轴电缆的长度为

$$m = \frac{\Delta\varphi_{\text{coax}}/360}{\left(\dfrac{f_2 - f_1}{c/\sqrt{\varepsilon_r}}\right)}$$

例如,通道工作频率为 12.2~12.7GHz 的频段,WR75 波导的截止频率为 7.868GHz,141 同轴电缆的介电常数为 2.04,因此 8cm 的额外波导长度可以使用 7.23cm 的额外同轴电缆来补偿。相对于 12.2GHz 时的相移,波导和同轴电缆在通道频段上的相移如图 9.12 所示,波导和同轴电缆在整个频段上都有大约 62° 的相移。相对相移图的频段差异如图 9.13 所示,整个频段上的最大差异,即补偿误差,仅约为 0.21°。

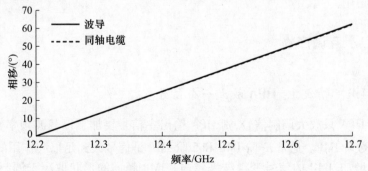

图 9.12 波导长度和补偿同轴电缆长度中频段上的相对相移

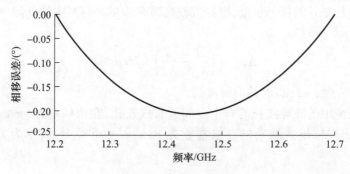

图 9.13 带内补偿误差

在合成器的一个臂上安装360°移相器有三个原因：①波导和同轴电缆存在加工误差，尺寸上不可能绝对精确；②波导和同轴电缆在弯曲处的相移无法准确预测；③当波导从空气进入真空时，波导波长将发生轻微偏移(5.4.1节)。如果无法使用一个360°移相器，则可以使用两个180°移相器组合。

9.5 非线性对调制信号的影响

当 HPA 工作在非线性区域时，除了放大信号外，还会产生互调产物(intermodulation products, IMP)，参见6.3.1节。工程师必须知道这是什么原因导致的，以便更好地进行有效载荷设计，如在 HPA 后置滤波器。

HPA 是产生非线性的一个主要部件，因此后面把 HPA 称为非线性部件。事实上，非线性也发生在其他部件，例如必须在接近饱和情况下工作的放大器或模数转换器(10.2.1节)。

这些 IMP 大部分处于频段内或近带外，由于带内 IMP 无法过滤掉，因此它们值必须足够低时才不会造成太大的问题。近带外是指在通道工作频率外，但在其附近的信道中。

9.5.1 互调产物

9.5.1.1 情况1：HPA 放大一个信号

如果 HPA 只放大调制信号，则 HPA 输出主信号要加上以载波频率 f_c 为中心的所有奇数阶 IMP。通常，3 阶 IMP 和 5 阶 IMP 是信号大到足以起作用的 IMP，随着阶数的增加，IMP 的信号变得越来越弱。IMP 频谱的形状取决于调制脉冲(如 $\alpha=0.2$ 的 RRC)。对于矩形脉冲这种简单情况，三阶 IMP 和五阶 IMP 具有与原始信号相同的形状谱,如图 9.14 所示。

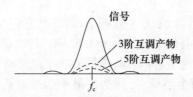

图 9.14　信号及其 3 阶和 5 阶 IMP 的示例

9.5.1.2　情况 2:HPA 放大两个功率相等、频谱相同的信号

两个信号的情况比较复杂。同样,与信号重叠的是 3 阶 IMP 和奇数高阶的一些 IMP。RRC 脉冲的信号及其 3 阶 IMP 如图 9.15 所示,共有四个 3 阶 IMP,图中可以看出有一个 3 阶 IMP 覆盖了每个信号,几乎与该信号相同,但符号相反;这实际上降低了信号的功率,因此无法单独检测。另外两个 3 阶 IMP 发生频率偏移,每个 IMP 的功率是另一种 IMP 的 2 倍。每种 IMP 的频谱几乎与另一种 IMP 相同,但其带宽宽 2 倍(后者假设信号是用独立的数据时钟调制的)。

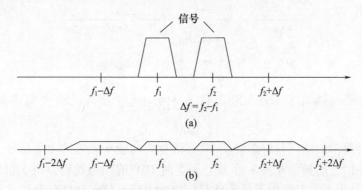

图 9.15　两个相等信号及其带内和近带外 3 阶脉冲的示例

9.5.1.3　情况 3:HPA 放大两个不等功率的信号

当两个信号功率不相等,一起进行放大时,相对于较大的信号,HPA 会抑制较小的信号。当有两个信号时,HPA 不能工作在饱和状态。通常 HPA 输入回退必须至少为 3dB,在计算较弱信号的输出功率性能符合性时,仍必须考虑抑制。较弱信号的"丢失"功率进入 IMP,较强信号对较弱信号的抑制称为"抢"功率,9.5.3 节中将进一步讨论。

图 9.16 给出了两个不等功率的调制信号及其 3 阶 IMP,IMP 的功率也不相等。与输出信号重叠的两个 IMP 的功率比是输出信号的功率比,但和前文一样它们并不明显。两边的 IMP 大小适中,大信号旁边的 IMP 比小信号旁边的 IMP 大。

9.5.1.4 情况4：HPA放大几个信号

当有两个以上的信号时,如三个或四个,最好是它们在整个频段上的间隔不相等,以尽量减少与信号重叠的3阶IMP和5阶IMP的数量。由图9.16可以看出信号间隔相等的风险,特别是当它们具有不同的功率电平时:如果三个信号频率间隔相等,并且一个比另外两个小得多,那么与最小信号重叠的3阶IMP的大小可能与最小信号的大小相同。如果信号必须均匀间隔或随机间隔,那么最好情况是使各种信号之间的功率比在有限范围内,甚至可使某些信号过功率。充分利用好HPA的回退也是一种替代解决方案,与始终工作在饱和状态或仅回退几dB的HPA不同,HPA制造商通常对始终处于回退状态、运行良好的HPA进行优化。

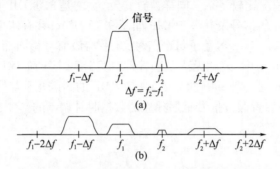

图9.16 两个不等信号及其3阶脉冲的例子

9.5.1.5 情况5：HPA放大许多等功率、等频谱的均匀频率间隔的独立信号

另一种简单的情况是许多等功率、等带宽均匀频率间隔的独立信号。图9.17给出了预期信号的频谱及其3阶IMP和5阶IMP的频谱轮廓。由于信号是独立的,这组信号第k个IMP的整体形状是该原始组信号与它自身卷积$k-1$倍后的形状。实际上,在这种情况下HPA必须处于很好的回退状态。

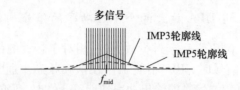

图9.17 许多信号及其3阶和5阶脉冲的轮廓

9.5.1.6 情况6：HPA放大许多不等功率信号

对于任何其他信号组合的情况,3阶IMP和5阶IMP可以根据上述介绍的其他情况进行粗略评估,但是精确的评估需要仿真模拟。

9.5.2 频谱扩展

从情况 1 可以看出，HPA 产生的奇数阶 IMP 覆盖了原输入信号的频谱，并且频段更宽，因此，整个输出信号的频谱比输入信号的频谱宽。HPA 导致了信号频谱的扩展，图 9.18 给出了 $\alpha = 0.35$ 的 RRC 脉冲的一个示例，预期信号中的功率损失是可见的，并且该功率已经进入 IMP。

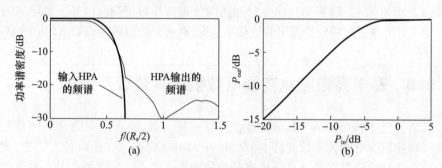

图 9.18 频谱再生
(a)输入 HPA 和输出 HPA 的信号频谱一侧；(b)P_{out} 与 P_{in} 的关系。

如果原始信号频谱在 HPA 前通过滤波变窄，例如通过 IMUX 滤波，HPA 将导致信号频谱的一些外部边缘以较低的电平返回，这是频谱再生。

频谱扩展是相邻信道的一个问题(相邻信道干扰(adjacent-channel interference,ACI))，因此必须加以控制。

9.5.3 抢功率

抢功率反映了两个功率不相等的信号输入 HPA 时，较强的信号会抑制较弱的信号，较强的信号看起来似乎从较弱的信号中抢走了功率。当 HPA 工作在非线性放大状态时，就会发生功率抢夺，HPA 越接近饱和，抑制越强。

第 9.5.1 节的情况 3 代表了两个不同功率的调制信号，且噪声很小。

理想带通硬限幅器是一个理想的硬限幅器，如果其后面是一个带通滤波器。理想硬限幅器将带通信号设定为信号的瞬时符号，同时会根据输入信号实现不同的抑制：

(1)当输入高斯噪声和弱得多的音调时，限幅器将 SNR 降低 3dB。

(2)当输入一个音调和另一个弱得多的无噪声音调时，与输入端的大音调相比，输出小音调的功率低 6dB。

(3)当输入两个音调和高斯噪声时：如果噪声比这两个音调强得多，那么限幅器会将音调的 SNR 降低约 1dB;如果一个音调比另一个音调和噪声都强得多,那么限幅器会将强音调的 SNR 提高 3dB,将弱音调的 SNR 降低 3dB(Jones,1963)。

HPA 并不是一个理想的带通硬限幅器,因此它抑制的信号较少。然而,在接近饱和工作时,线性化 HPA 非常接近这种硬限幅器。

当一个调制信号远强于第二个调制信号和输入到 HPA 的高斯噪声时,较强信号的 SNR 实际上得到增强。然而,对于相移键控(phase – shift – keying, PSK)调制来说,这没有任何好处,因为只是抑制了噪声的径向分量,但是该分量与符号判定无关(12.10.6 节)。噪声的径向分量和切向分量是相对于瞬时信号矢量定义的。

为了更好地了解特定情况下的抢功率情况,有必要进行模拟或测量(第 16 章)。

9.6 基于高斯随机变量函数模拟有效载荷性能

高斯 – 厄米特(Gauss – Hermite)积分是一种工具,它可以用更快的评估代替独立高斯随机变量的大多数蒙特卡罗(Monte Carlo)模拟。在这两种方法中,被评估的是一个自变量具有独立高斯概率分布的函数。高斯 – 厄米特积分是在几个点上计算的函数的加权和,因此计算量要小得多。当在包括高斯变量在内的许多随机变量上评估函数时,或者当函数仅作为较长计算的一部分进行评估时,这尤其有利。高斯 – 厄米特积分将在附录 A.4 中介绍,以下是一些有效载荷计算示例,其中高斯 – 厄米特积分是一种概率:

(1) EIRP 作为天线指向误差的函数;

(2) EIRP 作为转发器引起的不确定性的函数;

(3) 组合 HPA 输出相位损失作为相位不对齐的函数;

(4) HPA 输出功率或相移,对输入噪声或进入 HPA 的其他信号求平均值,这些信号看起来像噪声。

参考文献

Agilent Technologies, Inc (2009). Fundamentals of RF and microwave power measure ments, part 3. Application note 1449 – 3. June 5.

Jones JJ(1963). Hard – limiting of two signals in random noise. *IEEE Trans on Information Theory*;9;34 – 42.

Ramo S, Whinnery JR, and Van Duzer T(1984). *Fields and Waves in Communication Electronics*, 2nd ed., New York: John Wiley & Sons, Inc.

第10章
处理有效载荷和灵活有效载荷

10.1 引言

10.1.1 为什么需要处理型有效载荷

自卫星通信开始应用以来,卫星有效载荷的功能变得越来越复杂,规模也越来越大。随着技术的不断进步,全球对数据传输的需求也在不断增加。起初,有效载荷只提供几个波束,所有通信都通过地面站,有效载荷的作用就像管道,因此上行和下行之间的所有链路都很少且固定。1989年出现了波束间的小尺度时域切换(Intelsat VI卫星)。1993年,带有小型数字处理器的有效载荷(NASA的先进通信技术卫星ACTS)问世。1996年出现了多点波束有效载荷(Inmarsat-3卫星),2003年的数百点波束和用户对用户通信(Thuraya卫星)。2004年出现了第一个小型再生有效载荷(Amazonas 1卫星,现在称为Hispasat 55W-1卫星),2007年又出现了一个大型再生有效载荷(Spaceway 3卫星)(由于没有标准定义,在这段描述有效载荷发展的历程中省略了带有模拟处理器的有效载荷)。本章重点介绍灵活非再生有效载荷,可以处理调制、协议和格式的快速演变(Angeletti et al.,2008)。

来自移动用户的数据流量一直在急剧增加,其中一些通过卫星传输,一些采用互联网协议(IP)传输。据报道,2016年数据流量是2006年的4000倍,2016年数据流量是2001年的近4亿倍。2015年至2020年,数据流量增长8倍(Cisco,2016)。

端到端卫星通信系统正在接入无缝宽带IP网络,在卫星和地面节点之间实现灵活和按需的数据传输(Gupta,2016)。2020年,连接到IP网络(并非所有网络都通过卫星)设备数量超过2023年全球人口的3倍,届时,超过70%的人口使用互联网(Cisco,2020)。

10.1.2 系统连接

所有的处理型有效载荷对前向链路信号和返回链路信号的处理方式不同,前向链路是地面站通过卫星连接到用户终端的信号路径,而返回链路则是用户终端通过卫星连接到地面站的信号路径,如图 1.1 所示。单跳通信是通过有效载荷的单向链接,因此从一个用户到另一个用户的通信如果必须通过地面站,那么需要两跳通信。

处理型有效载荷与其用户终端和地面站是两种不同的连接拓扑:星形网络是指用户之间的所有通信都通过地面站进行通信的卫星系统;网状网络是指一种用户可以通过卫星直接通信的卫星系统。

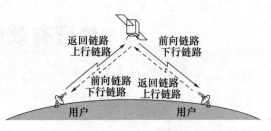

图 10.1 用户到用户通信的前向和返回链路的定义

前向链路和返回链路上的通信标准可能不同。链路方向的标准称为空中接口。这个标准不仅指信号格式,还指多址方式(13.2.1 节)。

由于网状网络不涉及地面站,因此前向链路和返回链路的含义与星形网络中的不同。如图 10.1 所示,来自用户的信号在上行链路的返回链路上,但在下行链路的前向链路上到达目标用户。如果返回链路标准与前向链路标准不同,则有效载荷必须将信号格式从返回链路标准更改为前向链路标准。用户到用户的链接是单跳的。因此,有效载荷处理用户到用户的信号与通过地面站的信号不同。

10.1.3 术语

处理型有效载荷在带宽分配、信号增益、射频(RF)功率分配和频率/波束/时隙路由大部分或所有功能方面具有灵活性。决定一个处理有效载荷功能性能优于非处理有效载荷,有以下原因:

(1)使用传统硬件执行所需处理量的不可行性;
(2)需要适应通信模式的每日变化;
(3)需要适应长期的通信变化;
(4)需要适应卫星任务变化,如轨道轨位变化;
(5)提供直接的用户到用户连接。

处理有效载荷分为再生和非再生两种,其中再生处理有效载荷比非再生处理有效载荷能更深层次地处理信号,再生有效载荷至少能进行解调和再调制。因为目前的所有信号都已编码,现在它还能进行解码和重新编码(第 12 章),并且它还能进行时间帧格式的转换。在相关文献中,非再生处理有效载荷也称为透明处理或弯管处理有效载荷。

处理有效载荷采用一个星上处理器(OBP)(该术语并不通用,比如在某些论文中该术语严格意义上表示再生处理器)。主处理器通常是数字处理器,但有效载荷也可能使用模拟处理器,以补充数字处理器。

术语"灵活有效载荷"比"处理有效载荷"更通用。一个灵活有效载荷可能正在处理,或者可能较少地只拥有处理有效载荷的一种或两种能力,甚至可能没有处理器。

再生有效载荷与非再生有效载荷的选择是一种端到端通信系统架构的选择。灵活有效载荷与固定有效载荷的选择也是如此。然而,在模拟、数字和混合有效载荷之间的选择是一种可实现的选择(Chie,2020)。

10.1.4 再生与非再生处理有效载荷

与非再生有效载荷相比,再生有效载荷具有以下优势:

(1)基于信号中消息头的卫星系统路由的能力。

(2)采用时域复用(TDM)的能力,其中信号在一个调制信号中分配时隙,因此如果使用行波管放大器(而不是固态功率放大器),它们可以以最节能的方式运行最大限度地利用卫星资源。

如果再生有效载荷需进一步处理,那么它具有另一个优势:上行链路的纠错解码和下行链路的重编码,改善上行链路中并不强的信噪比,从而降低用户对发射机能力要求。

传统再生有效载荷的缺点是上行链路和下行链路的编码与调制方案一成不变(Chie,2010)。然而,Iridium Next 卫星通过在其处理器中使用现场可编程门阵列(FPGA)克服了这一问题,可以重新编程以适应新的编码和调制方案(19.2节)。

尽管如此,2019年的大多数处理器都是非再生的。与再生有效载荷相比,它们具有许多优势,包括 OBP 不太复杂、直流(DC)高耗电、成本高且重量大(García et al.,2013)。由于非再生有效载荷只控制频段而不是时隙,因此信号格式对有效载荷没有影响。在非再生有效载荷中,任何给定时间可以使用多种编码和调制方案,或者它们因为标准的变化而随时间变化。

10.1.5 灵活有效载荷

"灵活有效载荷"显然包含处理有效载荷,但更为笼统。有效载荷需要选择灵活的领域,然后选择提供所需灵活性程度的技术(Chan,2011)。这些技术领域如下,解决方案按增加的成本和复杂性排序:

(1)波束覆盖的灵活性由以下方面提供:

①操纵和/或可旋转的点波束天线。

②机械可重构天线。

③相控阵天线可以是直射阵天线,也可以是多馈源合成照射反射器天线,使用电子波束控制或数字波束形成(Chan,2011)。

④波束跳跃;由数字处理器实现(Alberti et al.,2010)。

(2)频率规划和信道到波束的连接灵活性由以下提供:

①模拟处理器,可能带有捷变频率转换器和可变带宽声表面波(SAW)滤波器。

②数字非再生处理器。

③数字再生处理器,可额外增加时隙连接的灵活性。

(3)射频功率分配的灵活性由以下方面提供:

①灵活的 TWTA 或灵活的 SSPA。

②多端口或多矩阵放大器。

③发射相控阵的激励系数不仅表征延迟或相移,还表征增益(Chan,2011)。

以上这些技术都在本书中进行了介绍,其中一些技术在本章中介绍,但大部分在第 3 章到第 7 章和第 11 章中介绍。

10.1.6 数字与模拟处理器

处理器通常有模拟处理器和数字处理器区分。过去,一些卫星只有模拟 OBP,模拟处理器与模拟硬件一起执行频率转换、信号划分、通道滤波、路由和信号组合的所有操作。通道滤波器采用 SAW 技术(10.2.4 节),路由由开关矩阵执行,这限制了可能的连接数。模拟 OBP 的一个例子是 Inmarsat-3 系列卫星,该卫星于 1996 年首次发射。每个卫星都有一个前向链路处理器和返回链路处理器。处理器通过地面站为 7 个 L 频段点波束和 1 个 L 频段全球波束提供双向连接。频率转换由混频器实现,一些频率转换由固定的本地振荡器(LO)馈电和一些可选的 LO 来实现。信道带宽在 10 倍范围内变化,任意信道都可以路由到任何波束(Pelton et al.,1998)。第二个例子是 2004 年发射的 Anik F2 卫星。每个 Beam × Link 处理器可处理 8 个点波束到一个地面站的返回链路。在进入处理器之前,信号从 Ka 频段转换为 L 频段。每个点波束使用与其他不同的通道,可能超过 12 个。处理器使用当前正在传输的点波束的任意 8 个信道,将点波束转换为几乎所有可能的 12 个下行链路信道中的任意 8 个信道,并将它们组合成地面站信号(Lee et al.,2002)。

目前,大多数处理有效载荷都采用数字 OBP,可能还辅以模拟 OBP。有两种方式使用数字处理器:一是执行解复用、频率转换、复用和路由(以及再生处理器的更多操作)的操作;二是执行数字波束形成。有效载荷包括这两种方式兼而有之的处理器。数字处理的优势是将有效载荷能力提高到模拟技术无法达到的规模。例如,有效载荷不仅可以处理更多的点波束,如 Spaceway 3 卫星上的点波束数达数百个,而且允许更窄的波束,因此可实现更高的频率复用,这意味着系统容量增加。数字处理的一个普遍优势是对温度变化不敏感(Craig et al. ,1992)。

除了采用数字处理器,有效载荷还可以同时采用模拟处理器,它通常位于信号路径中的数字处理器之前。模拟预处理器包含用于路由的开关矩阵、多个由频率可编程的 LO 和/或可变带宽的 SAW 带通滤波器实现馈电的下变频器。在信号路径中的数字处理器之后可能还有另一个模拟处理器。例如,Inmarsat–4 系列卫星(20.3 节)既有前处理器,也有后处理器。L 频段预处理器执行下变频、滤波、LO 分配和冗余切换,后处理器执行类似但相反的功能(Kongsberg Defense Systems, 2005)。两颗 Inmarsat–6 卫星(其中第一颗 2021 年发射)将配备模拟前处理器和模拟后处理器,执行从 L 频段到数字处理器的频率转换,反之亦然。模拟处理器包含了 SAW 滤波器(Kongsberg Norspace,2016)。

10.1.7 有效载荷架构

在最高技术水平中,非再生处理有效载荷的架构与透明转发有效载荷的架构相同,但某些单机的名称不同:IMUX 和 OMUX 称为通道器,通道和波束–路由交换机组称为路由器。输出通道器有时称为合成器,路由器提供输入波束和通道到输出通道和波束的连接(Cherkaoui and Glavac,2008)。通常,这种路由有数百个通道和波束组合。在某些情况下,通道和路由器的功能是交织在一起的,因此两个单机合并为一个。

图 10.2 给出了一个没有包含相控阵天线的非再生有效载荷的示意图。如果接收和发射频率在较低的 C 频段。甚至更低(10.2.1 节和 10.2.2 节),则不需要下变频器和上变频器。如果信号在时域中复用,如 Thuraya 卫星(20.2 节),处理器也在时域中进行解复用和再复用。

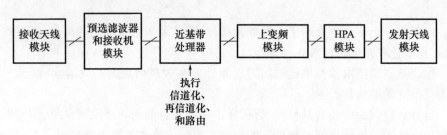

图 10.2　没有包含相控阵天线的非再生处理有效载荷的简化图

图 10.3 为非再生有效载荷的简化图,该有效载荷采用用于接收和发送的相控阵。第 11 章给出了第一、三个框图块的架构的可能性。非再生有效载荷也可能仅在一端采用相控阵。

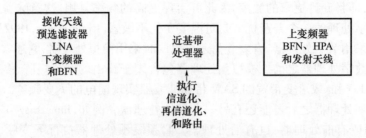

图 10.3　具有接收和发送相控阵的非再生有效载荷的简化图

图 10.4 给出了没有采用相控阵的再生有效载荷的简化图。同样,如果接收和发射频率在较低的 C 频段或更低,则可能不需要下变频器和上变频器。如果信号在时域中多路复用,则处理器也在时域中实现解复用和再复用。列出的数字处理器功能的顺序可能并不是执行操作的顺序。从图 10.4 和图 10.3 推导出采用一个或多个相控阵的再生有效载荷的简化图。

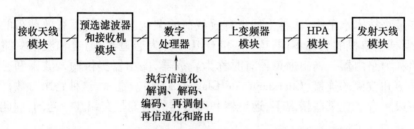

图 10.4　没有包含相控阵天线的再生有效载荷的简化图

10.2　处理操作

以下每个小节分别介绍了一种处理操作,除了关于数字滤波的内容,还讲述了滤波、信道化和频率转换等多种操作。

信道化器和路由器提供比透明转发非处理有效载荷更大的灵活性,以至于它们需要不同的架构和技术。

处理有效载荷中还有其他新单机,在本书中到目前为止还没有介绍,例如模拟和数字之间的信号转换器。相控阵的数字波束形成器也被视为处理器。

第 12 章介绍了再生有效载荷特有的操作,如解调和解码。

10.2.1　模数转换

信号路径中的数字处理器位于模数转换器(ADC、A/D)之前。

决定处理器处理能力的最大因素是每个处理器端口的带宽。增加带宽意味着可以在不增加预处理和后处理硬件链的情况下处理更多内容(Brown et al.,2014)。输入端口带宽等于 ADC 的带宽(Cornfield,2019b)。

2015 年左右,主要制造商将 500MHz 的端口带宽整合到处理器中,与 Ka 频段宽带系统能实现很好地匹配,因为 500MHz 是该频段用户链路的频谱分配带宽(Brown et al.,2014)。

图 10.5 显示了 ADC 和相关元件的框图,并给出了量化器电平的示例,实际 ADC 应用的电平数会更多。

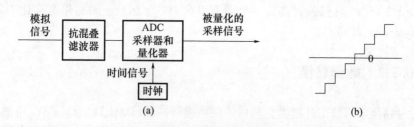

图 10.5　模数转换器
(a)具有相关元件的 ADC;(b)3 位量化器的电平。

ADC 的采样速率必须至少与信号的奈奎斯特速率一样快,即信号最高频率的 2 倍。这是因为采样将导致超过 ±1/2 采样率的任何频率分量覆盖在 ±1/2 采样率范围内的分量(12.10.1.2 节)。因此,必须在采样之前滤除任何不需要的高频分量,否则它们会扭曲采样器的输出,用于此目的的滤波器是抗混叠滤波器。该滤波器和时钟通常未在图表中显示,但它们通常是存在的。

ADC 中的下一个元件是采样器和量化器,时钟为其提供定时信号。采样器在一个时间周期内输出其输入的加权平均值。量化器具有规定的数量级,它是 2 的幂次方,其中幂是位数。量化器将裁剪任何超出其最小值/最大值的值。

ADC 的 SNR 定义为信号功率与通道内增加的噪声功率之比。ADC 向输入信号引入噪声,与模拟组件一样,但主要噪声源不同。一种噪声是量化噪声,它在 $\pm 1/2$ 量化步长上均匀分布。对于从 2MS/s 左右到 4GS/s 左右的采样率,另一种主要噪声源是孔径抖动,这是一个时序抖动:采样周期用平均值和标准偏差表征。对于更高的采样率,除量化噪声外的主要噪声源是比较器模糊度,它产生的根源是比较器响应太慢,而使得上次采样与此次采样产生小的电压差。上述情况的发生与比较器的再生时间有关(Walden,1999a,1999b)。

另外,还可以定义有效位数,该位数小于规定的位数,减少了除量化误差之外的 ADC 噪声。对于所有采样率,减少约 1.5 位。ADC 性能的通用衡量标准是其有效量化级数与其采样率(Walden,1999b)。

如果削波很少,那么输入信号功率和输出信号功率是相同的。但是,如果输入信号上已经存在很多噪声,或者本身就类似于噪声(如由许多等幅载波组成),则

ADC将削波,同时产生互调产物(IMP),参见6.3.1节。IMP损失了一些信号功率,在分析中可以将其视为附加的输出噪声项(14.9节)。如果量化器电平以零为中心,则IMP最小化,如图10.5(b)所示(Taggart et al.,2007)。

2019年用于通信卫星的ADC示例是12位量化,采用双通道,每个通道采样速率为1.6GS/s。当其组合以提供一个3.2GS/s的通道时,可以同相或反相操作。3dB输入带宽高达4.3GHz,允许直接数字化高达较低C频段的信号(Teledyne e2v,2019a)。另一个用于卫星的ADC也是12位量化四个通道,每个通道的采样率为1.6GS/s。除了能够独立运行四个通道外,它还可以作为两个通道运行,每个通道以3.2GS/s运行,或者作为一个通道以6.4GS/s运行。瞬时带宽高达3.2GHz(Teledyne e2v,2019c)。

10.2.2 数模转换

信号路径中的数字处理器在其后连接数模转换器(DAC、D/A)。DAC将数字信号转换回模拟信号,同时使用定时时钟执行此操作。模拟信号有不需要的高频分量,会被重构滤波器滤除(Salim et al.,2004),整个过程如图10.6所示。重构滤波器像所有模拟元件一样会将噪声引入到信号中。该滤波器和时钟通常未在图表中显示,但它们通常是存在的。

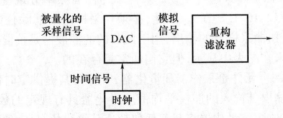

图10.6 具有相关元件的数模转换器

2019年,一款宇航级DAC采用12位量化数字信号进行操作,其四个通道均以3GS/s运行,每两个通道并行复用或所有四个通道同时使用。输出带宽为7GHz,允许在高达较低的C频段上实现直接射频输出,还可以调整增益(Teledyne e2v,2019b)。

10.2.3 数字滤波

数字滤波是数字处理器的基本操作,包括潜在的或来自基带的滤波、多路分解、多路复用和频率转换。

数字滤波器是有限脉冲响应(FIR)滤波器或无限脉冲响应(IIR)滤波器。FIR滤波器具有有限长度的脉冲响应(5.2.2节)。在时域中,滤波器输出由当前输入和有限数量的早期输入决定。相比之下,IIR 滤波器具有无限长的脉冲响应。滤波器在时域中是递归的,因此它的输出是由当前和先前的输入以及先前的输出形成的。FIR 滤波器保证稳定并且可以设计为线性相位响应,而 IIR 则不能(Oppenheim and Schafer,1975)。但是,在频域中满足增益要求的 IIR 滤波器的阶数通常低于满足相同要求的 FIR 滤波器,这意味着计算量更少(Wikipedia,2019a)。此外,可以将 IIR 滤波器设计为在通带中接近线性的相位(Andersen,1996)。

另外,可以使用快速傅里叶变换(FFT)和逆 FFT(IFFT)在频域中完成滤波。对于足够长的时域脉冲响应,频域滤波比时域滤波要快。分界线被描述为在 16 ~ 80 点之间,具体取决于计算方法和资源(Borgerding,2006;Smith,2007)。

10.2.3.1 时域数字滤波

多速率滤波和半带滤波两种简化技术广泛用于时域数字滤波。

多速率滤波显著提高了长 FIR 滤波器的效率,使其应用广泛。它也可以应用于 IIR 滤波器,从而提高它们的效率。在许多情况下,多速率滤波是实现陡峭滚降的 FIR 或 IIR 滤波器的唯一实用方法。当应用于窄带低通滤波器时,多速率滤波将滤波分解为三个主要操作:①将输入信号抽取到较低的采样率;②以较低的采样率进行滤波(通过内核滤波器);③插值信号恢复到原始采样率(Milić et al. ,2006)。

抽取是对信号的采用率进行除法操作。通常假设为采样率高于捕获信号中存在的频率分量所需的采样率。抽取有两个步骤(如图 10.7(a)所示,假设采样率除以整数 M):第一步是使用抗混叠滤波器对信号进行低通滤波;第二步是从每组 M 个样本中删除 $M-1$ 个样本(Purcell,2010)。

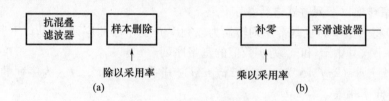

图 10.7　两种数字处理操作
(a)抽取;(b)插值。

内核滤波器首先执行所需的滤波操作,但在采样率较低的信号上执行,从而降低处理工作量。

插值是对信号的采用率进行乘法操作,必须以某种方式工作,以免将频率分量添加到开始时不存在的信号中。插值有两个步骤(如图 10.7(b)所示,假设采样率要乘以整数 L):第一步是在每个原始样本之后用 $L-1$ 个零填充原始样本。这会产生一个非常尖锐的过渡信号,即非常高的频率;第二步是对信号进行低通滤波,该平滑滤波器执行与原始信号中存在的频率分量一致的平滑性(Purcell,2010)。

抗混叠和采样作为多相滤波器一起有效地实现,这是一种并行处理实现方式

(Fowler,2007)。对于线性相位 FIR 滤波器,算术运算的数量会因抽取因子而减少(Milić et al. ,2006)。类似地,插值和平滑也作为多相滤波器一起实现。

与它们取代的原始窄带滤波器相比,这两个多相滤波器和内核滤波器的规格显著放宽(Milić,2009)。

多速率滤波器效率的进一步提高来自多级设计,其中原始窄带低通滤波器被分解为几个这样的级联,每个都使用多速率技术实现。多速率滤波应用于窄带带通滤波器,首先将输入信号从中频(IF)频移到基带,应用相应窄带低通滤波器的多速率实现,然后将信号频移回 IF 中频(Purcell,2010)。本书 20.3.6.4 节给出了应用在 Inmarsat-4 和 Alphasat 卫星上 OBP 的多速率滤波的一个很好示例。

半带滤波是另一种简化数字滤波的技术,这种滤波器具有特殊的形状,允许使用比一般数字滤波器所需的略多一半的算术运算来实现,特别适用于通道滤波器,它可以是 FIR 滤波器或 IIR 滤波器。半带滤波器响应的一半如图 10.8 所示,其中 f_s 是采样率。使它成为半带滤波器的原因是它关于 $f_s/4$ 反对称。脉冲响应的每个其他值都等于 0,因此该滤波器可以有效地实现为多相滤波器(Mathworks,2019)。在相位响应不必完全线性的情况下,IIR 滤波器而不是通常的 FIR 滤波器可以减少高达 35% 的电路面积和功率(Coskun et al. ,2013)。

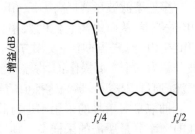

图 10.8 半带滤波器示例
(源自 Mathworks(2019))

频率转换以下列方式进行数字化:

(1)将时域中的复基带序列转换为以频率 f_1 为中心的序列,可从以下开始:
$x_n + jy_n$,其中 x_n 和 y_n 为实数值的基带序列。
形式 $x_n\cos(2\pi f_1 n\Delta t) + y_n\sin(2\pi f_1 n\Delta t)$,其中 $\Delta t = 1/F_{per}$,F_{per} 为序列的频率周期,与采样率相等。

(2)要将以 f_1 为中心的序列下移到复数基带,将其乘以 $2\cos(2\pi f_1 n\Delta t)$ 并取基带部分以获得 x_n 并将其乘以 $-2\sin(2\pi f_1 n\Delta t)$ 并取基带部分得到 y_n。

(3)将以 f_1 为中心的序列向下移动频率 $f_0 < f_1$,将其乘以 $2\cos(2\pi f_1 n\Delta t)$ 并取以 $f_1 - f_0$ 为中心的部分。

10.2.3.2 频域数字滤波

使用 FFT 和 IFFT 在频域中进行滤波,有时称为快速卷积或 FFT 卷积。

滤波过程如下:信号被分成时间段,每个段的末尾都用零填充。进行变换,乘以滤波器的频率响应,然后将其逆变换回时域。滤波后的段比原来的要长,所以连续滤波部分必须及时叠加和补充(Smith,2007)。

信道器和合成器的示例允许从地面对信道带宽与中心频率进行编程。FFT 和 IFFT 使用 4096 个样本。FFT 通过时间采样来实现,而 IFFT 则通过频率抽取实现(Cherkaoui and Glavac,2008)。

10.2.4 模拟滤波

在模拟处理器中,信道滤波器内置于 SAW 技术中。SAW 滤波器有两个传感器,分别用于输入和输出,它们在电压和机械应力之间进行转换。这些转换是压电效应,换能器位于压电衬底。每个换能器都是一个叉指滤波器,看起来像两个梳子相互面对,齿交错。在换能器之间可以传播表面声波(API Technologies,2019),如图 10.9 所示。声波波长是相同频率的电磁波长的 1/100000,因此,SAW 滤波器高度小型化。SAW 带通滤波器的百分比带宽范围为 0.01% ~ 50%(Microsemi,2018)。SAW 主要用于高达 2GHz 的频率产品上(API Technologies,2019)。

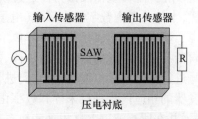

图 10.9 典型 SAW 滤波器示意图
(源自 M. Buchmeier(2007))

面向卫星应用的几款 SAW 滤波器已经面市。SAW 滤波器的一个重要特性是形状因子,是 40dB 带宽与 3dB 带宽之比。形状因子越小,滤波器的滚降越尖锐。用于信道化的 SAW 滤波器类型是横向滤波器,其形状因子可低至 1.1,带内纹波低至 0.2dB(峰 - 峰值),阻带抑制可高达 60dB,但插入损耗量级 20dB。其他 SAW 滤波器类型的插入损耗低得多,只有几分贝,但形状因子更高,因此它们适合用作宽带滤波器。这些类型的形状因子为 2 或 3,纹波比横向类型更大,阻带抑制为 40 ~ 45dB(Com Dev International,2014)。

正如上文介绍,Inmarsat - 3 和 Anik F2 卫星上的通道滤波器是 SAW 滤波器。Inmarsat - 3 卫星在带宽可切换 SAW 滤波的技术中使用了这些滤波器的快速滚降特性,以实现灵活的带宽和保护带恢复(Peach et al. ,1994)。通常,相邻信道频段之间有一个保护频段,其带宽约为信道间隔的 10%,除了允许信号频谱和检测的少量重叠外,未使用滤波响应。组中的 SAW 滤波器可以单独使用或组合使用,其中组合通过包括保护带在内的组合通带(Shinonaga and Ito,1992)。

在 Thuraya 卫星(20.2 节)数字移动到移动转换中,使用 SAW 滤波器进行输入和输出滤波。

10.2.5 路由

星上路由至少包含三种方式:①在非再生有效载荷中,灵活地将输入波束连接到输出波束,或者在较低级别上,将任何输入波束上的频段连接到多个输出波束上的频段。这种路由器相当于一个开关矩阵,这是它在模拟处理器中的实现方式,也可以在数字处理器中实现。②在再生有效载荷中,第二种路由器执行分组交换,如在 Spaceway 3 卫星上。③第三种路由器执行电路交换,如在 Amazonas 2 卫星上(10.4 节)。

10.2.6 数字波束形成

相控阵可重构波束可以通过模拟方式、模拟硬件的地面指令或数字方式来完成,本章只考虑数字波束形成(电子波束扫描将在 11.9.3 节讨论)。

数字波束形成目前仅由非再生有效载荷完成。在接收到波束形成器后,对来自所有阵列单元的信号进行采样、数字化和存储。为了形成每个接收波束,它对信号进行延迟或相位调整,对它们进行加权并组合。在形成发射波束时,它对来自转发器的相应信号进行采样和数字化。对于每个阵列单元,它适当地延迟并加权信号,并在所有波束上累积这些权系数(Godara,1997)。使用延迟而不是相移使天线的带宽更宽,因为扫描不会导致波束指向倾斜偏离(11.7.2.2 节)。波束形成通常包括接收时的波束到信道分配和发射时的信道到波束分配的功能(Craig et al. ,1992)。

所有相控阵都是平面的,并且具有规则网格排列的辐射单元。均匀的间距允许设计人员充分利用信号处理技术(Dudgeon,1977)。

数字波束形成不必直接在 RF 上执行。RF 信号可以下变频到 IF、抽取、在 IF 处处理、插值,然后上变频回 RF(Bailleul,2016)。

11.9.3 节进一步介绍了数字波束形成。

10.3 非再生处理有效载荷

10.3.1 一些当前有效载荷的总结

表 10.1 总结了非再生处理有效载荷的能力。卫星按发射年份排序,系列卫星按首次发射年份排序,所有卫星都是地球静止轨道(GEO)卫星。这个表格给出了每颗卫星处理载荷的技术特点,实现处理功能的设备不仅包含了处理器本身,还包含了与处理器协同工作的其他通道以及波束切换部分。引用的下行链路带宽或比特率包括任何频率复用的倍增效应。20GHz 附近的频率称为 K 频段而不是 Ka 频段,因此 30/20GHz 的上行链路/下行链路频率组合是 Ka/K 频段。

表 10.1 一些非再生处理有效载荷的能力

卫星/属性	Thuraya 系列	Inmarsat-4 系列	SES-12 和 SES-14	SES-17
处理器或有效载荷的名称	—	—	Airbus-UK 的数字透明处理器	泰雷兹阿莱尼亚公司的 Spaceflex VHTS
成功发射时间	2003,2008	2005—2008	2018	2021(预期在 2020)
频段	L-和 C-频段	L-和 C-频段	Ku 频段	Ka/K-频段
每个卫星的下行链路带宽或比特率	1GHz	272MHz	分别达到 14GHz 和 12GHz	未知
用户连接	用户-地面-用户,用户-用户	用户-地面-用户,用户-用户	用户-地面-用户	用户-地面-用户,用户-用户
处理发生的频率	IF	IF	基带	未知
带宽分配的灵活性	是	是	是	否
增益的灵活性	是	是	是	未知
上行链路到下行链路信道映射的灵活性	是	是	是	是
信道到波束分配的灵活性	是	是	是	是
通道滤波器和路由技术	数字	数字	数字	数字
RF 功率分配的灵活性	是	是	未知	未知
数字波束形成	是	是	否	是
来源	Thuraya Telecommunications Co(2009a,b),Sunderland et al.(2002)	Farrugia(2006),EADS Astriumm(2009),Martin et al.(2007)	Kongsberg Norspace(2015),ESA(2011),SES(2017a),Brown et al.(2014),Emiliani(2019)	Venet(2019),Nichols(2019)

灵活的带宽分配也称为按需带宽(BOD),灵活的功率分配也称为按需供电(POD),这些能力目前都在地面上进行管理,从而实现对有效载荷的控制。

表 10.1 中有效载荷的其他共同特征是带宽分配、增益、上行链路到下行链路信道映射和信道到波束分配的灵活性,它们都有一个数字处理器执行通道化和路由。

表 10.1 中卫星的通信有效载荷系统在本书中有所介绍:20 章详细介绍 Thuraya 和 Inmarsat-4 卫星,以及下文简要介绍的 SES 卫星系统。

10.3.2 SES-12 卫星和 SES-14 卫星

SES-12 卫星和 SES-14 卫星承载了 SES 的第一个处理型有效载荷。SES-

12卫星于2018年推出,其高通量Ku频段有效载荷通过72个点波束提供宽带数据通信(SES,2018b)。SES-14卫星是在SES-12卫星之前推出的,也是在2018年,它的处理载荷服务于航空和海事市场,可以提供蜂窝回程和宽带服务(SES,2018a),它产生40个Ku频段点波束。SES-12卫星的天线分系统有8副基于反射器的多波束天线(Aerospace Technology,2018),SES-14卫星少一些。两个天线分系统都是单馈源单波束的架构(Emiliani,2019),参见11.6节。这两颗卫星上的数字处理器相同,是由英国空客研制的数字透明处理器或信道化器(Morelli and Mainguet,2018)。在两颗卫星上的补充处理器是模拟预处理器和后处理器,将信号从Ku频段传输到基带,反之亦然,并使用SAW滤波器执行滤波(Kongsberg Norspace,2015)。

表10.2总结了自2000年初以来英国空客公司数字处理器的发展。英国空客的第3代处理器在2008年左右完成开发,在Alphasat卫星上飞行(20.3节),其端口带宽为250MHz,在基带处理。下一代处理器(NGP)与欧空局(ESA)合作开发(Cornfield et al.,2012),SES-12卫星和SES-14卫星上的处理器是NGP(Cornfield,2019a)。到2015年左右,该模型处理器得到进一步改进,但并不显著。其中包括用IIR滤波器替换FIR滤波器和使用多速率滤波。第4代处理器于2015年通过鉴定,与第3代相比有了显著改进。端口带宽增加1倍使处理能力提高5倍,并将处理器重量减少一半。它在IF处理,可以支持几乎任何规模的任务(Brown et al.,2014)。

表10.2 英国空客数字处理器的发展历程

处理器名称	处理器开发完成的大概年份	搭载的卫星	特点
第3代;数字透明处理器;数字子信道化器	2008年,即Alphasat签订合同(ESA,2007)后的一年	Alphasat(Brown et al.,2014)	可用于通道路由和增益设置或用作数字BFN(Brown et al.,2014)的250MHz端口
下一代处理器(NGP);数字透明处理器:信道化器	2012(Coskun et al.,2013)	SES-12卫星和SES 14卫星(Morelli and Mainguet,2018;Cornfield,2019a)	端口带宽目标高达320MHz(ESA,2011)基带处理(Kongsberg Norspace,2015)
未命名但是性能高于NGP	2015(Coskun et al.,2016)	未知	使用IIR滤波器代替FIR并使用多速率滤波(Coskun et al.2016)
第4代;小型模块化处理器	2015(Thomas et al.,2015)	计划于2020年发射的两颗Inmarsat-6卫星	与第3代相比,处理能力提高了5倍,可用于通道路由和增益设置或用作数字BFN,与第3代架构相同(Brown et al.,2014),中频输入和500MHz端口带宽相同(Thoms et al.,2015)

NGP 以及 SES-12 卫星和 SES-14 卫星处理器的其他特性：每个单处理器有 14 个输入端口和 14 个输出端口，并且可以使用多个处理器来扩展整个容量。ADC 和 DAC 的运行采样率几乎是 Inmarsat-4 卫星的 10 倍，这直接与处理器的端口带宽相关联。卫星运营商可以让处理器测量单个上行链路和下行链路信号的射频功率，设置单个信号的增益(Cornfield et al.,2012)。

10.3.3 SES-17 卫星

SES-17 卫星包含了一个带有数字处理器的 Ka/K 频段有效载荷。SES-17 卫星 2021 年发射。有效载荷的主要作用是为飞机提供互联网连接，第一个大型固定客户是 Thales 运营的 FlytLIVE。SES-17 卫星有效载荷将提供近 200 个不同尺寸的点波束(SES,2016)。

数字处理器是 Thales Alenia Space France 的 Spaceflex 甚高通量卫星(VHTS)，将允许网状、广播和多播网络配置(SES,2017b)，并将执行数字波束形成(Nichols,2019)。它是 Spaceflex 处理器的第 5 代产品，具有如下特性(Venet,2019)：

(1) 星形和网状、多播和广播；
(2) 输入和输出端口之间完全连接；
(3) 480MHz 的 I/O 端口；
(4) 多达 160/160 个 I/O 端口；
(5) 总容量或有用带宽 480GHz；
(6) 信道带宽 3.5MHz；
(7) 每个通道可选择增益控制(自动电平控制(ALC)或固定增益模式(FGM))；
(8) 质量约为 0.8kg/GHz；
(9) 直流功耗约为 8.5W/GHz。

第 2.5 代处理器名为 Spaceflex 5，自 2017 年以来一直在 Inmarsat-S-EAN 卫星上使用(Nicolas,2020)。

与 Spaceflex 5 相比，Spaceflex VHTS 的质量和功耗都大幅降低，质量降低为原来的 1/12 以下，功耗降低为原来的 1/17 以下。Spaceflex VHTS 也是第一代使用光学数字互连的产品(Venet,2019)。

10.4 再生有效载荷

10.4.1 一些当前有效载荷的总结

表 10.3 总结了一些再生有效载荷的能力。Amazonas 2 和 Spaceway 3 卫星是

GEO 卫星,而 Iridium Next 星座是 LEO 卫星。

表 10.3 一些再生有效载荷的能力

卫星/属性	Spaceway 3	Amazonas 2	Iridium Next 星座
卫星星座	1GEO	1GEO	66LEO
处理器或有效载荷的名称	—	AmerHis 2	—
成功发射时间	2007	2009	2017–2019
频段	Ka/K–频段	Ku–频段	L,Ka/K,K(交联)
每颗卫星处理的下行带宽或比特率	10Gbps	216Mbps	每个卫星为600MHz
用户连接	用户–地面–用户,用户–用户	用户–地面–用户,用户–用户	用户–地面–用户,用户–用户
交换	数据包	电路	数据包和电路
灵活带宽分配	是	是	是
灵活 RF 功率分配	是	否	是
数字波束形成	否	否	否
解码	是	是	是
编码	是	是	是
通信标准	DVB	DVB	专用
来源	Whitefield et al. (2006),Fang (2011),ETSI TS 102 188–1 V1.1.2(2004),Wu et al. (2003)	Wittig(2003),ESA (2004),ETSI TS 102 429–1 v1.1.1 (2006),ETSITS 102 602 v1.1.1 (2009a),Thales Alenia Space(2009)	Buntschuh(2013),Murray et al. (2012)

由于上述所有三个系统都要执行解码操作,因此处理器是数字的。

三个系统都提供星形网络和网状网络(10.1.2 节),而 Iridium Next 星座系统的不同之处是,在到达地面站或其他用户之前,信号通常会通过多颗卫星进行中继(19.2 节)。

三个系统的地面站都有通往互联网和公共电话网络的网关。

这些卫星系统与非再生卫星系统完全不同,因为它们不是处理一层而是处理三层开放系统互连(OSI)通信模型(13.2.1 节)。Amazonas 2 和 Spaceway 3 卫星的通信协议将在 13.3 节中描述。

10.4.2 Amazonas 2 卫星

由表 10.3 可见,Amazonas 2 卫星的总处理数据速率为 216Mbps。有效载荷提供四个完全连接的通道,最初设计有四个波束(Wittig,2003),目前只有三个处于工作状态。AmerHis 2 卫星处理器不提供灵活的增益控制,但系统却为上行链路终端提供了调整其输出功率的方法。图 10.10 为不包括天线的 Amazonas 2 卫星有效载荷的示意图。

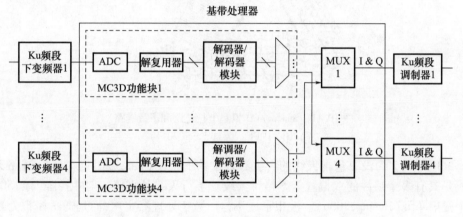

图 10.10　Amazonas 2 卫星再生有效载荷(不包含天线。Wittig,2003)

Thales Alenia 公司为 2017 年发射的 GEO Smallsat Hispasat 36W‑1 卫星上的 Redsat 有效载荷开发了第三代 AmerHis 处理器(Yun et al. ,2010)。

地面站与用户的终端类型相同。

10.4.3 Spaceway 3 卫星

由表 10.3 可见,Spaceway 3 卫星的总处理数据速率为 10Gbps。Spaceway 3 卫星有 784 个下行单元,这些下行单元与 112 个上行单元相连。每个上行单元包含 7 个下行单元。24 个瞬时下行链路点波束在下行链路单元之间快速捷变跳跃(11.11 节)。

图 10.11 显示了有效载荷提供的一些灵活性,地面站与用户的终端类型相同,多路访问方法在 13.2.2 节中进行描述。

Spaceway 3 卫星与地面终端闭环执行上行链路功率控制。对于来自终端的每个突发,有效载荷测量接收到的 SNR 和定时误差,并将此信息发送到终端,然后终端可以自行调整。

Spaceway 3 卫星有一个射频功率储备池,用于补偿闭环和开环混合系统中的下行链路雨衰。在系统的闭环部分,地面终端可以请求增加其波束的下行链路功率。在系统开环部分,有效载荷基于来自地面雷达的降雨预测,可以提前增加波束的下行链路功率。

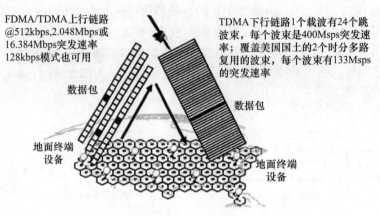

图 10.11　Spaceway 3 卫星上行链路和下行链路。
(© 2011 IEEE。源自 Fang(2011))

图 10.12 为没有包含天线的再生有效载荷的框图(Fang,2011)。上行链路天线是具有多个馈源的双偏置卡塞格伦天线。下行天线是直接辐射相控阵,有 1500 个辐射单元(Boeing,2006)。波束形成不是由数字处理器实现,而是通过模拟处理器实现(Ramanujam and Fermelia,2014)。

图 10.12　Spaceway 3 卫星再生有效载荷(不包含天线)

10.5　数字处理有效载荷的通信参数

10.5.1　非再生有效载荷

对于带有数字处理器的非再生有效载荷,其中转发器(未包括天线的有效载荷)噪声系数和滤波器性能两种参数必须与全模拟有效载荷进行不同处理。

对于转发器噪声系数估计,可以认为转发器具有如图 10.13 所示的框图,其中每个框都有增益和噪声系数(Sulli et al.,2016)。将增益和噪声系数进行分析组合(9.2.2节)产生转发器噪声系数。ADC 噪声在 10.2.1 节中进行了介绍,DAC 噪声来自重构滤波器(10.2.2 节),可以忽略不计。对于数字处理器引入的"噪声"的计算既费时又复杂,这种"噪声"可以量化。

图 10.13　用于有效载荷噪声系数估计的非再生处理有效载荷模型(不包含天线)

在非再生处理有效载荷中,滤波的特征是不同的,因为一些滤波器是数字的,以及这些数字滤波器没有噪声系数(噪声系数量化引起的误差已经在处理器"噪声"中考虑)。

10.5.2　再生有效载荷

再生有效载荷将前向链路或返回链路分成两个链路,这两个链路必须根据通信性能分别进行表征。用于上行链路处理的解调、检测和解码与地面终端的接收下行链路相类似,因此它们性能具有相似的特征。用于下行链路处理的编码和调制与准备上行链路传输的地面终端相类似,因此它们的性能也具有类似的特征。第 12 章介绍了这些处理所涉及的过程和一些性能参数,但其余部分的性能参数将不在本书进行讨论。

参考文献

Aerospace Technology(2018). SES – 12 telecommunications satellite. News article. On www. aerospace – technology. com/projects/ses – 12 – telecommunications – satellite. Accessed Sep. 13,2019.

Alberti X,Cebrian JM,Del Bianco A,Katona Z,Lei J,Vazquez – Castro MA,Zanus A,Gilbert L, and Alagha N(2010). System capacity optimization in time and frequency for multi beammulti – media satellite systems. *Advanced Satellite Multimedia Systems Conference and Signal Processing for Space Communications Workshop*;Sep. 13 – 15.

Andersen BR(1996). Digital filter bank designs for satellite transponder payloads:imple mentation on VLSI circuits. *IEEE International Conference on Universal Personal Communications*;Oct. 2.

Angeletti P,De Gaudenzi R,and Lisi M(2008). From "bent pipes" to "software defined payloads":evolution and trends of satellite communications systems. *AIAA International Communications Satellite Systems Conference*;June 10 – 12.

API Technologies（2019）. Introduction to SAW filter theory & design techniques. White paper. Oct. Accessed Feb. 20,2019.

Bailleul P(2016). A new era in elemental digital beamforming for spaceborne communications phased arrays. *Proceedings of the IEEE*;104(3)(Mar.);623–632.

Boeing(2006). Spaceway™ North America, Bandwidth–on–demand. Spacecraft factsheet. Accessed Aug. 14,2019.

Borgerding M(2006). Turning overlap–save into a multiband mixing, downsampling filter bank. *IEEE Signal Processing Magazine*;23(2)(Mar.);158–161.

Brown SP, Leong CK, Cornfield PS, Bishop AM, Hughes RJF, and Bloomfield C(2014). How Moore's law is enabling a new generation of telecommunications payloads. *AIAA International Communications Satellite Systems Conference*; Aug. 4–7.

Buntschuh F of Iridium Constellation LLC(2013). Appendix 1, Iridium Next engineering statement. Part of application to FCC. Dec. 27.

Chan H(2011). Advanced microwave technologies for smart flexible satellite. *International Symposium of IEEE Microwave Theory and Techniques Society*; June 5–10.

Cherkaoui J and Glavac V(2008). Signal frequency channelizer/synthesizer. *International Workshop on Signal Processing for Space Applications*; Oct. 6–8.

Chie CM, retired from Boeing Satellite Center(2010). Personal communication, Mar. 7.

Chie CM(2020). Personal communication, Mar. 2.

Cisco (2016). Cisco visual network index: global mobile data traffic forecast update, 2015–2020. White paper. Feb. 3 Accessed Apr. 3,2020.

Cisco(2020). Cisco annual Internet report(2018–2023). White paper. Mar. 20. Accessed Apr. 3,2020.

Com Dev International, now Honeywell Aerospace (2014). Com Dev SAW filters. Application note 102. Accessed Jan. 27,2014.

Cornfield P(2019a). Private communication, Nov. 28.

Cornfield P(2019b). Private communication, Dec. 23.

Cornfield P, Bishop A, Masterton R, and Weinberg S (2012). A generic on–board digital processor suitable for multiple missions. *Proceedings of the ESA Workshop on Advanced Flexible Telecom Payloads*; Apr. 17–19.

Coskun A, Kale I, Morling RCS, Hughes R, Brown S, and Angeletti P(2013). Halfband IIR filter alternatives for on–board digital channelisation. *AIAA International Communications Satellite Systems Conference*; Oct. 15–17.

Coskun A, Kale I, Morling RCS, Hughes R, Brown S, and Angeletti P(2016). Efficient digitalsignal processing techniques and architectures for on–board processors. *ESA Workshop on Advanced Flexible Telecom Payloads*; Mar. 21–24.

Craig AD, Leong CK, and Wishart A(1992). Digital signal processing in communications satellite payloads. *IEE Electronics and Communication Engineering Journal*;4(3)(June);107–114.

Dudgeon DE(1977). Fundamentals of digital array processing. *Proceedings of the IEEE*;65(6);898–904.

EADS Astrium (2009). Inmarsat–4, the very latest in communications technology. Program article. Accessed Mar. 2009.

Emiliani L of SES(2019). Private communication, Sep. 17.

ESA (2004). *AmerHis, A New Generation of Satellite Communications Systems*. Publication BR–226. The Netherlands: ESA Publications Division.

ESA (2007). ESA and Inmarsat sign innovative Aphasat satellite contract. Press release. Accessed Sep. 17,2019.

ESA(2011). Next generation processor. Telecommunications and integrated applications project description. Nov. 22. Accessed Oct. 10,2014.

ETSI TS 102 188 – 1 v1.1.2(2004). Satellite earth stations and systems(SES); regenerative satellite mesh – A(RSM – A) air interface; physical layer specification; part 1: general description.

ETSI TS 102 429 – 1 v1.1.1(2006). Satellite earth stations and systems(SES); broadband satellite multimedia(BSM); regenerative satellite mesh – B(RSM – B); DVB – S/DVB RCSfamily for regenerative satellites; part 1: system overview.

ETSI TS 102 602 v1.1.1(2009a). Satellite earth stations and systems(SES); broadband sat ellite multimedia; connection control protocol(C2P) for DVB – RCS; specifications.

Fang RJF(2011). Broadband IP transmission over Spaceway® satellite with on – board pro cessing and switching. *IEEE Global Telecommunications Conference*; Dec. 5 – 9.

Farrugia L, EADS Astrium UK(2006). Astrium view of future needs for interconnect com plexity of telecommunications satellite on – board digital signal processors. Presentation at meeting at European Space Research and Technology Centre; Feb. 9. Accessed Feb. 1,2010.

Fowler M (2007). Polyphase filters. Notes for course EE521 Digital Signal Processing, lectureIV – 04. Accessed Aug. 3,2019.

Garcia AY, Rodriguez – Bejarano JM, Jimenez I, and Prat J(2013). Future opportunities for next generation OBP enhanced satellite payloads. *AIAA International Communications Satellite Systems Conference*; Oct. 14 – 17.

Godara LC(1997). Application of antenna arrays to mobile communications, part II: beam – forming and direction – of – arrival considerations. *Proceedings of the IEEE*; 85(8); 1195 – 1245.

Gupta RK (2016). Communications satellite RF payload technologies evolution: a system perspective. *Asia – Pacific Microwave Conference*; Dec. 5 – 9.

Kongsberg Defence Systems (2005). Inmarsat – 4 F1 launched. News release. Apr. 14. Accessed Nov. 29,2014.

Kongsberg Norspace (2015). Kongsberg Norspace wins orders with Airbus Defence and Space. Nov. 24. Press release. Accessed Sep. 13,2019.

Kongsberg Norspace(2016). Kongsberg Norspace wins orders for deliveries to Inmarsat 6. Press release. July 8. Accessed Nov. 1,2019.

Lee M, Wright S, Dorey J, King J, and Miyakawa RH(2002). Advanced Beam ∗ Link® pro cessor for commercial communication satellite payload application. *AIAA International Communications Satellite Systems Conference*; May 12 – 15.

Martin DH, Anderson PR, and Bartamian L(2007). *Communications Satellites*, 5th ed. El Segundo(CA): The Aerospace Press; and Reston(VA): American Institute of Aeronautics and Astronautics, Inc.

Mathworks(2019). FIR halfband filter design. MATLAB article. Accessed Aug. 3,2019.

Microsemi(2018). SAW products. Product brochure. May. Accessed Oct. 31,2019.

MilićL(2009). *Multirate Filtering for Digital Signal Processing: MATLAB Applications*. Pennsylvania: Information Science Reference.

Milić L, Saramaki T, and Bregović R (2006). Multirate filters: an overview. *IEEE Asia Pacific Conference on Circuits and Systems*; Dec. 4 – 7.

Morelli G and Mainguet A (2018). Automated operations of large GEO telecom satellites with Digital Transparent processor (DTP): challenges and lessons learned. *SpaceOps Conference*; May 28 – June 1.

Murray P, Randolph T, Van Buren D, Anderson D, and Troxel I (2012). High performance, high volume reconfigurable processor architecture. *IEEE Aerospace Conference*; Mar. 3 – 10.

Nichols S (2019). AIX: SES sees a future with smarter MEO/GEO satellites. News article. Apr. 5. Accessed Oct. 26, 2019.

Nicolas C of Thales Alenia Space (2020). LinkedIn page. Accessed Oct. 22, 2020.

Oppenheim AV and Schafer RW (1975). *Digital Signal Processing*. New Jersey: Prentice – Hall.

Peach RC, Lee YM, Miller ND, van Osch B, Veenstra A, Kenyon P, and Swarup A (1994). The design and implementation of the Inmarsat 3 L – band processor. *AIAA International Communications Satellite Systems Conference*; Feb. – Mar. 3.

Pelton JN, Mac Rae AU, Bhasin KB, Bostian CW, Brandon WT, Evans JV, Helm NR, Mahle CE, and Townes SA (1998). Global satellite communications technology and systems. WTEC panel report. Dec. Accessed Apr. 14, 2010.

Purcell JE, Momentum Data Systems Inc (2010). Multirate filter design – an introduction. Application note. Accessed Feb. 2010.

Ramanujam P and Fermelia LR (2014). Recent developments on multi – beam antennas at Boeing. *European Conference on Antennas and Propagation*; Apr. 6 – 11.

Rocher R, Menard D, Scalart P, and Sentieys O (2012). Analytical approach for numerical accuracy estimation of fixed – point systems based on smooth operations. *IEEE Transactions on Circuits and Systems*; 59(10) (Oct.); 2326 – 2339.

Salim T, Devlin J, and Whittington J (2004). Analog conversion for FPGA implementation of the TIGER transmitter using a 14 bit DAC. *IEEE International Workshop on Electronic Design, Test and Applications*; Jan. 28 – 30.

SES (2016). SES orders high throughput satellite from Thales with first secured anchor cus tomerfor in-flight connectivity. Press release. Sep. 12. Accessed Oct. 22, 2019.

SES (2017a). Investor day 2017. Presentation. June 28. Accessed Oct. 28, 2020.

SES (2017b). SES and Thales unveil next – generation capabilities onboard SES – 17. Press release. Apr. 4. Accessed Aug. 2, 2019.

SES (2018a). SES – 14, redefining broadcasting and connectivity across the Americas. Accessed Sep. 14, 2019.

SES (2018b). Fact sheet: SES – 12. Accessed Sep. 14, 2019.

Shinonaga H and Ito Y (1992). Microwave SAW bandpass filters for spacecraft applications. *IEEE Transactions on Microwave Theory and Techniques*; 40(6) (June); 1110 – 1116.

Smith SW (2007). FFT convolution and the overlap – add method. *Electronic Engineering Times*. On eetimes. com/fft – convolution – and – the – overlap – add – method. Accessed Apr. 2, 2020.

Sulli V, Giancristofaro D, Santucci F, and Faccio M (2016). An analytical method for perfor mance evaluation of digital transparent satellite processors. *IEEE Global Communications Conference*; Dec. 4 – 8.

Sunderland DA, Duncan GL, Rasmussen BJ, Nichols HE, Kain DT, Lee LC, Clebowicz BA, and Hollis IV RW(2002). Megagate ASICs for the Thuraya satellite digital signal process sor. *IEEE International Symposium on Quality Electronic Design*; Mar. 18 – 21.

Taggart D, Kumar R, Krikorian Y, Goo G, Chen J, Martinez R, Tam T, and Serhal E(2007). Analog – to – digital converter loading analysis considerations for satellite communications systems. *IEEE Aerospace Conference*; Mar. 3 – 10.

Teledyne e2v(2019a). EV12AD550B dual 12 – bit 1.6 Gsps ADC, space grade. Datasheet. Feb. On teledyne – e2v.com/products/semiconductors/adc. Accessed Oct. 26, 2019.

Teledyne e2v(2019b). EV12DS130AG, EV12DS130BG, low power 12 – bit 3 Gsps digital to analog converter with 4/2:1 multiplexer. Datasheet DS1080. June On teledyne – e2v.com/products/semiconductors/dac. Accessed Oct. 26, 2019.

Teledyne e2v(2019c). EV12AQ600 quad 12 – bit 1.6 Gsps ADC with embedded cross – point switch, digitizing up to 6.4 Gsps. Datasheet. Sep. Accessed Oct. 26, 2019.

Thales Alenia Space(2009). Amazonas – 2 satellite to embark Thales Alenia Space's Amerhis – 2 system. Press release. Sep. 22. Accessed Jan. 26, 2010.

Thomas G, Jacquey N, Trier M, and Jung – Mougin P(2015). Optimising cost per bit: ena bling technologies for flexible HTS payloads. *AIAA International Communications Satelite Systems Conference*; Sep. 7 – 10.

Thuraya Telecommunications Co(2009a). Space segment. Accessed Jan. 27, 2010.

Thuraya Telecommunications Co (2009b). Thuraya satellite. On www.thuraya.com. Accessed Mar. 19, 2009.

Venet N(2019). Spaceflex onboard digital transparent processor: a new generation of DTP with optical digital interconnects. Paper and slide presentation. *International Conference on Space Optics*; Oct. 9 – 12.

Walden RH(1999a). Analog – to – digital converter survey and analysis. *IEEE Journal on Selected Areas in Communications*; 17(4); 539 – 550.

Walden RH(1999b). Performance trends for analog – to – digital converters. *IEEE Communications Magazine*; 37(2)(Feb.); 96 – 101.

Whitefield D, Gopal R, and Arnold S(2006). Spaceway now and in the future: on – board IP packet switching satellite communication network. *IEEE Military Communications Conference*; Oct. 23 – 25.

Wikipedia(2019a). Infinite impulse response. Article. Jan. 17.

Wikipedia(2019b). Surface acoustic wave. Article. Oct. 25.

Wittig M, European Space Research and Technology Centre(2003). Telecommunikation satellites: the actual situation and potential future developments. Presentation; Mar. Accessed Jan. 28, 2010.

Wu YA, Chang RY, and Li RK(2003). Precision beacon – assisted attitude control for Spaceway. *AIAA Guidance, Navigation, and Control Conference*; Aug. 11 – 14.

Yun A, Casas O, de la Cuesta B, Moreno I, Solano A, Rodriguez JM, Salas C, Jimenez I, Rodriguez E, and Jalon A(2010). AmerHis next generation global IP services in the space. *Advanced Satellite Multimedia Systems Conference and Signal Processing for Space Communications Workshop*; Sep. 13 – 15.

第 11 章
多波束天线和相控阵天线

11.1 引言

本章讨论的多波束天线(multibeam antenna,MBA)和相控阵天线(phase array,PA)在专业技术领域有很多交叉。为了提高整个覆盖区域的容量,20世纪90年代以来发展了可以提供更多波束数量、更高增益、更小波束的 MBA,频率和极化在多个波束中被大量复用,进而提高通信系统容量。MBA 有多种形式,相控阵天线是商业上最常用的一种,其技术用途分为有两种:一是在地球静止轨道(geostationary - orbit,GEO)卫星上,作为反射面多波束天线的馈源阵列;二是在低轨道地球(low earth orbit,LEO)卫星上,多波束天线直接形成多个点波束。本章还讨论了相控阵天线一些不太常见的应用,如通过反射器形成一个或几个区域波束。

本章介绍这两类天线,包括各种天线方案、反射器、辐射单元、相控阵天线的波束形成网络(beam forming network,BFN)、相控阵天线的功率放大器和多波束天线测试。

因为本章内容需要前面相关章节介绍的知识基础,因此将这一章作为本书有效载荷部分的最后一章,

需要为本章定义一些专业术语。值得注意的是,一些术语在整个行业中的使用并不一致,而其他一些术语可能并不常见:

(1)天线的辐射单元:也可以代表射频接收单元。在其他的应用场景中,它本身可以作为一个天线使用。

(2)天线阵列:相邻辐射单元的集合体。

(3)单馈源单波束(single - feed - per - beam,SFPB)天线:一种基于反射器的多波束天线,每个辐射单元形成一个点波束。

(4)多馈源单波束(multiple - feed - per - beam,MFPB)天线:一种基于反射器的多波束天线,由多个辐射单元形成一个点波束。

(5)相控阵(phased array,PA):由多个辐射单元组成,每个波束由多个辐射单

元通过基于相移或时延 BFN 形成。MFPB 天线是相控阵的一个例子。

(6)直射阵(direct – radiating array,DRA):直接辐射的相控阵列,即天线组成中没有反射器。

(7)扫描波束:指向偏离垂直于相控阵平面的波束。

(8)MBA 或相控阵的馈源:对于 SFPB,馈源为一个辐射单元;对于 MFPB,馈源为形成一个波束的一组辐射单元(在基于反射器的天线中,馈源形成初级辐射方向图,反射器形成次级辐射方向图);对于相控阵馈电反射面天线,每个波束均由相控阵全阵参与。

11.2 多波束天线简介

11.2.1 波束

MBA 主要用于形成大量的点波束。在许多情况下,所有波束的波束宽度相等,并以正六边形的方式排布。在其他情况下,采用不同宽度的波束进行混合覆盖,波束覆盖并不连续,其中较小的波束用于服务需求更密集的陆地区域。Eutelsat 公司于 2010 年发射的 Ka – Sat 卫星采用了以上两种方案,其波束覆盖如图 11.1 所示。波束正六边形覆盖的形式是四色复用排布的一个示例,其中一种颜色是频率和极化的组合。图 11.2(b)展示了同频波束四色复用方案,而图 11.2(a)、(c)给出了其他常用的三色和七色复用方案。图中的数字表示不同颜色的波束,所有表示为颜色"1"的波束都突出地显示出来,以便更容易观察到相同颜色波束之间的相对位置。不难看出,波束颜色的数量越多,相同颜色的波束之间距离越远。

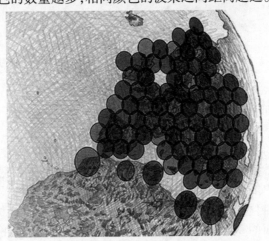

图 11.1　Eutelsat 的 Ka – Sat 点波束覆盖(图由 Eutelsat 提供)

为了简单起见,图 11.2 中所示的波束互不交叠,但实际上每个波束的主瓣会延伸到所示圆之外,旁瓣会延伸到更远的位置。14.6 节讨论了波束之间的干扰。

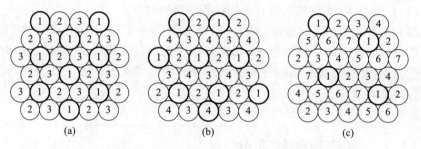

图 11.2　三色、四色和七色波束覆盖方案(源自 Rao(1999)和 Guy(2009))

波束峰值是波束中增益最高的位置,该位置靠近或位于波束中心。波束间距或波束间隔是相邻波束中心的角度间隔;当所有的波束都具有相同尺寸和规则的间距时,就有了额外的术语。如图 11.3 所示的三个波束,波束尺寸相同(Rao,1999),此时三个相邻波束的交叠点定义为三波束交叠点;相邻波束两个交点之间的虚线划分了两个波束的覆盖范围,虚线的中心是相邻波束重叠区域最大的位置,定义为相邻波束重叠;圆圈的边缘定义为覆盖区边缘(EOC)。

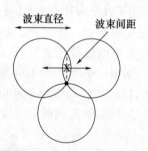

图 11.3　等尺寸波束覆盖区的定义
注:"·"代表三波束交叠点;"×"代表相邻波束最大交叠处。

11.2.2　指向误差

在轨卫星上的天线在指向上总会有一定的误差。由于波束指向误差的存在,在计算 EOC 增益和载波干扰比时,需要通过外扩波束宽度来考量指向误差带来的影响。用户或有效载荷工程师要决定如何处理指向误差的量级及其影响,必须同时考虑目标波束(波束指向误差会恶化 C)和干扰波束的指向误差。如果是基于反射面的 MBA,可以采用多种闭环波束指向校准的方法来修正指向误差。如果目标波束和干扰波束在同一个反射器上,那么波束会一起偏移,相对位置不会发生改变,因此干扰波束永远不会靠近目标波束。如果目标波束和干扰波束在不同的反射器上,那么指向误差是独立的,最坏情况即目标波束和干扰波束相对靠近移动,而更实际的情况是进行两个波束二维指向误差的平均分析。而对于相控阵天线,如果所有波束均由同一个阵面产生,那么目标波束和干扰波束将一起偏移。

11.2.3 天线方案

不同 MBA 类型之间的关系如图 11.4 所示。基于反射器的 MBA 和采用相控阵列馈电的 MBA 属于两个技术领域,而基于相控阵馈电的反射面 MBA 是这两个技术领域的交集。在这种情况下有两种类型:一是 MFPB 天线,也称为阵列馈电反射面天线、具有交叠馈源的 MBA、增强型 MBA;二是相控阵馈电反射面 MBA。有一种基于反射器的 MBA 无需相控阵馈电,即 SFPB 天线。同样,还有一种多波束天线仅包含相控阵,但没有反射器,那就是 DRA。

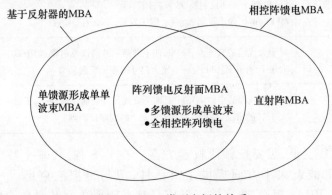

图 11.4 MBA 类型之间的关系

11.2.4 方案选择

在特定的应用场景下,选择哪种类型的 MBA 需要考虑很多因素。需要考虑卫星轨道高度、载波频率、波束尺寸、容量和灵活性、卫星平台上的安装条件、天线性能(例如天线效率、覆盖边缘增益滚降和 C/I)、造价及重量,其中前两个因素通常起到决定作用。

卫星轨道决定了天线是否需要反射器。对于 GEO 卫星,通过基于反射器的天线实现的波束具有高增益特性。当天线工作在 GHz 频率时,反射器的尺寸必须很大以满足增益需求,且由于安装空间受限,需要采用阵列馈电的方式,其形式可以是 MFPB 或者是全相控阵。在 C 频段及以上频段,可以使用多副 SFPB 天线的方案。对于 LEO 来说,其覆盖视场太大,因此需要天线具备很高的扫描能力,而这种需求只有 DRA 可以满足。

第二个需要考虑的因素是频段。对于 GEO 卫星,表 11.1 列出了按频段划分最常用的多波束天线类型。对于每个频段,按照使用程度递减的顺序,列出了相应多波束天线的类型。在 L、S 频段,首选相控阵馈电反射面天线,这是由于反射器的尺寸非常大,而固面反射器无法实现这么大的尺寸,因此采用可展开的网状反射器。而在较高的频段下,SFPB 是最为常见的天线形式,其优点是成本低、质量小、效率高,天线结构简单,反射器采用固面反射器(Amyotte et al.,2014)。"超大"是指反射器尺寸大于依照载波频率所选择的正常反射器尺寸。

表 11.1 GEO 常用 MBA 类型(Amyotte et al.,2011,2014)

工作频段	GEO 常用 MBA
L、S 频段	MFPB,可展开网状反射面,星上数字波束形成网络,所有的波束形成参数通过地面计算形成
C 频段	SFPB,四个固面反射器,收发共用馈源 MFPB,两个固面反射器,一个用于发射,一个用于接收
Ku 频段	对于大规模的窄波束:SFPB,四个常规尺寸固面反射器;对于 20~30 个波束宽度大于 1°的情况:SFPB,一个超大尺寸的固面反射器
Ka/K 频段	对于大规模的窄波束:SFPB,四个常规尺寸固面反射器;对于 20~30 个波束宽度大于 1°的情况:SFPB,一个超大尺寸的固面反射器

对于 GEO 卫星,需要按频段权衡方案。在 L、S 频段,星上数字波束形成在功率分配和波束大小方面提供了灵活性,但与模拟波束形成(Ramanujam and Fermelia,2014)相比,数字波束形成只有在辐射单元数量较少的情况下才有工程实现的可能。在所有频段,四口径 SFPB 天线性能最佳,但只有在 C 频段以上的频率才能在星上布局这么多数量的反射器。MFPB 天线只需要两个反射器,一个用于接收,另一个用于发射,但需要比 SFPB 天线更多的辐射单元、在发射频段需要更多的功率放大器、额外的波束形成网络以及更复杂的有效载荷架构(Amyotte et al.,2014)。在 Ku 和 Ka/K 频段,如果只需要形成 20 个或 30 个波束宽度大于 1°的波束,则可以使用一个配置超大反射器的 MFPB 天线来实现波束覆盖的需求,其反射器的口径至少是常规口径反射器的 2 倍(Amyotte et al.,2011,2014)。在 Ka/K 频段,单个超大反射器 MFPB 天线的性能与四口径 SFPB 天线相当,但仅适用于较宽的波束(Amyotte et al.,2011)。在所有常规尺寸反射器的 SFPB 案例中,与四口径天线相比,三口径反射面天线的性能会有所降低(Amyotte et al.,2011)。

11.3 多波束天线反射器及馈源结构

截止到2020年,商用GEO通信卫星中,几乎所有的多波束天线都是基于单偏置反射面天线。唯一例外的是第18章中介绍的Viasat-1卫星,其采用了双偏置反射面天线。大多数的多波束天线要么采用固面反射器,要么采用可展开网状反射器。这两种反射器形式适用于所有频段,因此它们之间的选择主要由质量、可用尺寸和在轨展开风险的差异性决定。对于常规的反射器尺寸,垂直于抛物面轴投影的反射器口径大小决定了波束宽度。

当采用多口径多波束天线时,四色复用中任何一种颜色所对应的波束均在一个反射器上。由于最差的干扰波束通常是与目标波束颜色相同的波束(14.6.3节),且这些同色波束的指向误差相同,这就保证了考虑指向误差后的C/I性能。可以增加频率复用的波束颜色,但这样会大幅度提升C/I。

标准反射器适用于产生圆波束的情况,一个经过赋形且具有散焦特征的反射器通常用来产生赋形波束,用以覆盖不规则区域。一个例外是,如果一个反射器实现双频波束覆盖,那么在一个频率上针对不规则覆盖区域进行赋形,而在另一个频率上实现圆波束。如果圆波束的工作频率比赋形波束要低得多,如1/10,那么反射器的赋形对于圆波束的影响可以忽略不计(Aliamus,2020)。

馈源均处于反射器的近场区域。

11.3.1 适用于C、Ku和Ka/K频段的反射器

首先介绍多波束天线的反射器技术,然后介绍目前常用的反射器/馈源的结构。

11.3.1.1 反射器技术

最初用于C频段和更高频率的多波束天线反射器是由石墨制成的固面。举个例子,Ka频段赋形固面反射器,口径为1.2m,反射器表面由碳纤维增强聚合物织物制成,外壳是由织物面板和支撑组成的蜂窝夹层结构(Amyotteet al.,2006)。反射器下面采用厚1.3cm的肋条支撑反射器。

L3Harris前身为Harris Corporation,针对C频段及更高频段的多波束无线应用研究了五种反射器类型:

(1)2012年,固网结合反射器其质量比固面反射器轻40%,尺寸为1.5~3.5m,适用于从UHF到V频段。在完成反射器收拢后,其结构极为紧凑(Harris

Corp,2018a)。

(2)2016年,可展开的Ka频段反射器,也称为径向肋反射器(Harris,2019b)。2017年发射的Viasat-2号卫星配置了4个反射器,东舱板和西舱板各配置了两个口径为5m的反射器。反射器由8根肋骨支撑,像伞一样展开(Farrar,2016,2018)。

(3)2018年,适用于小型卫星的高收纳比反射面天线。在卫星发射时,它可以收拢成非常小的体积。直径为1~5m,工作频率高达40GHz(Harris Corp,2018b)。

(4)2019年,Ka频段周边桁架反射器,其质量比固面反射器轻50%,直径为3~22m(Harris Corp,2019a)。

(5)2020年,适用于小卫星的Ka频段周边桁架反射器,其的质量也比固面反射器轻50%,直径可达4m。针对反射器的快速生产需求进行了设计上的优化(Harris Corp,2020)。

所有C频段及以上频段的反射面天线的辐射单元都位于反射面的焦平面内。焦平面上的辐射单元阵列称为焦平面阵列或聚焦阵列。

11.3.1.2 入口径SFPB

在轨历史悠久的C频段以上多波束天线是安装在GEO卫星东、西舱板上的8个固面反射器。每个舱板有4个反射器,其中2个用于接收,2个用于发射。每个反射器的尺寸都与其工作频段相匹配,采用SFPB的工作方式。每个接收反射器产生同一种颜色的波束,如图11.5所示。4个发射反射器的示意图与接收相同。

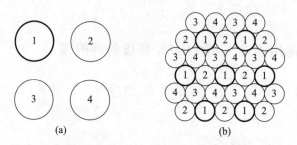

图11.5 4个接收反射器SFPB MBA布局和波束覆盖(其中数字代表颜色)
(© 1999 IEEE. 源自Rao(1999))
(a)反射器;(b)反射器对应的波束覆盖。

采用4个发射或接收反射器多波束天线覆盖同一个区域是为了获得适当的口径照射电平和相应的波束性能,馈源喇叭的直径必须是两个相邻波束在焦平面上所需馈源间距的2倍左右(Burr,2013)。

天线的焦径比F/D(3.4.1节)约为1,馈源间距约为工作波长的2~3倍。如果馈源以10~15dB的最佳锥削电平照射反射器,则天线的辐射效率约为78%,旁瓣电平相比于峰值下降约25dB(Rao,2015a)。

波束主瓣呈现高斯波束形状(Amyotte et al. ,2011;Rao,2003)。

11.3.1.3　四口径 SFPB

目前,工作在 C 频段及以上频段最常见的多波束天线方案为四口径 SFPB 多波束天线,在 GEO 卫星的东西舱板共安装 4 个固面反射器,每侧 2 个。4 个反射器收发共用。这种技术方案同时实现了高性能、低风险和合理的价格(Amyotte et al. ,2014)。

馈电喇叭具有较高的口径辐射效率(11.4 节)。每个反射器根据发射频率选择最佳口径。辐射效率高的喇叭有助于提高发射频段的峰值和 EOC 增益;反射器对于接收频段来说尺寸过大,因此通过馈源旁瓣照射的方法,可以降低接收频段波束的峰值增益、展宽波束并提高 EOC 增益。与此同时,在馈源组件可实现的情况下,多波束天线可以同时实现接收和发射频段的双极化工作模式。

发射波束的主瓣呈现高斯波束的形状(Amyotte et al. ,2011;Rao,2003)。

11.3.1.4　三口径 SFPB

三口径多波束天线与四口径多波束天线稍有不同,其相应的波束有三种(或更多)颜色。反射器布局和波束覆盖如图 11.6 所示。

在三色复用的情况下,同色波束之间的距离相比于四色复用而言更近一些,天线的方向性系数降低 0.5 ~ 1dB,接收 C/I 降低 1 ~ 2dB,发射 C/I 降低 3 ~ 4dB (Amyotte et al. ,2014)。进一步讨论参见 11.4.3 节。

三口径多波束天线的应用实例是 2008 年发射的 Ciel 2 卫星,它形成了 54 个圆极化波束(Lepeltier et al. ,2012)。

发射波束的主瓣呈现高斯波束形状(Rao,2015a)。

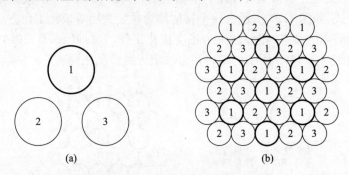

图 11.6　三口径 SFPB MBA 布局和波束覆盖(其中数字代表颜色)
(© 1999 IEEE. 源自 Rao(1999))
(a)反射器;(b)反射器对应的波束覆盖。

11.3.1.5 配置两个超大反射器的 SFPB

针对 C、Ku 和 Ka/K 频段的 SFPB 多波束天线应用,有一种不同的实现方式,即配置两个超大反射器的多波束天线,其中一个用于接收,另一个用于发射。反射器的直径至少是四口径多波束天线的 2 倍。当卫星配置有其他天线时,这种天线方案在布局空间上有更好的适应性。波束同样以正六边形排列,频率复用方式为四色复用。如果没有进行反射器赋形,三波束交叠处的增益将低于四口径多波束天线,因此反射器需要进行赋形状以展宽波束(Balling et al. ,2006)。此时,波束在覆盖区内具有几乎平坦的增益特性,并且提升了 EOC 增益(Amyotte et al. ,2011)。

11.3.1.6 配置两个超大反射器的 SFPB 的另一种方案

针对 C、Ku 和 Ka/K 频段的另一种配置两个超大 SFPB 多波束天线有两个超大反射器,用于发射或接收。这方面的一个例子是 Inmarsat-5 系列卫星上用于 K 频段发射的两个反射器(20.6.7.2 节)。

11.3.1.7 配置一个超大反射器的 SFPB

该天线方案只有一个超大反射器,天线收发共用。反射器的直径至少是四口径多波束天线的 2 倍。反射器需要进行赋形以展宽波束,提高 EOC 增益。这种实现方式最适合 20 个或 30 个波束。如果采用直径约 3m 的固面反射器,在 Ka 频段可以实现 1°左右的波束(Amyotte et al. ,2011,2014)。

11.3.1.8 配置两个反射器的 MFPB

对于 Ka/K 频段,还有一种紧凑化的 MFPB 多波束天线设计方法,每个波束由四个辐射单元形成(通常至少使用 7 个辐射单元(Rao,2015a))。波束采用四色复用的工作方式,如图 11.7 所示。每个反射器为收发共用双极化工作方式。每个反射器提供行间隔的波束,相邻波束为正交极化工作(Lafond et al. ,2014)。相同颜色波束的间距与图 11.5 所示的四口径多波束天线情况相同。

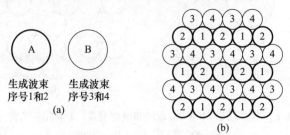

图 11.7 双反射器 MFPB MBA 布局和波束覆盖(其中数字代表颜色)
(a)反射器布局;(b)反射器对应的波束覆盖。

11.3.1.9 配置两个超大反射器的 MFPB

配置两个较长焦距的超大反射器,一个用于接收,另一个用于发射,长焦距这意味着需要超长的展开臂或副反射器来实现(Lepeltier et al.,2012)。如果波束数量大,但极化方案不合理,将会导致波束形成网络极其复杂;如果波束数量很大,但覆盖范围很稀疏,将会使得辐射单元的数量非常大(Amyotte et al.,2014)。

11.3.1.10 采用相控阵馈电和赋形反射器产生赋形波束

天线采用一个反射器和相控馈电方案来产生单一可重构波束。一个例子是工作在 Ku 频段的发射双极化天线,采用 25 个辐射单元实现全相控阵馈电,进而实现波束形状重构以及可能的波束扫描。波束形成网络为模拟网络,只能调整相位(Nadarassin et al.,2011)。两种极化的覆盖区域可以不同(Voisin et al.,2010)。

11.3.2 适用于 L 频段和 S 频段的反射器

首先介绍反射器技术,然后是当前的反射器/馈源配置。

11.3.2.1 反射器技术

常见的 L 或 S 频段多波束反射器实现是一个尺寸巨大、偏置馈电、可展开的网状反射器,通过超长的展开臂展开。这种反射器应用在 Inmarsat 公司的 Alphasat 卫星上。在 YouTube 上有一段令人印象深刻的视频,展示了 ICO G1(现在称为 EchoStar G1)号卫星的反射器在轨展开过程(Space Systems Loral,2012)。

反射网由金属丝编织而成,常用的材料为钨和钼,其热稳定性很好,金属丝表面镀金。反射器分解成多个三角形平面,每个平面由金属丝或金属网编织而成(Migliorelli et al.,2013)。

Northrop Grumman 公司在商业卫星上率先制造了适用于 L 频段和 S 频段的可展开网状反射器。它是一个直径为 12.25m 的 L 频段反射器,首先在 2000 年发射的 Thuraya 卫星上(Thomson,2002)。这些反射器由镀金钼网制成(Thomson,2002)。

L3Harris 是网状反射器的主要制造商。它们网状反射器的尺寸为 1~25m(Harris Corp,2018c)。Harris 公司口径为 22m 的反射器工作在 L 频段,应用在 SkyTerra1 卫星上,如图 20.28 所示。

一般来说,反射器的尺寸由波束尺寸和布局要求决定(Rahmat-Samii et al.,2000)。

11.3.2.2 配置一个反射器的 MFPB

第 20 章将专门介绍形成大量 L 和 S 频段波束的卫星。在这些频率下,多波束天线可以收发共用工作(如果需要)以及双极化工作(如果需要),例如,EchoStar XXI 卫星(以前称为 TerreStar-2 卫星,2017 年发射)天线可以实现收发共用双极化工作。

因为展开臂长度有限(Gallinaro et al.,2012),这种反射器的焦径比不会太大,约为 0.5,另一个不同的说法是焦径比为 0.6~0.7(Rao,2015a)。一个例子是 Inmarsat-4 卫星,其焦径比为 0.53(Guy,2009)。Inmarsat-4 系列的第一颗卫星于 2005 年发射(20.3 节),较小的焦径比意味着 MBA 中偏焦后的波束相位误差较高,使得波束性能下降严重,需要采用相控阵、MFPB 或全相控阵馈电的方法补偿 (Gallinaro et al.,2012)。

一些 MSS 天线采用聚焦阵列,另一些采用散焦阵列(11.5.3 节)。

11.3.2.3 全相控阵馈电,由一个反射器形成区域波束

在地球同步卫星轨道(GSO)或高椭圆轨道(HEO)上,可以采用散焦馈电的方式实现区域波束的重构。天线采用一个小规模全相控阵对柔性反射器进行馈电。这将在 11.5.3 节中进一步介绍。

11.4 用于 GEO 轨道的喇叭和馈源组件

本节讨论应用于 GEO 轨道卫星 MBA 或 PA 的喇叭和馈源组件(11.8 节专门讨论了 GEO 或非 GEO 的相控阵辐射单元的应用)。喇叭目前是 MBA 中最常见的辐射单元。

含有介质材料的喇叭不适用星载多波束天线,因为介质材料会引起静电放电 (Chan and Rao,2008)。

馈源组件不仅包括喇叭,还包括极化器、正交模耦合器(OMT)以及双工器 (3.8 节)。

11.4.1 波特喇叭

3.7.1 节介绍了波特喇叭。它是一个圆形的喇叭,经常用作比较其他喇叭的参考,辐射效率约为 74%(Rao,2003)。这种喇叭沿 **E** 平面和 **H** 平面具有相同的口径分布(4.4.1 节),以保证实现最小的交叉极化。然而,这种设计的结果是喇叭方向图在两个平面上均呈现高度的锥形分布,所以喇叭的辐射效率并不高(Bhattacharyya and Goyette,2004)。

波特喇叭最适合用于三色复用时的三反射器 SFPB 方案,主要原因是在三色复用的方案中同频波束之间的主要干扰源来自主瓣(14.6.3 节),而采用波特喇叭时,波束主瓣增益相比于采用高辐射效率喇叭滚降速度更快,更容易保证良好的 C/I。波特喇叭不适用于四色复用的方案(Rao,2003)。

11.4.2 SCRIMP 喇叭

Airbus 公司(前身为 Astrium)公司研制的具有极小交叉极化特性的短圆形环加载喇叭(SCRIMP 喇叭)是一种圆形多模喇叭(3.7.3 节),口径效率不低于 77%,具有低交叉极化和低电压驻波比(VSWR)的特性,工作带宽为 19%,如图 11.8 所示。环加载产生了高口径辐射效率所需的高阶模式,这与阶梯喇叭和波纹喇叭的多位置优化需求形成对比(3.7.1 节)。SCRIMP 喇叭结构紧凑(口径为 1.1~2 个 λ)、质量小和体积小。SCRIMP 喇叭最初是为 C 频段开发的(Wolf and Sommer,1988),可以实现双圆极化工作。它作为阵列馈电单元用于 Intelsat IX 系列卫星,在反射面天线中形成 C 频段半球波束和区域波束,有限的带宽意味着发射天线和接收天线是分开的(Hartmann et al.,2002a)。

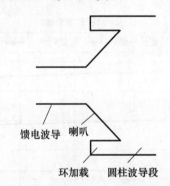

图 11.8 Airbus 高效率 SCRIMP 喇叭图示
(源自 Muhammad et al. (2011))

C 频段 SCRIMP 喇叭的拓展应用是用于 L 频段圆极化(Hartmann et al.,2002a)。一个典型的例子是用作 120 个辐射单元的发射/接收模块,辐射单元包含 SCRIMP 喇叭和用于大功率分配的 8×8 巴特勒矩阵(11.12 节)。

11.4.3 一般的高效喇叭

Guy Goyette 是第一个认识到高效率馈电喇叭对于反射器 MBA 的重要性的学者,他当时在休斯空间与通信公司(现在是波音卫星研发中心的一部分)工作。如今,几乎所有多波束卫星和一些相控阵都使用高效喇叭(Bhattacharyya,2019a)。

在 SFPB 天线中,馈源喇叭紧密布局在一起,低辐射效率意味着会有更多的能量漏射至相邻的喇叭中,产生严重的互耦效应(11.14 节)和更高的旁瓣(Amyotte et al.,2006)。与效率较低的喇叭相比,高效喇叭产生的初级波束更窄,因此它可以以更大的边缘锥削电平照射反射器。这使得次级波束的主瓣更平坦、峰值增益更低、旁瓣更低(Rao,2003)。

图 11.9 和图 11.10 分别给出了 18~30GHz 频段内高效喇叭、理想波特喇叭和波纹喇叭的对比。一个真正的波特喇叭并不能覆盖这个带宽,所以是与一个理想的波特喇叭进行对比。在比较中,波纹喇叭被用作可以满足全频段工作喇叭的对比参照物。事实上,波纹喇叭的壁厚较大,在喇叭间距相同的情况下,其口径辐射效率会降低约 15%,因此它不是实现交叠波束的最佳选择。高效喇叭虽然没有进行详细介绍(Rao and Tang,2006a;Rao et al.,2005),但其具有更好的性能,使得这种比较仍然是有价值的。

图 11.9 给出了三种喇叭口径效率的比较。高效喇叭在整个频段内的平均口径效率约为 85%,理想的波特喇叭约为 69%,波纹喇叭约为 53%(Rao and Tang,2006a)。

图 11.10 显示了高效喇叭与其他两种喇叭相比,高效喇叭的边缘锥削更大。

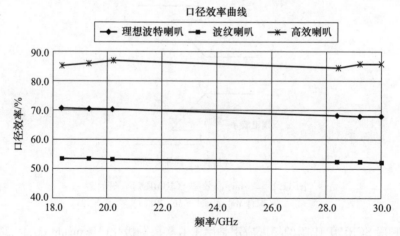

图 11.9　高效喇叭、理想喇叭波纹喇叭的口径效率比较
(© 2006 IEEE. 源自 Rao and Tang(2006a))

高辐射效率意味着需要产生多种传输模式,以便在 E 平面和 H 平面上产生统一的场分布。这与波特喇叭中的场分布形成对比(Rao,2003)。

高效喇叭需要在口径上仅激励行波模式(TE 模,4.4.5 节)。喇叭口径几何形状决定了各种模式特定的相对幅度和相位(Bhattacharyya and Goyette,2004)。

高效喇叭适用于四色复用的 SFPB 方案,但不适用于三色复用方案(Rao,2003)。

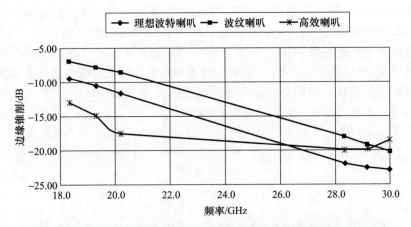

图 11.10 高效喇叭、理想喇叭和波纹喇叭的反射器边缘照射锥削比较
(© 2006 IEEE. 源自 Rao and Tang(2006a))

对于一个给定的多波束覆盖区,三口径 SFPB 天线方案比四口径天线方案需要尺寸更小的喇叭。从增益角度来看,三个反射器比四个反射器更需要喇叭实现更高的口径辐射效率。然而,对于三个反射器而言,提高喇叭的效率反而会降低 C/I(Amyotte,2019c)。

下面描述的高效喇叭都具有极低的回波损耗和极佳的交叉极化性能。

11.4.4 Bhattacharyya 高效喇叭

在 Arun Bhattacharyya(2019a)申请的关于高效喇叭的第一项专利中,方案采用了多段不同张角和小台阶的光壁喇叭。台阶的不连续使得喇叭以正确的比例产生所需的 TM 模。如果采用两个台阶,喇叭在 10% 的带宽上效率达到 85%。极大的口径尺寸使其适用于 DRA 应用,但不适用于基于反射器的 MBA 应用(Bhattacharyya and Goyette,2004)。

这种圆形喇叭有一个向外的台阶和一个向内的台阶,口径是工作波长的 3 倍,在 15% 的带宽上实现口径效率大于 90%,而在 20% 的带宽上实现口径效率大于 85%。当喇叭的口径形状变为正方形时,性能稍差一点(Bhattacharyya and Goyette,2004)。

Bhattacharyya 等人申请的第二项专利是第一个双频高效率喇叭专利(Bhattacharyya,2019a),它由多个台阶和各种张角部分组成,每个台阶通常会激发一个或多个 TE 模式。台阶会额外生成 TM 模式,但后面的台阶生成相位相反的相同模式,从而抵消 TM 模式。喇叭在两个频段内产生同一 TE 模式。在 12GHz 和 14GHz 频段,喇叭辐射效率优于 85%(Bhattacharyya and Roper,2003)。

Bhattacharyya 等人申请的第三项专利被认为是第一个不使用台阶的高效喇叭专利(Bhattacharyya,2019b),目的是为了简化加工制造过程。如图 11.11 所示。喇叭由多个不同张角部分组成,喇叭张角的变化会产生多种电磁波模式。通过调整截面长度,可以消除不需要的模式,同时增强需要的模式。喇叭的直段部分可以衰减不需要的模式。由四个变张角部分组成的喇叭在 20GHz 下实现 10% 带宽和 92% 的口径效率(Bhattacharyya and Sor,2007)。

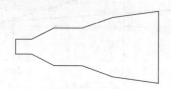

图 11.11　Bhattacharyya 不含台阶的高效喇叭(Bhattacharyya and Sor,2007)

11.4.5　双频高效喇叭

Sudhakar Rao 等介绍了适用于接收频段(30GHz)和发射频段(20GHz)的圆形高效喇叭(Rao et al.,2005;Rao and Tang,2006a)。该喇叭没有申请专利,因此无法获得详细信息。据说它的结构特点是薄壁、光滑(Rao and Tang,2006a)、带有连续变张角(Chan and Rao,2008)。馈电喇叭内部轮廓线由四段不同斜率的直线段组合而成,用于 Ka/K 频段的四口径 SFPB 天线。反射器的尺寸适合发射频率,对于接收频率需要进行赋形,以便加宽和展平接收波束,从而与发射波束具有相同的波束宽度。喇叭可以实现双圆极化工作(Rao and Tang,2006a),其发射波束在其主瓣部分呈现高斯形状(Rao,2003)。

针对这种 Ka/K 频段喇叭,开发了相应的馈源组件(Rao and Tang,2006a)。

Rao 和其他人后来设计了一种可以同时工作在 60GHz 和 20GHz 的喇叭,并申请了专利。喇叭的结构是圆形的,其内表面具有分段线性斜率,如图 11.12 所示。图中的喇叭内部没有台阶,其内部轮廓线由五段斜率不同的直线段组合而成。在 20GHz 时,馈源内部的传输模式为 TE 模式和几种 TM 模式。在 60GHz 时,它可以传输更多的 TM 模式以降低口径效率,从而展宽次级波束以匹配 20GHz 的波束宽度(Rao et al.,2013)。

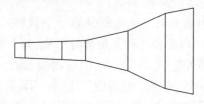

图 11.12　60/20GHz 高效馈电喇叭示意图(Rao et al.,2013)

11.4.6 MDA 双频高效喇叭

MDA 公司的 Eric Amyotte 等研究了一种通用的高效率圆形喇叭,通过表面和/或表面斜率的不连续性产生高阶的 TE 或者 TM 模式。专利中没有说明如何设计喇叭的不连续性和尺寸(Amyotte et al.,2002),该专利适用于工作在任意频段上的喇叭(Amyotte,2019b)。

MDA 公司已经将这种光壁喇叭大规模的应用于多波束天线和其他天线(Amyotte,2019b),其中大多数应用是针对双频段的。对于单频段,口径效率可以更高,一个例子是在工作在30GHz 的接收频段,其辐射效率为94%。设计师通常会降低喇叭的口径效率,以实现更低的交叉极化和更宽的带宽特性(Amyotte,2019a)。

MDA 公司同时也为其喇叭制造馈源组件。

11.4.7 Thales Alenia Space 公司的双频高效样条喇叭

Thales Alenia Space 公司开发了一种方形、具有样条曲线外形、双频工作、高效率的多模喇叭。该类型喇叭用作全相控阵馈电反射面天线的辐射单元(样条是光滑的,由多项式分段定义),用于互耦测试的七喇叭阵列,如图 11.13 所示。具有样条曲线的光壁喇叭可以实现口径效率、交叉极化电平和 VSWR(Lepeltier et al.,2012)之间的良好折中。单频段的圆形样条喇叭是为了以更短的尺寸实现高效率和低交叉极化特性而开发的(Deguchi et al.,2001)。

该喇叭仅用于 Ku 发射频段(10.7~12.75GHz),它可以实现双线极化,并作为馈源组件的一部分。

图 11.13 Thales Alenia Space 公司的高效喇叭
(E. Vourch and Thales Alenia Space 许可,源自 Nadarassin et al.(2011))

后来,Thales Alenia Space 公司开发出了 KISS 喇叭,这是一种圆形、具备样条曲线轮廓、双频 Ka/K 频段喇叭,其喇叭最小口径可以是发射波长的1.9倍。这种喇叭质量轻,适合用于焦距较小的反射器或窄波束,其口径效率并未说明。同时也已开发出相应的馈源组件(Lepeltier et al.,2012)。Thales Alenia 公司建议将该馈源组件用于四色复用的双反射器 MFPB 天线方案(Lafond et al.,2014),参见11.3.1.8 节。

11.5 偏馈多波束天线辐射单元的位置

本章所讨论的所有基于反射器的天线,大部分辐射单元均不位于反射器的焦点上。在一种情况下,有一个辐射单元位于焦点处,而在另一种情况下所有辐射单元均不在焦点上,但所有辐射单元都更靠近反射器,如 11.3.2.2 节提到的散焦情况。

关于这种天线辐射单元的位置引发了许多技术问题。相比于正馈天线,可以采用更常用的偏置馈电天线来解决这些问题:

(1)具有多个辐射单元时,偏置馈电单反射器的标准几何参数是什么?
(2)辐射单元横向偏焦时会发生什么?
(3)辐射单元纵向偏焦时会发生什么?

11.5.1 辐射单元的标称位置

图 11.14 为偏馈单反射器(无副反射器)的几何形状,其中反射器是抛物面的一部分,反射器的焦点与抛物面的焦点相同。反射器对着焦点的角度,馈源轴线穿过焦点,将对着反射器的角度分成两半,得到角度 θ_E。馈源轴线穿过反射器中心的点称为反射器中心。

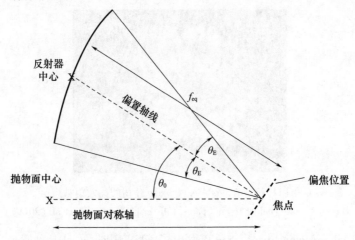

图 11.14　偏置单反射面几何参数(源自 Milligan(2005))

θ_0 是偏置轴和抛物面轴线之间的偏置角。根据焦距 f 和角度,可以计算出从焦点到反射器中心的距离 f_{eq}。偏置焦平面或者焦平面是包含焦点并且垂直于偏移轴的平面。

当有多个辐射单元时,如果它们的相位中心位于一个平面上,则该平面称为焦平面。这种天线的馈源阵称为聚焦阵列或焦平面阵列,所有馈源相位中心的最优位置并不在一个平面上,而是在一个曲面上,焦平面与该曲面为相切关系(Mittra et al.,1979)。

焦平面位于反射器的近场中。

11.5.2 横向偏焦的辐射单元

处于焦平面上,但不在焦点的辐射单元称为偏焦单元。问题是这对波束会带来什么影响。

在分析馈源横向偏焦与波束偏离角度之间的关系时,首先需要让所有的辐射单元均指向反射器中心,如图 11.15 所示。图中的三个馈源呈直线分布,馈源的口面位于反射器的焦平面上。每个馈源的口径中心到反射镜中心有三条实线,经反射后散开。在反射器中心,连续光线之间的角度为 θ_{S1},反射后的角度为 θ_{S2}。基于 f_{eq}、馈源的横向位移和图 11.14 中的角度可以计算出 θ_{S2}。θ_{S2} 与 θ_{S1} 之比是波束偏移因子(Palacin and Deplancq,2012):

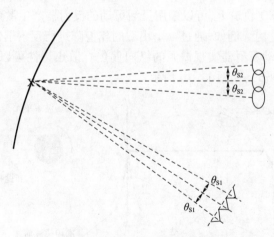

图 11.15 横向位移辐射单元及其波束的几何形状
(源自 Palacin and Deplancq(2012))

$$\text{BDF} = \frac{\theta_{S2}}{\theta_{S1}} < 1$$

还可以从所需的 θ_{S2} 开始,计算出必要的 θ_{S1} 和横向位移。这种计算需要依据

BDF因子曲线(Ingerson and Wong,1974),该曲线是基于 -10dB 锥削照射的 θ_0 和 θ_E 的函数。同一参考文献也介绍了如何基于非偏置反射器的 BDF 计算偏置反射器的 BDF。同时还指出,对于给定的 θ_E,随着 θ_0 从零开始逐渐增加,BDF 变小。因此,偏置馈电反射器的优点是允许辐射单元比正馈电天线具有更大的横向位移。

从现在的制造角度来看,将所有的辐射单元指向反射器中心是不实际的,因此这种分析不足以指导天线设计,但可以理解偏焦的情况。

11.5.3 纵向偏焦的辐射单元

当辐射单元的相位中心不在焦平面,而是在平行于焦平面的不同平面时,天线称为散焦或非聚焦阵列。纵向偏焦会导致波束变宽,并且具有更低的峰值增益,这样对于相同的覆盖区,阵列需要更少的辐射单元(Rao,2015b)。在相同距离下沿馈源轴线正反纵向偏焦时,其散焦效果基本一致。对于靠近和远离反射器相同距离的散焦情况,其对于性能的影响效果基本相同,但靠近反射器方向的散焦特性更好(Ingerson and Wong,1974)。通过以几个波长的程度进行馈源阵的纵向偏焦,可以为波束提供更好的重构特性(Ramanujam et al.,1999)。当相控阵不在焦平面时,从反射器到达阵列口面的波前具有抛物线分布的相位差。辐射单元中的移相器用于进行相位修正。Inmarsat-4 卫星给出了一个偏焦相控阵的例子,它必须全天候调整相位系数(20.3节)。

在 GSO 或 HEO 轨道上,可以采用灵活可动的反射器产生散焦特性,进而对单个区域波束进行重构。例如,通过一个小型的相控阵进行反射器馈电,馈源位置固定,但可以通过转动反射器实现馈源的纵向偏焦。散焦特性可以显著展宽单元波束(Rao et al.,2006b),如图 11.16 所示。

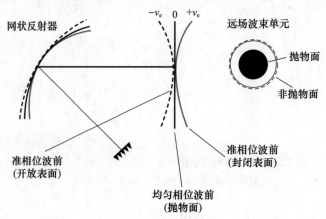

图 11.16 应用于可重构波束的散焦反射器示意图
(© 2006 IEEE. 源自 Rao et al.(2006b))

11.6 单馈源单波束多波束天线

对于单馈源单波束 MBA 天线,馈源的方向图会直接映射到地面波束上(Amyotte and Camelo,2012)。

对于一些 SFPB MBA,在相邻波束交叠区域和三波束交叠点存在典型的增益值(在 11.2.1 节中定义)。如果反射器仅用于接收或发射,相邻波束交叠区域的增益比波束峰值低约 3dB,三波束重叠点的增益比波束峰值低约 4dB(Rao,1999)。目前,反射器通常同时工作在接收和发射频段,其尺寸适合发射频段的低端频率,此时 3dB 和 4dB 的交叠电平特性对于发射波束依然适用。接收频段的波束被馈电喇叭的方向图展宽,因此这些典型值不再适用。

这里给出了一些卫星上 SFPB 天线的例子。一个例子是 2004 年发射的 Ka/K 频段 Anik F2 卫星(Amyotte et al.,2006),配置了单独用于接收或发射频段的 8 个反射器;另一个例子是 Ka/K 频段 Ka-Sat(Amyotte et al.,2010),配置同时用于接收和发射频段的 4 个反射器;还有一个例子是 Ku 频段的 Ciel 2 卫星(Lepeltier et al.,2012),配置了 3 个反射器,提供高清电视(HDTV)服务,所以大部分波束只用于发射。

SFPB 天线不适用于 L 和 S 频段。当在 C-频段及频段以上采用 4 个反射器的方案时,馈电喇叭的电尺寸可能相当大(以波长为单位),从而提供最佳性能。图 11.17 给出了以喇叭口径为变量的各种天线性能参数。对于 SFPB 天线,当喇叭直径为 2.2λ 时,天线的辐射效率为 80%,旁瓣电平比峰值增益低约 23dB(Rao,2015a)。对于四色复用的多波束方案,其最大的相互干扰来源于最近同色波束的旁瓣。在这种情况下,为了保证所需的 C/I 指标,旁瓣电平相比于 C/I 指标至少需要保持 8dB 的裕量。例如,如果所需的 C/I 为 15dB,旁瓣至少需要下降 23dB。

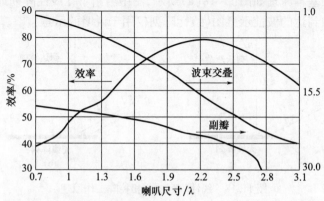

图 11.17 偏馈单反射面 SFPB 天线性能(以喇叭口径为参数)

(© 2015 IEEE. 源自 Rao(2015a))

因此,对于这种情况,确认喇叭的尺寸约为 2.2 λ,较大的喇叭会导致天线效率的损失。对于四色以上的复用,可以接受更高的旁瓣,因此喇叭的口径可以更小,但天线效率会有一些损失。但如果在 L 和 S 频段,由于空间限制,无法使用四个反射器,而只能使用一个超大的反射器,这种情况下喇叭的直径必须减半,这使得天线效率只有 52%。因此,在 L 和 S 频段唯一可行的选择是 MFPB 方案或相控阵馈电方案(Rao,2015a)。

11.7 相控阵简介

相控阵是一个由相同类型辐射单元组成的阵列,排列成规则的网格,通过波束形成网络形成波束:①当工作在接收状态时,波束形成网络以特定相位或特定时延关系将辐射单元接收到的信号进行合成,这两种均可称为相控阵;②当工作在发射状态时,波束形成网络的工作原理相同,同时一些波束形成网络还可以对不同单元的信号进行不同程度的功率放大。

相控阵有两种形式:一种形式是 MFPB,在整个阵列中它分别使用几个单元来形成一个波束,每个辐射单元都会被相邻的波束重复使用;另一种形式是相控阵,每个波束均由阵列中的所有单元参与形成,既可以用于基于反射器也可以用于不含反射器的 DRA。在商业卫星中,2020 年,DRA 仅用于非 GEO 轨道卫星。除了 OneWeb 卫星中的用户链路外(11.10.3 节),在商业卫星上在轨使用过的相控阵天线均工作在 L 频段和 S 频段。

11.7.1 相位原理

相控阵的基本原理如图 11.18(a)所示,图中给出了在线性阵列最后两个单元处沿箭头方向到达的波前示意图(线性阵列仅用于说明的示意)。

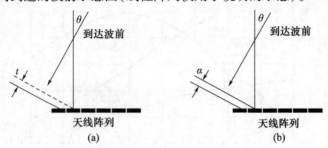

图 11.18 线性阵列接收相控阵工作原理
(a)时延;(b)相移。

注:时延 $t = d/c$,其中 c 为光速;相位差 $\alpha = d2\pi f_0/c$,其中 f_0 为频率。

将偏离视轴的角度 θ 定义为来波方向。虚线为不久前到达最左边第二个阵列单元的波前，实线表示现在到达最左边单元的波前。根据 θ 和阵列单元之间的距离，可以计算出两个相邻时间差之间的波前传播距离 d。时延 t 可以由 d 和光速计算。值得注意的是，该时延与频率无关。

如果有效载荷硬件将最左边第二个单元接收到的较早信号时间延迟 t，则它现在与最左边的单元接收到的信号在时间上对齐，因此这两个信号可以进行叠加。阵列其他单元接收的信号也可以相应地被时延并叠加。类似地，对于发射信号，通过对去往不同阵列单元的信号进行时延，整体信号可以在实现偏离视轴 θ 方向上的传输。

如图 11.18(b) 所示，用相位代替时延也能达到类似的效果。考虑两个不同的波前，到达最左边第二个单元的相位比到达最左边单元的相位提前 α。相位差 α 可以从 d、光速和接收信号的中心频率 f_0 计算出来。注意，对于 f_0 以外频率，α 会有一定的偏差。将图 11.18(b) 最左边第二个单元的信号相位偏移 α，使其与到达最左边单元的信号相位相同，则两个信号可以同相叠加。其他单元接收的信号可以相应地进行相移并叠加。虽然使用相位而不是时延的天线阵列会受到带宽的限制，但大多数相控阵使用相位。

11.7.2 单元信号等幅情况

本节考虑相控阵所有的单元信号幅度相等，然后在下一节讨论幅度不等的问题。

可以认为相控阵是一个辐射单元口径与一组大小相等的 δ 函数阵列的空间卷积。普通天线的方向图在空间俯仰角方位的二维积分就是二维变换。对于偏轴角较小的情况，天线方向图可以由二维变换直接推导。因此，相控阵的天线方向图与一个辐射单元的天线方向图和 δ 函数阵列天线方向图之间的乘积有关。单元的天线方向图很宽，对于超过 $90°$ 的视轴角其值为 0。δ 函数阵列的天线方向图则会有主瓣和旁瓣，因此整个相控阵天线方向图的乘积在 $\pm 90°$ 以上为 0，在 $\pm 90°$ 以内定义为可见区域。

11.7.2.1 宽边天线方向图

当波束的视轴垂直于阵列平面时，相控阵会产生宽边天线方向图。所有的单元相位相同，为了简单起见，可以从一个在矩形网格中的单元开始，天线就是一个辐射单元口径、一个均匀间隔的 δ 函数线性阵列和另一个与第一个正交的线性阵列的空间卷积。

每个线性阵列都有一个二维傅里叶变换，该变换沿阵列方向的正交方向重复。对于单元间距 $d \leqslant \lambda/2$，这种重复不在可见区域。随着 d 增加到 $\lambda/2$ 以上，天线在大的离轴角方向上的增益开始上升。对于 $d = \lambda$，另外两个增益峰值出现在 90°和 -90°的离轴角位置处。当 d 增加到 λ 以上时，第二对波束增益峰值变得更接近主波束峰值。如果间隔足够大，第二对波束增益峰值会高于主波束峰值，依此类推。除了期望的峰值之外，方向图中的这些其他峰称为栅瓣（Chang,1989）。

δ 函数线性阵列空间卷积的天线方向图与线性阵列天线方向图的乘积有关。矩形阵列产生矩形栅瓣方向图。

阵列天线方向图中的最后一个因素，即一个辐射单元的天线方向图，具有较宽的主瓣。单元方向图与阵列方向图的相乘减小了栅瓣的尺寸。特别是，对于 $d = \lambda$，在 +90°和 -90°处的一对次级峰被清零。

栅瓣不一定有害，它们出现的离轴角和/或它们的幅度可能导致它们不会干扰到其他波束或卫星系统。

非矩形的相控阵情况更加复杂，Milligan（2005）给出天线方向图的一个例子，Chang（1989）充分论述了这一案例。

天线方向图主瓣和旁瓣的宽度取决于阵列尺寸，但增益取决于辐射口径的综合面积。

11.7.2.2　扫描天线方向图

相控阵的扫描波束是指视轴不垂直于阵列平面的波束。如前所述，相控阵通过有规律地改变辐射单元的相位来实现波束扫描。

扫描波束与非扫描波束具有不同的属性。由于天线增益与阵列在垂直于波束方向的投影面积成正比，因此当波束扫描时，天线增益较小。另外，波束扫描时，圆极化不再是圆形而是椭圆形。从偏轴方向去看是一个圆极化波，两个线极化不再是 90°的正交关系；但如果扫描方向是平行于两个线极化之一的轴，那么其圆极化特性不会改变。对于采用相位调整波束指向的阵列，对于除标称频率之外的所有信号频率，波束均有一定程度的指向偏离，即其他频率的波束指向不完全在预期的方向上，如图 11.19 所示。

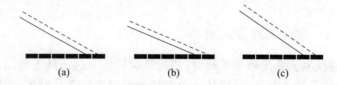

图 11.19　相控阵波束扫描时，两个波前的相位差与频率的关系
(a)中心频点；(b)高频；(c)低频。

下面介绍天线方向图。假设相控阵是矩形阵列（非矩形的情况对于本书来说太复杂了，但在 Chang（1989）中有所论述）。当波束沿着阵列其中一个轴线扫描时,扫描的阵列是一个辐射单元的倾斜口径与一个均匀间隔的 δ 函数线性阵列和另一个与第一个线性阵列正交的线性阵列的空间卷积。与未进行扫描的阵列相比,δ 函数线性数组的间距缩小。

倾斜的辐射单元现在是长方形的,所以它的方向图是长方形的,并且垂直定向。

更接近 δ 函数的线性阵列具有现在相距更远的栅瓣。

如果两个方向上的单元间距大于 λ,则两个线性 δ 函数阵列空间卷积所实现的增益方向图会在两个方向上呈现不同间距的峰值。其中一个峰值是期望的波束峰值,其他的是栅瓣,其带来的问题是会有一个或多个栅瓣在相控阵的视场内。例如:对于 $d=\lambda$ 和 30°扫描角,栅瓣在 $-30°$;对于 10°扫描角度,栅瓣在 $-56°$;对于 60°扫描角度,栅瓣在 $-8°$(Chang,1989)。

因此,对于给定的扫描角度有一个最大单元间距的设计标准,使得栅瓣出现在 $-90°$范围以外,即要求在宽角扫描情况下,单元间距不超过 $\lambda/2$(Chang,1989)。IridiumNext 卫星和 Globalstar -2 卫星对于 DRA 单元间距的选择基本验证了这个观点。这些 LEO 卫星均需要大视场,其中 IridiumNext 卫星需要 ±60°视场,Globalstar -2 卫星需要 ±54°视场。两个 DRA 使用的单元间距为 $0.55\lambda \sim 0.8\lambda$,参数的选择与卫星高度相关(Lafond et al.,2014)。

11.7.3 当辐射单元信号不等幅时

正如反射面天线在其边缘附近具有较低的照射电平以减少边缘处的不连续性一样,为了在天线方向图中产生较低的旁瓣,相控阵在阵列边缘的单元上具有较低的增益。当所有辐射单元的信号幅度相等时,视轴增益最大,但旁瓣较高。还有一种辐射单元幅度分布的极端模式,它形成的方向图没有旁瓣,但主瓣很宽。相控阵有一系列针对不同场景的最佳幅度分布:对于给定的旁瓣电平,可以实现最窄的主瓣;对于给定的主瓣宽度,可以实现最低的旁瓣(Kraus and Marhefka,2003)。

11.8 相控阵的辐射单元

表 11.2 列出了相控阵中辐射单元的类型、应用场景和特性。这些例子包含所有频段,三种应用类型分别是 MFPB 反射面天线、全相控阵馈电反射面天线和 DRA。

表 11.2 相控阵辐射单元的类型和特点

辐射单元类型	工作频段	天线类型	运营商/制造商	收发共用或者单收/单发	极化类型	参考文献
喇叭	S 频段	MFPB,形成两个区域波束	ABS 4(以前称为 MBSat)	单发/单收	单线极化	Smith et al.(2004)
	Ku 频段	MFPB	Boeing	单发/单收	双线极化	Bhattacharyya and Goyette(2004)
	Ku 频段	全相控阵馈电	Thales Alenia Space	单发	双线极化	Nadarassin et al.(2011)
	Ka/K 频段	MFPB	Thales Alenia Space	收发共用	双圆极化	Lafond et al.(2014)
杯状喇叭	L 频段	MFPB	MDA	收发共用	双圆极化	Richard et al.(2007)
螺旋天线	L 频段	MFPB	Inmarsat-3	收发共用	单圆极化	Perrott 和 Griffin(1991),Angeletti and Lisi(2008b)
	L 频段	MFPB	Inmarsat-4 和 Alphasat	收发共用	单圆极化	Guy et al.(2003),Dallaire et al.(2009)
贴片辐射单元	L 频段	DRA	Iridium	收发共用,但不同时工作	右旋圆极化	Schuss et al.(1999)
	L 频段	DRA	Globalstar-2	单发/单收	左旋圆极化	Croq et al.(2009),Huynh-2016
	S 频段	DRA	Globalstar-2	单发/单收	左旋圆极化	Croq et al.(2009),Huynh(2016)
贴片激励单元	L 频段	MFPB	Thuraya	收发共用	左旋圆极化	Roederer(2005),Ruag Space(2016)
	L 频段	MFPB	SkyTerra	收发共用	双圆极化	LightSquared(2006),Ruag Space(2016)
	S 频段	MFPB	EchoStar XXI(以前称为 TerreStar-2)	收发共用	左旋圆极化	Semler et al.(2010),Simon(2007)

11.8.1 喇叭

对于给定的喇叭尺寸和相控阵的增益需求,高效率的喇叭可以显著减少相控阵所需的单元数量。当扫描的极限角度由喇叭的尺寸决定时,采用高效率喇叭的相控阵比采用非高效率喇叭的相控阵的增益更高(Bhattacharyya and Goyette,2004)。

Bhattacharyya 喇叭是一种可以制成圆形或方形截面的高效喇叭(11.4.4 节)。它较大的电口径适用于 MFPB、全相控阵馈电反射器或 DRA(Bhattacharyya 和 Goyette,2004)。方形的 Bhattacharyya 喇叭曾应用于 ABS 4(Mobisat)卫星,该卫星以前称为 MBSat 1(Smith et al.,2004)。

Thales Alenia Space 公司制造了一种用于 MFPB 天线的 Ka/K 频段双极化喇叭,它是 KISS 喇叭的进一步拓展(11.4.7 节)。

Space Engineering 公司已经开发了一种应用于 Ku 频段 DRA 天线的样条喇叭,该 DRA 天线应用于 2021 年发射 Eutelsat 的 GEO Quantum 卫星。喇叭的工作频率覆盖了应用于固定卫星服务的整个 Ku 频段(第 17 章)。位于卫星对地板的有源 DRA 由大约 100 个辐射单元组成,产生 8 个波束。BFN 将同时控制波束的增益和相位,因此这些波束是电控可动的,它也能够对干扰源进行调零(Pascale et al.,2019;Airbus,2019)。

11.8.2 杯状喇叭

杯状喇叭是由 MDA 公司为 L 频段 MSS 卫星开发的,它为 MFPB 天线提供收发共用双圆极化的工作模式。图 11.20 给出了辐射单元的示意图,辐射单元由圆形波导管组成,通过杯子和底板辐射,它的增益为 10~11dBi(Richard et al.,2007)。

图 11.20 杯状喇叭
(UMDA 公司使用许可,源自 Richard et al.(2007))

11.8.3 螺旋天线

螺旋天线在 MFPB 反射面天线和 DRA 中主要应用于 L 频段和 S 频段。由于它的宽带特性,可以实现收发共用,但只能单极化工作。

螺旋天线已经应用于 Inmarsat – 4 卫星和"阿尔法"卫星的 L 频段接收/发射相控阵馈电反射面天线中。螺旋天线的增益为 10 ~ 12dBi(Guy et al. ,2003;Dallaire et al. ,2009)。图 11.21 给出了组装中的 Inmarsat – 4 卫星阵列的部分照片。螺旋天线位于辐射杯中,用来隔离阵列中周围的螺旋天线(Guy et al. ,2003)。

图 11.21 Inmarsat – 4 卫星 L 频段螺旋天线馈源阵的一部分
(ⓒ 2006 IEEE. 源自 Stirland and Brain(2006))

11.8.4 贴片或环槽辐射单元

贴片或环槽辐射单元具有较宽的扫描能力,是相控阵最常用的辐射单元之一。它的顶部是将一片金属薄片作为辐射体,下部则是一大片金属薄片作为接地反射板,中间填充介质,并从顶部金属片向下切口的环形槽向外辐射。槽下的空腔有金属壁,在两块金属片之间延伸。视轴增益为 5.4dBi(Bhattacharyya et al. ,2013)。

如图 11.22 所示,Thales Alenia Space 公司为 LEO 轨道的 Globalstar – 2 卫星研制了三个 DRA。两个顶部被切掉的圆锥形 DRA 由贴片辐射单元组成,用于 L 频段左旋圆极化(LHCP)接收。较大的 DRA 由 9 面体组成,每一个面上有 16 个辐射单元;较小的 DRA 另一个由 6 面体组成,每一个面上有 8 个辐射单元。每个面产生一个固定波束,带有腔内贴片辐射单元的平面 DRA 用于产生 S 频段左旋圆极化发射波束,每个圆形贴片单元位于一个非常浅的空腔中。这个 DRA 形成 16 个固定波束(Croq et al. ,2009)。

图 11.22　Globalstar-2 卫星对地板的 DRA
(Thales Alenia Space France 许可,源自 Croq et al. (2009))
(a)两个圆锥形为接收 DRA;(b)平面六边形为发射 DRA。

11.8.5　杯状贴片单元

杯状贴片单元由 Saab Ericsson Space(现为 Ruag Space)公司开发,并在 Thuraya 卫星和 SkyTerra 卫星的 L 频段收发共用 MFPB 天线上得到了应用(Roederer,2005;LightSquared,2006)。Thuraya 卫星采用左旋圆极化,SkyTerra 卫星采用双圆极化。图 11.23 给出了杯状贴片单元的示意图,它由一个圆柱形杯和一个贴片塔组成,贴片塔包括两个堆叠的圆形激励盘和一个反射盘,增益为 10~12dBi(Ruag Space,2016)。

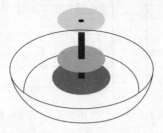

图 11.23　杯状贴片单元(源自 Ruag Space(2016))

EchoStar XXI 卫星在 S 频段使用了类似的产品,其单元被描述为"由同轴探针馈电的堆叠杯状微带贴片单元"(Simon,2007),该天线是收发共用的 MFPB 单反射面天线,左旋圆极化工作(Semler et al. ,2010)。

11.9 波束形成网络

波束形成网络是相控阵产生波束的一部分。当工作在接收状态时,BFN 收集来自不同阵列单元的信号,对其进行相位调整或时延,从而形成波束,单元信号的放大是可选的。当工作在发射状态时,它对波束信号进行功分,对合成信号进行适当的相位调整或时延,并将它们馈送给阵列单元。除了调整波束指向所需的相位调整或时延之外,还可以通过对不同的阵列单元赋予不同的相位或时延以及不同的幅度来控制波束的形状。对于固定波束,BFN 的激励系数为固定值;对于可重构波束,BFN 的激励系数是可调的。图 11.24 给出了通过 8 个辐射单元形成两个波束的 BFN 原理框图。

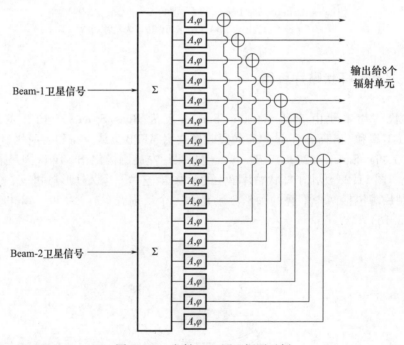

图 11.24 发射 BFN 原理框图示例

所有信号的路径必须在幅度和相位上高度匹配,并且需要在温度条件、功率环境和卫星全寿命上始终保持匹配。大功率放大器本身也必须表保持良好的匹配特性。当信号传输路径不匹配时,就会存在波束信号之间的干扰。在 L 频段和 S 频段保持传输路径匹配相对容易,在 Ku 频段及以上频段则比较困难。

相控阵可以通过对 BFN 的相位控制或幅度/相位共同控制实现区域波束(Shishlov et al.,2016)。相控阵同样也可以通过相位控制、幅度控制或两者一起形成对干扰源的调零特性(Hejres,2004)。

对于波束形成网络的架构,有以下 4 种选择。
(1)相位控制或时延;
(2)地基波束形成或星上波束形成;
(3)模拟或数字;
(4)BFN 和放大器之间的映射关系(将在 11.12.1 节中讨论)。

11.9.1 相位或时延

图 11.18 给出了接收波束形成网络的一般组成情况,通过对所有单元的信号进行适当相移或时延来产生每个波束,相移比时延成本低。进行相位调整的无源或半有源 BFN(11.12.1 节)只能在波长较长的低频段使用,但采用相位调整的有源 BFN 已在 Ku 频段的 Quantum 卫星上使用(Pascale et al.,2019)。这些单元理论上可以被使用任意次来产生任意数量的波束,发射波束以与接收波束可逆的方式形成。

如上所述,直接形成波束称为单元空间处理。其他类型的处理是波束空间和频域(Godara,1997),但它们似乎不太常见。

11.9.2 星上或地基波束形成网络

BFN 既可以在卫星上(称为星上波束形成(onboard beam-forming,OBBF),也可以在地面上(称为地基波束形成(ground-based beam-forming,GBBF))。GBBF 的优势:一是需要较少的星上计算处理能力、初始功率、体积和质量;二是具有调整频率规划和波束数量的潜力(Angeletti et al.,2010)。OBBF 的优势是对馈电链路带宽的需求较窄,对于 GBBF 和 OBBF,所有波束系数的计算都是在地面上进行的。

1984 年,美国国家航空航天局(NASA)的跟踪和数据中继卫星系统 TDRS 一号首次使用了 GBBF(第二代卫星采用了 OBBF 的方案,但第三代和最新一代的卫星再次使用了 GBBF)。其 S 频段天线有 30 个辐射单元,在接收时,卫星将单元信号分配在不同的载波上,并将它们传送到地面。信号被下变频至基带并进行采样。系统共有 5 个 BFN,每个 BFN 接收 30 个完整的下变频单元信号,并将具有适当相位和增益的信号进行组合形成一个波束,整个 BFN 共可以形成 32 个波束,发射波束的情况和接收类似(Zillig et al.,1998;Hogie et al.,2015)。

GBBF 有两个在商业卫星中应用的例子(第 20 章):一个是 EchoStar XXI 卫星,它的 BFN 可以形成 500 多个波束(Epstein et al.,2010),OBBF 无法适用于如此多的波束数量;另一个是拥有数千个波束的 Skyterra 卫星(Koduru et al.,2011)。

OBBF 的应用实例有 Thuraya 卫星、Inmarsat-4 卫星和 Alphasat 卫星。

11.9.3 星上模拟或数字波束形成网络

OBBF 有多个种类，固定波束有时采用包含固定移相器或固定时延单元的模拟波束形成网络。BFN 通常在每个单元上用功分器/合成器以及模拟移相器来实现波束合成，这对于大量的波束来说难度太大(Bailleul,2016)，因此模拟波束形成网络通常只能产生大约 32 个或更少的波束，而数字波束形成网络可以产生数百个。当波束数量小于辐射单元数量时，模拟波束形成网络的合成效率更高；当波束数量大于辐射单元数量时，数字波束形成网络的合成效率更高(Thomas et al.，2015)。高电平发射波束形成网络(11.12.1 节)采用模拟波束形成的技术方案(Amyotte,2020b)。

可重构波束的形成有两种途径：一种是电控波束扫描，另一种是地面数字波束形成。

在电控波束扫描中，通常含有移相器，有时还有增益控制，这些器件可以通过电子方式实现一组固定值，或者在可用范围内实现一组连续值。移相器的一个例子是 Thales Alenia 公司为大功率应用开发的 Ku 频段移相器(Nadarassin et al.，2011)；另一个由 Airbus 公司开发，用于 Eutelsat 的 Quantum 卫星(Airbus,2019)。

在数字波束形成中，所有计算都是以数字方式进行的。有效载荷称为处理载荷(10.2.6 节)。波束形成采用相移，而非宽带时延(一些 GBBF 使用时延)。接收时，每个辐射单元接收的信号从模拟转换为数字，然后直接合成至每个波束的通路上，因此不会像模拟波束形成网络那样增加信号噪声。数字波束形成网络在 Ku 及以下频段都无需进行下变频处理，也就是说，在接收时可以对辐射单元的射频信号直接进行采样。促成这一点的因素是过去几年模/数转换器(ADC)的巨大进步(Bailleul,2016)。当然，老式的在轨卫星在 ADC 之前可能会有下变频器。

图 11.25 介绍了一种针对单波束接收的数字 BFN 方案。每个辐射单元上的低噪声放大器不是 BFN 的一部分，Ka/K 频段也不需要下变频器。首先，ADC 前的抗混叠滤波器用于过滤一半以上采样频率，数字频率转换将信号转换为复数基带，采样工作只保留所需的信号带宽。然后，通过数字滤波器选出合成波束所需的子带，在完成增益和相位调整后，进一步对宽带信号进行时延(未示出)。最后，来自所有单元的复杂基带信号被"SerDes"单元组合，并从专用集成电路中读出(Bailleul,2016)。

目前数字波束形成在下列频段完成了应用。

(1) 在 L 频段，用于 GEO 上的相控阵馈电反射面天线(10.3.1 节)；

(2) 在 Ku 频段和 Ka/K 频段，用于在 Starlink 卫星的 DRA 上，2020 年发射(19.6 节)；

(3) 在 Ka/K 频段，用于 SES - 17 卫星上的 DRA 上，2020 年发射；

(4)在 Ka/K 频段,用于 Quantum 卫星的 DRA 上。

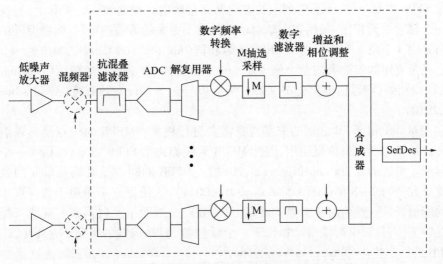

图 11.25　产生一个接收波束的数字 BNF 原理框图
(© 2016 IEEE. 源自 Bailleul(2016))

11.10　相控阵的应用

11.10.1　多馈源单波束多波束天线

多馈源单波束(MFPB)方案都是基于反射器的,采用多个辐射单元形成一个波束,并且大多数辐射单元在不同波束之间共用,这类相控阵不需要进行扫描。图 11.26 给出了常见三种的方案,每个波束分别使用 3、4 和 7 个辐射单元合成。采用 7 个馈源进行合成是最常见的方案(Lafond et al. ,2014),当然采用 19 个馈源

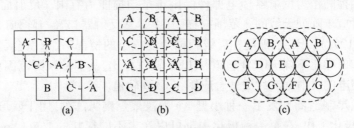

图 11.26　MFPB 辐射单元使用方案
(© 1990 IEEE. 源自 Roederer and Sabbadini(1990))
(a)3 个单元形成一个波束;(b)4 个单元形成一个波束;(c)7 个单元形成一个波束。

进行合成也是可行的(Amyotte et al.,2011)。MFPB 天线采用 BFN 形成相应波束，就像 SFPB 方案一样，馈源阵列上的方向图直接映射到地面波束。实际上，与仅使用一个辐射单元相比，采用多个辐射单元形成了更大的等效馈电尺寸，馈源阵的尺寸与采用 3 个或 4 个反射器的 SFPB 大致相同(Amyotte and Camelo,2012)。

三色复用的多波束的两个例子是 Ciel 2 卫星的 Ku 频段有效载荷(Lepeltier et al.,2012)和欧洲通信卫星公司 W2A(现为 10A)的 S 频段有效载荷(Arcidiacono et al.,2010)。

在 MFPB 和 SFPB 之间的方案选择需要进行权衡。MFPB 的优点是其辐射单元可以被相邻的波束重复使用，因此 MFPB 天线相比于 SFPB 方案，可以用一个反射器产生更近的波束(Lepeltier al.,2012)。MFPB 的缺点是其辐射单元的数量是波束数量的 2~8 倍(Amyotte et al.,2011,2014)，这使得它不适用于数百束个波束的应用场景。然而对于少量的波束，只需要一个或两个反射器来实现波束接收和发射工作，且波束边缘增益相比于 4 个反射器 SFPB 天线的下降不足 1dB，这是 MFPB 的一个优势(Tomura et al.,2016)。

MFPB 的一个例子是 Inmarsat-4 系列卫星，共有 193 个点波束，每一个点波束都使用 16~20 个辐射单元进行合成，区域波束使用到的辐射单元数量更多，全球波束则使用了全部辐射单元(Vilaça,2020)。另一个例子是 2015 年底发射的 Express-AMU1/Eutelsat 36C 卫星，它在 Ku 频段提供 18 个用户点波束，一副天线用于接收，另一副天线用于发射(Fenech et al.,2013)。

MFPB 适合通过多端口放大器(multiport amplifier, MPA)和多矩阵放大器(matrix amplifier, MMA)进行功率放大，它们有时比其他形式的功率放大更有优势。该主题将在 11.12 节中解释和讨论。

11.10.2 全相控阵馈电反射面天线

由全相控阵馈电的反射面天线是相控阵一种不常见的应用，这种天线用于产生一些区域波束。

使用相控阵作为反射器馈电部件的困难是扫描能力有限。反射面天线的 1°范围扫描对应于阵列天线的 x 范围扫描，其中 x 是反射器口径与阵列口径的比值(Jamnejad,1992)。因此，即使在天线扫描角度很小的情况下，依然会引起天线的增益降低和信噪比下降。GEO 轨道与 LEO 轨道相比，其卫星视野范围更小，因此全相控阵馈电的反射面天线更适合应用在 GEO 轨道。

一家卫星制造商开发了一种小型 Ku 频段聚焦喇叭阵列，用于赋形反射器的馈电，双线极化工作，在每一种极化中都可以产生不同形状的波束(Voisin et al.,2010;Nadarassin et al.,2011)。

一个典型的例子就是欧洲通信卫星 10A(原 W2A)，配置了 S 频段的相控阵馈电反射面天线,由 21 个 S 频段的双圆极化辐射单元和一个反射器组成,形成 6 个区域波束(Lepeltier et al. ,2007;Arcidiacono et al. ,2010)。

11.10.3 直射阵

截至 2020 年,DRA 在商业航天上的唯一使用场景是在 LEO 轨道上。然而,SES 公司计划在下一代工作 O3b 卫星上采用 DRA(Todd,2017),Eutelsat 的 Quantum 卫星也将配置 Ku 频段接收 DRA。

DRA 用于非 GEO 的卫星,天线用以实现宽扫描性能。DRA 提供了比相控阵馈电反射面天线更好的偏轴性能,即更低的扫描损耗(Lisi,2000)。

非 GEO 轨道上的 DRA 可能会在轨道周期内出现巨大的温度波动。卫星将反复进出日照范围,传输热流会出现很大的变化,这意味着大功率放大器产生的热耗也会产生很大的变化。为了保持相位跟踪(11.9 节),必须优化热控设计保证同时工作的硬件保持在 10°以内的相位变化,以及每个单元的温度变化最小化(Lafond et al. ,2014)。

图 11.22 给出了 Globalstar – 2 卫星的三个 DRA。其视场达到 ±54°(相比于 GEO 的 ±8.7°)。Iridium Next 卫星有一个 L 频段收发共用 DRA 作为其主要任务天线,如图 11.27 所示,其视场为 ±60°(Lafond et al. ,2014)(第 19 章将对这些卫星系统进一步讨论,包括波束方向图)。

图 11.27 Iridium Next 卫星的 DRA
(Iridium Satellite LLC 和 Thales Alenia Space 公司许可,源自 Iridium(2019))

OneWeb LEO 卫星的 Ku 频段用户天线称为"百叶窗天线",其鉴定件模型如图 11.28 所示。天线由 16 个直线状的相控阵天线组成,每个天线称为"叶片",由 32 个辐射单元组成。叶片相互旋转以便瞄准地球上正确的区域。每个阵列形成的方向图都是固定的,呈现高度椭圆形,与辐射阵列成 90°夹角。如 19.6.3 节所述,这 16 个方向图沿着卫星的地面轨迹垂直排列。天线为无源阵列,阵列的辐射单元产生双圆极化:一个极化用于发射;另一个极化用于接收。紧凑型 BFN 由功分器/合成器单元组成,采用一体化整体制造,没有法兰或紧固件,直接与辐射阵列连接。这种天线设计提供的多波束相比与其他形状而言,具有更大的灵活性和更高的容量(Glâtre et al. ,2019;Amyotte,2020a)。

图 11. 28　OneWeb 用户天线鉴定件模型(Glâtre et al. ,2019,经 MDA 公司许可)

一家卫星制造商在 2007 年的一项研究表明,对于应用在 GEO 轨道的 Ku 或 Ka/K 频段天线,DRA 天线相比于 MFPB 反射面天线其性能更好,数字处理通道更少,但需要更多的辐射单元。Stirland 等提出了一个 4×4 的"瓦片"式重叠阵列方案,采用 592 个单元形成 100 个点波束(Stirland and Graig,2007)。

11. 11　跳波束

跳波束允许有效载荷快速适应不断变化的容量需求。在跳波束使用中,会将地面覆盖区分割成许多蜂窝,每个覆盖蜂窝在一定时间内都有一个波束覆盖。在任何给定时间,会有一定数量的波束覆盖相应的地面蜂窝,并且波束覆盖的区域可以随意切换等。波束会长时间覆盖具有大量业务的区域,少量业务的区域被覆盖的时间会短一些。

跳波束系统包括以下一些参数(Panthi et al. ,2017)。

(1)周期或窗口:跳跃方案的重复周期。

(2)时隙:可以分配给一个蜂窝的最小时间单位。

(3)重访时间蜂窝等待下一个时隙分配的时间长度。

(4)时间计划:将波束分配给蜂窝的传输时间计划。

关于如何优化波束分配和停留时间的工作已经完成(Angeletti et al. ,2006; Anzalchi et al. ,2009;Alberti et al. ,2010),Anzalehi et al. ,(2009)和 Alberti et al. ,(2010)是欧洲航天局(ESA)研究的两份合同的结果。Anzalehi 等(2009)和 Alberti 等(2010)假设了相同的静态下行链路业务模式,有 70 个单元,其中一次性覆盖四分之一的单元,每个波束使用全带宽和单载波,采用 DVB – S2 自适应编码和调制(adaptive coding and modulation,ACM),参见 13. 4. 1 节。跳波束的性能比传统的有效载荷更好,与灵活有效载荷大致相同(10.1.5节)。对于跳波束有效载荷和灵活有效载荷,Anzalehi等(2009)使用了四反射器SFPB方案,Alberti等(2010)使用了基于反射器的相控阵方案。

当需要数百个波束进行覆盖时,必须采用基于反射器的相控阵方案。

Spaceway 3卫星是一颗配置有跳波束载荷的GEO卫星,于2007年发射,以Ka/K频段进行单次跳波束。有112个上行波束和784个下行波束,其中每个上行波束包含7个下行波束。

上行时隙、下行时隙和带宽都可以根据需求动态分配。设计人员认为,由于有效载荷质量和功率的限制,ACM系统过于复杂且风险很大,因此系统采用了用户终端上行链路功率控制和有效载荷下行链路功率控制(Fang,2011)。

Eutelsat 2021年发射的Quantum卫星形成8个波束,每个波束将能够在几十种不同的配置中跳跃(Airbus,2019)。

11.12 相控阵的放大技术

11.12.1 无源、有源或半有源相控阵

相控阵可以是有源的、无源的或介于两者之间的,这些术语说明了放大器相对于辐射单元和星载波束形成网络的位置。实际上,这些术语是一个混合体。

(1)无源相控阵所包含的低噪声放大器或大功率放大器与辐射单元分开,而且不与辐射单元一一对应。BFN可以使用OBBF或GBBF。

(2)有源相控阵在每个辐射单元都有一个低噪声放大器和/或大功率放大器与之对应,每个辐射单元的发射/接收(transmit/receive,TR)组件是实现方式之一,BFN可以使用OBBF或GBBF。

(3)半有源相控阵采用OBBF,它的常用情况是发射相控阵。其功率放大既可与波束信号直接相关,也可与辐射单元信号直接相关。

图11.29显示了发射时每种功率放大器的案例,都采用OBBF的方式。有一些还显示了周边的硬件,即变频器和HPA组件。BFN本身可以在基带、近基带或射频上工作。发射变频器可以在BFN之前或之后。标记为"New"的示例源自11.9.3节的材料,图11.25转化为发射而不是接收(Bailleul,2016)。

有源阵列的一个潜在优势是不需要备份放大器,因为阵列本身具有冗余性设计。在卫星寿命期间很有可能仅有一小部分放大器会发生故障。该阵列可以被设计成在开始时有足够多数量的单元,从而无论哪个阵列单元发生故障,最终的功率放大以及天线方向图都很有可能仍然满足使用要求。

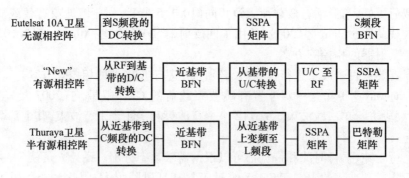

图 11.29 无源、有源和半有源发射 BFN 的系统架构

在发射时,有源阵列的每个单元通常都有一个 SSPA,而如果使用行波管放大器,该阵列通常是无源的。在每个单元处,SSPA 的放大比 TWTA 更容易实现线性,并且可以获得更高的波束功率(Maral and Bousquet,2002)。

有源阵列的缺点是单元数量较多,并且伴随着质量和结构的问题。

对于 BFN 进行分类的另一个术语是进入 BFN 的信号电平。这种区别有助于说明无源、有源或半有源相控阵之间的选择(Demers et al.,2017)。

(1)低电平 BFN,放大器与辐射单元一一对应,相应的相控阵处于有源或半有源状态。

(2)高电平 BFN,放大器与波束信号一一对应。BFN 在发射时位于大功率放大器和馈电部件之间,在接收时位于低噪声放大器之后。相应的相控阵是无源的。

低电平 BFN 和高电平 BFN 各有利弊。低电平 BFN 相对于放大器的位置意味着 BFN 不会恶化有效载荷噪声。然而,通过 BFN 的信号必须在温度和寿命范围内进行通道增益和相位校准。这对于低频段是可行的,在 Ku 频段也用过。对于 K 频段和 Ka-频段,这种校准目前是不可能的。低电平 BFN 提供了更多的灵活性和更高的性能。然而,在发射时由于每个辐射单元的多载波特性,大功率放大器必须回退使用,这意味着电效率较低。由于在低电平合成网络中放大器与辐射单元是一一对应的,因此对于 MFPB 来说,放大器的数量大约是高电平 BFN 所需数量的 2~8 倍。

对于高电平 BFN,发射时 BFN 会引起部分射频输出功率的损耗,接收时 BFN 会增加系统的噪声系数。然而,通过 BFN 的信号不需要在幅度和相位上配平。功率放大作用在用户或地面站信号本身而不是辐射单元的信号上,因此如果下行信号是单载波信号,那么它们会被处于饱和工作状态下的大功率放大器进行放大,从而提高放大器的电源功率效率。此外,由于放大器与波束是一一对应的关系,因此需要的放大器要少得多(Amyotte et al.,2011)。BFN 是模拟的,发射时的高电平波束形成网络需要能承受大功率的硬件。高电平 BFN 用于相控阵馈电反射面天线的一个例子是 Nadarsin 等在 2011 年研发的 Ku 频段发射 BFN(Nadarssin et al,2011)。

半有源相控阵有一个分割的 BFN,在 BFN 的主要部分和巴特勒矩阵之间进行放大(11.12.3节)。在发射时,BFN较小的部分(巴特勒矩阵)位于大功率放大器之后,相比于高电平BFN(无源阵列)其损耗更小。然而,通过输出巴特勒矩阵的信号仍然需要进行校准。在撰写本书时,还没有出现应用于S频段以上的8×8巴特勒矩阵。

11.12.2 发射/接收组件

发射/接收(T/R)组件是与每个辐射单元集成在一起的单元,使阵列在发射和接收时都是有源的。它包括一个LNA、一个前置放大器和一个SSPA。T/R组件与BFN的连接之间有一个开关,可以随时在接收和发射之间进行选择。它比其他实现有源阵列的方法更小更轻。

Iridium Next卫星在L频段配置了T/R组件,图11.30给出了一个简化的框图,该组件的SSPA可根据运行条件进行调整,并可以针对单载波和多载波工作进行优化。该模块采用收发分时工作模式,即它可以在发射和接收之间切换,具有90ms的时间帧和66%的发射占空比(Mannocchi et al.,2013)。

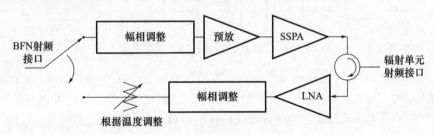

图11.30 T/R组件的简单原理框图(源自Mannocchi et al.(2013))

11.12.3 多端口放大器

MPA是在半有源相控阵中提供大功率放大的基本手段。为了理解MPA是如何工作的,本节给出了一个简单的射频混合使用的例子。图11.31中给出了两个基本类型的混合矩阵,每一个都是0°/180°混合,左边顶部的信号在通过混合矩阵时相移为0°,左边底部的信号实现了180°相移。关键是这两个混合矩阵可以实现原始输入信号的重建。值得注意的是,可以将匹配的HPA放在传送混合信号的两条通路上,这样不会破坏信号重建。

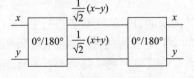

图11.31 信号在两个混合矩阵中的传输

在组建更大规模的MPA时,可以考虑HPA。图11.32给出了一个4×4的MPA。首先考虑左边由虚线定义的方框,它是一个 4×4 巴特勒矩阵或混合矩阵,四个正确连接的 0°/90°混合桥组成了巴特勒矩阵。第一个巴特勒矩阵将四个输入信号中的每一个分成四个相等的部分,并赋予这些信号不同的相位。然后,它产生四个输出信号,每个输出信号是每个相移后等幅输入信号的总和。第一个巴特勒矩阵每个端口的输出信号含有所有输入信号的信息。其次将四个输出信号连接到四个匹配的 HPA,这四个 HPA 的输出连接到第二个 4×4 巴特勒矩阵。它可以与第一个巴特勒矩阵相同或相反(Egami and Kawai,1987)。第二个巴特勒矩阵的四个输出信号是经过放大的原始输入信号。

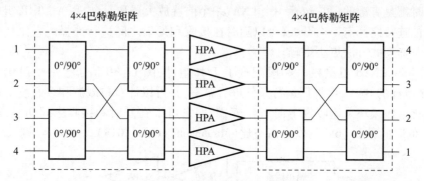

图 11.32　4×4 的 MPA,输出和输入口进行了标注(源自 Mallet et al. (2006))

MPA 输出端信号之间的功率关系与原始信号一致。MPA 的好处是,一个端口的输入信号可以使用到所有放大器的功率,几个端口的输入信号也可以将所有放大器的功率平均分配,或者是两者之间的任何条件。信号放大是线性的,几个信号可以是同频的。

MPA 通常有 $2n$ 个输入端口和输出端口。已知在轨使用 MPA 的最大规模为 $8×8$。更大的规模会导致 MPA 的输出损失太大。一家卫星制造商已经开发出一种带宽为 2GHz、工作在 Ku 频段的 8×8 MPA(Esteban et al. ,2015)。

MPA 中的 HPA 在有效载荷寿命期间可能会失效,这一点必须考虑。8×8 MPA 中一个 HPA 的故障会导致 1.2dB 的功率损失,并将端口隔离降低至 18dB。这些性能损失对于较大规模的 MPA 是可接受的,而对于较小规模的 MPA 这些损失就不那么容易接受了(Egami and Kawai,1987)。

应对 HPA 在轨故障的一种方法就是备份 HPA,但如果以上的性能损失系统可以接受的,HPA 就不必进行备份。用于移动卫星使用的 Eurostar 有效载荷架构就同时采用了这两种方法,系统采用了 HPA 环备份以及应对额外故障的软响应手段。当有效载荷失去一路完整的有源链路时,地面计算新的波束权值并上传,由星上的数字处理器完成波束重构,该方案已应用于 Inmarsat – 4 卫星(Mallison and Robson, 2001)。

11.12.4 多端口放大器应用

MPA 可以应用于发射相控阵中(Amyotte and Camelo,2012)。BFN 基于高电平工作时有其优点和缺点。MPA 的输出端口与辐射单元一一相连,其功率放大架构非常灵活,可以适应波动以及不平衡的波束通量。一个潜在的缺点是由于系统采用多载波工作,因此大功率放大器必须回退使用(Mallet et al. ,2006)。

除了具有功率放大的特点,有效载荷中的 MPA 对于其他部分不起作用的。

MPA 在设计之初需要有和辐射单元数量一样的输入和输出端口(Egami and Kawai,1987),随着技术的进一步发展,更加实际的做法是使用几个小规模的 MPA (Spring and Moody,1990)。有时,采用多个 MPA 进行辐射单元的放大,称为多矩阵放大。

MPA 有两种应用模式,第一种应用场景有:一个是在 SFPB 多波束天线里用于进行多个馈源信号的放大,如果每个馈源中的信号是多载波信号,这一点尤其有用,因为无论如何,大功率放大器在多载波工作时都必须回退;另一个是在 PA 馈电的反射器 MBA 中,相控阵是半有源的,这两个应用如图 11.33 所示。

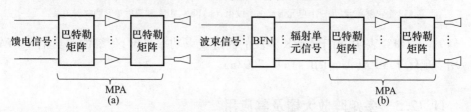

图 11.33　基于反射器的发射 MBA 配置 MPA 的原理框图
(a)SFPB;(b)相控阵馈电。

第二种应用场景是将多个 MPA 应用在 MFPB 多波束天线中,其中每个波束由来自每个 MPA 的一个单元信号组成(Spring et al. ,1990)。图 11.34 给出了一个例子,每个波束由三个辐射单元形成。辐射单元分为 A、B 和 C 三组,每组中的一个单元用于形成一个波束。该示例显示了两个波束的信号路径,一个使用单元 A_1、B_1 和 C_1,另一个使用单元 A_2、B_2 和 C_2。另一个波束可以使用 A_3、B_1 和 C_2。

这种架构的一个例子是用于实现 Globalstar – 2 卫星的 S 频段用户链路波束 (Darbandi et al. ,2008)。

在 K 频段及以上,因为 MPA 会使得 TWTA 后端的输出损耗太大,因此 MPA 不是 MFPB 天线的最佳选择。对含有 7 个 8×8MPA 并对 TWTA 进行了 10:8 备份的发射天线进行了研究,相比于一个配置了灵活 TWTA(7.4.10 节)且未进行备份的有源 PA,在 TWTA 故障的情况下,二者性能基本一致,但配置了灵活 TWTA 天线的硬件需求要少得多(Coromina and Polegre,2004)。

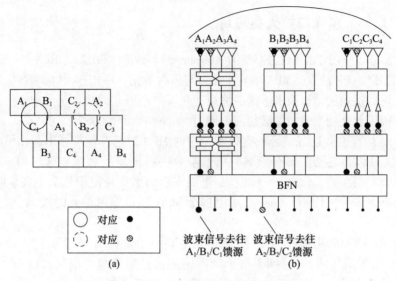

图 11.34 配置 MPA 的发射 MFPB

(© 1990 IEEE. 源自 Roederer and Sabbadini(1990))

(a)12 个辐射单元,每三个单元形成一个波束;(b)BFN、MPA 和辐射单元的映射关系。

另一项研究表明,对于 Ka/K 频段的固定波束功率分配,传统的不灵活 TWTA 应用表现优于 MPA(Angeletti et al. ,2008a)。

11.12.5 多矩阵放大器及其应用

多矩阵放大器(MMA)主要应用于发射相控阵中(Amyotte and Camelo,2012),其中 BFN 基于低电平工作。

用于星载 BFN 的 MPA 可以将第一级巴特勒矩阵集成在 BFN 中,其简化示意图如图 11.35 所示(Roederer and Sabbadini,1990)。而在数字 BFN 中,更容易将第一级巴特勒矩阵集于其中。大功率放大阵列和第二级巴特勒矩阵称为 MMA(尽管这个术语有时也适用于具有多个 MPA 的体系结构)。用一个或多个 MMA 进行功率放大的 PA 称为多矩阵天线(Roederer et al. ,1996),这种放大的架构与 MPA 具备相同的功能。

图 11.35 配置 MMA 的发射 MBA

上一小节中图 11.34 的含有 MPA 的 MFPB 架构,如图 11.36 中对该构架进行了简化,采用三个 4×4 MMA 代替了 MPA。

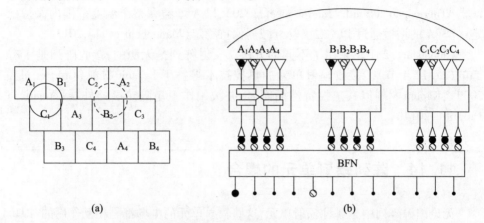

图 11.36 配置 MMA 的发射 MFPB(源自 Roederer and Sabbadini(1990))
(a)12 个辐射单元,每三个单元形成一个波束;(b)BFN、MPA 和辐射单元的映射关系。

MMA 用于 L 频段发射放大的一个例子是在 Inmarsat-3 系列卫星上,其应用在环绕地球边缘的波束上,每个波束均由 5 个辐射单元组成,共配置了 5 个 MMA,(Perrott and Griffin,1991)。

11.13 相控阵指向误差

与其他天线一样,由相控阵形成的波束具有指向误差。部分指向误差是由于卫星的姿态控制不完善导致的(2.2.5 节)。相控阵固定安装在卫星上,因此不能自动跟踪以减少误差(3.10 节)。为了控制指向误差,可以对阵列重新校准或者实现一个不需要重新校准的设计。

GEO 的相控阵需要定期进行辐射单元的校准,地面站有三种常用方法来确定每个单元的增益和相位:第一种方法是正常形成波束,然后将测试单元的相位调整 180°再次形成波束;第二种方法与第一种方法类似,但涉及相位测试的四个状态;第三种方法,对于非常大的阵列,需要一个星上数字处理器,并将特殊单元的相位调整 180°(Bhattacharyya,2006)。

卫星在轨时,不可能关闭其他所有的辐射单元而只保留正在测试的辐射单元,所以需要一些数学的方法来解决这个问题。

由于非 GEO 卫星相对于地面站不断移动,无法进行上述方法的测量,因此所有的校准只能由卫星在轨完成。以下两种 LEO 卫星完成了不再需要星上重新校准的设计。

Iridium Next 卫星的相控阵采用有源收发共用工作模式。T/R 组件的设计使得在任何条件下都不需要对 SSPA 或 LNA 进行相位调整。通过一个无源的温变衰减器"Thermopad"(Smiths Interconnect,2020),LNA 增益在整个温度范围内保持稳定。SSPA 的增益通过 PIN 二极管衰减器保持稳定(Mannocchi et al. ,2013)。

Globalstar-2 卫星采用了不同的方法。发射阵列是无源的,接收阵列是半有源的(11.12.1 节)。接收辐射单元的热控技术得益于 Kapton 材料(Croq et al. ,2009),Kapton 材料以其热控特性而闻名,并被用作卫星隔热层的外层(American Durafilm,2014)。

11.14 阵列辐射单元的耦合

无论馈源阵列中是哪种辐射单元,这些辐射单元的电场都是相互作用的,即单元之间存在互耦,馈源阵列中间单元的方向图通常不同于阵列边缘单元的方向图(Collin,1985)。

图 11.37 和图 11.38 显示了这种情况,但这并不代表所有情况。

辐射单元为喇叭,口径为波长的 1.36 倍。图 11.37 显示了喇叭单独工作时和喇叭处于 19 个单元中间时的主极化方向图。图 11.38 显示了交叉极化方向图的变化(Schennum and Skiver,1997)。

当口径效率越高时,辐射单元之间的互耦就越低(Amyotteet al. ,2006)。

当单元的辐射口径足够大时,互耦很小(Rao,2015a)。对于单元口径大于 3λ 的某些 Bhattacharyya 喇叭(11.4.4 节),互耦的影响可以忽略(Bhattacharyya and Goyette,2004)。

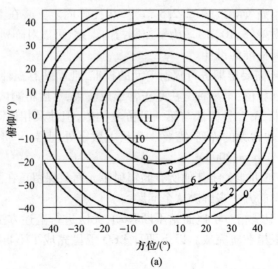

(a)

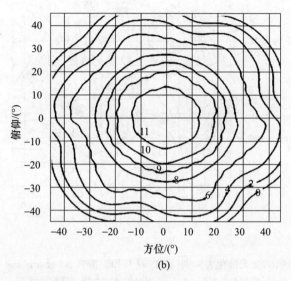

(b)

图 11.37 圆喇叭的增益方向图(© 1997 IEEE. 源自 Schennum and Skiver(1997))
(a)单喇叭;(b)在 19 个阵元中。(注:实测增益(dBi)3.852GHz)。

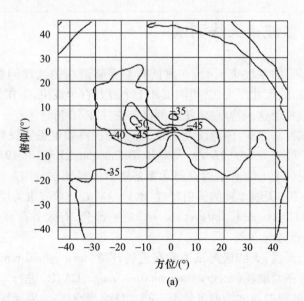

(a)

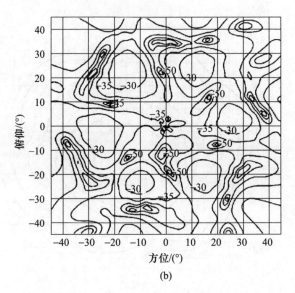

图 11.38　圆喇叭的交叉极化方向图(© 1997 IEEE. 源自 Schennum and Skiver(1997))
注:实测交叉极化—3.852GHz(dB,相对主极化峰值增益)。
(a)单喇叭;(b)19 个阵元。

11.15　多波束天线测试

对于任何形式的多波束天线,在测试时都面临潜在的共性问题:①如果在 L 或 S 频段,反射器的尺寸巨大;②要测试几十个或几百个波束,工作量巨大;③阵列天线的灵活性。对于这些特点,传统的测试方法往往不可行。

在描述测试方法之前,值得研究的是,对于相控阵馈电偏置反射面天线,其远场距离可能比单波束天线的 $2D^2/\lambda$ 大得多(DiFonzo and English,1974)。

一个卫星项目上天线研制过程通常需要进行三级测试(3.12 节)。在这里讨论第二级和第三级:天线单独的辐射特性,然后是有效载荷波束特性。天线辐射特性测试是天线 AIT(assembly integration test)的一部分,有效载荷波束测试是卫星系统级测试的一部分。

对于单波束天线,天线级测试通常在近场环境(near-field range,NFR)进行,卫星级测试通常在紧缩场(compact antenna test range,CATR)进行。对于多波束天线来说,这两个级别的测试场地可能都不同。目前,针对多波束天线不同的测试范围以及未测试所有波束所带来的各类风险,已经有了不同的解决方案。

Sauerman 在 1999 年给出了有源相控阵的测试范围,它可以在发射模式或接收模式下进行测试。由于有源天线不存在互易性,如果天线收发共用,则必须对两者进行测试,这个测试范围需要同时控制数千个T/R模块(Sauerman,1999)。

第一代Globalstar卫星有源DRA的AIT工作是按照一定的方式完成的,除了阵列本身之外,天线全部组装完成后,首先进行X射线测试以检查BFN和有源模块的集成;然后将阵列与其余部分集成,并进行环境试验;最后完成了近场测试(Lisi,2000)。

对于Inmarsat-4卫星,由于采用的反射器太大,该天线在天线AIT过程中没有进行方向图测试。在系统测试中,包括天线在内的有效载荷在NFR进行了测试,不过只进行了部分方向图的测试(Stirland and Brain,2006)。

在卫星层面,为了测试波束特性,自1989年以来的标准一直是使用Airbus的补偿式(双反射器)紧缩场(compensated compact range,CCR)来进行测试,型号为CCR 75/60(Migl et al.,2017)。自2005年以来,Airbus公司已经推出了一个更大的CCR,型号为CCR 120/100,用于超大型卫星上5m天线的测试(Hartmann et al.,2005b),参见3.12节。这也包括拥有多波束天线的卫星。

为了应对超过100个波束以上的测试情况,Airbus公司针对CCR开发了一种快速控制器。它可以在频率、波束端口和测试极化之间快速切换(Hartmann et al.,2008)。通过更快的开关切换,进一步提高Airbus公司的CCR测量速度。一个包含96个波束的天线可以在4.5~5h完成测量。然而,即使没有采用切换速度更快的开关,实际的数据采集时间也只是总测试活动时间的20%左右。总测试时间的其他组成部分是安装和卸载天线、射频设置、光学校准、数据评估,以及等待客户批准(Migl et al.,2013)。

另一种提高补偿CATR测量速度的技术是用快速探头阵列代替单个探头,这也减少了天线所需的机械运动(Durand et al.,2012)。

参考文献

Airbus(2019). Airbus presents ground-breaking technology for Eutelsat Quantum. Press release. Nov 21. Accessed Oct. 14,2020.

Alberti X,Cebrian JM,Del Bianco A,Katona Z,Lei J,Vazquez-Castro MA,Zanus A,Gilbert L,and Alagha N(2010). System capacity optimization in time and frequency for multibeam multi-media satellite systems. *Adv Satellite Multimedia Systems Conf and Signal Processing for Space Communications Workshop*;Sep. 13-15.

Aliamus M of Space Systems Loral(2020). Private communication,Jul. 25.

American Durafilm(2014). Kapton film and the aerospace industry. Blog post. Nov 11. On market. americandurafilm.com/blog/kapton-film-and-the-aerospace-industry. Accessed Apr. 1,2020.

Amyotte E(2019a). Private communication,Jun. 14.

Amyotte E(2019b). Private communication, Jun. 17.

Amyotte E(2019c). Private communication, Nov. 18.

Amyotte E(2020a). Private communication, Mar. 28.

Amyotte E(2020b). Private communication, Oct. 12.

Amyotte E, Gimersky M, Liang A, Mok C, and Pokuls R, inventors; EMS Technologies Canada, assignee (2002). High performance multimode horn. U. S. patent 6,396,453 B2. May 28.

Amyotte E, Demers Y, Martins – Camelo L, Brand Y, Liang A, Uher J, Carrier G, and Langevin J – P (2006). High performance communications and tracking multi – beam antennas. *European Conf on Antennas and Propagation*; Nov. 6 – 10.

Amyotte E, Demers Y, Hildebrand L, Forest M, Riendeau S, Sierra – Garcia S, and Uher J(2010). Recent developments in Ka – band satellite antennas for broadband communica tions. *AIAA International Communications Satellite Systems Conf*; Aug. 30 – Sep. 2.

Amyotte E, Demers Y, Dupessey V, Forest M, Hildebrand L, Liang A, Riel M, and Sierra – Garcia S (2011). A summary of recent developments in satellite antennas at MDA. *European Conf on Antennas and Propagation*; Apr. 11 – 15.

Amyotte E and Camelo LM(2012). Chapter 12, Antennas for satellite communications. In*Space Antenna Handbook*(Imbriale WA, Gao S and Boccia L, editors), 466 – 510. West Sussex, UK: John Wiley and Sons.

Amyotte E, Demers Y, Hildebrand L, Richard S, and Mousseau S(2014). A review of multi beamantenna solutions and their applications. *European Conf on Antennas and Propagation*; Apr. 6 – 11.

Angeletti P, Prim DF, and Rinaldo R(2006). Beam hopping in multi – beam broadband satel litesystems: system performance and payload architecture analysis. *AIAA International Communications Satellite Systems Conf*; Jun. 11 – 14.

Angeletti P, Colzi E, D'Addio S, Balague RO, Aloisio M, Casini E, and Coromina F(2008a). Performance assessment of output sections of satellite flexible payloads. *AIAA International Communications Satellite Systems Conf*; Jun. 10 – 12.

Angeletti P and Lisi M(2008b). A survey of multiport power amplifiers applications for flexible satellite antennas and payloads. *Proc, Ka and Broadband Communications Conf*; Sep. 24 – 26.

Angeletti P, Alagha N, and D'Addio S(2010). Space/ground beamforming techniques for satellite communications. *IEEE Antennas and Propagation Society International Symposium*; Jul. 11 – 17.

Anzalchi J, Couchman A, Gabellini P, Gallinaro G, D'Agristina L, Alagha N, and Angeletti P(2009). Beam hopping in multi – beam broadband satellite systems: system simulatoin and performance comparison with non – hopped systems. *IET and AIAA International Communications Satellite Systems Conf*; Jun. 1 – 4.

Arcidiacono A, Finocchiaro D, Grazzini S, and Pulvirenti O(2010). Perspectives on mobile satellite services in S – band. *Adv. Satellite Multimedia Systems Conf and Signal Processing for Space Communications Workshop*; Sep. 13 – 15.

Bailleul PK(2016). A new era in elemental digital beamforming for spaceborne communica tionsphased arrays. *Proceedings of the IEEE*; 104(3); 623 – 632.

Balling P, Mangenot C, and Roederer AG(2006). Shaped single – feed – per – beam multibeam reflector antenna. *Proc, European Conf on Antennas and Propagation*; Nov. 6 – 10.

Bhattacharyya AK(2006). *Phased Array Antennas: Floquet Analysis, Synthesis, BFNs, and Active Array Systems*. Hoboken(NJ): John Wiley & Sons.

Bhattacharyya AK(2019a). Private communication, Jun. 7.

Bhattacharyya AK(2019b). Private communication, Jun. 17.

Bhattacharyya AK, Roper DH, inventors; The Boeing Co, assignee(2003). High radiation efficient dual band feed horn. US patent 6,642,900 B2. Nov. 4.

Bhattacharyya and Sor J, inventors; Northrop Grumman Corp., assignee(2007). Multiple flared antenna horn with enhanced aperture efficiency. US patent 7,183,991 B2. Feb. 27.

Bhattacharyya AK and Goyette G(2004). A novel horn radiator with high aperture efficiency and low cross – polarization and applications in arrays and multibeam reflector antennas. *IEEE Transactions on Antennas and Propagation*; 52; 2850 – 2859.

Bhattarcharyya AK, Cherrette AR, and Bruno RD(2013). Analysis of ring – slot array antenna using hybrid matrix formulation. *IEEE Transactions on Antennas and Propagation*; 61(4); 1642 – 1650.

Burr DG, inventor; Space Systems/Loral, assignee (2013). High efficiency multi – beam antenna. US patent 2013/0154874 A1. Jun. 20.

Chan KK and Rao SK(2008). Design of high – efficiency circular horn feeds for multi beamreflector applications. *IEEE Transactions on Antennas and Propagation*; 56(1); 253 – 258.

Chang K, editor, (1989). *Handbook of Microwave and Optical Components, Vol. 1, Microwave Passive and Antenna Components*. New York: John Wiley & Sons.

Collin RE(1985). *Antennas and Radiowave Propagation*. New York: McGraw – Hill.

Coromina F and Polegre AM(2004). Failure robust transmit RF front end for focal array fed reflector antenna. *AIAA International Communications Satelite Systems Conf*; May 9 – 12.

Croq F., Vourch E, Reynaud M, Lejay B, Benoist C, Couarraze A, Soudet M, Carati P, Vicentini J, and Mannocchi G(2009). The Globalstar 2 antenna sub – system. *Proc, European Conf on Antennas and Propagation*; Mar. 23 – 27.

Dallaire J, Senechal G, and Richard S(2009). The Alphasat – XL antenna feed array. *Proc, European Conf on Antennas and Propagation*; Mar. 23 – 27; 585 – 588.

Darbandi A, Zoyo M, Touchais JY, and Butel Y (2008). Flexible S – band SSPA for space application. *NASA/ESA Conf on Adaptive Hardware and Systems*; Jun. 22 – 25.

Deguchi H, Tsuji M, and Shigesawa H(2001). A compact low – cross – polarization horn antenna with serpentine – shaped taper. *Digest, IEEE Antennas and Propagation Society International Symposium*; Jul. 8 – 13.

Demers Y, Amyotteé, Glatre K, Godin M – A, Hill J, Liang A, and Riel M(2017). Ka – band user antennas for VHTS GEO applications. *European Conf on Antennas and Propagation*; Mar. 19 – 24.

DiFonzo DF and English WJ(1974). Far – field criteria for reflectors with phased array feeds. *IEEE Antennas and Propagation Society International Symposium*. June.

Durand L, Duchesne L, Blin T, Garreau P, Iversen P, Forma G, Meisse P, Decoux E, and Paquay M (2012). Novel methods for fast multibeam satellite antenna testing. *European Conf on Antennas and Propagation*; Mar. 26 – 30.

Egami S and Kawai M(1987). An adaptive multiple beam system concept. *IEEE Journal on Selected Areas in Communications*;5;630 – 636.

Epstein JW and CEO of TerreStar Networks(2010). Declaration of Jeffrey W. Epstein pursu antto local bankruptcy rule 1007 – 2 in support of first day pleadings. To US bankruptcy court, southern district of New York. Oct 19. Accessed Feb. 9,2015.

Esteban EMG, Briand A, Soulez E, Voisin P, and Albert I(2015). Ku – band mutli – port ampli fier-demonstrator: measured performances over 2GHz bandwidth. *AIAA International Communications Satelllite Systems Conf*; Sep. 7 – 10.

Fang RJF(2011). Broadband IP transmission over Spaceway. satellite with on – board pro cessingand switching. *IEEE Global Telecommunications Conf*; Dec. 5 – 9.

Farrar T(2016). 2001: a space odyssey. Blog of Telecom, Media and Finance Associates. Accessed Mar. 20,2018.

Farrar T (2018). Viasat's curious antenna issues. Blog of Telecom, Media and Finance Associates. Accessed Mar. 20,2018.

Fenech H, Tomatis A, Amos S, Soumpholphakdy V, and Merino J – L(2013). Eutelsat's evolve ingKa – band missions. *Ka and Broadband Communications, Navigation and Earth Observation Conf*; Oct. 14 – 17.

Gallinaro G, Tirrò E, Di Cecca F, Migliorelli M, Gatti N, and Cioni S(2012). Next genera tioninteractive S – band mobile systems. *Advanced Satellite Multimedia Systems Conf and Signal Processing for Space Communications Workshop*; Sep. 5 – 7.

Glatre K, Hildebrand L, Charbonneau E, Perrin J, and Amyotte E(2019). Paving the way for higher – volume cost – effective space antennas. *IEEE Antennas & Propagation Magazine*;61;47 – 53.

Godara LC(1997). Application of antenna arrays to mobile communications, part II: beam formingand direction – of – arrival – considerations. *Proceedings of the IEEE*;85(8);1195 – 1245.

Guy RFE(2009). Potential benefits of dynamic beam synthesis to mobile satellite commu nication, using the Inmarsat 4 antenna architecture as a test example. *International Journal of Antennas and Propagation*;2009;1 – 5.

Guy RFE, Wyllie CB, and Brain JR (2003). Synthesis of the Inmarsat 4 multibeam mobile antenna. *International Conf on Antennas and Propagation*; Mar. 31 – Apr. 3.

Harris Corp(2018a). Fixed – mesh reflector. Spec sheet. Accessed Mar. 29,2020.

Harris Corp(2018b). High compaction ratio reflector antenna. Spec sheet. Accessed Mar. 29,2020.

Harris Corp(2018c). Unfurlable space reflector solutions. Product information. Accessed Mar. 30,2010.

Harris Corp(2019a). Harris Corporation introduces high – accuracy reflector for improved satellite comunications. Press release. Accessed Mar. 29,2020.

Harris Corp(2019b). Unfurlable Ka – band reflectors. Spec sheet. Accessed Mar. 29,2020.

Harris Corp(2020). Smallsat perimeter truss reflector. Spec sheet. Accessed Mar. 29,2020.

Hartmann J, Habersack J, Steiner H – J, and Lieke M (2002a). Advanced communications satellite technologies. *Workshop on Space Borne Antennae Technologies and Measurement Techniques*; Apr. 18.

Hartmann J, Habersack J, Hartmann F, and Steiner H – J(2005b). Validation of the unique field performance of the large CCR 120/100. *Proc of the Symposium of the Antenna Measurement Techniques Association*; Oct. 30 – Nov. 4.

Hartmann J, Habersack J, and Steiner H‐J(2008). Improvement of efficiency for antenna and payload testing. *ESA Antenna Workshop*. May. Accessed Mar. 5, 2012.

Hejres JA(2004). Null steering in phased arrays by controlling the positions of selected elements. *IEEE Transactions on Antennas and Propagation*; 52(11); 2891–2895.

Hogie K, Criscuolo E, Dissanayake A, Flanders B, Safavi H, and Lubelczyk J(2015). TDRSS demand access system augmentation. *IEEE Aerospace Conf*; Mar. 7–14.

Huynh S(2016). Active or passive Tx/Rx Globalstar & combined GPS/Globalstar antennas: pictures, outline drawings, and specifications. Viewgraph presentation of product information. Apr. 15. Accessed Feb. 20, 2018.

Ingerson PG and Wong WC(1974). Focal region characteristics of offset fed reflectors. *IEEE Antennas and Propagation Society International Symposium*; Vol. 12; Jun.

Iridium(2019). Personal communication from Jordan Hassin, Jun. 25.

Jamnejad V(1992). Ka‐band feed arrays for spacecraft reflector antennas with limited scan capability‐an overview. *Digest, IEEE Aerospace Applications Conf*; Feb. 2–7.

Koduru C, Tomei B, Sichi S, Suh K, and Ha T(2011). Advanced space based network using ground based beam former. *AIAA International Communications Satellite Systems Conf*; Nov. 28–Dec. 1.

Kraus JD and Marhefka RJ(2003). *Antennas for All Applications*, 3rd ed., international ed. Singapore: McGraw‐Hill Education(Asia).

Lafond JC, Vourch E, Delepaux F, Lepeltier P, Bosshard P, Dubos F, Feat C, Labourdette C, Navarre G, and Bassaler JM(2014). Thales Alenia Space multple beam antennas for telecommunicationsatellites. *Proc, European Conf on Antennas and Propagation*; Apr. 6–11.

Lepeltier P, Maurel J, Labourdette C, and Croq F(2007). Thales Alenia Space France anten nas: recent achievements and future trends for telecommunications. *European Conf on Antennas and Propagation*; Nov. 11–16.

Lepeltier P, Bosshard P, Maurel J, Labourdette C, Navarre G, and David JF(2012). Recent achievements and future trends for multiple beam telecommunication antennas. *International Symposium on Antenna Technology and Applied Electromagnetics*; Jun. 25–28.

LightSquared(2006). Technical appendix, to FCC, seeking authority to communicate with SkyTerra 2. Accessed Feb. 17, 2015.

Lisi M(2000). Phased arrays for satellite communications: a system engineering approach. *Proc, IEEE International Conf on Phased Array Systems and Technology*; May 21–25.

Mallet A, Anakabe A, Sombrin J, and Rodriguez R (2006). Multiport‐amplifier‐based architecture versus classical architecture for space telecommunication payloads. *IEEE Transactions on Microwave Theory and Techniques*; 54(12); 4353–4361.

Mallison MJ and Robson D(2001). Enabling technologoes for the Eurostar geomobile satellite. *AIAA International Communications Satellite Systems Conf*; Apr. 17–20.

Mannocchi G, Amici M, Del Marro M, Di Giuliomaria D, Farilla P, Macchiusi M, and Suriani A(2013). A L‐band transmit/receive module for satellite communications. *Proc, European Microwave Conf*; Oct. 6–10.

Maral G and Bousquet M (2002). *Satellite Communications Systems*, 4th ed. Chichester (England):

John Wiley & Sons, Ltd.

Migl J, Guelten E, Seitz W, Steiner H – J, and Meniconi E(2013). Time efficient antenna & payload technique for future multi – spot – beam antennas. *European Conf on Antennas and Propagation*; Apr. 8 – 12.

Migl J, Habersack J, and Steiner H – J(2017). Antenna and payload test strategy of large spacecraft's in compensated compact ranges. *European Conf on Antennas and Propagation*; Mar. 19 – 24.

Migliorelli M, Scialino L, Pasian M, Bozzi M, Pellegrini L, and van't Klooster K(2013). RF performance control of mesh – based large deployable reflector. *Ka and Broadband Communications, Navigation and Earth Observation Conf*; Oct. 14 – 17.

Milligan TA(2005). *Modern Antenna Design*, 2nd ed. New Jersey: John Wiley & Sons and IEEE Press.

Mittra R, Rahmat – Samii Y, Galindo – Israel V, and Norman R(1979). An efficient technique for the computation of vector secondary patterns of offset paraboloid reflectors. *IEEE Trans on Antennas and Propagation*; AP – 27(3); 294 – 304.

Muhammad SA, Rolland A, Dahlan SH, Sauleau R, and Legay H(2011). Comparison between Scrimp horns and stacked Fabry – Perot cavity antennas with small apertures. *Proc, European Conf on Antennas and Propagation*; Apr. 11 – 15.

Nadarassin M, Vourch E, Girard T, Carrère JM, Soudet M, Borrell L, Rigolot H, Bouvier T, Voisin P, Onillon B, Albert I, and Taisant JP(2011). Ku – band reconfigurable compact array in dual polarization. *Proc, European Conf on Antennas and Propagation*; Apr. 11 – 15.

Palacin B and Deplancq X, inventors(2012). Multi – beam telecommunication antenna onboard a high – capacity satellite and related telecommunication system. U. S. patent application 2012/0075149 A1. Mar 29.

Panthi S, McLain C, King J, and Breynaert D(2017). Beam hopping – a flexible satellite communication system for mobility. *AIAA International Communications Satellite Systems Conf*; Oct. 16 – 19.

Pascale V, Maiarelli D, D'Agristina L, and Gatti N(2019). Design and qualification of Ku – band radiating chains for receive active array antenna of flexible telecommunication satellites. *European Conf on Antennas and Propagation*; Mar. 31 – Apr. 5.

Perrott RA and Griffin JM (1991). L – band antenna systems design. *IEE Colloquium on Inmarsat – 3*; Nov. 21.

Rahmat – Samii Y, Zaghloul AI, and Williams AE(2000). Large deployable antennas for satel litecommunications. *IEEE Antennas and Propagation Society International Symposium*; Jul. 16 – 21.

Ramanujam P, Rao SK, Vaughan RE, and McCleward JC, inventors (1999). Reconfigurable multiple beam satellite reflector antenna with an array feed. U. S. patent 5,936,592. Aug 10.

Ramanujam P and Fermelia LR (2014). Recent developments on multi – beam antennas at Boeing. *European Conf on Antennas and Propagation*; Apr. 6 – 11.

Rao SK(1999). Design and analysis of multiple – beam reflector antennas. *IEEE Antennas and Propagation Magazine*; 41; 53 – 59.

Rao SK(2003). Parametric design and analysis of multiple – beam reflector antennas for sat ellitecommunications. *IEEE Antennas and Propagation Magazine*; 45(4); 26 – 34.

Rao SK(2015a). Advanced antenna technologies for satellite communications payloads. *IEEE Transactions on Antennas and Propagation;63(4);1205 – 1217.

Rao SK (2015b). Advanced antenna systems for 21st century satellite communications payloads. Viewgraph presentation. On s3. Accessed Dec. 22,2017.

Rao,S. ,Chan,KK,and Tang,M. (2005). Dual – band multiple beam antenna system for satellitecommunications. IEEE Antennas and Propagation Society International Symposium;Jul. 3 – 8.

Rao SK and Tang MQ(2006a). Stepped – reflector antenna for dual – band multiple beam satellitecommunications payloads. *IEEE Transactions on Antennas and Propagation*;54.

Rao S,Tang M,Hsu C – C,and Wang J(2006b). Advanced antenna technologies for satellite communication payloads. *Proc,European Conf on Antennas and Propagation*;Nov. 6 – 10.

Rao SK,Hsu C – C,and Matyas GJ,inventors;Lockheed Martin Corp,assignee(2013). Dual bandantenna using high/low efficiency feed horn for optimal radiation patterns. U. S. patent 8,514,140 B1. Aug 20.

Richard S,Demers Y,Amyotte E,Brand Y,Dupessey V,Markland P,Uher J,Liang A,Iriarte JC,Ederra I,Gonzalo R,and de Maagt P(2007). Recent satellite antenna developments at MDA. *Proc,European Conf on Antennas and Propagation*;Nov. 11 – 16.

Roederer AG(2005). Antennas for space: some recent European developments and trends. *International Conf on Applied Electromagnetics and Communications*;Oct. 12 – 14.

Roederer A and Sabbadini M(1990). A novel semi – active multi – beam antenna concept. *Digest,IEEE Antennas and Propagation Society International Symposium*;Vol. 4;May 7 – 11.

Roederer AG,Jensen NE,and Crone GAE(1996). Some European satellite – antenna developmentsand trends. *IEEE Antennas and Propagation Magazine*;38(2);9 – 21.

Ruag Space(2016). Mobile communication antennas. Product information. Accessed Jul. 10,2017.

Sauerman R(1999). A compact antenna test range built to meet the unique testing require mentsfor active phased array antennas. Accessed Jan. 2010.

Schennum GH and Skiver TM (1997). Antenna feed element for low circular cross – polariza tion. *Proc,IEEE Aerospace Conf*;vol. 3;Feb 1 – 8.

Schuss JJ,Upton J,Myers B,Sikina T,Rohwer A,Makridakas P,Francois R,Wardle L,and Smith R (1999). The Iridium main mission antennna concept. *IEEE Transactions on Antennas and Propagation*;47;416 – 424.

Semler D,Tulintseff A,Sorrell R,and Marshburn J(2010). Design,integration,and deploy mentof the TerreStar 18 – meter reflector. *AIAA International Communications Satellite System Conf*;Aug. 30 – Sep. 2.

Seymour D(2000). L band power amplifier solutions for the Inmarsat space segment. *IEE Seminar Microwave and RF Power Amplifiers*;Dec. 7.

Shishlov AV,Krivosheev YuV,and Melnichuk VI(2016). Principal features of contour beam phased array antennas. *IEEE International Symposium on Phased Array Systems and Technology*;Oct. 18 – 21.

Simon PS(2007). LinkedIn page. Jan 1. Accessed Sep. 17,2012.

Smith TM,Lee B,Semler D,and Chae D(2004). A large S – band antenna for a mobile satellite. *AIAA Space 2004 Conf*;Sep. 28 – 30.

Smiths Interconnect(2020). Thermopad temperature variable attenuators. Product infor mation. Accessed Apr. 1,2020.

Space Systems Loral (2012). ICO G1 reflector deployment with voice over. Jun 11. Video. Accessed Jan. 30, 2018.

Spring KW and Moody HJ, inventors; Spar Aerospace Ltd (now MDA), assignee (1990). Divided LLBFN/HMPA transmitted architecture. U. S. patent 4,901,085. Feb 13.

Stirland SJ and Brain JR (2006). Mobile antenna developments in EADS Astrium. *European Conf on Antennas and Propagation*; Nov. 6 – 10.

Stirland SJ and Craig AD (2007). Phased arrays for satellite communications: recent devel opmentsat Astrium Ltd. *European Conf on Antennas and Propagation*; Nov. 11 – 16.

Thomas G, Jacquey N, Trier M, and Jung – Mougin P (2015). Optimising cost per bit: ena blingtechnologies for flexible HTS payloads. *AIAA International Communications Satellite Systems Conf*; Sep. 7 – 10.

Thomson MW (2002). Astromesh™ deployable reflectors for Ku – and Ka – band commercial satellites. *AIAA International Communication Satellite Systems Conf*; May 12 – 15.

Todd D (2017). MEO is the place to go: SES orders new generation O3b mPower constella tionfrom Boeing. News article. Sep 12. Accessed Oct. 3, 2018.

Tomura T, Takikawa M, Inasawa Y, and Miyashita H (2016). Trade – off of multibeam reflectorantenna configuration for satellite onboard application. *URSI Asia – Pacific Radio Science Conf*; Aug. 21 – 25.

Vila. a M (2020). Personal communication, Sep. 27.

Voisin P, Ginestet P, Tonello E, and Maillet O (2010). Payloads units for future telecommu nicationsatellites – a Thales perspective. *European Microwave Conf*: Sep. 28 – 30.

Wolf H and Sommer E (1988). An advanced compact radiator element for multifeed antennas. *Proc, European Conf on Antennas and Propagation*; Sep. 12 – 15.

Zillig DJ, McOmber DR, and Fox N (1998). TDRSS demand access service: application of advanced technologies to enhance user operations. *SpaceOps Conf*; Jun. 1 – 5.

第二部分

端到端卫星通信系统

第12章 数字通信理论

12.1 引言

本章总结了从编码器和调制器到解调器和译码器的数字通信理论,解释了传统通信卫星系统的两个地面终端之间的处理过程,即所有通信往返于地面站以及再生有效载荷的处理过程。数字通信位于开放式系统互联(OSI)模型的第一层,即物理层(13.2.1节)。

本章主要针对既没有时间,也没有兴趣阅读通信教科书的工程师,其目的是提供以下内容:

(1) 通信术语的基础知识;
(2) 模拟端到端卫星通信系统所需的背景知识;
(3) 在端到端卫星通信系统或其模拟器上进行硬件测量所需的背景知识。

本章包含大量的图,但方程很少,这样对工程师尽量有用。本章并未对方程的所有有效性先决条件都陈述。因为在卫星通信的每一种正常情况下这些假设确实适用。在有关滤波的章节中,需要熟悉傅里叶变换(A.2)。本章的大部分章节只是介绍性的,并为想深入了解的读者提供了参考文献。

对于仅仅想知道什么是"I"和"Q"信号分量的人来说,12.2节介绍数字通信可能已经足够。

本章的其余部分将更详细地介绍数字通信。12.2节~12.4节介绍了信号、滤波器和高斯白噪声的基本知识。12.5节提供了卫星通信信道的框图,展示了本章其余部分讨论的系统各组成部分。12.6节介绍了比特流的操作,如编码。12.7节介绍了基带调制,并列出了商用卫星上使用的大多数调制方式。12.8节~12.10节介绍了无记忆调制的调制、解调和符号恢复。12.11节~12.13节对有记忆调制做了相同的介绍,其中12.12节内容同时适用解调和卷积译码。12.15节和12.16节讨论了两种调制类型都用到的主题,分别为符号间干扰(inter – symbol interference,ISI)和信噪比(signal – to – noise ratio,SNR)。

在 12.6~12.13 节中,强调了第二代数字视频广播(digital video broadcast, DVB)系列的标准所做的许多选择。13.4 节对这些标准进行了概述。

12.2 信号表示

12.2.1 射频信号表示

射频(radio-frequency,RF)或带通信号是一个频带约为 0Hz,且频带内无功率的(实值)信号。信号的载波频率可以是信号频带内的任何(正)频率,但在数字通信中为方便起见,载波频率选择中心频率。载波频率为 f_c(Hz)的射频信号 $x(t)$ 可表示为

$$x(t) = \sqrt{2}\operatorname{Re}\left\{\sqrt{P(t)}\,\mathrm{e}^{\mathrm{j}\theta(t)}\mathrm{e}^{\mathrm{j}2\pi f_c t}\right\} = \sqrt{2}\sqrt{P(t)}\cos[\theta(t) + 2\pi f_c t]$$
$$= \sqrt{2}\sqrt{P(t)}\cos\theta(t)\cos(2\pi f_c t) - \sqrt{2}\sqrt{P(t)}\sin\theta(t)\sin(2\pi f_c t)$$

式中:Re(u)定义为 u 的实部;f_c 远大于 $\sqrt{P(t)}$ 和 $\theta(t)$ 的变化率;$P(t)$ 为 t 时刻信号的功率,$\sqrt{P(t)}$ 随 t 的变化表示幅度调制(AM),$\theta(t)$ 的任何变化表示相位调制(PM)。根据调制类型不同,数字信息可以携带幅度或相位,或两者都携带。

RF 信号的旋转相量(Couch Ⅱ,1990)为表示复函数:
$y(t)$ 满足

$$x(t) = \sqrt{2}\operatorname{Re} y(t)$$

$$y(t) = \sqrt{P(t)}\,\mathrm{e}^{\mathrm{j}\theta(t)}\mathrm{e}^{\mathrm{j}2\pi f_c t} = \sqrt{P(t)}\cos[\theta(t) + 2\pi f_c t] + \mathrm{j}\sqrt{P(t)}\sin[\theta(t) + 2\pi f_c t]$$

事实上,在文献 Couch Ⅱ(1990)中,旋转相量定义为该值的 $\sqrt{2}$ 倍,但本书作者倾向于旋转相量与信号具有相同的功率。$P(t)$ 是时刻 t 旋转相量的功率,而 $\theta(t)$ 作为时间的函数是一个偶尔来回跳跃一次,但平均为零的相位。图 12.1(a)显示了每秒 f_c 赫兹频率旋转的旋转相量。图 12.1(b)显示一个 $\theta(t) + 2\pi f_c t$ 作为时间函数的示例。

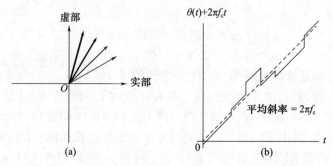

图 12.1 以箭头表示的旋转相量(之前的位置采用更细的箭头表示)
及旋转相量的相位 $\theta(t) + 2\pi f_c t$ 随时间变化的示例

12.2.2 射频信号的等效基带表示

分析信号时,通常对旋转相量是旋转的这一事实不感兴趣,因此不考虑平均旋转。考虑在时间 t 时刻,由复函数给出的相量(基带):

$$z(t) = \sqrt{P(t)}\, e^{j\theta(t)} = \sqrt{P(t)}\cos\theta(t) + j\sqrt{P(t)}\sin\theta(t)$$

大多数人将相量定义为该值的 $\sqrt{2}$ 倍,本书倾向于相量具有与射频信号相同的功率,作为 t 的函数的相量是射频信号的(复数)基带等效。基带等效信号乘以 $\sqrt{2}$ 为射频信号的复包络。仿真中,使用了射频信号的基带等效(第 16 章)。图 12.2(a)显示了与图 12.1(b)所示的 RF 相位随时间变化相对应的基带相位随时间的变化。在相位跳变是 $\pi/2$ 的倍数的情况下,对相位以 2π 取模,如图 12.2(b)所示。

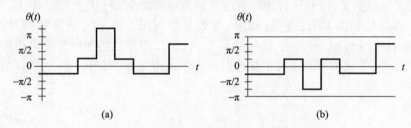

图 12.2　信号相量的相位 θ 随时间的变化
(a)原始相位;(b)对原始相位以 2π 取模。

相量的实部称为同相分量或 I 分量,虚部称为正交相位分量或 Q 分量。参考方程如下:

I 分量 $= \sqrt{P(t)}\cos\theta(t) = \dfrac{1}{\sqrt{2}}$ 射频信号中 $\cos(2\pi f_c t)$ 项的系数

Q 分量 $= \sqrt{P(t)}\sin\theta(t) = \dfrac{1}{\sqrt{2}}$ 射频信号中 $(-\sin(2\pi f_c t))$ 项的系数

此外,示例中幅度保持不变时,信号相量仅有四个可能值,如图 12.3 所示。信号的 I 和 Q 分量随时间的变化如图 12.4 所示。

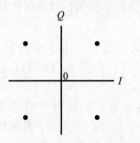

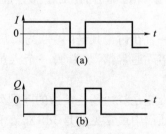

图 12.3　信号相量的相同例子
(幅度恒定时以点表示)

图 12.4　相同基带信号的 I 和 Q 分量随时间的变化

原始基带信号与射频信号的基带等效信号不同。原始基带信号是实值信号，其所有功率在0Hz附近。

12.2.3 信号频谱

信号频谱是信号的功率谱密度(power spectral density, PSD)关于频率的函数，其单位为每赫兹的功率，PSD是实值且非负。任何频段内的积分告诉我们该频段内信号的功率大小，PSD的总积分是信号功率P。将任何信号$u(t)$的PSD写作$S_u(f)$，信号频谱通常以对数标尺随频率进行绘制。

射频信号PSD有几种表示形式，图12.5(a)、(b)中为两种射频表示。图12.5(a)为非首选射频表示，即双边射频频谱。这是一个关于f的偶函数，因此其正频率侧包含整个函数的全部信息，首选的单边射频频谱如图12.5(b)所示。图12.5(c)为基带等效信号的PSD，这是(双边)等效基带频谱。为了便于演示的目的，示例频谱有一个缺口。对所有PSD的积分就是P，在首选的RF表示法和等效基带表示法中，带宽B相等(而非首选射频表示的带宽是翻倍的，因为PSD是原来的一半)。

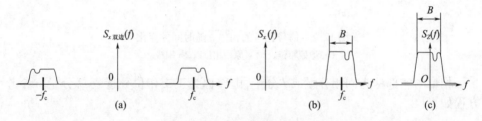

图12.5 射频信号的频谱表示
(a)双边射频；(b)单边射频(首选)；(c)双边等效基带。

原始基带信号的PSD有两种表示，如图12.6所示。图12.6(a)为非首选的双边射频频谱。这是一个关于f的偶函数，因此其正频率侧包含整个函数的全部信息。图12.6(b)显示了首选的(单边)频谱。两个PSD的积分都是P。在首选表示法中，带宽B是单边的(对于非首选表示法，带宽是翻倍的，因为PSD是原来的一半)。

作者一直在讨论频谱的"带宽"，后来意识到与另一个人谈论的带宽不同，两者相差1倍。通常情况下，另一个人虽然缺乏经验，但仍在开展通信仿真(参见16.3.1节)。

除了带宽是双边还是单边的问题外，还有各种类型的频谱带宽用于不同的目的。卫星通信中最常见的是3dB带宽和主瓣带宽，图12.7显示了射频信号等效基带频谱的两种带宽。3dB带宽是频谱中大于-3dB或峰值功率密度一半的这部分频谱的宽度,而主瓣带宽是频谱主瓣的宽度。一些频谱只有主瓣,而其他频谱也有副瓣,特别是在有载载荷大功率放大器(high-power amplifier,HPA)的输出端。在后一种情况下,主瓣带宽仍然包含几乎所有的信号功率。

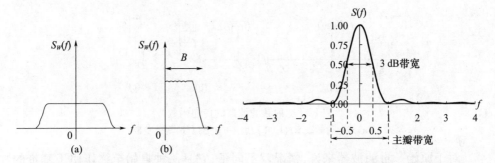

图 12.6　原始基带信号的频谱表示
　　　　(a)双边;(b)单边(首选)。

图 12.7　射频信号等效基带频谱的两种频谱带宽的定义

随机过程 $z(t)$ 是一组按时间索引的随机变量(Couch Ⅱ,1990),它有一个自相关函数 $\Re(t+\tau,\tau)$,定义如下:

$$\Re(t+\tau,\tau) \triangleq E[z(t+\tau)z^*(\tau)]$$

式中:E 为期望值。

如果随机过程均值为常数,并且对于所有的 t 和 τ,$\Re(t+\tau,\tau)=\Re(t)$,则 $z(t)$ 的频谱 $S(f)$ 等于 $\Re(t)$ 的傅里叶变换:

$$S(f) = \mathcal{F}[\Re(\cdot)](f)$$

式中:$\mathcal{F}$ 为傅里叶变换。通信信号具有这种特性。

12.3　一般滤波

5.2.2 节介绍了滤波器表示方法和滤波器带宽,这里将深入探讨。

12.3.1　滤波器表示法

大多数情况下,射频滤波器以某个射频频率 f_0 为中心(滤波器实际上可能关于 f_0 不对称,因此没有真正的中心,在这种情况下 f_0 只是一个为方便处理而选的频率)。图 12.8 显示了射频传递函数的双边射频和单边射频两种表示形式。两种表示的高度相同,不同于两种射频频谱的表示。在分析滤波器对信号的影响时,采用它们的基带等效表示更容易处理。射频滤波器的基带等效传递函数如图 12.8(c) 所示,它用于模拟射频滤波器。它是通过向下滑动射频传递函数的正频率部分,使其中心约为0Hz而不是f_0来构建的,基带等效脉冲响应不一定是实值。在优选射频表示法和优选基带等效表示法中,带宽B相等(而对于非优选射频表示法,带宽是翻倍的)。

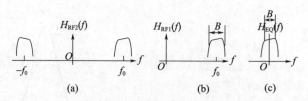

图12.8 射频滤波器的传递函数
(a)双边射频表示;(b)单边射频(首选);(c)等效基带。

对于原始基带滤波器来说,情况就不同了,它是一种自始至终作用于基带的滤波器。例如,自动电平控制(automatic level control,ALC)传递函数和锁相环(phase-locked loop,PLL)传递函数。图12.9显示了这种传递函数的双边版本和单边版本两种表示形式。脉冲响应是实值的。在优选表示法中,带宽B为单边(对于非优选表示法,带宽是翻倍的)。仿真中可能会混淆滤波器带宽。

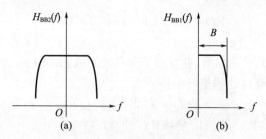

图12.9 原始基带滤波器的传递函数
(a)双边表示;(b)单边(首选)。

12.3.2 滤波信号

从定义δ函数开始,在时域中表示为$\delta(t)$,这是一个有用的理论构想。自变量等于0时,它等于无穷大,除此之外函数处处等于零。整个参数范围内的积分等于1。时域函数如图12.10所示,其中自变量为零处的箭头达到1表示积分为1的无穷大值。δ函数也可以定义为具有以下属性的唯一函数(Couch II,1990)。

对于所有在t处连续的函数$w(\cdot)$,有$\int_{-\infty}^{\infty} \delta(\tau) w(t-\tau) d\tau = w(t)$

对两个函数h和u的卷积运算定义为

$$(h \circ u)(t) \triangleq \int_{-\infty}^{\infty} h(\tau) u(t-\tau) \mathrm{d}\tau = \int_{-\infty}^{\infty} u(\tau) h(t-\tau) \mathrm{d}\tau = (u \circ h)(t)$$

因此,δ 函数与函数的卷积等于该函数。

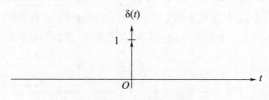

图 12.10　时域 δ 函数

假设 $h(t)$ 是滤波器的脉冲响应,滤波器可以是射频的或基带的。$h(t)$ 是当输入为 δ 函数时滤波器的时域输出,滤波器的传递函数 $H(f)$ 是关于 $h(t)$ 的傅里叶变换,其中 f 是频率。

假设 $u(t)$ 是关于输入滤波器的信号,对于所有 t,滤波器输出的信号可表示为

$$v(t) = (h \circ u)(t)$$

滤波器对信号的作用是使信号在时域拖尾。滤波是对输入信号的线性操作,因此它会引起线性失真。

如果 $U(f)$ 是关于 $u(t)$ 的傅里叶变换,那么 $v(t)$ 的傅里叶变换 $V(f)$ 可表示为

$$V(f) = H(f) U(f)$$

$v(t)$ 的频谱 $S_v(f)$ 为

$$S_v(f) = |H(f)|^2 S_u(f)$$

12.15 节将讨论滤波器产生的信号失真。

12.4　高斯白噪声

高斯白噪声是一种理论构想,在所有频率上具有恒定水平 PSD 的噪声。图 12.11 显示了三种信号频谱的噪声 PSD,每种信号频谱均以其首选方式表示。在所有情况下,电平都是 N_0,并且功率是无穷大。

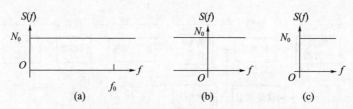

图 12.11　以首选方式表示的白噪声功率谱密度
（a）射频；（b）射频的等效基带；（c）原始基带。

作为时间的函数,高斯白噪声是一个随机过程。所有时间样本的平均值都为零。不同时间的样本不相关(A.3.3节),自相关函数等于 δ 函数的 N_0 倍。

当用带通滤波器滤波高斯白噪声时,结果是有色噪声,任意时刻采样的有色噪声是均值为零的高斯概率密度函数,所有时间样本都具有相同的均方根(root-mean-square,RMS)值。不同时间的样本是相关的,随着样本之间时间差的增加,相关性会降低。

12.5 端到端通信系统

图 12.12 为透明转发有效载荷的端到端卫星通信系统的简化框图,分为地面发射机、有效载荷和地面接收机,图中两处产生加性高斯白噪声(additive white Gaussian noise,AWGN)。但是,高斯白噪声实际上从未被看到,因为它会被立即滤除。图中未显示变频器、天线和大气传播效应。通信系统的基本思想是通过反向器件将调制发射机的器件镜像到解调接收机中。再生有效载荷的框图将在有效载荷中增加额外的解调接收机和额外的调制发射机。本章介绍了地面发射机和地面接收机中的所有器件,阐述主要分为位操作、调制、解调和位恢复几个部分,它们分别定义为包含图中标记的器件。

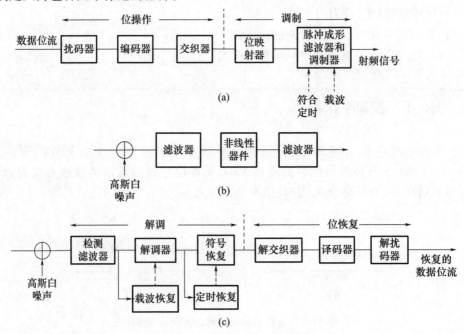

图 12.12 端到端卫星通信系统的简化框图
(a)地面发射机;(b)有效载荷;(c)地面接收机。

12.6 位操作

系统中有三种位(将在13.4.1节中给出一个示例):数据位是包含信息的位;编码位是编码器输出的所有位,其中编码器输入的是数据位和一些附加位;信道位是编码位加上更多附加位。它们是映射到符号的位,符号将调制载波。

12.6.1 扰码器

扰码器的目的是分散能量,扰码器有两种类型:一种是位序列的扰码器;另一种是调制方案星座图输出的相量序列的扰码器。位扰码器将位序列随机化,以便产生不同位值的长序列。第二代DVB卫星(DVB Satellite,2nd Generation,DVB-S2)通过反馈移位寄存器实现扰码器。DVB-S2卫星还有一个相量扰码器,它将帧中的相量流乘以复杂随机化序列(ETSI EN 302 307-1),而该序列的周期比帧长度长。

12.6.2 前向纠错编码器

在卫星通信系统中,调制发射机通过对比特流应用前向纠错(forward error-correcting,FEC)编码来保护数据不受可能出现的错误的影响。导致错误的信号失真可能出现在许多地方,如地面发射机、上行链路传播路径、有效载荷、下行链路传播路径和地面接收机。这适用于透明转发有效载荷,无论是否进行在轨处理;而对于再生有效载荷,每个链路上可能会分别出现错误。FEC编码使解调接收机具备纠正通信系统中大多数错误的能力,这是通过无反向信道请求重新传输数据实现的。

在通信理论术语中,FEC编码是信道码。引入通信理论信道这一术语,不是人们通常所说的信道(1.3节),而是包括数据比特流从头到尾所经过的大气传播的整个过程序列(信源编码是一种无损压缩(Proakis and Salehi,2008)。如果系统中采用信源编码器,图12.12中未列出编码器,其输出是图中数据比特流的输入。信源编码超出了本书的范围)。

FEC编码非常有效,以至于在等效各向同性辐射功率(EIRP)和/或接收机灵敏度大幅减少至低于无编码所必需的值的情况下能够实现所需的数据-误码率(BER)(12.14.2节)。使用编码的缺点是增加了信号带宽,这是引入错误控制时的基本折中(Biglieri,2020)。

编码器执行编码。交替使用术语"encoder"和"coder"。encoder通过在输入位之间增加相关性来实现,其思想是如果接收机错误地检测或猜测某些编码比特,

encoder 可以使用所有关系仍然能够正确地重建原始比特流。

编码的参数之一是码率。码率是没有公约数的整数 n 和 m 的比值小于 1,这意味着同一个时间段中的编码位数是输入位数的 m/n 倍。当高速率编码器需要更多处理时(类似地,译码器进行更多处理),码率接近 1 的编码可以实现与低码率相同的性能。尽管如此,当信道质量较差时通常使用较低的码率,如在 Ku 频段和更高频率的大雨期间。

如果输入比特流嵌入到输出比特流中,则编码是系统的。DVB-S2 编码是系统的。

卫星上使用的信道编码有经典分组码、卷积码、Turbo 码和低密度奇偶校验(LDPC)分组码四种,其中后两种比前两种新。

分组码在一个组中取固定数量的位,并计算一个较大的包含编码位的组,称为码字。

常见的经典分组码有 Bose、Chaudhuri、Hocquenghem(BCH) 和 Reed-Solomon(RS),分别在文献(Lin and Costello Jr. (1983)) 和 (Couch II (1990)) 中介绍。RS 码实际上是 BCH 码的一个子类。二进制 BCH 编码处理位,译码器纠正位错误,而 RS 编码处理多位"符号",译码器纠正"符号"错误(与调制符号不同)。BCH 编码的一个关键特性是编码设计提供了对编码可纠正的"符号"错误数量的精确控制。另一个特性是它们易于译码(Wikipedia,2020a)。

卷积码是一个连续的过程,首先将输入比特流划分为 k 个并行流,其中 $k \geq 1$。当一个新比特移入到 k 个输入流中的每一个时,形成并输出新比特和旧比特的 $i > k$ 个线性组合。这种码的码率等于 k/i 或其简化分数形式的 k/i。如果一些位随后以特定方式被剔除,即码被删余,则码率将高于 k/i。

分组码和卷积码有时是串联的,其中一种编码应用在另一种编码上,以便在相同的误码率下实现所需发射机功率和/或接收机灵敏度的更大幅度下降,其过程如图 12.13 所示。首先应用分组码,称为外部编码器;其次使用卷积码,称为内部编码器,两者之间有交织器(12.6.3 节)。从译码角度更容易解释这种构造的目的:第一个译码器即卷积码纠正了许多错误。当它出错时,其输出是一个带有一连串错误的比特流,即它们是相关的。第二个译码器即分组码,需要一个自身具有不相关错误的比特流作为输入。解交织器拆分,并广泛分离错误,使它们不相关到分组码需要的程度。然后,分组译码器可以剔除这些错误。

图 12.13 串联的分组和卷积编码器,两者之间有交织器

注:$R_{b\,coded} = (m_1/n_1)(m_2/m_2)R_{b\,data}$。

Turbo 码也是一种级联编码方案,比分组码和卷积码出现得晚,它非常接近香农边界或极限。香农定理指出,每个噪声通信理论信道都对应一个信道容量,对于任意接近它的任何数据比特率,存在和最大似然(maximum – likelihood, ML)译码一起的编码方案(12.12 节),可产生任意小的译码错误概率(Lin and Costello Jr., 1983)。一般来说,编码接近香农边界的代价是它的冗余度、组长度和复杂度的显著增加。Turbo 码和 LDPC 码则是例外,这也解释了它们的成功之处(Biglieri,2020)。

图 12.14 给出了 Turbo 编码器的基本示意图,从图中可以看出该编码器具有两个卷积编码器和一个分组交织器。每个卷积编码器都是递归的,这意味着其输出位不仅是当前和之前输入位的组合,而且是之前输出位的组合(Proakis and Salehi,2008)。每个分编码器都对整个数据比特流进行编码,Turbo 码的性能优于分组码和卷积码,但译码更复杂。

LDPC 码是应用于卫星的一种编码,其码率接近 1,并且性能好,被选为 DVB – S2 标准的一部分,而不是 Turbo 编码。它的结构与 Turbo 编码

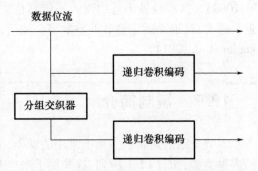

图 12.14 Turbo 编码器(Proakis and Salehi,2008)

器有一些相似之处,但不是两个分编码器,而是采用更多个分编码器。它们通常是简单的累加器,每个累加器只对输入帧的一小部分进行编码,每个累加器输出一个奇偶校验位,奇偶校验位与原始比特流一起形成编码器输出流。在较高的码率下,LDPC 码比 Turbo 码性能更好;而在较低的码率下,Turbo 码性能更好(Wikipedia, 2020b)。LDPC 码字非常长,典型的为数千比特(Proakis and Salehi,2008)。

对阶数大于 4 的无记忆调制,LDPC 编码器后面需要一个位交织器,这是因为解调会导致位之间存在相关性。解交织器必须将其解相关,否则将会降低 LDPC 译码器的性能(Kienle and Wehn,2008)。

BCH 编码器和 LDPC 编码器在 DVB – S2 中是级联起来的,如图 12.15 所示。两者之间不需要交织器,因为 LDPC 编码器在出错时不会输出一连串位错误。

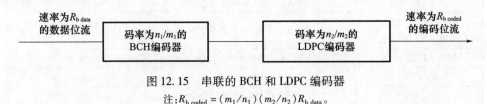

图 12.15 串联的 BCH 和 LDPC 编码器

注:$R_{b\ coded} = (m_1/n_1)(m_2/n_2) R_{b\ data}$。

12.6.3 交织器

交织器对位进行大规模重新排序。交织器是为了在接收机中通过解交织器来解交织所接收的相邻码元。译码器需要一个不相关的比特流作为输入来,从而确保其性能最优。

交织器有分组交织器和卷积交织器两种。数据按列顺序串行写入分组交织器,并按行顺序串行读出。卷积交织器更适合与卷积码配合使用(Proakis and Salehi,2008)。这些位被串行地读入一组移位寄存器,每个移位寄存器具有固定的延迟。通常,延迟是固定整数的整数倍。然后,从移位寄存器中串行读出数据(Unnikuttan et al.,2014)。

12.7 调制简介

本节介绍的调制是卫星上常用的调制,有些是无记忆的,有些是有记忆的,包括多种类型,如表12.1所列,这些例子来自 DVB 标准和用户终端制造商。甚小孔径终端(very-aperture terminal,VSAT)是用户终端的一个例子,主要由企业使用(17.4.2节)。

无论调制是无记忆的还是有记忆的,基带调制器均以时间 T 的固定间隔使用比特流的下一个(或多个)比特,从而选择下一个符号以并入其输出。每个 T 处可供选择的符号集的大小 M 为调制阶数,M 越大,单独考虑时调制方案的频谱效率越高,等于 $\log_2 M$ bit/Hz(不同背景下的频谱效率定义参见13.4.1节)。

符号速率 R_s 是 T 的倒数,信道比特率 R_b 由下式给出:

$$R_b = \log_2 M \times R_s$$

数据比特率和编码比特率也写为 R_b,因此读者必须注意上下文。

表12.1 标准和用户终端中使用的部分调制方式

使用的地方	调制方式	参考
Inmarsat 的 BGAN	$\pi/4$ – QPSK	Howell(2010)
DVB – S2 标准	QPSK,8PSK,16APSK,32APSK	(ETSI EN 302 307 – 1)
DVB – S2X 标准,DVB – S2 的扩展	8APSK,64APSK,128APSK,256APSK	(ETSI EN 302 307 – 2)
DVB – RCS2 标准	$\pi/2$ – BPSK,QPSK,8PSK,16QAM,CPM	(ETSI EN 301 545 – 2)
Hughes VSAT	OQPSK,8PSK	Hughes(2015)
Gilat VSAT	MSK,GMSK,QPSK,8PSK	Gilat(2013,2014)
卫星模式	二进制或四进制 CPM 的可编程相位滤波器	Wikipedia(2018)

12.8 无记忆调制

无记忆调制比有记忆调制更常见(12.11节),也称为线性调制,调制方式包括①相移键控(PSK),其相量仅在其相位上不同;②幅移和相移键控(APSK),其相量在其幅度和相位的组合上不同;③正交幅度调制(QAM),APSK的一种特殊情况,其星座相量位于与实轴和虚轴对齐的规则正方形网格中。在无记忆调制中,每个符号是调制方式星座图中的一个相量。

本节首先讨论无记忆调制的基带部分,如图12.16所示。这与有记忆调制不同,将在12.11节讨论,本节的最后将讨论载波调制。

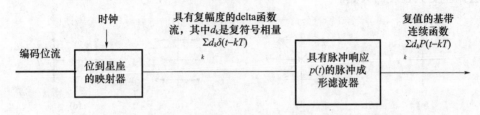

图12.16 无记忆调制过程(基带部分)

12.8.1 调制方式

调制方式是从中选择符号的基带相量的星座图,它们会以相同的概率被选中。当有效载荷的HPA必须在饱和状态或接近饱和状态下工作时,所有相量幅度相同的星座是最好的,因为所有相量都会因HPA的非线性而产生相同的失真。另外是没有"角点"的相量集,就是少量相量的幅度大于其他相量的幅度。通常,星座中相量的幅度差异越大,HPA就必须回退的越多。然而,用户终端制造商采用星座图非线性预失真的专有方法,从而部分补偿HPA的非线性。由于从一个符号到另一个符号的转换不是瞬时的,因此不可能完全补偿,所以进入HPA的信号幅度变化不仅取决于星座,还取决于脉冲成形滤波器和有效载荷的输入多工器(input – multiplexer,IMUX)滤波。

高阶调制的另一个考虑因素是随着相量靠得更近,系统相位噪声的影响更大。对于这种调制,相位噪声的要求可能更严格。

二进制相移键控(Binary phase – shift keying,BPSK)在其星座图中只有两个相量,如图12.17所示。由于BPSK的频谱效率低于四相移键控(quaternary phase – shift keying,

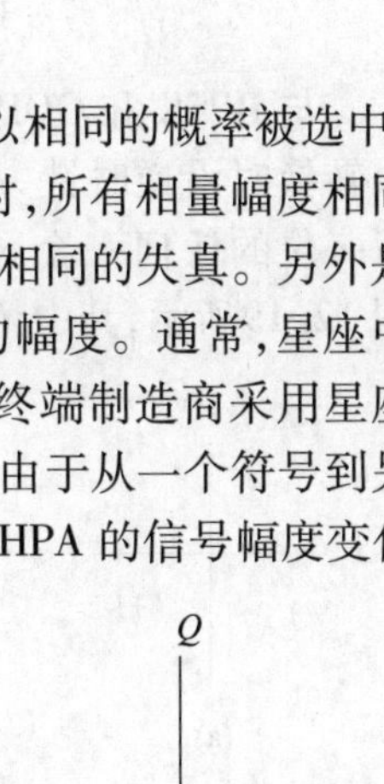

图12.17 BPSK星座图
(允许过零转换)

QPSK),也就是说,对于相同的带宽,只能获得一半的比特率,因此 BPSK 的使用频率低于 QPSK。然而,对于相同的误码率,它只需要 QPSK 传输功率的一半。

QPSK 及其略微变化的偏移四相移键控(offset quaternary phase – shift keying,OQPSK)是卫星通信中最常用的调制方式(Elbert,2004)。OQPSK 也称为交错四相移键控(staggered quaternary phase – shift keying,SQPSK)。它们之所以常用的原因是其功率效率高,无论如何,理想情况下幅度是恒定的,因此性能几乎不受 HPA 非线性的影响。它们还具有适中的带宽效率,并且易于实现。它们的四个相量如图 12.18(a)所示,图 12.18(b)介绍了 QPSK 中相量之间所有允许的转换。在 OQPSK 中,I 和 Q 相量分量按顺序转换,而不是同时转换,如图 12.18(c)(d)所示。QPSK 的幅度变化比 OQPSK 大,因为对于 QPSK,会有过零的转换,这意味着 HPA 会产生更大程度的失真。

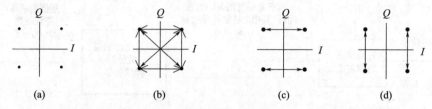

图 12.18 QPSK 和 OQPSK

(a)QPSK 和 OQPSK 的相量;(b)QPSK 所有允许的转换(也允许过零转换);
(c)对于 OQPSK,I 分量转换时允许的所有转换(也允许过零转换);
(d)对于 OQPSK,Q 分量转换时允许的所有转换(也允许过零转换)。

与 BPSK 和 OQPSK 相关的调制方式是 $\pi/2$ – BPSK,实轴和虚轴被视为在每次转换时沿逆时针方向旋转 $\pi/2$,星座的两个相量保持在 I 轴上。对于转换到下一位的任何一个可能值,下一个相量仅偏移 $\pi/2$,因此没有过零的转换,如图 12.19所示,其中 T 是符号持续时间。

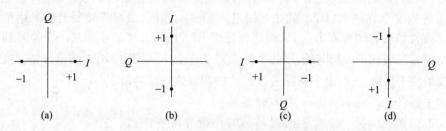

图 12.19 $\pi/2$ – BPSK 旋转星座图
(a)时间 0;(b)时间 T;(c)时间 $2T$;(d)时间 $3T$。

与 $\pi/2$ – BPSK 类似,但对应于 QPSK 的调制方式是 $\pi/4$ – QPSK,其中轴在每次转换时逆时针旋转 $\pi/4$。

另一种 PSK 调制方案是 8 进制相移键控(8 – ary phase – shift keying,8PSK)。

与 QPSK 的仅有 4 个相量不同,8PSK 中有 8 个均匀分布在圆周上的相量,如图 12.20 所示。虽然这种调制方式频谱效率比较高,但功率效率却并不高,因为要使最近的邻居等间距分布,相量必须远离原点。

比 PSK 更复杂的是 8 进制幅移和相移键控(8 - ary amplitude - and - phase - shift keying,8APSK)。如图 12.21 所示,相量位于 3 个不同的环中,环的直径比是参数(ETSI EN 302 307 - 2)。

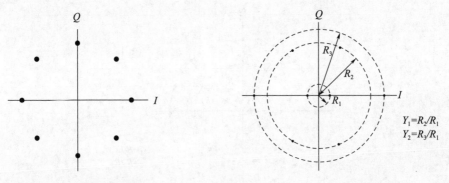

图 12.20　8PSK 星座图　　　　图 12.21　8APSK 星座图(ETSI EN 301 545 - 2)

16 进制正交幅度调制(16 - ary quadrature - amplitude,16QAM)具有 16 个排列在规则间隔的 4×4 网格中的相量,如图 12.22 所示。这个星座图在"角"上有四个相量,HPA 会最大程度地失真。因此,当 HPA 必须在一定程度上接近饱和状态工作时,该星座图不如 16 进制幅移和相移键控(16 - ary amplitude - and - phase - shift keying,16APSK)方案好。然而,它更容易实现和解调。

比 16QAM 功率效率更高的是 16APSK 调制,如图 12.23 所示。相量在两个环上,通常设置外环的功率为 HPA 饱和功率,这种调制也称为(12,4)PSK。参数 γ 是相量所在环尺寸的比值。在 DVB - S2 中,γ 根据码率的不同而变化(ETSI EN 302 307 - 1)。

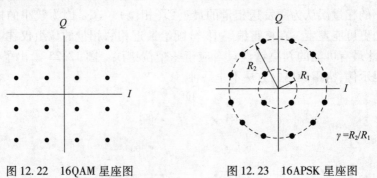

图 12.22　16QAM 星座图　　　　图 12.23　16APSK 星座图

图 12.24 为 32 进制幅移和相移键控（32 – ary amplitude – and – phase – shift keying,32APSK）星座图,环尺寸的比是参数。在 DVB – S2 中,参数 γ_1 和 γ_2 根据码率而变化（ETSI EN 302 307 – 1）。

第二代扩展 DVB 卫星（DVB Satellite,2nd Generation Extensions,DVB – S2X）采用附加的调制方式,即有 4 个相量环的 32APSK,有 5 个环的 64APSK,有 6 个环的 128APSK 以及有 8 个环的 256APSK（ETSI EN 302 307 – 2）,这些不在这里讨论。

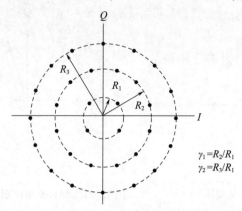

图 12.24　32APSK 星座图（ETSI EN 302 307 – 1）

12.8.2　位映射器

调制方案需要一个规则用于将编码比特流中的位分配给星座图中的相量。对于 BPSK 和 OQPSK,不需要任何规则,因为一次只使用比特流中的一位。其他方案要求将比特流分解成小序列,序列中的位数等于 $\log_2 M$（M 为调制阶数）。常用的映射方法如格雷（Gray）编码,比任何其他分配方法的误码率都小。格雷编码是基于这样一个事实,即接收机在决定发送了何种相量时最可能发生的错误是将损伤的相量误认为所发送相量的最近邻（相位）。这是因为较小的损伤比较大的损伤更可能发生。在格雷编码中,分配给最近相邻相量的位组仅在一个位上不同,因此最有可能的判决错误只对应于一个位错误。图 12.25 给出了 8PSK 的格雷编码示例,格雷编码的方法不止一种。

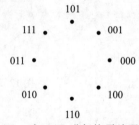

图 12.25　对 8PSK 进行格雷编码的示例

12.8.3 PSK 方案的差分编码

对于 PSK 调制方案,从比特流到相量的映射可以是绝对映射,这意味着映射直接从比特流到相量序列。另一种选择是差分编码(此编码与纠错无关)。当接收机可能无法完全恢复载波相位,但存在一些恒定误差时,就需要差分编码。在绝对映射中用来确定特定相量的位序列,现在用来确定从当前相量到下一个相量的相移。差分编码的性能不如绝对编码,需要高出 $C/(N+I)$ 约 3dB,但允许使用更简单的接收机(Benedetto et al. ,1987)。

下一代铱星(19.2 节)的 OQPSK 和 BPSK 使用差分编码。

12.8.4 脉冲成形滤波器

12.8.4.1 概述

下面讨论如何将调制产生的相量时间离散序列转换为时间连续基带信号(图 12.16),执行此操作的滤波器是脉冲成形滤波器(该名称有点用词不当,因为滤波器不是使脉冲变形,而实际上是产生脉冲)。脉冲是滤波器的冲击响应 $p(t)$。可以只处理实值脉冲,脉冲的选择取决于实现的容易程度、可用带宽、信号的滤波程度以及 HPA 的回退程度。

将图 12.16 中给出的等效基带信号的表达式根据特定调制方式具体化。对于 QPSK、BPSK、8PSK、16QAM 和 16APSK,复基带信号如图所示,即 $\sum_k d_k p(t-kT)$,其中 d_k 为第 k 个相量。对于 OQPSK,I 和 Q 位按顺序使用,更准确地写为 $\sum_k [d_{kI} p(t-kT) + j d_{kQ} p(t - (k+\frac{1}{2})T)]$,其中 d_{kI} 和 d_{kQ} 分别是第 k 个 I 位和 Q 位。

假设编码位彼此独立,并且每个位都有同样的可能性是 -1 或 1。然后,脉冲变换 $P(f)$ 和信号频谱 $S(f)$ 之间存在以下简单关系(附录 12.A 中给出了证明):

$$S(f) = E[|d_k|^2] |P(f)|^2$$

式中:$E[|d_k|^2]$ 为相量的平均功率。

人们有时会疏忽,并将 $|P(f)|^2$ 称为脉冲频谱。

12.8.4.2 矩形脉冲

理想矩形脉冲在符号持续时间内等于 1,而在符号持续时间外等于 0,这种脉冲是无法实现的,因为它的值是瞬时变化的,所以它的变换频率趋于无穷大。然而,这是一个容易理解的脉冲,所以这是一个很好的开始。现在使脉冲关于零时刻左右对称,如图 12.26(a)所示,以使其变换为实值且可绘制。这使得脉冲非因果,但不让这一点困扰我们,因为由此产生的解释简化是值得的。$P(f)$ 是 $\sin(x)/x$ 函数,如图 12.26(b) 所示,频谱是其平方,如图 12.27 所示。

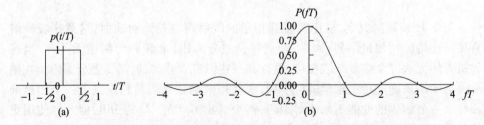

图 12.26　关于零时刻对称的矩形脉冲 $p(t)$ 及其傅里叶变换 $P(f)$

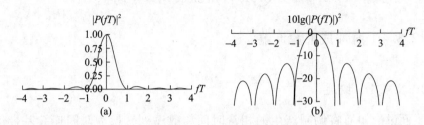

图 12.27　以线性刻度和分贝表示的矩形脉冲的 $|P(f)|^2$

一种限制该脉冲频谱范围的方法是在某个频段外将其截断,但不推荐。将频谱乘以另一种抽象函数,即图 12.28 所示的理论矩形滤波器。

图 12.29 显示了除主瓣外的所有频谱被截断而产生的合成脉冲,此脉冲不再是矩形,而是接近三角形,因为主瓣包含 90% 的信号功率。三角形部分外的脉冲接近于零。对信号进行带限的结果是,信号相量不再仅仅位于星座图中的一个相量,然后瞬间跳到另一个相量。相反,大多数时候它只是靠近一个或另一个理想点,但它总是在动。

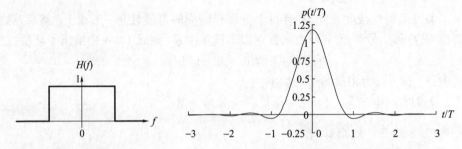

图 12.28　理论矩形滤波器的传递　　图 12.29　滤除所有频谱旁瓣的带限矩形脉冲 $p(t)$
　　　　　函数 $H(f)$ 的等效基带

12.8.4.3 根升余弦脉冲

卫星通信中最常用的脉冲系列是根升余弦(root raised-cosine, RRC)脉冲成形滤波器,设计这种滤波器的方法是要从良好的频谱开始。脉冲频谱具有升余弦(raised-cosine, RC)形状。图 12.30 显示了升余弦滚降因子 α 的常用值,即 0.35 的频谱例子。对于 0~1 之间的任何 α,其形状在中间是平坦的,并且在每一边是余弦曲线的一半,而在 $-1/(2T)$ 和 $+1/(2T)$ 值为 0.5。定义因子 α,在 $\alpha=0$ 时给出矩形谱;在 $\alpha=1$ 给出纯 RC 形状,即没有平坦区域。

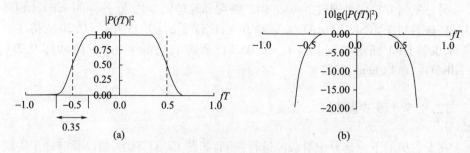

图 12.30　$\alpha=0.35$ 时的升余弦形状的脉冲频谱

通常来说,傅里叶变换的一个特性是一个函数在频域中越窄,其在时域中的变换就越宽。图 12.31 显示了 α 分别为 0.35 和 0.2 的脉冲形状,小的 α 比大的 α 形成的频谱更窄,但信号幅度变化更大,导致卫星的大功率放大器产生更多的非线性失真。

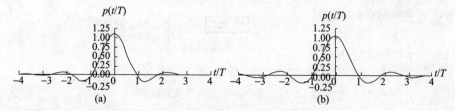

图 12.31　根升余弦变换的脉冲(a)$\alpha=0.35$;(b)$\alpha=0.2$。

DVB-S2X 标准允许 α 小至 0.05,该值对应的脉冲如图 12.32 所示,这样会产生幅度变化更大的信号。

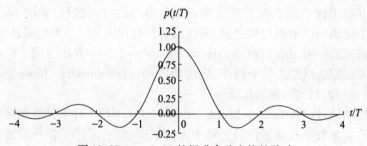

图 12.32　$\alpha=0.05$ 的根升余弦变换的脉冲

只有少量关于非常小的滚降因子的研究,研究表明通信性能仅略有下降。

卫星所有者的一项研究基于有效载荷信道仿真器和最先进的专业 DVB‑S2 发射机和接收机传输信号,该研究比较了 $\alpha=0.05$ 和 $\alpha=0.35$ 的结果。仿真器模拟了一个采用 DVB‑S2 标准(ETSI EN 302 307‑1)非线性性能的非线性化行波管放大器(traveling wave tube amplifier,TWTA)。采用 QPSK 调制的单载波的仿真结果表明,对于所有 TWTA 输入回退,$\alpha=0.05$ 时,TWTA 输出的频谱再生高出 1~2dB。在线性信道上,码率为 1 的每个阶数高达 32 的 DVB‑S2 调制方案的结果表明,对于 $\alpha=0.05$,接收机需要 $C/(N+I)$ 增大约 0.3dB 才能锁定(Bonnaud et al.,2014)。

另一项研究将信号通过 Newtec 用户终端和地球同步轨道(geostationary,GEO)卫星传输。对于 8PSK 和 16APSK 调制方案,比较了 $\alpha=0.05$ 和 $\alpha=0.20$ 的仿真结果,未说明 HPA 回退情况。当 $\alpha=0.05$ 时,所需的最低 $C/(N+I)$ 增加 0.2~0.3dB(Lee and Chang,2017)。

12.8.5 载波调制

在发射机的下一部分中对载波进行调制,如图 12.33 所示,假设载波处于中频(intermediate frequency,IF),这对无记忆调制和有记忆调制均适用。

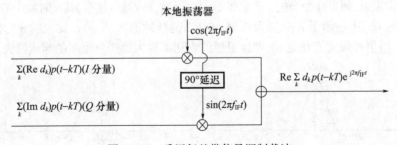

图 12.33 采用复基带信号调制载波

12.9 最大似然估计

信号通过卫星有效载荷并到达地面接收终端的解调过程,如图 12.12 所示。在介绍无记忆调制的解调过程之前,先讨论解调过程中两个步骤的最佳方法。

做出判决的一般最大似然(maximum‑likelihood,ML)方法可用于接收机的各种功能要素,如载波恢复、符号同步、连续相位调制(continuous‑phase modulation,CPM)的解调(12.11 节)和卷积译码。

最大似然估计(Maximum‑likelihood estimation,MLE)对于具有相同概率取其任何可能值的参数来说是最佳的。对于无记忆调制,它可用于估计载波相位和符号最佳采样点,即在符号持续时间内符号将被检测到的时刻。

在用于载波相位恢复的最大似然估计中,传输信号相位以能够使传输信号和接收信号之间相关性最大来选取。如果发射信号包含接收机已知的符号序列,那么这是数据辅助估计。为此,在要发送的帧的开始处,添加来自无记忆调制的具有已知符号流的前导码。如果发送信号不包含已知符号流,那么载波恢复环对其进行粗略判断,并使用它来估计相位,这是直接判决估计。并非所有载波恢复都以最佳方式执行,然而在仿真中是这样的(16.3.6 节)。

在符号同步或定时恢复的最大似然估计中,最佳采样点取能够使发射信号和接收信号之间的相关性最大的时刻(Proakis and Salehi,2008)。并非所有符号同步都是以最佳方式进行的,然而在仿真中是这样的,并且只有有限数量的最佳采样点可以尝试,等于每个符号的定时样本数。

12.12 节将介绍用于 CPM 解调和卷积译码的 ML 方法,即 ML 序列估计。

12.10 无记忆调制的解调

本节将讨论图 12.12(c)中解调的过程,即通过符号判决的检测滤波。

12.10.1 检测滤波器

检测滤波器是解调接收机中的滤波器,基本上通过最大化 SNR,在抽样和符号判决之前净化信号。检测滤波器去除带外附近或附近信道中的杂散信号,但不滤除带内信号。在本节中,了解这应该是何种类型的滤波器,以及滤波后的信号类型。

12.10.1.1 使用什么作为检测滤波器

图 12.34 为端到端卫星通信系统中间部分的简化等效基带模型,从脉冲成形滤波器 $P(f)$ 到检测滤波器 $Q(f)$(与图 12.12 相比)。忽略 HPA 的非线性,但其滤波特性(16.3.7 节)与有效载荷滤波器一起并入滤波器 $H(f)$。AWGN 从两个位置进入卫星电子系统和地面电子系统。任何类似噪声的干扰都包括在高斯噪声中。

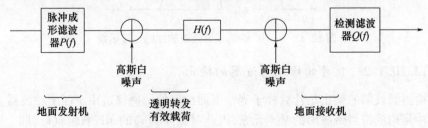

图 12.34 端到端卫星通信系统中间部分的简化框图

使用何种滤波器作为检测滤波器的问题归结为相对于信号功率,上行链路或下行链路上是否添加了更多的噪声。通常,一种或另一种噪声占主导地位,它们几乎相等的情况并不经常发生。如果只有一个链路涉及用户设备,则该链路通常具有占主导地位的噪声。当唯一的信号损坏是一个位置的 AWGN 时,最佳检测滤波器是匹配滤波器(matched filter, MF),它将进入符号检测器的 SNR 最大化。它的传递函数 $Q(f)$ 是在 AWGN 之前信号所看到的总滤波的复共轭,乘以 AWGN 之后滤波的逆(Proakis and Salehi,2008)。现在忽略非主导噪声源,对于主导噪声位置的两种情况,$Q(f)$ 可表示为:

$$Q(f) = \begin{cases} P^*(f)H^{-1}(f), & \text{上行链路噪声占主导地位} \\ P^*(f)H^*(f), & \text{下行链路噪声占主导地位} \end{cases}$$

式中:"$*$"表示复共轭。

在实际中,滤波器 $H(f)$ 可以忽略,原因是它只会稍微改变信号。在大多数应用中,忽略此滤波器时,检测滤波器仅为脉冲成形滤波器的 MF:

$$Q(f) = P^*(f)$$

虽然这并不完美,但效果已经很好。在某些应用中,有时也许为了保持用户终端低成本或继续使用传统终端,所选的检测滤波器不太理想:

$$Q(f) = \text{一种具有与 } P^*(f) \text{ 大致相同带宽的滤波器}$$

忽略滤波器 $H_1(f)$ 和 $H_2(f)$ 时,很容易大致看出选择与脉冲匹配的滤波器的原因,即 $P^*(f)$ 作为检测滤波器是有意义的。下面介绍信号脉冲的等效基带传递函数,图 12.35 是 $\alpha = 0.35$ 的 RRC 脉冲。检测滤波器的目的是在符号判决之前最大化信噪比,因此检测滤波器必须保持尽可能大的信号功率,并尽可能多地减少噪声功率。当脉冲变换为平坦时,检测滤波器应为平坦且处于最高电平;当变换为零时,检测滤波器应为零;当脉冲变换介于两者之间时,检测滤波器应介于两者之间。

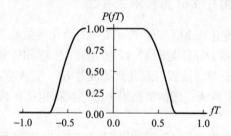

图 12.35　$\alpha = 0.35$ 的根升余弦脉冲的传递函数

12.10.1.2　信号的检测滤波器的输出

检测滤波器的输出是什么样子呢?下面给出的示例仅适用于匹配滤波器。由于脉冲是构成符号流波形的基本元素,因此对脉冲 $p(t)$ 的 MF 响应 $r(t)$,即

$$r(t) \triangleq (p \circ q)(t)$$

式中:$q(t) = p(-t)$。

一些脉冲的匹配滤波器响应如图 12.36 所示,图 12.36(a)(b)是矩形脉冲,图 12.36(c)(d)是 RRC 脉冲。图 12.36(b)实际上是仅保留频谱的主瓣情况下矩形脉冲的变形。

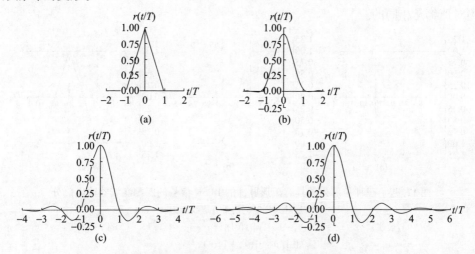

图 12.36 以脉冲为输入的匹配滤波器的输出
(a)矩形脉冲;(b)除频谱主瓣外全部滤除的矩形脉冲;(c)$\alpha = 0.35$ 根升余弦脉冲;(d)$\alpha = 0.2$ 根升余弦脉冲。

对 QPSK、BPSK、8PSK 和 16QAM 采用等效基带表示,检测滤波器输出的仅信号部分 $w(t) = \sum_k d_k r(t - kT)$,其中 d_k 为第 k 个相量。对于 OQPSK 和最小移位键控(12.11.1 节),其中 I 和 Q 位按顺序使用,$w(t) = \sum_k d_{kI} r(t - kT) + \mathrm{j} d_{kQ} r(t - (k + \frac{1}{2})T)$,其中 d_{kI} 和 d_{kQ} 分别是第 k 个 I 位和 Q 位。当 $r(t)$ 在 T 的所有非零倍数处为零时,则在 T 的任何特定倍数处,对于第一组调制,$w(t)$ 的值仅有一个信号相量给它贡献:

$$w(iT) = \sum_k d_k r(iT - kT) = d_i r(0)$$

存在一个明确的时刻,$w(t)$ 在此时提供关于特定相量的信息。第二组调制与之类似。矩形脉冲和 RRC 脉冲的这一特性意味着检测滤波器不存在符号间干扰(ISI),而带限矩形脉冲没有这种理想的特性,即信号具有符号间干扰。

当且仅当脉冲满足奈奎斯特(第一)准则且噪声为 AWGN 时,脉冲的 MF 没有符号间干扰(Proakis and Salehi,2008;Benetto et al.,1987)。$|P(f)|^2$ 被切割成宽为 R_s 的部分,它们都被覆盖和相互累加,并且结果在宽度 R_s 上是平坦的:

$$\sum_k \left| P\left(f - \left(k + \frac{1}{2}\right) R_s\right) \right|^2 = 从 -R_s/2 到 R_s/2 的矩形滤波器$$

通过观察对应于不同符号流的匹配滤波器信号部分,大致了解了信号的特性,并注意适当脉冲的无符号间干扰特性。图 12.37 显示了三种不同的无限长比特序列矩形脉冲的 BPSK 信号,横轴是时间。波形每 T 采样一次,即速率为 R_s。在图 12.37 中,虚线处于最佳采样时间,因为从长期平均来看,信号电平的绝对值在那里是最大的。事实上,由于不存在符号间干扰,图 12.37(a)(b)(c)中采样的绝对值都是相同的。

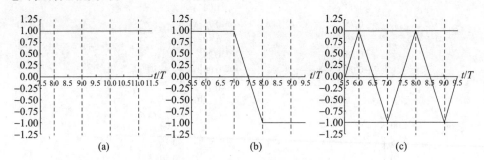

图 12.37 三种位序列的具有矩形脉冲的 BPSK 信号的匹配滤波器输出部分
注:最佳采样时刻由垂直虚线标记。
(a)位序列… +1, +1, +1, +1…;(b)位序列… +1, +1, +1, −1, −1, −1…;
(c)位序列… +1, −1, +1, −1…。

图 12.38 显示了 $\alpha = 0.35$ 时 RRC 脉冲的类似结果。同样,在最佳采样时间采样的绝对值并不依赖周围的位。

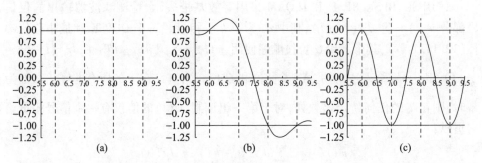

图 12.38 三种位序列的 $\alpha = 0.35$ 根升余弦脉冲的 BPSK 信号的匹配滤波器输出部分
(a)位序列… +1, +1, +1, +1…;(b)位序列… +1, +1, +1, −1, −1, −1…;
(c)位序列… +1, −1, +1, −1…。

眼图是检测滤波器输出的 I 或 Q 分量在时间上的曲线图,与上面的曲线图类似,但叠加了滤波器输出的许多连续符号值。从眼图可以看出,最佳采样时间就是眼睛睁得最大的时间。该时刻检测滤波器输出的信号部分具有最大的幅度,因此信噪比最大。检查眼睛是否睁开是通过检测滤波器验证发射机和接收机是否正常工作的一种快速方法,眼图由数字信号分析仪获取。图 12.39 给出了矩形脉冲和 $\alpha = 0.35$ 的 RRC 脉冲的无噪声 BPSK 的此类眼图示例。每幅图案都有一只眼睛在中间,周围有两个半只眼睛。图 12.40 与图 12.39 类似,但是 E_b/N_0 为 9.6dB。

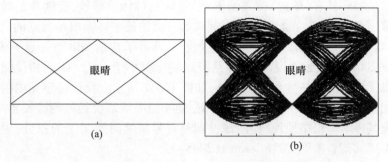

图 12.39　无噪声矩形脉冲和 $\alpha=0.35$ 根升余弦脉冲的 BPSK 眼图示例

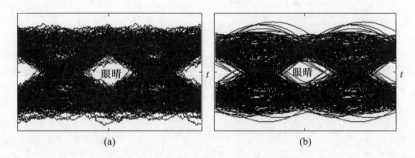

图 12.40　E_b/N_0 为 9.6dB 的矩形脉冲和 $\alpha=0.35$ 根升余弦脉冲的 BPSK 眼图示例

12.10.2　载波恢复

使用检测滤波器净化信号后的下一步是生成对接收载波的频率和相位的良好估计,载波恢复提供了这些功能。6.6.6.2 节已经介绍了从有噪声的输入载波重建载波的基本锁相环。当数字调制载波时,没有可锁定的残留载波,因此必须生成载波,然后才能将其馈送至 PLL。在文献(Proakis and Salehi(2008))中对此进行了详细讨论。

PLL 将锁定一个随机信号相量的相位。如果调制是带差分编码的 PSK(12.8.3 节),这就足够了。更常见的方法是在帧中包含已知的符号序列,以便可以将 PLL 获得的相位校正为明确的相位。

反馈环如 PLL 被设计为具有特定的阶数,这决定了环在零相位误差下可以跟踪何种信号以及解调器可以滤除什么:一阶环只能校正恒定相位误差,二阶环可以校正恒定频率误差,三阶环可以校正恒定频率变化率误差(Gardner,2005)。对于 GEO 卫星来说,二阶环就足够了,因为小轨道倾角引发的频率变化很慢。对于非 GEO 卫星,有两种可能性:三阶环或者由于地面站知道卫星的轨道,连续 VCO 频率校正和二阶环。

二阶反馈环具有(单边)带宽为 B_L 的原始基带传输函数,反馈环的时间常数约为 $1/B_L$。粗略地说,在时间上由时间常数分离的反馈环输出是独立的。在阻尼因子 $\zeta=0.707$ 的高增益二阶环的典型情况下,闭环响应的3dB下降点为 $B_L/3.33$ (Gardner,2005)。大致来说,反馈环路跟踪变化率小于 $B_L/3.33$ 的相位噪声和杂散 PM,却无法跟踪更快变化率的分量,如图 12.41 所示。反馈环带宽内的热噪声会产生相位误差,任何变化率大致高于 R_s 的相位噪声都会被检测滤波器平均掉,从而抵消其影响。粗略地说,检测滤波器是符号持续时间 T 上的积分,更精确的计算结果或其他 ζ 参见文献(Gardner(2005))。

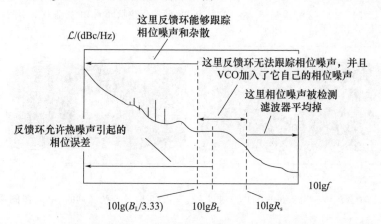

图 12.41　对 $\zeta=0.707$ 的高增益二阶 PLL 频谱各部分的相位噪声和相位杂散产生作用的大致情况

在地面发射机、有效载荷和地面接收机中有几个相位噪声源,如图 12.42 中的透明转发有效载荷所示。情况有所不同,例如地面发射机可直接调制至中频,有效载荷的上变频,上变频和下变频本地振荡器可来自同一源,从而降低相位噪声(6.6.6.3 节)。

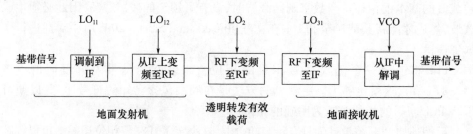

图 12.42　透明转发有效载荷通信系统中的相位噪声源

对于了解所有系统振荡器相位噪声特性的地面站设计师来说,设计载波恢复环(包括选择合适的 B_L 值)是一项任务。对于二阶环,选择 B_L 是一种在跟踪尽可能多的相位噪声(大 B_L)和最小化热噪声引起的相位误差(小 B_L)之间的折中。

对 QPSK 而言,相位噪声会在信号的相位上产生均值为零的高斯分布误差,如图 12.43 所示。虽然相位噪声本身不太可能导致对发送相量的错误判决,但结合热噪声、信号失真和干扰,它有时会导致错误判决。

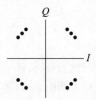

图 12.43 带有相位噪声的 QPSK 相量

12.10.3 载波解调

通过恢复的载波对已损坏信号的解调如图 12.44 所示。解调包括将检测滤波的信号分别乘以所恢复载波的正弦和余弦,保留基带部分并形成复基带信号。

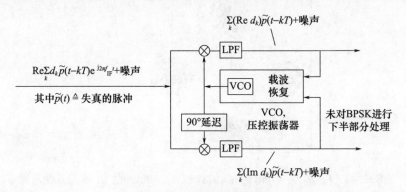

图 12.44 接收信号的解调

12.10.4 定时恢复

地面接收机的下一步是在符号持续时间内给出抽样复基带信号最佳时刻的良好估计。相对于一些已定义开头的符号,抽样时刻就是最佳采样点。定时恢复也称为符号同步,恢复最佳采样点和符号速率 R_s,并将其提供给抽样器。无需跟踪符号速率的导数,因为这将被载波恢复环移除(多普勒效应以同样的比例影响载波频率和符号速率)。即使在跟踪载波频率的情况下,因为发射机的时钟和振荡器来自不同的源,仍然需要跟踪剩下的一个小符号的速率变化。

定时恢复在概念上类似于载波恢复,在定时恢复中 R_s 对应载波频率,定时抖动对应载波相位噪声。当有效载荷为透明转发模式时,定时抖动的唯一来源是发射机时钟和定时恢复环的压控时钟。有关更多信息参见文献(Proakis and Salehi

(2008))。

符号同步通常是数据辅助或直接判决的(12.9 节)。通常,帧中存在已知的符号序列以允许数据辅助的同步。

12.10.5 采样

采样器在每个符号持续时间内恢复的最佳采样点对复基带信号进行采样。对于 QPSK、BPSK、8PSK、16QAM 和 16APSK,采样器输出的受损相量的等效基带流为 $\sum_k \tilde{d}_k \delta(t - kT)$。图 12.45 为带噪声的采样 QPSK 相量的相量图或散点图。对于 OQPSK 和 MSK,I 和 Q 位按顺序使用,采样器输出为 $\sum_k \tilde{d}_{kI} \delta(t - kT) + j\tilde{d}_{kQ} \delta(t - (k + \frac{1}{2})T)$。

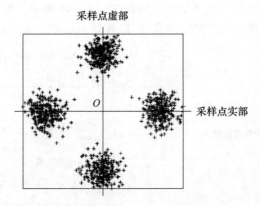

图 12.45 E_b/N_0 为 9.6dB 的 $\alpha = 0.35$ 根升余弦脉冲的 QPSK 散点图示例

12.10.6 符号判决、SER 和 MER

在一些系统中需对采样进行符号判决,而在另一些系统中则不进行符号判决。大多数系统采用编码,直接将带有噪声的符号的抽样输入给译码器,这种译码器是软判决的,带有噪声的符号是可以量化的。硬判决译码器采用符号判决,当然非编码系统也采用符号判决。硬判决译码器的性能不如硬判决译码器,数据比特流恢复的三种方法如图 12.46 所示。本节适用于需要符号判决的系统。

输入到符号判决的是接收到的、受损的相量流,输出的是(未译码的)传输比特流的最佳猜测。输出的比特流实际上是一连串的位组,其中每组对应一个检测到的相量。因此,该操作首先是决定传输的相量可能是什么;然后是恢复位映射。

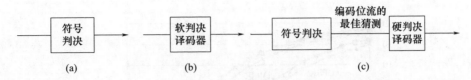

图 12.46 数据比特流恢复

(a)未编码数据;(b)软判决译码器的编码数据(最常见);(c)硬判决译码器的编码数据。
注:所有的输入是被检测和采样的噪声符号流;所有的输出是编码位流的最佳猜测。

调制符号判决的方法与本书介绍的所有类型的无记忆调制都是类似的。可以从 8PSK 和 16QAM 开始。想象复平面由调制的理想相量填充,该平面分为多个扇区,每个扇区都包含一个相量,两个扇区之间的边缘与扇区中的两个相量的距离相等,扇区是判决区域。现在,无论接收到的相量落入哪个扇区,判决器都会确定该扇区中的理想相量就是发射的相量,这遵循选择最近理想相量的规则。对于 8PSK 和 16QAM,这些区域如图 12.47 所示。对于 QPSK、BPSK 和 16APSK,思路是一样的。对于 OQPSK,它有点不同,因为 I 位和 Q 位不同时转换,所以它们的 I 和 Q 分量可以单独考虑。

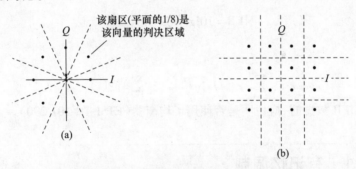

图 12.47 (a)8PSK(b)16QAM 的判决区域

在数字通信系统中,最常见的衡量恢复符号流质量的是符号差错率(symbol error rate,SER)。当 SER 较低时,几乎总是出现这样的情况:当一个符号被检测错误时,发射符号是所检测到符号的最近邻(注意,对于 8PSK,每个符号有两个最近邻;对于 16QAM,有些符号有四个,有些有三个,角相量有两个)。当使用格雷编码进行位到符号的映射时,只有一位出错(12.8.2 节),对于低 SER,有

$$\text{未编码的 BER} \approx \frac{R_s}{R_b}\text{SER}$$

图 12.48 给出了一些无记忆调制方式和 MSK 的 SER 与 E_b/N_0 的关系,其中唯一使信号受损的是 AWGN。QPSK、OQPSK 和 MSK 都具有相同的 SER,由左侧的第二条曲线表示。

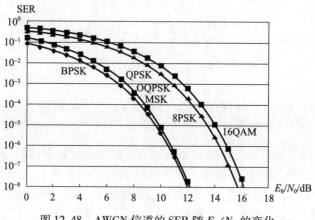

图 12.48 AWGN 信道的 SER 随 E_b/N_0 的变化

用于衡量数字电视和数字广播的第二个性能指标是调制误差比(modulation error ratio,MER),这是信噪比的一种量度。设 $x(t)$ 为传输的复基带符号流,$y(t)$ 是恢复的符号流,两者的长度均为 N,则 MER 定义如下:

$$\text{MER} = 10\lg\left(\frac{P_{\text{reference}}}{P_{\text{error}}}\right)(\text{dB})$$

其中

$$P_{\text{reference}} = \sum_{i=1}^{N}|x(i)|^2, P_{\text{error}} = \sum_{i=1}^{N}|y(i)-x(i)|^2$$

引用 MER 数据时,应说明是否使用了均衡器(ETSI TR 101 290)。

12.11 有记忆调制

CPM 是有记忆调制中最重要的子类,其相位是连续的,没有幅度变化,因此它允许有效载荷的 HPA 在饱和或接近饱和状态工作。

12.11.1 调制方式

以下关于 CPM 调制方式的讨论来自文献(Anderson et al(1986)和 Proakis and Salehi(2008))。

调制的记忆源于相位连续性,任何时间的相位 φ 取决于所有之前的相位:

$$\varphi(t) = \sum_{k=-\infty}^{n} 2\pi h d_k q(t-kT), nT \leq t \leq (n+1)T$$

式中:符号 d_k 是实值的,从符号集 $\pm 1, \pm 3, \cdots, \pm(M-1)$ 中选择,M 是调制方式的

阶数。函数 $q(t)$ 是相位平滑函数或相位脉冲。如果 $q(t)$ 在 $0\sim T$ 的区间之外为零,因为数据符号的影响在 T 之后不会改变,则调制为全响应 CPM。如果 $q(t)$ 在 T 之后为非零,则调制为部分响应 CPM。超过时间 $LT, q=1/2$,其中 L 为整数。h 为调制指数,它通过一个调制符号能改变圆周相位的多少来表示,它通常是一个小于 1 的有理数。

$q(t)$ 是单调递增函数,通常从其非负导数 $g(t)$、频率脉冲或简单脉冲的角度来考虑,给出了相位变化的速度:

$$q(t) = \int_0^t g(\tau) d\tau$$

MSK 是一种二进制 CPM,在 T 内具有恒定的相位变化速率,等于两个值中的一个。矩形相位脉冲在 $0\sim T$ 之间等于 $1/(2T)$,在这之外为零,因此 MSK 是全响应 CPM。调制指数 $h=1/2$。因此,在每次转换过程中相位以恒定速度向前或向后移动 $\pi/2$。当把 OQPSK 认为是 2 倍四进制调制符号速率的二进制调制时,MSK 与 OQPSK 类似。

高斯最小移位键控(GMSK)不一定是二进制,同时是部分响应,调制指数 $h=1/2$(Neelamani and Iyer,1996),频率脉冲如下(Proakis and Salehi,2008):

$$g(t) = \frac{Q\left[2\pi B\left(t-\frac{T}{2}\right)\right] - Q\left[2\pi B\left(t+\frac{T}{2}\right)\right]}{\sqrt{\ln 2}}$$

式中:$Q(t) = \frac{1}{\sqrt{2\pi}} \int_x^\infty e^{-\frac{t^2}{2}} dt$。这个频率脉冲关于零对称,超出 $\pm LT/2$ 的部分必须被截断。为了使其符合因果关系,必须延迟 $LT/2$。

GMSK 频率脉冲的相位变化开始缓慢,中间加速快,最后平滑结束。例如,对于 $BT=1$,脉冲持续约 $2T$,对于 $BT=0.1$,脉冲持续约 $10T$,脉冲随参数 B 而变化。欧洲数字蜂窝标准 GSM 使用 $BT=0.3$,并截断 $3T$ 持续时间以外的相位脉冲(Proakis and Salehi,2008)。

另一种选择具有持续时间为 LT 的 RC 频率脉冲的 CPM,标示为 LRC。相位脉冲为一个周期的余弦,上升为非负,而在 0 和 LT 处等于零(Proakis and Salehi,2008)。

第二代 DVB 返回通道卫星(DVB-RCS2)标准中规定的 CPM 为 $L=2$ 的四进制和部分响应,其频率脉冲可以是矩形和 RC 的任意组合,调制指数可以选取小于 $1/2$ 的各种值(ETSI EN 301 545-2)。

12.11.2 调制谱

CPM 信号的频谱形状取决于所有调制特性:L 越大,谱越窄;频率脉冲越平滑,谱越窄,这两个特性如图 12.49(a)所示。h 越小,谱越窄,如图 12.49(b)所示(Proakis and Salehi,2008)。

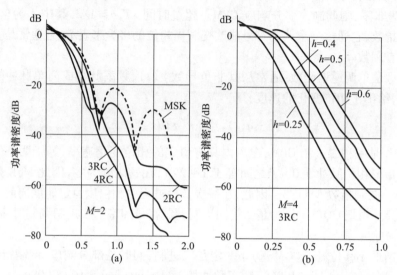

图 12.49　CPM 方案的功率谱密度(© 1981 IEEE,Aulin et al. (1981))
(a)具有 $h=1/2$ 和不同频率脉冲的二进制;(b)具有 3RC 和不同调制指数的四进制。

12.12　最大似然序列估计

最大似然序列估计(maximum–likelihood sequence estimation,MLSE)用于 CPM 解调和卷积码译码,它假设基于所有可能发射序列都是等概率的。MLSE 仅对于 AWGN 信道是最优的,但应用广泛,该方法根据给定的接收序列来判决最可能的发射序列。从距离度量的角度来说,最有可能的序列是与接收序列距离最近的序列。表面上看,似乎必须计算接收序列和所有可能序列之间的距离。

用于 MLSE 的简洁维特比(Viterbi)算法大大减少了计算量,它将所有可能序列的集合视为通过网格的路径。一条网格路径是一个允许的状态序列,网格中的每个节点都有一个状态。在每个节点上存在许多状态,这些状态分别是编码器或 CPM 调制器的存储器。从一个节点的状态开始,路径通过输入到编码器的下一位,或 CPM 调制器的下一个符号继续到下一个节点的状态。图 12.50 为一个简单的网格图。节点是 5 个垂直列的状态,在每个节点上可能有 4 个相同的状态。

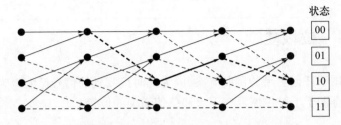

图 12.50　简单网格图(Wikipedia,2020c)
注:实线表示输入为 0 的转换,虚线表示输入为 1 的转换。
所有允许通过网格的路径显示为粗线,在某些位置为虚线。

接收序列和可能序列之间的距离度量是平方距离之和,沿着一条网格路径在每个节点处计算一个平方距离。该算法记忆节点处每个可能状态的距离度量,它以所有可能的方式将网格从这些状态不断进行到下一个节点的状态。在每个状态的下一个节点上,只保留到其最小度量的路径,并消除其他路径。

最小化距离度量相当于最大化接收序列和所有可能序列之间的相关性(Anderson et al.,1986)。

为了实用,在维特比算法中截断路径。这意味着,在每个节点上都会为返回固定数量节点的节点做出决策。这导致了一个恒定的延迟,以过早决策引起的译码错误为代价。

12.13　有记忆调制的解调

对于有记忆的调制,帧通常包含用于载波和定时恢复的分散、已知的符号序列(13.4.3.2 节)。欧洲电信标准协会(European Telecommunications Standards Institute,ETSI)建议了一种 DVB - RCS2 信号接收机基于发送和接收信号相关性与这些序列同步的方法,如 12.9 节(ETSI TR 101 545 - 4)所述。

在实现载波恢复和定时恢复后,应用维特比算法来恢复符号序列。CPM 的网格图中的节点间隔为符号持续时间 T。状态的数量较大:当调制指数 $h = n/p$(其中 n 和 p 为无公因子的整数)时,状态的数量为 $pM^{(L-1)}$(Anderson et al.,1986)。

用于符号序列恢复的另一种技术可以同时恢复载波相位,该技术基于 CPM 信号的劳伦(Laurent)分解,并将信号分解为无记忆调制之和。只保留分解中贡献最大的部分。相位恢复是直接判决的,与符合序列恢复相比,判决中的延迟更小(因为符号的获取更早,相位恢复的确定性更低)。然后通过维特比算法恢复符号序列,每个节点需要比 $pM^{(L-1)}$ 少得多的状态(Colavolpe and Raheli,1997)。ETSI 建议将此技术用于 DVB - RCS2 信号的接收机中的 CPM 解调(ETSI TR 101 545 - 4)。

12.14 位恢复

本节适用于任何类型的调制方案,因为此时接收到的信号已缩减为位序列,参考图 12.12 有助于了解位恢复在卫星通信信道中的位置。

12.14.1 解扰器和解交织器

一旦找到帧最佳采样点,解扰和解交织很容易实现。

12.14.2 译码器与误码率

译码器的输出是根据恢复的信道比特流猜测原始数据位加上基带头位,人们主要对数据位的猜测感兴趣,这些位中的错误率给出了数据误码率的关键性能指标(也称为编码误码率)。

有时用于评估编码效果的指标是将数据误码率与信道误码率进行比较,信道误码率是译码器之前比特流中的错误率。如果没有使用编码,也将有误码率(也称为未编码误码率)。编码增益是有编码和无编码为了实现给定误码率所需的 $E_b/(N_0+I_0)$ 之间的差值(单位为 dB),其中位是数据位。当看到误码率与某些参数的关系图时,必须清楚它所指的是哪种误码率。通常,编码误码率和未编码误码率之间存在直接关系,即理论曲线可用于仿真,因此无须实际编码和译码。Proakis 和 Salehi(2008) 完整描述了译码器。

卷积码采用维特比算法进行译码(12.12 节)。首先,如果码被截断,那么丢失的位将替换为零(而当前位为 −1 或 +1)。假设卷积编码器将输入数据比特流划分为 k 个并行比特流,并为每个输入的 k 输出 i 位。然后,可以认为输入比特流是 k 个位组的序列,编码比特流是 i 位组的序列。所有的输入序列都是可能的,而所有的输出序列并非都是可能的。维特比算法可以用硬判决或软判决输入来实现(12.10.6 节)。

分组译码器通过抽象代数,而不是维特比算法判定发送的组是与接收的组最接近的组。译码器输出本应输入编码器的位组,从而产生选定的传输组。译码器也有硬判决和软判决两种实现方式(Proakis and Salehi,2008)。

当卷积码与分组码级联时,两种码的译码按顺序进行,中间有解交织。

Turbo 译码不同于其他码,因为译码是迭代的,所需的迭代次数事先未知。Turbo 译码具有软判决输入。通常,如果 BER 要达到 $10^{-7} \sim 10^{-6}$,则 4 次迭代就足够,而 BER 达到 10^{-5},可能需要 8~10 次迭代(Proakis and Salehi,2008)。

LDPC 译码也是迭代的。一种简单的方法是使用硬判决,另一种更复杂的方法是使用软判决(Proakis and Salehi,2008)。

12.15 符号间干扰

符号间干扰是信号对自身的干扰,即每个符号都受到邻近近符号的干扰。主要原因是滤波,但不完全同步也会产生这种问题。滤波产生的符号间干扰大部分可以通过地面接收机中的均衡来校正,本书中没有讨论这一主题。不完美的定时恢复产生的符号间干扰不能通过均衡来校正。

一些符号间干扰源将导致射频信号基带等效(12.2.2 节)的 I 分量干扰自身和 Q 分量干扰自身。这相当于调制载波频率余弦的射频信号分量干扰自身和调制载波频率正弦的射频信号分量干扰自身。其它符号间干扰源将导致 I 分量干扰 Q,Q 分量干扰 I,这称为 $I-Q$ 串扰。这两种类型都会导致信号的较大幅度部分干扰较小幅度部分,两种情况可能同时发生。

将符号间干扰分为:由带限滤波器偶然产生的、由脉冲成形和检测滤波器产生的(不是偶然的);以及由不完美同步产生的(是偶然的)。

12.15.1 来自带限滤波器

在调制器和解调器之间,信号通过许多滤波器,目的是对信号进行频段限制。每个设备都有一定的带宽限制,也就是说,只能通过一定范围的频率,因此它执行滤波操作,无论其性能多么优良。滤波器会使信号在时域拖尾,并产生线性失真。本节说明了哪些滤波器特性产生了 I 信号分量对自身的符号间干扰和 Q 分量对自身的符号间干扰,以及哪些特性产生了 I 对 Q 和 Q 对 I 的符号间干扰。

作为引入传递函数概念的一种方式,从一个更简单、类似的实值函数概念开始。实值函数有些是偶函数,有些是奇函数,其余的是偶部分和奇部分的组合。当 $x(f)$ 关于零对称,当 $x(-f)=x(f)$ 时,函数 $x(f)$ 是偶函数。当 $x(-f)=-x(f)$ 时,函数 $x(f)$ 为奇函数。每个实函数 $x(f)$ 可通过以下方法分为偶函数部分 $x_e(f)$ 和奇函数部分 $x_o(f)$:

$$x(f) = x_e(f) + x_o(f)$$

其中

$$x_e(f) = \frac{1}{2}[x(f) + x(-f)], x_o(f) = \frac{1}{2}[x(f) - x(-f)]$$

图 12.51 给出了这种分离的示例。

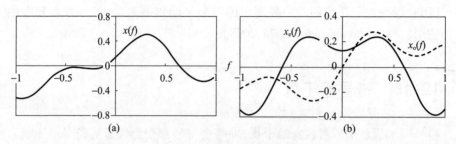

图 12.51 函数及分解为偶函数和奇函数部分的示例

复值函数的相应术语为共轭对称,或厄米特(Hermitian 对称(Proakis and Salehi,2008))和共轭反对称。当 $H(-f) = H^*(f)$ 时,复函数 $H(f)$ 是共轭对称;当 $H(-f) = -H^*(f)$ 时,复函数 $H(f)$ 是共轭反对称。每个复函数 $H(f)$ 可通过以下方法分为共轭对称部分 $H_{cs}(f)$ 和共轭反对称部分 $H_{ca}(f)$:

$$H(f) = H_{cs}(f) + H_{ca}(f)$$

其中

$$H_{cs}(f) = \frac{1}{2}[H(f) + H^*(-f)], H_{ca}(f) = \frac{1}{2}[H(f) - H^*(-f)]$$

将此分解应用于滤波器的传递函数,因此 $H(f)$ 是射频传递函数的基带等效(12.3.1 节)。这种分解的重要性如下:

$$\begin{cases} H(f) \text{是共轭对称的} \Leftrightarrow h(t) \text{是实数的} \\ H(f) \text{是共轭反对称的} \Leftrightarrow h(t) \text{是虚数的} \end{cases}$$

因此,$H(f)$ 的共轭对称部分产生脉冲响应 $h(t)$ 的实部 $h_r(t)$,$H(f)$ 的共轭反对称部分产生虚部 $h_i(t)$。

将复基带信号 $u(t)$ 分为实部 $u_r(t)$ 和虚部 $u_i(t)$。根据卷积公式,将滤波信号进行以下分解:

$$\begin{aligned} v(t) = (h \circ u)(t) &= \int_{-\infty}^{\infty} u(\tau) h(t-\tau) d\tau \\ &= \int_{-\infty}^{\infty} [u_r(\tau) + ju_i(\tau)][h_r(t-\tau) + jh_i(t-\tau)] d\tau \\ &= \int_{-\infty}^{\infty} [u_r(\tau) + ju_i(\tau)] h_r(t-\tau) + \\ &\quad [-u_i(\tau) + ju_r(\tau)] h_i(t-\tau) d\tau \end{aligned}$$

因此,实值脉冲响应产生 I 对 I(实对实)和 Q 对 Q(虚对虚)符号间干扰。虚值脉冲响应产生 $I - Q$ 串扰。

如何从滤波器的增益响应 $G(f)$(dB)和相位响应 $\varphi(f)$ 中识别出实脉冲响应函

数或虚脉冲响应函数。$H(f)$的自然对数为$((\ln 10)/20)G(f)+j\varphi(f)$。把$G(f)$和$\varphi(f)$分成它们的奇偶函数部分，$G(f)=G_e(f)+G_o(f)$和$\varphi(f)=\varphi_e(f)+\varphi_o(f)$。假设$((\ln 10)/20)G(f)$，约为$0.115G(f)$，是小的，并且$\varphi(f)$以弧度为单位，绝对值也是小的。$\varphi(f)$处于区间$(-\pi,\pi]$。通过三次应用泰勒级数，可得

$$\begin{cases} H_{cs}(f) \approx 1 + \dfrac{\ln 10}{20} G_e(f) + j\varphi_o(f) \\ H_{as}(f) \approx \dfrac{\ln 10}{20} G_o(f) + j\varphi_e(f) \end{cases}$$

这意味着，对于小增益（dB，乘以0.115）响应和小相位（rad）响应，

（1）增益响应的偶函数部分和相位响应的奇函数部分产生I对I和Q对Q符号间干扰；

（2）增益响应的奇函数部分和相位响应的偶函数部分产生$I-Q$串扰。

图12.52和图12.53展示了这两种失真的等效基带传输函数的例子。图12.52中的相位响应$\varphi(f)$是一条直线，简单对应于一个延迟，因为滤波器的群延迟与相位通过$\tau_g = -d\varphi(f)/(2\pi df)$相关（Couch II,1990）。

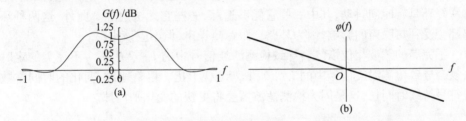

图12.52 产生$I-I$和$Q-Q$失真的滤波器增益响应$G(f)$和相位响应$\varphi(f)$的示例

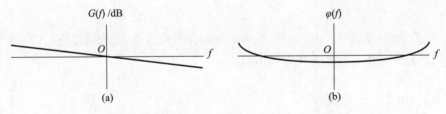

图12.53 产生$I-Q$串扰的$G(f)$和$\varphi(f)$的示例

12.15.2 来自脉冲成形和检测滤波器

无记忆调制的脉冲成形滤波器会导致信号的幅度变化，对于滚降因子α较小的RRC脉冲更为显著，这一点从图12.31和图12.32可以看出。在实际信号中，延迟脉冲的序列彼此重叠，依据符号星座图具有各种幅度和相位。幅度较大相量的

脉冲尾端几乎可以抵消小幅度相量的脉冲峰。

除非有效载荷的 HPA 在接近饱和状态工作,否则信号中的幅度变化是无害的。当幅度较大时,HPA 将更多地压缩和旋转信号。用户终端制造商已在其专有的符号星座图中对此进行了部分补偿。

如果有效载荷的 HPA 良好运行在回退状态,则 HPA 不会使信号失真。在地面接收机中,作为检测滤波器的 MF 将去除抽样点处的符号间干扰。这可以从图 12.36(c)～(d)中看到,其中匹配滤波脉冲在其中心处有一个大值,但在其所有离中心 T 的倍数处为零。

如果检测滤波器不是脉冲的 MF,则在所有离检测滤波脉冲 T 的倍数处不会是零。因此,将存在符号间干扰,可以通过均衡来消除符号间干扰。

12.15.3 来自不完美同步

载波相位恢复和符号最佳采样点恢复并不完美。载波恢复环具有相位噪声,其中一些噪声它能够追踪并消除,一些噪声它无法追踪(12.10.2 节)。类似地,定时恢复环具有时间抖动,其中一些它能够追踪,一些它无法追踪。此外,这两种环路都会受到热噪声的影响,因为环路会跟踪热噪声,但不应该跟踪。

不完美的载波相位恢复会导致检测滤波信号中的 $I-Q$ 串扰。不完美的定时恢复会导致检测滤波信号中的 I 到 I 和 Q 到 Q 干扰。粗略地说,变化的时间常数比符号持续时间长,这是因为检测滤波器会将更快的变化平均掉。

12.16 信噪比、E_s/N_0 和 E_b/N_0

相关术语(信噪比)、E_s/N_0 和 E_b/N_0 可能会引起混淆,首先给出它们的一般定义,然后具体给出它们从抽样器输出的值。

12.16.1 一般定义

信噪比是给定滤波器输出口处信号功率 C 与噪声功率 N 的比值。有时使用"P"或"S"代替"C"。滤波器可以是实际的或虚拟的。通常使用的虚拟滤波器是矩形滤波器(12.8.4.2 节)。或者可能想知道,如果在特定点配置特定滤波器,那么信噪比会是多少。

信噪比可以在滤波器输出口用功率计测量。或者按如下方式计算:假设信号 $x(t)$ 是时间的函数,感兴趣的滤波器的脉冲响应是 $h(t)$,$y(t)$ 是虚拟滤波后的信号,并且滤波器通带内的噪声 PSD 是 N_0。然后,计算信号功率和噪声功率:

$$C = \int S_y(f) \, df = \int S_x(f) \, |H(f)|^2 \, df$$
$$N = N_0 \int |H(f)|^2 \, df$$

如果噪声 PSD 在滤波器通带内是不平坦的,则必须使用更一般的噪声功率方程:

$$N = \int S_n(f) \, |H(f)|^2 \, df$$

式中:$S_n(f)$ 为噪声概率密度函数关于频率的函数。

另一种计算信噪比的方法——一种更粗糙的方法——通常用于信号和噪声电平预算(9.3 节)。使用信号路径上某一点未滤波信号的估计功率、估计的 N_0 和感兴趣滤波器的噪声带宽。

射频信号上的噪声有两个独立分量,一个在载波的余弦上,另一个在载波的正弦上。可以说它同样有一个径向分量和一个周向分量。射频信号的基带等效上的噪声是复值的,相位噪声是实值的。

电子器件不会产生有平坦 PSD 的噪声。重要的不是 PSD 的精确形状,而是感兴趣的带通滤波器输出的噪声功率。在给滤波器输入多个噪声电平时,应使用滤波器通带内的平均噪声电平。

卫星通信不提供 AWGN 信道(12.5 节)。AWGN 信道的性能图转换为卫星信道的方式是对图的自变量 E_s/N_0、E_b/N_0 或 SNR 进行处理。也就是说,实际需要的 E_s/N_0、E_b/N_0 或 SNR 比被称为"实现损耗"的大,"实现损耗"考虑了滤波、非线性 HPA、杂散信号和不完美的载波恢复等因素引起的信号损坏(14.9 节)。

E_s/N_0 和 E_b/N_0 分别是符号能量与噪声 PSD 的比值以及位能量与噪声 PSD 的比值。它们是比信噪比更微妙的术语,因为定义中似乎没有涉及滤波器。那么采用哪个滤波器通带的平均噪声 PSD?E_s/N_0 主要是作为 SER 或 BER 图中的自变量。在 AWGN 信道的理论 SER 或 BER 图中,E_s/N_0 是在最佳抽样时间 MF 输出的信噪比,它也等于$(C/R_s)/N_0$。但是,在具有一些其他滤波器和非 MF 检测滤波器的信道上这两个量不相等。此外,噪声 PSD 可能不是常数。E_s/N_0 的最真实定义是在采样时刻检测滤波器的输出信噪比,如果检测滤波器配置在感兴趣的点,则信噪比最大。一个更容易计算的 E_s 的定义是 C/R_s,其中 C 是感兴趣点处未滤波的信号功率,N_0 是检测滤波器 $P(f)$ 对噪声 PSD 的加权有

$$N_0 = \int S_n(f) \, |P(f)|^2 \, df \Big/ \int |P(f)|^2 \, df$$

一旦计算出 E_s/N_0,则可按照$(E_s/N_0)(R_s/R_b)$计算 E_b/N_0。

12.16.2 采样器的输出值

在采样器输出处比较 E_s/N_0 的不同。从理想情况开始,除了 AWGN 之外没有

信号受损,并且检测滤波器是满足奈奎斯特准则的脉冲 MF。对于无记忆调制,输入 MF 的等效基带信号为

$$x(t) = \sum_k d_k p(t - kT) + n(t)$$

采用 MF 对其进行滤波,可得

$$y(t) = \sum_k d_k \int p(t - kT) p(t + \tau) d\tau + \int n(t) p(t + \tau) d\tau$$

对 d_0 在最佳采样时刻零时抽样,可得

$$y(0) = d_0 \int (p(\tau))^2 d\tau + \int n(\tau) p(\tau) d\tau$$

与其功率成正比:

$$E|y(0)|^2 = E(|d_0|^2) \left[\int (p(\tau))^2 d\tau\right]^2 + \int d\tau dt E[n(\tau) n^*(t)] p(\tau) p(t)$$

对于任何 $k, E|d_0|^2 = E|d_k|^2$。

高斯白噪声的自相关函数是按比例变化的 δ 函数 $N_0 \delta(t)$,则

$$E|y(0)|^2 = E(|d_0|^2) \left(\int (p(t))^2 dt\right)^2 + \int dt N_0 (p(t))^2 dt$$

$$= E|d_0|^2 T^2 + N_0 T$$

式中:$p(t)$ 按比例进行调整,使得 $\int (p(t))^2 dt = T$。

然后采样器的输出 E_s/N_0 为 $E|d_0|^2/(R_s N_0)$。

下面来看一种非理想情况,其中检测滤波器与上述同一脉冲相匹配,但存在不可忽略的滤波 $H_1(f)$、$H_2(f)$ 和 $H_3(f)$(图 12.12),因此滤波后的脉冲 $\tilde{p}(t) \triangleq [p \circ h_1 \circ h_2 \circ h_3](t)$。检测滤波器 $P(f)$ 输出的信号为

$$y(t) = \sum_k d_k \int \tilde{p}(\tau - kT) p(\tau + t) d\tau + \int n(\tau) p(\tau + t) d\tau$$

如果 $t = 0$ 仍然是 d_0 的最佳采样时间,则

$$E|y(0)|^2 = E(|d_0|^2) \left[\sum_k \int \tilde{p}(\tau - kT) p(\tau) d\tau\right]^2 +$$

$$\int d\tau dt E[n(\tau) n^*(t)] p(\tau) p(t)$$

$$= E(|d_0|^2) \left[\sum_k \int \tilde{p}(\tau - kT) p(\tau) d\tau\right]^2 + N_0 T$$

在这种情况下,采样器的输出为

$$E_s/N_0 = E(|d_0|^2) \left|R_s \sum_k \int \tilde{p}(\tau - kT) p(\tau) d\tau\right|^2 /(R_s N_0)$$

为了进行比较,在检测滤波器之前计算的 E_s/N_0 有所不同:

$$E_s/N_0 = E(|d_0|^2) \left(R_s \int (\tilde{p}(t))^2 dt\right)^2 /(R_s N_0)$$

12.A 无记忆调制中脉冲变换和信号频谱相关的补充证明

引用概率理论来简要证明复基带信号 $z(t)$ 的频谱的一个重要性质,它是一个随机过程(Papoulis,1984)。

对于 QPSK、8PSK、16QAM 和 16APSK,基带信号 $z(t)$ 可以写为 $\sum_k d_k p(t-kT)$,其中 d_k 为第 k 个相量,$p(t)$ 为实值脉冲函数。假设数据序列的相量 d_k 是相互独立选择的,并且每个都同等可能是相量集合中的任何一个。自相关函数 $R(\tau)$ 如下:

$$\begin{aligned}R(\tau) &= E\Big[\sum_k d_k p(\tau+t-kT)\sum_i d_i^* p(t-iT)\Big]\\&= \sum_k E[d_k d_i^*]p(\tau+t-kT)\sum_i p(t-iT)\\&= \sum_k E[|d_k|^2]p(\tau+t-kT)p(t-kT)\\&= E[|d_k|^2][p(t)\circ p(-t)](\tau)\end{aligned}$$

上式两个和的乘积中唯一重要的项是 $k=i$;当 $k\neq i$ 时,$E[d_k d_i^*]=0$,因为 d_i 以同等可能是任何相量或为负。

对于 OQPSK 和 MSK,基带信号可以写为

$$z(t) = \sum_k d_{kI}p(t-kT) + jd_{kQ}p\Big(t-\Big(k+\frac{1}{2}\Big)T\Big)$$

式中:d_{kI}、d_{kQ} 分别是第 k 个 I 位和 Q 位。

假设这些位均相互独立,并且每个位都有相同的可能性取 -1 或 1。对于 $z(t)$,$R(\tau)$ 可表示为

$$\begin{aligned}R(\tau) &= E\Big\{\sum_k\Big[d_{kI}p(t-kT)+jd_{kQ}p\Big(t-\Big(k+\frac{1}{2}\Big)T\Big)\Big]\\&\quad \sum_i\Big[d_{iI}p(t-kT)+jd_{iQ}p\Big(t-\Big(i+\frac{1}{2}\Big)T\Big)\Big]\Big\}\\&= \sum_k(Ed_{kI}^2)p(\tau+t-kT)p(t-kT) +\\&\quad \sum_k(Ed_{kQ}^2)p\Big(\tau+t-\Big(k+\frac{1}{2}\Big)T\Big)p\Big(t-\Big(k+\frac{1}{2}\Big)T\Big)\\&= E[|d_k|^2][p(t)\circ p(-t)](\tau)\end{aligned}$$

式中:d_k 还是可能的相量。因此,结果与其他调制方案相同。

根据傅里叶变换的性质,其中 $u(t)$ 和 $v(t)$ 是任意两个时间函数:

$$[F(u\circ v)](f) = U(f)V(f), [F(v^*(-t))](f) = V^*(f)$$

可以发现所有这些调制方案的信号频谱和脉冲变换之间的简单关系:

$$S(f) = E[\,|d_k|^2\,]\,|P(f)|^2$$

式中：$E[\,|d_k|^2\,]$ 为平均相量功率。

参考文献

Anderson JB, Aulin T, and Sundberg C-E(1986). *Digital Phase Modulation*. New York: Plenum Press.

Aulin T, Rydbeck N, and Sundberg C-E(1981). Continuous phase modulation--part II: par tial response signaling. *IEEE Transactions on Communications*;29(3)(Mar.);210-225.

Benedetto S, Biglieri E, and Castellani V(1987). *Digital Transmission Theory*. Englewood Cliffs, NJ: Prentice-Hall.

Biglieri E(2020). Private communication; Aug. 31.

Bonnaud A, Feltrin E, and Barbiero L(2014). DVB-S2 extension: end-to-end impact of sharper roll-off factor over satellite link. *International Conference on Advances in Satellite and Space Communications*; Feb. 23-27.

Colavolpe G and Raheli R(1997). Reduced-complexity detection and phase synchronization of CPM signals. *IEEE Transactions on Communicatons*;45(9)(Sep.);1070-1079.

Couch II LW(1990). *Digital and Analog Communication Systems*, 3rd ed. New York: Macmillan Publishing Company.

Elbert BR(2004). *The Satellite Communication Applications Handbook*, 2nd ed. Boston, MA: Artech House.

ETSI TR 101 290, vl. 3. 1(2014). Digital video broadcasting(DVB); measurement guidelines for DVB systems. July.

ETSI TR 101 545-4, vl. 1. 1(2014). Digital Video Broadcasting(DVB); second generation DVB interactive satellite system(DVB-RCS2); part 4: guidelines for implementation and use of EN 301 545-2. Sophia-Antipolis Cedex(France): European Telecommunications Standards Institute.

Gardner FM(2005). *Phaselock Techniques*, 3rd ed. New Jersey: John Wiley & Sons, Inc.

Gilat Satellite Networks(2013). SkyEdge[TM] IP, IP router VSAT. Product information. Accessed July 19, 2016.

Gilat Satellite Networks(2014). SkyEdge[TM] II IP, high performance broadband router VSAT. Product information. Accessed July 19, 2016.

Howell A of Inmarsat(2010). Broadband global area networks. Viewgraph presentation. *Standards and the New Economy Conference* led by Cambridge Wireless; Mar. 25, 2010. Accessed Nov. 29, 2014.

Hughes Network Systems(2015). Hughes HT1300 Jupiter[TM] system multi-band router. Product information. June. Accessed July 19, 2016.

Kienle F and Wehn N(2008). Macro interleaver design for bit interleaved coded modulation with low-density parity-check codes. *IEEE Vehicular Technology Conference*; May 11-14.

Lee JK and Chang DI(2017). Performance evaluation of DVB-S2X satellite transmission according to sharp roll off factors. *International Conference on Advanced Communications Technology*; Feb. 19 – 22.

Lin S and Costello, Jr DJ (1983). *Error Control Coding, Fundamentals and Applications*. Englewood Cliffs, NJ: Prentice – Hall.

Neelamani R and Iyer D (1996). Spectral performance of GMSK: effects of modulation index and quantization. *IETE Journal of Education*; 37(4); 231 – 236.

Papoulis A (1984). *Probability, Random Variables, and Stochastic Processes*, 2nd, International student ed. Singapore: McGraw – Hill.

Proakis JG and Salehi M (2008). *Digital Communications*, 5th, International ed. New York: McGraw – Hill.

Unnikuttan A, Rathna M, Rekha PR, and Nandakumar R (2014). Design of convolutional inter leaver. *International Journal of Innovative Research in Information Security*; 1(5)(Nov.).

Wikipedia (2018). Satmode. Article. Dec. 19. Accessed 2019 May 1.

Wikipedia (2020a). BCH code. Article. Apr. 10. Accessed Apr. 11, 2020.

Wikipedia (2020b). Low – density parity – check code. Article. Mar. 26. Accessed Apr. 6, 2020.

Wikipedia (2020c). Convolutional coding. Article. Apr. 1. Accessed Apr. 27, 2020.

第13章
卫星通信标准

13.1 引言

本章主要讨论除数字通信理论以外的卫星通信系统的一些内容:首先介绍开放系统互连(open systems interconnect,OSI)通信模型,这是本章其余部分讨论的基础;其次给出使用第一代卫星通信标准的再生有效载荷的卫星系统的两个例子;然后总结面向卫星通信应用的第二代数字视频广播(digital video broadcasting,DVB)标准;最后总结在用的简化返向链接标准。本章前序基础知识为第12章介绍的相关内容。

本书1.2节和10.1.2节讨论了卫星通信的另一个方面,即卫星、用户终端和地面站之间的系统连接,10.3节和10.4节给出了例子。

需要说明的是,"地面终端"是指地面站或用户终端。

13.2 背景知识

13.2.1 OSI通信模型

卫星越来越多地提供互联网连接,即使卫星不提供双向通信,也必须有一种方式让用户终端访问返向链路,这是一个尚未解决的问题。电信系统通信功能的OSI模型为理解上述方式如何工作提供了一个框架。OSI模型将通信(自底向上)分为七层,每个层在概念上都建立在下面各层之上。本书只关心最低的四层(在之前所有章节只关心第一层)。

(1)第一层是物理层。它与调制、编码和频率有关。对于时域多路复用通信,时隙和帧也是该层的一部分。

(2)第二层是数据链路层。它在两个物理连接的节点之间提供节点到节点的数据传输(Wikipedia,2020g)。例如,以太网同时在第二层和第一层运行。数据链路层有两个子层:媒体访问控制(medium access control,MAC)子层;逻辑链路控制(Logical link control,LLC)子层,封装(13.3.1节)第三层数据包:第二层的数据传输可以通过基于MAC地址的电路交换实现。专用于消息传输的信号通路称为连接,连接包含建立、维持(使用)、释放几个过程。

(3)第三层是网络层。互联网以数据包为基础,数据包由数据部分及包含源、目的地址的网络地址等组成。第三层中的数据传输通过分组交换进行,分组交换可以是无连接的如互联网协议(IP),或者可以是基于连接的(Wikipedia,2020g)。

(4)第四层是传输层。该层中的数据传输通常通过两种方法实现(Wikipedia,2020d):一种是传输控制协议(transmission control protocol,TCP),它通过可靠、无误地连接从应用程序传输一段字节,这些字节按顺序抵达,互联网的HTTP协议使用该协议(Wikipedia,2020f)。另一种是用户数据报协议(user datagram protocol,UDP),它传输数据包,适用于时间敏感的应用程序,如网络语音。它是不可靠的,不能将数据报恢复到原来的顺序。它具有多播功能,即一个地面终端向一组多个地面终端发送消息(Wikipedia,2020c)。

卫星系统每个用户链路的空中接口(10.1.2节)包括第一层和第二层。

OSI模型底部三层的概念如图13.1所示(当考虑第四层到第七层时,该概念的工作原理也适用),左侧是位于第一台计算机中第一、二和三层的软件实体堆栈,右侧和第二台计算机也是如此。第一台计算机有一条消息要发送给第二台计算机,信息会从更高层传到第三层。从概念上讲,第一台计算机的k层实体与第二台计算机的k层实体通信,使用k层通信协议,$k=1,2,3$。事实上,第一台计算机的第三层软件要求第二层的服务访问点(service access point,SAP)提供将消息转换为第二层格式的服务(Tomás et al,1987)。这意味着添加一个报头,可能重新格式化,在第二层和第一层之间也会发生类似的事情。物理层消息被传输到第二台计算机中的物理层实体。当消息在第二台计算机的堆栈中向上移动时,第k层($k=1,2$)的SAP会删除第k层的报头,并将重新格式化第$k+1$层的消息,然后将其向上发送。

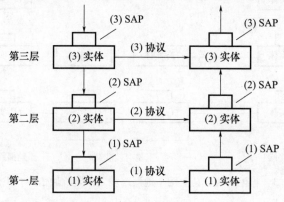

图13.1 直接相连的计算机之间通信的OSI模型,底三层(源自Svobodova(1989))

对于非再生有效载荷,两个地面终端之间的通信如图 13.2 所示,卫星有效载荷由两个地面终端之间的两个简单协议栈组成。有效载荷的左侧第一层实体识别从地面终端 1 发送的信号在频率、波束和时隙方面的协议。有效载荷将消息转换成下行链路协议能够识别的信号,并将其发送出去。第二层功能在用户终端和地面站执行,而网络控制中心(network control center,NCC)控制第二层的 MAC 功能。

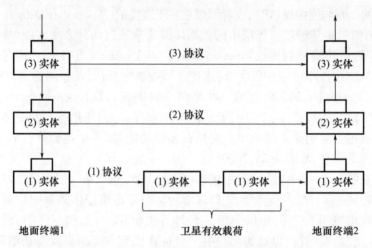

图 13.2 非再生有效载荷上两个地面终端之间单跳通信的 OSI 模型

对于再生有效载荷,两个地面终端之间的通信如图 13.3 所示,卫星有效载荷也位于两个地面终端之间。有效载荷由第一层实体和第二层实体的两个堆栈组成,有效载荷执行第二层功能,而 NCC 控制 MAC 功能将在 13.3 节中介绍。

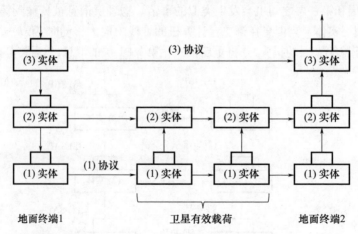

图 13.3 再生有效载荷上两个地面终端之间单跳通信的 OSI 模型

13.2.2 多址接入方法

在OSI通信模型中,访问卫星返向链路资源的方法属于第二层,即数据链路层。卫星系统可以使用各种方法,多址接入方法能提供分配资源的方法(MAC子层)和共享物理资源的方法(LLC子层)。

多址接入方法至少有以下分配资源三种方法。

(1)规划和安排。

(2)按需分配多址(demand-assigned multiple access,DAMA)。用户终端通过控制或信令信道向NCC发送请求,NCC向用户终端返回资源分配。DAMA广泛用于卫星通信,尤其适用于甚小口径终端(very-small-aperture terminal,VSAT)系统(Wikipedia,2020a)。17.4.2节将介绍VSAT系统。

(3)随机访问。没有向特定用户分配资源。

DAMA分配的物理资源有多种共享方式,这些方式与1.3节介绍的多路复用方式密切相关。

(1)时分多址(time-division multiple access,TDMA):用户终端在分配给其的时隙内传输数据

(2)频分多址(frequency-division multiple access,FDMA):用户终端在分配给其的频段上传输数据

(3)多频时分多址(multi-frequency TDMA,MF-TDMA):用户终端在分配给其的频段和时隙内传输数据

(4)码分多址(code-division multiple access,CDMA):用户终端首先将分配的扩频码应用于其数据流;然后它在与其他用户终端相同的频率信道上传输。

例如,TDMA和时分复用(time-division multiplexing,TDM)之间的区别在于,TDM是OSI通信模型第一层中的一种物理技术。

在随机访问中,用户终端只在需要时在指定的通道上传输数据,因此可能会有冲突,它是用来发短信的。一种方法是时隙Aloha,其中用户终端在任何时隙的开始处开始传输(Wikipedia,2020e)。

DAMA和随机访问的例子将在13.4.3.4节介绍。

13.2.3 自适应编码和调制

自适应编码和调制(adaptive coding and modulation,ACM)是一种根据传播和干扰条件动态调整用户链路参数的技术,极大地提高了吞吐量(容量)和链路可用性。在晴空条件下,它使用高阶调制和更高的编码速率;在不理想天气条件下,它使用更稳健的低阶调制和更低的编码速率。这在Ka/K频段尤其有用,因

为在固定参数的链路中,需要预留较大的雨衰裕量(Rinaldi and De Gaudenzi, 2004a)。许多卫星系统都实现了这一点(Emiliani,2020),14.4.4.5 节举例说明了这种好处。

卫星系统拥有的每一种可能的调制和编码组合都称为调制编码组合(MODCOD)。

所有 ACM 系统都是专有的,其中一个原因是它们有不同的方法来传输 ACM 运行所需的返向信道(Telesat,2010)。

一种可能的方式是 NCC 基于链路质量的测量,命令用户终端使用特定的 MODCOD,或者可以是用户终端本身决定 MODCOD,接收机中链路质量测量是 $C/(N+I)$。首先看返向链路,NCC 有两种方式确定用户上行链路质量:一是地面站测量端到端返向链路的 $C/(N+I)$(14.7 节),并据此计算用户上行链路 $C/(N+I)$;二是用户终端测量前向链路 $C/(N+I)$,将信息发送到地面站,地面站根据用户下行链路频率到用户上行链路频率的雨衰进行频率缩放,并估计用户上行链路质量。对于前向链路用户链路的质量,同样可以通过两种方式由 NCC 获知。

ACM 可以只应用于上行链路,也可以只应用于下行链路,或者两者都应用。

Rinaldi 等人开展了前向链路中 ACM 的优化和评估研究。对于透明转发有效载荷,无论是否进行处理,都假设 ACM 所需的处理将在地面站(或 NCC)进行,而对于再生有效载荷,ACM 处理将在有效载荷中实现。通信将以混合时分复用、频分复用方式(time - division multiplex, frequency - division multiplex, TDM - FDM)进行,参见 1.3 节。该研究案例针对的是欧洲覆盖范围,包括 20GHz 的 43 个波束、均匀分布的流量以及意大利中部的雨衰统计数据。下行链路波束功率在所有链路条件下保持恒定,研究发现雨衰统计对平均系统吞吐量的影响有限。固定链路参数的参考案例保持了 99.7% 可用性的降雨裕度,而 ACM 系统的吞吐量平均是固定参数系统的 2.5 倍。雨量统计越差或所需链路可用性越高,ACM 在前向链路上呈现的优点就越多(Rinaldi and De Gaudenzi, 2004a)。

Rinaldi 等人(2004b)对返向链路做了类似的研究。对于返向链路接入,采用 MF - TDMA 和两种 CDMA 方案。对于透明转发有效载荷,假设处理在地面站(或 NCC)进行,而再生有效载荷将自行执行。链路自适应可以通过多种方式进行管理,用户终端本身以分布式方式根据地面站提供的链路质量报告决定返向链路的 MODCOD。地面站以集中方式选择 MODCOD,并向用户终端报告。研究案例与第一项研究相同,频率为 30GHz。研究发现,MF - TDMA 系统的吞吐量是上行链路功率控制的固定参数系统的 4 倍多,且发射功率只占其 30%(一个 CDMA 系统只需要 MF - TDMA 系统 1/3 的发射功率)。

13.3 第一代标准的应用示例

13.3.1 用户终端上的通信效果

Amazonas 2 卫星和 Spaceway 3 卫星是实现再生有效载荷第一层到第三层的较好示例。在这两颗卫星系统中,用户终端都有一个 IP 实体,它可以接收和发送 IP 数据包。当用户终端有 IP 数据包要发送时,它会对其执行多协议封装(multi-protocol encapsulation,MPE),将 IP 数据包分段,并为每个分段添加一个报头。如图 13.4 所示,该过程创建 MPEG-2 传输包的传输流(transport stream,TS)(ETSI TS 102 429-1 v1.1.1,2006)。MPEG 是动态图像专家组,是一个标准化组织。传输数据包位于第二层。终端有 MAC 地址,有效载荷根据其目的地 MAC 地址路由传输包。接收终端接收 MPEG-2 包并解除封装,将它们返回到 IP 包,并将它们传递给它的 IP 实体(Garcia et al.,2006;Yun et al.,2010)。

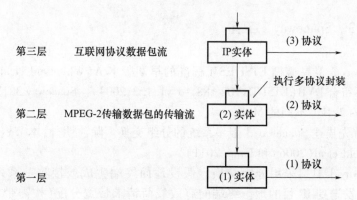

图 13.4 在 Amazonas 2 卫星或 Spaceway 3 卫星用户终端中,封装成 MPEG-2 传输包的 IP 数据包流

13.3.2 Amazonas 2 卫星

Amazonas 2 卫星上搭载的 AmerHis 2 处理器遵循欧洲电信标准协会(european telecommunications standards institute,ETSI)B 版再生卫星网络(regenerative satellite mesh,RSM)标准(ETSI TS 102 602 v1.1.1,2009a)。该标准遵循前向链路的 DVB-S 标准和用于返向链路的 DVB 返回信道卫星(DVB return channel satellite,DVB-RCS)专用标准(ETSI TS 102 429-1 v1.1.1,2006),参见 13.4

节中第二代这些标准。信道编码是级联卷积和里德－所罗门编码，信号调制是四相相移键控(quaternary Phase – shift – keying, QPSK)，参见 12.6.2 节和 12.8.1 节。

Amazon 2 卫星采用电路交换。假设地面终端生成或接收一系列 IP 数据包，并将其发送到 IP 目的地。终端向有效载荷发送警报，有效载荷将其传递给 NCC。NCC 建立连接，这是由一对 MAC 地址标识的两个地面终端的逻辑关联。NCC 命令有效载荷建立合适的信道化和路由，以形成通过有效载荷的专用信号路径。当终端封装该序列的 IP 数据包时，将目的地 MAC 地址插入其 MPE 传输数据包。然后，终端通过路径发送信号，连接可以是单向(单工)或双向(双工)。当传输结束时，NCC 会断开连接(Yun et al.,2010;ETSI TS 102 602 v1.1.1, 2009a)。

Amazonas 2 卫星也提供多播功能，其中一个用户终端向一组多个终端发送相同的消息(Garcia et al.,2006)。

Thales Alenia 公司开发了第三代 AmerHis，在前向链路上增加了 DVB – S2 选项(Yun et al.,2010)。

地面站拥有和用户相同的终端。

13.3.3 Spaceway 3 卫星

Spaceway 3 卫星遵循 ETSI RSM 标准的早期版本 A(Whitefield et al.,2006)。RSM – A 不符合 DVB(ETSI TS 102 188 – 1 v1.1.2,2004)。Spaceway 3 卫星使用了与 Amazonas 2 卫星不同的 MPE。

这里首先描述 Spaceway 3 卫星系统的分组交换。除注明外，本节资料源自文献(Whitefield et al(2006)和 Fang(2011))。

Spaceway 3 卫星采用分组交换。假设地面终端生成或接收一系列 IP 数据包，并将其发送到 IP 目的地。终端向有效载荷请求带宽分配(按需带宽)，终端在其上行链路波束中会被分配一个频率和时隙。当终端封装该序列的 IP 数据包时，将目的地 MAC 地址插入其 MPE 传输数据包，有效载荷解调和解码传输数据包，并将它们路由到目的波束和终端的队列。每个下行链路波束都有自己的下行链路队列，下行链路调度器动态评估下行链路波束是否存在准备好发送的突发。

Spaceway 3 卫星也提供多播功能(Whitefield et al,2006)。

图 13.5 阐释了 Spaceway 3 卫星的多址接入方法，即上行链路采用 FDMA 和 TDMA，以及下行链路采用 TDMA 的组合，地面站拥有和用户相同的终端。

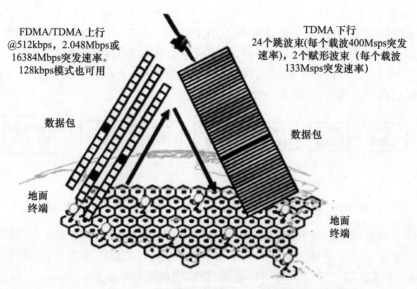

图 13.5　Spaceway 3 卫星上行链路和下行链路接入技术
（© 2011 IEEE。源自 Fang(2011)）

13.4　第二代 DVB 通信标准

卫星通信 DVB 标准系列由欧洲广播联盟（European Broadcasting Union，EBU）、欧洲电气技术标准化委员会（Comité Européen de Normalisation Electrotechnique，CENELEC）和 ETSI 共同制定。DVB 最初是为数字电视的地面广播而设计的，世界各地的许多广播公司都使用它（Wikipedia,2018a）。目前，它广泛用于通过卫星发送电视信号和数据。

标准中，数字通信方面的许多细节已经在第 12 章中介绍，此处不再赘述。

13.4.1　前向链路的 DVB – S2 标准

第二代卫星数字电视广播（DVB for Satellite,2nd Generation,DVB – S2）是用于前向链路卫星通信的第二代 DVB 标准（ETSI EN 302 307 – 1,v1.4.1,2014），它是"世界上最成功的卫星行业标准"（Hughes,2020），与返向链路通道一起用于许多交互式服务。这个用例的主要特点是，它可以根据每个用户正在体验的信道质量动态调整调制和编码。

DVB – S2 标准定义了通信链路的物理层和数据链路层，即 OSI 模型的第一层和第二层，规定了如何将一个或多个基带数字信号映射成适合卫星信道特性的射频信号。

本节概述了 DVB – S2 标准的特点(ETSI·EN 302 307 – 1,v1.4.1,2014):首先介绍广播和交互应用的共同特性,然后讨论交互服务的特定功能。

图 13.6 为 DVB – S2 发射机物理层框图,前文第 12 章已经对其进行了概述,本节仅给出了一些特定 DVB – S2 的细节。

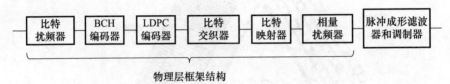

图 13.6　DVB – S2 发射机物理层框图(ETSI·EN 302 307 – 1,v1.4.1(2014))

除了脉冲成形滤波和调制之外,所有过程都涉及物理层帧的构建,而帧是数据传输的单位。为了更具体地展示每个进程的作用,并指出控制通信的报头中包含的信息,本节将深入探讨帧的研究进展,其中物理层帧是最后一个阶段。结构中的步骤如图 13.7 的降行所示,在帧结构之后讨论脉冲成形滤波器和调制器。

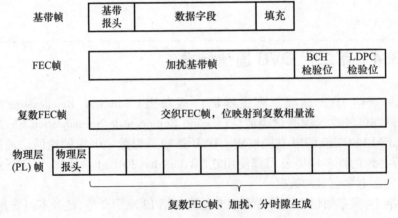

图 13.7　DVB – S2 物理层帧构建步骤

原始数据流可以是 MPEG(MPEG – 2 或 MPEG – 4)定义的传输流,也可以是 DVB 标准中定义的通用流。数据流被分割成数据字段。

图 13.7 的第一行为基带帧。基带报头包含根升余弦(RRC)滚降因子、数据流类型、输入流是单流还是多流、调制和编码方案是恒定的还是可变的,以及数据字段的长度。数据字段跟在报头后面,如果用户数据没有完全填满可用空间,则需要填充。

图 13.7 的第二行为前向纠错(forward error – correction,FEC)帧,第一部分是基带帧,其位已被加扰,后面有两个 FEC 编码器,一个外部 BCH 编码器和一个内

部低密度奇偶校验(inner low – density parity – check,LDPC)编码器,二者都是系统分组码。系统编码器的输出由输入位和校验位组成。BCH 编码器的输入块是加扰的基带帧。对于 LDPC 码,它还包括 BCH 码的校验位。根据信道条件,使用可变码长的信道编码。BCH 码的设计最多可纠正 12 个错误,但非常好的信道除外,在这些信道中,可纠正的错误数量减少到 8 个或 10 个。LDPC 码速率可以分 10 步从 1/4 ~ 9/10 之间选择,其输入块大小变化,使得输出块大小不变;对于正常帧,它是 64800 位(也有 16200 位的短帧)。总的码速率在 0.247 ~ 0.898 之间变化,也就是说它非常接近 LDPC 码本身的速率。

图 13.7 的第三行为复数 FEC 帧。FEC 帧已经由块交织器交织,除非调制方案是 QPSK。交织器将位逐行读入矩形块,并逐列读出,列数等于每个符号的位数。然后,比特映射器将位流转换为来自所选调制方案的复数相量流。

图 13.7 的第四行为物理层帧。通过与复合加扰序列相乘,复数 FEC 帧经历了复值加扰。加扰序列的元素形式为 $e^{j\frac{k\pi}{2}}(k=0,\cdots,3)$,所以将相量旋转 90°的整数倍。加扰后的 FEC 被分成多个时隙,在这些时隙的前面,会在自己的时隙中添加一个物理层报头。报头包含一个帧起始字和一些关于信号格式的信息,帧起始字是一个特定的 26 位序列,接收机可以用它同步。后一部分长度为 64 位,但仅包含 7 位信息,可有效防止传输错误。其中 5 位包含 MODCOD,另外 2 位给出了 FEC 帧的长度。有了这些信息,接收机就可以解调和解码帧的剩余部分。物理层报头总是通过 $\pi/2$ – BPSK(二进制相移键控)调制传输,并在低 $C/(N+I)$ 值处解调。

在这一点上,希望参照图 13.7 阐明三种类型的位含义:数据位组成要发送的实际信息,填充数据字段;编码位组成整个 FEC 帧;信道位构成整个物理层帧。

发射机物理层的最终过程是脉冲成形滤波器和调制器。脉冲成形是 RRC,滚降系数为 35%、25% 或 20%。调制方案是绝对映射的 QPSK、8PSK、16APSK 和 32APSK。载波调制器将信号的实部和虚部置于正交载波上,最终生成发射波形。调制器的符号速率恒定,对于多路复用数据流,调制和编码格式在一帧内保持不变,但它们会在不同的帧间变化。

利用 11 种 LDPC 码速率和 4 种调制方案,共有 44 种组合模式。其中,28 种模式被用作 MODCOD。基于加性白高斯噪声(AWGN)信道模型(12.5 节),该标准定义了理想的 E_s/N_0,在该值下使用这些模式。它是实现准无错误(QEF)传输的 E_s/N_0 值,定义为在 5Mbps 单电视服务解码器的水平上,每传输小时少于一个未纠正的错误事件。对于 188 字节的 MPEG – 4 传输流数据包,这大约相当于小于 10^{-7} 的数据包错误率。图 13.8 为 MODCOD 方案的频谱效率与其理想 E_s/N_0 值的函数关系。为清晰起见,四种调制方案中,每一种方案的点都用一条线连接起来。总之,这 28 种编码和调制组合可以在 AWGN 信道上实现 – 2.5dB 的可靠接收(ETSI EN 302 307 – 1,v1.4.1,2014)。

两种情况下均可以使用 MODCOD。在广播应用中,可变编码和调制(variable

coding and modulation,VCM)为不同的服务对象(如标准清晰度电视(standard - definition TV,SDTV)和高清晰度电视(high - definition TV,HDTV)、音频、多媒体)提供不同级别的错误保护。在 ACM 模式下,信号格式实时适应不同的信道条件,这需要在返向链路上传输信号质量信息,因此仅适用于交互式服务。

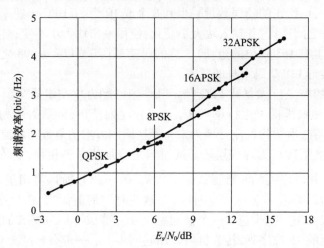

图 13.8　通道上 DVB - S2 MODCOD 的频谱效率与理想 E_s/N_0 的关系

当带宽为 36MHz 的标准电视转发器用于交互式服务时,接收机上的处理负荷是可控的。接收器可以实时解调和解码整个帧,并提取发送给它的 IP 数据包,然后丢弃其余数据包。然而,高通量卫星(第 18 章)的转发器带宽为 250MHz,对消费类设备而言,整个数据流的解码需要非常大的处理能力。因此,为此类终端定义了一种称为时间分片的特殊操作模式。在这种模式下,每一帧都包含单个接收机的数据,以及处理该帧所需的所有信息,如长度、编码速率和调制格式。物理层报头由另一个时隙扩展,以传输所需的信息。终端仍然需要正确完整地接收物理层报头,并以发射机的全速对帧的其余部分进行相干解调,而耗时的 FEC 解码以较低的用户数据速率执行。

在 ACM 模式下,第二代返向链路标准 DVB - RCS 或 DVB 返向信道卫星(DVB - RCS2)与 DVB - S2 或 S2X 结合使用。在 ACM 模式下,用户接收机必须向 NCC 提供前向链路的信号质量信息,以便 NCC 可以选择和命令 MODCOD 优化带宽。为此,用户终端发送在其接收机处可用的 $C/(N+I)$,使用已知符号评估。它的分辨率为 0.1dB,精度(平均误差加 3σ)应优于 0.3dB,以充分利用 1~1.5dB 的 MODCOD 分辨率。作为一种选择,用户终端还可以发送特定 MODCOD 的直接请求。

DVB - S2 标准没有规定需要使用何种类型的返向通道协议,它可以是 DVB - RCS(2) 或专有标准。

与第一代 DVB-S2 标准相比,第二代标准允许除 MPEG 之外的传输分组化、更广泛的调制和编码可能性,以及 ACM。

13.4.2 DVB-S2X 前向链路标准

2015 年,ETSI 发布了 DVB-S2 标准的扩展版,首字母缩写为 DVB-S2X(ETSI EN 302 307-2,v1.1.1,2015)。自 2005 年发布 DVB-S2 标准以来,Newtec 和其他 VSAT 制造商启动了标准化工作,在利用编码和调制方面取得了进展(Willems,2014)。Newtec 和 Gilat 都采用 DVB-S2X 和 ACM 的 VSAT,调制方案在前向链路上一直延伸到 256APSK(ST Engineering,2020;Globenewswire,2020)。

新标准包含以下增强功能(DVB Project Office,2016)。

(1)更精细的编码率分级;

(2)附加调制方案 $\pi/2$-BPSK,允许在非常低的 $C/(N+I)$ 下工作,直到低至 -10dB;

(3)其他附加调制方案 8APSK、64APSK、128APSK 和 256APSK;

(4)针对关键同信道干扰情况的附加物理层加扰选项;

(5)5% 和 10% 的较小 RRC 滚降选项。

图 13.9 为 AWGN 通道上 DVB-S2X MODCOD 的频谱效率与其理想 E_s/N_0 值的函数关系(ETSI EN 302 307-2,v1.1.1,2015)。旧标准要求最低 $E_s/N_0=-3$dB,而新标准可低至 -10dB,这对于使用小型天线的移动终端传输而言颇有吸引力。在高端,使用新的调制格式,E_s/N_0 的频谱效率持续增长,超过 15dB,最高可达 20dB。采用额外的 MODCOD,频谱效率非常接近香农极限(12.6.2 节)。

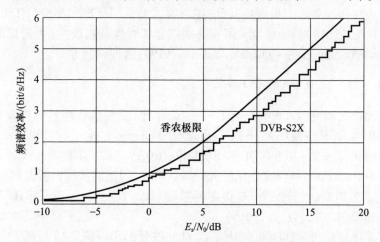

图 13.9 通道上 DVB-S2X MODCOD 的频谱效率与理想 E_s/N_0 的关系

新的高阶调制方案主要面向专业用户服务,对于此用户配置文件,它们是必需的。它们是交互式服务和卫星新闻采访的可选设备,并不适用于广播服务。更详细的编码选项要求用户终端接收机测量的 $C/(N+I)$ 精度更高,精度应优于 0.2dB。

13.4.3 返向链路的 DVB – RCS2 标准

13.4.3.1 概述

DVB – RCS2 标准针对通过共享卫星信道的多个用户的返向链路,定义了编码、调制和多址方案。它将 ACM 功能扩展到返向链路,并指定将前向链路质量信息传输到网关。

DVB – RCS2 标准非常强大和灵活,阐释了消费者、多住所、企业、工业过程监控和数据采集(supervisory control and data acquisition,SCADA)、回程和机构应用场景的需求,并考虑透明卫星和再生卫星(有无交换),以及星形和网状网络配置等等。由此产生的标准相当复杂:仅低层协议层标准达 239 页,低层指南的配套文件有 279 页长。DVB 联盟技术模块 RCS 主席与他人合著的一篇论文称为"可能是卫星通信系统最大的标准化工作"(Skinnemoen et al.,2013)。复杂的标准通常意味着昂贵的实现,这就是没有消费者互联网系统使用该标准的原因。显然,第一个版本存在复杂性问题:唯一一个 DVB – RCS 和 SES 宽带的消费系统只使用其资源分配方法,而不使用其调制格式。相反,它使用卫星模式调制解调器规范(13.5 节)。然而,专业 VSAT 网络却使用 DVB – RCS 标准(NSSL Global Technologies,2019)。

这里关注协议的两个最底层,所描述内容遵循低层标准和指南(ETSI EN 301 545 – 2,v1.2.1,2014)。该标准为所有终端规定了线性调制线性(无记忆调制)和连续相位调制(continuous – phase modulation,CPM)两种调制方案。

13.4.3.2 无记忆调制和编码

对于无记忆调制(12.8 节),与 DVB – S2 相比,发射机物理层的构成很简单,如图 13.10 所示,其中使用了 16 态 Turbo 码(Skinnemoen et al.,2013)。

调制格式有 π/2 – BPSK、QPSK、8PSK 和 16QAM,脉冲成形是 RRC,滚降系数为 20%。16QAM 是一种幅度变化较大的调制格式,因此卫星放大器需要在回退模式下工作。在 BPSK 的情况下,直接序列扩频(1.3 节)的扩频因子范围为 2 ~ 16(ETSI EN 302 307 – 2,v1.1.12015)。

为了支持接收机的载波和定时恢复,已知符号的引导码块插入到突发的开始和整个突发中,其中突发是在给定的时隙和给定的频段中传输。

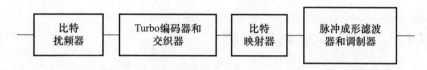

图 13.10 无记忆调制的 DVB – RCS2 物理层框图

13.4.3.3 带记忆的调制和编码

当调制是 CPM(12.11 节)时,物理层的格式是不同的,但仍然相当简单,如图 13.11 所示。

图 13.11 带存储器调制的 DVB – RCS2 物理层框图

之所以引入 CPM,是因为它具有降低终端成本的潜力。CPM 是恒幅调制,用户终端的 SSPA 可以工作在饱和状态下,因此可以使用更小、更便宜的放大器来产生特定的输出功率(Skinnemoen et al. ,2013)。使用 8 态卷积码,可以在速率 5/7 ~ 15/17 之间切换。

为了支持接收机的载波和定时恢复,短的已知序列插入到突发的开始和整个突发中。

13.4.3.4 多路接入

通过 DAMA 方法将返向链路资源分配给用户终端,多址方案是 MF – TDMA。NCC 为每个活动终端分配多个时隙/载波对,其中每个时隙/载波对由多个参数定义,这些参数包括调制方案、编码速率、载波频率、符号速率、开始时间和持续时间,这构成了终端的传输信道。注意,载波带宽、符号速率和时隙持续时间因载波而异,而调制方案、码率和数据比特率可能因突发而异。

除了 DAMA 之外,NCC 还可以为随机接入指定一些时隙/载波对,不仅用于控制信道,还可以用于用户数据。这会实现更快的响应时间,因为它避免了 DAMA 所需的请求/响应周期,并且可能会对非对称流量配置文件特别有益,如网络浏览。

TDMA 需要所有发射机之间的时间同步。发送到用户终端的前向链路信号提供了参考,每个终端根据自己的位置和广播的卫星星历数据计算到卫星的信号延迟。NCC 向终端发送校正消息,以微调其定时。

13.5 SatMode 通信标准

13.5.1 SatMode 标准

2000 年 SES 决定成立一个联盟,开发一个低成本、始终在线的卫星返回频道,以支持交互式电视。它将取代通常的电话返向信道(Satellite Today,2003)。该项目的一半资金来自欧洲空间局,项目始于 2003 年,终于 2006 年(ESA,2012a)。在 EN 50478(Wikipedia,2018b)文件中,CENELEC 对调制解调器规范进行了标准化。

截至 2012 年,主要的电视广播公司没有大规模部署用于互动电视的卫星模式。ESA 项目随后扩大了卫星模式的应用范围,将三网融合服务和内容交付包括在内。三网融合服务通过一个宽带连接提供电视、电话和互联网(ESA,2012a)。

卫星模式的 OSI 第一层具有以下特征(除非另有说明,资料源自 Wikipedia(2018b))。

(1)灵活的 Turbo 或类 Turbo 编码;
(2)具有旁路可能性的可编程分码;
(3)可编程交织器;
(4)具有可编程相位脉冲的二进制或四进制 CPM,包括 GMSK;
(5)比特率为 1~64kbps(ESA,2012a)。

使用时隙 Aloha 协议,返向链路访问是随机的(Wikipedia,2020e)。

集线器中心在地面站,它通常实现一种编码和调制方案,并可通知用户终端(Wikipedia,2018b)。

13.5.2 实现

SES 宽带为 Newtec 的 Sat3Play 用户终端提供宽带互联网服务。Sat3Play 实现了卫星模式规范的一部分。本节首先讨论 Sat3Play,然后讨论 SES 宽带。

Sat3Play 是一个用于三网融合服务的多媒体平台,它提供双向互联网连接。这一开发是在一个 ESA 的项目中进行的,并利用了卫星模式项目的成果,该项目于 2009 年左右结束。一级市场被认为是家庭消费者,二级市场是专业应用(ESA,2012b)。Sat3Play 融合了卫星模式和 DVB – RCS 的某些方面,它成为第一个成功的面向消费者的欧洲卫星互联网接入系统(ESA,2012b)。

调制解调器特性如下(源自 VSATplus(2020),除非另有说明)。

(1)UDP 的最大接收速率高达 20Mbps(单播或多播)。

(2)TCP 的最大传输速率可达 3.5Mbps,UDP 的传输速率也是如此(13.2.1 节)。

(3)接收时,DVB–S2 ACM。

(4)接收物理层:调制 QPSK、8PSK、16APSK、32APSK;码速率为 1/4~9/10;RRC 脉冲衰减 5%、10%、15%、20%、25%、35%;符号速率为 3.6~63Msps。

(5)关于传输,卫星模式用于编码和调制,DVB–RCS 用于访问(Wikipedia,2020b)。

(6)传输物理层:带有 6 种 MODCOD 的四元 CPM,带有自适应返向链路;通道带宽为 128KHz 至 4MHz;

(7)Ku 频段和 Ka 频段。

集线器特征(VSATplus,2020):一是可通过为每个额外的运营商添加设备进行扩展;二是由所有终端接收的传输。

SES 宽带是 Astra 系列卫星为在欧洲提供的双向卫星宽带互联网服务。它为家庭消费者提供了双网融合服务(宽带互联网和电话)以及三网融合服务,同时还为监控和 SCADA 网络提供互联网连接(13.4.3.1 节)。如果需要,上传速度和下载速度可以是对称的。用户终端发射 500mW 的功率。该系统在 SES 传送站的中心集线器有连接到互联网主干的路由器。集线器使用 DVB–S2 传输格式。SES 宽带最大下载速度可提高到 10Mbps,上传速度可提高到 256kbps。SES 海事宽带面向小型船只,可提供同样的服务,主要在欧洲北海、波罗的海和地中海北部运营(Wikipedia,2020b)。

参考文献

DVB Project Office(2016). DVB–S2X–S2 extensions. DVB fact sheet. Accessed Feb. 26,2019.

Emiliani LD of SES(2020). Private communication,May 13.

ESA(2012a). Satmode. Project page. June 28. On artes. esa. Accessed June 17,2020.

ESA(2012b). Sat3Play. Project page. June 28. On artes. esa. Accessed June 19,2020.

ETSI EN 301 545–2,v1.2.1(2014). *Digital Video Broadcasting(DVB);second generation DVB interactive satellite system(DVB–RCS2);part 2: lower layers for satellite standard.* Sophia–Antipolis Cedex(France): European Telecommunications Standards Institute.

ETSI EN 302 307–1,v1.4.1(2014). *Digital Video Broadcasting(DVB);second generation framing structure,channel coding and modulation systems for broadcasting,interactive services,news gathering and other broadband satellite applications;part 1;DVB–S2.* Sophia–Antipolis Cedex(France): European Telecommunications Standards Institute.

ETSI EN 302 307–2,v1.1.1(2015). *Digital Video Broadcasting(DVB);second generation framing* structure, channel coding and modulation systems for broadcasting, interactive services, news gathering and other broadband satellite applications; part 2: DVB – S2 extensions(DVB – S2X). Sophia – Antipolis Cedex(France): European Telecommunications Standards Institute.

ETSI TS 102 188 – 1 v1.1.2(2004). Satellite earth stations and systems(SES); regenerative satellite mesh – A(RSM – A) air interface; physical layer specification; part 1: general description.

ETSI TS 102 429 – 1 v1.1.1(2006). Satellite earth stations and systems(SES); broadband satellite multimedia(BSM); regenerative satellite mesh – B(RSM – B); DVB – S/DVB RCS family for regenerative satellites; part 1: system overview.

ETSI TS 102 602 v1.1.1(2009a). Satellite earth stations and systems(SES); broadband sat ellite multimedia; connection control protocol(C2P) for DVB – RCS; specifications.

Fang RJF(2011). Broadband IP transmission over Spaceway. satellite with on – board processing and switching. *IEEE Global Telecommunications Conference*; Dec. 5 – 9.

Garcia AY, Asenjo IM, and Pi. ar FJR(2006). IP multicast over new generation satellite networks. A case study: Amerhis. *International Workshop on Satellite and Space Communications*; Sep. 14 – 15.

Globenewswire(2020). Gilat announces availability of its flagship VSAT, achieving half a gigabit of concurrent speeds. pdf. Accessed Oct. 3, 2020.

Hughes(2020). HX systems: high – performance IP satellite broadband systems. Product information on VSAT systems. Accessed June 19, 2020.

NSSL Global Technologies(2019). SatLink VSATs. Accessed May 1, 2019.

Rinaldi R and De Gaudenzi R(2004a). Capacity analysis and system optimization for the forward link of multi – beam satellite broadband systems exploiting adaptive coding and modulation. *International Journal of Satellite Communications and Networking*; 22(3)(June); 401 – 423.

Rinaldi R and De Gaudenzi R(2004b). Capacity analysis and system optimization for the reverse link of multi – beam satellite broadband systems exploiting adaptive coding and modulation. *International Journal of Satellite Communications and Networking*; 22(4)(June); 425 – 448.

Satellite Today(2003). Satmode raises the interactive stakes. Feb. 12. Accessed June 17, 2020.

Skinnemoen H, Rigal C, Yun A, Erup L, Alagha N, and Ginesi A (2013). DVB – RCS2 over view. *International Journal of Satellte Communications*; John Wiley; 31(5).

ST Engineering(2020). Newtec Dialog, release 2.2. Product brochure. Accessed Oct. 3, 2020.

Svobodova L(1989). Implementing OSI systems. *IEEE Journal on Selected Areas in Communications*; 7(7)(Sep.); 1115 – 1130.

Telesat(2010). Briefing on adaptive coding and modulation (ACM). White paper. Accessed May 23, 2020.

Tomás JG, Pavón J, and Pereda O(1987). OSI service specification: SAP and CEP model ling. *ACM SIGCOMM Computer Communication Review*; 17(1 – 2)(Jan.); 71 – 79.

VSATplus(2020). Newtec MDM2210 IP satellite modem. Specification. Accessed June 19, 2020.

Whitefield D, Gopal R, and Arnold S(2006). Spaceway now and in the future: On – board IP packet switching satellite communication network. *IEEE Military Communications Conference*; Oct. 23 – 25.

Wikipedia(2018a). DVB – S2. Article. Nov. 29. Accessed Feb. 8, 2019.

Wikipedia(2018b). Satmode. Article. Dec. 19. Accessed May 1, 2019.

Wikipedia(2020a). Demand assigned multiple access. Article. Apr. 2. Accessed June 16,2020.
Wikipedia(2020b). SES broadband. Article. Apr. 7. Accessed June 17,2020.
Wikipedia(2020c). User datagram protocol. Article. Apr. 23. Accessed June 20,2020.
Wikipedia(2020d). Transport layer. Article. May 7. Accessed June 20,2020.
Wikipedia(2020e). ALOHAnet. Article. June 5. Accessed June 23,2020.
Wikipedia(2020f). Transmission control protocol. Article. June 18. Accessed June 20,2020.
Wikipedia(2020g). OSI model. Article. June 22. Accessed June 23,2020.
Willems K of Newtec(2014). DVB – S2X demystified. White paper. Feb. 26. Accessed Feb. 28,2019.
Yun A,Casas O,de la Cuesta B,Moreno I,Solano A,Rodriguez JM,Salas C,Jimenez I,Rodriguez E,and Jalon A(2010). AmerHis next generation global IP services in the space. *Advanced Satellite Multimedia Systems Conference and Signal Processing for Space Communications Workshop*;Sep. 13 – 15.

第14章
通信链路

14.1 引言

本章讨论卫星通信系统中的通信链路。链路是一条信号路径,始于发射天线终端,在传播路径中穿过空间和/或大气,经接收天线,到达解调器之前的接收机。除信号之外,干扰也可能进入接收机。实际上,前向链路是从地面站的上行链路以及到用户终端的下行链路的级联链路;返回链路则是从用户终端的上行链路以及到地面站的下行链路的级联链路。通过卫星的用户到用户链路是上行链路和下行链路的级联。

在卫星链路上,接收天线方向上的等效全向辐射功率(EIRP)以及接收终端的增益和噪声温度会随时间而变化。随着时间的推移,大气特性、接收天线的背景辐射和受到的干扰也会发生变化。

本书中,"地面终端"是指地面站或用户终端。

14.2 主要信息来源

分析链路影响的规范性文件由国际电信联盟(ITU)制定,国际电信联盟是联合国的一个重要专门机构。除其他主要职责外,国际电信联盟还协助制定和协调全球电信标准。ITU 无线电部门是制定和发布关于如何处理大气、天线噪声和干扰等相关标准的机构,这些文件可以在网上免费获得。任何要对通信链路进行分析的人都应该首先搜索有关该主题的 ITU – R 文件。与本章相关的无线电部门文件是一系列文件包括:①P,无线电波传播;②BO,广播卫星服务(BSS);③M,移动卫星服务(MSS);④S,固定卫星服务(FSS)。

在阅读国际电信联盟文件时,国际电信联盟使用地球静止轨道(GEO)的缩写为"GSO"。ITU – R 同时出版手册,也可在网上免费获得。与本章最相关的是无线电气象学手册(*Handbook on Radiometeorology*),手册提供了有关无线电波传播效应的背景和附加信息,同时它还可作为 ITU-R 关于传播的推荐指南(ITU-R,2014)。

另一个信息来源是文献 Allnutt(2011),详细介绍了所有链路效应,并给出了产生这种效应的原因、特征以及设想的分析方法。Allnutt 参考了 ITU 标准。

第三个信息来源是著作 Ippolito(2017)。

14.3 链路可用性

链路可用性是指链路向解调器提供的信号足以成功通信所需满足的 $C/(N+I)$ 条件。也就是说,链路不可用,并不是链路断开。一些异常的大气环境如大雨或在干燥的环境、异常高的湿度环境都可能会导致链路不可用。另一个影响链路可用性的因素是日凌干扰(14.5 节),从地面终端的角度来看,太阳位于卫星后面时,瞬时增加的噪声或干扰也会导致链路失效。有效载荷和平台热控分系统的老化使上行链路更难关闭(2.2.1.6 节)。

降低链路失效的系统设计方面如下。

(1)对于上行链路,有效载荷设计能够承受进入天线的大功率信号(通常情况就是这样)。

发射地面终端可在必要时提供额外功率。例如,Spaceway 3 卫星通过终端部分(10.4.3 节)在闭环中执行上行链路功率控制,这是当今大多数卫星网络系统的常见功能(Emiliani,2020a)。

在卫星系统返回链路上支持自适应编码和调制(ACM,参见 13.2.3 节),当用户链路上的天气和干扰条件不利时,系统可以向用户终端发送自适应调节信号,使其返回链路传输更加稳健(交互式通信的 DVB-S2 和 DVB-RCS2 通信标准采用了这种方式,参见 13.4 节)。

(2)对于下行链路,有效载荷留有发射功率裕量。例如,Spaceway 3 卫星在混合闭环和开环系统中有一个功率储备池。在系统的闭环部分,地面终端可以请求增加其波束的下行功率。在开环部分,有效载荷根据来自地面雷达的降雨预测,预先增加波束的下行功率。

在前向链路上支持 ACM 的卫星系统中,当用户链路上的天气和干扰条件不利时,系统可以向用户终端发出信号,表明其前向链路信号参数正在修正,以使其更加稳健(DVB-S2 和 DVB-RCS2 支持这一点)。

(3)对于其中一条链路,卫星系统之间的干扰也需要进行控制(14.6.5 节和 14.6.7 节)。

对于没有 ACM 的系统,在发射机中设计发射功率裕量适应大多数雨衰的情况,从而提供降雨裕度。一个更一般的术语是大气裕量,它的目标不仅要适应雨衰,而是几乎在所有时间还要能适应其他的大气环境影响。

卫星服务的客户需要高服务可靠性和可用性,以及尽可能少的链路失效事件。衡量链路可用性的一个指标是长期平均链路可用性。某大型卫星网络供应商对 Ka/K 频段的长期平均链路可用性要求达到 99%~99.7%,以及对 Ku 频段电视广播的长期平均链路可用性要求温带地区为 99.9%,热带地区约为 99.5%。链路可用性的另一个衡量指标是最差月统计数据,一些卫星广播公司使用,但欧洲公司不常用(Emiliani,2020a)。同一家卫星服务供应商统计了至少持续 1min 的失效事件(Emiliani,2020a),发现使用 ACM 的链路比不使用 ACM 的链路具有更高的可用性。

ITU 提供了一种计算 GEO 和非 GEO 卫星长期平均大气衰减统计数据的方法。如果用户终端或地面站一次可以看到多颗卫星,可以通过假设使用具有最高仰角的卫星进行近似计算(ITU-R P.618,2017)。

如果卫星制造商的客户让制造商确定覆盖区域内补偿大气影响所需的各种 EIRP 值,则客户可以指定使用的特定降雨模型。如果覆盖面积很大,那么确保有效载荷设计适当的计算会很复杂。

14.4 链路的信号功率

14.4.1 概述

我们想知道决定链路上接收到的信号功率的因素。这些因素哪些是不变的,哪些是变化的。表 14.1 和表 14.2 分别概述了下行链路的两组损耗因子(上行链路类似)。表中最后一列给出了除属于地面终端参量外的其他损耗因子参考值。链路的每一端都必须将其引起的变化保持在一定范围内,同时有助于适应总变化。

表 14.1 下行链路中的恒定损耗

损耗类型	来源	参考
有效载荷天线指向误差造成的平均损耗	各种各样	喇叭天线和单波束反射天线见 3.9 节,多波束天线见 11.2.2 节,相控阵见 11.13 节
平均自由空间损耗	与距离平方成反比	14.4.2 节
大气气体和云层的衰减	氧和水蒸气,对于 10GHz 以上的载波频率	14.4.4.2 节、14.4.4.3 节

续表

损耗类型	来源	参考
在 BOL 的天线罩、反射器和馈电罩的损耗	—	N/A
地面天线指向误差的平均损耗	安装问题和卫星漂移	N/A
平均极化失配损耗	有效载荷和地面天线的极化椭圆不同和/或方向不同	14.4.5 节

表 14.2 下行链路中的可变损耗

类型	来源	参考
有效载荷功率输出不稳定（ALC 模式下的前置放大器）	前置放大器输出功率随寿命的漂移，HPA 的 P_{out} 随温度的变化，HPA 的 P_{out} 随寿命的漂移	8.10 节
有效载荷增益不稳定（前置放大器处于固定增益模式）	HPA 的 P_{out} 随温度的变化，HPA 的 P_{out} 随寿命的漂移	8.10 节
发射功率跳变	切换到冗余 HPA（更多开关和波导管或同轴后 HPA）	7.4.2.3 节
有效载荷天线指向误差	各种各样	喇叭天线和单波束反天线为 3.9 节，多波束天线为 11.2.2 节，相控阵天线为 11.13 节
可变自由空间损耗	非地球同步轨道与地面终端距离变化	14.4.2 节
可变大气衰减	电离层或对流层效应，取决于载波频率	14.4.3 节、14.4.4 节
可变地面天线损耗	馈源、反射器或天线罩上有水或雪；老化	Crane（2002）、Crane and Dissanayake（1997）
可变地面天线指向误差	安装问题和卫星漂移	N/A
可变极化失配损耗	—	N/A
前端损耗跳变	切换到冗余 LNA 或返回到主 LNA（不同数量的开关和或多或少的波导或同轴）	N/A

14.4.2 自由空间损耗

自由空间损耗在概念上是指未到达接收天线的 EIRP 部分，这里假设 EIRP 从发射天线向所有方向均匀辐射。以发射天线为中心的球体表面积为 $4\pi R^2$，半径 R 为有效载荷与地面终端之间的距离。实际上，重要的是以载波波长表示的表面积，即 $4\pi(Rf/c)^2$，其中 f 为载波频率，c 为真空中的光速。通过一些简单的变换，自由空间"增益"定义为 $[c/(4\pi Rf)]^2$。换算成 dB，则是 10 乘以这个值以 10 为底的对数。

显然，以 dB 为单位的自由空间损耗与以 dBHz 为单位的频率成正比。对于非常宽的信道（大约为中心频率的 15%），在整个频段上产生的增益斜率将是显著的。幸运的是，这个增益斜率被发射（或接收）天线的增益斜率所抵消。

14.4.3 1~10GHz 载波频率的大气衰减

在温带地区，载波频率 10GHz 以下的射频信号唯一显著的损耗发生在电离层。电离层的高度为 60~1000km，存在太阳电离的粒子（Wikipedia,2020b）。当要求的链路可用性非常高时，暴雨可能会在 X 频段，甚至 C 频段造成问题（Emiliani,2020a）。14.4.4.5 节举例说明了这一点。14.4.4.1 节讨论了雨衰问题。

电离层衰减包括闪烁和法拉第效应（ITU – R P.531,2019）。电离层是一个等离子体区域，往往集中在 80~400km 的高度。来自太阳的能量将一些氮和氧分子中的电子剥离，使它们电离。在日落后约 1h，当电子与电离分子结合时，电离层对传播的影响最显著（Allnutt,2011）。

14.4.3.1 电离层闪烁

电离层闪烁是信号在平均电平上相对快速且随机的波动。闪烁是频率低于 3GHz 时最严重的干扰之一，偶尔可以观察到高达 10GHz 的闪烁。对于工作在 L 频段或 S 频段的非地球同步轨道卫星系统而言，这种影响尤其显著（ITU – R P.531,2019）。

电离层闪烁是沿传播路径上的不均匀性导致折射率波动引起的。电离层闪烁是电波通过电离层时受电离层结构的不均匀性影响，造成信号幅度、相位等的短周期不规则变化的现象。电离层闪烁的大小与太阳黑子活动密切相关，太阳黑子活动周期为 11 年。因为太阳会产生高强度的电离作用，所以在中午太阳高高地挂在天空的位置和季节也与电离层闪烁有很大相关性（Allnutt,2011）。闪烁在地磁赤道以北约 20°和以南约 20°之间非常严重，在地球两极约 30°范围内非常明显。对于太阳活动最大年份的赤道地面终端，每天晚上几乎都会发生闪烁（ITU – R P.531,2019）。在其他年份，闪烁在春分和秋分的月份内表现强烈（Davies and Smith,2002）。然而，在太阳活动较少的年份，闪烁几乎消失。当地球的磁力线平行于通过电离层的传播路径时,闪烁最严重(Allnutt,2011)。

闪烁事件通常持续 0.5h 到几小时。衰落速率为 $0.1\sim1Hz$(ITU – R P.531,2019),由于其速度很慢,只需要一个具有足够增益调整范围的自动增益控制单元(AGC)即可补偿闪烁的影响。

幅度闪烁数据通常以月度统计数据的形式呈现,最糟糕的月份是太阳黑子活动最高的春分或秋分所在月份。例如,在中等太阳黑子年,4GHz 链路在最差月份平均每天会出现 4min 的 2dB 衰减,即该月的 0.3%。闪烁在所有仰角都可能很严重(Allnutt,2011)。

相位闪烁遵循高斯分布。当闪烁较弱或中等时,赤道地区的大多数观测表明相位和幅度闪烁具有强相关性(ITU – R P.531,2019)。实际上相位闪烁并不是问题,因为接收机的载波恢复环路可以跟踪它。

ITU 提供了电离层闪烁的粗略计算规范文件(ITU – R P.531,2019)。

表 14.3 给出了不利大气环境条件下闪烁的近似值,但不是最差的。

表 14.3 赤道附近电离层效应估算值,仰角约 30°(ITU – R P.618,2017)

载波频率/GHz	闪烁(峰–峰值)[①]/dB	闪烁(RMS)[①]/(°)	法拉第旋转[②]/(°)
1	>20	>45	108
3	≈10	≈26	12
10	≈4	≈12	1.1

① 高太阳黑子数,在昼夜平分点的地磁赤道附近观测到的值。
② 基于白天低纬度地区遇到的高(但不是最高)总电子含量(TEC)值和高的太阳活动。

14.4.3.2 法拉第旋转

3.3.3.4 节提到了关于天线极化选择的法拉第旋转。法拉第旋转与电离层电子密度和地球磁场沿信号路径分量乘积的积分成正比(ITU – R P.531,2019)。线极化信号分裂成两个圆极化信号,它们以几乎相同的速度和路径传播。当它们重新组合时,线性极化(LP)将发生旋转(Davies and Smith,2002)。这就是为什么线极化(LP)不常用于 C 频段以下(Allnutt,2011),圆极化(CP)则不受影响。从表 14.3 中可以看出,旋转在 L 频段较大,在 C 频段虽然较小但影响显著,在 10GHz 时影响不显著。法拉第旋转具有相对规律的日、季节和 11 年太阳周期变化,并强烈依赖地理位置(ITU – R P.531,2019)。

14.4.4 10GHz 以上载波频率的大气衰减

对于频率 10~30GHz,信号损耗几乎所有天气条件都只发生在对流层。全球对流层的平均高度为 13km(Wikipedia,2020)。对信号功率最重要的大气影响来自降雨,其次是气体和云层。在频率低于 10GHz 时,雨衰可能只是一个因素(14.4.3 节)。

ITU 无线电分部规范文件中,针对本节的顶层标准是 ITU – R P.618。它给出了计算大多数大气效应的公式,对于更复杂的大气效应,也总结了所指向的较低级别文档中的内容。

MATLAB 提供了计算各种大气效应引起的衰减的程序指令。

14.4.4.1 降雨衰减

一些天线通过向降雨区提供更高的增益(3.3.1 节),部分补偿其覆盖范围内的降雨衰减。

1. 关于降雨

除非另有说明,本小节中的材料均来自文献 Allnutt(2011)。

降雨特征因地而异,但产生不同类型降雨的物理过程在不同地区的运行情况相似,而飓风等异常事件除外。层状雨和对流雨是两种最常见的降雨结构。层状降雨形成于水平范围较大的云中,其降水相对连续且强度均匀。对流雨以对流单体形式形成一个个小团簇。对流单体间隔为 5~6km,而团簇间隔为 11~12km。对流雨比层状雨更强烈,持续时间更短。这两种降雨结构通常同时发生。

图 14.1 和图 14.2 分别是对流雨和层状雨的雷达图像,对流雨的最大强度约为层状雨的 10 倍。

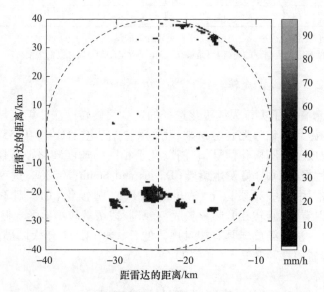

图 14.1 对流雨的雷达图像(由 L. Luini 教授提供,米兰理工学院)

温带地区的降雨主要是层状雨,而热带地区的降雨主要是对流雨。一条信号路径可能与两个降雨区相交,而不仅仅是一个或一个都没有(Mandeep and Allnutt, 2007)。此外,热带地区降雨率要高得多。

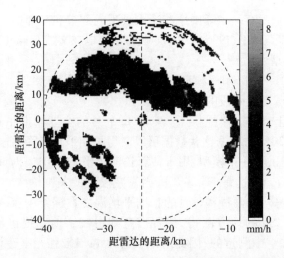

图 14.2 层状雨的雷达图像(由 L. Luini 教授提供,米兰理工学院)

卫星链路上常见的三种降雨类型如下:

(1)层状雨,通常来自 0°C 以下的冰冻颗粒融化,从云层上落下。

(2)雷暴,核心降雨量高,周围降雨强度较小。雷暴源于太阳热量局部集中引发的向上的强对流,它来自积雨云。

(3)雨幡,在约 0°C 的高度凝结,并开始下降,但在到达地面之前蒸发。48%的时间穿过高积云,20%的时间穿过卷云(Wang et al. ,2018)。

包括澳大利亚沙漠、阿拉伯半岛、伊朗和美国西部在内的干旱地区,发生雨幡的降雨事件比例超过 30%,而在亚马逊地区约为 10%。雨幡在陆地上比在海洋上更频繁地出现。在海洋的绝大多数地区,只有不到 20% 的降雨事件是雨幡(Wang et al. ,2018)。

2. 降雨模型介绍

降雨模型分为降雨率模型和降雨衰减模型,在某些模型中可以选择。降雨率模型提供长期降雨率概率分布(降雨率与超出概率的关系,或反过来)。然后,降雨衰减模型将载波频率、卫星仰角和相对于水平方向的极化倾斜角考虑在内(Ippolito,2017)。极化倾斜角是极化椭圆的长轴和局部水平线之间的夹角。

至今有许多不同的降雨模型,最著名的是 ITU – R 降雨模型和 Crane 全球模型(Ippolito,2017)。

ITU – R 模型是标准模型,其频率适用范围高达 55GHz,降雨率超出概率适用范围 0.001% ~5%(ITU – R P.618,2017)。MATLAB 中有计算该模型的程序命令。

Crane 全球模型是第一个发布的模型(1980),为全世界提供了一个独立的降雨衰减预测程序,其基本原理是构建许多其他模型的基础,包括目前经常使用的 ITU – R 模型(Allnutt, 2011)。它是常用模型,尤其是在美国经常使用(Kymeta,

2019）。Crane 模型还有一个降雨率和降雨衰减的双分量模型,在 1996 年与 Crane 全球模型一起更新(Crane,1996)。Crane 模型也可以在文献 Crane(2003b)中获得。

3. 降雨率模型

首先介绍 ITU-R 降雨率模型,然后介绍 Crane 模型。ITU-R 的数据集和模型适用于估算全球不同时段的降雨量。

在月度尺度上,ITU-R 提供了一年中每个月的全球长期平均降雨量数据集(ITU-R P.837,2017),根据这些数据可以获得长期平均年降雨量。

ITU-R 还提供了一个模型,用于估算长期年平均 0.01% 时间概率的 1min 累积时间的降雨率 $R_{0.01}$,这是 ITU-R 降雨衰减模型的关键输入。$R_{0.01}$ 模型从世界各地每月的长期平均降雨量和每月的长期平均温度数据集中获取输入数据,这些数据在距离地面 2m 的地方测得,位置信息则由数字地图提供(ITU-R P.837,2017)。温度是在空中测量的,因此对地面温度并不敏感。本建议还包含 $R_{0.01}$ 的全球地图分布。

全球降雨数据集是针对到达地面的降雨(Emiliani,2020b)。

在热带地区,星-地路径上的预测降雨率可大于倾斜路径上的预测降雨率。原因之一是对流雨簇的发生率相对高于温带地区(Kumar et al.,2009)。另一种推测是,在强对流事件期间,星-地路径可能穿过表现出最高降雨率的降雨单元区域,而较低海拔的路径可以穿过降雨强度较低的雨胞区域,这将整合为较低的总路径衰减(Emiliani,2020a)。

对于那些对一年中最差月份的长期平均统计数据感兴趣的卫星服务提供商,ITU-R 提供了两种估计模型:一是按照上述流程计算 $R_{0.01}$,因为在计算过程中,月度统计数据也是确定的(ITU-R P.837,2017);二是计算流程从长期年度统计开始(ITU-R P.841,2019)。

2017 年发布的 ITU-R P.837 第 7 版是由于已知基础气候图的不足,以及越来越需要调查月度预测对系统设计的影响而产生的。全球降水气候中心收集并分析了超过 8.5 万个站点的雨量计数据,并根据该中心 50 年来的数据绘制了陆地月降雨量地图。类似的海洋地图来自欧洲中期天气预报中心(ITU-R P.837,2017)36 年的年代中期数据,这些数据有大量不同类型的来源。ITU-R P.837 第 7 版还包含了一个重要的改进,即它不再区分层状雨和对流雨,这是不可测量的,因此也无法验证。1min 的综合降雨量数据得到了改进,并以更高分辨率的数字地图形式提供(ITU-R 3J/FAS/3-E,2017)。

至关重要的是,为确保统计稳定性,必须在足够长的时间内收集降雨量,通常超过 10 年(ITU-R P.837,2017)。月度降雨量和离地 2m 的月平均温度需要至少收集 12 年(ITU-R 3J/FAS/3-E,2017)。

Crane 全球模型的降雨率模型体现在一组全球气候区域地图和区域属性列表中(Crane,1996)。

Crane 双分量模型使用了两种降雨量分布：一种用于描述强降雨的小单元（约 1km）；另一种用于描述大得多的低强度区域，约 30km（Crane，1993）。所有暴雨都包含这两种类型的降雨，但给定的信号路径可能不会与高强度降雨单元相交。这两种类型的降雨区分别对应于其他模型中的对流雨区和层状区（Crane，2003a）。

Crane 也有一个降雨率的局部模型，就是他最初的双分量模型，根据逐年变化不断完善调整（Crane，2003a）。在他发表该模型时，仅美国有足够的降雨量数据来应用该模型。自 1965 年以来，美国国家气候数据中心一直在 105 个站点收集测量数据。应用该模型的方法是遵循 Crane 书中设定的原则，使用这些地点中最近地点的数据。最近站点的低超标雨量足以使用，因为低超标雨量是由高强度的降雨量单元引起的，这在两个地点都足够相似。

4. 降雨衰减模型

从降雨统计数据推导衰减统计数据是降雨模型的第二部分。

自 1999 年以来，ITU-R 衰减模型一直基于 DAH 降雨衰减模型，DAH 降雨衰减模型以 Dissanayake、Allnutt 和 Haidara 命名（Ippolito，2017）。一项研究比较了 10 个模型（但不包括 Crane Global）与 ITU-R 的传播数据，发现 DAH 模型提供了最一致和最准确的预测，之后 ITU-R 改用了这个模型（Feldhake，1997）。DAH 模型是根据 ITU-R 传播数据库中的所有降雨衰减数据拟合而建立的，当时该数据库共保存了来自世界各地 120 年的降雨衰减观测数据（Crane and Dissanayake，1997）。

ITU-R 衰减模型将 $R_{0.01}$、纬度、高度、与卫星的仰角和频率作为输入（ITU-R P.618，2017）。

ITU-R 衰减模型试图纠正一个事实，即并非所有到达地面减的降雨都会导致卫星链路衰减，然而这却计入降雨量数据集和统计数据中。有效路径长度模型中考虑了 Virga 雨。ITU-R 模型基本上假设在路径长度上，降雨量是恒定的。路径长度模型是 ITU-R 在本书撰写年（2020 年）讨论的一个主题（Emiliani，2020b）。

Crane 全球模型的衰减模型完全基于降雨量、降雨结构和大气温度垂直变化的观测，而不是衰减测量（Crane，1996）。它与 DAH 模型的不同之处是建立在降雨衰减的物理基础上（Crane and Dissanayake，1997）。全局和局部衰减模型的 Excel 宏可以在互联网网址 weather.ou.edu/~actsrain/crane/model.html 上找到。

5. 降雨变化率

对于超标概率在 0.001% ~0.1% 范围内，相同的信号路径、频率和极化方式，相应的衰减量（以 dB 为单位）每年都与长期统计数据均方根差异 20% 以上（ITU-R P.618，2017）。

ITU 提供了一种预测年度统计数据和最坏月份统计数据的年际变化的方法（相对于长期统计数据），以及一种预测与特定雨量差相关的风险的方法。年度统计方法适用于 0.01% ~2% 的超标概率和 12~50GHz 的频率（ITU-R P.678，2015）

6. 衰减的频率缩比

ITU-R 为两个不同的目的提供了两种随频率缩放降雨衰减的方法(ITU-R P.618,2017)。

第一种方法是在任何给定的超标概率下,将一个频率的长期雨水衰减比例转换为同一路径上的另一个频率的简单关系。比例系数不仅取决于这两个频率,而且取决于第一个频率的衰减,14.4.4.5 节介绍了这种比例。

第二种方法适用于具有上行链路功率控制或 ACM 的双向链路,即已知其中一个方向的雨量衰减,则对另一个频率的另一个方向同步衰减。这种方法事实上并没有提供一个确定的答案,因为这种关系不是一个确定的关系,而是一个具有选择错误或风险概率的答案。

7. 站点多样性增益

造成大衰减的强降雨单元的水平尺寸通常不超过几千米,当卫星可以在主地面站(站点多样性)遭遇大雨使用备用地面站时,可以大大提高链路可用性。

多样性增益是衡量站点多样性所提供的优势的最方便方法,因为它可以作为链接预算中的一个项目。多样性增益是超标概率的一个函数,它等于双站点获得的降雨衰减减去主站点获得的降雨衰减。假设两个站点具有相同的雨量统计和相同大小的地面站天线,如果不满足这个条件,可以采用不同的方式来计算双站点的权重(ITU-R P.618,2017)。几个月的降雨测量可以获得足够好的多样性增益的统计数据(Allnutt,2011)。

根据不同的条件,除了低海拔的路径外,对于 30GHz 以下的频率,有效提供最大多样性增益的站点间隔为 10~20km(Allnutt,2011)。最近的一项研究表明,使用三维大气模型(14.4.4.6 节),在 30GHz 时实际上 30~40km 更理想(Emiliani and Luini,2016)。

8. 附近路径上的差异化衰减

ITU-R 解决了从卫星到地球上两个附近站点的传播路径之间或两个附近卫星和一个地面站点之间的降雨衰减差异问题(ITU-R P.619,2019)。当附近的用户终端在上行链路产生干扰,或附近的卫星在下行链路产生干扰时,降雨衰减差异就很有意义。国际电信联盟不再认为降雨衰减差异是一个小问题,它提供了一个从一颗卫星到两个附近的地面站点的两条路径上的降雨衰减的联合统计计算方法(ITU-R P.1815,2009)。

14.4.4.2 大气衰减

就衰减而言,可以认为洁净空气由干燥空气和水蒸气(湿度)组成。干燥空气成分中重要的是氧气(ITU-R P.676,2019)。在温带地区,Ku 频段的大气衰减约为 1dB。

大气衰减的重要性随频率的升高而增加,在任何给定位置、仰角和频率下,氧气吸收的衰减相对恒定,而水蒸气的衰减则不同,通常在降雨量最大的季节最高

(ITU – R P. 618,2017)。

ITU 提供了三种计算给定路径上大气衰减的程序(ITU – R P. 676,2019):第一种是当大气压力、温度和水蒸气密度是海拔的函数时,这是一个复杂但准确的程序;第二种是基于水蒸气密度、干压力和地球表面温度的简化估算程序;第三种是基于路径沿线综合水蒸气含量的简化估算程序,当本地数据不可用时,这是首选程序(Emiliani,2020b)。

最后两个程序可以使用 ITU 提供的数据。ITU – R P. 835(2017)给出了参考大气的大气压力和水蒸气密度随高度变化的数据,分别为全球年平均值、低纬度年度、中纬度夏季、中纬度冬季、高纬度夏季和高纬度冬季。

ITU – R P. 836(2017)给出了地表水汽密度和沿天顶路径的综合水汽密度的年均值和月均值数据,这些数据给出了各种超标概率以及经纬度的函数。

ITU – R P. 1510(2017)给出了距离地球表面 2m 处的平均温度数据,月平均温度和年平均温度是作为经纬度的函数给出的。

只要给出沿天顶路径的衰减,就可以通过乘以仰角的余切,将其转换为大于 5°的另一个仰角(ITU – R P. 676,2019)。

14.4.4.3 云和雾的衰减

云和雾中的水蒸气也会引起信号衰减。在远高于 10GHz 的频率或在低超标概率的情况下,这种衰减很明显。在 Ka 频段,云的影响比大气更大(Emiliani,2020a)。一般来说,低纬度地区的影响更严重。国际电信联盟提供了按年度或按月计算给定超标概率(作为经纬度的函数)的衰减的方法,该方法的一个输入是沿路径的综合云液态水(ITU – R P. 840,2019)。国际电信联盟为机载用户终端提供了一种简化方法(ITU – R P. 2041,2013)。

14.4.4.4 对流层闪烁现象

一些晴空效应会在低仰角时造成大的可变信号衰减,以至于商业卫星系统通常不在这些低仰角下运行。通常的最低仰角包括(Allnutt,2011):C 频段为 5°;Ku 频段为 10°(11~14GHz);Ka/K 频段为 20°。

在仰角高于最小值时,这些影响中唯一重要的是对流层闪烁,这是由于沿传播路径的折射率的小规模波动引起。引起对流层闪烁的现象是对流层下部的波动及云层边缘附近的水蒸气饱和空气与干燥空气的湍流混合。在温暖和潮湿的地方闪烁现象更严重,对流层闪烁具有昼夜变化和季节性变化。经验证,闪烁强度随着频率的增加和地面天线直径的减小而增加(Allnutt,2011)。

国际电信联盟提供了一种计算在任何给定的超标概率下闪烁引起的衰落深度方法。输入的数据是该地点的表面环境温度、表面相对湿度以及地面天线的有效孔径,其中温度和湿度都是至少一个月的平均值,该模型适用于频率范围 7~

20GHz(ITU – R P. 618,2017)。

14.4.4.5 复合效应引起的衰减

ITU – R 针对流层效应引起的衰减提供了一个公式(ITU – R P. 618,2017),该公式对于单个效应模型适用所有频率(Emiliani,2020e):

$$A_T(p) \approx A_G + \sqrt{[A_R(p) + A_C]^2 + A_S^2}$$

式中:p 为在 0.001% ~50% 范围内感兴趣的超出概率;A_T 为总的衰减量(dB);A_G 为气体衰减(dB);$A_R(p)$ 为雨量衰减(dB);A_C 是云层衰减(dB);$A_S(p)$ 为对流层闪烁衰减(dB)。

如果该地有良好的大气衰减数据,那么将 A_G 设置为 $A_G(p)$;否则,对于 $p \geq 1\%$,使用 $A_G(50\%)$,对于 $p < 1\%$,使用 $A_G(1\%)$。对于 $p \geq 1\%$,使用 $A_C(50\%)$,对于 $p < 1\%$,使用 $A_C(1\%)$(ITU – R P. 618,2017)。该模型在互联网网站 logiciel. cnes. fr/PROPA/en/logiciel. htm 上以 Excel 宏的形式提供。该网站上的单个模型虽然不是最新的,但总和公式是最新的(Emiliani,2020b)。

对于工作频率在 18GHz 以上的链路,特别是在仰角较低(小于 10°)或大气衰减裕量较小的情况下,必须考虑各种大气效应的总衰减(ITU – RP. 618,2017)。

这个公式是根据经验而不是通过物理理论制定的。该方法在 2002 年用 ITU – R 雨量预测进行测试时,发现其与现有的有效测量数据相比,均方根误差约为 35%,p 值高达 1%,且对于所有纬度都一样。该方法还用卫星链接测量进行了测试,均方根误差约为 25%(Allnutt,2011)。

图 14.3 显示了地球两个不同地区在 99.95% 的极高链路可用性下,上行 C 频段的总衰减。对于美洲,除了秘鲁的一个小点,温带地区的总衰减小于 1dB,赤道地区小于 1.5dB。对于欧洲大部分地区以及非洲中部和南部,衰减低于 1dB,但对于摩洛哥的最西部地区和南撒哈拉,衰减超过 2dB。在太平洋有一个地区的衰减大于 2.5dB,在大西洋有一个地区的衰减超过 4.5dB。图 14.3 证实了 14.4.4 节中的说法,即当链路可用性要求很高时,即使在某些地区的 C 频段,降雨衰减也很严重,因为在 6GHz 或 6.5GHz 的大部分甚至全部衰减都是降雨造成的。

图 14.4 与图 14.3 类似,但 Ku 频段的频率为 12GHz。值得注意的是,如果忽略了尺度的不同,那么它们与 C 频段的图是非常相似。这是因为降雨衰减随频率变化而变化,这一点在 14.4.4.1.6 节中已有阐述。另一需要注意的是,即使在 12GHz,总的大气衰减也可能是很大。美洲总衰减小于 6dB,南美赤道地区的大部分地区衰减为 6~9dB,甚至在一些地方超过 9dB。欧洲大部分地区以及非洲中部和东南部衰减低于 4.8dB,但摩洛哥的最西部地区和有争议的领土南撒哈拉以及阿尔及利亚和突尼斯的部分地区衰减超过 8dB。这些图展现了自适应调制编码(13.2.3 节)在 Ku 频段实现非常高的链路可用性要求的优势,然而保持几分贝的链路裕量,自适应调制编码大部分时间都未使用。在更高的频率上,可用性要求甚

至不需要很高,自适应调制编码能提供良好的效益。

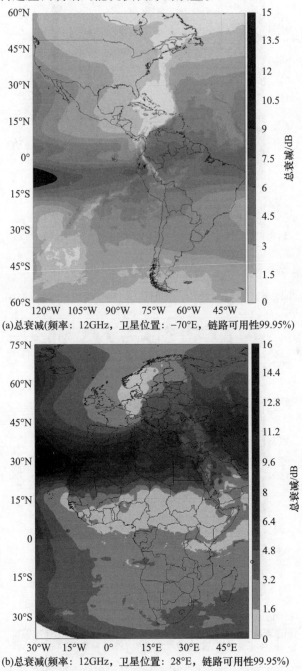

(a) 总衰减(频率: 12GHz, 卫星位置: −70°E, 链路可用性99.95%)

(b) 总衰减(频率: 12GHz, 卫星位置: 28°E, 链路可用性99.95%)

图 14.3　美洲及欧洲和非洲在上行 C 频段 99.95% 的链接可用性下的总大气衰减
(经 Luis Emiliani 许可使用,来自 Emiliani(2020d))

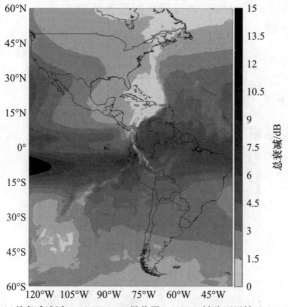

(a)总衰减(频率: 12GHz, 卫星位置: 70°E, 链路可用性99.95%)

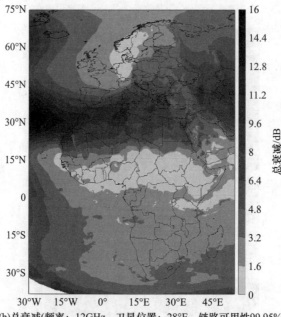

(b)总衰减(频率: 12GHz, 卫星位置: 28°E, 链路可用性99.95%, 总衰减25%分位数: 2.6dB, 75%分位数: 5.4dB)

图14.4 美洲及欧洲和非洲在12GHz时链接可用性为99.95%的大气总衰减
(经Luis Emiliani许可使用,来自Emiliani(2020d))

14.4.4.6 所有效应的三维模型

已经开发了一个雨、云和水蒸气场的三维模型。电波传播应用的大气模拟器（ATM PROP）使用基于物理的方法同时合成所有这些效应的高分辨（水平方向 1km×1km，垂直方向100m）场，其已用于预测对流层的总衰减。到 2017 年，该模拟器已经采用 Italsat 活动的测量结果进行了初步测试（Giannone et al. ,1986），其与意大利三个站点在 20GHz、40GHz 和 50GHz 的 7 年测量数据的比较显示出高度的一致性（Luini,2017）。

如 14.4.4.1 节中所述，该模拟用于研究站点多样性。模拟器也很好地用于预测在一定的超出概率下 ACM 系统为保证给定用户数量的最低比特率所需要的卫星资源（Luini et al. ,2011）。仿真同样表明，在非洲，衰减最高的地区从 6 月的赤道区转移到 12 月的南部热带区，该模拟的另一个可能的应用是典型年份中卫星发射功率的季节性再分配。各个地区的功率之和将会降低，从而减少有效载荷的质量和直流功率需求（Luini et al. ,2016）。

14.4.5 天线极化失配带来的损耗和变化

为了使一副天线接收从发射天线发射到该天线处的所有辐射，对于非圆极化，接收天线必须与发射天线具有相同的极化方式。若非如此，则会出现极化失配损耗。对于具有固定地面终端的 GEO 来说，除了在大雨期间，这种损耗一般是恒定的，但在其他情况下也很可能会变化。只有当其中一副天线是相控阵天线或由相控阵馈电的反射面天线进行波束扫描时，这种损耗才可能非常大（11.7.2.2 节）。

由于极化不匹配，接收到的信号功率与可用的功率之比为（Howard,1975）

$$\rho = \frac{1}{2} \frac{(1 \pm r_1 r_2)^2 + (r_1 \pm r_2)^2 + (1 - r_1^2)(1 - r_2^2)\cos 2\theta}{(1 + r_1^2)(1 + r_2^2)}$$

式中：r_1 为椭圆极化波的轴比；r_2 为接收天线椭圆极化轴比；θ 为入射波最大幅度方向与椭圆极化接收天线最大幅度方向之间的角度；当且仅当接收和发射天线具有相同的极化旋转时使用"＋"号，否则使用"－"号。

r_1 和 r_2 都在 0～1 之间，对于线极化（LP）等于 0，对于圆极化（CP）等于 1（3.3.3.4 节）。当 $r_1 = 1$ 时，$\rho = (1 + r_2)^2 / (2(1 + r_2^2))$。对于非极化，通常不是给出 r_1 和 r_2，而是给出 $-20\lg r_1$ 和 $-20\lg r_2$（dB）。通常情况下，在链路预算中极化失配损失用 $20\lg \rho$ 表征。如果两个极化是正交的（$r_1 = r_2$，旋转方向不同，且 $\cos 2\theta = -1$），那么将不会接收到任何辐射。图 14.5 为一对正交极化的例子。若采用圆极化天线收到线极化波，接收天线会接收到一半的功率，反之亦然。

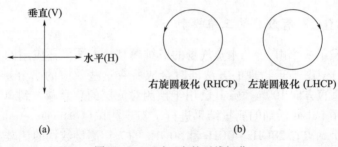

图 14.5 一对正交的天线极化
(a)线极化;(b)圆极化。

14.5 链路中的噪声电平

给定链路上(或称为接收天线终端)的系统噪声温度T_s有三个分量(8.12.1节):天线噪声温度T_a;环绕噪声温度T_r;热噪声温度$(F-1) \times 290$,其中F为经过接收天线终端的有效载荷部分的噪声系数(不以 dB 为单位)。

环绕噪声温度和热噪声温度已经在前面章节进行了阐述,下面主要描述天线噪声。

上行链路系统和下行链路系统噪声温度的变化见表14.4和表14.5。链路的每一端都必须将其引起的变化保持在一定范围内,而接收端必须能够适应其控制之外的变化。

表 14.4 上行链路系统噪声温度的变化

变化类型	来源	参考
有效载荷天线温度的变化	地球的亮度温度不同,降雨的强度不同	本节
有效载荷前端噪声系数的跳升	切换到冗余接收机(更多的开关,也许在 LNA 之前有更多的波导)	6.2.2 节
有效载荷后端噪声系数的跳升(ALC 模式下的前置放大器)	前置放大器 ALC 根据输入信号电平的变化而改变衰减量	7.4.4.1 节

表 14.5 下行链路系统噪声温度的变化

变化类型	来源	参考
地面天线温度的变化	太阳和月亮在天空中移动;太阳的亮度温度不同,降雨的强度不同	当前
地面接收机前端噪声系数跳升	切换到冗余接收机(更多的开关,也许在 LNA 之前有更多的波导)	N/A

ITU-R 表征了上行链路和下行链路的天线噪声温度(ITU-R P.372,2019)。天线噪声温度的一般计算方法是将天线方向图与背景亮度温度进行卷积,其中亮度温度与频率有关。ITU-R 提供了图表,并说明了如何计算亮度温度。

对于接收以地球为背景的信号的有效载荷来说,亮度温度是地球反射的大气辐射和地球发射的辐射共同造成的。从天顶方向看水面,在 1.4GHz 时亮度温度约为 95K,10GHz 时亮度温度为 110K,37.5GHz 时亮度温度为 175K,这取决于水面温度、盐度和粗糙度。陆地比水面亮度温度更高,而且土地越干燥、越粗糙,亮度温度越高。从天顶看陆地在 1.43GHz 时亮度温度为 180K~280K。

对于接收另一颗卫星信号的有效载荷,以除太阳方向和月亮方向之外的太空为背景,在 1GHz 以上的频率,亮度的热力学温度只有几 K;在太阳方向,背景亮度温度非常高,而月亮的亮度温度从新月时的约 140K 到满月时的 280K。

对于接收有效载荷信号的地面终端来说,天空是背景。在 1~30GHz 的频率范围内,晴空大气的亮度温度在 23GHz 左右,达到最高。20GHz 以上的频率,大雨会增加天空的温度,在季风中最多可增加 290K(Morgan and Gordon,1989)。对于地球同步轨道(GEO)来说,由于太阳的亮度温度极高,在太阳几乎处于卫星后面的几天内,该链路将每天不可用一次(太阳中断)(Maral and Bousquet,2002)。

14.6 链路中的干扰

14.6.1 干扰识别域

干扰根据来源可以分为自干扰和来自其他系统的干扰。自干扰是卫星系统对自身的干扰。对于地球同步轨道,卫星系统指的是卫星自身、拥有相同所有者和频段的任何共轨卫星、地面站和用户终端;对于非地球同步轨道星座,卫星系统指的是整个星座、所有地面站和所有用户终端。来自其他系统的干扰可能来自其他卫星系统,在某些频段也可能来自地面通信系统。干扰既可能发生在上行链路,也可能发生在下行链路。

当对卫星系统存在干扰,无论是否来自自身,系统设计应至少在以下三个领域之一对干扰进行识别(图14.6)。

(1)频率,即干扰信号与有用信号处于不同的频段。

(2)天线增益,即天线对干扰信号的增益低于对有关信号的增益。

(3)极化,即干扰信号具有与有用信号正交的极化。

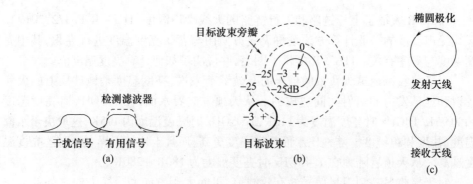

图 14.6 区别干扰信号的三个领域
(a)频率;(b)天线增益;(c)极化。

为了描述干扰对信号的影响,定义一些符号(与第 12 章的定义方式相同): C 为信号功率(其他地方用 P 或 S 表示), R_s 为调制符号的速率, E_s 为每个调制符号的能量($E_s = C/R_s$), N 为给定带宽内的系统噪声功率, N_0 是系统噪声的射频单边功率谱密度。I 为同一带宽内的干扰功率, I_0 为其功率谱密度。由于干扰信号的数据与有用信号不相关,因此干扰被建模为加性噪声。此外,干扰信号与有用信号往往异步,而且在相位上是非相干。一个解调器需要在接收机的某个点上测量到一个最小的 $C/(N+I)$。等价地,其所需要 $E/(N_0+I_0)$ 最小。有时干扰的影响被量化为 E_s/I_0 或 N_0/I_0 或类似的指标。

当存在干扰时,增加有用信号功率会有所帮助,但这通常不是一个可选项。当有用信号比干扰信号弱时,更难将 E_s/I_0 提升到可接受的范围。对于超过 10GHz 的频率,链路上雨衰是显著的,这相对于它的干扰信号对有用信号形成抑制。

在任何情况下,将总干扰保持在低于噪声电平至少 10dB 是确定可容忍电平的一个好的初始值。这相当于从 N 到 $N+1$ 增加约 1dB(FCC,2017)。

下面讨论三种类型的干扰,每种类型都在一个域中有不完美的识别定义,而在第二种域中无法区别。假设在第三种域时识别最坏情况,比正常情况更糟糕,我们观察到良好的干扰识别设计的重要性。假设干扰信号和目标信号进入发射天线终端的功率相等,而且两个信号的链路上的大气衰减相同。表 14.6 中给出了处理的干扰案例。

表 14.6 处理的干扰案例

干扰名称	频段	天线增益	极化方式
相邻信道干扰	略有重叠	相同(最坏的情况)	相同
同信道干扰	相同	不同	相同(最坏的情况)
交叉极化干扰	相同(最坏的情况)	相同	不同

14.6.2 相邻信道干扰

相邻信道干扰(ACI)是来自相同极化的相邻频段的干扰。我们做一个最坏的假设,假设对干扰信号与对有用信号的天线增益相同。引起显著的 ACI 可能原因有信道频段的复用不足以滤掉来自相邻的信道干扰,以及经过大功率放大器放大干扰信号的频谱扩散(9.5.2 节)。ACI 也可能出现在发射的地面终端、有效载荷和/或接收的地面终端。相邻的信道之间通常会有一个保护,其宽度约为该相邻信道中心间距的 10%(5.5.5.1 节)。如果两个信道上的信号存在不同的频谱带宽,但它们的功率谱值大致相同,则较宽的信号更有可能干扰较窄的信号,而不是反过来。

14.6.3 同信道干扰

同信道干扰是指与有用信号在同一频段内产生的干扰,它来自旁瓣发射主瓣接收或者主瓣发射旁瓣接收的干扰信号。我们做一个最坏的假设,假设极化相同。图 14.7 展示了上行链路和下行链路的自干扰情况,这些情况可能引发旁瓣干扰。图 14.8 展示了通过一个地面终端的旁瓣进行干扰的情况,图 14.8(b) 涉及两个不同的地面终端,它们足够接近,处于同一卫星波束中。图中只显示了来自卫星系统的干扰情况;来自地面系统的干扰情况可能存在,但这里没介绍。每个上行链路场景的几何形状与图下方显示的特定下行链路场景的几何形状相同。

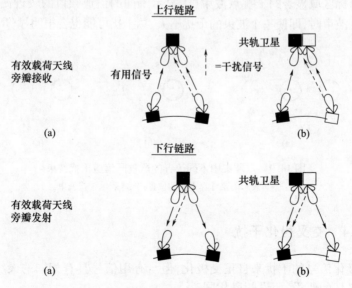

图 14.7 卫星系统同信道自干扰的场景

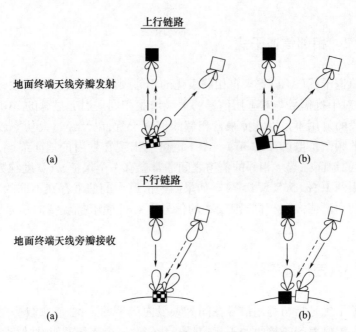

图 14.8 地面终端引起同信道干扰的场景

实际上,同信道干扰并非必须涉及旁瓣,因为主瓣的低增益外缘也会导致类似情况。对于三色波束的覆盖区(11.2.1 节),在目标波束上,干扰波束可能在其主瓣一侧发射/接收;而对于四色频率复用波束的覆盖区,干扰波束可以在其第一副瓣发射/接收,如图 14.6(b)所示(Rao,2003)。图 14.9 显示了相对于周围的点波束而言,对于不同目标区域显著的干扰点波束(未显示不同的信道频段的较近波束)。当存在多个干扰波束时,即使一个波束的干扰不大,总干扰可能也会很明显(Rao,2003)。

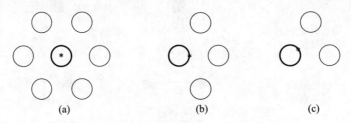

图 14.9 点波束中不同位置的严重同信道干扰波束

注:"＊"表示需要计算干扰的位置;"○"表示干扰波束。

14.6.4 交叉极化干扰

交叉极化信号的干扰来自正交极化,但与有用信号具有相同的天线增益。我们做一个最坏的假设,假设频段相同。

14.6.4.1 自干扰交叉极化

当单颗卫星或多颗共轨卫星或一个地面终端使用两个正交的极化时，就会产生交叉极化的自干扰。发射和接收天线的极化可能不完全相同。

图14.10显示了上行链路和下行链路的交叉极化自干扰的情况。每个上行链路场景的几何形状与下行链路场景的几何形状相同，在图中一上一下显示。图14.10(a)~(b)涉及单颗卫星，图14.10(c)~(d)涉及共轨卫星。图14.10(a)~(c)涉及两个足够近的地面终端，在同一个卫星波束中，图14.10(b)~(d)涉及一个地面终端。

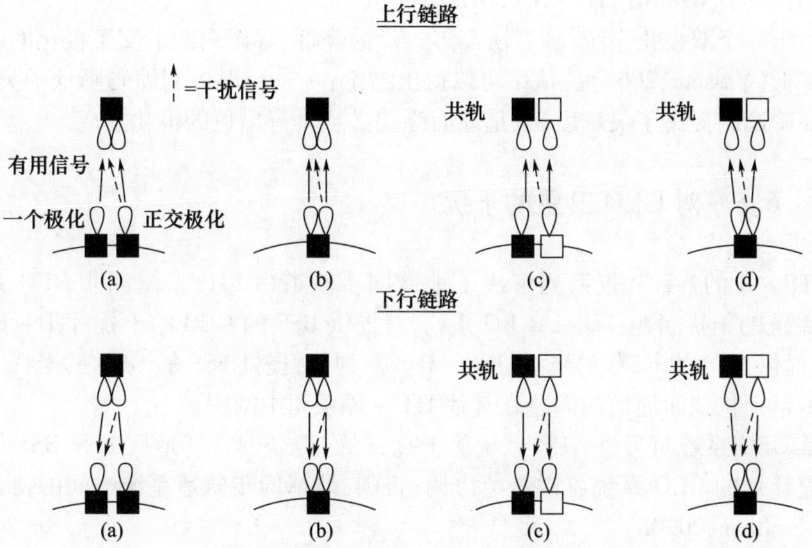

图14.10 卫星系统交叉极化自干扰的场景

14.6.4.2 雨水引起的交叉极化

一个双极化的信号经过雨水或冰粒时，其极化可能被破坏，即信号可能被去极化。在预期极化中会有轻微的功率降低，并且有少量功率转化到正交极化。交叉极化的电平由交叉极化鉴别率(XPD)表征，XPD是去极化信号中原始极化的功率与正交极化的功率之比，单位为dB。

小雨或雾不会导致去极化，因为颗粒是球形的。然而，较大的雨滴在落下的时候会变平，它们可能会被风吹得倾斜，偏离垂直方向(倾斜角)。对流层的冰晶也是非球形的，位于层状雨之上的一个扩展的、相对较薄的云层中(Allnutt,2011)。

一个即将通过雨水或冰晶区域的圆极化信号理论上可以分解成两个正交的线极化信号。由于介质沿两个方向具有不同的特性，分解后的两个信号在通过介质时经历不同的衰减和延迟(相移),从而导致去极化。

线性极化的信号在通过这样的介质时将经历其极化的倾斜,这也是一种去极化。

国际电信联盟提出了一种雨水和冰粒共同引起的长期年度 XPD 的计算方法,它适用 4~55GHz 的频率和不大于 60°的仰角(ITU-R P.618,2017)。最坏月份的 XPD 可以通过与雨水相同的方法从年度 XPD 计算(Allnutt,2011)。

去极化与雨水衰减相关,但不是 100%,因为一些去极化是冰而不仅仅是雨水造成的。然而,国际电信联盟给出的 XPD 的概率分布,不是以分贝(dB)为单位而是以幅度比为单位,其平均值"非常接近"仅针对雨水的 XPD,对于 3~8dB 的雨水衰减,其 $\sigma \approx 0.038$dB(ITU-R P.618,2017)。

对于一个双极化系统,随着所需 E_s/N_0 的降低,降雨引起的交叉极化的敏感性也会降低(Vasseur,2000)。从中可以得出结论:一是错误控制编码降低了灵敏度;二是高阶调制提高了灵敏度;三是地面终端必须具有出色的极化隔离。

14.6.5　对 GEO 卫星的干扰

ITU-R 的各种建议系列解决了地球同步轨道(GEO)系统和非 GEO 系统对 GEO 系统的干扰问题:ITU-R BO 系列,对提供 BSS 的 GEO 的干扰;ITU-R M 系列,对提供 MSS 的 GEO 的干扰;ITU-R S 系列,对提供 FSS 的 GEO 的干扰。

卫星干扰地面通信的问题在其他 ITU-R 系列中阐明。

某 GEO 系统对另一 GEO 系统的干扰,严格遵守 ITU 各地区 FSS、BSS 的频率和覆盖计划的 GEO 系统可以避免协调;否则,地球同步轨道系统之间的协调是必要的(Emiliani,2020a)。

非 GEO 系统和 GEO 系统之间的协调要求取决于非 GEO 系统计划运行的频段(Emiliani,2020a)。

(1)在一组特定的频率范围内,包括 C、Ku 和 Ka/K 频段,如果遵守运行功率电平和对其他服务的影响的限制,非地球同步轨道系统可以不与地球同步轨道协调运行。在 C、Ku 和 Ka/K 频段的部分地区,限制以等效功率通量密度(EPFD)的形式提供,它与功率通量密度(PFD)有关,如图 14.11 所示。然而,EPFD 考虑到了所有非 GEO 卫星对任何感兴趣的地面终端的发射以及该终端的天线方向图(ITU-R,2018)。

(2)在其他频段,如 18.8~19.7GHz 和 28.6~29.5GHz,非 GEO 系统必须与 GEO 系统协调,GEO 也必须与非 GEO 协调,协调原则是谁先谁后。

ITU-R 制定了若干程序,规定国家行政部门是否必须以及如何协调,在哪些情况下不需要协调。ITU-R 世界无线电通信研讨会是很好的信息来源,可以了解最新的研究进展,这些都可以在相关网站上免费获得(Emiliani,2020c)。

每个非 GEO 系统运营商需向联邦通信委员会(FCC)提交文件,在其附录 A "补充附表 S(或者一些类似的名字)的技术信息"中,如果系统有义务不干扰 GEO,则运营商必须证明符合 ITU EPFD 限制和 FCC 规则。

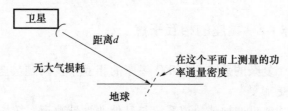

图 14.11　到达地球的功率通量密度的定义

注:频段内 PFD =(频段内该位置对应方向的 EIRP)/$(4\pi d^2)$。

14.6.6　非 GEO 星座的自干扰

低地球轨道(LEO)和/或中地球轨道(MEO)系统中,卫星星座的自干扰是一个复杂的问题。首先,星座一直在动,所以自干扰也总是在变化。为了得到一个好的星座图,需要模拟一段时间。然而,即使是在一个瞬间也很难弄清楚。具体情况取决于卫星的高度、轨道平面,每个轨道平面卫星的数量,流量分布和数量,卫星的多波束天线,以及用户天线的类型,即全向或赋形波束(Loreti and Luglio,2002)。

解决这一难题的论文不多。现有最好的论文是本节内容(Loreti and Luglio,2002),其作了如下假设:

(1)馈电链路有很大的裕量,可以忽略不计;

(2)用户终端与最接近天顶的卫星进行通信;

(3)用户终端均匀地分布在天线波束中。

在前向链路(下行),干扰源是系统中所有信号能被用户终端接收到的卫星。例如,如果波束在两个极化上发射或受到另一个波束干扰,则目标用户终端计划接收的同一颗卫星上可能存在干扰信号。这种干扰信号和有用信号在同一路径上传播,因此具有相同的传播损耗。然而,当干扰信号来自其他卫星波束的旁瓣辐射时,干扰信号与有用信号传播路径不同。

在返回链路(上行),为相关用户终端服务的卫星接收到其信号的所有用户终端都是潜在的干扰源。它们都有不同的传播路径。

本节讨论了许多系统级技术来减少干扰。

本节分析位于轨道高度 1414km、倾斜 52°的 8 个轨道平面上的 48 颗 LEO 星座。对于用户链路,采用了码分复用(CDM)和频分复用(FDM),参见 1.3 节。Globalstar – 2 在转发和返回的用户链路上都使用 CDM。DVB – S2 在用户转发链路上使用 FDM,DVB-RCS2 在用户返回链路上使用 FDM。在 FDM 中,同一时间只有一个用户子集在充当干扰源。正如预期的那样,CDM 和 FDM 的分析结果不同。

14.6.7 非 GEO 星座的相互干扰

由于涉及两个复杂的系统,非 GEO 星座的相互干扰问题甚至比非 GEO 系统的自我干扰问题更加复杂。

国际电信联盟要求非地球轨道系统与其他非地球轨道系统协调,但国际电信联盟无线电条例中指出的例外情况除外(Emiliani,2020a)。

美国联邦通信委员会(FCC)打算让非地球同步轨道运营商相互协调以避免干扰。在美国上空的通信卫星运营商如果是在美国,必须申请许可证;如果不在美国,则必须申请市场准入。一种协调的方式是分视(或避让角度缓解或卫星分集),其中至少有一个相互干扰的系统使用不同的卫星与用户终端通信,不同于共轨卫星。一般来说,用户终端将与最接近天顶的卫星通信(ITU-R S.1431,2000)。如果协调失败,那么 FCC 要求进行繁琐的频段划分,即干扰系统平均分配共同的频段(FCC,2017)。一些国家要求必须完成成功的协调才能获得市场准入(Emiliani,2020b)。

分视在上行链路和下行链路上都可使用,但在这两者上有所不同。在上行链路上,如果从用户终端看,没有另一个系统的卫星在第一颗卫星的规定度数内,那么系统只能建立从用户终端到卫星的链路。在下行链路上,如果没有另一个系统的卫星在第一颗卫星看到的用户终端的规定度数内,那么系统只能建立从卫星到用户终端的链路。在这种情况下,一般来说第二个系统的卫星会比第一个系统的卫星的轨道高度低(Fortes and Sampaio-Neto,2003)。在两个卫星系统的情况下,让两个系统同时实行分视并不能改善上述情况(ITU-R S.1431,2000)。

国际电信联盟建议,对于给定的允许链路中断,10% 的中断时间分配给干扰,90% 分配给大气衰减。国际电信联盟还提供了一种计算允许干扰概率分布的方法(ITU-R S.1323,2002)。

每个非 GEO 系统运营商向 FCC 提交文件。在附件 A"补充附表 S 的技术信息"(或一些类似的名称)中,运营者解释它将如何与其他非 GEO 系统协调。

已发表的关于非地球同步轨道系统相互干扰的研究比那些关于非地球同步轨道系统对地球同步轨道系统的干扰的研究要少得多。我们总结了其中两个结果。第一个是 Ka/K 频段和 V 频段系统;第二个是 Ku 频段系统,这也是论文发表的顺序。

第一项研究在当时被认为是第一个公开的概率风险评估(Tonkin and de Vries,2018)。该分析是针对作者认为有可能投入使用的 Ka/K 频段或 V 频段系统

(IEEE 称 V 频段为 40~75GHz 之间的频率范围。这些卫星使用的 V 频段范围被普遍称为"Q 频段",其范围为 33~50GHz,但 IEEE 和 ITU 都不承认 Q 频段(Wikipedia,2019))。表 14.7 中总结了所研究的系统,对于用户链路使用多个频段的系统,每颗卫星都使用其所有的频段。

在 Ka/K 频段最大的干扰者是 OneWeb,而在 V 频段者是 OneWeb 和 Starlink。OneWeb 之所以有如此大的干扰,是因为它的轨道比其他的高,所以用户终端可以看到更多的 OneWeb 卫星,而 OneWeb 卫星可以看到更多的用户终端。此外,OneWeb 有大量的卫星,一个站点会在最小仰角看到 100 多颗卫星(Tonkin and de Vries,2018)。

表 14.7 非地球轨道星座在 Ka/K 频段和 V 频段相互干扰的分析
(Tonkinand de Vries,2018)

星座	轨道	现役卫星数量/颗	详情	用户链路频段
O3b,2018	MEO	16	轨道高度 8062km,赤道地区	Ka/K 频段
OneWeb	MEO	2560	轨道高度约 8500km,倾角约 45°	Ka/K 频段和 V 频段
Starlink	LEO	4425	3200 颗卫星在轨道高度约 1150km,倾角约 53°。另外,1125 颗在轨道高度约 1300km,倾角 70°~81°	Ka/K 频段和 V 频段
Telesat	LEO	117	45 颗卫星轨道高度 1248km,倾角 37.4°。另外,72 颗在轨道高度 1000km,倾角 99.5°	Ka/K 频段和 V 频段

如果一个大星座干扰一个小星座而引发频段分割,那么大星座比小星座更容易遭受更大的吞吐量下降。

研究的结论是,这四个系统之间的相互干扰问题可能并不严重。这使所有星座在所用站点的吞吐量减少不到 2%。参考的吞吐量是基于恶劣的大气传输但没有干扰(Tonkin and de Vries,2018)。吞吐量下降似乎是非地球同步轨道系统之间相互干扰的一个可信的衡量标准。它可以通过计算 $C/(I+N)$ 与参考 $C/(I+N)$ 的变化,或者计算为 C/N 与 $C/(I+N)$ 的下降(FCC,2017)。

对于 ACM 系统,吞吐量下降是使用系统的所有调制和编码组合(13.2.3 节)的加权平均值(Emiliani,2020b)

第二项研究是针对 Ku 频段系统的更复杂情况,但只是针对下行链路(Braun et al.,2019)。该研究考虑了所有最近提出的 Ku 频段系统,共 8 个。这些系统在卫星数量上有很大不同,从 2 颗到 4425 颗不等,而且包括椭圆轨道等不同的轨道。表 14.8 中总结了这些系统。这项研究也是同类研究中的第一个。作者使用了第一项研究人员开发的软件。假设用户终端布置的最坏情况,即目标系统的用户终端与干扰系统的用户终端布置在一起。假设是 ACM 系统。

在迈阿密的一个 Starlink 用户终端,所有的星座都会覆盖,其他系统造成的吞吐量下降的中值为60%,而且其中几乎所有的下降都是由于Kepler卫星的干扰。这时,分视方案没有什么作用。如果用户终端的唯一干扰源是OneWeb卫星,即使采用分视方案,吞吐量下降中位数约35%。

在发现最初提出的系统参数造成严重的干扰后,作者提出了替代的、经过调整的参数。星座卫星天线的发射增益、发射功率和接收增益被修改,从而减少干扰,最大的修改如下:

(1) Kepler星座卫星发射天线增益增加26dB,发射功率减少45dB,接收天线增益增加14dB。

(2) OneWeb星座低轨卫星发射天线增益增加了25dB,发射功率减少了14dB,接收天线增益增加了14dB。

(3) Starlink星座卫星发射天线增益增加了13dB。

(4) OneWeb星座MEO卫星发射天线增益增加6dB,发射功率减少9dB,接收天线增益减少6dB。

在协调的情况下,即使没有分视,Starlink卫星的吞吐量下降的中值也非常低。另外,Starlink也是其他系统的一个强大的干扰源。Kepler在没有分视的情况下有适度的吞吐量下降,随地面站点的不同而不同。由于Kepler卫星数量不多,所以在分视时吞吐量下降会增加。以上这四个系统的波束尺寸有所下降,因此有必要对整个有效载荷系统进行重新设计。

第二项研究的结论是,Ku频段星座间下行链路的相互作用过于复杂,无法用简单的分视和分频技术来管理。分视对大型星座有利,但对小型星座则不利。需要更复杂的解决方案和更严格的监管(Braun et al.,2019)。

表14.8 非GEO星座Ku频段的相互干扰(Tonkin and de Vries,2018)

星座	轨道	现役卫星数量/颗	详情	参考
Kepler	LEO	140(减去备用星)	轨道高度575km,极地,与太阳同步	Wikipedia(2020a)
OneWeb	MEO	2560	轨道高度约8500km,倾角约45°	Tonkin and de Vries(2018)
OneWeb	LEO	720	轨道高度约1200km,倾角约86.4°	del Portillo et al.(2018)
Starlink	LEO	4425	3200颗卫星在轨道高度约1150km,倾角约53°。另外,1125颗在高度约1300km,倾角70°~81°。	Tonkin and de Vries(2018)
Theia	LEO	112	平均轨道高度800km,倾角98.6°,与太阳同步	Fargnoli(2016)
Karousel	GSO	12	倾角63.4°	Norin(2016)
Space Norway	HEO	2	倾角63.4°,16h轨道,43500km×8100km轨道高度的轨道	Henry(2019)
New Spectrum Satellite	HEO	15	倾角63.4°,8h轨道,远地点轨道高度26172km,偏心率0.605	Brosius(2017)

14.7 端到端 $C/(N_0+I_0)$

我们推导出了上行链路、透明转发有效载荷和下行链路的复合 C/N_0 公式。

链路上(受损)信号的质量可以用 $C/(N_0+I_0)$ 一阶表示。遵循通常的惯例,将该分数(载噪比)与接收机的天线终端关联在一起。通过比较链路的 $C/(N_0+I_0)$ 和接收机要求的 $C/(N_0+I_0)$ 来判断链路质量是否足够好。在本节的其余部分,为了简化符号,将 I_0 折算到 N_0 中。将转发器视为由其增益和噪声系数描述的电子元件,这里的转发器是指不包括天线的其余有效载荷。地面接收机的射频前端所需的值是其噪声系数。由地面发射机添加到信号中的任何噪声都可以忽略不计。

链路的系统噪声温度:

$$T_s = T_a + T_r + (F-1) \times 290$$

输出端的噪声功率谱密度为

$$N_0 = \mathcal{K}T$$

式中:$\mathcal{K}$ 为玻尔兹曼常数。

图 14.12 为从系统噪声温度 T_1 和转发器的噪声系数 F_1 计算上行链路 C/N_0,此时的转发器可以是透明转发型,也可以是处理型。

图 14.13 为从系统噪声温度 T_2 和地面接收机的噪声系数 F_2 计算下行链路 C/N_0 的类似方法。

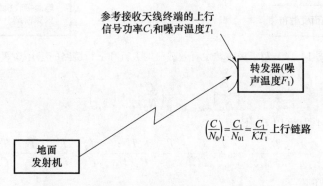

图 14.12　由转发器的噪声系数推导上行链路的 C/N_0

透明转发有效载荷中,表征端到端性能很重要的值是两个链路的信号的复合 C/N_0。图 14.14 显示了这种计算过程。下行链路的传播相当于一个没有噪声的大损耗。需要证明,图中表示的复合 C/N_0 符合上行链路和下行链路 C/N_0 的组成公式:

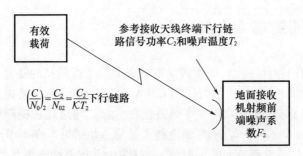

图 14.13 由转发器的噪声系数推导下行链路的 C/N_0

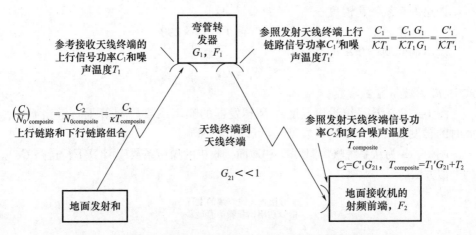

图 14.14 用于透明转发有效载荷的上行和下行链路的综合 C/N_0

$$\left(\frac{C}{N_0}\right)^1_{\text{composite}} = \left(\frac{C}{N_0}\right)^1_1 + \left(\frac{C}{N_0}\right)^1_2$$

从图 14.4 中可以看出

$$\left(\frac{T}{C}\right)_{\text{composite}} = \frac{T_{\text{composite}}}{C_2} = \frac{T'_1 C_{21} + T_2}{C_2} = \frac{T'_1}{C_2/G_{21}} + \frac{T_2}{C_2} = \frac{T'_1}{C'_1} + \frac{T_2}{C_2} = \frac{T_1}{C_1} + \frac{T_2}{C_2}$$

因此这是正确的。

14.8 链路预算

现在将本章中讨论到目前为止的内容整合到一个链路预算中,该预算计算了传输功率、功率损耗、非理想硬件效果、噪声和干扰对 $E_s/(N_0+I_0)$ 底线的贡献,然后将其与足够性能所需的 $E_s/(N_0+I_0)$ 进行比较。

表 14.9 给出了下行链路的简化预算。在大多数情况下,干扰被很好地建模为额外的噪声类型项,这就是为什么 N_0 和 I_0 通常像这里一样求和。在所有项前放置正确的符号,这样就可以全部相加。也就是说,即使一个项被称为"损耗",它仍然可显示为负数(其他人的预算可能不遵循这个习惯)。"应用鉴别前的 C/I"是指在考虑任何鉴别之前,输入到天线终端的 C 功率相对于 I 功率的比率。在频域没有区别,在天线方向图和极化域各 10dB 是随机的,只是为了说明问题。实施损耗项目将在 14.9 节讨论。

表 14.9 下行链路预算示例

	项目	单位	数值
GEO 卫星发射	TWTA 输出功率	dBW	16.8
	TWTA 后的损耗	dB	-1.7
	冗余开关	dB	-0.3
	天线增益	dB	55.3
	指向损耗	dB	-0.3
	EIRP	dBW	69.8
传播	自由空间损耗	dB	-210.3
	大气损耗	dB	-0.5
	雨衰(0.01%)	dB	-5.5
	极化失配	dB	-0.5
	指向损耗	dB	-0.3
	天线增益	dB	69.0
	C	dBW	-78.3
噪声	系统噪声温度的倒数	dB(1/K)	-28.9
	玻尔兹曼常数的倒数	dB(K·Hz/W)	228.6
	C/N_0	dBHz	121.4
干扰	应用鉴别技术前的 C/I	dB	0.0
	频率鉴别	dB	0.0
	天线增益鉴别	dB	10.0
	极化鉴别	dB	10.0
	符号率	dBHz	99.8
	C/I_0	dBHz	119.8

续表

	项目	单位	数值
合并后	$C/(N_0+I_0)$	dBHz	117.5
	符号率的倒数	dB(1/Hz)	-99.8
	$E_S/(N_0+I_0)$	dB	17.7
裕量	实施损耗	dB	-1.5
	风险裕量	dB	-2.0
	$E_S/(N_0+I_0)$指标要求,倒数	dB	-13.0
	超额裕量	dB	1.2

通常,还会有一些解释性或信息性条目,它们不是求和的一部分,但在计算汇总条目时会使用。另外,人们可能想计算最大和最小信号电平时,不确定因素或变化也需要包括在内(9.3.4节)。

对于透明转发有效载荷,通常对上行链路和下行链路分别进行链路预算,并形成复合超额裕量。

ACM 系统中,采用 DVB 的链路,预算理念是不同的。如果用户在给定的中断概率下有保证最小比特率,预算可能会需重新核算,以展示比特率、最低调制阶数、最低码率和超过中断概率的雨衰的闭合性(Luini et al.,2011)。构建预算的第二种方式是做两个预算,用于最稳健和最不稳健的 MODCOD(Telesat,2010)。第三种更彻底的方法是做两个分析:一个是用最有效的 MODCOD 和所需的吞吐量值或长期年度链路可用性的目标做链路预算,另一个是对所有选项开展分析的图表,显示与每个选项相关的可用性和吞吐量(Emiliani,2020b)。

14.9 链路中的实施损耗项目

链路预算包含实施损耗的项目,是一个总括性的项目,用于说明系统硬件的非理想行为,然而这些行为并没有很好地描述出来。预算包括有效载荷的不完善、地面终端的不完善以及有效载荷与地面相互作用的不完善,这些都没有在链路预算中得到体现。

表 14.10 总结了系统硬件中的信号损耗源。一些信号损耗源在链路预算中可能有自己的项目,但那些没有的项目则在实施项目中得到考虑。该表是针对透明转发有效载荷,也可用于处理有效载荷。

表14.10 透明转发有效载荷卫星通信系统中硬件造成的信号损坏总结

信号失真类型	发生在地面发射机	发生在有效载荷	发生在地面接收机	源	具体情况	参考
线性失真	或许	是	是	滤波器	输入和输出复用；检测滤波器与脉冲整形滤波器不匹配	12.15.1节,12.15.2节
时钟抖动	是	否	是	时钟	符号定时和定时恢复	12.15.3节
相位噪声和杂散相位调制	是	是	是	振荡器	调制；频率转换；载波恢复；解调	6.6.6节,12.10.2节
长期频率不稳定性	或许在消费类设备中	是	或许在消费类设备中	振荡器	老化	8.6节
变频器-引起的杂散信号	是	是	是	变频器	LO谐波、信号谐波、信号和LO的交调产物、输入信号和LO的泄漏	8.7节
带内和近带外互调产物	或许	是	否	HPA	带通非线性	6.3.1节,9.5.1节
信号的非线性失真	或许	是	否	HPA	带通非线性	7.2.1节
HPA引起的杂散信号	或许	是	否	HPA及其电源	各种类型	8.9节

参考文献

Allnutt JA(2011). *Satellite - to - Ground Radiowave Propagation*, 2nd ed. London：The Institution of Engineering and Technology.

Braun C, Voicu AM, Simić L, and M. h. nen P(2019). Should we worry about interference in emerging dense NGSO satellite constellations? *IEEE International Symposium on Dynamic Spectrum Access Networks(DySPAN)*; Nov. 11 - 14.

Brosius JW, acting CTO of New Spectrum Satelllite(2017). Letter of intent to FCC, techni calnarrative. July 26.

Crane RK(1993). Estimating risk for earth - satellite attenuation prediction. *IEEE Proceedings*; 81 (June): 905 - 913.

Crane RK(1996). *Electromagnetic Wave Propagation through Rain*. New York：John Wiley & Sons.

Crane RK and Dissanayake AW(1997). ACTS propagation experiment：attenuation distribution observations and prediction model comparisons. *IEEE Proceedings*;85(June): 879 – 892.

Crane RK(2002). Analysis of the effects of water on the ACTS propagation terminal antenna. *IEEE Transactions on Antennas and Propagation*;50(July): 954 – 965.

Crane RK(2003a). A local model for the prediction of rain rate statistics for rain – attenuation models. *IEEE Transactions on Antennas and Propagation*;51(Sep.): 2260 – 2273.

Crane RK(2003b). *Propagation Handbook for Wireless Communication System Design*. Boca Raton, FL: CRC Press.

Davies K and Smith EK(2002). Ionospheric effects on satellite land mobile systems. *IEEE Antennas and Propagation Magazine*;44(Dec.): 24 – 31.

del Portillo I, Cameron BG, and Crawley EF(2018). A technical comparison of three low earth orbit satellite constellation systems to provide global broadband. *International Astronautical Congress*; Oct. 1 – 5.

Dissanayake A, Allnutt J, and Haidara F(1997). A prediction model that combines rain attenuation and other propagation impairments along Earth – satellite path. *IEEE Transactions on Antennas and Propagation*;45: 1546 – 1558.

Emiliani LD of SES(2020a). Private communication. May 13.

Emiliani LD of SES(2020b). Private communication. May 29.

Emiliani LD of SES(2020c). Private communication. June 2.

Emiliani LD of SES(2020d). Computer program. Oct. 18.

Emiliani LD of SES(2020e). Private communication. Oct. 21.

Emiliani LD and Luini L(2016). A combined rain and cloud attenuation field simulator and its application to gateway diversity analysis at Ka, Q, and V bands. *International Communications Satellite Systems Conference*; Oct. 18 – 20.

Fargnoli JD, CTO of Theia Holdings A (2016). Application to FCC, technical narrative. Accessed Mar. 14, 2010.

FCC(Federal Communications Commission)Technological Advisory Council(2017). A risk assessment framework for NGSO – NGSO interference. Satellite Communication Plan Working Group. Dec. 6.

Feldhake G(1997). Estimating the attenuation due to combined atmospheric effects on modern earth – space paths. *IEEE Antennas and Propagation Magazine*;39: 26 – 34.

Fortes JMP and Sampaio – Neto R(2003). Impact of avoidance angle mitigation techniques on the interference produced by non – GSO systems in a multiple non – GSO interference environment. *International Journal of Satellite Communications and Networking*;21: 575 – 593.

Giannone B, Matricciani E, Paraboni A, and Saggese E(1986). Exploitation of the 20 – 40 – 50 GHz bands: propagation experiments with Italsat. *Communications Satellite Systems Conference*; Mar. 17 – 20.

Henry C(2019). Space Norway in final procurement for two highly elliptical orbit satellites. *Space News*; Apr. 10.

Howard W. Sams & Co, Inc. (1975). *Reference Data for Radio Engineers*. Indianapolis: Howard W. Sams & Co.

ITU – R(International Telecommunication Union, Radiocommunication Sector) (2014). *Handbook on*

Meteorology, 2013 ed. ITU – R Study Group 3, Working Party 3J.

ITU – R(2017). Document 3J/FAS/3 – E. Concerning the rainfall rate model given in Annex 1 to Recommendation ITU – R P. 837 – 7. Working Party 3J fascicle. Apr. 3.

ITU – R(2018). Equivalent power flux density limits(epfd). Viewgraph presentation. *ITU World Radiocommunication Seminar*; Dec. 3 – 7.

ITU – R. Recommendation P. 372 – 14(2019). Radio noise. Aug.

ITU – R. Recommendation P. 531 – 14(2019). Ionospheric propagation data and prediction methods required for the design of satellite services and systems. Aug.

ITU – R. Recommendation P. 618 – 13(2017). Propagation data and prediction methods required for the design of Earth – space telecommunication systems. Dec.

ITU – R. Recommendation P. 619 – 4(2019). Propagation data required for the evaluation of interference between stations in space and those on the surface of the earth. Aug.

ITU – R. Recommendation P. 676 – 12(2019). Attenuation by atmospheric gases. Aug.

ITU – R. Recommendation P. 678 – 3(2015). Characterization of the variability of propagation phenomena and estimation of the risk associated with propagation margin. July.

ITU – R. Recommendation P. 835 – 6(2017). Reference standard atmospheres. Dec.

ITU – R. Recommendation P. 836 – 6(2017). Water vapor: surface density and total columnar content. Dec.

ITU – R. Recommendation P. 837 – 7(2017). Characteristics of precipitation for propagation modelling. June.

ITU – R. Recommendation P. 840 – 8(2019). Attenuation due to clouds and fog. Aug.

ITU – R. Recommendation P. 841 – 6(2019). Conversion of annual statistics to worst – month statistics. Aug.

ITU – R. Recommendation P. 1510 – 1(2017). Mean surface temperature. June.

ITU – R. Recommendation P. 1815 – 1(2009). Differential rain attenuation. Oct.

ITU – R. Recommendation P. 2041(2013). Prediction of path attenuation on links between an airborne platform and space and between an airborne platform and the surface of the earth. Sep.

ITU – R. Recommendation S. 1323 – 2(2002). Maximum permissible levels of inerference in a satellite network(GSO/FSS; non – GSO/FSS; non – GSO/MSS feeder links) in the fixedsatellite service caused by other codirectional FSS networks below 30 GHz.

ITU – R. Recommendation S. 1431(2000). Methods to enhance sharing between non – GSO FSS systems(except MSS feeder links)in the frequency bands between 10 – 30 GHz.

Ippolito LJ(2017). *Satellite Communications Systems Engineering: Atmospheric Effects, Satellite Link Design, and System Performance*, 2nd ed. UK: John Wiley & Sons Ltd.

Kumar LS, Lee YH, and Ong JT(2009). Slant – path rain attenuation at different elevation angles for tropical region. *International Conference on Information, Communications and Signal Processing*; Dec. 8 – 10.

Kymeta Corp(2019). Link budget calculations for a satellite link with an electronically steerable antenna terminal. 793 – 00004 – 000 – REV01. White paper. June 1. Accessed May 27, 2020.

Loreti P and Luglio M(2002). Interference evaluations and simulations for multisatellite multibeam systems. *International Journal of Satellite Communications*;20: 261 – 282.

Luini L, Emiliani L, and Capsoni C(2011). Planning of advanced satcom systems using ACM techniques: the impact of rain fade. *European Conference on Antennas and Propagation*; Apr. 11 – 15.

Luini L, Emiliani L, and Capsoni C(2016). Worst – month tropospheric attenuation prediction: application of a new approach. *European Conference on Antennas and Propagation*; Apr. 10 – 15.

Luini L(2017). A comprehensive methodology to assess tropospheric fade affecting earth spacecommunication systems. *IEEE Transactions on Antennas and Propagation*;65(July): 3654 – 3663.

Mandeep JS and Allnutt JE(2007). Rain attenuation predictions at Ku – band in South East Asia countries. *Progress in Electromagnetics Research*;76: 65 – 74.

Maral G and Bousquet M(2002). *Satellite Communications Systems*, 4th ed. Chichester, UK: John Wiley & Sons Ltd.

Morgan WL and Gordon GD (1989). *Communications Satellite Handbook*. New York: John Wiley & Sons.

Norin JL(2016) on behalf of Karousel LLC. Application to FCC to launch and operate. Nov. 15. On assets. fiercemarkets. net/public/007 – Telecom/karousel. pdf. Accessed Mar. 14, 2020.

Rao SK (2003). Parametric design and analysis of multiple – beam reflector antennas for sat ellite communications. *IEEE Antennas and Propagation Magazine*;45(Aug.): 26 – 34.

Telesat(2010). Briefing on adaptive coding and modulation (ACM). White paper. Accessed May 23, 2020.

Tonkin S and de Vries JP(2018). New Space spectrum sharing: assessing interference risk and mitigations for new satellite constellations. *TPRC46, Research Conference on Communications, Information and Internet Policy*; Sep. 21 – 23.

Vasseur H(2000). Degradation of availability performance in dual – polarized satellite communications systems. *IEEE Transactions on Communications*;48: 465 – 472.

Wang Y, You Y, and Kulie M(2018). Global virga precipitation distribution derived from three spaceborne radars and its contribution to the false radiometer precipitation detection. American Geophysical Union's *Geophysical Research Letters*. May 1.

Wikipedia(2019). Q band. Article. Sep. 9. Accessed Mar. 6, 2020.

Wikipedia(2020a). Kepler communications. Article. Feb. 19. Accessed Mar. 14, 2020.

Wikipedia(2020c). Ionosphere. Article. Oct. 7. Accessed Oct. 21, 2020.

Wikipedia(2020b). Troposphere. Article. Oct. 15. Accessed Oct. 21, 2020.

第15章
多波束载荷下行链路裕量的概率处理

15.1 引言

本章将介绍多波束、透明转发、地球静止轨道(GEO)载荷系统的链路级分析。有效载荷系统的等效全向辐射功率(EIRP)比保守的传统分析低。分析过程将通过概率论来处理性能波动(这里采用"波动"而非"不确定性"一词,尽管这两个词的定义相同,但"波动"一词是有效载荷技术要求中的术语)。如果下行链路受雨衰影响,且传统的 EIRP 技术要求被链路可用性技术要求替代,能够节省出更多的 EIRP 资源。如果地球站接收机中的信号能够满足最低的 $C/(N+I)$ 技术要求,那么下行链路是可用的。

采用这种传统分析方式,最坏情况值将互相叠加,从而作用于载波并建立 I_{self} (14.6 节中定义的自干扰),这表征了一种概率极低的极端情况,概率表征能够充分精确地描述在轨有效载荷的性能。当链路受雨衰影响时,传统做法是从载荷波动裕量中分离出雨衰裕量,并将其一对一应用于规定 EIRP 的提升。然而,实际中有效载荷系统在大部分时间内均工作正常,因此对于极其严重的雨衰,有效载荷性能接近标称值的概率很大。

本章将介绍地球站接收到功率电平的决定因素。
(1)转发器有效(有效载荷减去天线)变化的性能;
(2)天线变化的性能(3.9 节、3.11 节、11.2.2 节和 11.13 节);
(3)大气对 10GHz 以上载波频率的影响(14.4.4 节)。

在 C/I_{self} 性能波动中,重要的是 I_{self} 在所关注的覆盖区位置、为特定感兴趣 C 实现最小 C/I_{self} 的干扰。C/I_{self} 包含了 C 对自干扰的鉴别,而 C/I_{self} 的波动却不具备这一功能。在任意随机选取的位置通常只存在一个显著的干扰,而在有多个显著干扰的服务区内也许存在孤立点。

15.2 多波束下行载荷的技术要求

有多种多波束下行载荷和定义它们的方法。基本指标是 EIRP 或链路可用性。对于10GHz 以下的载波频率，由于没有显著的大气衰减（例外情况参见14.4.3 节），应采用 EIRP 指标。对于 10GHz 以上的载波频率，可以采用 EIRP 或链路可用性，无论采用哪一种都需要遵从其他技术规范。下面讨论不同类型的技术指标及其成立条件。

如果基本指标为一组最低 EIRP，那么这些 EIRP 将补偿雨衰的影响。其他指标包括最大 C 波动、最小 C/I_{self} 以及最大 C/I_{self} 波动（对于本章中的概率方法，应能够满足波动指标）。

C 为接近地面期望位置的 EIRP，其他所有功率指的是天线输出端口的功率。其原因是能够找到一组完整的满足要求的 EIRP，而载荷系统具有大功率放大器（HPA）和发射天线。

如果基本指标为最小链路可用性，则应规定一个特定的统计性雨衰模型。还应明确地球站接收机受大气衰减且能正常工作的最低 $C/(I_{self}+I_{other}+N)$ 阈值，其中 I_{other} 为除自干扰之外的干扰。如果唯一的信号损伤为加性高斯白噪声，则这一阈值等于接收机所需的值，且该数值将被增强，从而补偿地球站、载荷以及两者之间不甚理想的相互作用。无雨情况下的 N 和 I_{other} 可以指定为常数，且对应于载荷系统天线输出端的同一点。受大气衰减影响的 $C/(I_{self}+I_{other}+N)$ 必须超过一定时间比例的阈值，至少应等于规定的最低长期可用性。

对于载波频率为 10GHz 及以上的多波束下行载荷，推荐以链路可用性而非 EIRP 为基本指标要求。这是因为如使卫星产生和传输超过必要的功率，运营商将面临竞争中的成本劣势。

不管哪种情况都应定义最大 EIRP 指标要求，以确保到达地球覆盖区域内外特定位置的功率通量密度满足相关监管要求。

现在的问题是这些措施应建立在哪些依据之上。多波束可能是排列为六角形栅格的等尺寸波束（从载荷来看），也可能是排列为不规则图形的异尺寸波束。对于 10GHz 以下的载波频率，由于容易识别最坏位置，技术要求可适用于全部覆盖区。在每个波束中它们相对于波束中心的性能相同，比较容易检查少数性能异常的波束，从而在载荷设计中进行调整。对于 10GHz 以上的载波频率，技术要求只适用于（大量的）离散位置。为了使波束具有不同的功率电平以补偿大气衰减效应，波束方向图应是非规则的。在查找故障点时，通常不可能检查非规则的波束方向图和非规则的雨量图。另外，不可能以人工方式检查无限多个位置的性能指标。

采用人工方式只能检查大量波束位置的性能。

在载荷的技术指标中,寿命要求也非常重要(9.3.4.5节),9.3.4.9节将δ定义为以 dB 表示的从寿命初期(BOL)到寿命中期的平均性能。对于寿命周期内的平均性能要求,性能波动取寿命周期内的平均值,而标称值为δ相对于寿命初期平均值。对于寿命末期(EOL)的要求,波动和标称值均被定义在 EOL 阶段,因此标称值为相对于 BOL 均值的2δ。

15.3 分析方法

分析可分为三个阶段:①对于转发器,得到其对标称 EIRP δ 相对于 BOL 均值的贡献,以及相应的性能波动;②得到天线的类似信息,并将这些数据与转发器的数据进行合成;③对载荷性能统计数据与降雨数据进行概率性合成。

基于 9.3.4 节载荷性能预算中对不确定性的概率处理,对载荷引起的 C 和 C/I_{self} 波动进行了分析。这个分析虽然是在完整载荷系统上进行的,但对其进行较小改变后也可适用于载荷系统的设计过程(9.3.1节)。同时也找到了 C 和 C/I_{self} 相对于其 BOL 平均值的标称值(9.3.4.9节)。对于干扰信号 I_{self},还分析了 C/I_{self} 波动,而这是在后续分析 $C/(I_{self} + I_{other} + N)$ 波动时所需的数值。

本节主要介绍了载荷在寿命期内的平均性能要求,以及对 EOL 要求的适应性变化。可以发现,转发器对δ具有非零贡献,而天线对δ的贡献为零。

GEO 卫星在一年中不同时间相对于地球和太阳的方向如图 2.9 ~ 图 2.11 所示。C 波动的独立分量中有一项是恒定但未知的,而寿命期内的不确定项包括日变化摆动(BOL 和 EOL 数值不同)、季节波动和年度漂移。假设最坏情况为每一天都具有 EOL、最差日的日变化。由于季节波动较小,将其适当简化,只处理每年中最差的一日。如表 15.1 所列,恒定但未知的偏移以及在剩余时间尺度的波动现在是相互独立的。

表 15.1 转发器所引起 C 波动中的独立分量

转发器引起的性能波动中的独立分量
恒定但未知的偏移
日变化
与温度无关的寿命周期内漂移

15.4 分析假设

假设载荷被安装在 GEO 卫星上,转发器为透明转发器,其组成原理如图 1.3

所示。在卫星上的布局如图 2.5 所示。天线采用了反射面体制,通道放大器工作在自动电平控制(ALC)模式。源于转发器的 C 波动定义为

$$源于转发器的 C 波动 = TWTA\ P_{out}波动 + P_{out}测量误差 +$$
$$TWTA\ 后端转发器设备的损耗波动(dB)$$

也就是说,波动仅源于 CAMP(正是它驱动了 TWTA)、TWTA、OMUX 以及包括天线在内的其余 TWTA 后端硬件(通常仅包括波导)。由于工作在 ALC 模式的 CAMP 将补偿输入信号电平的波动,CAMP 之前的信号链路上包括接收天线在内的单机并不重要。I_{self} 的波动与 C 的波动相似,但二者源自不同的载荷单机。假设进入 TWTA 的驱动电平在寿命周期内非常稳定。

CAMP 和 TWTA 通常位于卫星的南、北舱板,而 OMUX 通常位于东、西舱板。转发器单机底座所依附的安装舱板存在温度波动。卫星南、北舱板的热管系统相互连接,因此两个舱板上的载荷单机的温度几乎一直相同。东、西舱板分别拥有独立的热管系统,且它们与南、北舱板的热管系统互相隔离。在任意时刻,OMUX 之间的温差大于 CAMP 或 TWTA 之间的温差。表 15.2 列出寿命期内载荷单机的温升。

表 15.2 寿命期内载荷单机的温升(案例)

载荷单机	EOL 相对于 BOL 均值的标称温度/℃
CAMP	+35
TWTA	+35
东舱板 OMUX	+27
西舱板 OMUX	+27

对于温度变化导致的 C 波动,关注的是信号路径中独立单机的温度波动;对于 C/I_{self} 波动,关注的是两台同类单机之间的温差波动。在任意一条信号路径中,只有 OMUX 存在日变化温度波动。表 15.3 列出单台载荷单机的 EOL 温度波动。如果两台 OMUX 位于同一舱板上,那么其温差为零(二者完全正相关);如果二者位于不同舱板上,那么其范围是单台单机的 2 倍(二者完全负相关)。

表 15.3 单台载荷单机的 EOL 温度波动(案例)

载荷单机	EOL 日变化温度波动/℃
CAMP	0
TWTA	0
东舱板 OMUX	±27
西舱板 OMUX	±27

15.5 转发器引起的 C、C/I_{self} 以及标称值的波动

本节对转发器的分析流程:15.5.1节~15.5.5节将转发器单机导致的C波动和C/I_{self}波动分解为三个独立分量;15.5.6节总结了单机对性能波动的贡献,并用随机数来表示它们;15.5.7节将单机的贡献合并至复值波动,计算出标准偏差,并推导出δ参数。分析过程中从始至终采用了一个算例。在后续的表格和公式中,"可忽略"一词意味着数值低于0.05dB。

15.5.1 CAMP对波动的贡献

CAMP将对信号进行预先放大,使信号电平满足HPA输入端口要求。案例中所有的CAMP均工作在ALC模式。

15.5.1.1 CAMP的增益调整精度

CAMP输出功率的调整精度为0.5dB,因此如果对调整误差没有其他要求,假设其均匀分布在-0.25~0.25dB。调整精度仅会影响未饱和TWTA的信号,而这将导致TWTA的输出功率P_{out}出现误差。调整精度导致P_{out}波动值的一半对于C/I_{self}是有益的,另一半却是有害的。

表15.4列出CAMP调整精度引起的C波动。CAMP是同样结构或独立结构,独立结构产品可能导致更恶劣的结果,因此假设这种情况。CAMP调整精度导致两路信号P_{out}波动的比值为两个独立随机数之和。

表15.4 CAMP调整精度引起的C波动(案例)

工作状态	恒定但未知的偏移
	一般为均匀分布在$-Q_1$~$+Q_1$之间的随机数
饱和状态TWTA	0dB
小信号TWTA	0.25dB

15.5.1.2 CAMP的温度补偿

CAMP虽然可以用ALC模式的输出功率补偿TWTA输出功率随温度的波动,但却无法进行精确的补偿。在-5~60℃的温度范围内,CAMP的输出功率线性提高了0.5dB。在以下关于TWTA温度波动的章节中考虑了这一温度补偿问题。

15.5.2 TWTA 对标称值的贡献

对于大部分具有恒定驱动电平的宇航级 TWTA,随着 TWTA 温度的升高,P_out 会因为损耗的提高而略微降低。TWTA 不会出现日变化波动(表 15.3),因此两台 TWTA 间也不存在日变化波动。如果观察一年中最差一日的数据,会发现季节波动是实际存在。由于热管连接着南、北舱板,所有 TWTA 的温度几乎相同。在卫星的寿命周期内,热控分系统效率的降低将导致 TWTA 温度升高,这种效应将逐渐改变平均每日 P_out。

CAMP 的温度补偿电路旨在抵消 TWTA 对 ALC 模式的温度敏感性。如前所述,这种补偿将导致 CAMP 的驱动电平在 65℃的工作温度范围内提高 0.5dB。对于少量 P_out 随温度升高的 TWTA,CAMP 的这种补偿会发生方向性错误。

可以通过下式计算出每台 TWTA 的寿命末期 P_out 与寿命初期 P_out 的相对值:

$$\text{EOL } P_\text{out} \text{相对于 BOL } P_\text{out} = \left(\frac{35}{85}\right)\left[P_{\text{sat}\Delta} + \text{gs}(\text{OBO})(P_{\text{ss}\Delta} - P_{\text{sat}\Delta})\right]$$
$$+ \left(\frac{35}{65}\right)0.5\text{gs}(\text{OBO})$$

式中:gs(OBO)为 TWTA 在输出功率回退的增益斜率(dB/dB);$P_{\text{sat}\Delta}$ 和 $P_{\text{ss}\Delta}$ 分别为在饱和以及小信号输入情况下 0~80℃范围内的实测 TWTA P_out。

当 TWTA 工作在饱和状态时,gs(OBO) = 0;当 TWTA 工作在小信号时,gs(OBO) = 1。根据参数值的不同,以上公式可能为正值或负值。一组宇航级 TWTA 的实测 $P_{\text{sat}\Delta}$ 在 -0.08 ~ -0.04dB/dB 范围内变化,实测 $P_{\text{ss}\Delta}$ 在 -1.0 ~ -0.4dB/dB 范围内变化。如表 15.2 所列,公式中的 35℃是从 BOL 至 EOL 的温度漂移,85℃是 TWTA 的工作温度范围。这一公式不涉及性能波动,但会影响 P_out 标称值。如果寿命要求为寿命均值,那么均采用差值的一半;而对于 EOL 性能,应采用整个差值。

15.5.3 P_out 的测量不确定性

在案例中假设计入了 P_out 测量误差的大小(9.3.4.4 节),实际的误差是不可知的,其概率分布可近似为零均值高斯函数。测量误差值的一半对于 C 是有益的,另一半是有害的。

表 15.5 列出 P_out 测量不确定性引起的 C 波动。可以假设两次测量的不确定性是独立的(劣于正相关),因此两次测量不确定性差值的波动是两个独立随机数之和。

表 15.5 P_out 测量不确定性引起的 C 波动(案例)

恒定但未知的偏移
一般形式为均值为 0、标准偏差为 Q_2 的高斯分布随机数,其中 Q_2 为 0.125dB

15.5.4 OMUX 对波动的贡献

OMUX 的插入损耗随时间的变化是一个已知的温度函数,在 80℃的工作温度范围内仅为 0.1dB。EOL 日变化波动具有附录 A.3.7 所述的卫星舱板受照射情况下的概率函数。波动的范围仅为 ±0.03dB,因此可以忽略。两台 OMUX 之间的情况参见表 15.6。如果两台设备位于不同的舱板上,那么波动范围的差值在 ±0.07dB 范围内,相应的概率函数可参见附录 A.3.8。

表 15.6 OMUX 的 δ 日变化插入损耗波动导致的 C/I_{self} 波动(案例)

工作状态	δ 的日变化波动
	一般形式为范围是 ±H 的正弦波
OMUX 位于同一舱板	0dB
一台 OMUX 位于东舱板,另一台位于西舱板	0.07dB

如表 15.7 所列,在假设的时间点,OMUX 的制造公差也会影响不确定性。假设两台 OMUX 的不确定性相互独立(比正相关差),两种公差差值的不确定性是两个独立随机数之和。

表 15.7 OMUX 制造公差导致的 C 波动(案例)

恒定但未知的偏移
一般是标准偏差为 Q_3 的高斯分布随机数,其中 Q_3 为 0.1dB

15.5.5 除 OMUX 之外的其他 TWTA 后端硬件对波动的贡献

除 OMUX 之外的 TWTA 后端硬件包括波导,可能存在的若干载荷集成单机以及另一滤波器。在假设的时间点,制造公差是不确定性的主要来源,相对而言微小的日变化波动是可忽略的。表 15.8 列出除 OMUX 之外的其他 TWTA 后端硬件的制造公差引起的 C 波动。

表 15.8 除 OMUX 之外的其他 TWTA 后端硬件的制造公差引起的 C 波动(案例)

恒定但未知的偏移
一般是标准偏差为 Q_4 的高斯分布随机数,其中 Q_4 为 0.1dB

15.5.6 转发器单机波动和标称值贡献的小结

表 15.9 总结了构成 C 波动的三个分量:恒定但未知的偏移,日变化波动,以及

与温度不相关的寿命期内漂移。恒定但未知的偏移由 CAMP 设置精度、功率测量不确定性、OMUX 制造公差和其他 TWTA 后端硬件的制造公差四个相互独立分量组成。日变化波动以及与温度不相关的寿命期内漂移可以忽略。

表 15.9 转发器引起 C 波动的几种分量

单机	恒定但未知的偏移	日变化波动	与温度不相关的寿命期内漂移
CAMP	均匀分布在 $-Q_1 \sim +Q_1$ 之间的随机数(可设置)	可忽略	可忽略(老化与辐照)
TWTA	N/A	0	可忽略(老化与辐照)
功率测量	标准偏差为 Q_2 的高斯分布随机数(测量不确定性)	N/A	N/A
OMUX	标准偏差为 Q_3 的高斯分布随机数(制造公差)	可忽略	N/A
其他 TWTA 后端硬件	标准偏差为 Q_4 的高斯分布随机数(制造公差)	可忽略	N/A

在案例中除了 OMUX 插入损耗的日变化波动之外,每个 C 波动分量都与相应的 I_{self} 波动的分量无关。

在标称值计算中,对 δ 的唯一非零贡献是 TWTA P_{out} 对平均 TWTA 温度升高的敏感性。

15.5.7 转发器引起的 C 与 C/I_{self} 的波动和标称值

现在可以形成转发器导致的 C 与 C/I_{self} 的复值波动。所定义的上述三个波动分量相互独立,可以通过其标准偏差来表征复值波动。后面假设只存在一个显著的干扰,如果要处理多个干扰,那么将取这些标准偏差的平方根(RSS)。同时还表征了以 δ 为中心波动的标称值。

15.5.7.1 转发器引起的 C 波动和标称值

转发器引起的第一个 C 波动分量,即未知的恒定偏移,可以表征为

$$C \text{ 波动中恒定且未知的分量} = 标准偏差为 \sqrt{\frac{1}{3}Q_1^2 + \sum_{i=2}^{4} Q_i^2} \text{ 的随机数(dB)}$$

第二分量(日变化波动)和第三分量(寿命期内漂移)可忽略。
因此,转发器引起的复值 C 波动可以表征为

$$波动 \approx 标准偏差 \sigma_r = \sqrt{\frac{1}{3}Q_1^2 + \sum_{i=2}^{4} Q_i^2} \text{ 的随机数(dB)}$$

参数 δ 等于寿命期内平均 TWTA 温度升高所导致的 P_{out} 灵敏度漂移的一半。

案例：

假设东舱板上有一台回退性能良好的 TWTA 和 OMUX，最强干扰是位于西舱板的一台饱和 TWTA 和 OMUX。表 15.10 列出计算 C 和 I_{self} 波动时的参数值。表 15.11 所列的平方根为标准偏差的和项。所产生波动的标准偏差分别为 $\sigma_{r1} = 0.24$ 和 $\sigma_{r2} = 0.19$，其中下标 1、2 分别代表 C 和 I_{self}。如果 C 波动为高斯分布，则 C 在 95.4% 的时间里将分布在其正常值 $\pm 2\sigma_{r1}$ 范围内（参见附录 A.3.5）；I_{self} 也如此。假设表 15.12 所列为计算 C 和 I_{self} EOL 平均值相对于 BOL 平均值的参数值，则 σ_1 和 σ_2 分别为 -0.07 和 -0.02。

表 15.10 计算转发器引起的 C 和 I_{self} 波动时的参数值（案例）

波动分量的来源	参数	C/dB	I_{self}/dB
CAMP 调整精度	Q_1	0.25	0
功率测量不确定性	Q_2	0.125	0.125
OMUX 制造公差	Q_3	0.10	0.10
其他 TWTA 输出端硬件的制造公差	Q_4	0.10	0.10

表 15.11 转发器引起的 C 和 I_{self} 波动因素（案例）

波动分量的来源	参数	C/dB	I_{self}/dB
CAMP 设置精度	$\frac{1}{3}Q_1^2$	0.021	0
功率测量不确定性	Q_2^2	0.016	0.016
OMUX 制造公差	Q_3^2	0.010	0.010
其他 TWTA 后端硬件的制造公差	Q_4^2	0.010	0.010
求和	σ_r^2	0.057	0.036

表 15.12 计算转发器引起的 C 和 I_{self} 寿命末期值相对于寿命初期值的参数值（案例）

参数	C/(dB/dB)	I_{self}/(dB/dB)
$P_{sat\Delta}$	-0.06	-0.08
$P_{ss\Delta}$	-1.0	-0.7

15.5.7.2 转发器引起的 C/I_{self} 波动和标称值

转发器引起的 C/I_{self} 波动可近似为

$$\frac{C}{I_{\text{self}}}\text{波动} \approx \text{标准偏差为} \sqrt{\sigma_{r1}^2 + \sigma_{r2}^2 + \frac{1}{2}H^2} \text{的随机数(dB)}$$

式中:σ_{r1}、σ_{r2} 分别为期望信号和干扰的 σ_r; $\pm H$ 为两台输出多工器之间日变化波动的范围。当输出多工器位于同一舱板时,$H^2/2 = 0$,当二者位于不同舱板时,$H^2/2 = 0.002$,与 $\sigma_{r1}^2 + \sigma_{r2}^2$ 相比,这两个数值均可忽略。因此,至少在这一案例中,C、I_{self} 和 C/I_{self} 波动对温度不敏感。转发器引起的复值 C/I_{self} 波动可近似为

$$\frac{C}{I_{\text{self}}}\text{波动} \approx \text{标准偏差为} \sqrt{\sigma_{r1}^2 + \sigma_{r2}^2} \text{的随机数(dB)}$$

标称值计算中的参数 δ 等于 δ_s 的差值:

$$\frac{C}{I_{\text{self}}}\text{在寿命中期相对于 BOL 的平均值} = \delta_1 - \delta_2 (\text{dB})$$

案例:

假设期望信号和最强干扰的特性与上一个案例相同。C/I_{self} 波动的标准偏差为 0.07dB。如果波动呈高斯分布,那么在 97.7% 的时间内,C/I_{self} 将在标称值的 ± 0.14dB 范围内。对于标称值,$\delta_1 - \delta_2 = -0.05$dB。

15.6 天线引起的波动和标称值与转发器引起的波动的合成

本节将讨论载荷系统中的天线所引起的波动,并将其代入转发器引起的 C 和 C/I_{self} 的波动与标称值。完整的 C 和 C/I_{self} 波动的来源如表 15.13 所列,可近似认为这些分量相互独立。

表 15.13 引起 C 波动的各独立分量

载荷引起 C 波动的独立分量
转发器
天线增益误差
天线指向误差

由于天线的性能不会发生显著变化,因此天线在标称值 δ 的计算过程中没有任何贡献。如 15.5.7.1 节所述,复值载荷的 δ 仅与转发器相关。载荷在寿命期内任意年度的平均性能基于建立在天线指向误差均值之上的天线增益。

15.6.1 天线增益误差对波动的贡献

天线增益误差源于制造公差、计算机模型误差和天线热变形。在轨天线的增

益误差仅源于热变形。

源于天线增益误差的 C 波动贡献呈高斯分布：

源于天线增益误差的 C 波动 ≈ 标准偏差为 σ_g 的高斯随机数(dB)

热变形并非天线增益损失中的最大分量(3.11.5 节)，因此可以进行简化并采用最坏情况值。

关于 C/I_{self} 波动，需要考虑 C 和 I_{self} 是如何关联的。它们似乎没有理由呈现负相关性，因此采用了最坏情况假设，即二者相互独立。

15.6.2 天线指向误差对波动的贡献

3.9 节介绍了反射面天线的指向误差，11.2.2 节进一步介绍了多波束天线的指向误差。近似假设指向误差的两个正交分量相互独立，且具有相同的高斯概率分布函数。

天线增益沿某一给定位置的标称值为二维指向误差沿视轴方向的函数，通过指向误差的平均值可以计算出增益的标称值。天线增益波动通常不呈现高斯分布，天线指向误差会导致标称增益下降，天线增益波动与标称增益有关。

通过 MATLAB 程序可以计算某一个给定方向的天线增益平均值和波动。点波束天线的方向图是仅与偏离视角 θ 相关的函数。如图 15.1 所示，给定的偏离方向从中心指向黑点。在图 15.1(a)、(b)中以粗线标示出了两个正交指向误差轴。在图 15.1(a)中，一个轴是通过视轴的半圆，另一个轴是沿着平面(图中显示的剖面)与半球相交的半圆。图 15.1(b)中，围绕半球 90°，第一个轴显示为垂直线，第二个轴显示为较小的半圆。采用 Gauss – Hermite 积分求取平均增益为沿每轴高斯指向误差的函数(附录 A.4)。给定偏离指向的平均天线增益为两轴增益的平均值。在求解出平均增益的同时，也得到了每轴增益的平均平方值，可以通过这一数值与平均值计算出标准偏差 σ_p。

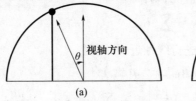
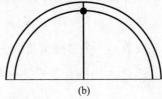

图 15.1　通过二维天线指向误差预估标称增益和增益波动的几何结构

当两个波束具有不相关的指向误差，并在任意时刻具有基本相同的指向误差时，C/I_{self} 存在两种情况：如果两个波束在同一反射面上，那么它们具有相同的指向误差；如果它们位于无跟踪功能的不同天线上，那么它们的指向误差基本相同。

非相关的情况较为简单,标准偏差为两个独立分量的平方根:

$$\frac{C}{I_{\text{self}}}\text{波动} = \text{标准偏差为} \sqrt{\sigma_{\text{p1}}^2 + \sigma_{\text{p2}}^2} \text{的随机数(dB)}$$

式中:下标 1 和 2 分别对应期望信号和干扰。

两个波束同时偏离指向的情况较为复杂,如果干扰波束是一个点波束,那么在期望位置上干扰要么在天线方向图主瓣的陡峭一侧,要么在某一副瓣上(14.6.3 节)。即使干扰位于副瓣方向,方向图的滚降特性也比位于天线方向图主瓣上的期望信号更剧烈。

如果干扰波束为点波束,以 dB 表示的 C/I_{self} 波动可近似为 σ_{p2};当干扰波束非点波束时,以 dB 表示的 C/I_{self} 波动可近似为 σ_{p1}。因此,对于二维指向误差而言,无论进行粗略近似和/或采用最坏情况,增益波动的标准偏差应为 σ_{p1} 和 σ_{p2} 之中的较大值。

15.6.3 载荷引起的 C 波动

所有载荷单机引起的复值 C 波动可以表示为

$$C \text{ 波动} \approx \text{标准偏差 } \sigma = \sqrt{\sigma_{\text{r}}^2 + \sigma_{\text{g}}^2 + \sigma_{\text{p}}^2} \text{ 的随机数(dB)}$$

15.6.4 载荷引起的 C/I_{self} 波动

已经证明,在较小最坏情况的假设下转发器引起的 C 波动分量与相应的 I_{self} 波动分量不相关。因此,所有载荷的复值 C/I_{self} 波动可以表示为

$$C \text{ 波动} \approx \text{标准偏差为} \sqrt{\sigma_1^2 + \sigma_2^2} \text{的随机数(dB)}$$

式中:下标 1 和 2 分别对应 C 和 I_{self}。

将此推广至存在多个显著干扰的情况,则:

$$I_{\text{self}} = \sum_{l=1,n} I_l$$

采用泰勒级数对一个多变量函数进行线性近似,可得

$$g(\eta, \mu_1, \cdots, \mu_n) \approx g(\eta_{\text{nom}}, \mu_{1\text{nom}}, \cdots, \mu_{n\text{nom}}) +$$
$$(\eta - \eta_{\text{nom}}) \frac{\partial g}{\partial \eta}\bigg|_{\text{nom}} + \sum_l (\mu_l - \mu_{\text{nom}}) \frac{\partial g}{\partial \mu_l}\bigg|_{\text{nom}} \eta$$

其中

$$\eta = 10 \lg C, \mu_l = 10 \lg I_l$$
$$g(\eta, \mu_1, \cdots, \mu_n) = 10 \lg \frac{C}{I_{\text{self}}}$$

进而得到

$$\frac{C}{I_{\text{self}}} \text{波动} \triangleq 10\lg \frac{C}{\sum_l I_l} - 10\lg\left(\frac{C}{\sum_l I_l}\right) \text{(dB)}$$

$$\approx (10\lg C - 10\lg C_{\text{nom}}) - \sum_l \alpha_l (10\lg I_l - 10\lg I_{l\text{nom}})$$

$$= (C \text{波动(dB)} - \sum_l \alpha_l (I_l \text{波动(dB)}))$$

式中：$\alpha_l = I_{l\text{nom}}/I_{\text{self nom}}$。$I_{\text{self}}$ 的复值波动可以表征为

$$I_{\text{self}} \text{波动} \approx \text{标准偏差 } \sigma_2 = \sqrt{\sum_l \alpha_l^2 \sigma_{l2}^2} \text{ 的随机数 (dB)}$$

因此，以 dB 为单位的复值 C/I_{self} 波动可以表达为与干扰相同的形式。

15.6.5 载荷引起的 $C/(I+N)$ 波动和标称值

把 C 和 C/I_{self} 的分析拓展至 $C/(I_{\text{self}} + I_{\text{other}} + N)$，其中 N 包括 I_{other}（15.1 节和 15.2 节）。类似于 C 和 I_{self}，N 和 I_{other} 定义在天线的输出端口。通过自由空间损耗和地球站接收机的 G/T_s 计算出 N。

采用与前面章节类似的计算方法，可以发现以 dB 为单位的复值 $C/(I_{\text{self}} + N)$ 可以表征为

$$\frac{C}{(I_{\text{self}} + N)} \text{波动} \approx \text{标准偏差为} \sqrt{\sigma_1^2 + \beta^2 \sigma_2^2} \text{的随机数(dB)}$$

式中：$\beta = I_{\text{self nom}}/(I_{\text{self nom}} + N)$；下标 1 和 2 分别对应于 C 和 I_{self}。

以 dB 表示的 $(C/I_{\text{self}} + N)$ 复值为

$$\left[\frac{C}{(I_{\text{self}} + N)}\right]_{\text{nom}} \text{(dB)} \approx (C_{\text{nom}}(\text{dBW})) - \beta(I_{\text{self nom}}(\text{dBW}))$$

> **案例：**
> 仅考虑转发器引起的波动分量，采用 15.5.7.2 节的数值。进一步假设 $N = I_{\text{self nom}}$，这意味着 $\beta = 0.5$。标准偏差为 0.38dB。

15.7 大气引起的波动与载荷引起的波动的合成

本节将把大气衰减的统计模型（14.4.4 节）与载荷性能的概率模型进行合并。假设通常的 EIRP 要求被长期链路可用性要求或最大长期链路中断概率 q_{spec}（单位为%）替代。

大气最有可能在两方面对 10GHz 以上频段产生显著的链路衰减：一是降雨；

二是水蒸气一类的大气气体。

链路裕量为大气衰减后的 $C/(I_{\text{self}}+I_{\text{other}}+N)$ 与接收机应实现良好性能所需的阈值 r_{th} 的比值。类似此前章节,将 I_{other} 代入 N。大气将对 C 和 I_{self} 形成同样($\alpha>1$)的衰减,但 N(包括来自 I_{other} 的部分)不受其影响。N 包括暴雨期间出现的附加天线噪声,这对应于在技术指标值处的大气衰减(14.5 节)。因此链路裕量为

$$m_{\text{link}}=m_{\text{link}}(C,I_{\text{self}},a)=\frac{\dfrac{C}{a}}{\left(\dfrac{I_{\text{self}}}{a+N}\right)}\dfrac{1}{r_{\text{th}}}$$

在链路可用的条件下,链路裕量大于或等于 1(如以 dB 表示,为非负值)。如果链路发生中断,那么链路裕量小于 1(如以 dB 表示,为负值)。当链路裕量大于 1 时(如以 dB 表示,为正值),C、I_{self} 和 a 仍有变化的空间。当大气衰减低于技术指标值时,计算得到的链路裕量略低于真实数值。

大气衰减裕量 m 与链路裕量不同,它是链路裕量等于 1(如以 dB 表示,为零)时的大气衰减:

$$m=m(C,I_{\text{self}})=\frac{r_{\text{th}}^{-1}-\left(\dfrac{C}{I_{\text{self}}}\right)^{-1}}{\left(\dfrac{C}{N}\right)^{-1}}$$

这一参数取决于 C 和 I_{self} 的瞬时值。如以 dB 来表示,则 $M=10\lg m$。

链路中断长期概率为链路中断在 C 和 I_{self} 以及大气衰减 a 的概率分布均值。需要以 dBW 为单位的 C 和 I_{self} 的标称值与标准偏差。计算步骤:①将 C 和 I_{self} 的数值设置在其范围内;②计算链路中断概率;③求 C 和 I_{self} 概率分布的均值。为了使这一问题易于处理,假设以 dB 为单位的载荷性能波动呈高斯分布。由于还存在诸多影响波动的因素,且每种因素的概率分布不明确,不知道这种近似的效果,但这很有可能是一种良好的近似。这种方法的部分优先级即为天线指向误差的计算(3.9 节)。采用 Gauss-Hermite 积分求解二维均值,计算某一位置链路中断概率的步骤如下:

(1)决定每次一维 Gauss-Hermite 积分中采用多少个点(尝试值为 4 和 6)。得到相应的一组 η_i 因子和一组 ω_i 权值。

(2)计算 C_{nom}。计算表征载荷波动的 σ_1 参数。

(3)计算 C 对每一个可能存在的显著干扰的鉴别因子(14.6 节)。识别显著的干扰,根据 15.6.4 节中的原理计算 I_{nom}、I_{nom} 以及 α_l。计算 σ_2。

(4)计算并存储用于评价逆大气衰减函数的常数(15.9.2 节)。

(5)计算全部 $C_i=C_{\text{nom}}10^{\wedge}(\eta_i\sigma_1/10)$ 和 $J_i=I_{\text{nom}}10^{\wedge}(\eta_i\sigma_2/10)$。计算得到每个索引对 (i,l) 对应的大气裕量 $M_{il}=M(C_i,J_l)$。对于大气衰减 $A=M_{il}$,评价逆大气衰减函数方程,从而得到链路中断概率 q_{il}(15.9.2 节)。对其进行二维加权平均,从

而得到长期平均链路中断概率q_0：

$$q_0 = \sum_i w_i \sum_l w_l q_{il}$$

15.8 优化指定链路可用性的多波束下行载荷

人们希望优化由最小长期链路可用性规定的多波束下行载荷。给定大量应满足技术指标的位置(15.2节)。由于载荷设计中存在如此多的不同约束条件，优化过程需要迭代进行。下面将简要介绍如何迭代求解出一组能够满足可用性要求的C_{nom}，每个数值对应于一个位置；而信号电平会如前面章节所述的方式变化。一旦找到了最终的C_{nom}，可通过每个位置上的C_{nom}与C_{BOL}的差值计算出一组相应的C_{BOL}。

在迭代过程中载荷配置不会改变，"配置"是指通道放大器、大功率放大器和天线。优化步骤包括：设置一个临时的载荷配置，进行数次迭代直到配置中出现问题，对载荷进行重构，以此类推。其中，将"I_{self}"简写为"I"。

(1) 只需一次。

①决定每次一维 Gauss – Hermite 积分中采用多少个点，得到相应的一组η_i因子和一组ω_i权值。

②参考15.9.3节迭代过程中的详细说明，为C_{nom}的向上调整设置迭代调整因子ξ_0。这是一个最大为1的正数，设为0.5可能就够了。

(2) 对于给定的配置，在每一个位置进行一次的步骤。

①得到不考虑自干扰条件下满足链路可用性的初始C_{nom}，计算并存储σ_1(15.6.3节)。

②识别并存储少量可能存在显著干扰波束的索引。

③计算并存储应用评价近似正向大气衰减函数和逆大气衰减函数的常数(15.9.2节)。

④将"先前"迭代质量指标初始化为零。

(3) 在寻找一组全新C_{nom}时，每一步迭代中的工作。

①对于每个位置：

a. 检查少量可能引起显著干扰的波束，计算C对每个干扰的鉴别因子，识别显著干扰并计算α_l，计算I_{nom}和σ_2。

b. 计算并存储$C_{nom\,new}$(15.9.3节)。

c. 如果$C_{nom\,new}$导致HPA性能超出其输出功率，重构载荷并返回步骤(2)；否则，用$C_{nom\,new}$替代C_{nom}。

②计算这一迭代的质量指标，即应满足要求的位置数量。检查这一数值是否优于上一次迭代得到的数值。若不然，调整ξ_0因子并重启迭代过程，将"先前"的指标值设置为当前值。

③绘图显示所有的 C_{nom}。

(4) 进行几次迭代之后,如果子集中所有位置的 C_{nom} 持续提高,那么说明鉴别度不充分。至少在一个鉴别维度(频段、天线方向图、极化)提高鉴别度,然后转至步骤(2)。同时检查所有的 C_{nom},看是否有某些数值超出地球上的最大许用通量密度。

(5) 在迭代收敛之后,在每个位置上应进行以下工作:计算 $P_{sat\Delta}$ 和 $P_{ss\Delta}$,进而计算 C_{nom} 相对于无指向误差 C_{BOL} 的数值。计算为补偿天线指向误差导致的平均损耗而需要 C 的增量,从 C_{nom} 计算 C_{BOL} 和调整量。如果迭代无法收敛,可以考虑通过提高载荷单机的技术指标来降低 C 波动。

15.9 附录:优化基于链路可用性的多波束载荷迭代细节

15.9.1 雨衰函数及其逆函数的近似

某一位置的雨衰函数为超越概率 p 的函数,即 $R = R(p)$,R 的单位为 dB,p 的单位为%。由于需要重复评价 $R(p)$ 及其逆函数 $p(R)$,希望用有效的近似来替代它们。

在国际电信联盟的雨衰模型和其他一些模型中,$\lg R$ 和 $\lg p$ 在一定的范围内近乎为线性关系。p 的期望范围为规定的长期链路中断概率 q_{spec} 附近。采用真实的雨衰模型计算 $R_{spce} = R(q_{spec})$,并存储了这一数值。对于接近 q_{spec} 的 p,得到以下近似:

$$\lg R \approx B'' + D' \lg p$$

式中

$$D' = \left[\frac{\mathrm{d}\lg R(p)}{\mathrm{d}\lg P}\right]_{p=q_{spec}}$$

$$B'' = \lg B'$$

其中

$$B' \triangleq R_{spec} q_{spec}^{-D'}$$

正向关系为

$$R = R(p) \approx B' p^{D'}$$

逆关系为

$$p = p(R) \approx B R^D$$

式中:$D \triangleq 1/D'$;$B \triangleq R_{spec}^{-D} q_{spec}$。

计算并存储正向函数近似中所需的 D' 和 B',以及逆函数所需的 D 和 B。

如果雨衰函数在 $p = q_{spec}$ 处改变表达式,则可能未定义切线,即 q_{spec} 上方和下方不同。这时可以定义两条切线,并了解它们适用于不同区域,或者也可以只定义一条斜率等于两侧斜率均值的切线。

15.9.2 大气衰减函数及其逆函数

某一位置的大气衰减 A 为长期链路中断概率 q 的函数(14.3 节)。假设除雨衰之外的其他大气衰减 R 为常数,得到并存储这些数值,进而使 A 和 R 一对一地相关,即 $A=A(R)$ 以及 $R=R'(A)$。正向大气衰减函数为 $A=A(R(q))$,反向函数为 $q=p(R'(A))$,其中 $R(p)$ 和 $p(R)$ 已经在前面章节中给出。

15.9.3 迭代过程的详细说明

计算全部 $C_i = C_{\text{nom}} 10^{(\eta_i \sigma_1/10)}$ 和 $J_l = I_{\text{nom}} 10^{(\eta_l \sigma_2/10)}$。

对于每个索引对,计算得到大气裕量 $M_{il} = M(C_i, J_l)$。对于大气衰减 $A = M_{il}$,评价逆大气衰减函数方程,从而得到链路中断概率 q_{il}(15.9.2 节)。进行二维加权平均,从而得到当前 C_{nom} 的长期平均链路中断概率 q_0:

$$q_0 = \sum_i w_i \sum_l w_l q_{il}$$

采用正向大气衰减函数(15.9.2 节)计算对应于 q_0 的总大气衰减 a_0(非 dB 形式)。

现在尝试得到等于在规定中断概率 a_{spec} 处衰减的一点等效大气裕量;但在这次迭代中达到了 a_0。在一次迭代中计算下一次迭代所需的新 C_{nom},因此在需要调整时只能归因于新的 C_{nom}。如果保留过多大气裕量,那么,可以在不对其他位置产生负面影响的情况下完全降低 C_{nom}。另外,如果没有足够的大气裕量,则必须提高 C_{nom},但这会对其他位置的性能造成负面影响,只能部分地提高这一数值。如果 $a_0 > a_{\text{spec}}$,那么,将迭代调整因子 ξ 设为 1;否则将其设置为 ξ_0。然后计算并返回下次迭代所需的 $C_{\text{nom new}}$:

$$C_{\text{nom new}} = C_{\text{nom}} \left(\frac{a_{\text{spec}}}{a_0} \right)^\xi$$

第 16 章
端到端通信系统的建模

16.1 引言

本章将介绍如何对开放系统互联(OSI)通信模型第一层(物理层)中的端到端通信系统进行建模。通过误码率(BER)、误符号率(SER)或调制误码率(MER)等指标评价系统性能。建模可以帮助设计师研究载荷技术要求，评估载荷性能超差的影响，推断发生在轨异常的原因，以及分析在投入使用前采用试验方式评价系统升级的可能性。

通常可以采用三种分析方法：一是手工计算或采用微软公司的 Excel 软件；二是计算机软件仿真；三是硬件模拟。在某些情况下，为获得更好的效果，可以把这三种方法结合起来。例如，通过手工计算可以得到干扰信号电平与期望信号电平之间的关系，或是如何用简化方法对干扰信号建模；可以对硬件进行表征分析，并把测量结果作为仿真的输入；也可通过硬件模拟得到标称工作状态的系统性能，用其校正仿真过程，从而进一步评估系统性能对参数变化的敏感性。

16.2 软件仿真和硬件模拟中的注意事项

16.2.1 系统模型

对于采用透明转发技术的端到端卫星通信系统而言，分析模型由地面发射机、载荷和地面接收机三部分组成(通常单独处理大气效应)。采用再生式载荷的通信系统由四部分组成，这是因为载荷由接收和解调模型、调制和发射模型两部分组成。再生式载荷下行链路中的噪声可忽略不计，因此上行链路的接收机噪声是唯一重要的噪声源。本节其他部分仅考虑透明转发载荷，不涉及第 13 章介绍的再生式载荷。

图 16.1 为地面发射机、载荷和地面接收机的典型分析模型原理图。上行噪声和下行噪声分别源于载荷和地面接收机,而链路中也存在干扰。在这种典型示例中,载荷系统中的大功率放大器(HPA)是系统的主要非线性单机。前面章节已经介绍了载荷系统和地面系统的组成单机,三种模型中的所有组成单机都将出现在模拟中。同样,这些组成单机也将出现在仿真中,但其表示形式将更抽象(16.3.2 节)。

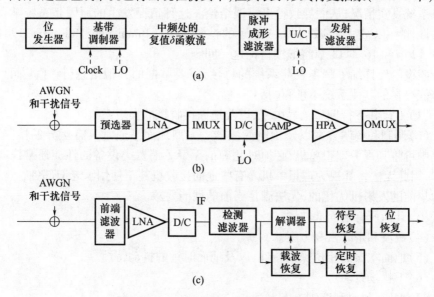

图 16.1 典型的透明转发载荷系统模型
(a)地面发射机;(b)载荷;(c)地面接收机。
Clock—时钟;LO—本振;U/C—上变频器;AWGN—加性高斯白噪声;LNA—低噪放;IMUX—输入多工器;
D/C—下变频器;CAMP—通道放大器;HPA—大功率放大器;OMUX—输出多工器;IF—中频。

有时,需要建模的其他因素包括:
(1)差错控制编/译码器;
(2)进入低噪放的干扰信号;
(3)进入系统其他位置的干扰信号和杂散信号;
(4)载荷单机性能随温度和/或寿命周期的变化;
(5)天线噪声;
(6)天线指向误差;
(7)链路的多普勒效应或多普勒变化率;
(8)地面发射机中的非线性大功率放大器;
(9)载荷前端的限幅器;
(10)地面接收机前端的限幅器;
(11)链路的大气效应。

16.2.2 了解整个通信系统

即使分析工作的重点是载荷系统,也应尽可能精确地对端对端系统中的每个单机进行建模。若非如此,系统性能的仿真结果可能具有很高的误导性,进而无法反映系统真实情况,从而导致得出错误结论。这种情况发生的原因是系统某一方面的性能可以放大或减弱另一方面的性能表现(Braun and McKenzie,1984)。16.3.12 节和 16.3.13 节将继续讨论这一问题。

假设已经详细了解了载荷系统的特性,需要掌握的其他信息(除了上面列出的可能存在的其他系统单机)包括:

(1)上行和下行期望信号电平,以及地面接收机的噪声系数。

(2)调制和解调方案以及检测滤波器。大型地面站通常具有优异的性能,在建模中可将其视为理想单机,必须对此确信无疑。消费类设备的性能通常没有那么好,因此无法将其视为理想单机。有些地面接收机甚至使用了老旧部件,其性能是为早前的发射机优化的,无法满足当前的性能要求。

(3)其他所有地面滤波器。

(4)载波和定时恢复方案。

(5)地面本振的相位噪声特性,以及地面时钟的抖动特性。

(6)干扰场景。

(7)编码、解码和交织方案。

(8)地面接收机的天线噪声。

(9)地面发射机的损耗,以及地面接收天线因指向误差而产生的增益损失。

(10)地面发射机大功率放大器和接收机前端的非线性响应。

除非专门说明是针对最坏情况的研究,所有系统单机一般应工作在标称工作模式。因此,仅有单机指标数据是不够的,还需要测量结果,其原因是系统的某一参数可以放大或减弱另一参数的性能表现。

16.2.3 建模的意义

无论是仿真还是模拟,更不用说手工计算,其结果均无法匹配真实的模拟硬件系统。由于硬件具有包括未测试的、未知的且未建模的相互作用在内的二阶和三阶响应,仿真永远无法匹配硬件(大约在 1994 年,我们在一台新技术试验装置上得到了第一批结果,但这些结果未能匹配客户的仿真分析。客户感到震惊,认为硬件结果是错误的,希望我们在感恩节的周末加班解决这一问题,这是我记忆中最早的关于仿真精度的讨论)。模拟采用一套硬件和测试设备、工作在一组环境条件下并保持一定的预热时间,即使所有的一切条件都相同,也永远无法匹配另一套硬件、测试设备和条件。仅仅测量误差就能使"真实结果"出现零点几分贝偏差(Chie,2011)。

既然仿真和模拟无法匹配建模系统的性能,那它们有何用?它们在预测敏感性方面非常实用。敏感性是指当单个系统参数变化时(通常为偏导数),系统性能会发生何种变化。这就是模型必须尽可能匹配真实系统的原因所在。仿真和模拟还可能证明,某个版本的单机 X 的性能优于另一个版本。模拟可以证明新硬件至少可以在某些状态下工作。

一旦模型得到完善,还需对其进行校正,从而使其具有与真实系统同样的性能,如误码率性能。一般来说,唯一对其他未建模因素进行建模的方式就是将更多的噪声注入合适的位置,16.3.13 节将进一步讨论这一问题。

16.2.4　生成符号流加噪声

与随机数发生器相比,最大长度伪码序列生成的随机比特流效率更高。PN 序列是一种周期性比特序列,其自相关函数与随机生成的比特序列非常相似。它由反馈移位寄存器生成。假设反馈移位寄存器具有 q 个内存位置,在每次移位后,它将在内存中计算 q 比特中若干比特的线性且以 2 为基数的组合,并输出这一比特。如果在重复序列中能够表达所有可能的 2^q 比特,则生成的 PN 序列具有最大长度。但是,由于整个序列均为零值,不可能出现 q 个零值的游程。因此,必须改变 PN 序列,在 $q-1$ 个零值的游程中再增加一个零值。

符号流由比特流生成,每个符号来自 m 个连续比特,其中 $m = \log_2 M$,M 为调制方案字符的规模(步长)大小。

需要确定 q 的规模。现在的卫星通信系统具有内存。在不考虑大功率放大器、相位误差、时钟抖动、杂散信号等因素的情况下,从脉冲成型滤波器到解调器的系统可用一个滤波器来表示。一般而言,所有比特序列的长度 mn 必须在改进后的 PN 序列中出现,因此 q 至少应为 mn 的几倍。一种找到符号内存长度 n 的方法是在系统中传输没有噪声的脉冲信号,并观察时域响应。应将 n 设为响应主内容的长度。该方法适用于线性度不高的通道。

如果通道是高度非线性的,那么可采用试错法。首先可以尝试一些 m 值并得到 SER;然后尝试更大的 m 值并得到 SER 结果。如果响应基本一致,那么第一次的 m 值已经足够。

在采用模拟或蒙特卡罗仿真建模时(16.3.3 节),可以反复采用改进的 PN 序列生成数据。在前一种方法中硬件自身会增加噪声,在后一种情况中必须生成"随机"噪声并加入其中。为了通过模拟或蒙特卡罗仿真得到 SER,应研究总噪声符号序列的持续时间。以下规则的先决条件是仿真中所见的符号错误必须相互独立(Jeruchim et al. ,2000)。假设期望的 SER 真实值以 95% 概率落入 SER 仿真值 $1/\rho \sim \rho$ 倍之间,其中 $\rho > 1$。那么对于 $\rho = 2$ 的情况而言,10 个符号误差就足够了;

对于 $\rho = 5/4$ 的情况,100 个符号误差就足够了。

由于系统内存的原因,连续符号实际上是相关的,因此其差错也是相关的。对于未编码链路承载数据(非语音),目标 SER 可能约为 10^{-5};对于编码链路,这一数值在解码前约为 10^{-2};对于双编码链路,其在解码前约为 10^{-1}。不管怎样,对于 $10^{-5} \sim 10^{-2}$ 之间的 SER 来说,这些错误非常少见,会导致独立差错的假设可能是正确的。对于双编码案例,需要专门对外部编码器和解码器进行建模(12.6.2 节)。

16.2.5 干扰建模

其他信号可能进入端到端系统,并影响期望信号的恢复。这些信号包括自干扰、来自其他通信系统的干扰、通过大功率放大器的其他信号、变频器的谐波信号等。为了简单起见,在本章后续部分把这些信号统称为"干扰"。

在适当的情况下,将干扰近似为加性噪声能显著简化系统模型并降低计算机运行时间,且不会影响建模精度。

在决定如何对干扰进行建模时,需要重点关注与期望信号相比干扰会遭遇何种滤波。主滤波器为检测滤波器,但有时诸如输出多工器(OMUX)和 HPA 后端的带通滤波器也起到了非常重要的作用。不管与噪声宽度进行平均的干扰信号频谱与滤波器的噪声带宽呈何种比例,都可以将其看作将 I_0 电平叠加至 N_0 电平。

对于进入载荷系统中 HPA 后端期望信号的调制信号干扰或弱干扰而言,这种近似已经足够了;但对于在 HPA 前端进入的较强干扰,必须准确地对其进行建模。

中心极限定律能够在卫星通信分析中非常有效地帮人们处理一个以上的干扰。根据该理论,当 n 增大时,n 个互相独立且同样分布的随机变量越来越接近于高斯分布。事实上,随机变量的数量并不需要很大,但它们需要具有同样分布特性,从而相加后近似于高斯分布(附录 A3.9)。因此,对于几个独立随机变量之和,高斯近似是一个良好的选择。需要注意的是概率分布函数近似可能仅在均值的 $\pm 2\sigma$ 范围内有效。当未能准确地掌握各概率分布函数时,通常情况就是如此,因此更有理由接受这种近似。

这一方法的一种应用是,当期望信号与少量其他信号被 HPA 放大时,这些信号可以被建模为加性噪声。

16.3 仿真中的其他注意事项

在仿真过程中聚焦于载荷的其他原因包括:①协助明确载荷指标;②评估 BER 对某一载荷参数不同数值范围的灵敏度,从而支撑指标让步接收的协调;③评估某一载荷参数超差对 BER 的影响。

仿真过程通常依赖 Mathworks 公司开发的 MATLAB 软件等工具。对于简单的仿真,采用 PTC 公司的 MATHCAD 软件已经足够了。两种软件均能便捷地在时域和频域交替运行。以下两种新工具可能会对人们有所帮助:一是 Aerospace Corp 开发的硬件加速仿真工具(HAST),其中包括与 MATLAB 软件耦合的、能够执行计算密集型任务的现场可编程门阵列(Lin et al.,2005,2006);二是 Keysight 开发的能够与 MATLAB 软件联合开展"协同仿真"的先进设计系统托勒密仿真器(应用案例可参考 Braunschvig et al. (2006) 和 Gels et al. (2007))。

如果读者需要深入了解通信系统仿真问题,可参考 Jeruchim 等 2000 年出版的专著 *Simulation of Communication Systems*。

16.3.1 仿真中的注意事项

通信系统仿真有时能够为人们的技术决策提供参考,例如判断某种硬件设计方案是否可行,某种硬件设计方案是否最优,或是硬件中某项参数的超差是否会影响端到端系统的性能。但完全依赖仿真结果是很危险的,作者见到的无效分析远多于有效分析。这种情况在硬件测试中较少发生,其原因如下:

(1)在作者曾经工作过的两家公司中,新人往往被委以仿真工作。他们虽然学习过通信原理并了解基本概念,但还未能掌握关键点。此外,几乎每位毕业生都不了解在载荷计算中得到正确答案的重要性。在学校里,正确理解理论远比得到正确答案重要。具体对于仿真而言,新人尚不知道应以他们能想到的各种方式来检查建模的每个步骤和每次结果。相比之下,如果新人既没接受过指导也没有掌握科学的实验方法,他们得到的硬件测试结果难以置信。

(2)通信仿真中最常见的问题是采用的滤波器带宽不合适,要么过宽,要么过窄,这是由于我们对带宽进行了多种定义,如射频、基带、单边和双边。在噪声功率、信噪比与 E_s/N_0、混叠、采样率和采样长度等方面也存在类似问题。

(3)通信系统仿真软件易于使用,但这实际是存在欺骗性的。易于使用只是软件的卖点而已,而这是非常危险的。有些既没有通信理论背景,也不了解基础知识,更别提其中关键点,甚至对离散时间和频率信号处理关键知识都没有掌握的人,认为他们仅仅通过运行软件就能得到有效的结果,显然荒唐。

(4)通信仿真软件易于上手,这导致没有背景知识和经验的用户很容易犯错误。在借用早前的类似仿真模型时,容易忘记检查该模型是否适用于当前的仿真。人类由于惰性,也往往倾向于直接动手仿真,而不去思考相关的细节问题。相反,硬件测试需要更多的时间,因此在这一过程中有更多的机会去思考。

(5)仿真的用户可能没有相关的背景知识,无法判断这些结果是否有效。

只要用户在接受仿真结果时采取非常审慎的态度,他们几乎可以确定仿真结果是否有效。不管执行仿真工作的人具有何种经验或教育背景,用户必须要求开展仿真工作的人在每次结果汇报中执行以下要求。

(1)详细介绍整体仿真模型。在附录中展示包括标注完整的统计图在内的由每个单机组成的建模假设。

(2)介绍包括每个单机和局部系统组成在内的仿真模型确认过程。确认单机模型,以及能够生成期望特性的每个模型参数范围的确认过程。

(3)展示结果的确认过程,包括对简单且相似案例的理论结果进行比较,对公开文献报道中单参数变化案例的分析,以及硬件结果和前期已验证仿真结果的展示。

(4)如果执行仿真工作的是新人,他应与经验丰富的工程师就仿真模型、模型确认和相关结果进行交流。

16.3.2 仿真中的系统模型

图 16.2 为一种透明转发卫星通信系统的仿真模型。仿真建立在射频和中频的复基带等效上(12.2 节和 12.3 节),采用了离散的时间和频率。诸如数据-比特流生成、调制、HPA 动作、解调以及符号判定等操作都是在时域完成的。滤波要么在时域进行,要么在频域进行。噪声被加入到任意一个域中,而在有些情况下是解析处理的(16.3.4 节)。在这种模型中残余相位噪声和残余定时抖动被表征为累加至地面接收机前端的白噪声的一部分,其中残余部分是地面接收机跟踪卫星之后留下的。这只有在残余量较小时才成立。载荷产生的杂散信号也被表征为白噪声的一部分。然而在某些情况下,例如在编码系统中,这并不是合适的建模方式。

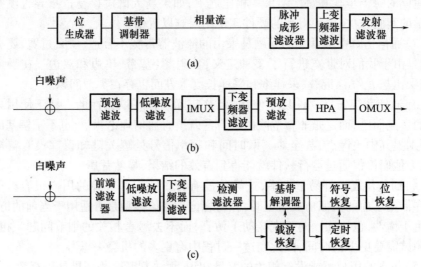

图 16.2 典型透明转发通信系统的仿真模型
(a)地面发射机;(b)载荷;(c)地面接收机。
IMUX—输入多工器;HPA—大功率放大器;OMUX—输出多工器。

其他需要建模的项目包括残余相位误差、残余定时抖动或杂散信号,尤其是当载荷的贡献有待研究时。如果存在几个重要杂散信号,可以像干扰那样将其建模为加性噪声(16.2.5节)。其他可能必须建模的系统单机已经在16.2.1节中给出。

16.3.3 基本的信号处理要素

在时域和频域交替进行仿真时,信号应定义在两个域中的离散而非连续的点上。以下规则适用于最初定义在连续时间和连续频率中的信号:

信号周期为 T_{per} ⟷ 傅里叶变换是 $1/T_{per} = \Delta f$ 倍数的 δ 函数

信号是 Δt 倍数的 δ 函数 ⟷ 傅里叶变换周期为 $1/\Delta t = F_{per}$

在离散时间和离散频率中,δ 函数将被复数替代。离散时间和离散频率之间的关系如图16.3所示。在时域进行插值时,不能提高信号的频率范围。

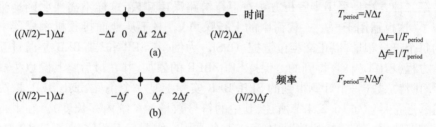

图16.3 仿真过程中离散时间和离散频率的关系
注:图中的实线仅为了便于可视化。

在时域和频域交替仿真时,需对信号进行构造,从而使其在两个域均呈现周期性,这意味着信号将在边缘降为零。在时域构造信号时必须小心谨慎,这是因为信号的频域范围将被包含在可用范围内,否则将出现混叠现象。在混叠中,可用范围以外的频域信号部分将与可用范围内的部分交叠,这同样适用于在频域构造信号的情况。

16.3.4 加性噪声的仿真

载荷决定了上行载噪比(C/N),由于转发器的一项技术要求是与接收天线终端相关的噪声系数,可以轻易求解出等效噪声电平,可通过载荷中的信号电平与天线增益计算出该位置的信号电平。通道放大器(CAMP)具有自动电平控制模式(ALC)和固定增益模式(FGM)两种工作模式。在前一种模式中,转发器噪声取决于ALC增益,而这又取决于输入信号电平。后一种模式中的增益固定,因此噪声系数与输入信号电平无关。

431

在建模中不但可用加性噪声来表征热噪声,还可用其代表天线噪声和某些信号失真。除了忽略加性噪声之外,可采用两种方法来建模:

第一种方法为蒙特卡罗方法,其中的噪声样本由随机数发生器产生,并被加入到信号样本中(Jeruchim et al.,2000)。

在对透明转发载荷系统的加性噪声进行建模时,难点是系统中存在 HPA 之类的非线性器件。如果不存在这种器件,那么系统是线性的,可以在热噪声和其他噪声进入之处对其进行评估,进而叠加并建模为地面接收机前端的加性噪声。这样一来就不需采用蒙特卡罗方法了。然而,HPA 是一个难题,它会改变噪声特性(当 HPA 接近饱和状态时,将部分抑制径向分量),而 HPA 中出现的噪声会改变信号对 HPA 的作用。如果需对上行噪声建模,蒙特卡罗方法性能最佳。因此,对噪声建模首先需评估上行噪声和下行噪声。上行 C/N 和下行 C/N 往往并不相等,如果其中一个 C/N 的量级远高于另一个,可将其视为理想情况;否则,必须对两种噪声均进行处理。

第二种方法是采用半解析方法对下行链路噪声建模,这样不需要明确地生成噪声了(这也适用于再生式载荷中的上行噪声)。对于从地面接收机采样器中恢复的每个符号相量,以正交相位键控(QPSK)为例,其 SER 和/或 BER 是通过互补误差方程(ERFC)计算得到的。保持 SER/BER 的累加,并在最后将其除以生成的符号/比特总数(每个计算得到的 SER/BER 实际上是一个条件 SER/BER,取决于一组邻近符号。如 16.2.4 节所述,其中的符号数量为系统内存长度)。在上行和下行链路噪声均需建模的情况中,可以避免采用二维蒙特卡罗仿真,而这种仿真恰恰也是禁用的。

总结对上行噪声和下行噪声进行建模的方式。生成信号的采样率通常为每符号 8 个或 16 个样本,通过蒙特卡罗方法对上行噪声建模。生成了同样采样率的相关噪声样本流,并被加入到信号样本中。含噪信号样本会通过所有预非线性滤波器,无记忆基带非线性会对每个含噪样本执行其作用。非线性输出由信号分量、噪声和互调产物(IMP)组成,后非线性采样会通过载荷输出端滤波器、地面接收机前端滤波器、基带解调器、检测滤波器以及符号恢复。在蒙特卡罗仿真中,针对下行噪声采用了半解析方法。

16.3.5 广义滤波

在 10.2.3 节中已经介绍了数字滤波技术,此处不再赘述。

16.3.6 如何将测量后的滤波器纳入仿真

应采用以下步骤将测量后的失真滤波器纳入仿真中(可能希望将失真滤波器

与信号所通过的其他滤波器进行合成,但假设需使其保持独立)。

(1)无论哪种情况,首先必须进行实验,查看因果脉冲响应需要多少符号。将其命名为 distpulsen,且应设为偶数。

(2)将 nfreqprs(每符号率 R_s 的频率样本数)设为偶数,这一数字应不小于 distpulsen(较大的数字可能只会带来一些方便),将 deltaf 设为 R_s 除以 nfreqprs。

(3)采用 deltaf,从失真滤波器传输函数文件中读取点。得到尽可能远离中心频率的点,且中心频率两侧应具有相同数量的点。如果检测滤波器传输函数的范围如同根升余弦(RRC)脉冲成形滤波器,那么只需读取边缘频率的点,必要时对这些点进行插值(16.3.3 节)。从传输函数中得到 n 个点,n 为奇数。

(4)在仿真的剩余过程中,例程的一个输入为每符号周期的时间样本数 nsampsym。快速傅里叶变换的尺寸 FFTsize 为 nsampsym 乘以 nfreqprs。

(5)用相同数量的零值填充传输函数两侧,得到 FFTsize +1 个频点。由于最后一个点与第一个点重复,应将其删除。交换传输函数的两部分,采用傅里叶变换以得到非因果脉冲响应。

(6)删除脉冲响应中间的点,也就是使其缩短,因此它具有 distpulsen 个符号持续时间。交换两部分,使其具有因果性。与发射信号流相比,它将在接收信号流中产生时延 distdelay,该数值等于符号数量 distpulslen 的一半。

16.3.7 HPA 的建模

如果 HPA 包括线性化器,则 HPA 的模型由线性化器和放大器组成。也就是说,两者不是分别进行建模的。

无记忆非线性特性可以由 P_{out} 与 P_{in} 之间的幅度和相位关系来表征(7.2.1 节)。如果 HPA 的小信号频率响应 $H_{ss}(f)$ 与只考虑增益的饱和信号频率响应 $|H_{sat}(f)|$ 在期望信号频段内接近平坦,则 HPA 的模型较为简单。如果要应对较大的干扰,那么整个频段内的响应应该与整个期望信号频段内基本相同。

如果无法满足这些条件,则推荐采用图 16.4 所示由滤波器 $H_1(f)$、无记忆非线性和另一滤波器 $H_2(f)$ 组成的三箱模型。$H_{ss}(f)$ 为 HPA 的频率响应,其输入连续波(CW)在带内 15dB 或更弱的输入回馈(IBO)情况下具有固定功率电平,只考虑增益的频率响应是在连续波功率使 HPA 在中频饱和的情况下测量的。对 $H_1(f)$ 和 $H_2(f)$ 进行了缩比,从而使两者在中频具有统一的增益和零相位(Silva et al.,2005)。

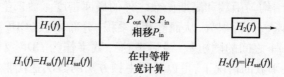

图 16.4 适用于中等带宽至宽带 HPA 的三箱模型

近年来研究人员针对 HPA 的最佳表征方式开展了大量研究和实验工作,并提出了许多种模型。三箱模型能够匹配小信号和大信号情况下的 HPA 响应,但未必适用于中等强度的信号。然而,这种模型有诸多优势,如易于表征(载荷制造商通常会要求 HPA 供应商进行必要的测量工作)、快速执行且与通过 HPA 的精确信号强度无关(无论是有益还是有害)。一般来说,这种模型已经足够准确,除非信号带宽非常宽(中心频率 15% 量级)或仿真聚焦于详细的 HPA 性能。另一种实用方法是多谱分析,这种方法比三箱模型更精确且执行快速,但只适用于具有特殊时域 HPA 特性的信号。

必须对伴随期望信号通过 HPA 的大连续波或调制信号干扰进行仿真,其原因是它们会产生严重的互调产物。

16.3.8 载波和定时恢复

仿真中载波相位恢复和符号时序恢复采用最大似然估计进行。对于加性高斯白噪声(AWGN)信道而言这是最优的方法,其中"信道"具有通信原理意义。除非载荷系统的 HPA 回退至线性区域,卫星通信信号不是 AWGN,但仍会采用这种方法。

16.3.9 非完美同步

载波恢复后的残余相位误差和符号同步后的残余定时误差呈现为高斯概率密度函数(PDFS),因此采用 Gauss – Hermite 积分来建模(A.4)。

对于 Gauss – Hermite 积分横坐标,一次仿真运行会得到一个条件 SER。对条件 SER 进行加权和叠加,可以得到基于残余误差均值的无条件 SER 估计值。同样可得到无条件 MER 和 BER。对于残余相位误差,可在符号采样后进行旋转和平均。对于残余定时误差,必须重新进行采样。

由于残余相位误差和残余定时误差相互独立,可通过多维调理、加权和求和来进行两个参数的变分。

16.3.10 如何生成具有任意概率密度的随机数

有时希望采用均匀函数和高斯函数之外的概率密度函数来生成随机数。首先需要对概率密度函数进行积分,从而获得(累积)分布函数(CDF);其次根据均匀密度函数生成 0~1 之间的随机数;最后把这一数字作为 CDF 反函数的输入。在缺少 CDF 解析反函数的情况下,可以采用牛顿方法的数次迭代来找到每次采用的反函数。

16.3.11 编码、译码和交织

为实现最优性能,有些编码要求译码器输入端的误差应互相独立。实际上,至少存在两种误差并不独立的情况:一是译码器输入端包括衰落或干扰一类的突发错误;二是当一个译码器的输入端是另一个译码器的输出端,且第二个译码器产生突发错误,类似于采用卷积编码的 Viterbi 译码器。

所有的译码器都要求输入错误率不能太大,而何为过大取决于编码和译码方法。

当发现缺少某一要求时,系统设计师会将合适的交织器和匹配解交织器引入系统。如果能将进入译码器的误差视为相互独立,那么不需要明确地对编码/译码进行仿真,但可以采用"未编码 BER—编码 BER"曲线。

16.3.12 一些具有指导性的仿真结果

下面将介绍四组采用 DVB – S2 标准得到的仿真结果。

图 16.5 ~ 图 16.7 所示的第一组结果阐述了 16.2.2 节的理论,即对失真参数的性能敏感性取决于参考条件,失真参数意味着任何一个卫星通道中的缺陷。图 16.5 ~ 图 16.7 展示了信噪比损失,即为了保持同样的符号误码率,需要 SNR 提高多少以适应信号失真的提升。图 16.5 ~ 图 16.7 中展示了两种不同的信噪比损失:一种是采用线性化行波管放大器(LTWTA)的"无失真情况";另一种是具有若干合理失真的情况,将其称为"标称"失真情况。图 16.5 所示为 LTWTA 前端的增益斜率,这源于载荷系统中的波导、同轴电缆、CAMP 以及 TWTA(8.2.2 节)。图 16.6 为 LTWTA 前端的抛物线型相位,这源于载荷系统中的同轴电缆、CAMP 和 TWTA(8.3.2 节)。图 16.7 为载波相位误差,这来源于载荷系统中的频率变换。对于所有三个参数来说,在标称失真参考情况下其对某一失真参数提升的敏感性远高于无失真情况。至少对于不同的信号而言,准确的数值结果也将是不同的。

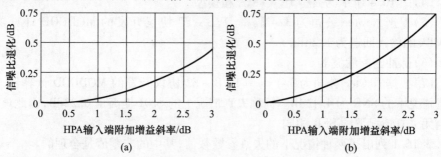

图 16.5 两种不同参考载荷模型的信噪比损失与 HPA 前端增益斜率的关系
(a)相对于无失真情况的信噪比退化;(b)相对于标称失真情况的信噪比退化。

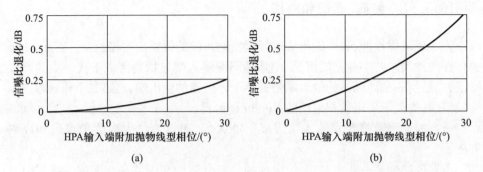

图 16.6 两种不同参考载荷模型的信噪比损失与 HPA 前端抛物线相位的关系
(a)相对于无失真情况的信噪比退化;(b)相对于标称失真情况的信噪比退化。

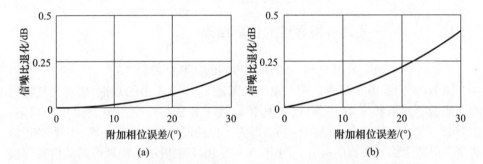

图 16.7 两种不同参考载荷模型的信噪比损失与载波相位误差的关系
(a)相对于无失真情况的信噪比退化;(b)相对于标称失真情况的信噪比退化。

仿真条件如下:
(1)一路具有下行噪声的信号。
(2)QPSK 调制。
(3)滚降因子 $\alpha = 0.2$ 的根升余弦脉冲成形滤波器。
(4)图 16.4 所示的典型 LTWTA 三箱模型。
(5)根据 Newtec 公司为 3/4 码率 DVB-S2 协议开发的 MODCOD 计算器,LTWTA 的输入回退为 1.2dB。
(6)脉冲匹配滤波器。
(7)根据 Newtec 公司为 3/4 码率 DVB-S2 协议开发的 MODCOD 计算器,无失真情况下的 SNR 为 4.42dB。标称失真情况下的 SNR 提高了 0.22dB,因此该数值与无失真情况下的 SER 相同。

表 16.1 列出了两种情况下的失真参数数值,其中的非零值是合理的。

表 16.1　仿真运行中的失真条件

失真参数	无失真情况下的数值	标称情况下的数值
LTWTA 输入端增益斜率	0	0.5dB
LTWTA 输出端增益斜率	0	0.5dB
LTWTA 输入端抛物线型相位	0	20°
LTWTA 输出端抛物线型相位	0	0°
LTWTA 输入端增益和相位纹波	0	1dB 和 7°相位
LTWTA 输出端增益和相位纹波	0	0
相位误差	0	3°

第二组仿真结果是一个参数引起的失真增加所导致的 SNR 退化与这种额外的失真是在 LTWTA 输入端或输出端的关系并不大。

第三组结果是 LTWTA 和线性失真联合导致的 SNR 退化大约与 LTWTA 和线性失真分别导致的 SNR 退化之和相等。

第四组结果旨在检查仿真校准在提供良好敏感性方面的效果。第一部分的想法是，上述第一组结果的标称失真参考情况表示硬件得到很好地表征。SNR 是已知的，并测量得到由此产生的 SER。SNR = 4.64dB。这一概念还着眼于通过将 SNR 降低至 4.64dB 以下，直到 SER 数值相同，从而对无失真(除了 LTWTA)仿真进行校准。当然，需要使 SNR 降低 0.22dB，才能达到 4.42dB。希望两种情况下的失真敏感性相同，或者至少相似；然而从图 16.5 ~ 图 16.7 可见，情况却并非如此。

16.3.13　仿真的校准

从上面的第四组仿真结果可见，不可能通过降低 SNR 来校正无失真仿真，从而使其失真敏感性与具有失真的硬件相当。硬件中的敏感性可能高得多。在此重申 16.2.2 节中的原则：应尽可能详细了解端到端通信系统，而仿真也必须与其相匹配。如果有些硬件没有得以充分表征，那么最好能在参考案例中将某些合理的失真值输入仿真过程，然后通过小幅降低 SNR 来校正仿真结果。

16.4　模拟中的其他因素

16.4.1　上行链路的模拟

在模拟具有硬件的系统时，应使每条链路获得合适的 C/N_0。

图 16.8 为一种简单的模拟上行的方法,有时采用这种方法已经足够。图中位于地面发射机模拟器和透明转发载荷模拟器之间且被标注为"衰减"的方框可以是由包括同轴电缆或波导在内的无源单机组成的级联电路。这种级联电路必须具有合适的增益,从而使进入载荷模拟器的信号功率降低至期望值 C_1。如果无源单机的总增益足够小,则进入载荷模拟器的噪声温度接近 290K。只要仿真中的 $T_{10} = 290K$,这就已经足够了,T_{10} 是载荷系统中的天线噪声温度 T_{a1}。

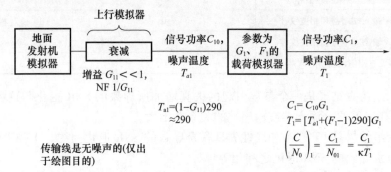

图 16.8 对于透明转发载荷的上行 C/N_0 模拟(载荷噪声温度为 290K)

如图 16.9 所示,当进入载荷模拟器的噪声温度 $T_{10} > 290K$ 时,应在硬件设置中增加一个噪声源,这一噪声源必须提供远高于 290K 的噪声温度。因此,可以求解出所需的地面发射机模拟器之后的衰减值。噪声源和 3dB 混合电桥之间的衰减器"增益"为

$$G_{12} = \frac{T_{10} + 290 - (1 - G_{11}) G_{13} 290}{(T_{source} - 290) G_{13}}$$

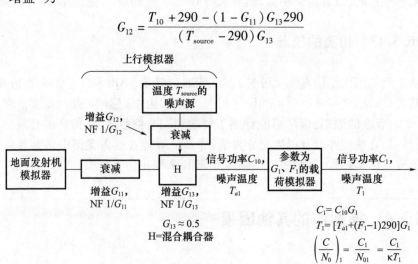

图 16.9 透明转发载荷的上行 C/N_0 模拟(载荷噪声温度大于 290K)

如图 16.10 所示,再生式载荷上行链路模拟的方式相似,区别仅在于载荷前端。

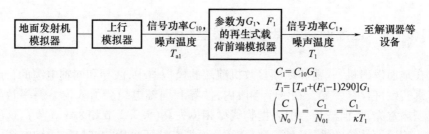

图 16.10　再生式载荷的上行 C/N_0 模拟

16.4.2　下行链路的模拟

图 16.11 所示为任意载荷系统的下行链路模拟器,链路模拟器的天线噪声问题与上行类似。

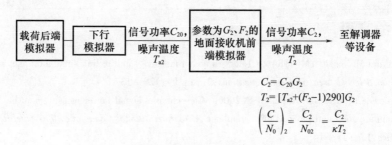

图 16.11　透明转发和再生式载荷的下行 C/N_0 模拟

图 16.12 为透明转发载荷系统的复合上、下行模拟器,该模拟器证明端到端 C/N_0 产生了合适的数值结果。

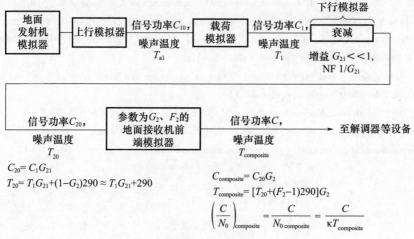

图 16.12　透明转发载荷的系统 C/N_0 模拟

16.4.3 匹配增益斜率与抛物线型相位

在地面发射机、载荷和地面接收机前端的模拟器中,波导和同轴电缆的长度通常与真实硬件存在差异。在一个频段内,波导和同轴电缆会引入增益斜率乃至抛物线型增益失真,而波导会引入抛物线型相位失真(8.2.2 节和 8.3.2 节),这些失真会影响通信系统的性能(12.15.1 节)。模拟链路所采用的波导或同轴电缆的长度能够补偿一些差异。不管怎样,必须评估这些效应。如果有必要,可以在链路模拟器中增加增益和/或相位均衡器,从而更好地模拟真实系统。

在真实系统中,某个天线的增益斜率能够精确补偿空间损耗产生的增益斜率。另一个天线的增益斜率也需要进行模拟。

参考文献

Braun WR and McKenzie TM(1984). CLASS: a comprehensive satellite link simulation package. *IEEE Journal on Selected Areas in Communications*;2(Jan. 1);129 – 137.

Braunschvig E, Casini E, and Angeletti P(2006). Co – channel signal power measurement methodology in a communication and payload joint simulator. *AIAA International Communications Satellite Systems Conference*; June 11 – 14.

Chie CM, retired from Boeing Satellite Center(2011). Private communicaton, Oct. 30.

Gels B, Andrews M, and Hendry D(2007). Simulation of the effects of Q – band amplifier nonlinearities on non – constant envelope SATCOM waveforms. *Proceedings, IEEE Military Communications Conference*; Oct. 29 – 31.

Jeruchim MC, Balaban P, and Shanmugan KS(2000). *Simulation of Communications Systems: Modeling, Methodology, and Techniques*, 2nd ed. New York: Kluwer Academic/Plenum Publishers.

Lin VS, Speelman RJ, Daniels CI, Grayver E, and Dafesh PA(2005). Hardware accelerated simulation tool(HAST). *IEEE Aerospace Conference*; Mar. 5 – 12.

Lin VS, Arredondo A, and Hsu J (2006). Efficient modeling and simulation of nonlinear amplifiers. *IEEE Aerospace Conference*; Mar. 4 – 11.

Newtec(2015). Universal Modcod calculator v. 2.20. Beta. v3.3. Accessed Sep. 3, 2015.

Silva CP, Clark CJ, Moulthrop AA, and Muha MS(2005). Survey of characterization techniques for nonlinear communication components and systems. *IEEE Aerospace Conference*; Mar. 5 – 12.

第三部分

卫星通信系统

第17章
固定和广播卫星服务

17.1 引言

2016年,全球卫星服务收入的91%来自提供固定卫星服务(fixed satellite service,FSS)或广播卫星服务(broadcast satellite service,BSS)的卫星系统。相比之下,移动卫星服务和地球观测卫星服务的收入很少,分别占3%和1.6%。在服务总收入中,82%来自面向消费者的通信服务,14%来自面向企业的通信服务(Bryce,2017)。

一些卫星专门在BSS中广播电视,这在美国可能比其他地方更普遍,其他公司只为名义上的固定用户提供FSS。FSS不仅包括广播电视,还包括互动服务。最后,一些卫星同时提供BSS和FSS,这在欧洲很常见(Emiliani,2020a)。用于电视广播的BSS和FSS的主要区别是频段。

对于FSS数据用户来说,甚小孔径终端(very small–aperture terminals,VSAT)是用户终端的主要类型,其与消费者级用户终端的地面站关系不同。

本章将讨论提供BSS和FSS的传统卫星,并提供了一些示例,第18章将介绍提供FSS的高通量卫星。

17.2 卫星电视

2019年,卫星电视占卫星服务收入的75%,但随着越来越多的人通过互联网观看视频,电视收入从2016年的980亿美元降至2019年的930亿美元(Bryce,2017;SIA,2020)。

卫星电视是BSS的唯一收入来源,而提供FSS的卫星系统将电视作为其主要收入来源。有时,BSS中的电视广播是直接广播卫星(direct broadcast satellite,DBS),而FSS的电视广播是直接入户(direct to home,DTH)的。在欧洲,两者都称为DTH(Emiliani,2020a)。

卫星电视系统的结构如图 17.1 所示，要广播的节目可以通过光纤从演播中心、其他能提供回程、云存储和互联网的卫星到达卫星地面站（Emiliani,2020a）。演播中心汇集内容和节目，回程卫星可以从卫星新闻采集车接收足球比赛等节目，然后转发到广播卫星地面站进行广播，这些资源为电视节目做出了贡献，地面站也称为广播设备或上行设备。正是在这里，各种节目被调节和同步，广告被插入播放，信号被准备好传输到广播卫星。卫星广播称为电视传播：信号可以直接进入家庭，也可以进入有线电视公司的前端，电视公司通过电缆将信号重新分配给消费者（Dulac and Godwin,2006）。这两种类型的电视节目信号分发都可以通过 BSS 或 FSS 进行（Emiliani,2020c）。在美国和欧洲，家用消费卫星电视接收器的天线类型有从 18 英寸（1 英寸=2.54cm）的圆形反射面天线（用于从单个卫星接收）到 24 英寸×36 英寸（60cm×90cm）椭圆形反射面天线（用于从三个卫星接收）。

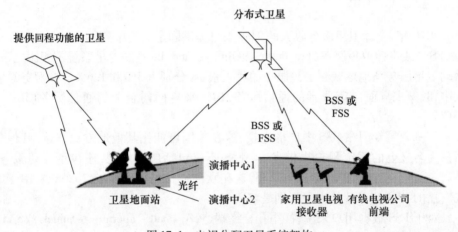

图 17.1　电视分配卫星系统架构

研究商业 GEO 经度分布上的通信卫星数量，会发现一些有趣的想象。图 17.2 给出截至 2020 年 4 月 4 日以经度 10°为间隔的通信卫星数量分布图，其中有三个经度范围包含 10 颗或更多颗通信卫星。经度的受欢迎程度与其市场有关：例如，在 -100°E 和 -60°E 附近，有相当多的卫星向有线电视前端和 DTH 用户提供视频服务；欧洲上空也有类似的热点，如在 16°E 和 19.2°E 支持 DTH 的卫星，这是导致 20°E 和 25°E 附近的卫星接近 8 颗的原因之一；在 30°E 附近，有相当多的卫星负责向欧洲和中东提供视频和数据服务，其中包括 Arabsat、Eutelsat、Intelsat 和 SES 的卫星（Emiliani,2020b）。

在美国，电视通常在 36MHz 带宽的卫星频道上传送，中心间隔为 40MHz，虽然也有些电视是在 24MHz 带宽的频道上传送。数字视频和声音已经根据 MPEG-4 标准进行压缩，并根据 DVB-S2 标准（13.4.1 节）处理，在 36MHz 带宽中可以承载大约 26 个标清（standard definition,SD）电视频道或大约 9 个高清（high definition,HD)电视频道。当压缩方法是高效视频编码(high efficiency video coding,HEVC)时,36MHz带宽可以承载大约15个HD频道或3个超高清(ultra high definition,UHD)频道(Eutelsat,2020a)。HEVC是MPEG-4的继承者,是ITU标准(Wikipedia,2020b;ITU-T H.265,2019)。在欧洲,大多数DTH频道在BSS的33MHz带宽频道和FSS的26MHz带宽频道上传输(Emiliani,2020a)。

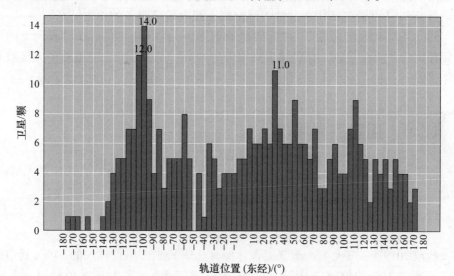

图17.2 按经度分列的商用GEO通信卫星数量
(经Luis Emiliani许可使用,来自Emiliani(2020b))

17.3 一般规定

国际电信联盟无线电通信部门(ITU-R)已经为特定的卫星通信服务分配了一些频段,包括FSS、BSS和移动卫星服务(mobile satellite service,MSS),详见第20章。同样的频段以及其他频段也被分配给特定的地面服务,如固定服务、广播服务和移动服务;频段还有其他分配的用途,例如用于天文学和地球观测。ITU《无线电条例》包含了相关分配表(ITU,2016a)。

大多数频段主要分配给一个或多个服务,次要分配给其他服务,次要服务不会对主要服务造成有害干扰。

在ITU-R不同区域其频段分配也存在差异,区域主要有三种:区域1,包括欧洲、非洲、中东西部和苏联;区域2,包括美洲和格陵兰岛;区域3,包括中东东部、亚洲其他地区和澳大利亚。

每个国家频谱管理局都有权授权特定实体使用某个频段,授权使用是指将频段分配给相应实体(ITU-R,2012)。各国相关部门相互协调,以限制干扰的风险发生(Eutelsat,2019b)。

ITU《无线电条例》第1卷第1条将FSS定义为"当使用1颗或多颗卫星时,在给定位置的地球站之间的无线电通信服务;给定位置可以是指定的固定点或指定区域内的任何固定点;在某些情况下,该服务包括星间链路,也可以在卫星间服务中运行;FSS还可能包括用于其他卫星空间无线电通信服务的馈电链路"。

同一条将BSS定义为"一种无线电通信服务,其中由空间站发射或转发的信号旨在供公众直接接收。在广播卫星服务中,术语"直接接收"应包括个人接收和团体接收"。

17.4 固定卫星服务

提供FSS的卫星是GEO卫星或非GEO卫星(Hayden,2003)。

17.4.1 服务

截至2019年,三大FSS运营商合计拥有全球FSS市场总收入的54%,其中运营商SES占21%的份额,Intelsat占19%的份额,Eutelsat占14%的份额(Eutelsat,2019b),每家公司都提供相同服务的不同组合。

SES在FSS和BSS都提供服务。在2020年的投资者演讲中,SES将其业务分为视频和网络,四分之三的视频收入来自广播,1/4的收入来自其他视频服务。视频业务为公司带来了略高于60%的收入,约40%网络的收入来自政府,不到35%来自固定数据,超过25%来自连接航空和海运客户的移动通信设备(SES,2020)。

美国总统约翰·肯尼迪于1964年促成了国际通信卫星组织(Intelsat)的成立,该组织于2020年5月申请破产重组保护,但预计将摆脱破产(Wikipedia,2020c)。在向美国证券交易委员会提交的2019年报告中,Intelsat将其业务分为媒体、网络服务和政府部门。媒体部门为电视广播公司提供卫星容量,包括有线电视。Intelsat认为其在2019年成为北美网络服务中向有线电视前端提供有线电视节目的领先卫星服务提供商。2019年,媒体部门带来了43%的公司收入。网络服务部门为固定和无线电信提供商以及VSAT网络提供通信服务,占总收入的37%,该公司是2019年网络服务的最大提供商。政府部门则带来了18%的收入,是这些商业服务的最大提供者(Intelsat,2020a)。

在2020年的投资者报告中,Eutelsat将其核心业务分为广播和固定数据和专业视频两个部分。2019年,DTH是Eutelsat在欧洲、俄罗斯、北非和中东的联合覆盖区域接收电视的主要方式。西欧的覆盖区域也是如此,那里1/3的家庭通过卫星接收电视。Eutelsat公司60%的收入来自广播,Eutelsat的数据服务用户是企业VSAT网络,包括石油和天然气行业、采矿和银行,它们还用于移动电话回程和互联网主干连接(中继)。专业视频服务用于向广播卫星地面站进行电视传输(Eutelsat,2019b,2020a)。

17.4.2 甚小口径终端

甚小口径终端(VSAT)是FSS用户终端的一个例子,主要供陆地上的企业和海上的船只使用。VSAT网络通过GEO卫星传输视频、语音和数据,其应用主要包括零售网络、彩票销售网络、银行自动柜员机(ATM)网络、基于互联网协议(IP)的流量、蜂窝回程和紧急备用通信(Berlocher,2010;Comsys,2016)。

表17.1 VSAT天线的欧洲标准

频段/GHz	最大口径尺寸/m	极化方式	来源
4和6	7.3	左旋或右旋	ETSI(1998)
11、12、14	3.8	左旋	ETSI(1997)
30	1.8	左旋或右旋	ETSI(2016)

VSAT通常工作在C频段、较少工作在Ku频段(14/11GHz)或Ka/K频段。由于区域或国家监管机构的标准、卫星间距以及与相邻卫星运营商达成的协调协议(ITU-R S.22780,2013),天线口径可能会有所不同。表17.1给出了欧洲的最大天线口径和极化,然而天线口径通常较小。表17.2给出了一家主要制造商的低成本、高吞吐量终端的VSAT的实际天线口径示例。Ku频段和Ka/K频段通常是首选,但在热带地区除外,在那里C频段通常是首选,因为C频段几乎没有雨衰(Elbert,2004)。

表17.2 Newtec VSAT Dialog MDM 2000系列天线尺寸(ST Engineering,2020)

频段	口径尺寸
C频段	1.8~2.4m
Ku频段	75cm~2.4m
Ka/K频段	75cm~1.2m

有时,VSAT也包括消费终端,但通常不采用这种用法,因为终端价格和每月服务价格高于用于消费级终端和月度服务。

最大数据速率和保证的最小数据速率通常相差很大。直到最近,最大前向链路数据速率为2~20Mbps,而最小保证数据速率为64kbps~20Mbps,具体取决于速率计划。返向链路数据速率通常低于正向链路。不过,在 2020 年,Gilat 和 Newtec 宣布了最大前向链路数据速率为 400Mbps 的 VSAT(Globenewswire,2020;ST Engineering,2020)(ST Engineering 现在拥有 Newtec 和 iDirect)。

本书已经提供了一些关于 VSAT 的信息:12.7 节介绍了特定制造商的 VSAT 调制方案,13.2.2 节介绍了多址方法,13.4 和 13.5 节介绍了通信标准。

沃尔玛公司是该技术的早期采用者之一,1987 年建成了当时美国最大的 VSAT 网络,该网络通过语音、数据和单向视频将所有运营单位和总部连接起来(Wailgum,2007)。该网络由 M/A-Com 公司建立,后来被 Hughes 公司收购(Berlocher,2010)。

截至 2016 年年底,已有 460 万家企业和卫星宽带-数据 VSAT 发货,并在超过 150 万个站点运行。就出货量而言,Hughes 拥有 44% 的市场份额(Comsys,2016)。VSAT 网络通常是专有的,不与其他网络兼容(Elbert,2004)。

该系统的地面站称为集线器,对于大型企业,集线器位于公司总部或数据中心。前向链路称为出站链路,而返回链路称为入站链路。图 17.3 显示了 VSAT 网络中的出站通信,集线器控制网络通信。如果所有的通信都通过集线器,那么网络具有星形拓扑。一些 VSAT 网络还提供网状拓扑结构,在这种拓扑结构中,VSAT 可以通过卫星进行单跳通信,无需通过集线器传递(Wikipedia,2020a)。

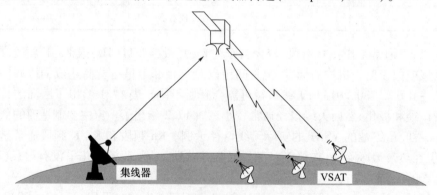

图 17.3 VSAT 和集线器在出站方向通信

企业可以使用"虚拟集线器"服务,而不是每颗卫星都有一个专用集线器,该服务将企业的通信与物理集线器中其他虚拟集线器上的通信隔离。一些地面站(电信中心)提供这种服务,其中许多服务具有与包括互联网在内的地面通信网关并置的优势(Berlocher,2011)。

Hughes 公司能提供星形和/或网状拓扑结构的 IP 宽带 VSAT 系统,该集线器符合 DVB-S2 标准,对所有 VSAT 接收的出站流量采用自适应编码和调制(13.4.1 节)。VSAT 使用频分多址/时分多址(FDMA/TDMA)信道与集线器或相互通信,集线器可以进行多播,并且可以连接到互联网网关(Hughes,2020a)。

17.4.3 FSS 特有的法规

表 17.3 显示了 FSS 主要分配的 100MHz 以上的频段,频率范围为 1~31GHz。这些频率位于 C、Ku、K 和 Ka 频段(不包括 X 频段的频率),在许多国家 X 频段主要分配给政府特别是军队使用,这超出了本书的范围(Wikipedia,2019)。频率分配也包含许多特定频率分配的注释,本书并没有给出。

表 17.3 以 FSS 为主的 100MHz 以上频段(ITU,2016a)

频段	区域 1		区域 2		区域 3	
	频率范围/GHz	方向	频率范围/GHz	方向	频率范围/GHz	方向
S 频段	—	—	2.500~2.655	下行	—	—
C 频段	3.400~4.200	下行	3.400~4.200	下行	3.400~4.200	下行
	4.500~4.800	下行	4.500~4.800	下行	4.500~4.800	下行
	5.091~5.250	上行	5.091~5.250	上行	5.091~5.250	上行
	5.725~6.700	上行	5.850~6.700	上行	5.850~6.700	上行
	6.700~7.075	上下行	6.700~7.075	上下行	6.700~7.075	上下行
Ku 频段	10.70~11.70	上下行	10.70~12.20	下行	10.70~11.70	上下行
	12.50~12.75	下行	—	—	12.2~12.75	下行
	12.75~13.25	上行	12.7~13.25	上行	—	—
	13.40~13.65	下行	—	—	—	—
	13.75~14.80	上行	13.75~14.80	上行	13.75~14.80	上行
	15.43~15.63	上行	15.43~15.63	上行	15.43~15.63	上行
	17.3~18.4	上行	17.3~18.4	上行	17.3~18.4	上行
Ku,K 频段	17.3~21.2	下行	17.7~21.2	下行	17.7~21.2	下行
K 频段	24.65~25.25	上行	24.75~25.25	上行	24.65~25.25	上行
	27.5~31.0	上行	27.0~31.0	上行	27.0~31.0	上行

FSS 频段主要与地面服务和其他卫星服务共享,因此容易受到干扰,最初并没有被计划用在电视上(Evans,1999)。

某些 FSS 应用称为高密度固定卫星服务(high-density fixed satellite service,HDFSS),高通量卫星系统代表了 HDFSS 的目标(Emiliani,2020a)。HDFSS 系统的特点是有大量小型、低成本、带有小型天线的用户终端,并且可以在很大的地理范围内快速部署,HDFSS 还有一个特点是较高的频率复用。ITU 已经为 HDFSS 指定了表 17.4 中所示的频段,它们分别是 Ku、K 和 Ka 频段,更高频率的其他频段未在表中显示。特别说明的是,选择的频率范围包括 18.8~19.3GHz 和 28.6~29.1GHz,因为 GEO 和非 GEO 系统在这些频率范围性能相当,因此这些频段代表了非 GEO

HDFSS 系统的最佳机会。HDFSS 将为发展中国家迅速建立电信基础设施提供了巨大的潜力,不仅可以提供宽带通信,并为互联网和地面电话提供网关(Hayden,2003)。

表 17.4 可用于高密度应用的 FSS 频段(ITU,2016a)

频段	区域 1		区域 2		区域 3	
	频率范围/GHz	方向	频率范围/GHz	方向	频率范围/GHz	方向
Ku 频段	17.3~17.7	下行	18.3~19.3	下行	—	
K 频段	19.7~20.2	下行	19.7~20.2	下行	19.7~20.2	下行
	27.5~27.82	上行	28.35~29.10	上行	—	
Ka 频段	28.45~28.94	上行	—		28.45~29.10	上行
	29.46~30.00	上行	29.25~30.00	上行	29.46~30.00	上行

在 2019 年世界无线电通信大会上,ITU 决定向 GEO 卫星分配新的 FSS 频段,用于与移动用户宽带通信,这些用户统称为运动中的地球站(earth stations in motion,ESIM)。新频段为上行链路 27.5~29.5GHz,下行链路 17.7~19.7GHz。宽带通信包括互联网连接,这种现有终端的典型数据速率约为 100Mbps,远远高于 MSS 中使用 L 频段和 S 频段的卫星以往提供的数据速率。海事 ESIM 需要为游轮乘客提供互联网连接,并为船只运营者提供通用宽带连接;航空 ESIM 在飞机上提供相关宽带互联网服务;陆地 ESIM 则可用于所有类型的陆地车辆上(ITU,2019)。在上行链路频段,ESIM 可能不会对遵循规则的地面服务造成不可接受的干扰。在下行链路频段中,ESIM 可能不会要求保护,以免受遵守规则的非 GEO FSS 系统、BSS 馈电链路和地面服务的影响。ESIM 在一个地区内的运营必须得到该地区频谱管理局的授权(ITU-R,2019)。

ITU 要求 FSS 的卫星将其经度保持在标称值的 ±0.1° 以内。如果轨道稍微倾斜,则轨道平面穿过赤道的经度必须保持在该限度内(ITU-R S.484,1992)。

17.4.4 FSS 卫星示例

本节介绍传统的 FSS 卫星示例,它们只有 FSS 有效载荷。这些卫星的覆盖范围都有美国,因为这意味着运营商必须向联邦通信委员会(Federal Communications Commission,FCC)提交申请,因而没有覆盖美国的卫星实际上无法提供一些技术信息。为了了解这些卫星在覆盖美国范围内的轨道位置,有必要了解美国的经度 65°W~125°W。

17.4.4.1 Intelsat 34/Hispasat 55W-2 卫星

Intelsat 34 卫星是一颗地球静止 FSS 卫星,于 2015 年发射,位于西经 55.5° (Gunter,2017a)。它同时拥有 C 频段、Ku 频段的有效载荷(Intelsat,2020b),这是

FSS卫星的常用载荷。卫星上的Ku频段容量称为Hispasat 55W – 2(WikiZero, 2020)。

该卫星有两个Ku频段反射器安装在一侧卫星板上,其中一个是圆形的,另一个是椭圆形的。C频段反射器安装在对面的另一侧卫星板上。每个反射器都由一个固定在对地面上的副反射器和一个固定在卫星板上的馈源组成(Gunter,2017a; Spaceflight101,2015)。卫星在±0.05°的南北和东西误差范围内保持在预定位置(Shambayati,2014)。

C频段波束的覆盖范围是除阿拉斯加以外的美洲,加上西欧和非洲的西北角。Ku频段巴西波束覆盖整个巴西。Ku频段北大西洋波束(North Atlantic,NAOR)覆盖北美的南半部、中美洲、南美北部的一片薄薄的区域、加勒比海、北大西洋、西欧和非洲西北部的一些地方(Intelsat,2020b)。

提供的服务有视频、音频和数据,C频段波束和Ku频段巴西波束为拉丁美洲提供多媒体服务,NAOR波束为航空和海运公司提供宽带通信(Gunter,2017a; Spaceflight101,2015)。

除非另有说明,Intelsat 34卫星的其余内容来自文献Shambayati(2014)。

C频段有效载荷使用位于洛杉矶以东约100km的加利福尼亚州里弗赛德的Intelsat通信中心。Ku频段有效载荷使用位于华盛顿特区西北约110km的马里兰州的Intelsat通信点(Intelsat,2020b)。然而,在NAOR波束上传输的信号是从美国境外的一个传送点上行的。

频率和极化方式如表17.5所列。巴西波束和NAOR波束在不重叠的Ku频段上传输。C频段有效载荷具有带宽为36MHz、41MHz和72MHz的通道。Ku频段有效载荷的信道带宽为36MHz和72MHz。

表17.5 Intelsat 34卫星频段和极化方式(Shambayati,2014)

频段	上行		下行	
	频率范围/GHz	极化方式	频率范围/GHz	极化方式
C频段	5.925~6.425	双线极化	3.70~4.20	双线极化
Ku频段巴西波束	14.0~14.5	双线极化	11.70~12.2	双线极化
Ku频段北大西洋波束	14.0~14.25	水平极化	11.45~11.70	垂直极化

图17.4为Intelsat 34卫星有效载荷框图,这是一个简单的有效载荷。三副天线都有正交模耦合器(orthomode transducers,OMT)来分离水平极化和垂直极化,以及双工器来分离发射和接收信号。输出多路复用器(output multiplexers,OMUX)中最右边的箭头连接到双工器中向左的箭头。Ku频段部分的顶部用于巴西波束,在接收和发射时使用一副天线和两种线极化。Ku频段部分的底部用于NAOR波束,它使用另一副Ku频段天线,接收和发射只采用一种极化方式。线性化通道放大器(linearizer channel amplifiers,LCAMP)可以在固定增益模式(fixed gain mode,

FGM)或自动电平控制(automatic level control, ALC)模式下工作。

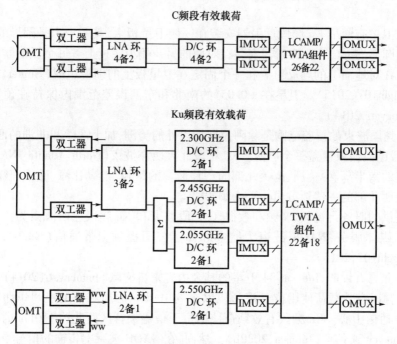

图 17.4　Intelsat 34 卫星有效载荷图

卫星系统采用上行链路功率控制。在 C 频段,信标通过全球喇叭天线发出。在 Ku 频段,两个信标通过全球喇叭天线发出,信标天线工作在线极化,用户终端基于接收到的信标功率调整其发射功率。

17.4.4.2　Eutelsat 65 West A 卫星

Eutelsat 65 West A 卫星是一颗 FSS 地球静止卫星,于 2016 年发射,位于西经 65°,它有 C 频段、Ku 频段和 Ka/K 频段的有效载荷。

卫星有 2 个反射器安装在卫星东板,另外 2 副天线安装在卫星西板,还有一副天线安装在卫星对地面上。对地面天线有一个副反射器,至少有一副卫星侧板天线也有副反射器(Gunter,2017b)。

该卫星将提供以下服务(Eutelsat,2020b)。

(1)在 C 频段,跨洲视频贡献和分发;

(2)在 Ku 频段,中美洲、加勒比海和安第斯地区的企业连接,以及巴西的标清和高清电视;

(3)在 K 频段,拉丁美洲的宽带接入。

下面介绍相关波束覆盖(SatBeams,2020a)及其承载的一些服务。C 频段下行波束覆盖拉丁美洲、美国大部分沿海地区和西欧。SD 和 HD 视频从佛罗里达州东南部的一个联合传送站和欧洲的至少一个传送站上传到卫星进行广播(Lyngsat,2020;Hennriques,2017;Eutelsat,2020c)。Ku 频段有覆盖中美洲和安第斯山脉地区的美洲波束及覆盖巴西的巴西波束,两个波束都有上行链路和下行链路(Zúñiga,2018)。对于美洲波束,一个传送站位于佛罗里达州东南部,用于上行广播的付费电视(McNeil,2016;Eutelsat,2019a)。对于巴西波束,巴西圣保罗州有一个传送站,用于支持专业视频服务(Eutelsat,2015)。至于 K 频段,多达 24 个点波束覆盖巴西人口最稠密的城市和郊区以及其他拉丁美洲国家的沿海地区。Hughes 租用了巴西点波束的全部容量,为消费者和企业提供高速互联网服务(Hughes,2020b)。

Eutelsat 65 Wast A 卫星频段和极化方式如表 17.6 所列。

表 17.6　Eutelsat 65 West A 卫星频段和极化方式(McNeil,2016;Hennriques,2017)

频段	上行		下行	
	频率范围/GHz	极化方式	频率范围/GHz	极化方式
C 频段	6.725~7.025	双线极化	4.500~4.800	双线极化
Ku 频段	12.75~13.25	双线极化	10.70~10.95,11.20~11.45	双线极化
Ka/K 频段	未知	未知	未知	未知

有关 Eutelsat 65 Wast A 卫星有效载荷的信息少之又少。C 频段有效载荷有 10 个 54MHz 信道。在上行链路和下行链路上,极化相反的信道完全重叠。Ku 频段有效载荷有 24 个 36MHz 信道,12 个信道可在南美和巴西波束之间切换(McNeil,2016)。Ku 频段上行链路数据采用四相相移键控(QPSK)和八相相移键控(8PSK)调制方案(FCC,2016)。在上行链路和下行链路上,极化相反的信道在大多数情况下完全重叠(Frequency plansatellites,2020)。

17.4.4.3　SES-4 卫星

SES-4 是一颗地球静止 FSS 卫星,于 2012 年发射,位于西经 22°。该卫星具有 C 频段和 Ku 频段有效载荷。对于 FSS 卫星来说,有效载荷非常大,以 36MHz 带宽衡量,相当于 52 个 C 频段转发器和 72 个 Ku 频段转发器。发射时,它成为 SES 50 颗卫星中最大的卫星(de Selding,2012)。

该卫星共有 6 个偏置馈电的格里高利反射器。卫星东西两侧板各安装 2 个反射器,其中一个比另一个大一些。在卫星对地面的 2 个反射器中,一个也比另一个稍大,而它们都比每个侧板上的一对反射器稍小(Aliamus,2020)。最大的两个反射器必须用于 C 频段,另外四个用于 Ku 频段。塔上还有两个 C 频段喇叭,一个用于接收全球波束(global beam,GB),另一个用于发射全球波束(Aliamus,2020)。卫星保持在指定位置,南北和东西位置误差在 ±0.05° 以内(SES World Skies,2011)。

所有波束都用于发射和接收。有三个 C 频段波束和四个 Ku 频段波束,除了

GB 之外,所有波束都是赋形波束覆盖(SES World Skies,2011)。

(1)C 频段波束:西半球(West hemisphere,WH),包括北美洲东部、中美洲和南美洲;东半球(East hemisphere,EH),包括欧洲、中东和非洲;GB。

(2)Ku 频段波束:欧洲/中东(欧盟)波束,覆盖欧洲、中东、北非和俄罗斯部分地区;北美(North America,NA)波束;覆盖拉丁美洲的南部锥形(southern cone,SC)波束;西非(West Africa,WA)波束,覆盖西部和中部非洲。

表17.7 中给出了所有波束的信道带宽、信道间距以及上行链路和下行链路波束连接(SES World Skies,2011)。C 频段上行链路 GB 仅与自身相连,用于下行链路。另外两个 C 频段上行波束,WH 和 EH 相互连接,EU 和 WA 用于下行链路。Ku 频段上行链路 EU 和 WA 波束连接到自身以及除 SC 波束和 GB 波束之外的所有其他波束,Ku 频段上行链路 SC 波束仅连接到自身和 NA 波束。表17.7 显示了全球波束信道中心间距的"N/A",因为这些信道的间距很大。大多数处于一个极化的信道与处于相反极化的信道完全重叠。

表17.7 SES-4 卫星信道带宽、信道间距和波束连接(SES World Skies,2011)

上行频段	上行波束	通道带宽/MHz	通道间隔/MHz	相连的下行波束
C 频段	WH	54,72	60,79	WH,EH,EU,WA
	EH	54,72	60,79	WH,EH,EU,WA
	GB	36	N/A	GB
Ku 频段	EU	36,54,62	40,60,70	WH,EH,EU,WA,NA
	NA	36,54,62	40,60,70	EU,WA,SC,NA
	SC	54,62	60,70	SC,NA
	WA	36,54,62	40,60,70	WH,EH,EU,WA,NA

表17.8 给出了链路的频率和极化。在 C 频段,只有一个上行链路频段和一个下行链路频段。在 Ku 频段中,只有一个上行链路频段,但有四个下行链路频段,所有波束都采用双极化。

表17.8 SES-4 卫星频段和极化(SES World Skies,2011)

频段	上行		下行	
	频率范围/GHz	极化方式	频率范围/GHz	极化方式
C 频段	3.625~4.200	双圆极化	5.850~6.425	双圆极化
Ku 频段	13.75~14.50	双线极化	10.95~11.20 11.45~11.70 11.70~12.20 12.50~12.75	双线极化

表17.9 给出了每个信道带宽的转发器数量信息。发射时,C 频段共有36个,

Ku频段共有50个。C频段行波管放大器位于42:36备份环中,Ku频段行波管放大器位于58:50备份环中(SES World Skies,2011)。

表17.9 SES-4卫星转发器数量(SES World Skies,2011)

上行频段	通道带宽/MHz	发射工作时转发器数量/个
C频段	36	12
	54	16
	72	8
Ku频段	36	6
	54	38
	62	6

系统的调制和编码方案是QPSK,码率为0.5~0.75;对8PSK,其码率为0.816(SES World Skies,2011)。

17.5 广播卫星服务

17.5.1 BSS特有的法规

表17.10显示了BSS为主的100MHz以上的频段,频率范围为1~31GHz,这分别位于S频段、Ku频段和K频段。频率分配也包含许多特定频率分配的注释,本书没有给出。

表17.10 以BSS为主的100MHz以上频段(ITU,2016a)

频段	区域1	区域2	区域3
	频率范围/GHz	频率范围/GHz	频率范围/GHz
S频段	2.520~2.670	2.520~2.670	2.520~2.670
Ku频段	11.7~12.5 (每通道27MHz[a])	12.2~12.7 (每通道24MHz[a])	11.7~12.2 每通道27MHz[a]
Ku频段	—	—	12.5~12.75
Ku频段 (上行链路)	14.5~14.8 (to be used outside of Europe[b])	—	14.5~14.8
Ku频段 (上行链路)	17.3~18.1[b]	17.3~17.8	17.3~18.1[b]
K频段	21.4~22.0	—	21.4~22.0

a. ITU(2016b);
b. ITU(2016c)。

在 ITU 区域 2 中，BSS 主要分配在 17.3~17.8GHz 频段，而在美国仅分配在 17.3~17.7GHz 频段(FCC,2020)。在这些分配于 2007 年生效之前，区域 2 中 GEO 广播卫星仅将该频段用于馈电上行链路(它与 12GHz 配对用于下行链路)。它主要分配给 FSS，这是唯一允许的用途，这种用法仍然存在。当该频段用于广播时，称为反向频段 BSS。它在区域 2 中与主 FSS 频段 24.75~25.25GHz 配对，用于馈电上行链路，组合称为 17/24GHz(Cornell,2020)，卫星 DirecTV 16 使用这种频段组合。

如果卫星运营商使用《美国版权法》第 119 条款许可，那么它必须在所有 210 个地方电视市场提供本地服务(US Copyright Office,2019)。关注电视节目收视率的尼尔森公司将美国划分为 210 个指定市场区域(designated market areas, DMA)，这些区域是相互排斥且详尽的市场，它们覆盖了整个美国、夏威夷和阿拉斯加的部分地区(Nielsen,2020)。DMA 广泛应用于广告销售(Crawford,2015)，向网络电台服务不足的家庭、车辆和露营者广播节目需要获得第 119 条款许可，DirecTV 和 Dish 都使用这样的许可(Collins,2019)。

对于来自共享 BSS 频段的其他主要通信卫星服务的潜在干扰而言，这是一个混合包。在 S 频段，区域 1 中的 BSS 是唯一的主要卫星服务。在较低的 Ku 频段，所有区域中有一些带宽只有 BSS 是主要的，其中最大的带宽在区域 1 中。在较高的 Ku 频段，区域 2 是唯一允许 BSS 的区域，BSS 与 FSS 共享 100MHz。在 K 频段，只有区域 1 和区域 3 为卫星服务分配带宽，而 BSS 是唯一的。所有频段与主要地面服务共享。

17.5.2 BSS 卫星示例

本节给出两个提供 BSS 的卫星的例子：第一个只有 BSS；第二个既有 BSS 又有 FSS。它们都覆盖美国，因为这意味着运营商必须向 FCC 提交申请，致使一些没有覆盖美国范围的卫星实际上无法提供一些的技术信息。

17.5.2.1 EchoStar 16 卫星

截至 2019 年 5 月，EchoStar 拥有 Dish Network 使用的 BSS 卫星，使其成为美国第二大广播电视卫星提供商。由于卫星电视收入减少，EchoStar 将这 9 颗卫星出售给 Dish(Nyirady,2019)。EchoStar 16 卫星就是这些卫星中的一颗，它于 2012 年发射，位于 61.5°W(SatBeams,2020b)。它是 BSS 卫星的一个很好的示例，因为它仅使用传统的 Ku 频段 DBS 频率，并且还有点波束。

除非另有说明，以下信息来自文献 Minea(2011)。

BSS 地球静止卫星如图 17.5 所示，它有 2 副天线安装在卫星东板，另外 2 幅天线安装在卫星西板，其中有一个反射器明显比其他的都大。卫星保持在它的轨道位置，南北和东西方向误差为 ±0.05°，这是 EchoStar 卫星在这个位置拥有的几颗卫星之一。它的设计和制造使它可以在需要时运行在其他 EchoStar 卫星轨道位置。

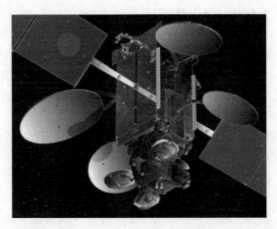

图 17.5　EchoStar 16 卫星(经 Maxar Technologies 许可使用)

覆盖区域是美国本土和波多黎各,由于这颗卫星定点位置过于偏东,无法覆盖阿拉斯加和夏威夷。

该卫星播放高清电视,国家电视台覆盖美国和波多黎各,地方电视台向 210 个美国 DMA 中的一些地区进行广播(整个 Dish 作为一个整体覆盖了所有 210 个地区)。

通信的频段和极化方式如表 17.11 所列。对于 BSS 卫星,上行链路频段通常是 FSS 频段(17.5.1 节)。有效载荷信道带宽为 26MHz,频率间隔为 29.16MHz。上行链路和下行链路频段被分成 32 个信道,每个极化 16 个信道。反极化上的信道偏移半个信道间隔。

表 17.11　EchoStar 16 卫星频段和极化(Minea,2011)

上行		下行	
频率范围/GHz	极化方式	频率范围/GHz	极化方式
17.3~17.8	双线极化	12.2~12.7	双线极化

美国和波多黎各有一个下行波束,即 CONUS + 波束。还有 71 个下行点波束,其中 67 个波束用于美国本土的 DMA,另外 4 个波束用于覆盖波多黎各、百慕大、墨西哥和加勒比海部分地区。有效载荷可以在三种模式中的任何一种模式下工作。

(1) CONUS + 波束和所有点波束,其中较低的 16 个信道在 CONUS 波束上,较高的 16 个信道在点波束上。

(2) 仅 CONUS + 波束,在所有 32 个信道上,发射功率正常。

(3) 仅 CONUS + 波束,16 个信道,发射功率是模式 2 的 2 倍。

在 CONUS 周围共有 6 个地面站和 6 个相应的上行点波束。对于 CONUS + 波束,怀俄明州和亚利桑那州的两个地面站可以分别提供所有 32 个信道,每个极化 16 个信道。对于点波束,在模式 1 中,所有 6 个地面站为下行链路点波束提供信道,每个地面站为下行链路点波束的不同子集提供信道。4 个地面站每个可以提供 32 个信道，每个上行链路极化对应 16 个信道；另一种只能提供上面的 16 个信道，每个上行链路极化 8 个信道；最后一个可以在一个上行链路极化上提供 9 个较低频率信道和 8 个较高频率信道。每个点波束携带 1~6 频道。

对于 CONUS+波束，有效载荷执行从上行链路频段到下行链路频段的单频移 5.1GHz。对于下行链路点波束，较高频率的 16 个信道也是如此；较低频率的 16 个信道的频率偏移似乎不遵循任何简单的规则。

有效载荷采用 96 个 TWTA，其中有 55 个 151W 的 TWTA，36 个 90W 的 TWTA 和 5 个 35W 的 TWTA。在有效载荷运行模式 2 中，单个 TWTA 用于向 CONUS+传输；而在模式 3 中，两个 TWTA 组合用于每个信道。

一副天线用于 CONUS+波束，可能是用于副反射器的单馈电天线，图 17.5 中右侧下方的天线。其他三副天线用于点波束，这些天线可能是由相控阵馈电的副反射器。或者，这些天线的副反射器实际上是构成反射器馈源的相控阵天线。

使用的调制方案有 QPSK 和 8PSK，其中 QPSK 与 5/6 速率内部 Turbo 编码相结合，8PSK 与 2/3 速率内部 Turbo 编码相结合。

17.5.2.2　DirecTV 16/AT&TT-16

2020 年，DirecTV 成为美国最大的广播电视提供商。然而，2020 年 5 月，新闻报道称股东向 DirecTV 的所有者 AT&TT 施压，要求其出售 DirecTV，股东希望 AT&T 减少巨额债务。正如本章前面所提，卫星电视正在失去顾客。据报道，Dish Network 董事长查尔斯·厄尔根似乎已经接受了 DirecTV 和 Dish 必须合并才能生存的事实（Munson，2020；Barnes，2020）。

DirecTV 16 卫星也称为 AT&TT-16 卫星，是卫星提供 BSS 的第二个很好的示例，因为它使用反向频段作为上行链路（17.5.1 节）。1997 年，DirecTV 向 FCC 申请为 17/24GHz 的 BSS 分配频谱，DirecTV 是第一个向 FCC 寻求授权的公司（Pontual，2014）。这颗卫星将 FSS Ka/K 频段有效载荷与 BSS 有效载荷结合在一起，是一个很好的示例，因此这颗卫星有可能在多个轨道位置作为另一颗卫星的补充或替代。

地球静止卫星 DirecTV 16 卫星于 2019 年发射，定位于西经 100.85°（Gunter，2019；Dulac，2019）。它保持在它的轨道位置东西向 ±0.025°，南北向 ±0.05°，这意味着将冗余纳入 DirecTV 的高清电视广播能力。其设计可以用于在 DirecTV 的标称 101°W、110°W 和 119°W 的轨道位置上运行。这些位置是标称位置，因为当卫星运营商在一个标称经度上有多颗卫星时，运营商请求频谱管理员允许将它们放在标称附近稍微不同的经度上，这样它们就不会碰撞。2018 年，名义上位于这些经度的 7 颗卫星具有与 DirecTV 16 相同的三个频段的有效载荷：12/17GHz、17/24GHz 和 Ka/K 频段。12/17GHz 频段对是区域 2 的常用 DBS 对。在 100.85°W 轨道位置，卫星不进行 12/17GHz 的有效载荷操作，遥测、跟踪和命令（telemetry， tracking,and command,TT&C)除外。Ka/K 频段有效载荷位于 FSS,用于广播 DTH(Regan,2018)。

各种有效载荷的频段和极化方式见表 17.12 所示。所有波束都为双圆极化。12GHz 的广播信道带宽都为 24MHz,频率间隔为 29.16MHz,相反极化的频道偏移一半。在 17GHz 和 20GHz 的频率处广播信道带宽都是 36MHz,频率间隔为 40MHz,相反极化的信道完全重叠(Regan,2018)。

表 17.12　DirecTV 16 卫星频段和极化方式(Regan,2018)

频段	上行		下行	
	频率范围/GHz	极化方式	频率范围/GHz	极化方式
Ku 频段(12/17GHz)	17.3~17.8	双圆极化	12.2~12.7	双圆极化
Ku/K 频段(17/24GHz)	24.75~25.5	双圆极化	17.3~17.7	双圆极化
Ka/K 频段	28.35~28.6 29.25~29.29 29.5~30.0	双圆极化	18.3~18.59 19.7~20.2	双圆极化

所有三个有效载荷广播全国频道。同样的节目在一个波束上向美国和阿拉斯加广播,在两个独立的点波束上向夏威夷和波多黎各广播。

12/17GHz 有效载荷能够支持 32 个信道,每个极化 16 个信道。所有信道都将播放全国高清电视。该节目可以从洛杉矶和科罗拉多州一个城市的地面站上传,任何上行信道都可以从任意一个地面站接收。

17/24GHz 有效载荷广播多达 18 个信道,每个极化 9 个信道,节目是从华盛顿州和新罕布什尔州上传的。

Ka/K 频段有效载荷能够广播 38 个信道,每个极化 19 个信道。目前只在 28 个频道播出。是否会播出更多节目取决于其如何与 DirecTV 的其他 Ka/K 频段卫星集成。节目是从洛杉矶和科罗拉多州的一个城市上传的。任何上行信道都可以从任意一个地面站上行。

消费者终端采用有效宽 65cm 的反射器,并且指向固定。

参考文献

Aliamus M of SSL(2020). Private communication. Oct. 19.

Barnes J(2020). AT&T may be selling DirecTV soon,sources say. May 23. *Cord Cutters News*. On Accessed July 18,2020.

Berlocher G(2010). Advances keep VSATs relevant in changing market. *Via Satellite*;Sep. 1.

Berlocher G(2011). VSAT hubs:"virtual" benefits becoming apparent. *Via Satellite*;Oct. 1.

Bryce Space and Technology(2017). 2017 State of the satellite industry report. *Satellite Industry Association*; June. Accessed July 21,2020.

Collins D, ranking minority member of US House of Representatives Committee on the Judiciary (2019). Views concerning section 119 compulsory license, sent to director of US Copyright Office. May 28. Accessed July 28,2020.

Comsys(2016). The Comsys VSAT report: VSAT statistics. Accessed June 27,2020.

Cornell University(2020). 47 CPR § 25.264 – Requirements to facilitate reverse – band operation in the 17.3 – 17.8 GHz band of 17/24 GHz BSS and DVB service space stations. Law School, Legal Information Institute. Accessed July 21,2020.

Crawford GS (2015). The economics of television and online video markets. Working paper no 197. University of Zurich, Dept of Economics. Accessed July 28,2020.

de Selding PB(2012). Long – delayed SES – 4 launched successfully. *SpaceNews*; Feb. 15.

Dulac S(2019). DirecTV application to FCC requesting special temporary authority for additional 30 days to drift T – 16 to permanent location. FCC file no SAT – STA – 20190826 – 00081.

Dulac SP and Godwin JP(2006). Satellite direct – to – home. *Proceedings of the IEEE*;94(1)(Jan.); 158 – 172.

Elbert BR(2004). *The Satellite Communications Applications Handbook*, 2nd ed. Boston, MA: Artech House.

Emiliani LD(2020a). Private communication. Sep. 28.

Emiliani LD(2020b). Computer program with input of Union of Concerned Scientists satellites database of 2020 Apr 1. Oct. 6.

Emiliani LD(2020c). Private communication. Oct. 9.

European Telecommunications Standards Institute(ETSI)(2016). EN 301 459 v2.1.1. Satellite earth stations and systems(SES); harmonised standard for satellite interactive terminals(SIT) and satellite user terminals(SUT) transmitting towards satellites in geo stationary orbit, operating in the 29,5 GHz to 30,0 GHz frequency bands covering the essential requirements of article 3.2 of the Directive 2014/3/EU. May.

ETSI(1997). Technical basis for regulation(TBR)28. Satellite earth stations and systems(SES); very small aperture terminal(VSAT); transmit – only, transmit/receive or receive only satellite earth stations operating in the 11/12/14 GHz frequency bands. Dec.

ETSI(1998). TBR 43. Satellite earth stations and systems(SES); very small aperture termi nal(VSAT) transmit – only, transmit – and – receive, receive – only satellite earth stations operating in the 4 GHz and 6 GHz frequency bands. May.

Eutelsat(2015). Speedcast Services Multimedia selects Eutelsat 5 West A for professional video services. Aug. 25. On news.eutelsat.com/pressreleases. Accessed July 15,2020.

Eutelsat(2019a). Eutelsat 65 West A selected by Ultra DTH for new pay – TV platform across the Caribbean and the Andean region. July 31. On news.eutelsat.com/pressreleases. Accessed July 15,2020.

Eutelsat(2019b). Universal registration document 2018 – 2019. Presentation of Eutelsat Communications group activities, main markets and competition. Report. Accessed July 7,2020.

Eutelsat(2020a). Eutelsat Communications investor presentation. Presentation package. July Accessed July 7,2020.

Eutelsat(2020b). Satellite Eutelsat 65 West A, multi – mission satellite for Latin America. Datasheet. Accessed July 7,2020.

Eutelsat(2020c). Eutelsat digital platform, Brazil, Eutelsat 65 West A. Accessed July 15,2020.

Evans BG, editor, (1999). *Satellite Communications Systems*, 3rd ed. London: The Institute of Electrical Engineers.

Federal Communications Commission(FCC) of US(2016). Radio station authorization. Aug. 5. FCC file no SES – LIC – 20160513 – 00427.

FCC(2020). FCC online table of frequency allocations. June 18. On transition. fcc. gov/oet/spectrum/table/fcctable. pdf. Accessed July 21,2020.

Frequencyplansatellites(2020). Eutelsat 65 West A provisional frequency plan. On frequencyplansatellites. altervista. org/Eutelsat/Eutelsat_65_West_A. pdf. Accessed July 15,2020.

Globenewswire(2020). Gilat announces availability of its flagship VSAT, achieving half a gigabit of concurrent speeds. Accessed Oct. 3,2020.

Gunter DK(2017a). Intelsat 34 (Hispasat 55W – 2). On space. skyrocket. de/doc _ sdat/intelsat – 34. htm. Dec. 11. Accessed May 6,2020.

Gunter DK(2017b). Eutelsat 65 West A. On space. skyrocket. de/doc _ sdat/eutelsat – 65 – west a. htm. Dec. 11. Accessed July 14,2020.

Gunter DK(2019). AT&T T – 16(DirecTV 16). June 27. On space. skyrocket. de/doc_sdat/DirecTV – 16. htm. Dec. 11. Accessed July 20,2020.

Hayden T(2003). Draft U. S. proposal on WRC – 03 agenda item 1. 5. Submitted to WRC – 2003 Advisory Committee IWG – 4. Document IWG – 4/016(12. 12. 01). Accessed June 9,2020.

Hennriques H for United Teleports(2017). Technical appendix. Part of application to FCC for earth station license for C – band Eutelsat 65 West A. Feb 27. FCC file no SES – STA – 20170228 – 00209.

Hughes(2020a). HX systems: high – performance IP satellite broadband systems. Product information. Accessed June 19,2020.

Hughes(2020b). Hughes 65W. Technology description. Accessed July 16,2020.

Intelsat(2020a). Form 10 – K provided to US Securities and Exchange Commission, annual report for 2019. Feb 20. On investors. intelsat. com/financial – information/sec – filings. Accessed July 8,2020.

Intelsat(2020b). Intelsat 34 at 304. 5°E. Coverage map. Accessed July 13,2020.

International Telecommunication Union(ITU) (2016a). *Radio Regulations*, vol. 1 Articles.

ITU(2016b). *Radio Regulations*, vol. 2. Appendices. Appendix 30, rev. WRC – 15.

ITU(2016c). *Radio Regulations*, vol. 2. Appendices. Appendix 30A, rev. WRC – 15.

ITU(2019). Satelite issues: earth stations in motion (ESIM). Dec. Media Centre. Accessed July 24,2020.

ITU Radiocommunication Sector(ITU – R) (2012). International Telecommunication Union. Presentation. Accessed July 10,2020.

ITU – R(2019). World Radiocommunication Conference 2019(WRC – 19), Final acts. ITU Publications. Accessed July 24,2020.

ITU – R. Recommendation S. 484 – 3(1992). Station – keeping in longitude of geostationary sat ellitesin the fixed – satellite service.

ITU – R. Report S. 2278(2013). Use of very small aperture terminals(VSATs). Oct.

ITU Telecommunication Standardization Sector. Recommendation ITU – T H. 265 (2019). Series H: Audiovisual and multimedia systems;infrastructure of audiovisual services – coding of moving video; high efficiency video coding. Nov.

Lyngsat(2020). Eutelsat 65 West A at 65. 0°W. TV channels listing. Accessed July 15,2020.

McNeil SD for United Teleports(2016). Narrative statement and Technical appendix. Parts of application to FCC for earth station license for Ku – band Eutelsat 65 West A. FCC file no SES – LIC – 20160513 – 00427.

Minea A(2011). Narrative and Schedule S tech report. Parts of application to FCC to launch and operate EchoStar 16. Sep. 2. FCC file no SAT – LOA – 20110902 – 00172.

Munson B(2020). AT&T under pressure again to sell DirecTV;report. May 22. *FierceVideo*. Accessed July 18,2020.

Nielsen Corp(2020). DMAR regions. Accessed Aug. 12,2020.

Nyirady,A. (2019). Dish Network acquires EchoStar's broadcast satellite service business. *Via Satellite*;May 20.

Pontual R(2014). Narrative. Part of DirecTV application to FCC for milestone extension. June 24. FCC file no SAT – MOD – 20140624 – 00075.

Regan B(2018). Narrative and Schedule S tech report. Parts of DirecTV application to FCC to launch and operate T16. Sep. 13. FCC file no SAT – RPL – 20180913 – 00071.

SatBeams(2020a). Eutelsat 65 West A. Accessed July 15,2020.

SatBeams(2020b). EchoStar 16. Accessed July 21,2020.

Satellite Industry Association (SIA) (2020). Summary of 2020 State of the satellite industry report. Accessed July 21,2020.

SES(2020). Investor presentation. May. Accessed July 7,2020.

SES World Skies(2011). Schedule S technical report and Technical appendix to FCC application for US market access for SES – 4. July 8. FCC file no SAT – PPL – 20110620 – 00112.

Shambayati R of Intelsat(2014). Engineering statement. Jan. 10. Part of application to FCC for Intelsat 34. FCC file no SAT – LOA – 20140114 – 00005.

Spaceflight101(2015). Intelsat 34. News article. Accessed July 13,2020.

ST Engineering(2020). Newtec Dialog,release 2. 2. Product brochure. Accessed Oct. 3,2020.

US Copyright Office (2019). Satellite television community protection and promotion act of 2019. Accessed July 28,2020.

Wailgum T(2007). 45 years of Wal – Mart history: a technology time line. Oct. 17. *CIO from IDG Communications*. Accessed June 27,2020.

Wikipedia(2019). X – band satellite communication. Article. Sep. 18. Accessed July 10,2020.
Wikipedia(2020a). Very – small – aperture terminal. Article. Jan. 19. Accessed Apr. 20,2020.
Wikipedia(2020b). High efficiency video coding. Article. June 19. Accessed July 13,2020.
Wikipedia(2020c). Intelsat. Article. July 7. Accessed July 8,2020.
WikiZero(2020). Intelsat 34. Article. Accessed July 28,2020.
Zúñiga AP for Globecomm(2018). Technical annex. Sep. 11. Part of Globecomm application to FCC for Eutelsat 65W A ground station Ku – band operation. File no SES – MFS – 20180911 – 02588.

第18章
高通量卫星

18.1 引言

本章讨论地球同步轨道上的高通量卫星(high-throughput satellites, HTS)。较低轨道上的卫星星座虽然也可以实现较高的系统容量,但需要很多卫星覆盖服务区域,低轨通信卫星星座将在第19章介绍。

HTS 没有严格的定义,通常指在使用相同带宽时,通信容量比传统固定卫星服务(fixed satellite service, FSS)卫星大许多倍的通信卫星。

用于比较的传统卫星是具有数个区域波束的卫星。HTS 使用许多窄波束来覆盖相应的服务区域。相同的载波频率在不同的波束中复用,提高了单位带宽的复合数据传输速率。窄波束需要高增益的星载天线,高增益的特性也降低了产生与相同等效全向辐射功率(equivalent isotropically radiated power, EIRP)所需的发射功率(每波束)。实际上,当服务区固定时,随着波束数量的增加,容量随波束数量呈线性增长,但所有波束的总发射功率基本恒定。

真正对高通量通信卫星特别感兴趣的是一种客户群,即固定互联网接入消费市场。当某地区的人口密度太低时,消费者无法获得地面上网服务(通常是数字用户线(DSL)或有线电视),或者是地面服务仅提供相对较低的数据速率,而高通量卫星却可以为这些用户提供高速率的通信服务。2017年,78%的美国家庭和84%的加拿大家庭可以上网。在北欧和中欧,这些数值在86%(比利时)和97%(丹麦)之间。在中美洲和南美洲,这一数值约为50%(World Bank, 2019)。在2018年第二季度和第三季度,美国互联网用户的平均下载速度为96Mbps,加拿大的平均速度是76Mbps,北欧和中欧的下载速度与加拿大类似。墨西哥的平均下载速度为20Mbps,中美洲许多国家低于8Mbps(Ookla, 2018)。因此,在欠发达国家和各地的农村地区,当卫星互联网速率达到25Mbps时,这种服务就有相当大的市场。

服务于固定互联网市场的卫星通常工作在 Ka/K 频段。由于窄波束的实现需要大口径天线(天线直径是波长的许多倍),因此这只能在较高的工作频率下实现,而这种需求同时也有利于频率的选择。卫星互联网是一个竞争激烈的业务市场,所以利润很低(Newtec,2017)。FSS 业务中的其他服务,如企业通信业务、甚小口径终端(very small aperture terminal,VSAT)、移动业务(主要是商用飞机和船只)和手机回传(将手机基站连接到提供商的其余基础设施)可以提供更高的利润,但这些业务通常需要更高的数据速率和更高的服务质量。

卫星运营商将更多的关注高利润服务区域,但他们的传统业务在可实现性更高的 Ku 频段。Ku 频段通常采用宽波束覆盖以避免覆盖区的间隙。一些系统提供网格化连接,所有专注于固定互联网的系统都采用星型架构,关口站实现与地面网络的连接(1.1 节)。随着 SES-17 卫星、Inmarsat 的 GX-5 卫星和 Eutelsat 的 Konnect VHTS 卫星的出现,这类系统的运营商也在向 Ka/K 频段发展。

另外,一些主要市场是面向固定互联网 Ka/K 频段的卫星也提供移动通信服务。在本章的其余部分,使用"固定互联网 HTS"和"VSAT 服务 HTS"来描述这两种服务类型,需要特殊说明的是,这些名称并不能完全描述这两种系统的目标市场,VSAT 的说明参见 17.4.2 节。

表 18.1 给出了 Ku 频段和 Ka 频段的 HTS 系统。"服务类型"列指的是主要服务是固定互联网(R)还是 VSAT 服务(V)。卫星运营商提供系统容量信息不同,有些给出系统复合带宽,有些给出卫星的总容量。在这两种情况下,它均是前向链路和返回链路的总和。不过由于大多数通信系统会根据信号质量调整数据速率,所给出的容量可能仅适用于理想条件,因此带宽是更客观的衡量标准。许多提供 VSAT 服务运营商由于需要将部分带宽出租给网络运营商,因此他们可能无法提供数据传输速率。从表 18.1 中可以明显看出,卫星通信系统容量在过去 20 年中一直在快速增长。

表 18.1 HTS 系统

卫星	发射时间/年	频段	服务类型	波束数量	带宽/GHz	容量/(Gbps)	参考
Anik F2	2004	Ka/K	R	45	3.8		Bertenyi and Tinley(2000)
Thaicom 4(IPStar)	2005	Ka/K	R	84		45	Sawekpun(2003)
Spaceway-3	2007	Ka/K	R	38		10	Hughes(2020a)
Eutelsat 9A Ka-Sat	2010	Ka/K	R	82		90	Guan et al.(2019)
ViaSat-1	2011	Ka/K	R	72		140	ViaSat Inc.(2018)
EchoStar XVII	2012	Ka/K	R	60		100	Rehbehn(2014)
HYLAS 2	2012	Ka/K	R	25	11.72		Avanti(2020)

续表

卫星	发射时间/年	频段	服务类型	波束数量	带宽/GHz	容量/(Gbps)	参考
Inmarsat 5 Global	2013	Ka/K	V	95	2.88		Koulikova and Roberti(2012)
Sky Muster Xpress F1~F4	2015/16	Ka/K	R	110		92	Wikipedia(2020)
Jupiter–2/EchoStar XIX	2016	Ka/K	R	138		200	Hughes(2020b)
Eutelsat 172B	2017	Ku	V	36		1.8	Spaceflight 101(2021)
SES–15	2017	Ku	V	45	10		Sabbagh et al.(2017)
SES–12	2017	Ku	V	68	14		Sabbagh et al.(2017)
Intelsat 33e Epic	2016	Ku	V	63	9.2		Spaceflight 101(2016)
ViaSat–2	2017	Ka/K	R	未知		260	ViaSat Inc.(2019a)
Y hsat Al Yah 3	2018	Ka/K	R	53			Orbital ATK(2015)
Telstar 19 Vantage	2018	Ka/K	R	50	54		Godles(2016)
SES–14	2018	Ku	V	44	12		Sabbagh et al.(2017)
Kacific–1	2019	Ka/K	R	56		60	Kacific(2019)
Inmarsat GX5	2019	Ka/K	V	72			Satbeams(2020a)
Eutelsat Konnect	2020	Ka/K	R	65		75	Nyirady(2020)
SES–17	2021	Ka/K	V	~200	80①		Krebs(2020)
ViaSat 3	2021	Ka/K	R			1000	ViaSat Inc.(2020)
Jupiter–3/EchoStar XXIV	2021	Ka/K	R			500	Satbeams(2020b)
Eutelsat Konnect VHTS	2021	Ka/K	V			500	Eutelsat(2021)

① 总带宽估计如下:16个馈电站,2.5GHz带宽,两种极化,所以显然是一个上限。

18.2 频率和带宽

带宽是 HTS 系统的重要资源。所有用户终端的应用都依赖于"一揽子许可",该许可允许用户终端在固定的覆盖区域内自由使用,而无需为每个终端制定单独的许可程序。为了实现这一功能,区域内需要使用一段不干扰其他许可系统的频谱,并且对该区域内用户终端的干扰是可控的。这意味着,用户终端的发射频率不应与同一区域中具有相同或更高优先级的其他系统共享。接收频率并不十分重要,因为用户可以使用不同的信道避免影响。

HTS 系统工作在 FSS 频谱上(17.4.3 节)。表 18.2 给出了 Ka/K 和 Ku 频段在欧洲邮政和电信会议(European Conference of Postal and Telecommunications,CEPT)、美国和加拿大组织的国家中的分配规则,这些频段不与相同或更高优先级的其他服务共享,且特别适合用户通信链路。从表 18.2 中可以看出,Ka/K 频段和 Ku 频段的带宽非常相似,至少有 500MHz 的带宽供上行链路可用。由于所有系统都使用四色频率复用的方案(两个频率和两个极化),因此每个波束的可用上行链路带宽至少为 250MHz。许多卫星使用的带宽比表中所示的要大,这将在后面讨论。

表 18.2 最适合用户链路的频段

用户	Ka/K 频段		Ku 频段	
	地到星/GHz	星到地/GHz	地到星/GHz	星到地/GHz
Europe(CEPT)	29.50~29.90	19.70~20.20	12.50~12.75 13.75~14.50	19.70~20.20
USA	28.35~28.60 29.50~30.00	18.60~19.30 19.70~20.20	13.75~15.63	11.70~12.20
Canada	29.50~30.00	19.70~20.20	13.75~14.50	11.70~12.20

信息来源:CEPT 2017;Federal Communications Commission 2018;Canada Government 2018

由于一个馈电站同时服务许多波束,因此馈电链路比用户链路需要更多的带宽。理想情况下,它不会占用用户波束的带宽。通常情况下,馈电链路天线的反射器尺寸更大,因此馈电站比用户终端之间的干扰问题更少。此外,由于馈电站不具有"一揽子通用许可",运营商需要将它们布局在其他主系统不会造成问题的地方,并通过屏蔽有选择地减少干扰。这些特点均大幅度增加了可用带宽。对于一些系统而言,可以像对 ViaSat-1 卫星的大多数馈电站所做的那样(Barnett,2008),将其放在服务区之外,这就允许馈电站可以复用用户频率。ViaSat-2 卫星将馈电站布局在服务区内,但在卫星上使用一副单独口径为 5m 的天线,而用户波束天线的口径为 2m(Janka,2015)。如果馈电站的位置距离用户波束边缘不是特别近,更窄的馈电波束使得其可以复用所有相邻用户波束的频率和极化,而不会干扰它们。Mignolo et al. (2011)描述的另一种方法是将 Q/V 频段作为馈电波束的工作频率,但尚未在任何系统中实施,Q/V 频段为 37.5~43.5GHz 和 47.2~51.4GHz。显然,Q/V 频段的可用带宽很大,但是由于大气损耗大,故 Q/V 频段的馈电站需要进行站点备份。

典型 HTS 系统的频率分配如表 18.3 所列。

表 18.3 典型 Ka/K HTS 系统的频率

卫星	馈电站频段		用户频段		参考文献
	上行 频率范围/GHz	下行 频率范围/GHz	上行 频率范围/GHz	下行 频率范围/GHz	
Anik-F2	28.35~28.6	18.3~18.8	29.5~30.0	19.7~20.2	Bertenyi and Tinley(2000)
	29.25~29.5				
IPStar	27~27.55	18.3~18.7	14.0~14.375	12.2~12.75	Sawekpun(2003)
	29.5~30.05	19.7~20.1			NBTC(2020)
	28.35~28.6	20.0~20.2			ACMA(2020)
Ka-Sat	28.83~29.50	18.4~19.7	29.5~30.0	19.7~20.2	Badalov(2012)
ViaSat-1	28.1~29.1	18.3~19.3	28.35~29.1	18.3~19.3	Barnett(2008)
	29.5~30.0	19.7~20.2	29.5~30.0		
ViaSat-2	27.5~29.1	17.7~19.3	28.35~29.1	19.7~20.2	Janka(2015)
	29.5~30.0	19.7~20.2	29.5~30.0		Janka(2017)
EchoStar XIX	27.85~28.35	18.3~18.8	29.25~30.0	18.3~18.8	Baruch(2011)
	28.35~28.6	18.8~19.3		18.8~19.3	
	28.6~29.1	19.7~20.2		19.7~20.2	
	29.25~30.0				

ViaSat-1 卫星和 ViaSat-2 卫星以及 EchoStar XIX 卫星使用 18.8~19.3GHz 频段,用于美国的馈电链路和用户终端下行链路(ViaSat-2 卫星仅用于馈电链路)。该频段在美国主要分配给非地球静止卫星轨道(NGSO)FSS 使用,没有分配给地球同步轨道(GSO)FSS 使用。但在实际设计 GSO 卫星时,NGSO 卫星非常少。而现在的几个 NGSO 系统正在开发或已经投入运行(第 19 章),因此与以上卫星会出现干扰问题。尽管如上所述有明确的优先事项,但 NGSO 运营商承诺在其 FCC 申请中,将与 GSO 运营商协调该频段的使用。

同样,这 3 颗卫星工作在 28.6~29.1GHz 频段。在这个频段中,NGSO FSS 优先于 GEO FSS,但同样,NGSO 运营商将首先保证 GEO 链路使用。

ViaSat-1 卫星将馈电站设计在服务区之外,因此馈电站可以使用整个用户频段,这也为用户波束释放了更多带宽。ViaSat-2 卫星使用较大的天线实现馈电波束,因此其用户和馈电波束也使用相同的频段。IPStar 卫星的馈电链路使用 Ka/K 频段,用户链路使用 Ku 频段。

18.3 固定互联网 HTS

18.3.1 典型系统架构

如前所述,该类别的所有 HTS 系统均采用星型架构,也就是说所有用户终端都与馈电站通信而不是相互通信,这种架构非常适合 HTS 系统提供的主要服务。由于在 VSAT 应用程序中总机和分机之间需要单跳通信,因此星型架构不太适合 VSAT 的使用场景。一个典型的例子是图 18.1 所示的 Ka-Sat 基础设施。10 个馈电站(SG)通过高速多协议标签交换(multiprotocol label-switching,MPLS)网络连接,并在通过遍布服务区的接入点(points of presence,PoP)处连接到互联网基础设施。通常,馈电站网络中有一些备用的馈电站,当一个站离线进行维护或维修或遭遇极端大气条件时,这些备用馈电站可以提供服务。在 Ka-Sat 系统中,10 个馈电站中有 8 个处于同时工作状态(Astrium,2012)。

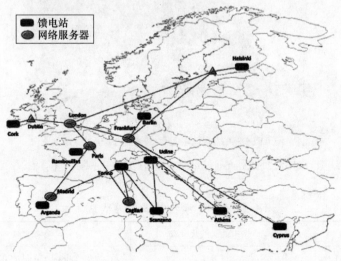

图 18.1　Ka-Sat 地面馈电站
(ⓒ 2016,John Wiley and Sons. 源自 Fenech et al. (2016))

每个馈电站向多个波束发送信号并从多个波束接收信号。Ka-Sat 卫星总共有 82 个波束,如图 18.2 所示。每个波束的直径约为 250km(Fenech et al.,2016)。

馈电站通常使用口径为 4~13m(表 18.4)且具有高发射功率的天线,因此从馈电站到卫星的链路信噪比(SNIR)高。总的 SNIR 实际上等于前向链路的下行 SNIR。此外,如果没有达到国际电信联盟设定的协调限制,馈电站可以通过调整发射功率(上行链路功率控制)补偿上行链路。在许多情况下,也以同样的方式补偿下行链路。然而,这要求卫星能够处理额外的输出功率。在返回链路上,由于馈电站接收机的 G/T 较高,因此总 SNIR 由用户上行链路决定。表 18.5 给出了 ViaSat-2 卫星简化的前向和返回链路算例,馈电站天线的增益比用户终端高 26dB,G/T 值比用户终端高 21dB。由于馈电站可以通过功率控制补偿上行链路,因此前向链路 7.2dB 的裕量完全可用于补偿下行链路。

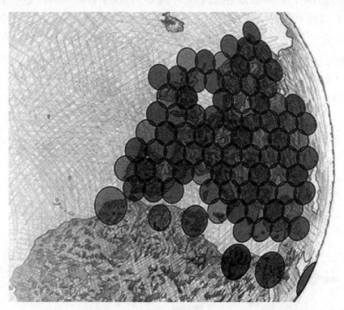

图 18.2　Ka-Sat 卫星波束覆盖(图由 Eutelsat 提供)

表 18.4　Ka/K 频段的馈电站天线尺寸

卫星	馈电站天线尺寸/m	参考文献
Anik-F2	8.1	Telesat Canada(2004)
Ka-Sat	9.0	Fenech et al. (2016)
ViaSat-1	7.3	Barnett(2008)
ViaSat-2	4.1~9.2	ViaSat Inc. (2016)
EchoStar XIX	5.6,8.1,13.2	Comsearch(2014)

表18.5 Viasta-2卫星简化的前向和返向链路预算示例（基于Janka(2017)）

	前向链路预算（晴空）		返向链路预算（晴空）	
通用	调制	8PSK	调制	QPSK
	载波带宽/MHz	500	载波带宽/MHz	3.125
上行链路	上行频率/GHz	27.8	上行频率/GHz	27.8
	馈电站天线口径/m	7.3	用户终端天线口径/m	0.67
	每个载波的馈电站EIRP/dBW	74.7	每个载波/用户终端EIRP/dBW	48.4
	上行损耗/dB	214.7	上行损耗/dB	214.0
	卫星G/T(峰值)(dB/K)	16.1	卫星G/T(dB/K)	19.5
	C/I内部系统干扰/dB	25.5	C/I内部系统干扰/dB	14.3
下行链路	下行频率/GHz	18	下行频率/GHz	18
	面向用户终端的每载波EIRP/dBW	67.9	面向馈电站的每载波EIRP/dBW	45.9
	下行损耗/dB	210.2	下行损耗/dB	210.95
	用户终端天线口径/m	0.67	馈电站天线口径/m	7.3
	用户终端G/T/(dB/K)	16.7	馈电站G/T/(dB/K)	38.0
	系统噪声温度/K(LNA+天空背景噪声)	224	系统噪声温度/K(LNA+天空背景噪声)	250
	C/I内部系统干扰/dB	18.7	C/I内部系统干扰/dB	13.3
端到端	上行链路的热信噪比C/N/dB	18.5	上行链路的热信噪比C/N/dB	18.5
	上行C/I-相邻卫星间干扰/dB	19.2	上行C/I-相邻卫星间干扰/dB	15.6
	下行链路的热信躁比C/N/dB	16.8	下行链路的热信躁比C/N/dB	37.6
	下行C/I-相邻卫星间干扰/dB	17.1	下行C/I-相邻卫星间干扰/dB	37.1
	总的$C/N+I$/dB	10.8	总的$C/N+I$/dB	9.0
	C/N-要求/dB	3.6	C/N-要求/dB	4.9
	裕量/dB	7.2	裕量/dB	4.1

18.3.2 有效载荷架构

所有当前的固定互联网系统都使用透明转发架构来传输卫星有效载荷。前向上行链路由少量载波组成,每个载波通过路由进入下行链路的不同波束。在返回链路上,每个波束中有大量载波,所有载波都在同一个转发器频段内,每个载波由多个用户分时共享。这些信号被一起放大,并将其作为一个多载波信号发送到馈电站。

下面使用WildBlue-1卫星来说明有效载荷的设计。该介绍基于Hudson(2006)的文献说明,该卫星的容量属于HTS卫星容量的低端。所有波束和前返向链路的合成带宽为6GHz。WildBlue-1卫星定点在西经111°,与Anik-F2卫星搭配使用。两颗卫星的频段相同,极化正交。WildBlue-1卫星共有35个用户波束,覆盖美国48个相邻的州,有6个馈电站,每个馈电站都为若干用户波束服务。

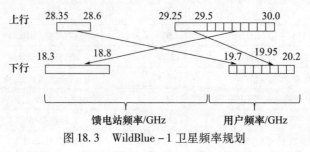

图 18.3　WildBlue-1 卫星频率规划

频率规划如图 18.3 所示,馈电站的发射信号工作在两个 250MHz 的频段上。前向下行链路以及返回的上行链路和下行链路采用连续的 500MHz 带宽,每个用户波束的带宽是 62.5MHz 或 125MHz,其带宽取决于波束预期的业务量。前向链路的有效载荷框图如图 18.4 所示,前向转发器从 6 个馈电波束接收上行链路信号。WildBlue-1 卫星低噪声放大器(LNA)为配对冗余的形式。下变频组件将上行频率转换为下行频率。由于子带之间的频率间隙,因此需要两个不同的本振(LO)频率。具有频率选择功能的输入多工器通过信道分离以连接到正确的用户下行链路波束。在通过下行天线发射之前,每个下行波束信号先在具有增益控制功能的低电平信道放大器中放大,然后通过大功率行波管放大器(TWTA)进行放大。在两个信号使用同一个 TWTA 的情况下,信号路在 TWTA 输出端通过输出多工器实现信号分离。

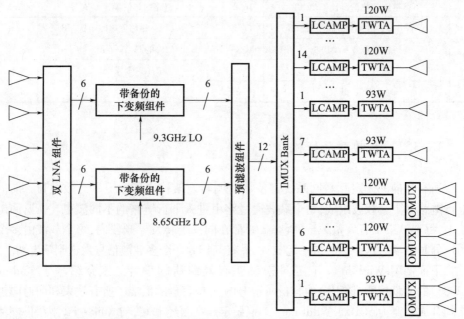

图 18.4　WildBlue-1 卫星前向链路有效载荷(源自 Hudson(2006))

如图 18.5 所示,返向链路有效载荷从 35 个上行链路用户波束接收信号,经过功率放大后,将流向同一馈电站的信号进行合并、放大并传输。从图中可以看出,对 LNA 和下变频器进行了备份,虽然没有给出功率放大器的备份情况,但可以肯定进行了环备份。

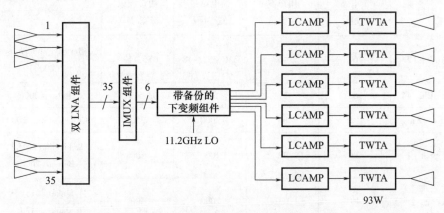

图 18.5 WildBlue-1 卫星返回链路有效载荷(源自 Hudson(2006))

以下给出了固定互联网 HTS 系统典型的有效载荷设计。
(1)大量相同尺寸的用户波束在服务区形成一个规则排布(图 18.6)。
(2)用户波束采用规则的频率复用方式:不同区域的不同带宽要求导致与标准的频率复用规则有一些偏差。图 18.6 中的 $A_1,A_2,B_1,\cdots$ 表示波束中使用的频率子带,其中子带从低频到高频依次为 $A_1,A_2,B_1,B_2,\cdots,D_1,D_2$。
(3)馈电链路和用户链路使用不同的频段。
(4)透明转发设计。
(5)星形架构:所有通信都是在馈电和用户之间。
(6)一个馈电波束服务许多用户波束。

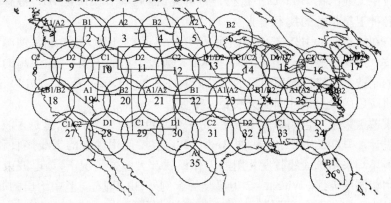

图 18.6 WildBlue-1 卫星波束覆盖图和用户频率规划(源自 Hudson(2006))

最近发射的卫星虽然采用更多的波束以及更大的带宽,但与上述的设计理念基本一致。表 18.6 提供了住宅互联网 HTS 系统参数。

表 18.6 住宅互联网 HTS 系统参数

卫星	馈电站数量	用户波束数量	馈电站带宽/MHz	用户波束带宽/MHz	参考文献
Anik-F2	6	45	336,392,448	56,112	Bertenyi and Tinley (2000)
WildBlue-1	6	35	500	62.5,125	Hudson(2006)
Ka-Sat	10	82	2000	250	Gidney et al. (2009)
ViaSat-1	23	72	1000	500	Wikipedia(2018), Barnett(2008)
ViaSat-2[①]	40	180	2000	500	Janka(2015), Jank(2017)
EchoStar XIX	22	138	250	125	Hughes(2018), Doiron(2014)

① 关于 ViaSat-2 卫星的公开信息是粗略的,因此一些参数是估计值。美国有 40 个馈电站,但其他地方可能会更多。FCC 应用程序中没有显示单个用户波束,只显示了服务区。该卫星与 ViaSat-1 卫星服务于相同的用户,因此用户信号格式在陆地上很可能是相同的。该卫星还覆盖北大西洋的大片区域,在那里可能会使用不同的信号格式。用户波束的数量是根据 ViaSat 公司的声明估计的,该声明称该卫星的容量是 ViaSat-1 卫星的 2.5 倍(de Selding,2013)。

18.3.3 天线

多波束天线已在第 11 章中进行详细介绍,因此本节仅讨论 HTS 特有的问题以及与各种卫星相关的技术细节。

所有在轨运行的 HTS 都使用固面天线(ViaSat-2 卫星除外)和单馈源形成单波束的技术形式。表 18.7 给出了一些 Ka/K 频段卫星的天线口径,卫星的布局和反射器的制造工艺将固面反射器的尺寸限制在 3.5m(Corbel et al. ,2014),这比表中已在轨应用的最大尺寸固面天线要大得多。

波束覆盖采用四色频率复用方案,每一个颜色对应一个天线,这是多波束天线的标准设计。早期的 HTS 卫星,如 Anik-F2 卫星,使用独立的天线接收和发射,后来的卫星均采用单天线收发共用的工作模式。大多数情况下,馈电波束和用户波束使用相同的天线。ViaSat-2 卫星是一个例外,由于 18.2 节中给出的原因,它使用口径为 5m 的可展开网状天线作为馈电波束天线。

表 18.7 典型 HTS 的天线口径、波束宽度和边缘增益

卫星	天线口径/m	波束宽度/(°)	边缘增益/dB	参考文献
Anik – F2	1.5	**0.85**	**–4.5**	Bertenyi and Tinley(2000)
WildBlue – 1	1.45	**0.84**	**–4.0**	Hudson(2006)
Ka – Sat	**2.6**	0.43	–3.5	Fenech et al. (2011)
ViaSat – 1	**2.6**	0.24	**–1.0**	est. from Barnett(2008)[a]
ViaSat – 2[b]	网状反射器	0.24	–4	de Selding(2018)[b]
	固面反射器	0.6	–4	est. from Janka(2015)[b]
EchoStar XIX	2.5	**0.47**	–4	est. from Baruch(2011)[b]

注：粗体值来自参考文献，其余为估计值。

(a) 对卫星天线尺寸的估计如下：FCC 的文件包括"GXT"文件中的天线覆盖，可以用 ITU 的"GIMS"工具打开。对于穿过波束中心的直线上的 4dB 轮廓上的两个点，坐标被数字化。然后计算波束宽度并确定相应的天线尺寸。

(b) FCC 为 ViaSat – 2 卫星和 EchoStar XIX 卫星提交的文件没有介绍波束的峰值和边缘增益。因此，不可能根据天线尺寸计算波束宽度。

18.3.4 空中接口

固定互联网 HTS 系统的三种接口规范可在技术文献中找到。有两个标准：一是数字视频广播(digital video broadcasting,DVB)与数字视频广播 – 返回信道卫星(digital video broadcasting – return channel satellite,DVB – RCS)配对，由欧洲电信标准协会(European telecommunications standards institute,ETSI)标准化，在 13.4 节中有更详细的描述；二是由 Hughes 网络系统公司(ITU Working Party 4B,2006)指定，并由美国电信工业协会(telecommunications industry association,TIA)、ITU 和 ETSI 标准化的卫星互联网协议(internet protocol over satellite,IPoS)。这两种标准都已经发展到第二代，即 DVB – S2/DVB – RCS2 和 IPoS – B。对于 DVB – S2，甚至还有一个更新的扩展版，命名为 DVB – S2X。还有一个标准是由 ViaSat 公司制定的专有规范，也称为 S – DOCSIS 或 DOCSIS – S(OFCOM,2011)。它用于 ViaSat 卫星、Eutelsat(Wikipedia,2019a)、SES Americom(ViaSat Inc.,2019b)和其他可能卫星上服务的 SurfBeam 系统。它还被更新为第 2 版，称为 Surfbeam 2(ViaSat Inc.,2010)。

IPoS 标准基于国际标准化组织(ISO)的开放系统接口(OSI)标准，将协议栈分为卫星相关层和卫星无关层，如图 18.7 所示。SI – SAP 是独立于卫星的服务接入点，DOCSIS – S 具有类似的结构，遵循电缆数据系统接口规范(data – over – cable system interface specification,DOCSIS)在较高层实现标准，而在较低层实现专有技术。下面将重点介绍 OSI 标准的物理层和数据链路层(13.2.1 节)。

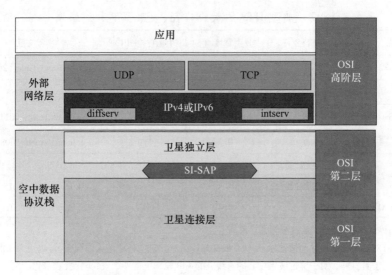

图 18.7　IPoS 协议参考模型(来源：Recommendation ITU – R S. 1709 – 1(01/2007))

18.3.4.1　前向链路

IPoS – B 标准使用 DVB – S2 作为前向链路(ITU Working Party 4B,2006),因此这里无需进一步讨论。

DOCSIS – S 使用与 DVB – S2 相同的接入方法,即时分复用(1.3 节),每个波束单载波使用。对于 ViaSat – 1 卫星,前向链路由每个波束各 500MHz 的宽载波组成。由于分配给馈电站的带宽为 1GHz①,每个馈电站可以使用两种圆极化,因此可以支持四个用户波束(Barnett,2008)。调制格式和纠错编码与 DVB – S2 类似,但不完全相同:数据速率为 416.67 Mbps 时,采用 4、8 和 16 相位调制格式,前向纠错(FEC)码率在 0.247 ~ 0.6642 之间变化,进而实现了自适应编码调制(Barnett,2008)。如果仅使用相位调制,那么卫星的 HPA 需要工作在非线性区域。

18.3.4.2　返向链路

IPoS – B 的返向链路接入基于 TDMA(13.2.2 节)。用户终端从其覆盖波束中的可用信道中选择一个返回链路频率,并将其选择传送给数据中心。当终端请求时,数据中心在该频率上进行时隙分配,在这种情况下没有用户数据自发传输,所有传输都基于按需分配多路访问(demand – assign – ment multiple access,DAMA)(13.2.2 节)。

---

① 正如第 18.2 节所指出的,馈电站使用了 NGSO 卫星优先级更高的一些频率。因此,当 NGSO 卫星信号可能受到干扰时,馈电链路带宽就会降低至 500MHz。

IPoS – B 采用恒定包络的偏移 QPSK(OQPSK)调制,具有根升余弦脉冲形状和 0.45 的滚降系数。当滚降系数高达 0.45 时,OQPSK 只有很小的包络变化。信号在调制器中受到硬限制,甚至可以消除剩余的包络变化。远程终端中的功率放大器可以工作在饱和状态下以降低成本。通信中有两种编码方案:内码为速率 1/3、1/2、2/3 和 4/5 的打孔 Turbo 码,第一种为该 Turbo 码与检验位为长度 39 比特的 BCH 外码构成的级联码。第二种为该 Turbo 码与码率为 1/2、2/3 和 4/5 的 LDPC 外码构成的级联码。这两种方法编码后都添加了用于错误检测的 16 位 CRC 码,支持 ACM(13.2.3 节)。

ViaSat – 1 卫星的返向链路使用 MF – TDMA(13.2.2 节),具有多种带宽和数据速率。在 500MHz 信道中有 20~640 个支持 ACM 的载波(Barnett,2008)。调制时采用 2、4 或 8 个相位的 PSK,FEC 码率在 0.375~0.833 之间变化(Barnett, 2008)。同样,由于仅使用相位调制,降低了对用户终端放大器的线性约束。

对于返向链路,由于发射至馈电站的信号是多个载波频分复用的方式,因此卫星的 HPA 要求工作在线性模式下。

18.4 VSAT 服务 HTS

这里要讨论的 HTS 系统提供除固定互联网接入以外的服务,如企业服务、商用飞机的飞行服务、海上通信(游轮和商业船队等)和政府和国防通信。这些服务需要更高的覆盖灵活性和更好的服务质量,并且通常需要网状连接而不是星形拓扑连接。这类卫星容量明显小于固定互联网 HTS 系统。许多卫星包含多种有效载荷,如除了 HTS 有效载荷之外,还有 C 或 Ku 频段的全球或区域波束以及广播通道。虽然固定互联网系统通常使用专有的接口协议和用户设备,但这里讨论的一些系统允许客户选择自己的地面设备。当允许客户使用已有的设备基础时,这使得他们可以将服务转移到其他开放系统(Hudson,2018)。

VSAT 服务 HTS 的典型系列是 Intelsat Epic^{NG} 系列,最初由 6 颗卫星组成。然而,为美洲和北大西洋提供服务的 Intelsat 29E 卫星于 2019 年 4 月 8 日发生故障。在 2020 年撰写本书时,尚不清楚它是否会被取代以及如何被取代。尽管如此,关于 VSAT 服务 HTS 的介绍还是主要基于 Intelsat 29E 卫星,因为在 FCC 文件中(Hindin,2013)关于 Intelsat 29E 卫星的描述更为详细。

除 Ku 频段 HTS 有效载荷外,Intelsat 29E 卫星还有一个 C 频段有效载荷,采用一个波束覆盖了南美洲,共 14 路转发器,总带宽为 864MHz(传统有效载荷一路转发器的带宽为 36MHz,这相当于 24 路转发器)。它还有一个 Ka/K 频段转发器,采用单波束提供全球覆盖,其波束工作带宽 500MHz,可以与配置 7~9m 天线的大型地面站建立通信链接(Hindin,2013)。

Ku 频段 HTS 有效载荷有 45 个用户波束和 6 个馈电波束。波束中心如图 18.8 所示。大圆圈为用户和馈电共用波束(除华盛顿附近的用户/馈电波束中心外,其他波束中心均为准确位置)。Hindin(2013)给出的天线增益可以计算出波束宽度约为 1.5°,该波束宽度大于表 18.7 所示 Ka~K 频段 HTS 的宽度。

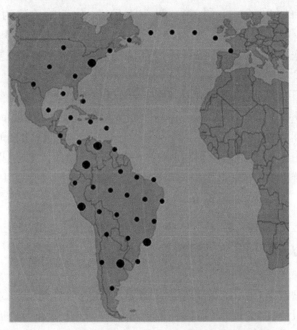

图 18.8　Intelsat 29E 卫星点波束中心

Intelsat Epic^{NG} 卫星的有效载荷包括一个可编程数字频道选择器(10.1.7 节),可以将不同波束的 C/Ku 频段上行链路信道连接到一个 C/Ku 频段下行链路信道。上行链路与下行链路信道的波束可以相同。这种连接在任何带宽增量中都是可用的(Henry,2016)。

信道带宽可以是 36MHz、62.5MHz、125MHz、187.5MHz、250MHz、300MHz、375MHz 或 500MHz(Hindin,2013)。卫星通道是透明和线性的。这种架构使得如果用户正在操作一个封闭的系统,那么可以使用任何类型的设备。如果需要通过馈电站访问其他网络(如互联网),那么其设备必须使用规定的协议。虽然没有说明,但最有可能是 DVB – Satellite 第二代(DVB – S2)。早期的 Epic^{NG} 卫星具有固定的波束功率,但 Intelsat Epic^{NG} 系列的最后一颗卫星,Intelsat Horizons 3e 卫星使用了多端口放大器(11.12.3 节),这允许运营商将发射功率从需求较低的波束调整至需求更高的波束(Bleakley,2018)。

正如本书引言所指,一些运营商正在 Ka/K 频段的卫星上提供更高价值的服务。SES – 17 卫星就是这种趋势的典型例子。10.3 节对此已有详细的描述。

参考文献

ACMA(2020). Australian communications and media authority, register of radiocommuni cationslicences. Accessed July 15,2020.

Astrium(2012). Use of Ka – band for satellite communications systems and services, the Astrium experience. Accessed Apr. 11,2019.

Avanti(2020). Hylas 2. Accessed July 13,2020.

Badalov K(2012). KA – SAT services in Europe. Accessed July 15,2020.

Barnett RJ for ViaSat(2008). Narrative – tech. annex of ViaSat 1 license application, Federal Communications Commission. FCC file number SAT – AMD – 20080623 – 00131.

Baruch SD for EchoStar(2011). Part of application to FCC for satellite operation.

Bertenyi E and Tinley R(2000). The triple – band Anik F2 spacecraft. *51st International Astronautical Congress*. Rio de Janeiro, Brazil.

Bleakley T(2018). A connected pacific: horizons 3e is final piece in Intelsat Global EpicNG network. Accessed Apr. 6,2019.

Canada Government(2018). Canadian table of frequency allocations. Accessed Sep. 24,2018.

CEPT(2017). The European table of frequency allocations. Accessed Sep. 24 2018.

Comsearch(2014). Exhibit E of EchoStar XIX license application, Federal Communications Commission. FCC file number SAT – MOD – 20141210 – 00126. Accessed March 2,2021.

Corbel E, Charrat B, Dervin M, Garnier B, Baudoin C, Combelles L, Merour J – M(2014). 2016 – 2020 high – throughput satellite systems on the right track. *20th Ka and Broadband Communications Conference*.

Doiron S for EchoStar(2014). Narrative, part of FCC application for Jupiter 97 W. FCC file number SAT – MOD – 20141210 – 00126.

Eutelsat(2021). Konnect VHTS. Accessed Jan. 14,2021.

Federal Communications Commission (2018). FCC online table of frequency alloca tions. Accessed Sep. 24,2018.

Fenech H, Tomatis A, Serrano D, Lance E, and Kalama M(2011). Antenna requirements as seen by an operator. *5th European Conference on Antennas and Propagation*.

Fenech H, Tomatis A, Amos S, Soumpholphakdy V, and Serrano Merino JL(2016). Eutelsat HTS systems. *International Journal of Satellite Communications and Network*;34(4);503 – 521.

Gidney P, Jones D, Paullier T, and Fenech H(2009). Performance optimization of multibeam broadband payloads. *14th Ka and Broadband Conference*.

Godles JA for Telstar (2016). FCC filing for Telstar 19 Vantage. FCC file number SAT – PPL – 20160225 – 00020.

Guan Y, Geng F, and Saleh JH(2019). Review of high throughput satellites: market disrupt tions, affordability – throughput map, and the cost per bit/second decision tree. *IEEE Aerospace and Electronic Systems Magazine*;34(5);2019.

Henry C(2016). Intelsat starts multi – tiered Ku – band system with first HTS satellite, *Via Satellite Magazine*,8 Feb. 2016. Accessed May 17,2019.

Hindin JD(2013). for Intelsat. FCC Application for Intelsat 29E fixed satellite service, FCC file number SAT – LOA – 20130722 – 00097.

Hudson C(2018). Ku – band vs. Ka – band – separating fact from fiction, Intelsat General. Accessed May 5,2019.

Hudson E for WildBlue (2006). Technical exhibit. Part of application to FCC for satellite operation. FCC file number SES – MFS – 20060811 – 01347.

Hughes (2018). EchoStar XIX, Hughes high – throughput satellite constellation. Accessed Aug. 31,2018.

Hughes(2020a). Spaceway 3, Hughes high – throughput satellite constellation. Accessed July 13,2020.

Hughes(2020b). High – throughput satellite constellation. Accessed July 13,2020.

ITU Working Party 4B (2006). Draft revision of recommendation ITU – R S. 1709. Accessed July 26,2020.

Janka JP for ViaSat(2015). Narrative. Part of application to FCC for satellite operation of ViaSat – 2. FCC file number: SAT – AMD – 20150105 – 00002.

Janka JP for ViaSat (2017). Attachments of ViaSat – 2 FCC Filing. FCC file number: SAT – MOD – 20160527 – 00053.

Kacific (2019). Technology – latest Ka band with 56 beams supporting 5G speeds. Accessed July 13,2020.

Koulikova Y and Roberti L(2012). Global mobile broadband. Accessed July 13,2020.

Krebs GD(2020). SES – 17, Gunther's space page. Accessed July 13,2020.

Mignolo D, Re E, Ginesi A, Almanac AB, Angeletti P, and Harveson M(2011). Approaching terabit/s satellite capacity: a system analysis. *Proceedings of Ka Broadband Conference*.

NBTC(2020). Frequency licence database of Thailand, office of the national broadcasting and telecommunications commission – 2020. Accessed July 15,2020.

Newtec(2017). Getting the most out of high throughput satellites. Accessed Mar. 3,2021.

Nyirady A(2020). Eutelsat KONNECT satellite enters into service. Accessed Jan. 14,2021.

OFCOM (2011). Understanding satellite broadband quality of experience – final report. Accessed Apr. 30,2019.

Ookla(2018). Fixed broadband speed test data. Accessed May 20,2019.

Orbital ATK(2015). Al Yah 3. Accessed July 13,2020.

Rehbehn D. (2014). High throughput satellites + the APAC region. Accessed Jan. 14,2021.

Sabbagh KM, De Hauwer C, Collar S Halliwell M, McCarthy P(2017). SES investor day 2017. Accessed July 13,2020.

Satbeams(2020a). Intelsat GX5. Accessed Oct. 31,2020.

Satbeams(2020b). Echostar 24. Accessed July 13,2020.

Sawekpun T(2003). The iPSTAR broadband satellite project, AIAA 21st. *International Communications*

Satellite Systems, Conference and Exhibit.

de Selding PB (2013). ViaSat – 2' s' first of its kind' design will enable broad geographic reach. Accessed Mar. 21,2018.

de Selding PB(2018). ViaSat's Mark Dankberg: cause of defect on two ViaSat – 2 antennas remains a mystery,Space Intel Reports. Accessed Aug. 14,2020.

Spaceflight 101(2016). Intelsat 33e. Accessed July 13,2020.

Spaceflight 101(2021). Eutelsat 172B. Accessed Jan. 14,2021.

ViaSat Inc. (2010). SurfBeam? 2 high – performance, high – capacity broadband satellite system. Accessed Apr. 30,2019.

ViaSat Inc. (2016). Fixed earth station license application. FCC file number SES – LIC –20160610 –00519.

ViaSat Inc. (2018). Fact sheet ViaSat – 1.

ViaSat Inc. (2019a). DOCSIS – based broadband satellite system for SES AMERICOM. Accessed Apr. 30,2019.

ViaSat Inc. (2019b). ViaSat –2 at a glance. Accessed July 13,2020.

ViaSat Inc. (2020). Viasat – 3 platform will take our service around the world. Accessed July 13,2020.

Wikipedia(2018). ViaSat – 1. Accessed July 5,2018.

Wikipedia(2019a). Tooway 4. Accessed Apr. 30,2019.

Wikipedia(2019b). Intelsat 29e. Accessed June 7,2019.

Wikipedia(2020). Sky Muster. Accessed July 13,2020.

World Bank(2019). Internet access(% households),TCdata360. Accessed May 20. 2019.

第19章
非地球静止轨道卫星系统

19.1 引言

本章重点介绍中地球轨道(MEO)和低地球轨道(LEO)中的通信卫星星座。不讨论立方星系统,立方星的卫星是一种非常小的卫星,由多个 $10cm \times 10cm \times 10cm$ 的立方体组成,服务于小型应用。

如国际电信联盟(ITU)所指出,可以区分两种不同类型的非地球静止轨道(NGSO)卫星系统:早期系统旨在提供语音和/或低速率数据业务。用户终端通常很小,如手持设备。铱星(19.2 节)和全球星(Globalstar)系统(19.3 节)是这类系统中已投入运行的两个系统。Orbcomm 是这类系统中的第三个,但这里不讨论,因为其工作频率低于1GHz,本书的其余部分中也没有介绍 Orbcomm。第一个投入运行的系统是铱星,于 1998 年开始服务。这三个系统都在 2000 年左右经历了破产,但都幸存了下来,经过一段时间的更新换代,仍然在运行。然而,似乎没有针对这个市场开展的新项目。

以上这些系统使用的频率均属于移动卫星业务(MSS)频段。国际电信联盟全部三个分区的移动卫星服务上行和下行链路在 L 频段均为 50MHz 带宽,且配置相同,因此卫星可以全球提供服务。在 S 频段另外增加了 16.5MHz 带宽,用于国际电信联盟全部三个分区的移动卫星服务下行链路。

最近引入的第二类 NGSO 星座提供宽带业务,因此这些系统与高通量卫星竞争。已经启动或宣布的几个项目结果喜忧参半。O3b 是当前唯一在运营的系统,该系统将在 19.4 节介绍。人们对这种系统兴趣很大,至少有 8 个组织计划提供这种业务,有些组织已经发射了卫星。一个早期的项目是 OneWeb,它在发射 74 颗卫星后于 2020 年破产,将在 19.5 节中介绍;另一个早期项目是 LeoSat,该项目在首次发射之前的 2019 年就已经结束。SpaceX 是目前的领跑者,其星链(Starlink)系统将在 19.6 节中介绍;亚马逊(Kuiper 项目)、波音、SES 和加拿大电信卫星(Telesat Canada)公司的项目处于早期阶段,在 19.7 节只介绍最后一个。

在固定卫星业务频段,这些新系统当前分配给用户链路的频率在 Ku 和 Ka/K 频段,总的可用带宽超过 1GHz。有些系统未来可能会使用更高的频率,这样可用带宽会更宽。在国际电信联盟全部三个分区内,Ku 频段和 Ka/K 频段的频率基本协调,但并不完全协调。

由于几乎所有此类系统都希望在美国境内提供服务,美国联邦通信委员会是一个很好的信息来源。无论技术方面还是经济方面,判断这些项目中的哪一个会成功还为时尚早。与本书其余部分一样,本章重点关注成功运行的系统。已经证明 Starlink 和 OneWeb 在技术上是可行的,所以会介绍这两个系统。Telesat LEO 尚未实现这一点,但距离这一点并不遥远,而且由于它得到了加拿大政府的支持,因此对它的实施持乐观态度。

对 LEO 和 MEO 轨道感兴趣有以下原因:

(1)地球静止轨道实际上已经被预订完了,至少在各大洲和理想的频率上是如此。

(2)由于 LEO 和 MEO 系统需要大量卫星才能提供连续服务,也自然而然可以提供非常高的通信容量和频谱效率。

(3)如果卫星之间还有星间链路,那么这些星座可以绕过所有地面通信基础设施,能够提高通信的保密性。

(4)许多通信服务受益于低轨道卫星的低信号延迟。LEO 和 MEO 卫星系统不仅比 GEO 卫星具有更低的信号延迟(真空中的光速比光缆中的光速高约 50%(3×10^8m/s vs. 2×10^8m/s)),具有星间链路的星座也比地面光纤系统的延迟更短。

(5)所有 LEO 和 MEO 星座(运行中和计划中)都使用非赤道轨道,至少星座中的部分卫星运行在非赤道轨道,因此相对于地球静止轨道卫星,它们通常提供服务的纬度更高,大多数星座都能实现全球区域的覆盖。

LEO 和 MEO 星座在研制过程中也面临诸多困难和挑战。第一个问题是为了能够提供服务所需的前期投资。有几家公司在这个问题上遇到了麻烦:铱星、全球星系统和 OneWeb 通过了破产程序,Teledesic 和 LeoSat 公司也倒闭了。并不是所有申请频谱的公司都会将他们的创业变成一个可行的生意。第二个问题是高度为 300km 的卫星预期寿命为 5 年,因此卫星星座需要不断更新卫星。第三个问题是与 GEO 卫星以及 NGSO 星座之间的共存。这一主题已在 14.6 节中介绍。

下面将介绍一些 NGSO 系统。

19.2 铱星

19.2.1 概述

铱星是一个高度为 780km 的低轨星座,提供电话和低速率数据通信业务。它于1998年开始服务,并于2002年全面投入使用。2017年1月至2019年1月发射了第二代卫星,命名为铱星二代(Iridium Next)。

铱星提供全球覆盖。所有卫星位于6个近极轨道面上,每个轨道面上分布11颗卫星,运行卫星总数共66颗①,其中9颗为第二代在轨备份星(Iridium,2019a)。

两个铱星用户终端之间的话音和数据通信完全在系统内实现:每颗卫星都与4颗相邻卫星建立星间链路,并将业务转发到其目的地。铱星有阿拉斯加、亚利桑那州、智利、挪威四个商业关口站(Wikipedia,2019)和一个仅用于美国政府业务的夏威夷关口站(Satcom Direct,2019)。与地面站的通信(电话、互联网等)均通过这些关口站进行。

19.2.2 卫星

图19.1给出了铱星二代卫星的艺术效果图,由泰雷兹阿莱尼亚空间(Thales Alenia Space)公司研制,其设计寿命为15年。共有四副星间链路天线,一副天线沿轨道弧指向前方,一副天线沿轨道弧指向后方,两副天线指向左右两侧。前两副天线是固定的,后两副天线是可动的。有两副天线备份的馈电链路天线。

卫星运行在倾角为86.4°的近极轨道,卫星平台的主轴在飞行方向,太阳能电池板沿东西向展开。

图19.1 第二代铱星(经铱星通信公司许可使用)
1—主任务天线(L频段);2—馈电链路天线(Ka/K频段);3—星间链路天线(K频段);
4—太阳能电池翼的二级旋转关节(第2.1.4节);5—搭载有效载荷(Aireon,全球空中交通监控系统)。

---

① 最初的设计要求7个轨道平面,每个轨道平面有11颗卫星,或者总共有77颗卫星。这是系统命名的基础,因为铱元素序号是77。

19.2.3 天线

主任务天线是一个由120个发射/接收模块组成的平面相控阵(图19.1),它产生48个蜂窝状的固定波束(图19.2),这些波束中仅32个可以同时使用,波束的覆盖视场为±60°(Lafond et al.,2014)。方向图的南北范围约是纬度33°,相当于约3650km或地球周长的1/11,因此每个轨道上的11颗卫星不会留下任何覆盖间隙。当卫星向地球两极移动时,需要关闭一些波束以防止干扰星座中的其他卫星。如11.7节所述,它是一个辐射单元间距小的直接辐射阵列(Lafond et al.,2014)。相控阵的单元间距取决于波束宽度,通常在 $0.55 \sim 0.8\lambda$ 范围内。从铱星的照片判断,间隔大约为 0.58λ。由于卫星轨道周期为100min,在赤道面至少每7min就要切换一次卫星,大约每50s需要切换一次波束。虽然用户感觉不到波束间的切换,但卫星切换会产生 0.25s 的通信中断(Wikipedia,2019)。

星间链路的K频段天线和馈电链路(feeder links,FL)的Ka/K频段天线是直径约为40cm的反射面天线,如图19.3所示。每副馈电链路天线均含有一个副反射器。

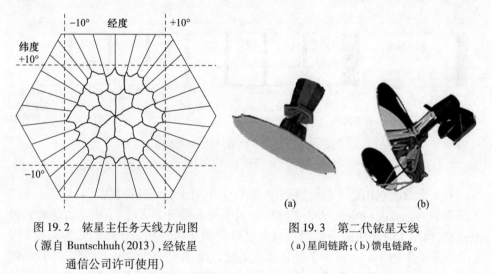

图19.2 铱星主任务天线方向图
(源自 Buntschhuh(2013),经铱星通信公司许可使用)

图19.3 第二代铱星天线
(a)星间链路;(b)馈电链路。

19.2.4 无线电接口

卫星上有三种类型的无线电链路:与用户之间的链路、与关口站之间的链路以及星间链路,下面将分别对其进行说明。

为了能够涵盖卫星到卫星的协议,本章使用术语"无线电接口"而不是"空中接口"。

19.2.4.1 用户链路

铱星二代似乎有两种信号格式:一种用于传统用户终端通信;另一种用于新设备通信。由于每颗卫星使用多个载波,一些供旧设备使用,另一些供新设备使用。下面将重点介绍新的信号格式。

用户链路工作在 L 频段,频率为 1616.0~1626.5MHz,上、下行链路采用时分双工(11.12.2 节)。该频段中名义上有 252 个载波,间隔为 41.667kHz。每个载波的带宽在 35~36kHz 之间变化。频段可以拼接,最宽达 288kHz,相当于 8 个载波进行组合。上、下链路的极化均为右旋圆极化(right – hand circular polarization,RHCP)(Buntschhuh,2013)。

时分多址(time – division multiple access,TDMA)模式下四个用户信道共享一个载波(13.2.2 节)。帧长度为 90ms,分为上行链路子帧和下行链路子帧。每个用户信道分配一个 8.27ms 的上行链路和下行链路时隙。在每一帧的开头有一个 20.3ms 的下行链路单工信道,用于寻呼机消息和呼叫警报功能(Wikipedia,2019)。帧结构如图 19.4 所示。

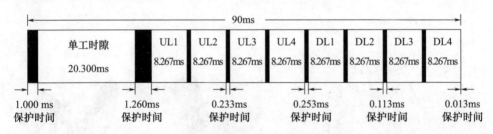

图 19.4　铱星二代用户链路帧结构
(Buntschhuh,2013)(经铱星通信有限公司许可使用)。

有 5 个载波仅用于下行链路通信,其中 1 个用于电话铃声提醒,4 个用于寻呼和采集的消息载波(Buntschhuh,2013)。当手机未接听电话时,手机会监控响铃警报信道,而单工时隙中的响铃警报仅为已接听的手机所用。任何时候都只使用 4 个寻呼通道中的 1 个。由于手机必须在不使用延伸天线的情况下接收,并且可能是放在口袋或其他不利位置时接收,因此铃声警报信道的传输功率高于下行通信信道(Zehl and Schneider,2016)。广播信道的功率甚至更大,因为电话没有大的天线和必须在室内工作,并且由于消息传输失败时没有反馈,卫星广播信号需要很高的成功概率。

业务信道的调制方式采用差分编码的四进制相移键控(12.8.3 节)。对于信息捕获和同步,上行链路使用差分编码的二进制相移键控(Wikipedia,2019)。提供前向纠错,对于最低符号速率(30ksps),码率为4/5,对于较高符号速率(在(Buntschhuh,2013)中定义为60ksps和240ksps),码率为2/3。以上行和下行链路误码率10^{-7}为目标,进行链路预算(Buntschhuh,2013)。

TDMA要求上行链路用户终端之间的时间同步。根据天线脚印的几何结构,可以估计如果没有闭环定时控制,信号到达卫星的时间差可能高达7ms。由于脉冲之间的保护时间仅为0.233ms,卫星会向用户终端发送定时错误信息(Zehl and Schneider,2016)。

卫星运动导致的多普勒频移也必须进行校正。用户终端必须处理下行链路上高达±45kHz的频移,并对上行链路进行相同频移量的预校正(Buntschhuh,2013)。最有可能的是,前向链路上的频率偏移由用户终端测量,并且在另一个方向上将返向链路频率偏移相同的量。由于两个信号使用相同的载波频率,因此这种频偏校正手段可以实现良好的效果。此外,卫星将上行频率误差传送给用户终端(Zehl and Schneider,2016)。

19.2.4.2 关口站(馈电)链路

馈电链路(FL)的下行工作频率为19.4~19.6GHz,上行工作频率为29.1~29.3GHz。上行链路和下行链路上各有13个信道,间隔为15MHz,带宽为14MHz。上行链路和下行链路转发器的分配是独立的,上行极化为右旋圆极化(RHCP),下行极化为左旋圆极化(LHCP)(Buntschhuh,2013)。符号速率为11.7Msps,调制采用码率为2/5或4/5的QPSK或码率为2/3的8PSK进行编码。对于上行链路,还可以采用码率为2/3的16APSK(Buntschhuh,2013)。在给定的卫星上,每个Ka/K频段的馈电上行链路/下行链路转发器可支持通过该卫星路由的所有业务(Buntschhuh,2013)。

在该链路上定时不是问题,但频率偏移必须由馈电站进行校正。上行链路的频移范围为±750kHz,下行链路的频移范围为±470kHz(Buntschhuh,2013)。

19.2.4.3 星间链路

对于4条卫星间链路,在22.18~22.38GHz频段中共有8个发射和接收信道。转发器的中心频率间隔为25MHz,每个转发器的带宽为21.6MHz。每个发射和接收卫星间链路可以独立于其他链路进行分配。水平极化不仅用于发射,还用于接收。符号速率为18Msps,调制方式为8PSK,码率为2/3(Buntschhuh,2013)。使用半双工协议,也就是说,单个频率信道在两个方向上传递业务,如时分双工,但在一个方向上的传输持续时间是不固定的。发射边在其放弃信道时通知另一边,这种协议在语音广播中很常见。

在该链路上定时也不是问题。频率偏移也不是主要问题,因为同一轨道平面上的两颗卫星具有完全相同的速度,而相邻平面上的卫星在同一方向上移动时相对速度较小。当它们在轨道面1、6之间以相反方向移动时,无法应用星间链路(Buntschhuh,2013)。

19.2.5 有效载荷架构

由于用户之间的连接是通过空间段路由,因此需要处理有效载荷。所有数据流均由处理器解调、译码并路由至适当的交叉或下行链路。图19.5显示了其架构,右侧的四个调制解调器卡执行A/D和D/A以及滤波、调制解调器/编译码器功能和路由功能,它们处理所有链路的接收和发送信号。每个卡上有三个宇航级XILINX Virtex – 5QV FPGA。根据泰雷兹阿莱尼亚空间公司(Thales Alenia Space,2018),每个FPGA专门用于三种链路类型(用户、关口站和星间链路)中的一种,四个调制解调器卡可处理超过600MHz的总射频带宽。

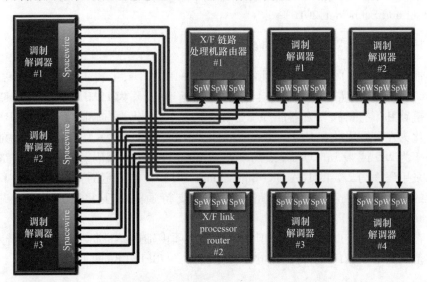

图19.5　铱星二代处理器架构
(ⓒ2012 IEEE。经Murray et al. (2012)许可转载)

左侧的三个卡协调调制解调器/编译码器卡上的任务,并执行更高级别的L频段业务路由。它们基于PowerPC(Medusa)微处理器。SpaceWire是一种具有容错功能的、点对点互连协议,提供从每个处理器卡到每个处理器和调制解调器/编译码器卡的连接。通过这种布局,可以根据业务量灵活分配任务,并且可以绕过任何组件失效(Murray et al.,2012)。图19.6显示了处理器硬件,总处理能力约为1 TFlop(译者注:每秒浮点运算次数)。调制解调器完全可以从地面重新配置,以便将来可以上传新的调制和编码格式。

图 19.6 铱星二代处理器硬件(Seakr Inc.,2016)(经 SEAKR Engineering,Inc. 许可使用)。

19.2.6 业务

铱星二代为手持终端提供语音通信业务,为大型终端提供各种数据通信业务。但目前没有面向新卫星星座增强功能的手持语音终端,铱星公司也没有迹象表明将在短时间内改变这一状况。现在提供的业务使用由 Digital Voice System 公司开发的高级多频段激励(advanced multi-band excitation,AMBE)声码器将语音信号压缩至 2.4kbps。该语音编码器(声码器)专为铱星通信信道定制。在典型运行和信道条件下,它提供名义平均意见分数(mean opinion score,MOS)为 3.5 的高质量音频性能(Meza,2006)。考虑到全球移动通信系统(global system for mobile communications,GSM)编译码器至少需要 5.9kbps 才能实现相同的 MOS,这一数字高得惊人,如图 19.7 所示。

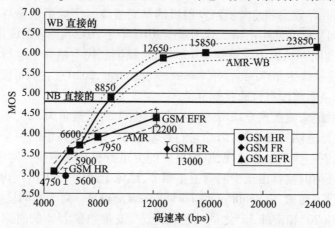

图 19.7 各种 GSM 编译码器的 MOS(© 2010 IEEE. 经 Rämö(2010)许可转载)
AMR—高级多费率;NB—窄带音频(300~3400Hz);WB—宽带音频(50~7000Hz);
HR—半速率;FR—全速率;EFR—增强的全速率。

手持终端也提供高达 13kbps 的短信和低速数据业务(IEC Telecom,2021)。

呼叫设置程序、移动性管理等基于 GSM 协议。这些手机有一个 SIM 卡,就像地面手机一样。归属位置寄存器(HLR,在用户的归属网络中)跟踪用户的访问网络,访问位置寄存器(VLR)指向用户的实际位置,以便可以转发信令和呼叫数据。

铱星提供短突发数据业务,对发送到手机的消息而言,270 个字符最佳,而手机发出的消息而言,340 个字符最佳(Iridium,2019b)(根据 Iridium(2003)的数据,手机发出的消息为 1~1960B,发送到手机的消息为 1~1890B)。

铱星二代提供的新业务是铱星 Certus(Iridium,2018)。它提供两类业务:一类是铱星 Certus 中等带宽,数据速率最高可达 134kbps,采用尺寸更小的低增益天线(直径 20 cm)(Iridium,2014);另一类是铱星 Certus 宽带,数据速率为 176kbps~1.4Mbps,天线直径为 36cm(Thales,2020)。目前尚不清楚最高数据速率何时可以应用于实际。截至 2020 年春季,最高可用速率为 704kbps(Iridium,2020)。该业务可供许多语音连接和数据应用并行使用,如互联网接入。

19.3 全球星系统

19.3.1 概述

全球星系统(Globalstar)是另一个提供电话和低速数据通信业务的 LEO 星座,包含 48 颗卫星,初始星座于 2000 年 2 月完成。卫星轨道高度为 1410km,这意味着它们要通过南大西洋异常区(2.2.3 节)。卫星接收到的辐射极有可能影响有效载荷的硬件,并导致一些前向链路发射机的早期故障。全球星系统与泰雷兹阿莱尼亚空间公司签订合同生产第二代卫星。2010 年至 2013 年,采用该设计的 24 颗卫星被发射到同一轨道上。截至 2019 年,24 颗第二代卫星处于运行状态。星座中仍有 8 颗第一代卫星(Union of Concerned Scientists,2020),它们可能被用作在轨备份星,全球星系统没有订购其他卫星。

全球星系统未能实现全球覆盖有三个原因:①轨道倾角为 52°,不能覆盖南北两极;②卫星是透明转发架构,因此它们必须与 24 个馈电站中的一个连接以提供服务;③随着新一代卫星的出现,原始星座的卫星数目愈来愈少。对于原始星座,温带地区在任何时候都由至少两颗卫星服务,地球上纬度 ±70° 范围内的所有地区都由至少一颗卫星服务(Schiff and Chockalingam,2000)。对于新的星座,全球星系统声称在北纬 70° 和南纬 55° 之间的任何地方,该业务在 75% 的时间内可用(Navarra,2008)。

覆盖区域取决于业务和用户设备。在 Globalstar 主页上可以找到语音通信覆盖图,它将信号质量良好的主要覆盖区域和信号较弱的边缘区域区分开(Globalstar,2014)。美洲、欧洲和澳大利亚都在主要覆盖区域,但没有覆盖非洲和南亚。

24颗卫星位于8个轨道平面上,每个平面上有3颗卫星(Globalstar,2017)。轨道为倾角为52°的圆。轨道周期为114.1min(N2YO.ORG,2019)。

19.3.2 卫星

如图2.7所示,卫星体积小,质量仅为700kg。卫星的对地板是长方形,其边缘连接的四块侧板倾斜着延伸连接到另一块较小的背地板上。不采用长方形的盒子,而是采用这种形状的目的是让6个卫星可以同时装入一个发射火箭整流罩。4颗卫星在下层甲板上,另外2颗卫星在上层甲板上。运载火箭是一艘配置Fregat上面级的"联盟"2号火箭。

19.3.3 天线

图2.7中,天线清晰可见,两个金字塔形状的相控阵天线是用户链路S频段发射天线的一部分,形成图19.8(a)所示形状的16个波束。较高金字塔状天线,其侧面与最低点成48°的倾角,形成9个波束的外环,中间的喇叭形成中心波束。较矮的金字塔状天线,其面板与最低点成27°的倾角,形成6个波束的内环(Croq et al.,2009)。X和Y标识指的是用户链路到关口站链路的映射,这里不再讨论。波束的发射功率从方向图中心到边缘逐渐增加,以补偿增加的传输路径。天线完全是无源的。Globalstar 1卫星中,功率放大器集成在天线中,因此它暴露在宇宙辐射下,这可能导致了其中一些设备的早期故障。

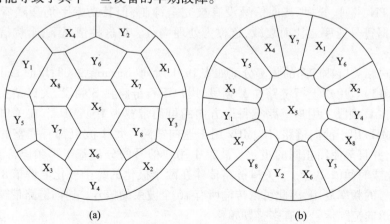

图19.8 用户链路天线方向图(Navarra,2008)
(a)发射;(b)接收。

底部的平面相控阵天线是 L 频段用户链路的接收天线。它也形成 16 个波束，但方向图与发射天线不同，如图 19.8(b) 所示。同样, X 和 Y 标识表示到馈电链路的映射。该天线包括 52 个间隔为 0.6λ 的辐射单元,滤波器和低噪声放大器的数量与辐射单元数量相同,位于天线结构的顶部,波束形成部分位于天线结构的底部(Croq et al. ,2009)。

两个用户链路天线的视场均为 108°(Croq et al. ,2009),以 10°或更高的仰角覆盖地球上可视区域的任何点。

右下角的两个小尺寸反射面天线是 C 频段关口站链路天线,它们提供全球覆盖(Navarra,2008)。

19.3.4 无线电接口

全球星系统使用直接序列码分多址(code – division multiplexing, CDM)多路传输前向链路信号。1.3 节已对本方案进行了概述。全球星系统使用的特定方案是地面移动无线电标准 IS – 95 和 CDMA2000 中定义的方案,21 世纪初这两项标准曾在一些国家使用,但不再有任何公共网络跟随。全球星系统将该标准应用于卫星网络,因为这简化了双标准手机的开发,这种手机在地面网络可用时可以在地面网络中工作,而在地面网络不可用时可以切换到卫星业务。

全球星系统中使用的特定类型 CDM 是基于沃尔什序列,沃尔什序列是正交序列。因此通过将每个符号乘以一个完整周期的沃尔什序列(在 Globalstar 中为 128 个码片),只要两个信号同步,即可实现信号与任何其他信号都不相关。有 128 个这种长度的沃尔什序列,因此最多可以不受干扰地传输 128 个信号。为了防止来自其他波束或卫星的干扰,每个波束的信号还乘以具有相同码片速率的唯一 PN 序列。这些其他信号没有被完全抑制,但其功率平均会随着码片速率与数据符号速率之比而衰减,这称为处理增益。在这种情况下,干扰信号衰减了 21dB。

用户和关口站链路的频率分配如表 19.1 所列(Navarra,2008; Long and Sievenpiper,2015)。用户上行链路在 L 频段,用户下行链路在 S 频段,关口站上行和下行链路在 C 频段。用户链路上每个方向的可用带宽为 16.5MHz。在关口站链路上,159MHz 用于前向链路,180MHz 用于返向链路。每个波束都有完整的用户链路带宽,并且都使用相同的极化。波束中用户信号的分离基于扩频码,而不是频率、极化或时间(1.3 节)。关口链路传输在两个极化的每个极化上携带 8 个用户链路信号的频率复用,因此可以传输所有 16 个波束的信号。返向链路带宽较大的原因是返向链路信号具有多普勒频移。

表 19.1 Globalstar 卫星频段

链路类型	前向链路带宽/MHz	返向链路带宽/MHz	极化方式
卫星－用户	2483.5~2500	1610~1626.5	LHCP
卫星－关口站	5091.0~5250	6875~7055.0	RHCP/LHCP

16.5MHz 的带宽被分为带宽为 1.23MHz 的 13 个子信道。前 9 个子信道为全双工(前向链路和返向链路)信道,后 4 个子信道仅为前向链路信道。后者的目的没有解释,它们也许用于向空闲用户终端发出呼叫警报。全球星系统并不提供类似于 Iridium 的广播业务。

对于全球星系统,码片速率为 1.2288Mcps,原始全球星系统的数据速率为 9.6kbps。数据受一种码率为 1/2、约束长度为 9 的卷积码保护,使得符号速率为 19.2kbps。还可以使用低于 9.6kbps 的用户速率时,在通过重复编码(源符号的重复)进行卷积编码后,用户速率增加到 19.2kbps。然后将二进制符号流与沃尔什序列相乘,再将相同的符号流与两个不同的 PN 序列相乘,最终调制到正交载波上以产生 QPSK 信号,如图 19.9 所示。

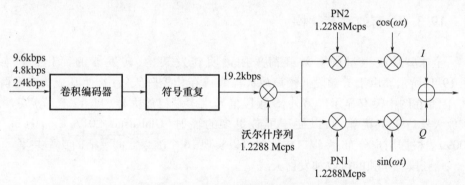

图 19.9 Globalstar 卫星前向链路调制器

(改编自 Schiff and Chockalingam(2000),但简化了很多。经 Springer 许可重印)。

返向链路还使用具有相同码片速率和相同前向纠错(forward error-correcting,FEC)编码的直接序列扩频信号。然而,最大数据速率仅为 4.8kbps,数据格式不是二进制信号,而是组合 6 比特来选择 64 个正交沃尔什序列中的一个(Schiff and Chockalingam,2000)。

Globalstar 2 卫星提供高于 Globalstar 1 卫星的 4.8kbps 或 9.6kbps 的数据速率。根据 Globalstar(2017),最大数据速率为 256kbps。有各种实现更高速率方法,一种方法是 IS-95 将多个扩频码分配给用户终端,因此高速用户看起来像多个用户。但是,接收机有 25 个解扩器/解调器似乎是不可能。更有可能的是某些子频段保留给高速用户,并提供更高的数据速率,再加上更低的处理增益。另一种方法是高阶调制,这些解决方案的任何组合都是可能的。

CDM 与频分复用(frequency – division multiplexing, FDM)和时分复用(time – division multiplexing, TDM)相比有两个优点:

(1)在多径环境中,即除了来自视线路径的信号外,还存在来自远处反射目标如山坡的延迟信号副本,FDM 和 TDM 系统会受到信号失真的影响。如果延迟超过一个码片持续时间,CDM 系统的解扩器将抑制信号的延迟副本,因此 CDM 系统不会多径造成性能下降。如果接收机使用具有多个解扩器的 Rake 接收机,则反射信号可以被合理地添加到直接信号中,从而提高性能。这是地面移动无线电系统的一个很大的优势,这对位于仰角接近 10°的覆盖区域边缘的 Globalstar 卫星用户可能是有用的。用户终端天线方向图基本上是半球形的,因此回波可以从任何一侧到达。

(2)如果用户终端能够接收来自同一颗卫星或不同卫星的多个波束的信号,则关口站可以通过所有这些波束传输它的信号。用户终端可以与上述相同的方式组合信号,这用于波束之间的平滑切换。

上述介绍适用于前向链路,同样也可应用于返向链路。全球星系统使用这个方法,可以在波束和卫星之间实现平滑切换。

19.3.5 有效载荷架构

全球星系统卫星的有效载荷采用透明转发架构,转发器的简化框图如图 19.10 所示。由于 L 频段低噪声放大器集成在相控阵天线中,使其成为有源阵列,因此在图中没有显示。另外,S 频段信号由多端口放大器(11.12.3 节)放大,该放大器位于卫星舱内,以便于屏蔽更多的辐射(Globalstar, 2017; Croq et al., 2009)。根据用户分布,多端口放大器可以实现 16 个波束之间灵活的功率共享。

C 频段有单独的接收和发射天线。

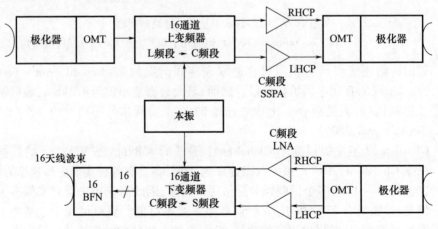

图 19.10 Globalstar 卫星有效载荷的简化框图
(改编自 Dietrich et al. (1998),© 1998 IEEE。经许可转载)

19.3.6 业务

两代全球星系统都提供相同类型的业务,即语音、双向数据和单向消息,并不提供双模电话服务(卫星和地面网络)。截至本书撰写之时,Sat-Fi2 卫星热点可用的最大数据速率为 72kbps(Globalstar Inc.,2020)。消息业务可用于跟踪人员和货物。

19.4 O3b

19.4.1 概述

O3b 系统由 O3b 网络有限公司设计并运营,O3b 网络有限公司是 SES S.A. 的全资子公司。O3b 系统为地球赤道地区服务不足的"其他 30 亿"人提供通信(互联网和手机回程)业务,这些人无法获得低廉高速光纤、微波或卫星连接(Barletta,2012)。它的客户是电信运营商和互联网业务提供商,而不是个人消费者。所服务的纬度在赤道 50°以内(SES,2019)。

截至 2020 年,该系统由 20 颗卫星组成,位于高度为 8062km 的 MEO 赤道轨道上,其公转方向与地球相同。地面周期为 6h(Barletta,2012),实际周期为 288min,其中 4 颗卫星是在轨备份星(Rosenbaum,2016)。备份星中的 3 颗来自首批 4 颗卫星,其信号特性有所退化(Spaceflight 101,2019)。

2017 年 9 月,SES 公司宣布了下一代 O3b 卫星研制,并向波音卫星系统公司订购了最初的 7 颗卫星,用于宽带互联网业务的 MEO 卫星组成的 O3b mPower 星座将"能够通过 30000 个点波束向海上的任何船只传输数百兆比特到十吉比特的数据"。软件定义路由将在 mPower MEO 卫星和 SES 地球静止轨道卫星编队之间指挥通信(Henry,2018)。点波束的数量可能适用于整个卫星编队,每颗卫星有 5000 多个点波束(SES,2020)。同样不清楚所有这些波束是否并行激活,或者是否使用了跳波束。

2018 年 6 月,SES 宣布其已获得 FCC 批准,将其 O3b 星座的规模增加至 42 颗卫星。一些新卫星将处于倾斜轨道,因此星座将为所有纬度用户提供通信业务(Henry,2018)。

本节重点介绍截至 2020 年运行中的 O3b 卫星通信系统,即基于泰雷兹阿莱尼亚空间公司制造的 20 颗卫星和 9 个地球关口站的系统。

每颗卫星配备 10 个用于用户波束的可动点波束天线,每副天线的吞吐量为

1.25Gbps(上行链路加下行链路),总吞吐量为12.5Gbps。另外两副天线用于关口链路。

19.4.2 卫星

O3b卫星的整体外形与Globalstar-2 LEO卫星相同(O3b,2009)。图19.11是卫星的简图,它的净质量是700kg。12副反射面天线安装在卫星最大的表面对地板上,矩形表面的长方向在轨道上为东西方向。

图19.11 O3b卫星(经SES许可使用,Barletta(2012))

19.4.3 天线

从图19.11可以看出,12副天线是相同的(Amyotte et al.,2010)。两副天线用于关口链路,而其他10副天线支持用户链路。天线将不断移动,以跟踪它们要服务的地球上的地点,可以在任何时候指向卫星视角±26°范围内的任何地方,覆盖整个星视地球。

天线的直径为27cm(SatSig,2016),频率为18GHz,星下点波束在-4dB处的覆盖区均约为直径700km,这与Spaceflight 101(2019)中给出的值相匹配。

早期发射卫星的天线与后期发射的不同。早期O3b卫星天线(Amyotte et al.,2010)如图19.12所示。馈源不移动,只移动反射面,因此不需要旋转或弯曲波导。加拿大MDA公司设计天线为了尽量减少交叉极化,馈电喇叭异常紧凑。波导和拐弯部分是非标准的,其中一些波导用作支柱。双工器在反射器后面。天线性能良好,并且在每个方向±26°的整个转向范围内相对稳定。在图2.8中,可以看到后期的天线模型,它似乎也有固定馈源。它有一个偏置副反射器,与主反射器相连。

显然,没有必要在同一颗卫星上进行波束切换,因为每副天线均可产生一个可以指向视场内任何地方的波束。但是,需要在卫星之间进行切换。所有的通信链路都同时切换。用户和关口站有两副天线:一副指向旧卫星;另一副指向新卫星。在第一步中,前向链路信号通过两颗卫星传输,然后返回链路信号也通过两颗卫星传输。最后通过旧卫星的信号被关闭(Moakkit,2014),在切换期间,服务没有中断。刚刚切换用户连接的卫星已经通过第二副关口站天线与下一个关口站建立了链路。一旦用户链路的天线根据新用户位置重新定位,它就可以开始为下一组用户提供服务。

图19.12 O3b卫星可转动天线,早期模型(Amyotte et al. (2010),经MDA公司许可使用。版权所有©2020 MacDonald,Dettwiler and Associates Corporation和/或其附属公司,但须向以允许形式使用其图像的第三方作出一般确认。保留所有权利)

19.4.4 业务

在介绍无线电接口之前,首先介绍所提供的业务,因为无线电接口并非对所有业务都是相同的。

目前,有两层或两组用户:第一层由国家电信运营商和大型互联网业务提供商组成,配备3.5m口径天线的大型基站,并由在每个方向数据速率约为600Mbps的整个波束提供服务。第二层用户是通过卫星将其基站连接到其余地面基础设施(蜂窝回程)和企业VPN的蜂窝网络运营商,使用直径为1~2m的天线,数据速率为155Mbps。典型业务使用2~10Mbps的对称数据速率。第二层用户中还有天线直径为1.2m或2.2m、数据速率为155Mbps的船舶终端(Read,2013)。此类终端使用常规反射面天线,成本至少为100000美元(Farrar,2016)。

未来可能会有面向消费者和小型企业的第三层用户业务,天线尺寸为50~100cm,前向链路的数据速率为1~2Mbps,返向链路的数据速率为256~510kbps

(Sihavong,2009)。

这些卫星使用反射面天线,无法进行波束跳跃覆盖,因此任何时候都只能为 10 个直径为 700km 圆范围内的客户提供服务,这一限制会通过 mPower 卫星解决。

当前一代卫星的设计要求所有链路都在关口站和用户之间,因此不能选择单跳甚小孔径终端(very small – aperture terminal,VSAT)网络。

19.4.5 无线电接口

表 19.2 列出了 FCC 向 O3b 卫星授权的频段(Dortch,2018),显示了四代不同的卫星:截至 2020 年,卫星 1~16 处于运行状态,本书讨论了这 16 颗卫星。卫星 17~20 将 MSS 添加到附加频段的产品中。没有资料介绍该频段的使用方式:根据用户链路上的当前带宽和当前的天线数量,它不会提供额外的通信容量。

表 19.2 FCC 给 O3b 卫星的频率分配(Dortch,2018)

	O3b 卫星 1~16	O3b 卫星 17~20	O3b 卫星 21~30	O3b 卫星 31~42
星地(下行链路带宽)	17.8~18.6GHz(FSS)	17.8~18.6 GHz(FSS)	17.8~18.6 GHz(FSS)	17.8~18.6 GHz(FSS)
	18.8~19.3GHz(FSS)	18.8~19.3 GHz(FSS)	18.8~19.3 GHz(FSS)	18.8~19.3 GHz(FSS)
			19.3~19.7 GHz(MSS FL)	19.3~19.7 GHz(MSS FL)
		19.7~20.2GHz (FSS/MSS)	19.7~20.2GHz (FSS/MSS)	19.7~20.2GHz (FSS/MSS) 37.5~42.0 GHz(FSS)
地星(上行链路带宽)	27.6~28.4GHz(FSS)	27.6~28.4GHz (FSS)	27.5~28.4GHz (FSS)	27.5~28.4GHz (FSS)
	28.6~29.1GHz(FSS)	28.6~29.1GHz (FSS)	28.4~29.1GHz (FSS)	28.4~29.1GHz (FSS)
			29.1~29.5 GHz(MSS FL)	29.1~29.5 GHz(MSS FL)
		29.5~30.0GHz (FSS/MSS)	29.5~30.0GHz (FSS/MSS)	29.5~30.0GHz (FSS/MSS) 47.2~50.2GHz(FSS)

卫星21~30位于倾角为70°的两个轨道平面上(Rosenbaum,2017),增加了馈电链路(FL)的通信容量,将覆盖范围扩大到南北极。卫星31~42在赤道轨道上运行,增加了与SES拥有的地球同步轨道卫星的链路(Henry,2017)。需要强调的是,表19.2仅显示了获准向美国提供业务的频段,它可能不能完全反映卫星的能力或其他地方的工作频段。根据Dortch(2018) 21~42号卫星能够使用整个17.7~20.2GHz频段(Dortch,2018)。

本节的其余部分将重点介绍卫星1~16,其上行链路和下行链路仅各使用一个频段。用户和关口站链路使用相同的频段。系统采用两种圆极化方式,但每副天线只能采用其中一种极化方式。上述频段中总共有5个子频段,每个子频段的带宽为216MHz,间隔为44MHz,第三、四个子频段之间的间隔为200MHz(O3b,2009)。每个用户链路使用其中一个子带,关口链路使用所有5个子带,用户和关口链路之间的隔离是通过将两个相同极化的天线指向不同位置来实现的。

对于第一层用户,两个方向的信号格式均基于DVB-S2标准(Barnett,2013a),该标准已在13.4.1节中介绍。波束里有一个单载波为这样的用户服务。第二层用户的信号格式也基于DVB-S2(Barnett,2013a)。然而,样本链路预算没有给出信号如何多路复用的清晰图像。虽然上述参考文献中的链路预算显示在两个方向上有相同数量的载波,这似乎表明个人用户的信号虽然位于两个方向的独立载波上,但前向链路的载波少于返向链路(Barnett,2013b),这表明前向链路混合使用了FDM和TDM。

关口和卫星之间的波束始终是5个用户波束的频率复用。

DVB-S2使用具有升余弦频谱形状的脉冲,根据一些样本链路预算(Barnett,2013a),计算获得O3b卫星使用的滚降因子(或超量带宽)$\alpha=0.2$,即DVB-S2值中的最小值。在两个方向上都使用了自适应编码和调制(ACM),调制方式一直扩展到32APSK(Barnett,2013a)。

小滚降因子意味着信号间隔很近,因此多普勒效应引起的频率偏移可能是一个问题。然而,由于一个用户波束中的所有信号来自大致相同的地理区域,因此它们具有几乎相同的多普勒频移。返向下行链路上的不同子频段之间只有一个频率偏移。

19.4.6 有效载荷架构

有效载荷是透明转发架构,因此它在用户终端和关口站之间提供单跳的透明通信(Rubin,2012)。

O3b卫星有效载荷结构框图如图19.13所示(Read,2012)。后续小节提供了硬件的详细信息。每副天线的发射和接收都使用单圆极化。有效载荷由相同的两部分组成,每部分均使用一半的天线。两副正交极化的天线与同一关口站或用户通信。每一部分有效载荷使用相同的频率计划,其中用户波束使用非重叠频段,关口波束使用五路复用频段。原则上,所有 10 个用户波束可以服务于同一用户。一个本振(local oscillator,LO)用于所有上下变频。有效载荷结构简单。

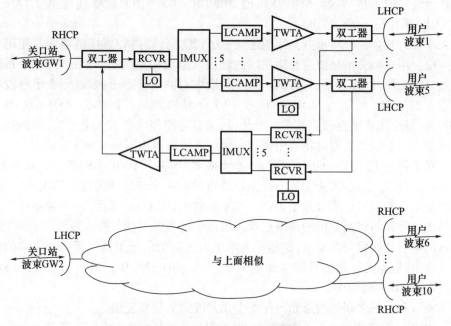

图 19.13　O3b 卫星有效载荷框图

由于关口信号接收机没有冗余,因此如果两个接收机之一出现故障,将会导致所述有效载荷的一半功能无法使用(见 19.4.7 节)。因此,有效载荷中可能存在允许用户波束硬件链切换到关口站波束硬件链的开关。由于用户波束都可以指向同一视场内的任何地点,因此它将自动提供冗余设计。

19.4.7　转发器

转发器(不包含天线有效载荷)至少使用一些泰雷兹公司的硬件,如接收机(TAS,2012a)、线性化器-信道放大器(linearizer-channel amplifiers,LCAMP)(TAS,2012b)和行波管放大器(traveling-wave tube amplifiers,TWTA)(Thales,2012)。

如 TAS(2012a)所给出的,Ka 频段接收机(图 19.14)内置 6 个部组件。从给 O3b 卫星交付此类组件的数量可以看出(Barletta et al.,2013),有效载荷中似乎没有提供冗余的部组件。接收机性能:环境温度下噪声系数为 2.1dB;增益经过温度补偿;带宽为 1.5GHz,带宽足以覆盖初始星座组合频段。

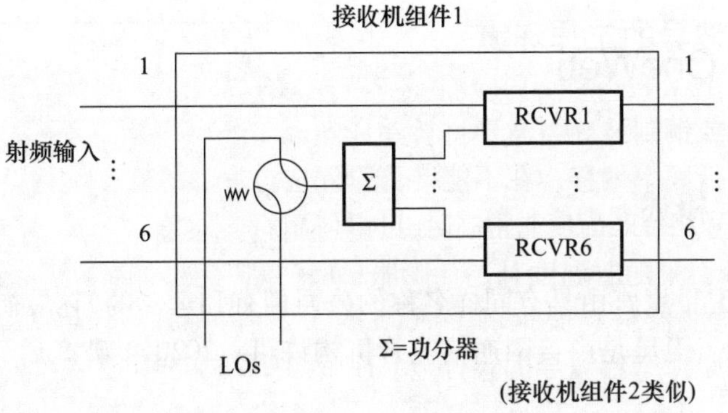

图 19.14 接收机细节

所有变频采用相同的 LO（有冗余）。LO 组件的不寻常之处在于，它还为 LCAMP 提供二次电压（Barletta et al.,2013）。

LCAMP 都工作在 K 频段,带宽为 2GHz,对卫星 1~16 足够了,但不足以覆盖后续卫星计划的新 FSS/MSS 频段。没有说明泰雷兹公司为 O3b 卫星使用 LCAMP 的类型,但当时 2GHz 是其 K 频段 LCAMP 的典型带宽（TAS,2012b）。

泰雷兹公司的 K 频段行波管（TWT）的具有 2.5GHz 的带宽（Thales,2012），将足以满足 O3b 所有四代卫星的 K 频段有效载荷的需求。

线性化器加 TWTA 构成线性化行波管放大器（LTWTA）。正常情况下,即使工作在单载波（Barnett,2013a）,O3b 卫星预计将前向链路 LTWTA 的输出功率运行在饱和输出功率后退约 4dB。这是有意义的,因为可以实现调制阶数高达 32（Barnett,2013a）。LTWTA 在这个工作点的非线性度非常小,例如,通常在输出功率回退 4dB 时,噪声功率比（noise-power ratio,NPR）为 21dB,载波与三阶互调（C/I3）的比为 34dB（TAS,2012b）。对于 5 个用户信号共享大功率放大器（HPA）的返向链路,输出功率回退约为 6dB（Barnett,2013a）。

19.4.8 地面段

地面关口站提供与地面网络的接口。它们位于易于接入光纤电缆的位置,海底电缆通常在这些地方终止。选址的另一个考虑因素是低的平均降雨损耗和低的峰值降雨损耗（O3b,2009）。目前有 9 个关口站,分别位于日落海滩（美国）、夏威夷（美国）、弗农（美国）、得克萨斯（美国）、利马（秘鲁）、霍托兰迪亚（巴西）、里斯本（葡萄牙）、内梅亚（希腊）、卡拉奇（巴基斯坦）、珀斯（澳大利亚）、杜博（澳大利亚）。

关口站使用两副 7.3m 的天线来支持一颗卫星。地面接口基于互联网协议（internet protocol,IP）。对于每颗它连接到的卫星,IP 路由器跟踪它所服务的用户 IP 地址,并将数据包路由到合适的卫星波束。

19.5 OneWeb

19.5.1 概述

OneWeb 卫星星座由具有同样名称的公司拥有和运营的，它最初称为 WorldVu 卫星有限公司。卫星是由英国通信监管机构许可。2020 年破产后，现在它的主要股东是英国。

该系统概念经过了多年的发展，这在 2016 年至 2018 年向 FCC 提交的四份独立许可证申请中能够反映出来。长期计划是在 LEO 和 MEO 中各有一个卫星星座：LEO 星座将由 1980 颗卫星组成（36 个轨道平面，每个轨道平面 55 颗卫星），位于高度为 1200km 的近极（倾角 87.9°）圆形轨道上，对应约 109min 的轨道周期。它们将在 Ku 和 V 频段与用户终端通信，在 Ka/K 和 V 频段与关口站进行通信。截至本书撰写之时，正在建造和发射卫星有 720 颗，它们将成为该低轨星座的一部分，但均未使用 V 频段通信。它们将位于 18 个轨道平面上，每个轨道平面上有 40 颗卫星（Barnett，2016）。

MEO 星座由 2560 颗卫星（32 个轨道面，每个轨道面 80 颗卫星）组成，轨道倾角为 44°~46°，高度为 8400~8600km，对应的轨道周期约为 5h。它们将在 Ku、Ka/K 和 V 频段与用户终端进行通信，并在 Ku、Ka/K、V 和 E 频段与关口站进行通信（Barnett，2018）。然而在破产期间，OneWeb 向 FCC 申请将星座规模增加到近 48000 颗卫星（Weimer，2020）。在新的所有权下，这些计划可能会改变。

我们的讨论仅限于第一代低轨通信系统，即没有 V 频段和 E 频段链路的卫星。除非另有说明，本节其余部分中所有材料的来源均源自 Barnett(2016)。

根据一份公司介绍材料，该星座将在 2021 年投入运行，588 颗服役卫星分布在 12 个轨道平面中，每个轨道面 49 颗卫星，加上轨道上的备份星，共有 650 颗卫星（OneWeb，2019a）。根据这份介绍材料，这个较小的星座已经提供了全球覆盖，因此可以假设，当需求合理时，另外的卫星将按需要投入使用。然而，计划很可能会延误。

19.5.2 卫星

卫星尺寸约为迷你冰箱大小，质量约为 150kg，其中一半为有效载荷的质量。卫星使用全电推进（Henry，2019a），艺术效果图如图 19.15 所示（Airbus，2020）。

太阳能电池板产生50W的功率。由于卫星处于近极轨道,它们必须能够旋转和倾斜,倾斜机构在此图片中不可见。这两副小反射面天线是关口站天线的一部分,面向地球一侧可见的结构是用户链路天线,下面对两者进行讨论。

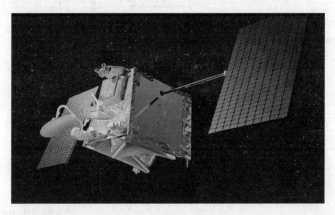

图 19.15　OneWeb 卫星(经空中客车公司许可使用)

这些卫星由 OneWeb 卫星公司制造, OneWeb 卫星公司是 OneWeb 公司和空中客车公司的合资企业。该星座计划发射数量巨大的卫星,这需要新的生产方式——佛罗里达州肯尼迪航天中心附近的专用场所采用批量生产飞机的模式。每周生产能力为 15 颗卫星(OneWeb Satellites,2020),生产成本估计为 100 万美元(New York Times,2020)。卫星由欧洲阿里亚娜空间联盟(Arianespace Consortium)运营的俄罗斯联盟(Soyuz)火箭以 32 颗为一批进行发射(Gebhardt,2020)。

19.5.3　天线

OneWeb 卫星有两副关口站天线,以便在断开与上一个关口站的链路之前能够建立与下一个关口站的链路,关口站的最小仰角通常为 15°。每副天线具有副反射器,该副反射器被配置成使得其旋转轴与馈源对准,并且使得馈源的镜像位于主反射器的焦点处。通过将主反射器旋转轴与馈源镜像的旋转轴对齐(在副反射器后面),无论副反射器和主反射器如何旋转,整个系统都保持聚焦,从而实现宽扫描角(Amyotte,2020)。3.5 节已进行了深入的讨论。

当波束从星下点移动到覆盖区域边缘时,对下行链路功率控制使地面上的功率流密度保持恒定。根据天线的波束覆盖(Barnett,2018),天线直径估计为 40cm。3.5 节已讨论了这些天线。

用户链路的 Ku 频段天线("百叶窗形天线")已在 11.10.3 节中讨论,波束方向图如图 19.16 所示,椭圆形是 16 个线性阵列的 −3dB 曲线。

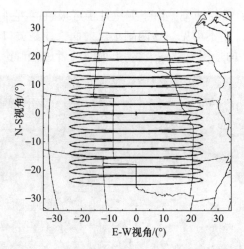

图 19.16 用户链路天线方向图(Barnett,2016)

用户链路天线固定在卫星的对地板上,因此其指向相对于卫星的指向是固定的。然而,卫星的姿态控制系统允许调整卫星的指向,以便波束方向图相对于标称的星下点位置可以在俯仰方向(南北方向)上移动。这种特性称为渐进倾斜(OneWeb,2019b),用于避免对赤道附近纬度 GEO 卫星的干扰(Barnett,2016)。随着卫星接近赤道,其倾斜度越来越高,这样就可以服务赤道周围的区域,而不会对地球静止轨道服务的用户造成干扰。同时,出于同样的目的,部分边缘波束被关闭。当卫星非常接近赤道时,其服务将完全关闭,并在服务重新启动前调整另一方向的俯仰角度。由于星座提供全球覆盖,当一个卫星关闭时,同一轨道上的两颗相邻卫星必须为未覆盖的区域提供服务。当一颗卫星正好在赤道上方时,与它相邻的卫星必须倾斜大约 7°,以便每颗卫星都能将其覆盖区域的一个边缘波束移到赤道上。显然,它们在轨道平面上的邻居也必须改变它们的覆盖区域,以覆盖由于第一颗卫星的倾斜和边缘波束的关闭而不再覆盖的区域。

由于卫星几乎完全向北或向南移动,支持特定用户的波束将迅速切换。根据 109min 的轨道周期,单波束提供覆盖的时间不超过 12s。这种切换不太可能影响服务的连续性,但由于卫星切换必须改变信道,所以需要控制到用户终端的流量。将天线旋转 90°将显著增加连接时间,但这不是一个选项,因为作为渐进倾斜策略的一部分,需要关闭某些波束。

用户终端的最小仰角通常大于 50°。它随着纬度的变化而变化,这是因为卫星的渐进倾斜和赤道附近的卫星密度较低。

19.5.4 业务

截至撰写本书时,OneWeb 公司尚未提供任何业务。OneWeb 监管事务副总裁将未来的业务定义为"从飞机、轮船以及陆地上,高速宽带连接到世界任何地方的互联网"(Pritchard-Kelly,2019)。

涉及的市场包括移动用户(海上、航空、陆地移动、物联网)、卫星宽带(企业、中小企业、消费性住宅)、政府(应急响应、地方政府、民防)和蜂窝回程(OneWeb,2019a)。移动运营商应该能够为其互联网用户提供高达 50Mbps 的速度,延迟时间小于 50ms(Barnett,2016)。

19.5.5 无线电接口

OneWeb 卫星使用的频段如表 19.3 所列。从关口站到卫星的链路在 2GHz 的总带宽里可容纳 8 个 250MHz 的子频段(测控信道处于表 19.3 所列频率范围的低端)。使用了两种循环调制,因此共有 16 个子信道承载 16 个用户链路的信号。两个关口站天线都使用全频段,但它们总是指向不同的方向,因此没有干扰问题。用户下行链路上有 8 个子频段,全部使用 RHCP,因此每个频率点使用两次。OneWeb 卫星的空间频率复用模式各不相同。

返回上行链路的总带宽为 1GHz,分为带宽为 125MHz 的 8 个子频段,全部为 LHCP,因此每个子频段使用两次。每组 8 个子频段被调制到关口下行链路信号的一个极化上。在美国境内,12.75~13.25GHz(用户到卫星)频段不可用,因此每个频率点复用四次。也没有使用 19.7~20.2GHz(卫星到关口)的频段,但这仍然为 16 个通道预留了足够的带宽。

表 19.3 OneWeb 卫星频段

链路类型	频率范围/GHz	带宽/GHz
关口站到卫星	27.5~29.1,29.5~30.0	2.1
卫星到关口站	17.8~18.6,18.8~19.3,19.7~20.2	1.8
用户终端到卫星	12.75~13.25,14.0~14.5	1.0
卫星到用户终端	10.7~12.7	2.0

本书并未给出每个子信道上的前向链路的用户符号速率,为了允许 0.2 的调制滚降,速率可能约为 200Msps。该信号由一个 TDM 单载波组成,该载波为一个波束中的所有活跃用户携带数据,使用 ACM。整个描述表明这是按照 DVB-S2 标准,可能是在时间切片模式下。这也为批量生产用户终端中使用 DVB-S2 组件提供了机会。返向信道使用 MF-TDMA,信道带宽范围为 1.25~20MHz。

如上所述,卫星天线在视场范围内的增益波动约为 4dB。此外,还有约 1dB 的范围变化。用户终端可能以恒定的等效各向同性辐射功率(equivalent isotropically radiated power,EIRP)传输,因此 ACM 必须考虑信号功率波动。在前向链路上,针对每一个突发信号关口站调整 EIRP 从而补偿这些损失。

19.5.6 有效载荷架构

卫星是透明转发的,因此有效载荷相对简单。图 19.17 展示了 FCC 文件介绍的有效载荷原理框图(Barnett,2016)。在前向链路上,两副反射面天线中的一个接收来自所服务的关口站信号。极化器和正交模转换器(orthomode transducer,OMT)分离两个极化,组合开关将两个信号转发至 LNA 和下变频器组件。输入多工器(input multiplexers,IMUX)将每个信号分成 16 副用户链路天线中 8 副天线的信号。然后信号由固态功率放大器(solid-state power amplifiers,SSPA)放大,并通过百叶窗形天线辐射。

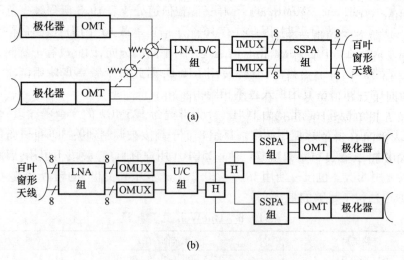

图 19.17　OneWeb 卫星有效载荷框图
(a)前向链路;(b)返向链路。

Barnett(2016)中有一份声明,表明有效载荷可能比此处假设的更复杂:"万一在 10.7~11.7GHz 的频段上出现 FS 干扰问题的情况,对于那些特定位置,一种选择可能是主要使用 11.7~12.7GHz 频段为用户终端服务。"这意味着,16 个用户信道可以在卫星飞行中重新路由到不同的天线。

在返向链路上,来自百叶窗形天线的 16 个信号通过 LNA 放大,并通过输出多工器组合成两个信号用于下行链路,然后将其上变频到 Ka 频段并放大。混合桥将合成信号发送到两个极化器和天线,因此所有 SSPA 在切换期间仅在很短的时间内同时处于激活状态。

虽然 FCC 申请明确表示返向链路对两个关口站都是短暂激活的,但对于前向链路没有这样的声明。

19.5.7 地面和用户部分

如果卫星没有星间链路,必须在提供业务的任何地方都有到一个关口链路。OneWeb 预计全球将有 50 个或更多的关口站,以确保卫星从其轨道的所有区域均有一个可见的关口站。典型的地面关口站天线直径为 2.4 m,形成的波束宽度小于 0.5°。每个站点可能有 10 副以上的天线。最小仰角通常为 15°。相控阵技术通过一个阵列可以产生 10 个或更多的波束。OneWeb 卫星与 ThinKom 卫星就提供此类关口站天线达成了协议(Holmes,2020)。

Ku 频段用户终端配置小型天线,其口径通常为 30~75cm。短期内,将使用机械控制的抛物面反射器。如果需要连续通信,则需要采用双反射面天线,因此这项技术造价昂贵,不过它们最终将被相控阵所取代。OneWeb 正在开发一种用户终端天线,它结合了机械控制和相控阵天线,尺寸为 36cm×16cm(de Selding,2015)。该终端将提供 50Mbps 的互联网接入。用户终端天线的最小仰角约为 50°,因此相控阵的扫描角不超过 40°。

19.6 星链

19.6.1 概述

星链是 SpaceX 公司正在投入运行的非地球静止轨道卫星星座的名称。整个星座在不同高度有近 12000 颗甚至 42000 颗卫星,它正在分阶段部署。

第一阶段,在撰写本书时正在发射,由 1584 颗卫星组成,高度 550km。轨道倾角为 53°(Albulet,2019)。这些卫星位于 72 个轨道平面上,每个轨道平面上有 22 颗卫星(Albulet,2019)。星座无法覆盖全球。一旦星座数量超过 800 颗卫星,将开始提供有限的商业服务(Albulet,2016)。位于纬度 50°左右的用户于 2020 年 8 月开始进行有限的公测。届时星座由 720 颗卫星组成,并在该纬度实现连续覆盖。

下一步将在类似轨道高度增加 2825 颗卫星,其中 1600 颗将在倾角为 53.8°的轨道上运行,其余的将在倾角为 70°、74°和 81°的轨道上运行(Albulet,2016;Henry,2020a)。此时星座提供全球覆盖,将在 Ku 和 Ka/K 频段通信(非常早期的卫星仅在 Ku 频段通信)(Albulet,2018)。

接下来,在 335~345km 轨道高度将增加 7518 颗卫星。在该阶段,将为用户和关口站链路增加 V 频段。第一代和第二代卫星在运行 5 年后退役时,将被同样在上述所有频段通信的卫星所取代(Albulet,2017a)。

这就是 FCC 文件的内容。然而,2019 年国际电信联盟收到了来自 SpaceX 公司的20份文件,每份文件涉及一组1500颗卫星,所有卫星的轨道高度为328~580km(Henry,2019b)。没有可用信息公开这些卫星的特征。

星链将提供的服务包括住宅互联网接入以及为商业和政府机构提供的服务。将为每个用户提供高达1Gbps的数据速率(Albulet,2016),于2020年底开始提供服务。SpaceX尚未公布有关服务或设备定价的任何信息。

整个系统,包括用户终端和关口终端,正在由SpaceX开发和建造,该公司在通信技术方面没有任何记录。这也可能是关于系统可用信息非常粗略的一个原因,即使对于目前正在部署的卫星也是如此。因此必须借助有根据的猜测来填补一些空白。下面只介绍第一阶段,即第一批1584颗卫星。这些都是2016年第一次美国联邦通信委员会文件的一部分,并进行了一些变更。

19.6.2 卫星和有效载荷

卫星仅重260kg(SpaceX,2020),而且体积非常小,呈矩形,非常扁平。"猎鹰"9号火箭一次可将60颗当前一代的卫星送入轨道。作者没有被允许放入卫星的效果图,但这些图片可以轻而易举地在互联网上找到,例如(Coldeway,2019)。图中显示了四个正方形区域,这是相控阵。卫星有一个单独的太阳能电池阵。

不同寻常的是,除了公开卫星采用再生有效载荷外,FCC文件不包含关于有效载荷架构的信息。

19.6.3 系统

星链系统概念是基于天空中的数据网络,就像铱星一样。这意味着,在卫星上对数据进行处理以确定其目的地,并将其转发到下一个关口站或通过激光星间链路转发到另一颗卫星,直到可以将其发送到用户终端。如果通信是在两个星链用户之间,数据永远不会通过地面网络传输。光信号在自由空间中的传输速度比在光纤中快50%,因此延迟可能比地面网络小,这在某些特定应用中具有优势。目标的延迟为25~35ms(Albulet,2016)。由于激光通信不在FCC的管辖范围内,向FCC的申请中未讨论星间链路,因此没有进一步的有效信息。据Press(2019)报道,每颗卫星将有四条链路,就像铱星一样。最初,计划在不同倾角轨道上的卫星之间建立第五条链路。有迹象表明,Mynaric将成为激光链路硬件的供应商(Henry,2019c)。该公司正在开发一种面向空间应用的10Gbps红外激光系统,该系统应该于2020年在商业上可用(Mynaric,2020)。

早期的卫星没有星间链路,不过该功能最早在2020年底会添加至新研的卫星上。在不采用星间链路进行通信时,卫星之间可以通过关口站进行中继(Henry,2019a)。甚至有人推测,用户终端可用来将信号从一颗卫星转发到下一颗卫星

(Mosher,2020)。还有人声称,目前这一代卫星根本没有星上处理功能,它们采用透明转发有效载荷系统(Farrar,2020)。

尽管采用星间链路,SpaceX 仍计划在全球安装足够多的关口站,使卫星始终与一个关口站建立通信链路(Nyirady,2019)。

卫星天线形成"大量窄波束"(Albulet,2017b),用于用户终端的上行链路和下行链路。FCC 文件没有公开任何更详细的信息。最初的概念是用直径45km 的六边形蜂窝覆盖地球(Albulet,2016)。正如19.6.5 节阐述,尚不清楚是否采用该覆盖方案。地球表面可容纳390000 个此类蜂窝,因此如果该覆盖采用4409 颗卫星,则每颗卫星需要提供至少88 个波束。因为卫星并不是均匀分布,这显然是一个非常保守的估计。另外,对于这样一颗小卫星来说,这个波束数量太庞大。作者怀疑卫星采用跳波束来覆盖整个区域。然而,在任何公开资料没提到过这一点。

还有另一种估算波束数目的方法:根据所涉及用户终端的增益,每颗卫星提供 17~23Gbps 的下行链路容量(Hughes, 2016)。最复杂的信号格式是64QAM (Hughes,2019)。我们不知道卫星使用何种 FEC 码率,但最高的频谱效率可能接近 DVB-S2X 的调制方式,采用最高码率的64 点星座图的频谱效率能达到4.9 (bps)/Hz。文献 Albulet(2016)给出的信道带宽为250MHz,因此每个波束可以支持1.225Gbps 的吞吐量。因此为了达到宣称的下行链路容量,至少需要19 个这样的波束。对于这样一颗小型卫星来说,这仍然是一个相当大的数目。然而,SES 声称也实现了大数目的波束。

当该系统在世界部分地区开始运行时,大约有 400 颗卫星在轨道上运行 (Henry,2020b),用户终端和关口站波束的最低仰角为25°。随着星座部署更多的卫星,最低仰角将增加到40°(Albulet,2018)。

19.6.4 无线电接口

各种卫星链路使用的频率如表19.4 所列。关口站链路使用 Ka/K 频段,但也使用 Ku 频段。由于所有波束都非常窄,因此同时使用这些频率是可能的。在2019 年11 月之前发射的卫星上,关口站链路仅使用 Ku 频段(Wikipedia, 2020)。

所有波束均使用 250MHz 的带宽,这可以通过 EIRP 和 EIRP 密度计算得出 (Albulet,2018)。对于关口站和用户链路,调制方式被描述为"BPSK 到64QAM 的数字数据"(Hughes,2019)。DVB-S2X 将 APSK 用于64 点星座,从而降低峰值功率与平均功率的比。由于功率电平很低,线性放大不成问题,因此峰均比可能不是星链系统的一个考虑因素,将在下一节中介绍。数据速率的范围表明使用了 ACM。

表 19.4 星链频率计划(Albulet,2018)

链路类型	频率范围/GHz	极化方式
卫星到用户	10.7~12.7	RHCP
卫星到关口站	10.7~12.7	RHCP
	17.8~18.6	RHCP,LHCP
	18.8~19.3	RHCP,LHCP
	19.7~20.2	RHCP,LHCP
用户到卫星	12.75~13.25	LHCP
	14.0~14.5	LHCP
关口站到卫星	14.0~14.5	RHCP
	27.5~29.1	RHCP,LHCP
	29.5~30.0	RHCP,LHCP

19.6.5 天线

卫星有四个尺寸大致相等的相控阵天线,没有找到关于它们的用途或设计的描述,因此作者不得不做出有根据的猜测。

可能有一对天线服务于 Ka/K 频段波束,使用单独的天线进行接收和发射。另一对则采用 Ku 频段波束,同样在发射和接收使用单独的天线。如果天线不需要支持全双工传输,那么天线的成本将大大降低。如果发射和接收波束使用在时间上偏移的跳频模式,则用户天线也不需要支持全双工通信(Gazelle,2018)。

FCC 文件(Albulet,2018)允许我们进行一些分析。视轴方向关口站波束的天线波束在两个传输方向上几乎相同。4dB 波束宽度计算值为 1.6°。这要求下行链路天线口径约为 0.8m,上行链路约为 0.5m。我们还可以估计辐射单元的数量。两个方向的天线增益均为 41dBi。单个天线单元必须在整个扫描角度范围内具有一定的恒定增益,这意味着在星链系统部署的早期阶段天线扫描角最高可达 56.55°。这将单元的增益限制在 5dBi 左右。这与贴片天线的增益一致,贴片天线是这些天线可能的技术选择,其增益范围为 5~7dBi(Bevelacqua,2016)。以此为输入,阵列增益约为 36dB,这意味着阵列必须由大约 4000 个辐射单元组成。如果它们在上述天线口径上有规律地间隔,结合天线尺寸计算出单元间隔将恰好等于波长,这样天线进行宽角扫描时会形成栅瓣,因此天线必须具有不规则的单元间距。SpaceX 已经申请了一项专利,该专利显示了如图 19.18 所示的单元"空间锥形"布局,因此星链可能使用了这一专利。EIRP 值最大为 39.5dBW,因此每个单元和每个波束的发射功率为 -7.5dBm 或 0.2 mW。

同样基于 Albulet(2018)对用户波束进行类似分析。这里,两个方向上的视轴足迹大小不同。计算出的 4dB 波束宽度对于下行链路为 3.6°，对于上行链路为 3.05°。考虑到 FCC 文件中用于生成这些图的确切频率未知，根据这些数据计算出的所需天线尺寸大致相同：0.57m 天线用于发射，0.55m 天线用于接收；发射天线增益为 34dBi，接收天线增益为 35.7dBi。再次使用 5dBi 的单元增益(扫描角度与上述相同)计算，阵列增益将分别为 29dB 和 30.7dB。这意味着这些天线有大约 1000 个辐射单元。

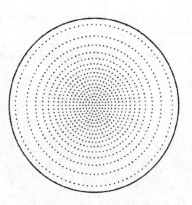

图 19.18　空间锥形阵列
(Mazlouman, Schulze, 2018)

SpaceX 向 FCC 提交的原始提案(Albulet, 2016)指出，控制偏离视轴从而保持圆形波束足迹来覆盖六边形网格中的单个蜂窝时，需要对用户波束进行赋形，这将需要使用额外的辐射单元。而在新的 FCC 文件(Albulet, 2018)中这一概念已被放弃。当扫描角度为 57°时，足迹高度椭圆化。用户波束仍然被称为"可赋形"，但没有作出解释。EIRP 值最大为 32.7dBW，因此每个单元和每个波束的功率为 -2.3dBm 或 0.6mW。

在这两个频段中发射天线都可以实现旁瓣调零，确保在地球同步轨道弧 ±2°区域内提供约 10dB 的干扰抑制(Albulet, 2016)。

SpaceX 显然自行研发了相控阵技术，但该公司尚未公布任何相关信息。以传统的方式实现如此大的阵列，即在每个单元上使用单独的移相器，似乎太复杂了。此外，还需要产生"数目巨大的波束"，其中每个波束都需要每个单元有自己的移相器，这似乎是不现实的。Satixfy 有限公司拥有一种相控阵技术，可以一种更简练的方式实现大型多波束天线。该公司开发了基带处理芯片和射频芯片作为方案的技术基础。在该解决方案中，数据信号时延和载波相位分别针对每个天线单元进行独立控制。这些波束形成操作是在复杂的基带信号上以数字方式完成的。一个处理器和一个射频芯片最多可产生 32 个独立波束(Rainish and Freedman, 2016)。由于不仅调整了载波相位，而且调整了信号时延，因此开线扫描时波束不会散焦。2020 年，Satixfy 有限公司正在生产具有 1000 个单元的天线，并计划在 2021 年中提供具有 4000 个单元的阵列，并且该技术是为多达 100000 个单元设计(Gat, 2020)。相关射频芯片能够提供的单元发射功率为 10mW，因此对于 SpaceX 卫星天线来说，这已经足够了。如上所述，SpaceX 有自己的技术，但我们猜测它可能与 Satixfy 公司解决方案类似。

19.6.6　地面和用户部分

SpaceX 公司最近发布了用户终端的图片。正如 Elon Musk 所描述的那样，它看起来像"棍子上的 UFO"(Mosher, 2020)。它有一个直径为 48cm 的相控阵天线。

天线是可动的,以优化对天空的视角,并当其指向卫星的仰角低于40°时转动天线。在接收频段内 11.83GHz 时,天线增益为 33.2dBi;在发射频段内 14.25GHz 时,天线增益为 34.6dBi,EIRP 为 38.2dBW(Hughes,2019)。

再次假设单元增益为5dBi,发射频率处需要的阵列增益为29.6dB,相当于约900个单元。然而,如果单元规律分布,使用半个波长的间隔来避免栅瓣,那么需要将近3000个单元来覆盖直径为48cm 的圆。因此,必须再次使用不规则单元排列。在视轴方向,天线的 3dB 波束宽度在发射模式下为 2.8°,而在接收模式下为 3.5°。最大扫描角为 40°时,波束宽度分别增加到 4.5°和 5.5°(Hughes,2019)。通过调整发射功率扫描波束,用户终端校正与卫星的距离变化和自身天线的增益变化(Hughes,2019)。用户终端提供与卫星相同水准的旁瓣调零功能(Albulet,2016)。

在 2015 年的一次演讲中,Elom Musk 预测用户终端的价格为 100～300 美元(Musk,2015)。Satixfy 期望在可预见的未来此类天线的价格将保持在几千美元(Gazelle,2018)。这将阻止个人用户使用终端,特别是在经济欠发达国家的未服务人群是目标客户的情况下,并有利于 O3b 的商业模式。

公共测试人员提供了一些速度和延迟数据:下行链路速率为 10～60Mbps,上行链路速率为 5～18Mbps,延迟(ping 命令往返时间)为 31～94ms(Brodkin,2020)。这与系统最终支持的每个用户 1Gbps(Hughes,2016)和低于 20ms 的延迟要求(Brodkin,2020)相差甚远。有人可能会说,这是系统部署的早期阶段,但如果是硬件限制,可能需要很多年才能达到承诺的数据速率。

关口站终端最终也将使用相控阵,但第一代正在使用反射面天线。Ku 频段使用天线直径为1m 的商用产品(Cobham)。EIRP 为 53.44dBW,两个信号方向的极化均为 RHCP。3dB 波束宽度在发射时为 1.5°,在接收时为 1.8°。相控阵天线需要 3000(RX)～5000(TX)个单元 dBW 才能获得相同的增益。Ka/K 频段天线由 SpaceX 公司制造,口径为 1.5m。EIRP 为 66.5dBW,两个信号方向采用了两种圆极化。3dB 波束宽度在发射时为 0.5°,在接收时为 0.74°,相控阵天线需要 20000(RX)～45000(TX)个单元才能获得相同的增益。在这两种情况下,这单元其间距大约为 1.2λ 长,仅在美国境内就将有数百个地面关口站,都位于主要互联网对等点附近(Albulet,2016)。

19.7 Telesat 低轨卫星

19.7.1 概述

Telesat LEO 是加拿大运营商 Telesat 计划发射和运营的一个卫星星座,将分两个阶段实施:第一阶段,共有 78 颗卫星将被发射在 6 个近极(98.98°)轨道面上,高度为

1015km，290 颗卫星将被放置在 20 个倾斜(50.88°)轨道面上，高度为 1325km。第二阶段，近极轨道平面卫星将增加到 27 颗，倾斜轨道平面将增加到 40 颗。近极轨道的卫星数量将增加到 351 颗，倾斜轨道的卫星数量将增加到 1320 颗，共 1671 颗卫星。卫星将配置激光星间链路。在第一阶段，全球将有大约 50 个关口站(Beck,2020)。

该项目处于早期阶段，因此对该技术知之甚少。第一颗测试和演示卫星于 2018 年 1 月发射进入轨道，搭载一个单波束的简单的透明转发有效载荷(Telesat, 2019a)，应于 2023 年开始提供全球服务(Telesat,2019a)。

19.7.2 业务

设计星座以提供基于 OSI 第二层载波以太网连接的宽带业务。载波以太网由网络运营商运营，用于广域通信。与标准以太网相反，网络由许多用户组织共享，它允许每个用户组织在不同位置连接网络。MEF(Metro Ethernet Forum)为此业务定义了属性，如可扩展性、可靠性、服务质量和服务管理。

Telesat LEO 将为商业、政府和军事用户服务。商业市场的例子包括为手机网络运营商和互联网业务提供商、商用飞机和游轮的回程，以及将企业网络扩展到远程设施(Telesat,2019b)。有资料显示，Telesat 未将个人住宅互联网使用者作为潜在客户。因此，商业模式与 O3b 相同。

Telesat 称该系统为一个具有全数字调制、解调和空间数据路由的完全相互连接的全球网状网络(Telesat,2020)。所提供的所有连接示意图均显示了通过其中一个关口站(称为着陆站)的流量，可参见文献 Beck(2020)。

19.7.3 卫星

关于卫星可获得的信息如下(Neri,2020)：
(1)用于关口链路的四个可动点波束天线。
(2)一组直射阵列(direct – radiating array,DRA)天线，为用户链路提供多达 24 个完全独立、可赋形和可转向的波束。
(3)用户波束专用于网络嵌入过程。它定期扫描视场，并标出新激活的终端。
(4)跳跃用户波束在需要时提供容量(Telesat,2019a)。
(5)四个数据速率为 10Gbps 的激光星间链路，两个到同一轨道平面上的卫星，两个到相邻轨道平面上的卫星。
(6)信号为全星上处理。

19.7.4 无线电接口

系统对用户链路和关口链路都使用相同的 Ka/K 频率。下行链路和上行链路的可用总带宽分别为1.8GHz和2.1GHz。关口的上行和下行链路以及用户的下行链路采用DVB-S2X。用户上行链路(Telesat,2019a)采用DVB-RCS2,参见13.4.3节。

19.7.5 天线

有效载荷的所有天线均为相控阵天线。除用户接收天线的增益为35dBi外,其他天线的增益约为32dBi。假设单元的增益为5dB,单元数量分别约为500个和1000个。显然,单元的数量也取决于要应用的波束赋形的种类。天线尺寸应小一些,据推测大约25cm,这样可以在朝向地球的面板上多安装几个用户链路天线(Neri,2020)。

参考文献

Airbus(2020). Photos for OneWeb. Accessed Nov. 4,2020.

Albulet M for SpaceX(2016). Technical Attachment. Nov. 15. Part of application to FCC for satellite operation. FCC file number SAT-LOA-20161115-00118.

Albulet M for SpaceX(2017a). Technical Attachment. Mar. 1. Part of application to FCC for satellite operation. FCC file number: SAT-LOA-20170301-00027.

XAlbulet M for SpaceX(2017b). Technical Information. July 26. Part of application to FCC for satellite operation. FCC file number: SAT-LOA-20170726-00110.

Albulet M for SpaceX(2018). Technical Information. Nov. 8. Part of application to FCC for satellite operation. FCC file number: SAT-MOD-20181108-00083.

Albulet M for SpaceX(2019). Technical Attachment. Aug. 30. Part of application to FCC for satellite operation. FCC file number: SAT-MOD-20190830-00087.

Amyotte E(2020). Personal communication.

Amyotte E,Demers Y,Hildebrand L,Forest M,Riendeau S,Sierra-Garcia S,and Uher J (2010). Recent developments in Ka-Band satellite antennas for broadband communications. 28*th AIAA International Communications Satellite Systems Conference*(*ICSSC-2010*). Anaheim,CA,USA.

Barletta F,Colucci P,Guerrucci R,Pace G,Perusini G,Ranieri P,and Suriani A(2013). Ka band communication receiver banks with centralized LO and power supply. 31*st AIAA International Communications Satellite Systems Conference*. Florence,Italy.

Barnett R(2012). O3b's Non-Geostationary Satellite/Constellation Design. Accessed March 5,2021.

Barnett JR for O3B(2013a). Technical information to supplement the existing schedule S for the Virginia Earth Station. July 24. Part of application to FCC for earth station operation. FCC file number SES-LIC-20130528-00455.

Barnett RJ for O3B(2013b). Legal narrative and response to questions 35: Waiver of the Rules. Part of application to FCC for earth station operation. FCC file number SES-LIC-20130528-00455.

Barnett RJ for O3B(2016). Attachment A; technical information to supplement schedule S. Apr. 28. Part of application to FCC for satellite operation. FCC file number SAT – LOI – 20160428 – 00041.

Barnett RJ for OneWeb(2018). OneWeb non – geostationary satellite system, Amendment of the MEO Component. Jan. 4. Part of application to FCC for satellite operation. FCC file number SAT – AMD – 20180104 – 00004.

Beck M(2020). Telesat LEO affordable fiber quality connectivity, everywhere. *CanWISP Conference and Annual General Meeting 2020*. Accessed June 17, 2020.

Bevelacqua PJ(2016). Microstrip(patch) antennas. Accessed May 6, 2020.

Brodkin J (2020). SpaceX now plans for 5 million Starlink customers in US, up from 1 mil lion. Aug. 3. Accessed Jan. 14, 2021.

Buntschuh F for Iridium(2013). Engineering Statement. Dec. 27. Part of application to FCC for satellite operation. FCC file number SAT – MOD – 20131227 – 00148.

Coldeway D(2019). SpaceX reveals more Starlink info after launch of first 60 satellites. May 24.

Croq F, Vourch E, Reynaud M, Lejay B, Benoist C, Couarraze A, and Mannocchi J (2009). The GLOBALSTAR 2 antenna sub – system. *2009 3rd IEEE European Conference on Antennas and Propagation*. Berlin, Germany.

Dietrich FJ, Metzen P, and Monte P(1998). The Globalstar cellular satellite system. *IEEE Transactions on Antennas and Propagation*; 46(6); 935.

Dortch MH (2018). Commission grants O3b modification of U. S. Market Access. June 6. Accessed Dec. 3, 2019.

Farrar T(2016). What about the dish? . From Nov. 22. TMF Associates blog. Accessed May 27, 2020.

Farrar T(2020). SpaceX and the FCC's $16B problem. From May 08 TMF associates blog. Accessed May 8, 2020.

Gat, Y. (2020). private communication.

Gazelle D(2018). LEO constellation for broadband applications, system design considera tions. *24th Ka and Broadband Communications Conference*. Niagara Falls, Canada.

Gebhardt C(2020). The 50th Arianespace, Starsem mission completes OneWeb launch. Feb. 20. Accessed July 18, 2020.

Globalstar(2014). Coverage. Accessed Sep. 18, 2019.

Globalstar(2017). Globalstar overview. Accessed Oct. 26, 2019.

Globalstar, Inc. (2020). Sat – Fi2 satellite Wi – Fi hotspot. Accessed June 7, 2020.

Henry C (2017). SES building a 10 – terabit O3b'mPower' constellation. Sep. 11. Accessed Nov. 16, 2019.

Henry C (2018). SES, with FCC's blessing, says O3b constellation can reach global coverage. June 9. Accessed Nov. 16, 2019.

Henry C(2019a). OneWeb's first six satellites in orbit following Soyuz launch. Accessed Feb. 20, 2020.

Henry C (2019b). SpaceX submits paperwork for 30,000 more Starlink satellites. Oct. 15. Accessed Aug. 22, 2020.

Henry C(2019c). Mynaric raises $12.5 million from mystery constellation customer. Mar. 19. Accessed June 19, 2020.

Henry C (2020a). SpaceX seeks FCC permission for operating all first – gen Starlink in lower orbit. Apr. 20. Accessed Apr. 27, 2020.

Henry C (2020b). Starlink passes 400 satellites with seventh dedicated launch. Apr. 22. Accessed May 11, 2020.

Holmes M (2020). Top 10 hottest companies in satellites. Via satellite. Accessed Aug. 22, 2020.

Hughes T for SpaceX (2016). Legal narrative. Nov. 15. Part of application to FCC for operationStarlink network. FCC file number: SAT – LOA – 20161115 – 00118.

Hughes T for SpaceX (2019). Application for blanket licensed earth stations. Feb. 11. Part of application to FCC for operation of user terminals. FCC file number: SES – LIC – 20190211 – 00151.

IEC Telecom (2021). IRIDIUM 9555. Accessed Jan. 14, 2021.

Iridium (2003). Iridium Satellite Data Services White Paper. June 2. Accessed Sep. 14, 2019.

Iridium (2014). Iridium pilot land station. Accessed June 7, 2020.

Iridium (2018). Iridium certus. Accessed Sep. 14, 2020.

Iridium (2019a). Follow the 8 launch missions. Accessed July 28, 2019.

Iridium (2019b). Iridium short burst data (SBD). Accessed Sep. 13, 2019.

Iridium (2020). Iridium Certus? 700 upgrade brings the fastest L – band speeds to the industry. Feb. 27. Accessed June 7, 2020.

Lafond J, Vourch E, Delepaux F, Lepeltier P, Bosshard P, Dubos F, and Bassaler J (2014). Thales Alenia Space multiple beam antennas for telecommunication satellites. *The 8th European Conference on Antennas and Propagation (EuCAP* 2014). The Hague, The Netherlands.

Long J and Sievenpiper DF (2015). A compact broadband dual – polarized patch antenna for satellite communication/navigation applications. *IEEE Antennas and Wireless Propagation Letters*; 14.

Mazlouman J and Schulze K (2018). Distributed phase shifter array system and method. Patent Application No. US 2018/0241122 A1.

Meza M (2006). Report on the validation of the requirements in the AMS (R) S SARPs for Iridium. Accessed Sep. 22, 2020.

Moakkit H (2014). O3b. an innovative way to use Ka band. *ITU Workshop on the efficient use of the spectrum/orbit resource*; Limassol, Cyprus, Apr. 14 – 16, 2014.

Mosher D (2020). How Elon Musk's'UFO on a stick' devices may turn SpaceX internet subscribers into the Starlink satellite network's secret weapon. Jan. 10. Accessed May 8, 2020.

Murray P, Randolph T, Van Buren D, Anderson D, and Troxel I (2012). High Performance, High Volume Reconfigurable Processor Architecture. *2012 IEEE Aerospace Conference*. Big Sky, MT, USA.

Musk E (2015). Presentation by Elon Musk. Seattle. Accessed Aug. 22, 2020.

Mynaric (2020). Flight terminals (space). Accessed June 19, 2020.

N2YO. ORG (2019). Globalstar satellites. Accessed Nov. 19, 2019.

Navarra AJ for Globalstar (2008). Application for mobile satellite service by Globalstar Licensee LLC. Apr. 4. Part of application to FCC for satellite operation. FCC file number SAT – MPL – 20200526 – 00053.

Neri M for Telesat (2020). Exhibit 5 technical narrative. May 26. Part of application to FCC for satellite operation. FCC file number SAT – MPL – 20200526 – 00053.

New York Times(2020). Britain Gambles on a Bankrupt Satellite Operator, OneWeb. July 10. html. Accessed July 10, 2020.

Nyirady A (2019). FCC approves lower orbit for SpaceX starlink satellites. Apr. 29. Accessed May 9, 2020.

O3b(2009). O3b networks. Presentation. Accessed Sep. 2, 2013.

OneWeb(2019a). Corporate presentation. Sep. 2. Accessed Aug. 22, 2020.

OneWeb(2019b). OneWeb's Progressive Pitch™ solution for the efficient use of Space and Spectrum. Aug. 19. Accessed Aug. 22, 2020.

OneWeb Satellites(2020). Revolutionizing the economics of space. Accessed Feb. 20, 2020.

Press L(2019). Inter – satellite laser link update. Accessed June 19, 2020.

Pritchard – Kelly R(2019). ITU interviews @ WRC – 19: Ruth Pritchard – Kelly, VP regulatory affairs, OneWeb. ITU WRC, Sharm El – Sheikh. Accessed Mar. 4, 2020.

Rainish D and Freedman A (2016). Low – cost digital beamforming array structure and architecture. 22*th Ka and broadband communications conference*.

RämöA(2010). Voice quality evaluation of various codecs. 35*th International Conference on Acoustics, Speech, and Signal Processing(ICASSP)*; Dallas, Texas, USA.

Read J(2012). Letter from O3b to Patel M of UK's Ofcom spectrum policy group regarding Ofcom call for input, spectrum review 2012. Apr. 12. Accessed July 29, 2020.

Read J for O3b(2013). Legal narrative and response to questions 35: waiver of the rules. Part of application to FCC for earth station operation. FCC file number SES – LIC – 20130528 – 00455.

Rosenbaum Z for O3b(2016). Attachment A: technical information to supplement schedule S. June 24. Part of application to FCC for satellite operation. FCC file number SAT – MOD – 20160624 – 00060.

Rosenbaum Zfor O3b (2017). O3b amendment attachment A technical annex. Part of applica tionto FCC for satellite system operation. FCC file number SAT – AMD – 20170301 – 00026.

Rubin T(2012). Ofcom spectrum review – input from O3b limited. Apr. 30. Accessed Nov. 22, 2019.

Satcom Direct(2019). Iridium certus gateway. Accessed July 29, 2019.

SatSig(2016). O3b satellite orbit and beams. Apr. 17. Accessed Dec. 10, 2019.

Schiff L and Chockalingam A(2000). Design and system operation of Globalstar versus IS – 95 CDMA – similarities and differences. *Wireless Networks*; 6(1); 47.

Seakr Inc. (2016). Cronus_iridium. Accessed Sep. 11, 2019.

de Selding P(2015). Virgin, Qualcomm invest in OneWeb satellite internet venture. Jan. 15. Accessed Dec. 12, 2019.

SES(2019). O3B MEO. Accessed Nov. 16, 2019.

SES(2020). Investor Presentation 2020. Accessed Aug. 22, 2020.

Sihavong NS(2009). Presentation O3b networks. Accessed Sep. 22, 2013.

Spaceflight 101(2019). O3b satellite overview. On Accessed Dec. 10, 2019.

SpaceX(2020). Starlink mission. Accessed Apr. 20, 2020.

TAS(2012a). Receiver – LNA – DOCON. Accessed Dec. 4, 2019.

TAS(2012b). CAMP – SSPA. Accessed Dec. 4, 2019.

Telesat(2019a). Telesat Global LEO Constellation. *MilCIS Conference*. Accessed June 15, 2020.

Telesat (2019b). Telesat LEO, affordable and secure fiber – quality connectivity, everywhere. Sep. 26. Accessed June 15,2020.

Telesat(2020). Telesat LEO – transforming global communications. Mar. 9. Accessed March 5,2021.

Thales(2012). TWTA data sheet. Thales microwave & imaging sub – systems. Accessed Sep. 17,2013.

Thales(2020). Iridium Certus, Thales MissionLINK Brochure. Accessed June 7,2020.

Thales Alenia Space(2018). The Iridium Next project. Dec. 11. Accessed Aug. 14,2019.

Union of Concerned Scientists(2020). UCS satellite database. Accessed June 7,2020.

Weimer B for OneWeb(2020). Application for modification. May 26. Part of application to FCC for satellite operation. FCC file number: SAT – MPL – 20200526 – 00062.

Wikipedia(2019). Iridium communications. On en. wikipedia. org. Accessed July 29,2019.

Wikipedia(2020). Starlink. On en. wikipedia. org/wiki/Starlink. Accessed May 13,2020.

Zehl SS and Schneider (2016). Iridium satellite hacking – HOPE XI 2016. 17 Aug. 2019. Accessed Nov. 19,2019.

第20章 地球同步轨道移动卫星系统

20.1 引言

20.1.1 规则

移动卫星服务(MSS)系统面向移动用户,即用户终端可以是便携式的、或可移动的,移动用户可能在陆地、轮船或飞机上。国际电信联盟(ITU)对 MSS 服务的定义为(ITU,2016a):移动地面站与一颗或多颗卫星站之间的无线电通信服务,或该服务所使用的卫星站之间的无线电通信服务;或者通过一颗或多颗卫星站在移动地面站之间进行通信,这项服务还可能包括系统运行所需的馈电链路。

表 20.1 列出了 1~31GHz 的频段中,ITU 分配给 MSS 的使用带宽(17.3 节)。这些频率位于 L、S、K 和 Ka 频段,每一段频率在分配过程中都包含许多详细地分配说明,这里不再赘述。除了 Inmarsat-5 卫星的下行链路用户通信外,本章描述的所有系统都使用这些频段用户通信。由于这些频段会被额外分配给其他服务,因此在 14.6 节讨论了 GEO 卫星之间的干扰。所有移动通信卫星系统馈电链路都使用主要分配给固定卫星业务(FSS)的频带。

表 20.1 MSS 通信频段(ITU,2016a)

区域 1		区域 2		区域 3	
频率范围/GHz	通信方向	频率范围/GHz	通信方向	频率范围/GHz	通信方向
1.518~1.559	下行	1.518~1.559	下行	1.518~1.559	下行
1.610~1.675	上行	1.610~1.675	上行	1.610~1.675	上行
1.980~2.010	上行	1.980~2.025	上行	1.980~2.010	上行
2.170~2.200	下行	2.160~2.200	下行	2.170~2.200	下行
2.483~2.500	下行	2.483~2.500	下行	2.483~2.500	下行

续表

区域 1		区域 2		区域 3	
—	—	—	—	2.500~2.520	下行
—	—	—	—	2.670~2.690	上行
5.000~5.150[①]	上行和下行	5.000~5.150[①]	上行和下行	5.000~5.150[①]	上行和下行
20.1~21.2	下行	19.7~21.2	下行	20.1~21.2	下行
29.9~31.0	上行	29.5~31.0	上行	29.9~31.0	上行

① 适用于国际标准化航空系统的用户。

20.1.2 一些 MSS 系统概述

一些 MSS 系统采用 GEO 卫星，另一些是非 GEO 卫星。本章将介绍如下 5 种 GEO MSS 系统。

(1) Thuraya：由 2 颗卫星组成。第一颗卫星于 2003 年发射。

(2) Inmarsat-4：由 3 颗卫星组成。第一颗卫星于 2005 年发射。Alphasat 卫星是 Inmarsat-4 的升级版，于 2013 年发射。

(3) TerreStar：由 2 颗卫星组成。第一颗卫星于 2009 年发射，后来称为 EchoStar T1，于 2013 年停止运行。第二颗卫星于 2017 年发射，现在称为 EchoStar XXI，目前归 EchoStar 移动公司所有。

(4) SkyTerra：于 2010 年发射，归 Ligado Networks 所有，公司别名为 Light-Squared。

(5) Inmarsat-5 系列：由 4 颗卫星组成。第一颗卫星于 2013 年发射，也称为 Global Xpress 或简称为 GX。

前四个系统与第五个系统差别较大：①传统设计常采用低频段实现用户通信，因为波束较宽，用户不需要调整天线指向，并且用户设备成本较低（Evans et al.，2005），因此前四个使用 L 或 S 频段用于用户链路，但 Inmarsat-5 卫星的用户链路则使用 Ka/K 频段。②前四个系统的数据传输速率较低，它们的空中接口（10.1.2 节）均基于电话标准，但 Inmarsat-5 卫星的一些服务是高速率宽带服务。每个系统中至少有一些服务是基于 IP 的通信。③前四个系统由于工作频率低，每颗卫星都配置了一个巨大尺寸的反射器，而 Inmarsat-5 卫星则配置了许多小尺寸的抛物面天线。

前四个卫星系统的主要特点如下：

(1) 这些卫星更适合称为"GSO 卫星"，因为它们并不像 GEO 卫星那样保持 ±1° 的倾角，但它们却享有国际电信联盟（ITU）赋予 GEO 卫星的轨道位置。

(2) 所提供的服务是通过点波束实现的窄带通信，包括个人通信服务（personal

communications service,PCS)和个人移动通信(personal mobile communications,PMC)。

(3)星载反射面天线采用相控阵偏置馈电形式。

(4)卫星的地面站拥有与地面电话系统和互联网连接的网关：

Inmarsat-5卫星的特点如下：

(1)这些卫星为GEO卫星，位置保持精度在东西和南北方向±0.05°以内。

(2)所提供的服务是IP语音和宽带IP通信。

(3)有效载荷有多个反射器和许多馈电喇叭，采用单馈源单波束天线形式。

(4)卫星的地面站也拥有与地面电话系统和互联网连接的网关。

表20.2简要总结了这5个系统的详细特征。Thuraya卫星和Inmarsat-4卫星/Alphasat卫星除了通常的用户-地面站链接之外，还提供用户-用户链接。除TerreStar卫星外，低频有效载荷都采用星上数字处理器(digital onboard processor, OBP)。第10章已经对OBP进行了描述，本章将给出具体细节。

表20.2 5个移动卫星系统的简要概述

卫星	发射时间/年	用户-地面站通信+用户-用户通信	有效载荷类型	波束形成类型	是否有ATC
Thuraya	2000—2008	有	数字透明	数字OBBF	否
Inmarsat-4和Alphasat	2005—2013	有	数字透明	数字OBBF	否
TerreStar/EchoStar XXI	2009—2016	无	透明	GBBF	是
SkyTerra	2010	无	数字透明	GBBF	是
Inmarsat-5	2013—2017	无	透明	单馈源单波束	否

Thuraya卫星和Inmarsat-4卫星/Alphasat卫星采用星载波束形成(onboard beam-forming,OBBF)网络用于用户波束，而TerreStar卫星和SkyTerra卫星采用地基波束形成(ground-based beam-forming,GBBF)网络(11.9.2节)，Inmarsat-5卫星不需要波束形成网络。TerreStar卫星和SkyTerra卫星计划与手机网络合作进行工作。地面辅助组件(auxiliary terrestrial component,ATC)由MSS系统运营商的地面基站和移动终端组成，ATC对卫星频率进行复用，进而实现与卫星通信集成的地面通信(FCC,2014)。

图20.1概述了四个低频系统的卫星空中接口及其与地面接口的对应关系。对于地面系统，空中接口是两个地面站之间的通信标准。图20.1(a)列出了全球移动通信系统系列的几代标准。GSM本身是数字蜂窝网络的第二代(2G)标准(GSM之前的一代，即1G，是针对模拟蜂窝网络(Wikipedia,2020))。图20.1(b)、(c)显示了GSM系列和基于GSM系列两个卫星标准之间的对应关系。

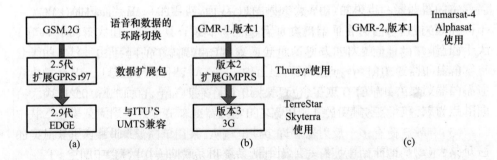

图 20.1 四个 L 或 S 频段移动卫星系统的空中接口
(不包括 Inmarsat 和 Alphasat 的数据服务)
(a)地面系统空中接口 GSM 标准演化过程；(b)卫星空中接口 GMR-1 标准演化过程；
(c)卫星空中接口 GMR-2 标准演化过程。

图 20.1(b)所示的一系列卫星标准是 GEO-Mobile Radio-1(GMR-1)，对应各代 GSM 已经发布的版本。第 2 版将分组交换数据(同步轨道卫星移动分组无线业务(geo-mobile packet radio service, GMPRS))添加到语音和数据的环路切换中(ETSI TS 101 376-3-21, v1.1.1, 2001)。Thuraya 卫星使用了第 2 版，类似于 GSM 家族的第 2.5 代。

TerreStar 卫星和 SkyTerra 卫星使用第 3 版，该版本增加了与 ITU 的地面通用移动电信系统(UMTS)(ETSI TS 101 376-1-3, v3.1.1, 2009)的兼容性。该版本也称为 GMR-1 3G 和 GMR1-3G。它类似于 GSM 家族的第 2.9 代，称为 GSM 的增强数据速率(EDGE)。另一个卫星标准是 GMR-2(GEO-Mobile Radio-2)(ETSI TS 101 376-3-21, v1.1.1, 2001)，Inmarsat-4 和 Alphasat 将其用于电话服务，但数据服务使用宽带全球区域网(broadband global area network, BGAN)标准，将在 20.3.2 节具体描述(Vilaça, 2020a)。

表 20.3 给出了 5 个卫星系统的主要制造商。截止 2016 年，可以制造用于 L、S 频段巨大可折叠反射器的制造商均隶属于美国。

表 20.3 5 个移动卫星系统的主要制造商

卫星	卫星承包商	可折叠反射器制造商	数字处理器制造商
Thuraya	Boeing	TRW，现属于 Northrop Grumman	Boeing
Inmarsat-4, Alphasat	EADS，现属于 Airbus	TRW，现属于 Northrop Grumman	EADS Astrium UK，现属于 Airbus
TerreStar/EchoStar XXI	SS/L，现属于 Maxar SSL	Harris，现属于 L3 Harris	不涉及
SkyTerra	Boeing	Harris，现属于 L3 Harris	Boeing
Inmarsat-5	Boeing	不涉及	不涉及

20.2 Thuraya

Thuraya 公司成立于 1997 年,位于阿联酋(UAE),最初专注于服务陆地移动用户,在 2013 年将其重点扩展到海上移动用户(de Selding,2013)。Thuraya 公司于 2018 年被 Yahsat 公司收购(Yahsat,2018)。Thuraya 公司的两颗卫星覆盖除非洲最南端、俄罗斯大部分地区和一些海洋以外的东半球。Thuraya 系统的主要特点如下:

(1)两颗运行的卫星;
(2)同时提供用户-地面站链接和用户-用户链接;
(3)服务于公共交换电话网络(public switched telephone networks,PSTN)和公共陆地移动网络(public land mobile networks,PLMN)的网关(1.1 节);
(4)空中接口采用 GMR-1 的第 2 版,拥有环路交换电话和分组数据交换;
(5)数字透明有效载荷;
(6)第一个采用 OBBF 技术的商业通信卫星(Matolak et al.,2002)。

20.2.1 卫星

Thuraya 有两颗卫星,位于东经 44°的 Thuraya-2 卫星于 2003 年发射,位于东经 98.5°的 Thuraya-3 卫星于 2008 年发射。该系列的第一颗卫星 Thuraya-1 卫星于 2000 年发射,但已经在轨失效。

2020 年,Yahsat 宣布签署一颗新的 Thuraya-4 卫星来接替 Thuraya-2 卫星,以及一颗可选的 Thuraya-5 卫星来接替 Thuraya-3 卫星。Thuraya-4 卫星将比目前的卫星拥有更大的容量。Yahsat 还将更新 Thuraya 的地面网络,并升级其移动通信产品套件。Thuraya-4 卫星的研制工作已经开始,预计于 2023 年底发射(译者注:截止 2024 年 11 月,Thuraya-4 卫星尚未发射。)。Thuraya-5 卫星的工作将稍后启动(Henry,2020)。

图 20.2 为 Thuraya 卫星的示意图,地球(图上未给出)位于卫星的下方偏左一点。Thuraya 卫星最明显的特征是

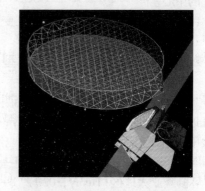

图 20.2 Thuraya-2 卫星图像
(Boeing Images,2001. Credit:The Boeing Co)

展开臂上的大型 L 频段反射器,天线采用相控阵列馈电的方式,馈源阵为图中的方形目标。对于地球同步轨道来说,这颗卫星的平台形状不同寻常。平台并非传统卫星类似长方形盒体的形状。图中两个扁平的、类似正方形并排连接在一起的浅灰色物体是卫星的散热板(Applied Aerospace Structures,2008)。这两个面板一起从卫星的南舱板或者北舱板展开。另一侧的两个散热板中是图中暗灰色物体(Pon,2002)。

卫星通过不执行南北位置保持节省燃料,其寿命期内的倾角变化约为 ±6°。卫星通常需要通过助推的方式实现南北和东西位置保持,但南北向的助推器需要更多的燃料(Lim and Salvatore,2013)。图 20.3 显示了轨道倾角在卫星寿命周期中的变化(我们并不清楚卫星倾角是从正开始到负,还是反过来)。图中飞机代表卫星,卫星坐标轴如图 2.6 所示。当轨道倾角不为 0°时,从飞机机身看意味着滚动变化,如图中缩短的机翼所示。

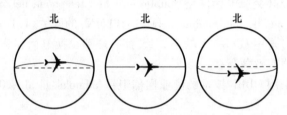

图 20.3　Thuraya 卫星寿命期间内倾角变化

该系统可以通过如下手段适应缓慢变化的倾角(Thuraya Satellite Telecommunications,2003):

(1)每颗卫星保持其俯仰轴垂直于轨道。

(2)每颗卫星通过上行链路信标和星载太阳敏感器保持其卫星始终指向覆盖区域的中心。

(3)主地面站不断上传补偿波束变形的波束激励系数。

20.2.2　覆盖区域和服务类型

Thuraya - 2 卫星覆盖欧洲、非洲最南端以外的区域,欧洲西部和北非的大西洋沿海地区,以及亚洲的西半部;Thuraya - 3 卫星覆盖除俄罗斯、澳大利亚及其以东的太平洋沿岸地区以外的东亚地区,与 Thuraya - 2 卫星的印度覆盖区重叠(Global Satellite France,2014)。Thuraya - 4 卫星覆盖中东、非洲、欧洲和中亚,而 Thuraya - 5 卫星覆盖亚太地区(Henry,2020)。

该系统向陆地和海上用户提供两种服务:

(1)环路模式 GSM 类型的语音服务。包括传输速率可达 9.6kbps 的语音和传真业务,传输速率可达 9.6kbps 的低速率数据和短信息服务(short message service,

SMS)(Thuraya Telecommunications,2014c)。这些业务通道均是双向通信(ETSI TS 101 376 – 1 – 3,3.1.1,2009)。

(2)分组模式服务(也称为IP数据服务或互联网连接)。类似于GPRS业务,数据包是突发的,业务通道为单向通信(ETSI TS 101 376 – 1 – 3,3.1.1,2009)。这种服务有两种类型(Thuraya Telecommunications,2014b):一是标准或可变比特率IP,在共享模式下,前向和返向速率高达444kbps;二是恒定比特率IP,在专用模式下,传输速率最高384kbps。

该系统支持两种类型的通信路径:用户和地面站之间的双向通信,以及任意两个用户之间的双向通信。用户与地面站的通信可以是环路模式或分组模式,而用户与用户之间的通信只能是环路模式(Sunderland et al.,2002)。

20.2.3 地面段和用户段

位于阿联酋的主地面站负责管理整个网络,它有卫星控制设施和两个上行链路信标站的其中之一。该站配置了PSTN和PLMN的网关,该站不断计算OBBF的所有幅相激励系数,并将它们传送给卫星执行(Thuraya Telecommunications,2003)。

Thuraya的其他用户可以自由建立独立于主地面站的区域地面站。它们将类似地连接到PSTN和/或PLMN(Telecommunications Services,2014)。不过截至2020年,还没有区域地面站(Vilaça,2020c)。

Thuraya与全球161个国家的移动网络运营商签订了漫游协议(Thuraya Telecommunications,2020)。

该系统设计用于双模式终端(卫星/地面),允许用户在卫星和地面网络之间漫游(ETSI TS 101 376 – 1 – 3,3.1.1,2009)。用户终端配有全球定位系统接收器。当终端接入系统时,它开始定期向主地面站发送位置,以便系统可以选择卫星和终端使用的波束(ETSI TS 101 376 – 3 – 21,v1.1.1,2001)。其中一种终端类型是Satsleeve Hotspot,它可以将iPhone或Android智能手机"转换"为Thuraya终端(SatPhoneStore,2020)。所有终端都工作在圆极化(CP)。

20.2.4 频率和波束

表20.4列出了Thuraya卫星的频率范围和极化方式。用户链路使用L频段和单圆极化。上行链路(返向)和下行链路(前向)的带宽为34MHz。馈电链路为地面站和卫星之间的链路,使用C频段和双圆极化。两种极化共同可以实现2×300MHz的上行链路(前向)带宽以及2×225MHz的下行链路(返向)带宽。Thuraya – 4卫星和Thuraya – 5卫星也使用L频段(Henry,2020)。

表 20.4 Thuraya 卫星频率和极化方式

链路类型	上行		下行	
	频率范围/GHz[①]	极化方式	频率范围[①]/GHz	极化方式
用户链路	1.6265~1.6605	左旋圆极化[②]	1.5250~1.5590	左旋圆极化[②]
馈电链路 (与地面站通信)	6.4250~6.7250	双圆极化[③]	3.4000~3.6250	双圆极化[③]

① Thuraya Satellite Telecommunications(2003);
② Thuraya Telecommunications(2014a);
③ EngineerDir(2014)。

星上数字信号处理器(DSP)产生 256 个发射和接收波束(Roederer,2010)。波束的数量、形状和大小都可以重新配置,其中最小的波束直径为 0.7°(Martin et al.,2007)。Thuraya-4 卫星将产生 250 个用户波束(Henry,2020)。

主地面站持续不断地计算 OBBF 系数,并将其传送给卫星执行。相对于地面覆盖范围,卫星的小倾角工况使卫星在太空中描绘出一个昼夜"8"字的形状。倾角在卫星的寿命期间会缓慢变化,这会导致波束变形,但主地面站计算的 OBBF 系数可以补偿波束变形(Thuraya Satellite Telecommunications,2003),这种方法同时适用于用户波束和馈电波束(Dutta,2010)。

20.2.5 空中接口

对于用户和馈电链路,Thuraya 遵循通信标准 GMR-1 第 2 版的子集。该标准要求用户链路使用 L 频段,馈电链路使用 C 或 Ku 频段(Wyatt-Millington et al.,2007)。电路交换连接和分组模式互联网都是可能的。不仅用户-网关通信是可能使用的,而且用户-用户在一跳中使用也是可能的(Matolak et al.,2002)。

Thuraya 在所有链路上使用频分复用(frequency-division multiplexing,FDM)/时分复用(time-division multiplexing,TDM)组合复用。在返向链路上,TDM 实际上是时分多址(time-division multiple access,TDMA)(ETSI TS 101 376-1-3,v3.1.1,2009)。FDM/TDM 方案如图 20.4 所示(ETSI TS 101 376-1-3,v3.1.1,2009;Sunderland et al.,2002)。在前向和返向链路上使用相同的方案(ETSI TS 101 376-1-3,v3.1.1,2009)。每个调制载波的通道比特率为 46.8kbps。

所有控制通道都是同步的,这有助于快速进行通道切换(Matolak et al.,2002)。

在各种 GMR-1 第 2 版的调制方案中,Thuraya 仅使用相干 $\pi/4$ 四进制相移键控(Thuraya Satellite telecom munications,2003),参见 12.8.1 节。对于脉冲滤波器,Thuraya 使用滚降因子 $\alpha=0.35$ 的根升余弦滤波器(ETSI TS 101 376-1-3,v3.1.1,2009)。

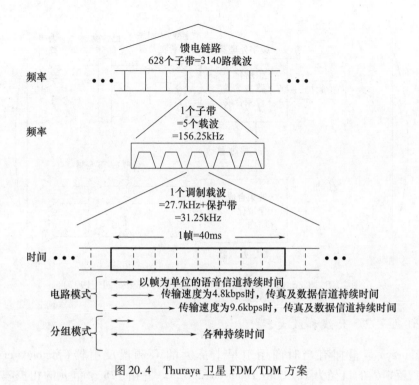

图 20.4 Thuraya 卫星 FDM/TDM 方案

20.2.6 卫星系统架构

Sunderland 等(2002)介绍了 Thuraya 卫星系统架构。每颗卫星处理四个地面站的通信量,每个地面站可以处理 160 个子频段。每颗卫星可以在前向链路上处理 3140 个载波,在返向链路上处理 3140 个载波,在用户到用户链路上可以处理 3140 个载波。在前向链路上,OBP 可以将 640 个馈电子带的任意子带路由至 219 个用户子带中。在返向链路,OBP 可以将 219 个用户子带中的任何一个路由至 628 个馈电子带中。系统可以将任何子带分配给任何波束,并且可以将一个以上的子带分配给某个波束。在用户到用户的链路中,OBP 可以将任意输入载波、时隙和波束路由至任意的输出载波、时隙和波束。

20.2.7 有效载荷

20.2.7.1 有效载荷结构

图 20.5 给出了 Thuraya 卫星有效载荷的原理框图,用户到用户通信的信号路径以及地面站和用户之间的路径都是可见的,前面的章节已经对此进行了简要介绍。

527

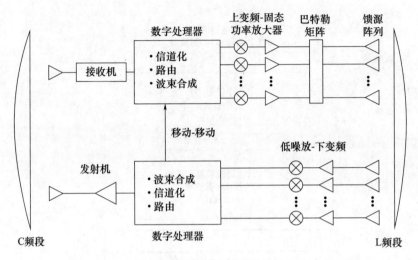

图 20.5 Thuraya 卫星有效载荷框图(Alexovich et al. ,1997)

20.2.7.2 天线和放大器

Thuraya 卫星拥有当时商用卫星上最大的 L 频段反射器(Matolak et al. ,2002),反射器的口径为 12.25m(Thomson,2002)。它由 128 个单元的相控阵偏置馈电(Roeder,2010),辐射单元采用双工贴片激励杯的形式(11.8.5 节),其口径为一个波长(Roeder,2005)。大功率放大器采用 17W 固态功率放大器(Martin et al. ,2007)。波束中心的等效全向辐射功率为 36 ~ 48dBW(Thuraya Telecommunications,2015)。

Thuraya -4 卫星也将配置一副 12m L 频段反射器天线(Henry,2020)。数字波束形成网络(BFN)是数字处理器的一部分。本节介绍 BFN,下一节说明数字处理器其余部分。波束形成激励系数包括幅度和相位,不包括延迟(Brown et al. ,2014)。这对于形成单个波束已经足够,因为通道的载波频率较低,百分比带宽较小。数字波束形成网络允许根据不断变化的容量需求优化波束(Matolak et al. ,2002)。BFN 在发射频段和接收频段上都是基于低电平工作(11.12.1 节)。

相控阵采用多矩阵放大器(MMA)进行功率放大(11.12.5 节),因此相控阵是半有源的(Roederer,2010),参见 11.12.1 节。输入 Butler 矩阵包含在 BFN 中,输出 Butler 矩阵放在 HPA 之后。波束的相对功率与进入 BFN 波束信号的相对功率电平相同。总射频输出功率的 20% 可动态分配给任何点波束(Thuraya Satellite Telecommunications,2003)。

当用户接收时,使用相同的辐射单元,每个辐射单元后端均连接低噪声放大器(LNA)。馈电链路 C 频段天线采用口径为 1.27m 的赋形反射器。天线双极化工作(Martin et al. ,2007),我们推论应该是采用双圆极化,因为圆极化在 C 频段不受法拉第旋转的影响,但线性极化会受到影响(ITU‐R,2009)。

C 频段天线配置了四个 125 W 行波管放大器,两个主份,两个备份,每个极化使用一个 TWTA(Martin et al.,2007)。

20.2.7.3 星上处理器

图 20.6 给出了 Thuraya 卫星 OBP 的原理框图。

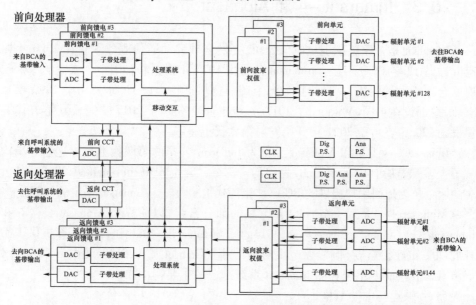

图 20.6 Thuraya 卫星 OBP 原理框图(© 2002 IEEE. 源自 Sunderland et al(2002))
ADC—模数转换;DAC—数模转换。

OBP 有三个主要部分:地面站到用户通信的前向处理器,用户到地面站通信的返向处理器,以及用户到用户通信的移动交换机(图中已嵌入前向处理器中)。OBP 是一个数字信号处理器(第 10 章),该功能已在关于卫星系统架构的章节中进行了介绍。系统共有四个地面站,其中两个地面站为备份站,图中显示了三个地面站的处理。图中显示返向链路采用了 144 个辐射单元,而实际上天线的辐射单元为 128 个,配置了 144 个 LNA 进行环备份(Vilaça,2020a)。

下面描述前向处理器模块的原理框图(返向处理器模块执行相反的功能)。BCA 是基带转换器组件,将 L 频段转换为近基带频率(Chie,2014),该介绍的其余部分来自文献 Sunderland et al.(2002)。在前向处理器的地面站部分,通过多相滤波器(10.2.3.1 节)和快速傅里叶变换(FFT),子带处理将输入频段分成子带。分组和解组是将子带划分成组合载波并重组子带的过程。波束形成如上所述。在前向处理器的辐射单元部分,子带处理是将子带组合成频段。前向处理器和返向处理器以及 MMS 全部从地面进行重构处理。

MMS 是一种无阻塞电路切换开关,它将单个载波的输入时隙切换到任何输出时隙和载波(Sunderland et al.,2002)。MMS 包括用于输入和输出滤波的声表面波(SAW)滤波器(Kongsberg Defence Systems,2008)。未来的 Thuraya-4 还将有一个有效载荷处理器(Henry,2020)。

20.3 Inmarsat-4 和 Alphasat

Inmarsat 是一家英国卫星电信公司,提供全球移动通信服务。它在 2020 年拥有并运营 12 颗 GEO 卫星。Inmarsat 公司由 1979 年根据联合国指令成立的一个政府联合组织发展而成,其目的是为海上用户提供通信。Inmarsat 公司于 1999 年私有化,总部设在英国(Wikipedia,2017a)。Inmarsat 公司于 2017 年完成其第五代卫星发射(20.6 节),于 2021 年开始发射第六代卫星。

Inmarsat-4 卫星和 Alphasat 卫星为 Inmarsat 公司的第四代卫星。这些卫星构成了全球首个基于 IP 的卫星 3G 网络的一部分(Gizinski III and Manuel,2015),其著名的服务是为地面用户提供的 BGAN。第四代卫星是整个 Inmarsat 系统的一部分。

Alphasat 卫星是对 Inmarsat-4 卫星的部分升级,以前称为 Alphasat I-XL 和 Inmarsat XL(Gunter's Space Page,2014a)。与 Inmarsat-4 相比,Alphasat 提供了额外的功率和性能裕度,但覆盖范围有所缩小(Khan et al.,2013)。由 Inmarsat-4 卫星和 Alphasat 卫星服务的 Inmarsat 系统部分的主要特性如下:

(1) 4 颗运行中的卫星。
(2) 用户对用户链接(Vilaça,2004)、用户对地面站链接和地面站对地面站链接。
(3) 地面站综合了业务数字网(ISDN)和互联网的网关。ISDN 通过 PSTN 提供电路交换语音和数据以及分组交换数据。
(4) 专有通信标准,提供类似 UMTS 的服务。
(5) 数字透明有效载荷。
(6) OBBF。

在接下来的章节中,如果 Inmarsat-4 卫星和 Alphasat 卫星具有不同的功能,那么首先介绍 Inmarsat-4,然后介绍 Alphasat。

20.3.1 卫星

卫星系统有 3 颗相同的 Inmarsat-4 卫星(EADS,2005)和 1 颗 Alphasat,Alphasat 卫星比 Inmarsat-4 卫星具有更高的通信能力和容量(Inmarsat,2017b;Gunter's Space Page,2014a,2017):

(1) Inmarsat-4 F1 卫星,也称为 I-4 Asia-Pacific,位于东经 143.5°,于 2005 年发射。

(2) Inmarsat-4 F2 卫星,也称为 I-4 MEAS(中东和亚洲),位于东经 63.9°,于 2005 年发射。2015 年之前称为 I-4 EMEA(欧洲、中东和非洲),位于东经 25°。

(3) Inmarsat-4 F3 卫星,又称 I-4 Americas,位于西经 98.4°,2008 年发射(Inmarsat,2013a)。

(4) Alphasat 卫星,位于东经 24.9°,于 2013 年发射。到 2015 年转换到 F2 的轨道位置接替 F2(Inmarsat,2015b),为系统最繁忙的服务区域提供更好的服务。

Inmarsat-4 卫星如图 20.7 所示,Alphasat 卫星如图 20.8 所示。Alphasat 卫星对地板是面向前方且部分向左的长边(Witting et al.,2012)。这代表 Alphabus 卫星平台在轨方位相对于常规卫星旋转了 90°(ESA,2011),Inmarsat-4 卫星也是如此(Vilaça,2020a)。相控阵馈电系统位于卫星东板或西板,L 频段反射器安装在同一侧板之外。

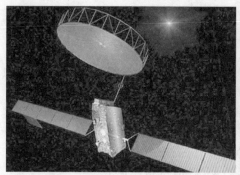

图 20.7　Inmarsat-4 卫星(Gunter's Space Page,2017 Airbus SE 使用许可)

图 20.8　Alphasat 卫星(© ESA,源自 ESA(2017))

所有卫星的倾角允许在 3°以内变化(Guy et al.,2003;Gabellini et al.,2010),这减少了卫星对燃料的需求,就像 Thuraya 卫星那样。至少对 Inmarsat-4 F3,保持在其标称经度 0.1°以内(McNeil,2004)。

20.3.2　覆盖区域和服务

所有卫星都有全球(earth coverage,EC)波束、区域波束和可动点波束,Inmarsat-3 卫星只有几个宽点波束(Satbeams,2007)。图 20.9 给出了 Inmarsat-4 卫星和 Alphasat 卫星的预期覆盖区域。Alphasat 卫星的覆盖范围不像其他卫星的椭圆形覆盖,其覆盖区域的东面是 MEAS 区域,该区域与 Alphasat 卫星覆盖区域大部分重叠,大约一半与亚太覆盖区域重叠。它几乎涵盖了非洲、欧洲、亚洲和澳大利亚的大部分地区。

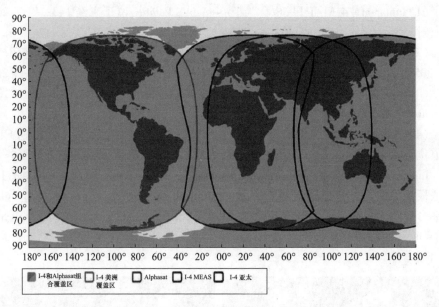

图 20.9　Inmarsat-4 卫星和 Alphasat 卫星的预期覆盖图(Inmarsat(2013c),经 Inmarsat 许可)

Inmarsat 系统的 Inmarsat-4 卫星为陆地、海上和航空用户提供两种类似 UMTS 的服务。

(1)像 ISDN 那样的电路模式服务,即语音、视频、传真、消息和数据,速率高达 64kbps;

(2)分组模式服务。这种服务有两种类型(Inmarsat,2009b,2011a,2012b):标准 IP,前向和返向速率高达 492kbps;高达约 450kbps 的流媒体 IP。

Alphasat 卫星提供了改进的分组模式服务:

(1)电路模式:与 Inmarsat 4 卫星相同。

(2)分组模式服务:高速率对称流 IP(Inmarsat,2014b);非对称流 IP(Irish and Marchand,2013);低速率 IP、交互式和流媒体(Khan et al.,2013)。

对于 Inmarsat-4 卫星和 Alphasat 卫星,电路模式服务可以单独使用,在这种情况下称它为全球卫星电话服务(global satellite phone service,GSPS),可在 Isatphone 上获得。该服务遵循 GMR-2 标准,直接用户对用户服务仅限于电路模式(Orbitica,2013),或者这两种服务可以在宽带终端上同时使用(Inmarsat,2009a)。宽带服务有三个名字,分别为面向陆地使用的 BGAN、面向海上用户的 FleetBroadband 和面向航空用户的 SwiftBroadband。

20.3.3　地面段和用户段

这些卫星由位于伦敦公司总部的卫星控制中心(SCC,satellite control center)

控制。四个 TT&C 站支持 SCC(Inmarsat,2009a)。位于伦敦的网络运行中心(network operations center,NOC)也持续监控地面站(Inmarsat,2013b)。

Inmarsat-4 卫星和 Alphasat 卫星的三个地面站分别位于夏威夷、荷兰和意大利,称为卫星接入站(satellite access stations,SAS)(Inmarsat,2017d),它们的设计都相似。位于夏威夷 Paumulu 的地面站为卫星 I-4 Americas 和 I-4 Asia 服务,位于荷兰 Burum 和意大利 Fucino 的地面站是 Alphasat 卫星和 I-4 EMEA 的备份站。地面站有进入互联网和 ISDN 网络的网关(Inmarsat,2009a)。有时 Inmarsat 卫星使用陆地地球站(land earth station,LES)一词来表示地面站,但通常 LES 仅指早期卫星提供的服务。

2013 年,一家由中国政府和中国公司拥有的新 SAS 在中国开业(Inmarsat,2014a)。中国政府需要这样一个 SAS,在此基础上可以允许 Inmarsat 在中国销售其通信服务。

由于卫星允许在 ±3° 的倾角范围内变化,波束覆盖范围应保持不变(Guy et al.,2003),因此地面站每天向卫星上传波束形成系数,并对波束进行重新配置(Guy,2009)。

与地面站相连的是接入点(points of presence,PoP),公司或政府可以通过这些接入点访问 Inmarsat 网络(NordicSpace,2006;Inmarsat,2012c)。这些 PoP 本身可以连接到互联网和 ISDN。

Inmarsat 卫星的数据通信网络(data communications network,DCN)连接地面站 NOC。它支持地面网络单元之间的信令以及数据流量的传输(Inmarsat,2016)。

Inmarsat 卫星公司将其绝大部分带宽批发给分销商,分销商直接或间接将带宽销售给消费者(Inmarsat,2014a)。

该系统允许双模电话在卫星服务和地面 UMTS 网络之间漫游(TS2 Technologie Satelitarne,2009)。宽带终端仅限于卫星(Inmarsat,2012b)。它们必须有一副定向天线接入 Inmarsat-4 卫星。对于 Alphasat 卫星,由于 L 频段反射器更大,地面终端可以配置一个全向反射器(ESA,2011),同时具有较低的信噪比(Khan et al.,2013)。

用户终端配备 GPS 接收机。当终端接入系统时,它开始定期向系统发送其位置(Inmarsat,2006,2011b)。以下章节提供了终端注册的细节,除非使用 Alphasat 卫星的低数据速率服务和全向天线(Khan et al.,2013),否则其必须指向卫星以实现终端服务。终端天线使用右旋圆极化(RHCP)。

20.3.4 频率和波束

除非另有说明,本节的参考信息来自 Vilaça(2004)。Inmarsat-4 卫星频率如表 20.5 所列。用户链路工作在 L 频段,采用右旋圆极化工作。上行链路(返向)

和下行链路(前向)的带宽分别为34MHz。馈电链路工作在C频段,采用双圆极化工作。在两种极化下,上行链路(前向)的总带宽为2×90.8MHz,下行链路(返向)的总带宽为2×106.4MHz。地面站和地面站的通信链路使用C频段,采用右旋圆极化工作。这些链路用于地面站之间的流量管理(Martin et al.,2007)。

表20.5 Inmarsat-4卫星频率和极化(Vilaça,2004)

链路类型	上行		下行	
	频率范围/GHz	极化方式	频率范围/GHz	极化方式
用户链路	1.6265~1.6605	右旋圆极化	1.5250~1.5590	右旋圆极化
馈电链路 (用于用户通信)	6.4250~6.5158	双圆极化	3.5514~3.578	双圆极化
地面站之间链路	6.5240~6.5290	右旋圆极化	3.6606~3.6656	右旋圆极化

Alphasat卫星采用了2003年国际电信联盟世界无线电通信大会(WRC)授予国际电信联盟1区和3区的MSS L频段扩展(17.3节),该扩展在上行链路增加了1.6680~1.6750GHz的频段,在下行链路增加了1.5180~1.5250GHz的频段。上行增加了2×7MHz的带宽,下行带宽也相应增加了20%。第2区的MSS频率分配减少,以与其他两个区的频率分配匹配(Vilaça,2004)。此外,C频段频率带宽增加了1倍(Irish and Marchand,2013)。

在Inmarsat-4卫星和Alphasat卫星馈电链路上,频段被划分为12.6MHz的子带,连续子带的中心频率相隔15.6MHz。两种极化的子带频率规划是相同的。在两种极化上,上行链路频段被分成6个子带,下行链路频段被分成7个子带;在上行或下行链路上,有多达5个子带用于用户通信(Vilaça,2004)。在两种极化方式下,其余的子带(上行链路最多3个,下行链路最多4个)用于飞机通信寻址和报告(ACARS),这种服务用于飞机和地面站之间传输短消息(USA-Satcom,2012)。

每颗卫星都有3种尺寸的L频段波束,全部由相控阵馈电反射面天线形成,分别为全球波束、区域波束和点波束(Vilaça,2004)。如图20.10所示,19个区域波束覆盖了地球的可见区域。全球波束和区域波束仅用于用户终端注册(McNeil,2004;Inmarsat,2009a)。注册过程:①终端从GPS计算其位置并获取全球波束信号,该信号所传递的信息允许终端知道获取哪个区域波束的信号;②Inmarsat卫星系统将终端切换至正确的点波束,并进行通信会话;③当会话结束时,系统将终端切换回其所属区域波束(McNeil,2004)。

Inmarsat-4卫星点波束的"全体"集合如图20.11所示。相邻波束中心相距1.1°(Vilaça,2004),星下点波束直径约为1200km(Wang and Liu,2011)。从覆盖地球可见区域的300个波束中选择一组大约200个波束,用于特定轨道位置和当前交通模式(Guy et al.,2003)。

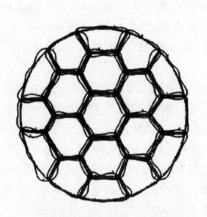
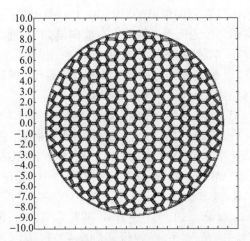

图 20.10　Inmarsat-4 卫星的区域波束覆盖(ⓒ2003 IET,经 Guy et al. 许可(2003))

图 20.11　Inmarsat-4 卫星的点波束覆盖(ⓒ2006 IEEE. 经 Stirland and Brain(2006)许可)

每颗卫星同时形成波束的最大数量为 156~228 个。数字波束形成网络最多可形成 256 个波束(McNeil,2004)。其中,1 个是全球波束,19 个是区域波束,地面站硬件的处理能力将点波束的数量限制为 200 个(Cobham Satcom,2012)。实际上,共产生了 193 个点波束(Vilaça,2020b)。

Alphasat 卫星与 Inmarsat-4 卫星同样有大约 200 个波束,且覆盖范围相同,因此其波束的大小与 Inmarsat-4 卫星一致,

区域波束采用三色频率复用的覆盖方式(频率和极化组合),点波束采用 7 种频率复用覆盖的方式(Guy et al.,2003)。

20.3.5　空中接口

围绕 Inmarsat-4 卫星和 Alphasat 卫星建立的系统遵循 Inmarsat 专有的通信标准 Inmarsat 空中接口 2(IAI-2)的子集(Howell,2010)。IAI-2 在前向链路上使用 FDM,在返向链路上使用 TDMA/FDM(Plass,2011)。Inmarsat 卫星公司将具有特定带宽、调制方式和编码的载波称为载体,每个用户终端都具有前向载体和/或返向载体。该网络监控每个用户终端的返向链路,因此可以针对终端属性、链路质量以及系统的可用功率和带宽优化承载特性(Khan et al.,2013)。

对于 Inmarsat-4 卫星,前向链路点波束的调制方案为 QPSK 和 16QAM(Khan et al.,2013),返向链路采用 $\pi/4$-QPSK 和 16 QAM(Howell,2010)。从 1/3~9/10 大

概有 10 个码率。前向链路和返向链路的 E_s/N_0 在 $-6\sim21\text{dB}$ 之间,通道带宽为 200kHz。在前向馈电链路上,在 12.6MHz 的每个子带中有 630 个这样的通道;这同样适用于返向馈电链路。在前向链路上,通道比特率高达 512kbps。数据以帧以及 80ms 的脉冲为单位;在返向链路上,通道比特率高达 492.8kbps(Khan et al.,2013)。载波带宽可以是 25kHz、50kHz、100kHz 或 200kHz。数据以 5ms 或 20ms 的脉冲形式出现(Howell,2010)。

Alphasat 卫星/增加了新的高数据速率(high data rate,HDR)和低数据速率(low data rate,LDR)功能,这种可能性得到了扩展。HDR 功能是更快的对称 IP 流和高速率非对称 IP 流的引入。通过增加 32QAM 和 64QAM 星座来实现该能力,其中 32QAM 在返向链路上是优选的。大概有 10 种编码速率,承载带宽可以是 100kHz 或 200kHz。每个载体专用于一个终端,在 100kHz 时,比特率高达 858kbps(Khan et al.,2013)。在 HDR 的对称变化上,前向和返向通道的速率是相等的;在非对称的情况下,视频流回到演播室,前向速率仅为 64kbps(Inmarsat,2014b)。LDR 能力用于处理地理位置不好的终端,如处于覆盖边缘的终端。其编码率较低,为 $1/9\sim1/3$,通道带宽为 25kHz 或 50kHz。在返向链路上,50kHz 通道上突发的比特率为 56kbps,脉冲长度为 80ms,通道可以共享(Khan et al.,2013)。

20.3.6 有效载荷

20.3.6.1 有效载荷结构

图 20.12 给出了 Inmarsat-4 卫星有效载荷的原理框图。它显示了有效载荷中所有三种信号流的传输路径,即地面站和用户之间、用户之间以及地面站之间的信号流。图中只简单讨论了导航有效载荷:它向 SAS 发送 GPS L1 和 GPS L5 信号,指示卫星位置。这些传输的信号不仅完整,而且是完成校正的数据,可用于提高卫星用户位置确定的准确性(Martin et al.,2007)。

本节使用文献(McNeil,2004)作为参考信息的主要来源,根据信号流简要描述有效载荷,其他的引用文件也注明来源。

首先介绍了 C 频段至 L 频段的信号:C 频段全球接收喇叭从地面接收两个不同极化的信号,然后将其传输至 C 频段接收通道部分。对于每个极化信号,C 频段接收通道由一个预选滤波器、一个 LNA 和一个 MUX 组成,并将整个频段分成两部分。接收通道部分的增益由来自 SSPA 测量电平的自动电平控制反馈环路控制,增益范围为 16dB。C 频段下变频器将来自地面站的 2×5 个用户信号子带多路化,并将所有 10 个子带转换为中频。完成变频后,会进一步变频至近基带,假设图中所示的 C 频段下变频器已经包含了上述功能。卫星制造商将数字前向处理器称为"移动处理器",实现信道化、路由和数字波束形成(Airbus Defence and Space,

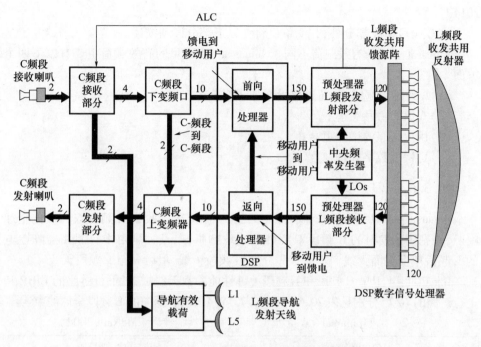

图 20.12　Inmarsat-4 卫星的有效载荷原理框图
（Vilaça,2004,经 Inmarsat 许可）

2014b）。它将 100kHz 带宽的一半通道动态分配给各种点波束,允许卫星管理变化的交通流量模式。该处理器包含模数转换器（analog-to-digital converter,ADC）和数模转换器（digital-to-analog converter,DAC）(Biglieri and Luise,1996)。它将 150 路模拟信号输出给辐射单元。后处理器将信号上变频至 L 频段,L 频段发射部分利用多端口放大器中的 SSPA 将信号功率放大（11.12.3 节）后传送给 L 频段相控阵,而阵列对 L 频段反射器馈电。该阵列是半有源的,另一种阵列形式为 Thuraya 的阵列,它使用 MMA。

L 频段至 C 频段信号单机对应返回链路单机,但实现相反的功能。

L 频段至 L 频段信号的单机在前面已经进行描述。唯一的不同是将返向处理器的 IF 直接输出到前向处理器,该连接可以绕过返向处理器的 DAC 和转发处理器的 ADC。

C 频段至 C 频段信号的单机在前面已经进行描述。唯一的不同是 C 频段下变频器的输出直接进入 C 频段上变频器,这样信号可以绕过到 IF 的下变频和从 IF 的上变频。

有效载荷有 510 个 SAW 滤波器,680 个变频器和 28 个开关矩阵（Kongsberg Defence Systems,2005）。SAW 滤波器为用于前向处理器和返向处理器中的带通滤波器,以及用于预处理器和后处理器中的带通滤波器（Airbus Defence and Space,

2014d)。

除C频段接收部分外,其他单机将在以下部分详细描述。

Alphasat卫星的有效载荷不同于Inmarsat-4卫星的有效载荷主要有以下四个方面。

(1) L频段带宽增大,通道数量增加20%;
(2) 双倍C频段带宽;
(3) 用户链路的增益更高;
(4) 更快的数字处理速度。

20.3.6.2 天线

Inmarsat-4卫星有效载荷有三副天线:一副用于接收的C频段双圆极化全球喇叭,一副用于发射的C频段双圆极化全球喇叭,以及一副由半有源相控阵馈电的L频段单反射面天线。本节首先介绍C频段天线,最后介绍L频段天线。

Inmarsat-4卫星C频段和L频段关键性能参数天线增益、下行链路的EIRP和上行链路的G/T_s分别见表20.6和表20.7。注意,没有返向的L频段全球波束。

表20.6 Inmarsat-4卫星C频段关键性能参数(McNeil,2004)

C频段前向链路		C频段返向链路	
天线峰值增益/dBi	峰值G/T_s/(dB/K)	天线峰值增益/dBi	峰值EIRP/dBW
22	-6.4	22	35

表20.7 Inmarsat-4卫星L频段关键性能参数(McNeil,2004)

波束类型	L频段前向链路		L频段返向链路	
	天线峰值增益/dBi	可实现最大EIRP[①]/dBW	天线峰值增益/dBi	峰值G/T_s/(dB/K)
点波束	42	70	40~42	12.3~14.3
区域波束	34	58	34	3.0
全球波束	22	43	N/A	N/A

① 不能同时实现。

L频段天线采用由偏焦相控阵馈电的单反射器构型(见下文)。反射器口径为9m,其表面由镀金钼网构成的558个面组成(Guy et al.,2003),该天线既没有副反射器也没有相应的支撑塔(Ueno et al.,1996)。天线$f/D=0.53$(Guy,2009)。由于长焦距意味着更长的展开臂,因此超大口径的反射器f/D通常较小。然而,这种f/D会使偏焦较远的波束产生较大相位误差,导致旁瓣电平增加、波束增益降低以及波束宽度增加。通过相控阵馈电可以解决这个问题(Gallinaro et al.,2012)。

相控阵的形状为八边形阵列,其阵列尺寸为 2.5m(长)×2.5m(宽)×0.6m(高),如图 20.13 所示。它共有 120 个辐射单元,每个单元由一个杯状的辐射螺旋线、一个发射带通滤波器和一个接收带通滤波器组成(Stirland and Brain,2006)。波束形成是在发射和接收时以低电平数字方式实现的。每个点波束使用 16~20 个辐射单元优化合成。其中,只有 3~5 个辐射单元的幅度系数较高,其余的辐射单元以低幅度系数形成波束并改善 G/I,相邻波束使用的单元互相重叠。区域波束使用的单元数量多于 20 个,而全球波束几乎使用了所有辐射单元(Vilaça,2020b)。

图 20.13 Inmarsat-4 卫星馈电阵列
(ⓒ 2006 IEEE. 源自 Stirland and Brain(2006))

让人费解的是,反射器位于其相控阵馈电的辐射近场区域(Guy et al.,2003)。相控阵进行偏焦馈电,即不在反射器的焦平面上(Guy,2009),这提供了更好的波束可重构性。Inmarsat-4 卫星使用了 11.5.3 节所述的第一种纵向偏焦方法,即不旋转反射器。

Inmarsat-4 卫星 L 频段天线的测试工作的主要考虑两个因素:一是在反射器展开的情况下开展测试不切实际;二是必须使用全部有效载荷。有效载荷安装在一个球形近场测试范围内,在环绕馈源阵列的球体表面进行辐射场的测量。考虑到反射器构型和尺寸(3.12 节),测量的辐射场被转换到远场,并且仅测量了部分波束性能(Stirland and Brain,2006)。

两个地面信标站帮助地面终端能够准确指向 L 频段天线。对于每个信标,卫星有两对正交的窄接收波束,每个波束偏离信标方向 1°以形成正交的差信号,如图 20.14 所示。卫星姿态特别是偏航角误差得到了改善(Guy et al.,2003)。至少对于 I-4 美洲覆盖区,天线指向误差保持在标称值的 ±0.1°以内(McNeil,2004)。

Alphasat 卫星 L 频段天线与 Inmarsat-4 卫星 L 频段天线的主要区别：一是前者反射器更大，口径为 11m；二是馈电阵列为七边形而不是八边形。两者相控阵的辐射单元是一样的，每个单元上的双工器非常相似。Alphasat 卫星辐射单元的发射和接收带通滤波器针对更宽的带宽进行了重新优化（Dallaire et al.，2009）。

20.3.6.3 Inmarsat-4 卫星的大功率放大器

C 频段发射喇叭的每种极化由四个组合 SSPA 馈电，每个 SSPA 输出功率为 10.4W，采用 6:4 的备份方式，因此共有 12 个 SSPA，其中 8 个为同时工作。每个 SSPA 采用温度补偿其增益和相移，并且每个具有 ALC 电路和线性化器。SSPA 的设计功率超过 40W，因此其工作功率比 2dB 压缩点（2dB 压缩点）低约 7dB。在射频输入功率的 ALC 范围内，NPR 约为 21dB，效率约为 15%（Kiyohara et al.，2003）。

图 20.14　L 频段天线指向校准波束示意图
（Guy et al. 2003, © 2003 IET, 经 Inmarsat 许可）

Inmarsat-4 卫星和 Alphasat 卫星的 L 频段大功率放大方式似乎相同（Vilaça，2004）。它使用了 150 个 SSPA，其中 120 个同时工作（EADS，2005）。SSPA 排列在 15 个 MPA 中，其中一个如图 20.15 所示。在每个 MPA 中有两组 SSPA，每个组有一个 5:4 冗余环，每个有源 SSPA 后面都有一个发射滤波器。除了放大功能之外，MPA 对于有效载荷的其余部分是透明的，并且 MPA 输出与辐射单元一一对应。对于 Inmarsat-4 卫星，L 频段天线的最大可用功率输入为 700 W。组合功率可以在 L 频段波束的三个大小类别之间动态分配（McNeil，2004）。

在前向链路发射时，MPA 的 8 个输入端口中每一个都由 8 个宽 200kHz 的连续通道组成。MPA 输出与输入一一对应，每个输出端口连接一个辐射单元（Mallison and Robson，2001）。

L频段SSPA通过数字控制方案能够满足波束形成的幅度和相位的严格要求,该方案可以随温度、SSPA动态范围和工作频率范围的变化补偿输入和输出端特性(GlobalSpec,2014)。

与Inmarsat-4卫星相比,Alphasat卫星在L频段放大方面的唯一区别是发射滤波器不同,SSPA增大了输出功率(Vilaça,2004)。SSPA的标称输出功率为15W,功率效率为31%(Lohmeyer et al.,2016)。

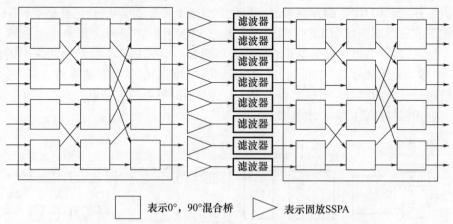

图20.15 Inmarsat-4卫星和Alphasat卫星的L频段多端口放大器(没有给出SSPA的备份,Mallison and Robson(2001),©2001 Airbus Defence and Space授权使用)

20.3.6.4 前向和返向星上处理器

Inmarsat-4卫星可以将任何上行链路的馈电通道路由到任何移动下行链路波束。为了应对流量的变化,可以将更大的功率和更多的带宽分配给需要的波束(EADS,2005)。前向馈电链路包含10个子带,每个子带的带宽为12.6MHz,用以将数据发送给用户,返向馈电链路也包含这样的子带。因此,有效载荷需要处理用户和地面站之间共2×126MHz的带宽(Vilaça,2004)。此外,前向和返向处理器可以一起实现从用户到用户的呼叫。

具体来说,每个数字处理器路由100kHz带宽的半通道(Mallison and Robson,2001),每个方向有1260个这样的半通道,每个半通道都有独立的增益控制。由于每个方向的用户链路共有34MHz的带宽,用户波束采用7色频率复用,所以每个波束有大约5MHz带宽。用户到用户链路包括84个双工100kHz半通道。

下面的介绍是综合三篇论文(Leong et al.,1996;Biglieri and Luise,1996;Mallison and Robson,2001)的结果,在术语统一的前提下,它们几乎是一致的。其他的引用文件在使用时会专门标注。

图20.16给出了Inmarsat-4卫星的前向处理器。假设在C频段下变频器中,将来自地面站的10个子带转换到近基带。前向处理器将10个信号通过ADC,前向链路ADC的带宽为27MHz(Vilaça,2004)。信号分离器将单独的100kHz宽半通道分离,并将其全部转换到相同的近基带频段。每个100kHz宽半通道的数字样本抽取速率与该带宽一致。时域"记忆开关"将它们全部映射到各种下行频率和波束的信号处理路径中,同时它还对半通道进行电平控制。接下来的MUX将通道合并成200kHz宽的完整通道。每个完整通道被复制120份,这些副本被馈送到数字波束形成网络(DBFN)的通道汇总,DBFN可以使用每个辐射单元形成波束。现在,需要将每个辐射单元的信号进行组合。首先相同下行链路频率上的信号在"频率复用集线器"中相加,对于每个不同的频率信号都要这样做;然后考虑到输送至波束的组合信号的总带宽,MUX合并不同频率的信号以提高数字采样速率。处理器做的最后一件事是DAC。

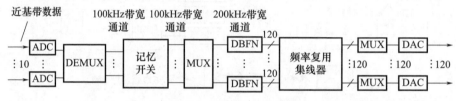

图20.16 Inmarsat-4卫星前向处理器框图
(源自Biglieri and Luise(1996),Mallison and Robson(2001))

Inmarsat-4卫星返回处理器基本上与前向处理器是相同的,只是执行相反的操作。返回链路ADC和DAC的带宽为29MHz(Vilaça,2004)。

Inmarsat-4卫星的用户对用户信号处理如图20.17所示。100kHz宽半通道的用户传输信号由辐射单元信号在DBFN中形成。然后,半通道进入用户到用户记忆开关,该开关将每个通道分配给正确的下行频率和波束,记忆开关还执行电平控制。它们与前向半通道组合成200kHz宽的完整通道,并进入下行链路的DBFN。用户到用户的信号也在馈电链路下行,因此地面站可以对其进行监控(Mallison and Robson,2001)。

Alphasat卫星处理器与Inmarsat-4卫星上的处理器区别很大。Alphasat卫星携带8个并行工作的集成处理器,可以实现两个Inmarsat-4卫星处理器的功能(Airbus Defence and Space,2013)。如图20.18所示,Alphasat卫星的处理器架构是不同的。在多路解复用与多路复用之间进行波束切换和波束成形。端口带宽从27MHz增加至250MHz(Hili and Malou,2013)。更宽带宽的输入处理器意味着在输入到处理器之前对上行通道进行复制。这些处理器属于空客英国公司研发的第三代产品(Brown et al.,2014)。ADC和DAC的带宽更宽,为48.5MHz(Vilaça,2004)。

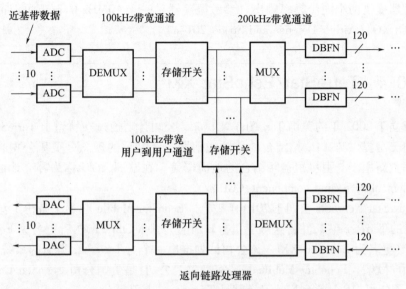

图 20.17 Inmarsat-4 卫星的用户对用户的处理
(源自 Mallison and Robson(2001),Biglieri and Luise(1996))

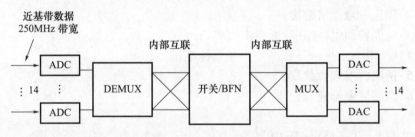

图 20.18 Alphasat 卫星 8 个处理器的高电平架构(源自 Hili and Malou(2013))

20.3.6.5 模拟变频器和振荡器

模拟变频器包括前向链路的 C 频段下变频器和 L 频段后处理器,以及返向链路的 L 频段预处理器和 C 频段上变频器。如上所述,Inmarsat-4 卫星 C 频段下变频器对来自地面站用户信号的 10 个子带进行多路处理,并将其转换为中频信号。

Inmarsat-4 卫星 L 频段预处理器执行中频到 L 频段的频率转换、滤波、本振分配和备份切换。后处理器执行类似的功能(Kongsberg Defence Systems,2005)。预处理器和后处理器都有 SAW 带通滤波器(Airbus Defence and Space,2014d)。

Inmarsat-4 卫星将频率发生器集中化,被卫星制造商称为"同步时钟发生器单元"(Airbus Defence and Space,2014c),为 L 频段预处理器和后处理器提供信号。它包含两个双通道频率合成器模块和一个参考模块,为每个前向处理器和返向处理器提供两个同步频率输出。参考振荡器是一个10MHz的石英恒温晶体振荡器(OCXO)(Airbus Defence and Space,2014a)。

20.4 TerreStar/EchoStar XXI

成立于2002年的美国TerreStar Networks公司计划通过在轨道上TerreStar-1卫星向美国提供与ATC相结合的移动通信服务。ATC的理念是卫星公司将其卫星频率重新用于与卫星覆盖相结合的地面覆盖。在欧洲,ATC称为补充地面组件(complementary ground component,CGC)。

TerreStar Networks公司于2010年破产。EchoStar Mobile购买了备份卫星2017年发射的TerreStar-2,并将这颗卫星重新命名为EchoStar 21,然后更名为EchoStar T2,最终更名为EchoStar XXI。该公司计划推出一个与TerreStar类似的系统,覆盖范围面向欧盟。EchoStar Mobile是一家爱尔兰公司,是美国公司EchoStar Corporation的子公司。EchoStar XXI卫星就是TerreStar-1卫星。

TerreStar的规划以及EchoStar Mobile现在运行系统的主要特性如下:
(1)一个运行中的卫星;
(2)用户-地面站链接;
(3)地面辅助组件(在欧洲尚未实现);
(4)GMR-1 release 3作为空中接口标准;
(5)透明转发有效载荷;
(6)地基波束形成。

20.4.1 TerreStar历史

首先介绍TerreStar公司及其卫星的简短历史,因为它不同于Thuraya或Inmarsat。

TerreStar Networks公司希望拥有一颗用于基于IP的语音、数据和视频的卫星,以及一个可以重复使用该卫星频率的第三代蜂窝网络。这种全新的ATC花费巨大,允许使用最小的双模式用户终端(Satnews,2010)。美国联邦通信委员会要求手机同时具备卫星通信和ATC功能(FCC,2010)。2009年,TerreStar公司开发了一款普通手机尺寸的双模手机(Epstein,2010),AT&T公司在2010年向市场发布了这款手机(Phonearena,2010)。

TerreStar订购了2009年发射的TerreStar-1卫星业务。TerreStar还签订了强制性地面备份合同(SpaceNews,2010)。在TerreStar提供ATC服务之前,集成系统

544

的MSS部分在整个美国市场上可以进行销售(FCC,2010)。

2010年,TerreStar进入破产程序(TerreStar Networks,2010),2013年摆脱破产程序(Securities and Exchange Commission,2013)。2012年,Dish Network基本上购买了该公司的所有资产,包括在轨TerreStar-1、即将建成的TerreStar-2、两个地面站和频谱许可证(Dish Network,2013a),目前尚不清楚TerreStar是否建造了蜂窝基站(de Selding,2010b)。Dish公司为这些资产支付了14亿美元。同年,它还以14亿美元收购了原名ICO的DBSD公司,该公司拥有一颗地球同步卫星及其频谱许可证,这两项收购的业务范围都不同于Dish业务的其余部分(Dish Network,2013a)。

2013年,FCC免除了Dish的三项义务:地面备份,电话与蜂窝电话一起提供卫星服务,以及地面服务之前开始之前,卫星服务必须全面运行(Dish Network,2013a)。

2013年第二季度,Dish公司决定不再使用TerreStar-2卫星和ICO卫星,并予以注销。它还停止了TerreStar-1卫星的运行(Dish Network,2013b)。

2014年12月,EchoStar Mobile公司以5500万美元收购了尚未发射的TerreStar-2卫星。同年1月,EchoStar收购了Solaris Mobile公司,并将其更名为EchoStar Mobile(EchoStar mobile,EML)公司。Solaris Mobile公司在轨道上有一个通信有效载荷,到2015年还没有多少业务(Advanced Television,2015)。

20.4.2 卫星

这两颗TerreStar卫星完全相同(SpaceNews,2010)。TerreStar-1卫星于2009年发射,是当时卫星发射历史上最重的商业卫星(Semler et al.,2010)。它在加拿大获得许可(TerreStar Networks,2009)。它位于111.1°W(Dish Network,2013a)。Dish Network买下这颗卫星,并将其重命名为EchoStar-T1(Gunter's Space Page,2014b)。后来Dish停用了这颗卫星。第二颗卫星最初命名为TerreStar-2,现在命名为EchoStar-XXI,于2017年发射,位于10.25°E(EchoStar Mobile,2018)。

图20.19给出了其中一颗卫星的图示,它具有典型的长方形盒子形状。卫星明显的特征是卫星东板外有一幅口径为18m的S频段反射器,为反射器馈电的相控阵也在东板上。卫星西板上的反射器是Ku频段天线的一部分(Semler et al.,2010)。

整个工作寿命期,TerreStar-1卫星的倾角变化在±6°认内。卫星为了节省燃料,并不进行南北位置保持。该卫星使用22个上行链路信标以保持卫星指向,其中2个信号来源于地面站,20个信号来源于信标站(Semler et al.,2010)。

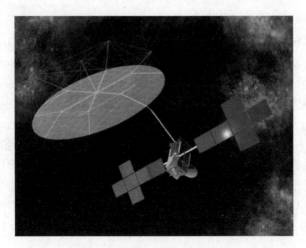

图 20.19 TerreStar-1 卫星图像
(源自(Gunter's Space Page,2014b)© 2009Maxar Technologies 许可)

20.4.3 TerreStar 卫星覆盖区和服务

TerreStar-1 卫星获得了在美国和加拿大提供服务的许可(TerreStar Networks, 2009),其覆盖范围是美国所有的州、波多黎各、美属维尔京群岛和领海(AT&T, 2010),覆盖区域也包括整个加拿大,但 EIRP 和 G/T 较低。

TerreStar 系统为陆地和海洋用户提供下列卫星通信服务(AT&T,2010):类似于 GSM、GPRS 和 UMTS 的分组模式服务(IP);采用单向传输通道(ETSI TS 101 376-1-3,v3.1.1,2009);主要服务应用是数据、视频和语音(Satnews,2010)。

20.4.4 TerreStar 地面和用户市场

TerreStar 系统在用户和地面站之间提供双向通信(TerreStar Networks,2010)。

地面基础设施有两个看起来完全相同的地面站,一个在内华达州的北拉斯维加斯,另一个在安大略省的艾伦帕克。每个地面站都配置了一个通往 PSTN 的网关。加拿大地面站为卫星提供 TT&C,包括辅助维持正确的轨道位置。NOC 位于得克萨斯州的理查森。有 20 个校准地球站(calibra-tion earth station,CES),其中 15 个在美国,5 个在加拿大,用以辅助 GBBF。每个 CES 从卫星上收集数据,并将其传输到地面站进行处理(Epstein,2010)。

地面站执行波束形成,定义为 GBBF(Epstein,2010)。BFN 系数包括幅度和相位。GBBF 还可以均衡转发器通道,补偿不同通道的幅度和相位变化(Semler et al.,2010)。考虑卫星相对于其地面覆盖区的指向在不断变化,地面站需要不断调整波束形成的激励系数。由于卫星倾角在寿命期间会发生变化,卫星每天的指向本身也慢慢发生变化(Semler et al. ,2010)。

地面站和所有 20 个 CES 向卫星实时发射信标,从而帮助卫星保持指向(Semler et al. ,2010)。

TerreStar 系统设计用于双模式终端(卫星/地面),允许用户在卫星和蜂窝网络之间漫游,终端配备了 GPS 接收器(Phonearena,2010)。用户终端在接收和发射上都采用线极化工作(Semler et al. ,2010)。Hughes Network Systems 为 TerreStar 和 SkyTerra 手机研发了芯片组,可以处理 GMR-1 release 3 以及标准蜂窝网络,包括 GSM、GPRS 和 WCDMA(PR Newswire,2009)。

20.4.5 频率和波束

TerreStar 卫星和 EchoStar-XXI 卫星的频率如表 20.8 所列。用户为 S 频段,地面站为 Ku 频段。用户上行链路和下行链路的带宽均为 20MHz。然而,FCC 仅授权 TerreStar-1 卫星在每个通信方向上使用 10MHz 带宽,分别为上行链路的下半部分频段和下行链路的上半部分频段(FCC,2010)。地面站发射带宽为 250MHz,接收带宽为 2×250MHz。除了用户下行链路仅采用左旋圆极化工作外,卫星的其他通信链路均采用双圆极化通信。

表 20.8 TerreStar 卫星和 EchoStar-XXI 卫星频率和极化
(Semler et al. ,2010)

链路类型	上行链路		下行链路	
	频率范围/GHz	极化方式	频率范围/GHz	极化方式
用户链路	2.000~2.020	左旋圆极化	2.180~2.200	左旋圆极化
馈电链路	12.75~13.00	双圆极化	10.70~10.95 11.20~11.45	双圆极化

TerreStar-1 卫星对美国大陆、阿拉斯加和加拿大的覆盖称为组合波束,由多达 550 个 S 频段点波束组成,波束的大小、形状、位置和功率都可以在覆盖区域内在数小时进行重构。美国全国广播协会(National Association of Broadcasters,2010)提供了点波束覆盖图,小"夏威夷波束"通过赋形覆盖夏威夷,小"波多黎各波束"通过赋形覆盖波多黎各和美属维尔京群岛(SatStar. net,2014;Epstein,2010)。

20.4.6 空中接口

TerreStar 系统的用户和馈电链路使用第 3 版 GMR-1 作为通信标准(FCC,2010)。第 3 版标准将第 2 版的分组模式服务发展为第三代 UMTS 兼容服务。第 3 版 GMR-1 在所有链路上使用组合的 FDM/TDM 复用。在返向链路上,TDM 实际上是 TDMA。在前向和返向链路上使用相同的复用方案,该标准允许选择调制、编码和比特率,该标准还支持多载波带宽、功率控制和链路自适应,该标准需要使用滚降系数 $\alpha = 0.35$ 的 RRC 脉冲整形滤波器。为了实现通道的快速切换,所有通道控制都是同步的(Matolak et al.,2002)。TerreStar 计划将 W – CDMA 空中接口用于 ATC 系统(FCC,2010)。EchoStar – XXI 也使用第 3 版 GMR – 1 作为通信标准(EchoStar Mobile,2018)。

20.4.7 有效载荷

20.4.7.1 有效载荷结构

与 Thuraya 卫星、Inmarsat – 4 卫星和 Alphasat 卫星相比,TerreStar/EchoStar – XXI 卫星的有效载荷比较简单。辐射单元的信号在执行 GBBF 的地面站之间来回传输,因此不需要 OBBF,所有单元的信号在频域中被多路复用。有效载荷在每个极化方向上都有一个 LNA,下变频器组件将每个单元的信号变频至适当的下行链路频段。返向链路的处理流程相反,没有可靠的信息表明有效载荷含有处理器。

20.4.7.2 天线和大功率放大器

S 频段天线是由三个相控阵馈电的单反射面天线。反射器口径 18m,采用镀金网。在 TerreStar – 1 卫星发射时,S 频段反射器是商业卫星上最大的反射器(Harris Corporation,2009),如图 20.20 所示,每个辐射单元是一个堆叠的杯形微带圆盘(Simon,2007)。所有的点波束使用 78 个单元的阵列进行合成,其中夏威夷波束使用 8 个单元的独立阵列,波多黎各/美属维尔京群岛波束使用另一个 8 个单元的阵列。在图 20.19 和图 20.21 中都能看见这三个阵列,合成波束在接收时使用所有 78 个单元,而在发射时则使用其中的 62 个单元(Semler et al.,2010)。

图 20.20　TerreStar – 1 卫星 S 频段反射器
(Harris Corporation,2009。经 L3Harris Technologies 许可使用)

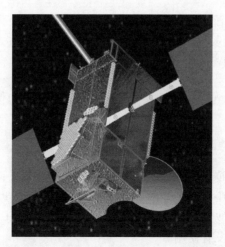

图 20.21 TerreStar-1 卫星,显示三个相控阵
(Gunter's Space Page,2014b。© 2009 Maxar Technologies。经允许转载)

S 频段 HPA 为 100 W 的 TWTA(Military & Aerospace Electronics,2005),没有公开信息表明使用了 MPA。G/T 高于 21dB/K(Semler et al.,2010)。

图 20.22 给出了 TerreStar-1 卫星合成波束的 EIRP 等值线图。加拿大南部和美国大陆的 EIRP 值大致相同,但是加拿大的偏远地区比这些区域低 8dB,阿拉斯加的 EIRP 值比美国本土(CONUS)低几 dB。夏威夷的 EIRP 值为 59~61dBW,波多黎各和美属维尔京群岛的 EIRP 值约为 64dBW(SatStar.net,2014)。

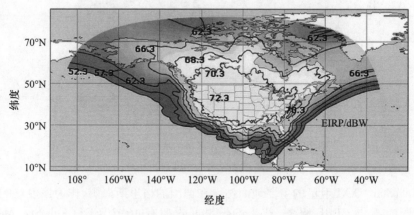

图 20.22 合成波束的 TerreStar-1 卫星 EIRP 地图
(SatStar.net,2014。经 SatStar Ltd.许可使用)

用于馈电链路的 1.5m Ku 频段天线为单反射面天线,采用两个馈源馈电,每个馈源对应一个地面站,采用双圆极化工作,反射器和馈电部件均位于卫星西板上(Semler et al.,2010)。

TerreStar-1卫星配置了12个24W的Ku频段非线性化行波管放大器,这意味着有四个TWTA备份环,每个备份环采用3:1的备份方式,这也意味着每个地面站有两组LNA、TWTA和变频器。

20.4.8 EchoStar Mobile 关于 EchoStar-XXI 的使用

20.4.8.1 概述

图20.23给出了EchoStar-XXI的代表性覆盖图,覆盖范围是整个欧洲,虽然没有覆盖斯堪的纳维亚半岛最北部,但覆盖区包含了冰岛、近东的最西部以及地中海沿岸的非洲部分。波束为区域波束形状,TerreStar上用于覆盖美国本土以外的两个小型相控阵似乎没有使用。

EchoStar-XXI卫星向欧洲提供移动语音和数据服务(SatBeams,2020b),EML的进阶服务由EchoStar-XXI卫星的点波束提供。它以商业为目标,提供非IP语音和可调整的通信速度。EML动量服务用于固定或移动连接,服务目标是机器对机器(M2M)的通信(EchoStar Mobile,2017)。作者找不到关于覆盖范围的说明,也不知道提供服务的卫星是Echostar-XXI还是Eutelsat-10A,EchoStar Mobile拥有该卫星的S频段有效载荷。

图20.23 EchoStar XXI 卫星的代表性覆盖地图
(EchoStar Mobile,2018。EchoStar Mobile 许可使用)

EchoStar-XXI卫星的主要地面站设在德国的格里斯海姆,作为该卫星的控制中心,同时提供GBBF服务。EchoStar Mobile拥有16个CES(EchoStar Mobile,2017),第二个地面站位于法国朗布依埃(Russell,2017b)。

EchoStar Mobile提供两种基于IP的用户终端,Hughes 4200便携式数据终端采用一个集成的平面相控阵,用于EML进阶服务,可用于所有欧盟国家以及挪威和瑞士(Echostar Mobile,2019a)。Hughes4500 S频段终端采用集成的全向天线,似乎是用来提供EML动量服务,没有关于该终端工作位置以及工作波束的说明(Echo-

Star Mobile,2019b)。

在 Eutelsat 10A 卫星被 EchoStar 收购之前，Solaris Mobile 已经拥有了该公司的 S 频段有效载荷。在轨测试期间，发现天线出现故障。EchoStar 报告称，有效载荷尚未完全投入使用（EchoStar,2020）。作者无法找到关于覆盖区的图示和说明，也没有找到卫星地面站的信息，2020 年 EchoStar Mobile 仍然声称需要使用 Eutelsat 10A。

EchoStar Mobile 公司的商业模式不是自己去运营整个系统，而是在将业务批发给运营商合作伙伴，用来对整个欧洲的地区和地方提供服务。合作伙伴可能提供移动宽带等服务，并支持私有网络和移动虚拟网络运营商（Analysys Mason,2015）。

20.4.8.2 地面补充组成

EchoStar Mobile 公司希望开发一个集成卫星和地面通信的系统，正如 TerreStar Network 所希望的那样（EchoStar Mobile, 2018），谁提供 CGC 还不清楚。EchoStar 一直致力于将卫星通信纳入 5G 移动网络空中接口标准，以便集成的网络能够提供 5G 服务（EchoStar Mobile,2019e）。

EchoStar Mobile 移动需要官方对该系统批准。2010 年，欧盟委员会授予 Solaris Mobile 和 Inmarsat 在欧盟 28 个国家运营 S 频段 MSS 的许可证，该服务与可选地面移动服务集成。在该协议中，每个欧盟国家都必须允许 EchoStar Mobile 运营 CGC（DotEcon Ltd,2017）。然而，每个国家都必须有许可证，且都被允许制定自己的使用条件（Analysys Mason,2015）。2020 年，没有公开见到关于 CGC 的具体信息（EchoStar Mobile,2019c）。

EchoStar Mobile 拥有上行的 15MHz 和下行的 15MHz 带宽（EchoStar Mobile,2019d）。

20.5 SkyTerra

Ligado Networks 拥有并运营 SkyTerra 卫星，作为其北美无线宽带服务的一部分。第一家公司成立于 1988 年，后继公司从 2008 年开始计划开发 ATC，但直到 2020 年 4 月才获得 FCC 的批准。

SkyTerra 系统在许多方面与 TerreStar 相似，其主要特点如下：
(1) 一颗运行中的卫星；
(2) 用户地面站链接；
(3) 地面辅助组件（公司自己的蜂窝网络）；
(4) GMR-1 第 3 版作为卫星通信标准；
(5) 数字透明有效载荷；
(6) 地基波束形成。

20.5.1 历史

与 Terrestar 相比,SkyTerra 的历史颇具传奇色彩。

1988 年,美国移动卫星公司成立,后来改名为 Motient 公司,在完成合并后,它成为移动卫星风险投资(mobile satellite ventures,MSV)公司(Wikipedia,2017b),它在 2006 年签订了建造 3 颗卫星的合同(Gunter's Space Page,2014c)。2008 年,MSV 更名为 SkyTerra(Wikipedia,2015)。该公司希望构建一个 L 频段卫星通信网络,与自己的 ATC(遍布北美的第三代蜂窝网络)完全集成。该公司会将其服务批发给其他公司(LightSquared et al. ,2012),其通信服务为全 IP,与 ATC 采用标准接口(Mitani,2007)。这些终端可与当前的手机相媲美(Segal,2007),且需要具备地面和卫星通信能力(SpaceNews,2011)。据报道,2007 年 5 月服务于南美洲的第三颗卫星订单被取消(Analytical Graphics,Inc. ,2014)。

2010 年,SkyTerra 成为新公司 LightSquared 的一部分。同年,SkyTerra – 1 卫星发射升空(Wikipedia,2015)。也在同时完成了 SkyTerra – 2 卫星研制任务,它作为 SkyTerra – 1 卫星的在轨备份,服务于相同的市场,要求系统的 ATC 部分附属于卫星部分(Segal,2007)。LightSquared 必须向 Inmarsat 支付数亿美元,以便 Inmarsat 调整其对 L 频段的使用,从而使 LightSquared 能够拥有一个连续的频谱。同年,LightSquared 与诺基亚西门子(Nokia Siemens)网络公司签署了一份价值 70 亿美元的合同,建设和安装包括约 36000 个地面基站在内的地面网络,ATC 的使用以保持卫星通信(de Selding,2010a)。

2011 年,联邦通信委员会允许 LightSquared 的客户销售仅提供地面服务的手机,前提是该公司能够证明这不会干扰 GPS 信号(SpaceNews,2011)。

几乎所有 GPS 应用都使用 1.575GHz 的 GPS L1 信号(Parkinson,2018),它位于 1.526~1.536GHz 和 1.545~1.555GHz 两个频段附近,LightSquared 已被 FCC 授权用于服务地面用户以辅助卫星对用户的前向通信(Parkinson,2018)。一个美国专家小组给出的结论是 LightSquared 的服务干扰 GPS(Ferster,2012a),欧盟委员会表示 Egnos 和未来的伽利略导航系统将毫无用处(de Selding,2011)。

LightSquared 从 Nokia Siemens 转到 Sprint Nextel,节省了大约 130 亿美元;LightSquared 的服务将搭载在现有的手机基站上(Godinez,2011)。

2012 年,由于 LightSquared 会过多地干扰 GPS 信号,FCC 宣布将撤销 LightSquared 对 ATC 的有条件授权。据报道,LightSquared 已经给 ATC 投资 30 亿美元(Ferster,2012b)。由于 Sprint 取消了与 LightSquared 的交易(Lawson,2012),LightSquared 申请破产(LightSquared,2012),卫星制造商将 SkyTerra – 2 卫星转给另一个客户(Gunter's Space Page,2014c)。

2015 年 3 月,在债权人同意 EchoStar 的 Charles Ergen 以现金形式收回其 10

亿美元贷款后,LightSquared 摆脱了破产。该公司更名为 New LightSquare,并获得 12.5 亿美元的运营资金(Brown,2015)。2016 年,该公司解决了与三家 GPS 设备供应商的诉讼(Divis,2016),更名为 Ligado Networks。

铱星公司在 2016 年提出了对 Ligado 地面前向链路将干扰其用户终端的担忧(Russell,2017a)。

对于 Ligado 提出的 ATC 服务,GPS、航空业(Divis,2016)以及空军(Capaccio and Shields,2016)继续给予密切的关注,这给 Ligado 造成了极大的困扰。作为放弃其前向链路 ATC 频谱的上 10MHz 的回报(Goovaerts,2016),Ligado 希望共享美国国家海洋和大气管理局的各自 5MHz 带宽。由美国气象学会牵头,22 个组织致函 FCC,称关于 ATC 的问题没有得到解决(Myers et al. ,2017)。2018 年 5 月,Ligado 通知 FCC,将把其地面前向链路中的功率降至不到原来的千分之一(Alleven,2018)。然而,美国 GPS 专家表明需要进一步降低功率,将功率降至 0.00022W(Divis,2018)。

2020 年 4 月,FCC 一致批准了 Ligado 的申请,其中 Ligado 将 ATC 定义为一个潜在的 5G 网络(Pelkey,2020)。然而,美国国防部和交通部立即呼吁 FCC 撤销该决定(Erwin,2020)。三个月后,一个负责向美国政府提供天基导航服务建议的委员会得出结论,这是一个危及 GPS 的"高风险"决定(Foust,2020)。

20.5.2　卫星

Ligado 的 SkyTerra - 1 卫星位于 101.3°W 于 2010 年发射(LightSquared,2015),当时是有史以来发射的最大的商业卫星(Segal,2007)。

SkyTerra - 1 卫星如图 20.24 所示,其对地板面向地球。背地板通常是矩形的,在背地面上有一个大型的支撑塔,固定 L 频段反射器展开臂。在东板或西板上可以看到用于馈电链路通信的 Ku 频段反射器。外侧的散热板包含热管,其就像卫星主体中的一部分一样(LightSquared,2006)。

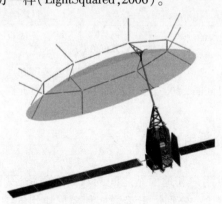

图 20.24　SkyTerra - 1 卫星图像
(Mitani,2007。经 Ligado Networks LLC 允许)

卫星的倾角在 ±6° 内变化(LightSquared,2006)。卫星不需执行南北位置保持,这样可以节省燃料(Mitani,2007),其精度保持在标称经度 ±0.05°(LightSquared,2006)。

为了补偿反射器的热变形造成 L 频段天线指向误差,每个地面站向卫星发射四个信标。根据接收到的信号对热变形进行估计,用于补偿指向误差(Koduru et al.,2011)。

卫星产生并向地面站发送功率控制信标(LightSquared,2006)。

20.5.3 覆盖区域和服务

SkyTerra - 1 卫星获得了为美国和加拿大提供服务的许可(Mitani,2007)。图 20.25 显示了 SkyTerra - 1 卫星的覆盖区域和用户波束的示例。覆盖区域包括美国的所有州、波多黎各、美属维尔京群岛岛屿和领海(Mitani,2007),也覆盖加拿大,只是 EIRP 和 G/T 较低。当卫星倾角为 0° 时,阿拉斯加有完整的全时段覆盖;其他卫星倾角,它只有一天 50% 的时间完整的覆盖阿拉斯加(LightSquared,2006)。

该系统为陆地和海洋用户提供服务(LightSquared,2006):类似于 GSM、GPRS 和 UMTS 的分组模式(全 IP)服务,前向链路高达 150~300kbps,返向链路高达 9~38kbps(Lightsquared,2006)。业务通道是单向的(ETSI TS 101 376 - 1 - 3,v3.1.1,2009),主要应用是互联网、视频和语音(Mitani,2007)。

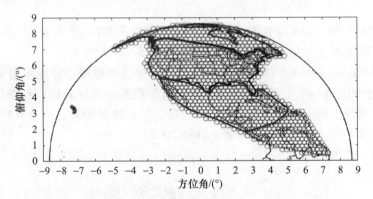

图 20.25　SkyTerra - 1 卫星的 L 频段覆盖范围和点波束示例
(Mitani,2007。经 Ligado Networks LLC 允许)

20.5.4 地面段和用户段

SkyTerra 系统提供用户和地面站之间的双向通信路径(Mitani,2007)。

地面段有四个地面站,分别位于美国加利福尼亚州的纳帕、得克萨斯州的达拉斯、加拿大萨斯喀彻温省萨斯卡通和安大略省渥太华(LightSquared,2006)。每个地面站都配置了 PSTN 和互联网网关(Koduru et al.,2011),纳帕和渥太华的地面站还提供 TT&C。卫星系统通过位于国家和地区中心的网络管理系统进行协调,ATC 也是如此(Koduru et al.,2011)。

ATC 网络也有连接到 PSTN 和互联网的网关(Koduru et al.,2011),ATC 网络属于 LightSquared 公司(Epstein,2010)。

地面段采用 GBBF 的方式,由四个地面站执行波束形成。地面站在前向通信链路上为 L 频段天线的辐射单元形成激励系数,并在返向链路上接收这些单元的信号。有关这方面的更多信息参见关于卫星系统架构的章节。GBBF 对卫星馈电阵列的辐射单元进行幅度和相位加权,形成各种形状和大小的用户波束(LightSquared,2006),它还可以对信号进行延迟并均衡通道(Koduru et al.,2011)。考虑到卫星寿命期间缓慢变化的卫星倾角,地面站采用一系列自适应的参数补偿性能(LightSquared,2006)。

地面站接收卫星产生的信标,并将其用于设置馈电链路的功率值(LightSquared,2006)。地面站还管理卫星上的大功率设备保证其不会损坏,其中包括双工器、MMA 和电缆(Koduru et al.,2011)。

Cobham 提供 Explorer 122 用户终端,实现基于 IP 的一键通话式通信,其服务内容包括语音和数据。它有一个 GPS 接收器。下载时数据传输速度可达 1Mbps,上传时数据传输速率可达 10kbps(Cobham Satcom,2017)。Cobham 还提供 Explorer MSAT G3 用户终端,它集成了 Explorer 122,也是一键通话式服务,该终端可以连接最多两个蜂窝网络(Cobham Satcom,2016)。

20.5.5 频率和波束

除非另有说明,以下 SkyTerra–1 卫星信息来自文献(LightSquared,2006)。SkyTerra–1 卫星的频率如表 20.9 所列。用户波束工作在 L 频段,地面站工作在 Ku 频段。

表 20.9 SkyTerra–1 卫星频率和极化(LightSquared,2006)

链路	上行链路		下行链路	
	频率范围/GHz	极化方式	频率范围/GHz	极化方式
用户链路	1.6265~1.6605	双圆极化	1.5250~1.5590	右旋圆极化
馈电链路	12.75~13.25	双圆极化	10.70~10.95 11.20~11.45	双圆极化

用户上行链路和下行链路的带宽分别为 34MHz,也有认为上下行链路的带宽分别为 30MHz(Koduru et al.,2011)。地面站的发射(上行链路)带宽为 500MHz,接收(下行链路)带宽为两个 250MHz 带宽。除了到用户的下行链路采用右旋圆极

化工作之外,卫星在所有链路上使用双圆极化。

SkyTerra-1 卫星的 L 频段点波束示例如图 20.25 所示。波束直径为 0.4°(Mitani,2007),共有 500 个波束,每个波束的标称服务区直径为 100~150 英里①(Segal,2007),该系统不仅能产生点波束,还能产生各种不同大小和形状的波束(LightSquared,2006)。一个小赋形波束覆盖夏威夷,另一个小赋形波束覆盖波多黎各和美属维尔京群岛(Mitani,2007)。

前向链路上采用三色频率复用的方式,返向链路采用七色频率复用的方式(Koduru et al.,2011)。卫星相对于地面的运动会使波束变形,可以通过调整波束成形系数进行补偿。倾角从零开始变化意味着地面站每天都必须不断地更新系数组。

20.5.6 空中接口

SkyTerra-1 卫星遵循通信标准 GMR-1 第 3 版(20.4.6 节)中关于用户链路的部分,SkyTerra 卫星不使用电路模式服务,仅使用分组模式。SkyTerra 卫星还将遵循 Qualcomm 开发的(Tian et al.,2013)标准地球静止移动卫星适配(geostationary mobile satellite adaptatio,GMSA)系统(LightSquared,2006)。由于 Qualcomm 网站在 2015 年和 2020 年没有提到 GMSA 系统,因此 GMSA 系统似乎已经废止。

该标准允许调整调制方式、编码方式和比特率。SkyTerra 卫星仅使用二进制 BPSK 和 QPSK,通道比特率高达 160kbps,载波的双向带宽为 31.25~156.25MHz(LightSquared,2006)。

20.5.7 卫星系统架构

SkyTerra-1 卫星系统的馈电链路(在前向和返向)都需要 4GHz 带宽。由于只有 500MHz 的可用带宽,因此需要采用四个地面站进行双极化工作(LightSquared,2006)。每个波束的 EIRP、通道以及路由均是灵活的,GBBF 和数字频道选择器提供了覆盖区的快速重新配置和带宽的重新分配(Mitani,2007)。

用户下行链路的可用带宽为 30MHz,四个地面站中的每一个地面站都形成 7.5MHz 的辐射单元信号。7.5MHz 的带宽可以分成三个 2.5MHz 的频段,一个 2.5MHz 的频段和另一个 5MHz 的频段,或者一个连续的 7.5MHz 频段。地面站可以以任何比例共享 L 频段有效载荷容量,每个点波束支持多个载波(LightSquared,2006)。

ATC 单元使用与卫星波束相同的频段,地面蜂窝比卫星波束小得多,因此在这些蜂窝区域内可以使用卫星波束没有使用的频率。同时可以动态地改变频率分配,以应对用户需求的变化(Mitani,2007)。

---

① 1 英里 = 1.609km。

20.5.8 有效载荷

20.5.8.1 有效载荷结构

与 Thuraya 卫星、Inmarsat-4 卫星和 Alphasat 卫星相比,Sky Terra 卫星有效载荷比较简单,图 20.26 给出了 SkyTerra 卫星有效载荷顶层图。

图 20.26 的下半部分为返向链路,在这些硬件中,接收滤波器是模拟的。在"Converter L-IF"的模块中配置了 ADC,在"Converter IF-Ku"的模块中配置了 DAC。前向链路的硬件也是如此,每个硬件链路包含一个数字信道化器。在前向链路中,标记为"TWTA"的数据块实际上是一组 MPA(Koduru et al.,2011),约由 10 个 MPA 组成,有效载荷在双向链路上具备 ±6dB 的增益调节能力(LightSquared,2006)。

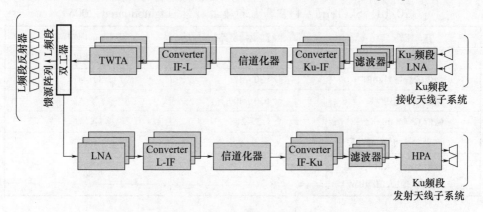

图 20.26 SkyTerra 1 卫星有效载荷图(LightSquared,2006)

20.5.8.2 天线和大功率放大器

L 频段天线是一个由相控阵馈电的反射面天线,反射器的口径为 22m(Mitani,2007),由金属网编织制成(Segal,2007),如图 20.27 所示。在卫星发射时,该反射器是商业卫星历史上最大的反射器(Aerospace Technology,2010)。辐射单元采用双极化贴片激励杯状天线的形式(11.8.5 节),馈电阵列共有 82 个辐射单元(Mitani,2007)。

L 频段 HPA 采用 SSPA 形式,排列在 MPA 中(11.12.3 节)(Mitani,2007),MPA 可以将卫星发射功率的 10% 可以分配给其中一个点波束(LightSquared,2006)。

表 20.10 给出了 SkyTerra-1 卫星 L 频段天线和放大器的信息,图 20.28 给出了 SkyTerra-1 卫星的 EIRP 等值线图。

图 20.27 显示 SkyTerra 1 卫星 L 频段反射器尺寸的照片
(Harris Corporation,2010。经 L3Harris Technologies 许可使用)

表 20.10 SkyTerra-1 卫星 L 频段的特性(LightSquared,2006)

特性	上行(返向链路)	下行(前向链路)
极化方式	双圆极化	右旋圆极化
峰值天线增益/dBi	30~47	30~47
系统噪声温度/K	650~400	N/A
峰值 G/T/(dB/K)	2~21	N/A
天线输入功率/W	N/A	4000
峰值时的总 EIRP,每个波束的最大值/dBW	N/A	80

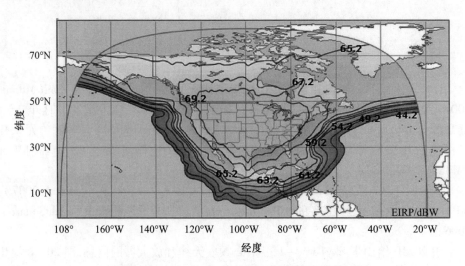

图 20.28 SkyTerra-1 卫星 L 频段的 EIRP 图
(SatStar. net,2017。经 SatStar Ltd. 许可使用)

如图 20.29 所示,1.6m Ku 频段天线为馈电链路天线,它生成了四个波束覆盖四个地面站(Mitani,2007)。SkyTerra-1 卫星 Ku 频段天线和行波管放大器的特性分别如图 20.29 和表 20.11 所列。

图 20.29　SkyTerra-1 卫星 Ku 频段馈电天线图像特写
(Mitani,2007。经 Ligado Networks LLC 许可使用)

表 20.11　SkyTerra-1 卫星 Ku 频段的特性(LightSquared,2006)

特性	上行(前向链路)	下行(返向链路)
极化方式	双圆极化	双圆极化
峰值天线增益/dBi	42	42
系统噪声温度/K	780	N/A
峰值 G/T/(dB/K)	11	N/A
天线输入功率/W	N/A	50
峰值时的总 EIRP,每个波束的最大值/(dBW)	N/A	51.5(饱和条件下)

20.5.8.3　数字信道化器

有效载荷的数字信道化器对近基带信号进行信道化处理和切换。信道化功能部分是固定的,部分是可调的(LightSquared,2006),它可以通过编程在 30MHz 的发射频段内选择任意一段 7.5MHz 的连续带宽(LightSquared,2006)。信道化基于 FFT(Koduru et al.,2011),信道化器中的 L 频段滤波器采用数控形式。用户信号的大部分信号过滤工作由信道化器完成(LightSquared,2006),端口带宽与 Alphasat 处理器的端口带宽相当(Brown et al.,2014)。

20.6 Inmarsat-5(Global Xpress)F1~F4

前4颗Inmarsat-5卫星或Global Xpress卫星工作频段为Ka/K频段,这些卫星与Inmarsat-4 L频段BGAN服务紧密结合,作为应对特大暴雨的备份(Inmarsat,2017a)。Inmarsat系统部分的主要特性如下:

(1)4颗运行中的卫星;
(2)用户地-地面站链接(Inmarsat,2012a);
(3)卫星地面站和其他网络接入点的网关,连接到互联网和电话公司;
(4)前向链路上的数字视频广播(DVB)S2和返向链路上的专有iDirect协议,两者均可适应链路条件;
(5)透明转发有效载荷(Spaceflight 101,2017);
(6)单馈源单波束(SFPB)反射器天线。

第5颗Global Xpress卫星于2019年发射,旨在为欧洲和中东地区提供集中覆盖能力,其通信容量大于前4颗卫星的总和(Inmarsat,2020)。

除商业服务外,卫星和其地面部分为军方提供额外服务,特别是面向北约(north atlantic treaty organization,NATO)成员国的服务(Gizinski III and Manuel,2015),但这里仅讨论其商业或混合用途。

20.6.1 卫星

4颗Inmarsat-5卫星是相同的(Spaceflight 101,2017)。

(1)Inmarsat-5F1也称为Global Xpress 1卫星和I-5 EMEA(欧洲、中东和非洲),位于63°E,于2013年发射;

(2)Inmarsat-5F2也称为Global Xpress 2卫星和I-5美洲和大西洋地区,位于55°W,于2015年发射;

(3)Inmarsat-5F3也称为Global Xpress 3卫星和I-5太平洋地区,位于179°E,于2015年发射;

(4)Inmarsat-5F4也称为Global Xpress 4卫星,于2017年发射(Inmarsat,2017a;Gunter's Space Page,2017;Satbeams,2020a),2020年卫星定点于56°E,为亚洲区域提供服务。因为它的功能可能在其寿命期间发生变化,因此其定点位置也会发生变化(Henry,2017b)。

Inmarsat-5卫星如图20.30所示,卫星对地板上有8个反射器。在可见的东/西板上各有3个反射器,延伸出南北板的是可展开的热辐射板。卫星的位置保持精度在东西和南北分别为±0.05°以内,至少F_2星符合该位置保持精度(Inmarsat,2012a)。

图20.30 Inmarsat-5卫星图像(Inmarsat,2017b。经Inmarsat许可使用)

20.6.2 覆盖区域和服务

图20.31给出了Inmarsat-5卫星点波束的预期覆盖区域(未示出EC波束)。Inmarsat-5F4的覆盖范围与Inmarsat-5F1和Inmarsat-5F3重叠。

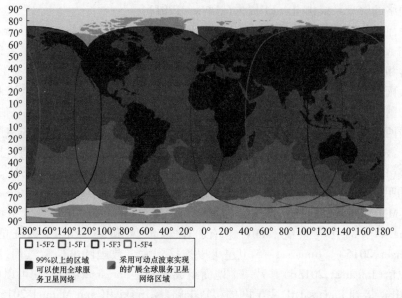

图20.31 Inmarsat-5卫星预期覆盖范围(Inmarsat,2017b。经Inmarsat许可使用)

Inmarsat-5卫星的Inmarsat系统提供的服务包括宽带互联网接入、多媒体和IP语音(Inmarsat,2012a),它主要用于移动宽带通信,一些特定的非军事应用,具

体如下(Inmarsat,2015a):

(1)实时全动态视频;

(2)视频电话会议;

(3)宽带 IP 网络互联;

(4)IP 多播;

(5)灾难恢复;

(6)紧急响应。

一种称为"合成虚拟网络"的服务允许客户购买 IP 带宽,以收费的衡量单位是 Mbps 而不是 MHz(Vilaça and Bath,2011),它类似于虚拟集线器网络(17.4.2 节)。

直到 2017 年,用户下行链路上每个通道的最大比特率为 50Mbps(Henry,2017a),但当时,iDirect 在其 iQ 系列中推出了一款用户终端,该终端在 DVB – S2X 标准的前向链路上实现了 330Mbps。Inmarsat 卫星和 iDirect 卫星计划在 2018 年和 2019 年逐步为所有用户部门升级这些改进的 GX 系统(Digital Ship,2017)。

20.6.3　地面段和用户段

卫星由位于伦敦公司总部的 SCC 控制(Inmarsat,2017c),TT&C 站位于关口站(Inmarsat,2012a)。同样位于伦敦的还有 NOC 监测地面站(Inmarsat,2013b),地面站和网络的管理系统由 iDirect 提供(Hibberd,2012)。

地面部分有多个非军事部分。一个组成部分是地面站或网关,对于 Inmarsat – 4 卫星和 Alphasat 宽带,这个部分被称为卫星接入站。所有 Inmarsat – 5 卫星地面站都具有相同的能力。每颗卫星均有两个地面站,一个主用,另一个为热备份状态,以在大雨时保证服务(Hadinger,2015)。第一对地面站在意大利的富奇诺和希腊的尼密阿,第二对在美国明尼苏达州的利诺湖和加拿大马尼托巴省的温尼伯,第三对在新西兰奥克兰附近的两个站点(Inmarsat,2014d)。热备份服务器与主服务器在一个波束内,因此最大间隔距离不到 1500km。主 SAS 和备份 SAS 通过地面线路连接(Hibberd,2012),政府和大型商业客户可以将他们的设备放在 SAS。地面网络的另一个组成部分是位于欧洲、亚太和美国的三个"交汇点"(meet – me points,MMP)(Gizinski III and Manuel,2015)。在这些 MMP 中,客户网络可以访问 Inmarsat – 5 卫星系统,MMP 也有通往互联网和公共电话系统的网关(Hadinger,2015)。Inmarsat – 5 卫星可以连接到大多数国际电信运营商,用于电话和短信(Inmarsat,2013d)。另一个地面组成部分是 Inmarsat DCN,它可以将 SAS 和 MMP 连接到 Inmarsat IP 主干网的租赁电路(Gizinski III and Manuel,2015)。

这些服务不是针对个人消费者市场,而是针对海事、企业、政府和航空部门的极小孔径终端(VSAT)市场(Vilaça and Bath,2011)。

Inmarsat – 5 卫星提供两种商业服务模式:一种是增值经销商销售 Inmarsat 整

合的服务包；另一种是虚拟网络运营商向增值经销商出售带宽，让后者在转售前进行定制和细分(Hibberd,2012)。

目前，机载终端是轨道公司的GX46，其市场面向商务飞机。该终端前向链路的工作频率为$19.2\sim20.2$GHz，返向链路的工作频率为$29.0\sim30.0$GHz(军用通信的双向链路工作在更高频段)。它可以在两个圆极化之间切换，终端的反射器口径为46cm(Orbit Communications Systems,2019)。目前，海上使用的终端是Intellian的GX60NX，其市场面向商业船只、捕鱼船队、大型工作船和休闲游艇。Inmarsat在2020年报告称，全球有超过9000个船只正在使用Global Xpress卫星(Wingrove,2020)。该终端前向链路的工作频率为$19.2\sim20.2$GHz，返向链路的工作频率为$29.0\sim30.0$GHz，接收工作在左旋圆极化，发射工作在右旋圆极化，终端的反射镜口径为65cm。天线在船的甲板上，终端的其余部分在甲板下，通过电缆连接(Intellian,2020)。

用户终端最初在系统的帮助下接入系统。终端配置了GPS接收机，可以随时获取它的位置，终端从信令通道获得的预设卫星波束图，并将位置信息应用到波束覆盖图中(下面)。终端通过系统的广播通道接收配置参数(Inmarsat,2014c)。用户终端与Inmarsat-5卫星系统保持持续对话，以实现终端在系统中的最佳运行。同一波束中的通道之间或一颗卫星的重叠波束之间可以实现无缝切换，但卫星之间无法实现无缝切换(Hibberd,2012)。

20.6.4 卫星波束

Inmarsat-5卫星有各种类型波束，所有波束都是前向和返向同时工作(Inmarsat,2012a)。

(1)89个全球有效载荷(global payload,GP)点波束用于覆盖可见地球，其中72个波束处于长期工作状态，用于用户通信。

(2)6个大容量有效载荷(high-capacity payload,HCP)点波束，可分别独立控制移动到地球上的任何可见位置，用于用户通信。

(3)2个馈电波束，可以控制移动到地球上的任何可见位置，用于馈电通信。

(4)1个EC波束，用于用户终端初始获取系统所需的信令。

如图20.32所示，89个GP波束的波束大小为2°。在波束交叠区域，其EIRP和G/T比波束峰值低2dB(Hadinger,2015)。

6个可动HCP波束比GP波束窄。由于喇叭彼此分离，因此波束的径向对称性很好。HCP波束可以覆盖任意GP波束(Hibberd,2012)，其单

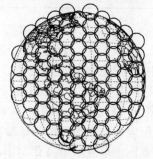

图20.32 Inmarsat-5卫星的89个全球有效载荷点波束，代表性覆盖范围(Inmarsat,2012a)

波束的最大容量相当于 GP 波束的 8 倍(Hadinger,2015)。

2 个馈电波束的尺寸比 HCP 波束稍大。每颗卫星都与一个馈电站通信,馈电站分为主馈电站以及热备份馈电站,备份馈电站的作用是在主站高降雨量的情况下进行接替工作,2 个馈电波束指向地球上的同一个位置(Inmarsat,2012a)。

20.6.5 频率

Inmarsat-5 卫星与本章讨论的其他移动通信卫星系统不同,它工作在 FSS 频段(17.4 节),而不是 MSS 频段。具体而言,其 HCP 频段被分配给 FSS(ITU,2016a)。然而,ITU 于 2015 年 WRC 允许移动用户在 19.7~20.2GHz 和 29.5~30GHz 频段与 FSS 卫星通信(ITU,2016b)。Inmarsat-5 卫星的馈电链路也工作在 FSS 频段,而本章介绍的其他移动卫星系统中,馈电链路均工作在 MSS 频段。

表 20.12 给出了每颗卫星通信链路的频段,这些链路包括用户链路和馈电链路,均以点波束的方式进行通信。

表 20.12　Inmarsat-5 卫星通信链路用户链路和馈电链路的频率和极化(Inmarsat,2012a)

项目	上行链路		下行链路	
	频率范围/GHz	极化方式	频率范围/GHz	极化方式
用户链路-大容量有效载荷点波束	29.0~29.5	双圆极化	19.2~19.7	双圆极化
用户链路-全球有效载荷点波束	29.5~30.0	右旋圆极化	19.7~20.2	左旋圆极化
大容量有效载荷馈电链路	27.5~28.0	双圆极化	17.7~18.2	双圆极化
全球有效载荷馈电链路	28.0~29.5	双圆极化	18.2~19.7	双圆极化

上行链路工作在 Ka 频段,下行链路工作在 K 频段。Ka 频段上行链路频段共有 2.5GHz 带宽,分为三个子带:0.5GHz 带宽用于 HCP 前向馈电通道,1.5GHz 带宽用于 GP 前向馈电通道,0.5GHz 带宽用于 GP 返向用户通道。HCP 返向用户通道共享 GP 前向馈电通道最高 0.5GHz 的带宽。K 频段下行链路频段共有 2.5GHz 带宽,也分成三个子频段:0.5GHz 宽用于 HCP 返向馈电通道,1.5GHz 带宽用于 GP 返向馈电通道,0.5GHz 带宽用于 GP 前向用户通道。HCP 前向用户通道共享 GP 返向馈电通道最高 0.5GHz 的带宽。

馈电链路前返向带宽为 2GHz,考虑到所有馈电链路上使用的双圆极化,因此馈电链路前返向总带宽为 4GHz。

HCP 点波束的用户链路在上行和下行都使用双圆极化。GP 点波束的用户链路在上行和下行都使用单圆极化，上、下行极化正交。上行链路（返向）和下行链路（前向）的组合用户链路带宽为1GHz，其中0.5GHz带宽与GP波束的馈电链路共享。

GP用户波束在前向和返向上采用6色频率复用的方式（Inmarsat,2012a）。表20.13给出了每个卫星信令前向和返向链路的频段。这些链路的工作频段较窄，通过EC波束通信，通道频率范围在GP波束馈电和用户频段的下边缘。信令波束使用户终端知道每个波束的频率和位置，从而允许自动网络配置和快速网络登录（Nicola and Plecity,2013）。

表20.13　Inmarsat-5卫星的频率范围和极化（Inmarsat,2012a）

链路类型	频率范围/GHz	极化方式
上行链路	28.0045~28.0095	双圆极化
	29.5045~29.5095	右旋圆极化
下行链路	18.2045~18.2095	双圆极化
	19.7045~19.7095	左旋圆极化

前向和返向链路的通道结构：在前向和返向馈电链路和用户链路上，GP通道的带宽为40MHz，包含32MHz的调制信号。同样，所有HCP通道的带宽为125MHz，包含100MHz的信令信号（Inmarsat,2012a）。值得注意的是保护带宽为20%，而不是通常的10%。

波束的通道分配是可变的，这样可提高有效载荷的功能。对于GP波束，有72个通道和72个长期工作波束。大多数波束配置1个通道，但有些波束配置了2个通道，有些波束为共用通道。GP波束通道的使用如表20.14所列。对于HCP波束，有8个通道和6个波束，大多数波束都可以在2个通道之间切换使用（Inmarsat,2012a）。

表20.14　Inmarsat-5卫星可能的GP通道-波束分配（Inmarsat,2012a）

可用通道数量/个	波束数量/个	每个波束分配的通道数/个
48	48	1（固定通道）
24	12	1或2
	29	1（最多）

20.6.6　空中接口

该系统是自适应的，以便在考量用户终端链路传播条件的情况下为用户提供最大吞吐量。空中接口支持前向链路与返向链路上的自适应调制和编码，并支持返向链路上具有不同符号速率的多载波应用（Hibberd,2012）。

Inmarsat-5卫星使用DVB-S2标准，包括用于前向链路的自适应编码和调制（ACM）。它对返向链路使用专有的iDirect协议，类似于下一代DVB-卫星返向通道（RCS）（Hibberd,2012）。iDirect协议使用多频时分多址（multi-frequency time-division multiple access，MF – TDMA)（Hadinger,2015）。iDirect 将 A – TDMA 描述为"一种通道接入方法,允许返向通道配置根据链路条件和频谱降级进行优化改变"(iDirect,2017),该系统提供基于互联网协议传输控制协议(TCP)的加速以及超文本传输协议(HTTP)（Hibberd,2012）。

在 GP 波束 40MHz 以及 HCP 波束 50MHz 的通道中,均有 32MHz 的宽带调制载波用于前向链路,可用的调制方案有 QPSK 到 16APSK（Hibberd,2012）。

返向链路在每 32MHz 或 50MHz 的通道中有多个载波,多个载波可以具有不同的符号速率和带宽,可用的调制方案有 BPSK、QPSK 和 8PSK,可以采用扩频的方式。用户终端采用 TDMA 分配时隙实现信息接入（Hibberd,2012）。

双工通道由前向链路上的一个通道和返向链路上的一个多频通道组成（Hibberd,2012）。

Inmarsat 在 2017 年的报告称将在 2018 年和 2019 年升级系统,以使用 DVB – S2X 标准（Digital Ship,2017）。该系统允许用户终端在少于 250ms 的时间内进行无缝波束切换,其中大约有一帧数据中断。系统在业务过载时可能触发通道切换,这在 2012 年预计需要大约 5s 完成切换。由于每个用户终端都有双接收机,这允许先接后断,因此这两种切换方式对于用户终端而言基本无影响。卫星切换不是无缝的,需要大约 45s,包括用户终端天线调整指向的过程（Hibberd,2012）。

该系统采用多种方式降低各种链路上的雨衰影响。馈电链路上采用两种方法,两者都是基于卫星转发的导频信号监控上行链路的雨衰水平。3～6dB 的雨衰可以通过增加上行链路发射功率来克服。当雨衰更强时,系统会切换到当前 SAS 配对的处于热备份状态的馈电站。整个切换过程需要几十毫秒,到用户终端的下行链路业务保持同步。用户 K 频段前向链路采用的方法是系统基于用户终端不断返回的 SNR 信号,改变定义终端调制和编码方式的前向链路 DVB – S2 MODCOD（13.4.1 节）。这种方法在 2012 年预计能够应对大约 15dB 的雨衰。

用户 Ka 频段返向链路采用四种方法（基于返向信号 C/N 的测量）:一是在可能的情况下稍微增加用户终端的发射功率;二是将通道切换至 C/N 需要较低的通道;三是改变返向通道的调制和编码;四是用多个符号率较低的多载波替换单载波。四种方法结合在一起有望在用户返向链路上提供至少 30dB 的雨衰缓解（Hibberd,2012）。作为最后的备份,集成了 Ka/K 和 L 频段功能的用户终端可以在极端降雨时切换到 L 频段工作（Inmarsat,2014c）。

20.6.7　有效载荷

20.6.7.1　有效载荷架构

有效载荷为透明转发的方式,具有复杂且精确的开关控制和滤波能力（Vilaça

and Bath,2011)。

有效载荷不更改任何通道带宽。对于 GP 通道,它只对 6 个或 12 个连续通道进行频率转换。对于 HCP 通道,它只是在相同频率下对成对的通道进行频率转换(Inmarsat,2012a)。

有效载荷在前向链路上有 61 个长期工作的 TWTA。GP 波束由透明转发器产生,TWTA 的备份配置为 60:48。HCP 波束配置了 12 个 130 W 的 TWTA(Spaceflight 101,2016),EC 波束配置了 1 个 TWTA,有效载荷在返向链路上配置了 6 个长期工作的 TWTA(Inmarsat,2012a)。

20.6.7.2 天线

所有反射器都是可动的,这些天线由哈里斯公司(现在公司名为 L3Harris)制造(Harris Corporation,2011)。

对地天线如图 20.30 所示,有 6 个同样尺寸的反射器和 2 个同样但尺寸较小的反射器。两个较小反射器布局安装位置彼此相对。6 个较大的反射器形成 6 个 HCP 点波束,2 个较小的反射器形成馈电波束。所有 8 副天线均有一个主反射器和一个在发射和接收频段上提供双圆极化的馈电喇叭构成。这种馈电喇叭在 Ka 频段接收工作,在 K 频段发射工作(Chan and Rao,2008;Lee - Yow et al.,2010)。

如图 20.30 所示,卫星东舱板和西舱板上共有 6 个可展开反射器,用于产生 GP 点波束。每侧舱板上共有 3 个反射器,其中两个较小的反射器用于接收工作,一个较大的反射器用于发射工作。所有天线都采用基于单反射器的 SFPB 方案,共有 4 副接收天线,其 89 个馈电喇叭均匀分布在 4 副天线中;共有 2 副发射天线,均为超大尺寸的长焦反射面天线,其 89 个馈电喇叭均分在 2 副天线中,所有 6 个反射器均进行了赋形设计(Mugnaini 和 Benhamou,2019)。反射器收拢状态如图 20.33 所示。

天线塔上的一个或两个喇叭天线产生的全球波束实现了发射和接收功能。

对于 50MHz 的调制信号,有效载荷在 17.7 ~ 19.7GHz 频段内的最大 EIRP 为 57dBW。对于 32MHz 的调制信号,19.7 ~ 20.2GHz 频段内的最大 EIRP 为 56.1dBW(Inmarsat,2012a)。

图 20.33 Inmarsat - 5 卫星的一侧舱板,包含馈电喇叭阵列和收拢的反射器(Boeing Images,2017。经 Boeing Co 许可使用)

参考文献

Advanced Television (2015). EchoStar Mobile to launch 2016. *Advanced Televison*; May 11. On advanced‐television. com/2015/05/11/EchoStar‐mobile‐to‐launch‐2016. Accessed 2016 May 13.

Aerospace Technology (2010). SkyTerra 1 telecommunications satellite, United States of America. Accessed 2014 Oct. 7.

Airbus Defence and Space (2013). A communications satellite with vision. News release. June 18. Accessed 2014 Oct. 13.

Airbus Defence and Space (2014a). Quartz crystal oscillators OCXO‐F. Product sheet. Accessed 2014 Oct. 10.

Airbus Defence and Space(2014b). Mobile processor. Product sheet. Accessed 2014 Dec. 28.

Airbus Defence and Space (2014c). Synchronised clock generator unit (SCGU). Product sheet. Accessed 2014 Dec. 28.

Airbus Defence and Space (2014d). Surface acoustic wave bandpass filters. Product sheet. Accessed 2014 Dec. 31.

Alexovich J, Watson L, Noerpel A, and Roos D (1997). The Hughes Geo‐Mobile Satellite System. *Proceedings of International Mobile Satellite Conference*; June 16–18.

Alleven M(2018). Ligado proposes license modification to protect GPS aviation devices. News article. May 31. Accessed 2019 Apr. 5.

Analysys Mason (2015). Socio‐economic benefits of harmonisation of the S‐band CGC in Europe. Nov. 6. On EchoStarmobile. com/en/Newsroom. aspx. Accessed 2017 Oct. 20.

Analytical Graphics, Inc. (2014). Mobile Satellite Ventures. *Spacecraft Digest*. Oct. 15. Accessed 2015 Feb. 17.

Applied Aerospace Structures(2008). Thuraya‐3 successfully launched. News article. Feb. 1. Accessed 2014 Oct. 19.

AT&T (2010). TerreStar Genus™ dual‐mode cellular/satellite smartphone now available from AT&T. Press release. Sep. 21. Accessed 2015 Feb. 2.

Biglieri E and Luise M. editors(1996). *Signal Processing in Telecommunications*, *Proceedings of 7th International Thyrrhenian Workshop on Digital Communicatons*, Sep. 10–14,1995. London: Springer. Paper in Chapter 4 by Craig AD and Petz FA, Payload digital processor hardware demonstration for future mobile and personal communication systems.

Boeing Images(2001). Drawing of a Thuraya satellite. Image 01pr–01515e. July.

Boeing Images(2017). Photo of an Inmarsat‐5 satellite in factory. Image 16403811395_2973d57b91_k.

Brown N (2015). LightSquared creditors to vote on latest bankruptcy exit plan. News article. Jan. 20. Reuters. Accessed 2015 Feb. 14.

Brown SP, Leong CK, Cornfield PS, Bishop AM, Hughes RJF, and Bloomfield C(2014). How Moore's law is enabling a new generation of telecommunications payloads. *AIAA International Communications Satellite Systems Conference*; Aug. 4 – 7.

Capaccio A and Shields T (2016). Air Force wary of GPS interference from LightSquared's successor. *Bloomberg*; Mar. 16. Accessed 2016 May 14.

Chan KK and Rao SK(2008). Design of high efficiency circular horn feeds for multibeam reflector appliations. *IEEE Transactions on Antennas and Propagation*; 56(1)(Jan.); 253 – 258.

Chie CM, former Boeing employee(2014). Private communications. Oct 26 and 28.

Cobham Satcom, formerly Thrane and Thrane(2012). TT – 6900 Inmarsat BGAN RAN(3G radio access network). Product sheet. Accessed 2014 Dec. 8.

Cobham Satcom(2016). Explorer MSAT – G3. Product sheet. Nov. Accessed 2020 Oct. 25.

Cobham Satcom(2017). Explorer 122. Product sheet. Mar. Accessed 2020 Oct. 25.

Dallaire J, Senechal G, and Richard S(2009). The Alphasat – XL antenna feed array. *Proceedings of the European Conference on Antennas and Propagation*; Mar. 23 – 27.

de Selding PB(2010a). LightSquared cash jump – starts Inmarsat spectrum clearing. *SpaceNews*; Aug. 18.

de Selding PB(2010b). TerreStar files for bankruptcy, court okays EchoStar cash infusion. *SpaceNews*; Oct. 20.

de Selding PB (2011). European Commission adds voice to LightSquared opposition. *SpaceNews*; July 25.

de Selding PB(2013). Thuraya ringing up higher sales after four – year slide. *SpaceNews*; Mar. 22.

Digital Ship(2017). Latest iDirect modem pushes GX throughput to 330Mbps. Accessed 2020 Oct. 26.

Dish Network (2013a). Form 10 – K, annual report, year ending 12/31/12. Filed with SEC. Feb. 20. Accessed 2015 Jan. 30.

Dish Network (2013b). Form 10 – Q, quarterly report, period ending 06/30/13. Filed with SEC. Aug. 6. On dish. client. shareholder. com/results. cfm. Accessed 2015 Feb. 13.

Divis DA (2016). LightSquared seeks FCC approval for GPS" coexistence" plan. *Inside GNSS*; Jan. 15. Accessed 2016 May 13.

Divis DA (2018). GPS experts vote unanimously to oppose Ligado's newest proposal. Accessed 2019 Apr. 5.

DotEcon Ltd(2017). Pricing of satellite complementary ground component, prepared for ComReg [Irish Commission for Communications Regulation]. Mar. Accessed 2017 Oct. 20.

Dutta S, inventor; ATC Technologies LLC, assignee(2010). Methods of ground based beam formingand on – board frequency translation and related systems. U. S. patent 7,706,748 B2. Apr. 27.

EchoStar(2020). 2019 annual report for year ended December 31, 2019. Mar. 18. On ir. Accessed 2020 Oct. 24.

EchoStar Mobile(2017). The future is now. Services brochure. Accessed 2020 Oct. 23.

EchoStar Mobile(2018). About. Accessed 2020 Oct. 23.

EchoStar Mobile (2019a). Hughes 4200 portable data terminal. On www. echostarmobile. com/Products/ProductsOverview/hughes – 4200. aspx. Accessed 2020 Oct. 23.

EchoStar Mobile (2019b). Hughes 4500 S – band terminal. On www. echostarmobile. com/Products/ProductsOverview/hughes – 4500. aspx. Accessed 2020 Oct. 23.

EchoStar Mobile(2019c). Converged services. Accessed 2020 Oct. 23.

EchoStar Mobile(2019d). Regulatory. aspx. Accessed 2020 Oct. 23.

EchoStar Mobile(2019e). 5G standardization. Accessed 2020 Nov. 11.

EngineerDir(2014). Thuraya − 2,3. Product description. Accessed 2014 Oct. 21.

Epstein JW,CEO of TerreStar Networks (2010). Declaration of Jeffrey W. Epstein pursuant to local bankruptcy rule 1007 − 2 in support of first day pleadings. To US bankruptcy court, southern district of New York. Oct. 19. Accessed 2015 Feb. 9.

Erwin S (2020). DoD issues new rebuke of FCC's decision to allow Ligado 5G network. *Space News*; Apr. 18.

European Aeronautic Defence and Space Co (EADS) (2005). First Inmarsat − 4 satellite ready for launch. Press release. Mar. 8. Accessed 2014 Oct. 8.

European Space Agency(ESA) (2011). Alphasat, framework for the Alphasat mission. Fact sheet. June 10. Accessed 2014 Dec. 1.

European Space Agency(ESA) (2017). Alphasat I/Inmarsat − XL(Inmarsat − Extended L bandpayload)/InmarSat −4A F4. *Earth Observation Portal*. On directory. eoportal. org/web/eoportal/satellite − missions/content/ − /article/alphasat#overview. Accessed 2019 May 12.

ETSI TS(European Telecommunications Standards Institute Technical Specification)101376 −3 −21,v1. 1. 1 (2001). GEO − mobile radio interface specifications; part 3: network specifications; sub − part 21: position reporting services; stage 2 service description; GMR − 1 03. 299. Mar.

ETSI TS 101 376 − 1 − 3, v3. 1. 1(2009). GEO − mobile radio interface specifications(release 3); third generation satellite packet radio service; part 1: general specifications; sub − part 3: general system description; GMR − 1 3G 41. 202. July.

Evans B, Werner M, Lutz E, Bousquet M, Corazza GE, Maral G, Rumeau R, and Ferro E(2005). Integration of satellite and terrestrial systems in future multimedia communica tions. *IEEE Wireless Communications*; Oct.

Federal Communications Commission(FCC) (2010). Grant of authority to TerreStar Networks to operate dual − mode mobile terminals that can be used to communicate either via TerreStar's geostationary − orbit MSS satellite, TerreStar − 1, or via ATC base stations. Jan. 13. Accessed 2015 Feb. 9.

Federal Communications Commission (FCC) (2014). Ancillary terrrestrial component. Sep. 29. Accessed 2015 May 11.

Ferster W(2012a). Revised LightSquared plan still interferes into GPS. *Space News*; Jan. 13.

Ferster W(2012b). FCC to pull LightSquared license. *SpaceNews*; Feb. 15

Foust J(2020). GPS committee calls FCC Ligado order a" grave error. "*SpaceNews*; July 1.

Gabellini P, D'Agristina L, Dicecca L, Di Lanzo D, Gatti N, and Angevain J − C(2010). The electrical design and verification of the Alphasat TDP# 5 antenna farm. *ESA Antenna Workshop on Antennas for Space Applications*; Oct.

Gallinaro G, Tirrò E, Di Cecca F, Migliorelli M, Gatti N, and Cioni S(2012). Next generation interactive S − band mobile systems, challenges and solutions. *Advanced Satellite Multimedia Systems Conference and Signal Processing for Space Communications Workshop*; Sep. 5 − 7.

Gizinski III SJ and Manuel R (2015). Inmarsat − 5 Global Xpress: secure, global mobile, broadband. Accessed 2016 May 14.

Global Satellite France(2014). Téléphones satellites Thuraya. Accessed 2014 Oct. 19.

GlobalSpec(2014). Satellite communications equipment from Airbus Group, solid state power amplifier (SSPA) – L/S band. Product sheet. Accessed 2017 July 17.

Godinez V (2011). LightSquared picks Sprint to build 4G network. *The Dallas Morning News*; July 28. Accessed 2015 Feb. 14.

Goovaerts D (2016). Ligado unveils mid – band 5G network plan to FCC. *Wireless Week*. May 24. Accessed 2017 Oct. 21.

Gunter's Space Page (2014a). Alphasat (Inmarsat – 4A F4). Mar. 25. On space. skyrocket. de/doc_sdat/alphasat. htm. Accessed 2014 Oct. 13.

Gunter's Space Page(2014b). TerreStar 1,2 →EchoStar T1, T2. Aug 8. On space. skyrocket. de/doc_sdat/TerreStar – 1. htm. Accessed 2014 Oct. 10.

Gunter's Space Page(2014c). SkyTerra 1,2(MSV 1,2,SA). Apr 5. On space. skyrocket. de/doc_sdat/SkyTerra – 1. htm. Accessed 2014 Oct. 7.

Gunter's Space Page(2017). Inmarsat – 4 F1,2,3. Mar. 25. On space. skyrocket. de/doc_sdat/inmarsat – 4. htm. Accessed 2014 Oct. 17.

Guy RFE (2009). Potential benefits of dynamic beam synthesis to mobile satellite commu nication, using the Inmarsat 4 antenna architecture as a test example. *International Journal of Antennas and Propagation*;2009;1 – 5.

Guy RFE, Wyllie CB, and Brain JR(2003). Synthesis of the Inmarsat 4 multibeam mobile antenna. *IET International Conference on Antennas and Propagation*; Mar. 31 – Apr. 3.

Hadinger PJ(2015). Inmarsat Global Xpress: the design, implementation, and activation of a global Ka – band network. *AIAA International Communications Satellite Systems Conference*; Sep. 7 – 10.

Harris Corporation(2009). Harris Corporation antenna reflector for TerreStar communications satellite successfully deployed. Press release. Sep. 28. Accessed 2015 Feb. 12.

Harris Corporation (2010). Photo of SkyTerra 1 L – band antenna deployed in factory. Accessed 2015 Feb. 16.

Harris Corporation(2011). Harris Corporation awarded satellite antenna contract by Boeing for Inmarsat – 5 satellites. Press release. Mar. 3. Accessed 2017 Sep. 11.

Henry C(2017a). Inmarsat CEO hints at more advanced Global Xpress satellites. *SpaceNews*. Mar. 7.

Henry C (2017b). Inmarsat undecided on how it will use the satellite SpaceX is launching next week. *SpaceNews*. May 11.

Henry C(2020). Yahsat begins Thuraya fleet refresh with Airbus satellite order. *SpaceNews*. Aug. 28.

Hibberd C(2012). Inmarsat Global Xpress network – meeting the challenges of providing a seamless global Ka – band service to mobile terminals. *AIAA International Communications Satellite System Conference*; Sep. 24 – 27.

Hili L and Malou F(2013). ESA – CNES deep sub micron program ST 65nm. Viewgraph pres entation. Accessed Oct. 10,2014.

Howell A of Inmarsat(2010). Broadband global area networks. Viewgraph presentation. *Standards and the New Economy Conference*led by Cambridge Wireless;2010 Mar. 25. Accessed 2014 Nov. 29.

iDirect(2017). Glossary of satellite terms. Accessed 2017 Sep. 17.

Inmarsat(2006). Troubleshooting BGAN, v 1. 0. Aug. 6. Accessed 2014 Dec. 8.

Inmarsat(2009a). Inmarsat Group Ltd Form 20 – F; annual report to Securities and Exchange Commission. Apr. 29. Accessed 2014 Dec. 9.

Inmarsat(2009b). BGAN X – Stream™ FAQs. June. On www. inmarsat. com/wp – content/uploads/2013/10/Inmarsat_BGAN_X – Stream_FAQs. pdf. Accessed 2014 Dec. 4.

Inmarsat(2011a). 2010 annual report and accounts. Accessed 2014 Dec. 8.

Inmarsat(2011b). IsatPhone Pro user guide. Oct. Accessed 2014 Dec. 8.

Inmarsat(2012a). Schedule S technical report and Attachment A, technical annex. Part of application to FCC for earth station authorizations to use with Inmarsat – 5 F2. FCC file no SES – LIC – 20120426 – 00397.

Inmarsat(2012b). Broadband terminals, a quick reference guide. June. Accessed 2014 Nov. 10.

Inmarsat(2012c). Seven questions to ask before building your satellite SCADA network. Accessed 2014 Dec. 9.

Inmarsat(2013a). Our coverage. Oct. Accessed 2014 Nov. 10.

Inmarsat(2013b). Our network. Accessed 2014 Dec. 8.

Inmarsat(2013c). I – 4 satellite coverage map. Oct. Accessed 2016 May 19.

Inmarsat(2013d). Carriers. Accessed 2017 Oct. 11.

Inmarsat(2014a). 2013 annual report and accounts. Accessed 2014 Dec. 2.

Inmarsat(2014b). BGAN HDR. Product information. Accessed 2015 Jan. 11.

Inmarsat(2014c). Global Xpress land terminal features, raising the bar on VSAT. Product brochure for VSAT manufacturers. On hmstelcom. com/wp – content/uploads/2017/06/Inmarsat – GX – Land – Terminal – Features – March – 2014 – EN – LowRes. pdf. Accessed 2020 Oct. 26.

Inmarsat(2014d). Inmarsat completes Global Xpress ground network. News release. Nov. 7. Accessed 2017 Oct. 8.

Inmarsat (2015a). Inmarsat Global Xpress; global, mobile, trusted. Brochure. Jan. Accessed 2017 Oct. 11.

Inmarsat(2015b). Inmarsat to create fourth full – service L – band region. News release. Accessed 2017 Oct. 18.

Inmarsat(2016). The European aviation network. Apr. Accessed 2017 Oct. 19.

Inmarsat(2017a). Global Xpress. Accessed 2017 Sep. 4.

Inmarsat(2017b). Our coverage. Accessed 2017 Sep. 26.

Inmarsat(2017c). Inmarsat – 5 F4 mission. Accessed 2017 Sep. 26.

Inmarsat(2017d). Our network. Accessed 2017 Oct. 19.

Inmarsat(2020). Global Xpress. Accessed 2020 Sep. 15.

Intellian(2020). GX60NX. Product datasheet. Accessed 2020 Oct. 26.

International Telecommunication Union(ITU)(2016a). *Radio Regulations*, vol. 1, Articles.

International Telecommunication Union(ITU)(2016b). Final acts WRC – 15; resolution 156. *World Radiocommunication Conference*. On handle. itu. int/11. 1004/020. 1000/4. 297. 43. en. 100. Accessed 2017 Sep. 21.

Irish D and Marchand G of Inmarsat(2013). SwiftBroadband technical workshop. Viewgraph presentation. June. Accessed 2015 Jan. 11.

Khan AH, Febvre P, and Fines P(2013). Low data rate and high data rate technologies for next – generation BGAN. *AIAA International Communications Satellite Systems Conference*; Oct. 15 – 17.

Kiyohara A, Kazekami Y, Seino K, Tanaka K, Shirasaki K, Fukazawa S, Iwano N, Kittaka Y, and Gill R (2003). Superior tracking performance of C – band solid state power amplifier for Inmarsat – 4. *AIAA International Communications Satellite Systems Conference*; Apr. 17 – 19.

Koduru C, Tomei B, Sichi S, Suh K, Ha T, and Gupta R(2011). Advaced space based net workusing bround based beam former. *AIAA International Commuications Satellite Systems Conference*; Nov. 28 – Dec. 1.

Kongsberg Defence Systems (2005). Inmarsat – 4 F1 launched. News release. Apr. 14. Accessed 2014 Nov. 29.

Kongsberg Defence Systems(2008). Thuraya – 3 brings another 335 Norspace SAW filter modules into orbit. News release. Accessed 2014 Oct. 8.

Lawson S (2012). Sprint cancels LightSquared LTE deal. *ComputerWorld*; Mar. 16. Accessed 2015 Feb. 14.

Lee – Yow C, Scupin J, Venezia P, and Califf T(2010). Compact high – performance reflector antenna feeds and feed networks for space applications. *IEEE Antennas and Propagation Magazine*; 52(4) (Aug.); 210 – 217.

Leong CK, Mathur RP, Craig AD(1996). Payload digital processor hardware demonstrator for satellite communications systems. *Proceedings, International Conference on Communication Technology*; vol. 1; May 5 – 7.

LightSquared (about 2006). Technical appendix, to FCC, seeking authority to communicate with SkyTerra 2.

LightSquared(2015). About LightSquared. Accessed 2015 Feb. 14.

LightSquared and 19 other companies(2012). Debtors' motion for entry of order directing joint administration of related chapter 11 cases. To US bankruptcy court southern district of New York. May 14. Accessed 2015 Feb. 14.

Lim W and Salvatore J(2013). Method and system for maintaining communication with inclined orbit geostationary satellites. U. S. patent application 2013/0309961 A1. Nov. 21.

Lohmeyer WQ, Aniceto RJ, and Cahoy KL(2016). Communications satellite power amplifiers: current and future SSPA and TWTA technologies. *International Journal of Satellite Communications and Networking*; vol. 34; Mar/Apr.

Mallison MJ and Robson D(2001). Enabling technologies for the Eurostar geomobile satel lite. *AIAA International Communications Satellite System Conference*; Apr. 17 – 20.

Martin DH, Anderson PR, and Bartamian L(2007). *Communications Satellites*, 5th ed., El Segundo, CA: The Aerospace Press; and Reston, VA: American Institute of Aeronautics and Astronautics, Inc.

Matolak DW, Noerpel A, Goodings R, Vander Staay D, and Baldasano J(2002). Recent progress in deployment and standardization of geostationary mobile satellite systems. *Proceedings, IEEE Military Communications Conference*; vol. 1; Oct. 7 – 10.

McNeil SD (about 2004). Inmarsat 4F2 attachment 1 technical description. FCC filing. Accessed 2014 Dec. 28.

Military & Aerospace Electronics (2005). Space Systems/Loral buys amplifiers for commu nications satellites. News article. Dec. 1

Mitani B of MSV Canada (2007). MSV's next generation satellite system. Viewgraph pres entation. *ITU – T Workshop, Satellites in NGN?*; July 13. Accessed 2015 Feb. 15.

Mugnaini S and Benhamou M (2019). In – orbit test strategy and results for GX multibeam antenna. Accessed 2020 Oct. 26.

Myers JN, McEntee C, Bahrami A, Seitter KL, Baker M, Root SA, Nolen B, Hutchison K, Marotto R, Block JH, and 12 more authors (2017). Ex parte letter to FCC from 22 organi zations. June 27. Accessed 2017 Oct. 21.

National Association of Broadcasters (2010). New satellite phones *still* on the horizon. *TV TechCheck*. July 26. Accessed 2015 Feb. 5.

National Satellite Telecommunications Services (2014). Ground segment. Accessed 2014 Oct. 20.

Nicola G and Plecity M (2013). GX aviation services and functionality. Accessed 2017 Sep. 21.

NordicSpace (2006). Broadband for everybody. Article. Jan. 1. On nordicspace. net/2006/01/01/broadband – for – everybody. Accessed 2014 Dec. 9.

Orbit Communications Systems (2019). GX46 airborne satcom terminal. Product information. Accessed 2020 Oct. 25.

Orbitica (2013). Tarif des communications Inmarsat Fleet 77/55/33. Accessed 2014 Dec. 8.

Parkinson B (2018). A grave threat to GPS and GNSS. Jan. 16. Accessed 2019 Apr. 6.

Pelkey T (2020). FCC unanimously approves Ligado's application to facilitate 5G and Internet of things services. Apr. 20. *News from the Federal Communications Commission*. On docs. fcc. pdf. Accessed 2020 May 27.

Phonearena (2010). TerreStar Genus™. Product spec sheet. Accessed 2015 Feb. 2.

Plass S, editor (2011). *Future Aeronautical Communications*. Published online by InTech. Sep. 26.

Pon R, inventor; Space Systems, Loral, assignee (2002). Aft deployable thermal radiators for spacecraft. U. S. patent 6,378,809 B1. Apr. 30.

PR Newswire (2009). Hughes announces agreement with SkyTerra and TerreStar to imple mentGMR1 – 3G satellite air interface on chipset for wireless handsets. News article. Apr. 2. Accessed 2015 Feb. 1.

Recommendation, ITU – R, P. 531 – 10 (2009). Ionospheric propagation data and prediction methods required for the design of satellite services and systems. Geneva: ITU – R.

Roederer AG (2005). Antennas for space: some recent European developments and trends. *Proceedings, International Conference on Applied Electromagnetics and Communications*; Oct. 12 – 14.

Roederer AG (2010). Semi – active satellite antenna front ends: a successful European innova tion. *Proceedings, Asia – Pacific Microwave Conference*; Dec. 7 – 10.

Russell K (2017a). Iridium, Ligado dispute over spectrum heats up. *Via Satellite Magazine*. Mar. 31. Accessed 2017 Oct. 21.

Russell K (2017b). EchoStar completes in – orbit testing of EchoStar 21 satellite. *Via Satellite Magazine*. Aug. 29. Accessed 2017 Oct. 20.

Satbeams(2007). Inmarsat – 3 F4. Information site. Accessed 2014 Dec. 2.

Satbeams(2020a). Inmarsat GX4(Inmarsat 5F4). Information site. Accessed 2020 Sep. 15.

Satbeams(2020b). EchoStar 21(EchoStar T2, TerreStar 2). Information site. Accessed 2020 Sep. 15.

Satnews(2010). Command center – Dennis Matheson, CTO, TerreStar. Interview article. *MilsatMagazine*; Jan. Accessed 2015 Jan. 31.

SatPhoneStore(2020). Thuraya SatSleeve Hotspot. Product information. Accessed 2020 Oct. 12.

SatStar. net (2014) . Composite beam; Hawaii beam; and Puerto Rico beam. EchoStar T1 beams. Accessed 2015 Jan. 30.

SatStar. net(2017). L1 – Conus beam. Skyterra 1 beams. Accessed 2017 Oct. 24.

Securities and Exchange Commission (2013) . Form 8 – K, Current report, TerreStar Corporation. Accessed 2015 Feb. 12.

Segal RS of MSV(2007). Application for limited waiver, before the FCC, in the matter of Mobile Satellite Ventures Subsidiary LLC. May 23. On licensing. fcc. Accessed 2015 Feb. 15.

Semler D, Tulintseff A, Sorrell R, and Marshburn J(2010). Design, integration, and deploy mentof the TerreStar 18 – meter reflector. *AIAA International Communications Satellite System Conference*; Aug. 30 to Sep. 2.

Simon PS(2007). LinkedIn page. Jan. 1. Accessed 2012 Sep. 17.

SpaceNews(2010). TerreStar – 2 in final payload integration. Apr. 25.

SpaceNews(2011). Editorial: Regulatory relief for LightSquared. Feb. 8.

Spaceflight 101(2016). Inmarsat 5 – F3. May 14. Accessed 2017 Oct. 11.

Spaceflight 101(2017). Inmarsat 5 – F4 satellite overview. May 2. On spaceflight101. com/falcon – 9 – inmarsat – 5 – f4/inmarsat – 5 – f4/. Accessed 2017 Sep. 11.

Stirland SJ and Brain JR(2006). Mobile antenna developments in EADS Astrium. *European Conference on Antennas and Propagation*; Nov. 6 – 10.

Sunderland DA, Duncan GL, Rasmussen BJ, Nichols HE, Kain DT, Lee LC, Clebowicz BA, Hollis IV RW, Wissel L, and Wilder T(2002). Megagate ASICs for the Thuraya satellite digital signal processor. *Proceedings, IEEE International Symposium on Quality Electronic Design*; Mar. 21.

TerreStar Networks(2009). Exhibit 1, Request for extension of special temporary authorty [sic]. Accessed 2015 Jan. 30.

TerreStar Networks(2010). Case administration Website. Accessed 2015 Feb. 12.

Thomson MW(2002). Astromesh™ deployable reflectors for Ku – and Ka – band commercial satellites. *AIAA International Communication Satellite Systems Conference*; May 12 – 15.

Thuraya Satellite Telecommunications(2003). Technology. Accessed 2014 Oct. 19.

Thuraya Telecommunications(2014a). Cobham flat panel fixed antenna 1426. Product sheet. Accessed 2014 Oct. 21.

Thuraya Telecommunications(2014b). Knowledge center. Accessed 2014 Oct. 17.

Thuraya Telecommunications(2014c). Products. Accessed 2014 Oct. 18.

Thuraya Telecommunications (2015) . Satellite capacity leasing, assured access of space seg ment. Service description. Accessed 2015 Jan. 22.

Thuraya Telecommunications(2020). Network coverage. Accessed 2020 Oct. 12.

Tian B, Jalali A, Jayaraman S, and Namgoong J, inventors; Qualcomm, assignee (2013). Reverse link data rate indication for satellite – enabled communications systems. U. S. pat ent 8, 588, 086 B2. Nov. 19.

TS2 Technologie Satelitarne (2009). Inmarsat iSatPhone PRO. Product information. Accessed 2014 Dec. 2.

Ueno K, Ohira T, Tsunoda H, and Ogawa H (1996). Phased array fed single reflector antenna for communication satellites. *International Symposium on Antennnas & Propagation*; Sep. 24 – 27. Accessed 2014 Nov. 30.

USA – Satcom (2012). Inmarsat Aero – P ACARS multi – channel decoder. On usa – satcom. com/inmarsat – aero – p – acars – multi – channel – decoder. Accessed 2014 Dec. 17.

Vilaça M (2004). Using the new L band MSS allocations. *Study Group 8 Seminar on Tomorrow's Technological Innovations*. Sep. 9. Accessed 2010 Feb. 5.

Vilaça M (2020a). Private communication. Sep. 11.

Vilaça M (2020b). Private communications. Sep. 26, Sep. 27, and Oct. 5.

Vilaça M (2020c). Private communication. Oct. 15.

Vilaça M and Bath D (2011). Inmarsat Global Xpress – global broadband mobility. *Ka – band Conference*; Oct. 3 – 5.

Wang J – L and Liu C – S (2011). Development and application of Inmarsat satellite communi cation system. *International Conference on Instrumentation, Measurement, Computer, Communication and Control*; Oct. 21 – 23.

Wikipedia (2015). SkyTerra. Accessed 2015 Feb. 14.

Wikipedia (2017a). Inmarsat. Oct. 17. Accessed 2017 Oct. 18.

Wikipedia (2017b). Ligado Networks. Sep. 3. Accessed 2017 Oct. 21.

Wikipedia (2020). GSM. Aug. 27. Accessed 2020 Sep. 14.

Wingrove M (2020). New Inmarsat GX antenna technology launched. *Riviera Maritime Media* Web site. Aug. 5. Accessed 2020 Oct. 25.

Witting M, Hauschildt H, Murrell A, Lejault J – P, Perdigues J, Lautier JM, Salenc C, Kably K, Greus H, Garat F, and 25 more authors (2012). Status of the European data relay satel lite system. *Proceedings, International Conference on Space Optical Systems and Applications*; Oct. 9 – 12.

Wyatt – Millington RA, Sheriff RE, and Hu YF (2007). Performance analysis of satellite payload architectures for mobile services. *IEEE Transactions on Aerospace and Electronic Systems*; 43 (Jan.); 197 – 213.

Yahsat (2018). Yahsat completes Thuraya acquisition and appoints new CEO. News release. Aug. 5. Accessed 2019 Apr. 5.

附录 A

A.1 分贝

电气工程师通常将比值表示为分贝(dB),dB 是一个对数标尺。通信卫星信号功率和噪声电平范围很宽,通常有几个数量级。使用 dB 能将大范围展平到更易于人员理解的范围。功率 P_1、P_2 的比值以 dB 形式表示为

$$功率比值\frac{P_1}{P_2} = 10\lg\left(\frac{P_1}{P_2}\right)(dB)$$

对数前面的系数 10 将比值 P_1/P_2 范围从 1~10 转变为 0~10dB。也就是说,在小范围内,没有系数 10 时,0 到 1 几乎相同。

表 A.1 列出了以 dB 为单位的功率比。

表 A.1 以 dB 为单位的功率比

数字功率比	功率比(dB)
1	0
2	3.0
3	4.8
4	6.0
5	7.0
7	8.5
10	10
100	20
1000	30

可用于计算大多数其他功率比的关系式有:

$$\begin{cases} 10\lg(UV) = 10\lg U + 10\lg V \\ 10\lg\left(\frac{1}{U}\right) = -10\lg U \\ 10\lg\sqrt[n]{V} = \frac{1}{n}10\lg V \end{cases}$$

例如,功率比为 30 的 dB 值为 $10\lg(10^3)$,即约为 $10+4.8=14.8(\mathrm{dB})$,功率比为 15 的 dB 值约为 $14.8-3.0=11.8(\mathrm{dB})$。

"数字比值"经常用于表示不以 dB 为单位的比值。本书更常用的术语是"非 dB"。

幅度比或电压比对 dB 有不同的定义,这可能会造成混淆。幅度 A_1、A_2 的比值以 dB 为单位表示如下:

$$\text{幅度比值}\frac{A_1}{A_2} = 20\lg\left(\frac{A_1}{A_2}\right)(\mathrm{dB})$$

事实上,这是相同的定义,因为幅度与功率的平方根成正比(假设电压是在相同的阻抗上测量):

$$\text{功率比值}\frac{A_1^2}{A_2^2} = 10\lg\left(\frac{A_1^2}{A_2^2}\right)(\mathrm{dB})$$

同样令人困惑的是,有时不仅是比值,而且带有单位的术语都是以 dB 类型的格式给出,如以 dBHz 为单位的频率。问题是,要使用的 dB 定义中对数的系数是 10 还是 20。在常用表达式中,如果该术语直接乘或除幂,则采用系数 10。通过"直接",而不采取其平方或平方根。一个例子是带宽 B,因为它常用在表达式 $\mathrm{SNR}=P/(N_0 B)$ 中。类似地,如果常用方程中将该项设为等于幂或逆幂直接存在的表达式,则也使用系数 10,如方程 $E_s = P/R_s$ 中的符号能量 E_s。事实上,系数为 20 的定义并不常用。

A.2 傅里叶变换

熟悉傅里叶变换以及时域和频域的对偶性是理解本书某些内容的先决条件。尽管如此,为了完整起见,简要介绍傅里叶变换和傅里叶逆变换的定义。假设 $w(t)$ 是时间的函数,则可将其傅里叶变换作为频率 f 的函数写为 $W(f)$。它们的关系如下:

$$\text{傅里叶变换 } \mathcal{F}[w(\cdot)](f) = W(f) = \int_{-\infty}^{\infty} w(t) e^{-j2\pi ft} dt$$

$$\text{傅里叶逆变换 } \mathcal{F}^{-1}[W(\cdot)](t) = w(t) = \int_{-\infty}^{\infty} W(f) e^{j2\pi ft} df$$

傅里叶变换在分析信号和滤波器脉冲响应很有用。它也能用于天线,对于天线来说,代替时域和频域,而使用空域方向图。简单来说,函数越窄(非零区间越小),其傅里叶变换越宽。

可参见有关概率论和随机过程的书籍,了解函数应用于各种运算时,其傅里叶变换变化的形式。

A.3 概率论的要素

A.3.1 引言

在傅里叶分析之后,概率论是最常应用于通信有效载荷(以及端到端通信系统)的指标、研发和"卖点"的数学部分。首先介绍概率论的定义和性质,然后介绍了概率论应用方面实用且有用的技巧。更多的内容可以参见专门介绍概率论的书籍。

A.3.2 随机变量和概率密度函数的定义

下面总结了涉及有效载荷(或实际上是端到端通信系统)的通信分析中最常用的概率术语的定义。

概率空间由元素的空间或集合 $\mathcal{S}$ 以及在事件或 $\mathcal{S}$ 的子集上定义的概率函数 Pr 两部分组成,它具有以下性质。

(1) $\Pr(A) \geq 0$, A 是 $\mathcal{S}$ 的子集;
(2) $\Pr(\mathcal{S}) = 1$;
(3) $\Pr(A \cup B) = \Pr(A) + \Pr(B)$。

如果 $A \cap B = \emptyset$, A 和 B 都是 $\mathcal{S}$ 的子集,则 $\cup$ 表示并集, $\cap$ 表示交集, $\emptyset$ 表示空集。$\mathcal{S}$ 的元素也是事件,而且是基本事件。例如,$\mathcal{S}$ 可以是介于 0~1 之间(包括0和1)的实数区间$[0,1]$。

通俗一点讲,随机变量或随机数 X 是定义在概率空间 $\mathcal{S}$ 元素上的实值函数(完整定义参见概率教科书)。同时,在 $\mathcal{S}$ 的子集上,X 取一组值,将其取反并根据 X 的取值定义 $\mathcal{S}$ 的子集:

$\Pr(X=x) \triangleq \Pr(\text{事件 } X=x)$, x 是 X 的一个值,"$\triangleq$"表示定义。

类似的, $\Pr(X \leq x) \triangleq \Pr(\text{事件 } X \leq x)$

随机变量 X 的(累积)分布函数(cdf)定义为

$$P_X(x) \triangleq \Pr(X \leq x), \text{对于 } X \text{ 的所有值 } x$$

当没有歧义时,通常省略下标 X。如果 cdf 是连续的,则 X 是连续的;如果 cdf 是阶梯型的,则 X 是离散的。也会出现混合类型,其中函数在某些区间是连续的,但值至少存在一次跳跃。cdf 的定义适用于连续和离散随机变量。

连续随机变量的(概率)密度函数(pdf)定义为

$$P_X(x) \triangleq \frac{\mathrm{d}}{\mathrm{d}x}\Pr(X \leq x), \text{对于 } X \text{ 的所有值 } x$$

而对于离散随机变量,则其定义为
$$P_X(x_j) \triangleq \Pr(X = x_j)$$,对于 X 的所有值 x_j

有时 X 的下标可以省略。

A.3.3 均值、标准差、协方差

在有效载荷分析中,随机变量 X 的特性经常用均值 m_X 和标准差 σ_X 来表示:

$$m_X = 均值\ X \triangleq \int_S x p_X(x) \mathrm{d}x$$

$$\sigma_X = 标准差\ X = \sqrt{\overline{随机变量\ X}},\ 其中变量\ X \triangleq \int_S (x - m_X)^2 p_X(x) \mathrm{d}x$$

当意义明确时,下标 X 可以略掉。

通常我们对随机变量 X 的函数 g 感兴趣,例如,天线增益作为天线指向误差的 $E-W$ 分量的函数。如果函数 g 满足某些良性标准(在任何概率教科书中都会给出),那么 $g(X)$ 也是一个随机变量,其期望值 $E(g(X))$ 定义为

$$E(g(X)) \triangleq \int_S g(x) p_X(x) \mathrm{d}x$$

X 的均值和方差可以用这个公式表示,其中 $g(x) = x$ 表示均值, $g(x) = (x - m_X)^2$ 表示方差:

$$m_X = E(X)$$

$$\sigma_{X^2} = E[(X - m_X)^2]$$

假设现在有两个随机变量 X 和 Y,每个变量都包含概率密度函数,则 X 和 Y 的联合 pdf 写为 $p_{X,Y}$,并分别定义在 X、Y 的所有值。如果

$$p_{X,Y}(x,y) = p_X(X) p_Y(Y),\ X\ 为\ x\ 的所有值, Y\ 为\ y\ 的所有值$$

X 和 Y 是独立的。也就是说,如果 X 具有任何特定值的概率不受 Y 值的影响,反之亦然。独立性的概念可以扩展到两个以上的随机变量,在这种情况下,为了清楚起见,更常使用相互独立性术语。

与独立性相关的一个概念是相关性。任意两个随机变量 X 和 Y 之间的相关量由它们的相关系数 $\rho_{X,Y}$ 给出,

$$\rho_{X,Y} \triangleq \frac{E[(X - m_X)(Y - m_Y)]}{\sigma_X \sigma_Y}$$

需要注意,相关系数可以为负。对于某些 $Y - m_Y = k(X - m_X)$, $k \neq 0$ 特殊情况,定义相关系数的边界值,即 $+1$ 和 -1:

$$\rho_{X,Y} = \mathrm{sgn}(k)$$

如果 X 和 Y 是独立的,则它们不相关;反之,则不一定成立。然而,如果 X 和 Y 服从高斯分布,那么它确实成立。

A.3.4 随机变量的和

我们经常需要面对随机变量的和,如有效载荷性能预算中的项目。假设 X 和 Y 是随机变量,那么它们的和 $X+Y$ 也是一个随机变量。显然,两个以上的随机变量的和也是一个随机变量。和的均值也是各个均值的和:

$$m_{X+Y} = m_X + m_Y$$

而和的标准差比较复杂,它依赖 X 和 Y 的相关性,则有

$$\sigma_{X+Y} = \sqrt{\sigma_{X+Y}^2}$$

$$\sigma_{X+Y}^2 = \sigma_X^2 + \sigma_Y^2 + 2\rho_{X,Y}\sigma_X\sigma_Y$$

当 $\sigma_X = \sigma_Y$ 时,有

$$\sigma_{X+Y}^2 = \begin{cases} 4\sigma_X^2, & \rho_{X,Y} = 1 \\ 2\sigma_X^2, & \rho_{X,Y} = 0 \\ 0, & \rho_{X,Y} = -1 \end{cases}$$

高斯随机变量的和是高斯的,但其他 pdf 类却没有这个特性。

A.3.5 高斯概率密度函数

高斯概率密度函数是有效载荷和通信系统分析中最常用的概率密度函数。有以下四个原因:第一个原因是某些变量确实具有高斯概率密度函数或非常接近它;第二个原因是某些变量的概率密度函数仅部分已知,但在某些方面已知为类高斯分布。当然最好的理由是,分析通常是基于几个随机变量的和,并且总和通常服从高斯分布,参见 A.3.9 节中心极限定理。有时总和是许多大致相等的小项;它们的大小大致相等,因为如果有一个项比其他项大得多,那么它会通过一些设计改进来减少它们的差异。高斯假设频率的最后一个原因是它的易用性:例如高斯概率密度函数的傅里叶变换本身就是一个高斯函数。高斯概率密度函数的计算通常可以通过分析(如手算)完成,或者至少比其他概率密度函数更简单,并且有时可以快速估算。模拟因为通常其可以避免蒙特卡罗(A.4 节)几乎总是更快。必须在此提醒,高斯概率密度函数只能在仔细评估后才能假设。

对应于均值 m 和标准差 σ 的高斯概率密度函数由下式给出:

$$p(X) = \frac{e^{-(X-m)^2/(2\sigma^2)}}{\sigma\sqrt{2\pi}}$$

图 A.1 给出了均值为 0 时的概率密度函数图。

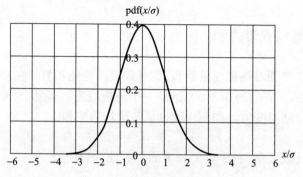

图 A.1　均值为 0 的高斯概率密度函数

与 1σ 和 2σ 值相关的概率如图 A.2 所示。类似地,3σ 值对应的概率如下:高斯随机变量在其 $\pm 3\sigma$ 均值范围内的概率为 99.68%,而在小于其正 3σ 均值的概率为 99.83%。

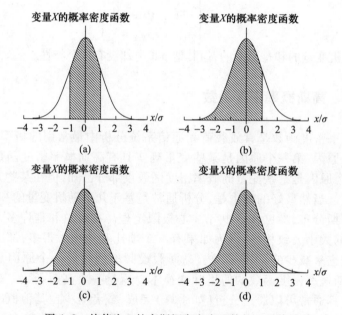

图 A.2　均值为 0 的高斯概率密度函数的一些特性
(a)$\Pr(|X|\leq 1\sigma)\approx 68\%$;(b)$\Pr(X\leq 1\sigma)\approx 84\%$;(c)$\Pr(|X|\leq 2\sigma)\approx 95.4\%$;(d)$\Pr(X\leq 2\sigma)\approx 97.7\%$。

A.3.6　均匀概率密度函数

除了高斯概率密度函数,最常见的是均匀概率密度函数,它在某个区间内是恒定值,而在区间外均为零。均匀概率密度函数通常在以 0 为中心的区间内非零或从 0 到某个正值的区间内非零。下面给出了这两种情况的标准差,图 A.3 绘制了一般概率密度函数：

$$\sigma \text{ 对于均匀密度函数} \begin{cases} \sqrt{\dfrac{1}{3}} \approx 0.577, -1 \sim 1 \\ \sqrt{\dfrac{1}{12}} \approx 0.289, 0 \sim 1 \end{cases}$$

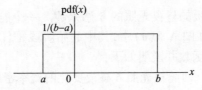

图 A.3 均匀概率密度函数

A.3.7 GEO 卫星舱板昼夜光照变化的概率密度函数

另一个有用的概率密度函数是舱板光照的概率密度函数(15.5 节)。在一天中，GEO 卫星的对地舱板有一半时间在阳光下(如果它不在天线或支撑结构的阴影下)，另一半时间处于黑暗中。光照量从零开始，就像一个正弦函数，直到它再次达到零，然后在后半天保持为零。东舱板和西舱板也是如此。昼夜光照如图 A.4(a) 所示，其中光照阶段是任意的。如果想知道某段光照对应的时间，那么可以认为昼夜光照是一个随机变量，且随机分布和均匀分布在一天中。昼夜光照变化的概率密度函数如图 A.4(b)。

在 x 从 0~1 的舱板光照的昼夜变化概率密度函数是：

$$\frac{1}{2}\delta(x) + (\pi\sqrt{1-x^2})^{-1}, \text{均值 } \pi^{-1} \approx 0.318, \text{标准差 } \sigma \approx 0.386$$

对应的随机变量是混合型的(A.3.2 节)，因为累积分布函数在 $x=0$ 处不连续，其值从 0 跳到 0.5。

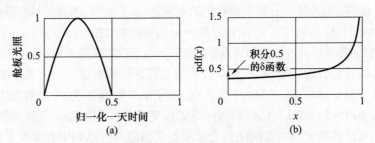

图 A.4 卫星对地舱板和东西方向舱板光照的昼夜变化
(a)昼夜光照变化；(b)概率密度函数。

该概率密度函数是卫星对地舱板、东舱板和西舱板内部单机的昼夜温度近似概率密度函数,以及由此产生的插入损耗变化。概率密度函数的独立轴值范围是从昼夜最低温度到昼夜最高温度。

A.3.8　东、西舱板光照 δ 昼夜变化的概率密度函数

这里对东西方向舱板的昼夜光照的 δ 感兴趣。一个舱板在阳光下,而另一个在黑暗中。δ 光照绘制在图 A.5(a)中,其中起始阶段是任意的。图 A.5(b)中绘制了 δ 变化的概率密度函数并说明如下:

在 X 从 $-1 \sim 1$ 的东、西舱板光照 δ 昼夜变化的概率密度函数为

$$(\pi \sqrt{1-X^2})^{-1}, 均值为 0, 标准差 \sigma \approx 0.707$$

当没有连接两个舱板的热管时,此概率密度函数是估算 GEO 卫星的东西舱板内部类似单机的昼夜 δ 温差。然后,可以近似得出 δ 插入损耗的最终变化(15.4 节)。概率密度函数的独立轴值范围从昼夜最小 δ 到最大 δ 温度。

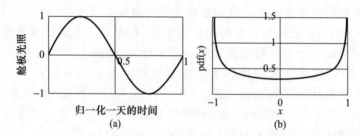

图 A.5　东西方向舱板光照的昼夜变化差异
(a)昼夜光照差异;(b)概率密度函数。

A.3.9　中心极限定理

中心极限定理是通信分析中最有用的定理之一,它表示,随着随机变量数目 n 变大,相互独立同分布(iid)的多个随机变量(rvs)的和越来越接近高斯分布。因为随机变量是独立同分布所以和的均值和方差分别是其随机变量均值的 n 倍和方差的 n 倍。

幸运的是在分析和模拟中,大多数情况下高斯收敛的速度非常快。求和中;大多数随机变量或者是高斯分布,或者是均匀分布的概率密度函数及其混合型(9.3.2 节和 15.5.7 节)。已经知道高斯随机变量的和是高斯分布的,所以分析一下均匀分布的概率密度函数的随机变量和。我们想知道总和中有多少个独立的随机变量,才能使总和的概率密度函数在平均值的 $\pm 2\sigma$ 的范围内采用高斯分布很好地近似。图 A.6 为几种均匀分布随机变量的概率密度函数图:(a)每种分布在 ±0.5 上的 2 种随机变量的和(b)每种分布为 ±0.5 的 3 个随机变量的和、(c)每种

分布为±0.5的4个随机变量的和,(d)一种分布为±0.5、一种分布为±0.35、一种分布为±0.65的3种不同随机变量的和。假设所有随机变量均值为零,其标准差分别为0.41、0.5、0.58和0.51。在图中,相同标准差的高斯概率密度函数为虚线。在图A.6(a)、(b)和(c)中,可以看到随着n的增加逐渐收敛到高斯分布。

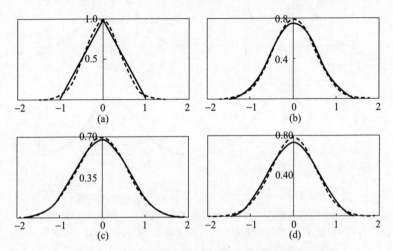

图 A.6　几种均匀分布的随机变量和的概率密度函数图
注:用虚线显示高斯概率密度函数。
(a)2种均匀分布的随机变量的和;(b)3种均匀分布的随机变量的和;
(c)4种均匀分布的随机变量的和;(d)3种不同随机变量的和。

表 A.2 为 4 种均匀分布的随机变量的和概率密度函数在±1σ、±2σ上积分以及高斯分布的随机变量的和的概率密度函数在±1σ、±2σ上的积分。即使总和中只有3种均匀分布的随机变量,积分也非常接近高斯积分。表中还给出了不同标准差的3种均匀分布的随机变量的情况,对应于图A.6(d)中的曲线,表明即使可能在有效载荷分析的3种随机变量的标准差略有不同,其随机变量的和接近高斯分布。但是,如果3种随机变量的标准方差比其他的大得多,高斯分布可能不是一个很好的近似值,这是需要注意。

表 A.2　独立、均匀分布随机变量和的概率密度函数在±1σ和±2σ上的积分

随机变量的和	在±1σ上的积分	在±2σ上的积分
2种均匀分布为±0.5	0.65	0.966
3种均匀分布为±0.5	0.66	0.957
4种均匀分布为±0.5	0.67	0.957
均匀分布分别为±0.5、±0.35、±0.65	0.66	0.961
高斯分布	0.68	0.954

一个极端但启发性的例子是几个随机相位余弦变量的和。1个随机相位余弦的概率密度函数如图A.7(a)所示,几乎不会像高斯分布一样。然而,图A.7(b)~(d)

中展示了将几个随机变量相加形成了类似高斯分布的概率密度函数,分别为 3 个、4 个和 5 个随机变量的和。注意不同图上的比例尺度不同。

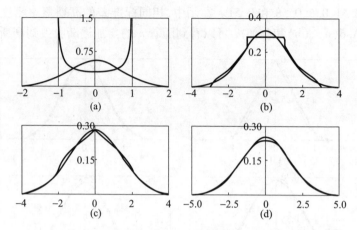

图 A.7 独立的随机相位余弦和的概率密度函数

注:相同数量随机变量的和,其标准差服从高斯分布的概率密度函数用灰线显示。
(a)1 个随机变量;(b)3 个随机变量的和;(c)4 个随机变量的和;(d)5 个随机变量的和。

可以得到结论:在有效载荷通信分析中遇到的大多数情况下,低至 3 个独立同分布随机变量的和可以通过高斯分布的随机变量在 $\pm 2\sigma$ 上很好地近似。而且,如果不能确切知道单个概率密度函数时(通常是这种情况),就有更多的理由接受近似值。

A.4 高斯-厄米积分近似高斯随机变量函数的期望值

高斯-厄米(Gauss-Hermite)积分是一种工具,可以通过快速计算取代大多数对独立高斯随机变量的蒙特卡罗模拟。Gauss-Hermite 积分或蒙特卡罗模拟法计算的是一个函数,其自变量为独立的高斯概率密度函数。Gauss-Hermite 积分是在几个点计算的函数的加权和,因此计算量要小得多。当函数需要计算其包括高斯变量在内的许多随机变量时,或者当函数仅作为较长计算的一部分需要计算时,这尤其有用。9.6 节和 16.3.9 节中给出了 Gauss-Hermite 积分的例子。

Gauss-Hermite 积分的方法是先在 6 个点上积分,然后在 10 个点上积分,并比较结果的差异是否在选定的误差范围内。如果在选定的误差范围内,则 6 个点就足够了。如果不在选定的误差范围内,则必须用 10 个点和 16 个点重复该过程。笔者的经验是在用过的函数中 6 个点足够了,这些函数包括误差函数以及 Ku 频段雨衰导致的链路可用性。如果要计算的函数依赖除高斯变量之外的其他变量,则在代表函数极端情况的其他变量集上尝试 6 个点和 10 个点;如果这里 6 个点足够,那么其他地方就足够了。

Gauss – Hermite 积分的公式为

$$\frac{1}{\sqrt{2\pi}\sigma}\int_{-\infty}^{\infty} e^{-y^2/2\sigma^2} f(y)\,dy \approx \sum_{i=1}^{n} w_i f(\sigma x_i)$$

其中横坐标 x_i 和几个 n 的权重 w_i 在表 A.3 中给出（Abramowitz and Stegun, 1965）。有关 $n \sim 20$ 的更多横坐标和权重集参见文献（Abramowitz and Stegun, 1965）。

表 A.3　Gauss – Hermite 积分横坐标和权重（Abramowitz and Stegun, 1965）

$\pm x_i$	w_i	$\pm x_i$	w_i	$\pm x_i$	w_i
$n=6$		$n=10$		$n=16$	
0.6167065900	$4.088284695 \times 10^{-1}$	0.4849357074	$3.446423349 \times 10^{-1}$	0.38676043	$2.865685212 \times 10^{-1}$
1.889175877	$8.861574602 \times 10^{-2}$	1.465989094	$1.354837030 \times 10^{-1}$	1.163829100	$1.583383727 \times 10^{-1}$
3.324257433	$2.555784402 \times 10^{-3}$	2.484325841	$1.911158050 \times 10^{-2}$	1.951980345	$4.728475235 \times 10^{-2}$
$n=8$		3.581823482	$7.580709344 \times 10^{-4}$	2.760245047	$7.266937603 \times 10^{-3}$
0.5390798112	$3.730122577 \times 10^{-1}$			3.600873623	$5.259849265 \times 10^{-4}$
1.636519041	$1.172399076 \times 10^{-1}$	4.859462827	$4.310652630 \times 10^{-6}$	4.492955301	$1.530003216 \times 10^{-5}$
2.802485861	$9.635220121 \times 10^{-3}$			5.472225705	$1.309473216 \times 10^{-7}$
4.144547185	$1.126145384 \times 10^{-4}$			6.630878196	$1.497814723 \times 10^{-10}$

横坐标 x 和权重不需要从高斯概率密度函数中获取。当 $n=6$ 时，横坐标 x 和权重如图 A.8 所示；当 $n=10$ 时，横坐标 x 和权重如图 A.9 所示。

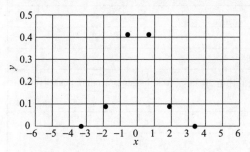

图 A.8　$n=6$ 时，Gauss – Hermite 积分的横坐标和权重

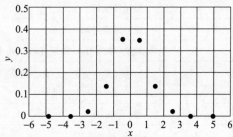

图 A.9　$n=10$ 时，Gauss – Hermite 积分的横坐标和权重

参考文献

Abramowitz M and Stegun IA, editors, (1965). *Handbook of Mathematical Functions, with Formulas, Graphs, and Mathematical Tables*, New York: Dover Publications

符号表

α	RRC 脉波整形的滚降因子
λ	波长
$\varphi(f)$	相位响应
ϕ	球坐标系中的方位角
σ	标准差
θ	球坐标系中的极角
B	带宽(单位 Hz)
$\theta(t)$	信号相位的弧度作为时间 t 函数
$A(f)$	增益响应
C/I	在一定带宽下的载波干扰比、功率比(Carrier-to-interference ratio, a power ratio in some bandwidth)
C/N	在一定带宽下的载波噪声比、功率比(Carrier-to-noise ratio, a power ratio in some bandwidth)
CP	圆极化
D	天线孔径直径
$D(\theta,\phi)$	天线方向性,为 θ 和 ϕ 的函数
E	电场矢量
E_b	每比特能量
F	噪声系数(Noise figure)
f	频率(单位 Hz);焦距(focal length)
f/D	抛物式反射面天线的焦距与孔径的比值(Ratio of focal length to aperture diameter, for a paraboloidal reflector antenna)
G	增益(Gain)
Hz	赫兹(Hertz)
P_{in}	放大器的功率输入(power input to amplifier)
$P_{in\,sat}$	放大器饱和的功率输入(power input to amplifier that saturates amplifier)
R_s	调制码率(单位 sps)
T	温度(temperature)
t	时间(单位 秒)
T_s	系统噪声温度(system noise temperature)

缩略语表

ACI	相邻信道干扰(adjacent-channel interference)	
ACM	自适应调制编码(adaptive coding and modulation)	
ADC	模数转换器	
ALC	自动电平控制(automatic level control)	
AM	振幅调制(amplitude modulation)	
APSK	相位调变(amplitude-and-phase-shiftkeying)	
AWGN	加性白高斯噪声(additive white Gaussian noise)	
BCH	博斯-乔赫里-霍克文黑姆(Bose-Chaudhuri-Hocquenghem)	
BER	误码率(biterror rate)	
BFN	波束形成网路	
BOL	寿命初期(beginning of life)	
BPF	带通滤波器(bandpass filter)	
BPSK	二阶相移键控(binary PSK)	
BSS	广播卫星业务(broadcast satellite service)	
BW	带宽(bandwidth)	
C	给定带宽内的载波或信号功率(Carrier or signal power in a given bandwidth)	
C/3IM	当非线性输入信号是两个功率相等的载波时,载波功率与三阶互调功率之比。(Ratio of carrier power to 3rd-order IMP power when nonlinearity's input is two equal-power carriers)	
CAMP	通道放大器(Channel amplifier)	
CATR	紧凑型天线测试场(Compact antenna testing range)	
C-频段	4~8GHz	
CC	传导冷却(Conduction-cooled)	
CDM	码分复用(Code-division multiplexing)	
CDMA	码分多址(Code-division multiple access)	
CONUS	相邻 US	
CPM	连续相位调制(Continuous-phase modulation)	
CTE	热膨胀系数(Coefficient of thermal expansion)	
CW	连续波	
DAC	数模传换器(Digital-to-analog converter)	
DAMA	按需分配多地址(Demand-assignment multiple access)	

dB	分贝	
dBm	分贝毫瓦	
DC	直流	
D/C	下变频器	
DEMUX	多路解调器（demultiplexer）	
DRA	直接辐射阵（Direct – radiating array）	
DRC	直接辐射冷却（Direct – radiation – cooled）	
DRO	介质振荡器（Dielectric – resonator oscillator）	
DSL	数字用户线路（Digital subscriber line）	
DSP	数字信号处理器（Digital signal processor）	
DTH	直播到户（Direct – to – home）	
DVB	数字视频广播（Digital Video Broadcasting）	
DVB – RCS	DVB 返回通道卫星（DVB—Return Channel Satellite）	
DVB – S2	第二代数字视频广播卫星标准（DVB—Satellite Second Generation）	
DVB – S2X	第二代数字视频广播卫星标准扩展版（DVB—Satellite Second Generation Extensions）	
EIRP	等效全向辐射功率	
EOC	覆盖边界（Edge of coverage）	
EOL	寿命末期（End of life）	
EPC	电子电源调节器（Electronic power conditioner）	
E_s	每调变符号能量（Energy per modulation symbol）	
ESA	欧空局（European Space Agency）	
ETSI	欧洲电信标准协会（European Telecommunications Standards Institute）	
E – W	东 – 西（East – west）	
FCC	美国联邦通信委员会（Federal Communications Commission（US））	
FDM	频分多路复用（Frequency – division multiplexing）	
FDMA	频分多址联接方式（Frequency – division multiple access）	
FEC	前向纠错（Forward error – correcting）	
FFT	快速傅里叶变换（Fast Fourier transform）	
FGM	固定增益模式（Fixed – gain mode）	
Fn	系列航天器的飞行编号（Flight number n of a series of spacecraft）	
FOV	视场（Field of view）	
FSS	固定卫星业务（Fixed Satellite Service）	
GBBF	地基波束形成（Ground – based beam – forming）	

续表

符号	含义
GEO	地球静止轨道卫星(Geostationary orbit)
$G(f)$	滤波增益(Filter gain);增益响应(gain response)
GSM	全球移动通信系统(Global System for Mobile Communications)
GSO	地球同步轨道 Geosynchronous orbit
G/T_s	天线增益除以系统噪声温度(Antenna gain divided by system noise temperature)
H	水平线性极化(Horizontal linear polarization)
H	混合耦合器(Hybrid coupler)
$\boldsymbol{H}$	磁场矢量(Magnetic field vector)
HEMT	高电子迁移率晶体管(High-electron-mobility transistor)
$H(f)$	滤波转移函数(Filter transfer function)
HPA	大功率放大器(High-power amplifier)
$h(t)$	滤波器脉冲响应(Filter impulse response)
HTS	高通量卫星(High-throughput satellite)
H	给定带宽的干扰功率(Interference power in a given bandwidth)
I	I/Q 表示的带通信号的同相分量(In-phase component of a bandpass signal in I/Q representation)
IBO	输入补偿(input backoff)
IF	中频
Im	取复数虚部的函数(function which takes the imaginary part of a complex number)
IMP	互调产物(intermodulation product)
IMUX	输入多工器(input multiplexer)
IP	互联网协议(internet protocol)
ISI	码间干扰(inter-symbol interference)
ITU	国际电信联盟(International Telecommunication Union)
ITU-R	ITU 无线电协会
j	$\sqrt{-1}$
K 频段	18~27GHz
Ka 频段	27~40GHz
Ku 频段	11 或 12~18GHz
L 频段	1~2GHz
LCAMP	线性化信道放大器(L)CAMP
LDPC	低密度奇偶校验码(low-density parity-check)
LEO	近地轨道(low earth orbit)

续表

LHCP	左旋圆极化(left-hand circular polarization)	
LNA	低噪声放大器(low-noise amplifier)	
LO	本振(local oscillator)	
LP	线极化(linear polarization)	
LPF	低通滤波器(low-pass filter)	
LTWTA	线性化行波管放大器	
MAC	媒体访问控制(medium-access control)	
MBA	多波束天线(multi-beam antenna)	
MEO	中地球轨道(medium earth orbit)	
MF-TDMA	多频TDMA	
MFPB	多馈源单波束(multiple-feed-per-beam)	
MMA	多矩阵放大器(multi-matrix amplifier)	
MODCOD	调制解调组合(combination of modulation and coding format)	
MPA	多端口放大器(multi-port amplifier)	
MPEG	运动图像专家组(moving Picture Experts Group)	
MPM	微波功率模块(microwave power module)	
MRO	主参考振荡器(master reference oscillator)	
MSS	移动卫星业务(mobile Satellite Service)	
MUX	多工器(multiplexer)	
N	给定带宽的噪声功率(noise power in a given bandwidth)	
N_0	单边射频或中频噪声功率谱密度(one-sided RF or IF power-spectral-density of noise)	
N/A	不适用	
NASA	美国国家航天航空局(National Aeronautics and Space Administration)	
NF	噪声系数(noise figure)	
NFR	近场范围(near-field range)	
NGSO	非地球同步卫星轨道(non-geostationary satellite orbit)	
NPR	噪音(量)功率比(noise-[to-]power ratio)	
N-S	北方-南方	
OBBF	在线波束成形(onboard beam-forming)	
OBO	输出回退(output backoff)	
BP	在线处理器(onboard processor)	
OMT	正角模耦合器(orthomode transducer)	
OMUX	输出多工器(output multiplexer)	

续表

OQPSK	偏移QPSK(Offset QPSK)	
OSI	开放式系统互联(open Systems Interconnect)	
P	长期平均信号功率(long-term average of signal power)	
$P2dB$	2dB压缩点(2-dB compression point)	
PA	相控阵(phased array)	
pdf	概率密度函数(probability density function)	
pfd	功率通量密度(power flux density)	
pp	峰-峰值(peak-to-peak)	
PLL	锁相环(phase-locked loop)	
PLMN	公用陆地移动通信网(public land mobile network)	
PM	相位调制(phase modulation)	
P_{op}	工作点(operating point)	
P_{out}	放大器输出功率(power output by amplifier)	
$P_{out\,sat}$	饱和时放大器输出功率(power output by amplifier when saturated)	
Pr	取事件概率的函数(function which takes the probability of an event)	
PS	电源供给(power supply)	
psd	功率谱密度(power spectral density)	
PSTN	公用交换电话网(public switched telephone network)	
$P(t)$	信号的瞬时功率与时间的函数(instantaneous power of signal as a function of time)	
$p(x)$	随机变量的概率密度函数	
P	滤波器的品质因子(quality factor of filter)	
Q	I/Q表示的带通信号的正交相位分量(quadrature-phase component of a bandpass signal in I/q representation)	
QAM	正交调幅(quadrature amplitude modulation)	
QPSK	四相相移键控(quaternary PSK)	
R_b	信号的数据比特率,单位为bps	
RRC	信号频谱的凸起余弦形状(raised-cosine shape of signal spectrum)	
Re	复数的实部	
RF	射频(radio frequency)	
RHCP	右旋圆极化(right-hand circular polarization)	
RMS	均方根值(root mean square)	
RRC	脉冲成形滤波器根升余弦形状的傅里叶变换(root raised-cosine shape of pulse-shaping filter's Fourier transform)	

593

续表

RS	里德所罗门码(reed-Solomon)	
RSM	再生处理卫星网络(regenerative Satellite Mesh)	
RSS	和的平方根(root sum-square)	
RX	接收(receive)	
SAW	声表面波(surface acoustic wave)	
S-频段	2~4GHz	
SER	调制符号错误率(modulation-symbol error rate)	
$S(f)$	调制脉冲信号的傅里叶变换	
$S(f)$	信号的功率谱密度(power spectral density of signal)	
SFPB	单馈源单波束(single-feed-per-beam)	
SNR	信噪比(signal-to-noise ratio)	
S/s	每秒采样(samples per second)	
SPA	固态功率放大器(solid-state power amplifier)	
$s(t)$	随时间变化的信号(signal as a function of time t)	
T	调制符号的重复间隔(repetition interval of modulation symbol)	
TE	横向电场(transverse electric)	
TEM	横向电磁波模式(transverse electromagnetic)	
TID	总剂量效应(total ionizing dose)	
TDM	时分复用(time-division multiplexing)	
TDMA	时分多址(time-division multipleaccess)	
TM	横向磁场(transverse magnetic)	
TT&C	遥测跟踪和指令(telemetry, tracking, and command)	
TWT	行波管(traveling-wave tube)	
TWTA	行波管放大器(traveling-wave tube amplifier)	
TX	发射(transmit)	
U/C	上变频器(upconverter)	
V	垂直线性极化(vertical linear polarization)	
VCO	压控振荡器(voltage-controlled oscillator)	
VSAT	甚小孔径终端(very small-aperture terminal)	
VSWR	电压驻波比(voltage standing-wave ratio)	
WG	波导(waveguide)	